制冷空调设备维修技术与操作

（上册）

张朝晖 / 主编

李红旗　钟志锋 / 副主编

中国纺织出版社

内 容 提 要

本书是针对 HCFCs 替代、服务于相关制冷空调设备维修的教材。

本书首先介绍了臭氧层保护的基本知识、臭氧层保护的国际行动、在此基础上的相关制冷剂知识以及故障分析与诊断的基础知识，介绍了制冷原理和设备。然后按照工商空调、工商制冷、房间空调器和制冷压缩机分类分别介绍了相关产品及其运行操作、故障分析和维护维修。最后介绍了维护维修过程的安全知识、制冷剂的回收再利用以及维修设备的操作。

本书可用作从事制冷空调设备运行、维修工程师以及职业技能培训教师的参考书籍和教材，也可用作制冷空调行业其他具有一定基础的管理人员、工程技术人员的参考书籍。

图书在版编目（CIP）数据

制冷空调设备维修技术与操作. 上册 / 张朝晖主编. ——
北京：中国纺织出版社，2018.4（2025.8 重印）
ISBN 978-7-5180-4721-5

Ⅰ.①制…　Ⅱ.①张…　Ⅲ.①制冷装置—空气调节器—
维修　Ⅳ.①TB657.2

中国版本图书馆 CIP 数据核字（2018）第 025926 号

责任编辑：朱利锋　　责任校对：楼旭红
责任设计：何　建　　责任印制：何　建

中国纺织出版社出版发行
地址：北京市朝阳区百子湾东里 A407 号楼　邮政编码：100124
销售电话：010 — 67004422　传真：010 — 87155801
http://www.c-textilep.com
中国纺织出版社天猫旗舰店
官方微博 http://weibo.com/2119887771
北京虎彩文化传播有限公司印刷　各地新华书店经销
2025 年 8 月第 1 版第 2 次印刷
开本：787×1092　1/16　印张：26
字数：550 千字　定价：68.00 元

前 言

由于目前广泛使用在制冷空调设备中的 HCFCs 对大气臭氧层有破坏作用，而且这类物质往往具有较高的温室效应，根据《关于消耗臭氧层物质蒙特利尔议定书》的规定，包括中国在内的发展中国家应在 2013 年将 HCFCs 的消费量冻结在 2009 年和 2010 年消费量的平均水平上，在 2015 年以此平均水平为基线将消费量再削减 10%。然后继续分阶段逐步削减，直至 2040 年彻底停止使用。

目前我国已是世界上的制冷空调大国，HCFCs 的消耗量居世界首位。要实现各阶段的削减目标是一个艰巨的任务，意味着需要大量减少 HCFCs 制冷剂的使用。

2011 年 7 月，第 64 次蒙特利尔多边基金执委会批准了中国工商制冷行业、房间空调器行业和制冷维修行业三个第一阶段 HCFCs 淘汰管理计划。在多边基金的支持下，我国已经进入了 HCFCs 淘汰的实质性实施阶段。

我国制冷维修行业每年用于设备维修而消耗的 HCFCs 制冷剂高达数万吨，这些制冷剂主要消耗于设备运行过程中的泄漏、维修过程中的排放和不规范操作造成的排放几个方面。为了实现各阶段的削减目标，制冷维修行业主要开展能力建设，通过改善产品的安装和维修质量、规范操作减小设备维修过程中的泄漏量和排放量以及加强在维修过程和报废过程中实施制冷剂回收和再利用来实现目标。这就要求制冷维修行业建立负责任使用制冷剂的观念，提高维修人员的素质和能力，改进以往不合理的操作，严格规范设备安装、调试、运行、维护、维修等各个环节的活动。

此外，由于 ODP 和 GWP 的双重要求，在制造行业采用了一些可燃制冷剂作为 HCFCs 类制冷剂的替代物，这就带来了可燃制冷剂操作的安全性问题。由于较低的人员素质和管理水平，除氨冷库系统外以往经验的欠缺以及设备安装、调试、运行、维护、维修过程中的诸多不可控随机因素，这一问题在维修行业就表现得尤为严重。需要有针对性地提高相关人员的能力与技术水平。

　　为此，中国制冷空调工业协会和环境保护部环境保护对外合作中心共同组织编写了本书。本书由张朝晖担任主编，负责本书的总体策划与编写组织工作；李红旗、钟志锋担任副主编，负责筹划章节目录、确定编写分工；全书由张朝晖、李红旗、钟志锋负责统稿。本书各部分的作者及其工作单位如下：

第1章　环境保护部环境保护对外合作中心：钟志锋　滑雪

第2章　北京工业大学：李红旗

　　　　中国制冷空调工业协会：张朝晖　陈敬良

第3章　珠海格力电器股份有限公司：淦国庆

　　　　大金空调技术（上海）有限公司：赵璧

　　　　特灵空调系统（中国）有限公司：秦兴玉

　　　　南京天加环境科技有限公司：谢为群

　　　　艾默生网络能源有限公司：韩会先

　　　　广东美的暖通设备有限公司：李行乾

　　　　开利空调销售服务（上海）有限公司：徐峰

　　　　重庆通用工业（集团）有限责任公司：黄睿

　　　　南京冠福建设工程技术有限公司：张道明　曾建国

　　　　苏州苏暖节能系统工程服务有限公司：李国群

　　　　青岛海尔空调电子有限公司：康敖　马军义　孔岩

　　　　北京申菱环境科技有限公司：胡秀成

第4章　大连冷冻机股份有限公司：刘兆峰

　　　　松下冷链（大连）有限公司：杨一帆　刘洋　张磊

　　　　冰轮环境技术股份有限公司：刘昌丰

　　　　江苏白雪电器股份有限公司：唐学平

　　　　苏州大学：龚伟申

　　　　福建雪人股份有限公司：范明升

第5章　珠海格力电器股份有限公司：张伟彬

　　　　苏州大学：龚伟申

第6章　冰轮环境技术股份有限公司：刘昌丰

　　　　比泽尔制冷技术（中国）有限公司：朱京文　李震

　　　　艾默生环境优化技术（沈阳）冷冻机有限公司：王丽梅

　　　　大连冷冻机股份有限公司：刘兆峰

　　　　约克（中国）商贸有限公司：孙慰

特灵空调系统（中国）有限公司：张志邦

重庆通用工业（集团）有限责任公司：姜宝石

第7章　比泽尔制冷技术（中国）有限公司：赵李曼

大金空调技术（上海）有限公司：赵璧

大连冷冻机股份有限公司：冯雯桦

冰轮环境技术股份有限公司：韩献军

山东东岳化工有限公司：王鑫

江苏白雪电器股份有限公司：许峰

珠海格力电器股份有限公司：曹勇

环境保护部环境保护对外合作中心：李小燕　金钊　郭昌赟　柳朝霞

中国制冷空调工业协会：张朝晖　陈敬良　王若楠　高钰　刘慧成

第8章　约克（中国）商贸有限公司：孙慰

开利空调销售服务（上海）有限公司：徐峰

大金空调技术（上海）有限公司：赵璧

南京冠福建设工程技术有限公司：曾建国

烟台凝新制冷科技有限公司：姜欣晖

浙江飞越机电有限公司：郭定云

青岛绿环工业设备有限公司：张文明　巩涛

苏州苏暖节能系统工程服务有限公司：李国群

冰轮环境技术股份有限公司：韩献军

重庆通用工业（集团）有限责任公司：喻锑

比泽尔制冷技术（中国）有限公司：王玉成

本书还邀请了相关专家对本书进行审阅，审稿专家及其工作单位如下：

解国珍　北京建筑大学

崔　兵　约克（中国）商贸有限公司

张爱民　珠海格力电器股份有限公司

申　江　天津商业大学

周晓芳　环境保护部环境保护对外合作中心

刘元璋　烟台冰轮集团有限公司

彭伯彦　中国制冷空调工业协会

除了绪论和制冷原理部分以外，本书其他章节的内容主要来自各种设备制造商的产品运行、维修技术资料，而且同一个产品有多个制造商参与编写。这样的好处是制造商更了解他们自己的产品，但也带来各部分内容风格不同、深度各异的不足。尽管编委会做了最大努力，但难免存在疏漏，还请读者谅解。

需要说明的是，本书仅针对涉及 HCFCs 制冷剂的产品。但由于这类产品数量多且不同厂家的同类产品差异较大，本书仅针对重要的典型产品做示例性介绍，而且限于篇幅也不能很详细。因此，本书所介绍的内容均是指导性的，涉及具体产品的维修尚需参考相应的产品使用手册。另外，本书涉及可燃制冷剂安全问题的内容也属于参考性的，具体产品的安装、调试、运行和维修需参考相应的产品使用手册。

在此对参编人员和审稿专家在教材编写过程中的无私奉献深表谢意。

本教材涉及内容较广、工作量大，由于编者水平有限，书中难免有不妥和错误之处，恳请读者予以批评指正。

编　者

目　录

第 1 章　绪论

1.1 ODS 与环境保护

1.1.1 基本术语与概念

首先介绍一些涉及臭氧层破坏和环境问题的基本概念与术语。

（1）CFC。氯氟烃，即饱和烃中的氢元素完全被氯元素和氟元素置换，各字母按顺序表示：C（氯）F（氟）C（碳）。它是卤代烃家族中的一支，包含许多具体的物质，所以统称时一般写为 CFCs，表示是一族物质。

CFC 后跟制冷剂编号可以表示具体的制冷剂，如 CFC-12 表示 R12 制冷剂，R12 是制冷剂的另外一种表示方式。前者 CFC 表示非技术性、成分标识前缀，可以清楚地表明制冷剂的臭氧破坏能力，后者 R 表示技术性、学术标识前缀。

CFCs 类物质对臭氧层具有很强的破坏能力，因此是首先被淘汰的物质，目前已在世界各国全面停用。

（2）HCFC。含氢氯氟烃，即饱和烃中的氢元素部分被氯元素和氟元素置换，仍含有氢元素。各字母按顺序表示：H（氢）C（氯）F（氟）C（碳）。它是卤代烃家族中的一支，包含许多具体的物质，所以统称时一般写为 HCFCs，表示是一族物质。

类似地，HCFC 后跟制冷剂编号也可以表示具体的制冷剂，如 HCFC-22 表示 R22 制冷剂，表明制冷剂的臭氧破坏能力。

HCFCs 类物质对臭氧层的破坏能力要低于 CFCs，目前正处于被替代和淘汰的过程中。

（3）HFC。氢氟烃，不包含氯元素的氢氟碳化合物，各字母按顺序表示：H（氢）F（氟）C（碳）。它也是卤代烃家族中的一支，包含许多具体的物质，所以统称时一般写为 HFCs，表示是一族物质。

类似地，HFC 也可以表示具体的制冷剂，如 HFC-134a 表示 R134a 制冷剂。

由于不包含氯元素，HFCs 类物质不破坏臭氧层，但它们大部分具有较高的温室效应。

有关 CFC、HCFC、HFC 等的编号来源可参考本章有关制冷剂编号部分的内容（1.4.1）。

（4）ODS。消耗臭氧层物质（Ozone Depletion Substances）。它是所有破坏臭氧层物质的统称，其中包括上述的 CFCs、HCFCs 物质。它们之间的关系为：

$$\text{ODS} \begin{cases} \text{CFCs} \\ \text{HCFCs} \\ \text{其他破坏臭氧层的物质} \end{cases}$$

（5）ODP。臭氧耗损潜值（Ozone Depletion Potential）。ODP 表示某种物质分子分解臭氧的能力。

ODP 的数值以 CFC-11 为基准（设定 CFC-11 的 ODP 值为 1）。不同的物质 ODP 值不同，ODP 值越大，表明该物质破坏臭氧层的能力就越强。

（6）GWP。全球变暖潜值（Global Warming Potential）。

GWP 值也是在一个相对的基础上计算出来的。二氧化碳（CO_2）的 GWP 值被定为 1，其他所有气体都有一个相对于 CO_2 的 GWP 值。GWP 值越大，该气体的温室效应就越强。

一种气体 GWP 值的大小取决于三方面的因素：吸收红外辐射的能力、在大气中的寿命以及与 CO_2 相比较的时间区间框架。

（7）GTP。全球温度变化潜能（Global Temperature Potential）。某物质在特定时间段，相对于二氧化碳，造成地球表面平均温度变化的能力。

（8）TEWI。总体环境温升效应（Total Equivalent Warming Impact）。它用来综合考虑制冷剂排放的直接效应和能源利用的间接效应[1]。

直接效应取决于制冷剂的 GWP、制冷剂的排放量和考虑的时间框架长度。间接效应取决于运行过程中的能源效率以及能量的来源。

$$TEWI=DE+IE \tag{1-1}$$

式中，DE——直接效应；

IE——间接效应。

$$DE=GWP \times L \times N+GWP \times m \times（1-\alpha） \tag{1-2}$$

式中，L——制冷剂年损失率，kg/ 年；

N——设备运转时间，年；

m——设备制冷剂充注量，kg；

α——设备报废时制冷剂回收率，%。

$$IE=N \times E_{ann} \times \beta \tag{1-3}$$

式中，β——生产单位能源所引起的 CO_2 排放量，kg/kWh；

E_{ann}——设备的年能耗，kWh/ 年。

由式（1-2）和式（1-3）可以看出，TEWI 考虑到了制冷剂本身的温室效应、制冷剂消耗量导致的温室效应、设备能耗引起的生产能源的温室气体排放等各种因素。因此，它是一个比较全面的评价指标。

（9）LCCP。寿命周期气候性能（Life Cycle Climate Performance）[1]。LCCP 与 TEWI 指标基本相同，但修正了 TEWI 分析时的个别疏忽，认为在评价对全球气候变化影响时还应进一步考虑生产任何氟烃化合物时所伴随的影响，即应该考虑下列两个因素：

①生产氟烃化合物及其原料时的消耗（如电能和各种燃料）所伴随的影响。这种影响称为"蕴含能量（Embodied Energy）"。

②生产过程排放的作为温室气体的任何副产品。这种影响称为"不易收集的排放（Fugitive Emissions）"。

$$LCCP=N \times E_{ann} \times \beta +（GWP+E+F）\left[L \times N+m（1-\alpha）\right] \tag{1-4}$$

式中，E——蕴含能量，生产制冷剂能耗导致的 CO_2 排放，kg/kg 制冷剂；

F——不易收集的排放，生产制冷剂排放的副产品导致的 CO_2 排放，kg/kg 制冷剂。

1.1.2 臭氧层

地球表面覆盖着一层由氧气和其他气体组成的大气层。大气层由对流层、平流层和电离层组成。其中平流层是距离地球 15~60km 的高层空间。

与氧气（O_2）不同，臭氧（O_3）由 3 个氧原子组成。当强烈的太阳紫外线造成氧分子

（O_2）破裂时，就生成了氧原子。氧原子再与氧分子反应即可生成臭氧。臭氧作为一种微量气体分布在大气平流层。因此，平流层也称为臭氧层。

臭氧是一种蓝色有刺鼻味的气体。靠近地表的臭氧是一种令人讨厌的污染物，是构成酸雨与化学烟雾的成分。但它在平流层中化学性质十分稳定。平流层中汇集了大气中 90% 的臭氧，能够阻挡过量的太阳紫外线到达地球表面，形成地球的一个屏障和保护伞。

阳光中的紫外线包括短波紫外线（波长 200~280nm）、中波紫外线（波长 280~320nm）和长波紫外线（波长 320~400nm）。其中长波紫外线对人和生物的伤害要轻微得多，而中波紫外线和短波紫外线对人类和生物是有害的。但短波紫外线可以被氧气吸收，不会威胁地球上的人类和其他生物。臭氧层犹如一个过滤器，它可以有效地过滤掉几乎全部的中波紫外线，而允许危害较小的长波紫外线和可以为氧气所吸收的短波紫外线通过（图 1-1）。

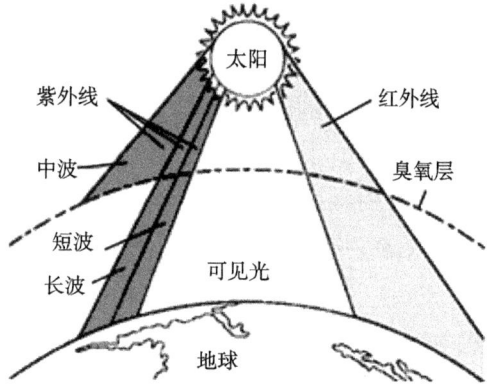

图 1-1　臭氧层对地球的保护作用[2]

1.1.3　温室效应

自工业革命以来，人类向大气中排入的二氧化碳等吸热性强的温室气体逐年增加，大气的温室效应也随之增强，导致了全球气候变暖等一系列极其严重的问题，引起了全世界各国的广泛关注。

如图 1-2 所示，温室效应是指透射阳光的密闭空间由于与外界缺乏热交换而形成的保温效应，或者说是太阳短波辐射透过大气射入地面，而地面增暖后放出的长波辐射却被大气中的二氧化碳等物质所吸收，从而产生大气变暖的效应。当大气中的二氧化碳浓度增加，阻止了地球热量的散失，使地球气温升高，这就是温室效应。

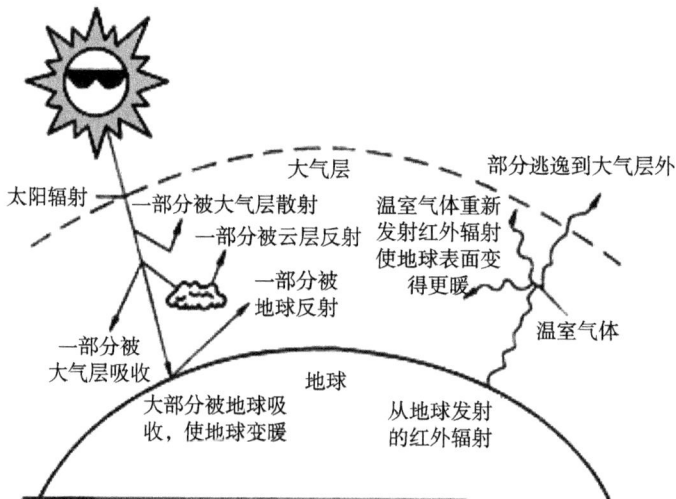

图 1-2　温室效应示意图[1]

而能够引起温室效应的气体就称为温室气体[3]。温室气体包括二氧化碳、氯氟代烷、甲烷、一氧化氮等 30 多种。

氯氟烃（CFCs）、含氢氯氟烃（HCFCs）和氢氟烃（HFCs）类制冷剂都被认为是温室气体，它们一般均具有很高的温室效应，如目前广泛使用的制冷剂 HCFC-22 的温室效应（GWP）是二氧化碳的 1700 倍，已被淘汰的 CFC-12 的温室效应（GWP）为二氧化碳的 10600 倍。

温室效应引起的一系列严重问题主要有以下几方面。

（1）全球变暖。温室气体浓度的增加会减少红外线辐射放射到太空外，因此，地球的气候需要转变来使吸收和释放的辐射量达到新的平衡，这就引起地球表面及大气低层变暖。

（2）病虫害增加。全球气温上升会令北极冰层溶化，被冰封的史前致命病毒可能会重见天日，人类对这些原始病毒尚无抵抗能力，会导致人类生命受到严重威胁。

（3）海平面上升。全球气温上升会使冰川和南北极的冰层溶解，且海水受热膨胀，两方面的因素均会使海平面上升，淹没土地、侵蚀海岸、使一些低地国家面临淹没的危险。

（4）气候反常。海平面上升将导致海啸、台风、极端气候增多以及厄尔尼诺现象等。

（5）土地沙漠化。

1.1.4　臭氧层破坏机理

1.1.4.1　问题的提出

1974 年美国加利福尼亚大学 F. S. Lorad 教授和 Molita 博士发表论文《环境中的氯氟烷烃》，首次提出：人类广泛使用于冰箱和空调制冷、泡沫塑料发泡、电子器件清洗的氯氟烷烃（CFCs）以及用于特殊场合灭火的溴氟烷烃（哈龙，Halons）排入大气进入平流层，会使平流层中的臭氧浓度减少，导致透过平流层的紫外线辐射量增加，危及人类与生态环境。这个问题开始受到人们重视。

自氯氟烷烃问世以来，由于其具有优良的化学稳定性和热稳定性，且具有无毒、不易燃、沸点低、气液相易于转变及易于输送等特点被日益广泛地应用于国民经济不同领域，已成为最为理想、应用最为广泛的制冷剂、清洗剂和灭火剂，随着技术的发展，其生产量和消耗量不断增长。

消耗臭氧层的物质（ODS）主要包括全氯氟烃（CFCs）、含溴氟烷烃（哈龙）、四氯化碳、甲基氯仿、溴甲烷及含氢氯氟烃（HCFCs）等。

研究结果表明，含氯原子的物质（如 CFCs、HCFCs 类物质）化学性能比较稳定，在大气对流层中不易分解，寿命可达几十年甚至上百年（如 CFC-12 为 102 年），在大气中可长期存在。因此，有机会扩散到平流层，当它们进入平流层后，在强烈的太阳紫外线作用下，释放出氯离子，氯离子与臭氧发生化学反应，生成一氧化氯和普通氧分子。生成的一氧化氯极不稳定，可与一个氧原子结合，使氯离子再次游离出来从而产生链锁反应[1]。这样大量消耗臭氧，对臭氧层产生严重的破坏，形成所谓的臭氧层空洞。最终导致照射到地球表层的紫外线增加。

溴原子也具有类似的效应，含溴的 Halons 也属于消耗臭氧层的物质（ODS）。

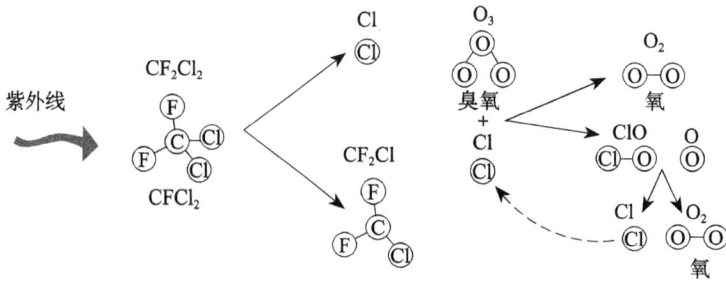

图 1-3　CFC-12 破坏臭氧层的过程[1]

　　需要说明的是，尽管破坏臭氧层的 ODS 属于卤代烃类物质，但并非所有的卤代烃类物质都破坏臭氧层，如不含氯的 HFCs 类卤代烃对臭氧层就没有破坏作用。

　　在此理论的基础上就提出了限制和禁用 ODS 的问题。

1.1.4.2　臭氧层破坏的现状

　　在臭氧层内，臭氧的生成与消耗保持着动态的平衡，使臭氧的浓度保持相对稳定。然而世界各地观测站的观测表明，20 世纪 70 年代以来大气臭氧总量呈逐年减少的趋势，并推定减少主要发生在臭氧层。

　　20 世纪 70 年代中期，美国科学家发现南极洲上空的臭氧层有变薄的现象。20 世纪 80 年代发现，自每年 9 月下旬开始，南极洲上空的臭氧总量迅速减少一半左右，极地上空臭氧层中心地带，近 90% 臭氧被破坏，若从地面向上观测，高空臭氧层已极其稀薄，与周围相比像是形成了一个直径上千公里的洞，称为"臭氧空洞"（图 1-4）。

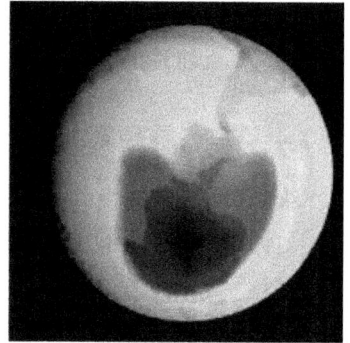

图 1-4　臭氧空洞
（图中蓝色区域）[4]

　　美国宇航局 1986 年组织了十多个国家共 100 名科学家进行了臭氧趋势调查。他们根据全球各地面观测站保存的历史记录和 1979 年以来卫星的观测纪录，用计算机进行仔细分析后，于 1988 年 3 月发表了调查结果，进一步证实了大气臭氧正趋减少，并指出减少主要发生在臭氧层。

　　图 1-5 所示为南极上空臭氧层的历年变化情况。

　　历年对臭氧层监测的发现可汇总如下：

　　1985 年，南极上空出现臭氧空洞；

　　1987 年，在北极上空发现臭氧空洞；

　　1992 年，在北半球上空发现臭氧层明显见薄；

　　1997 年，在北半球上空发现臭氧层更加见薄；

　　1999 年，南半球上空发现臭氧层空洞；

　　2000 年，南半球上空臭氧层空洞扩大到智利南部。

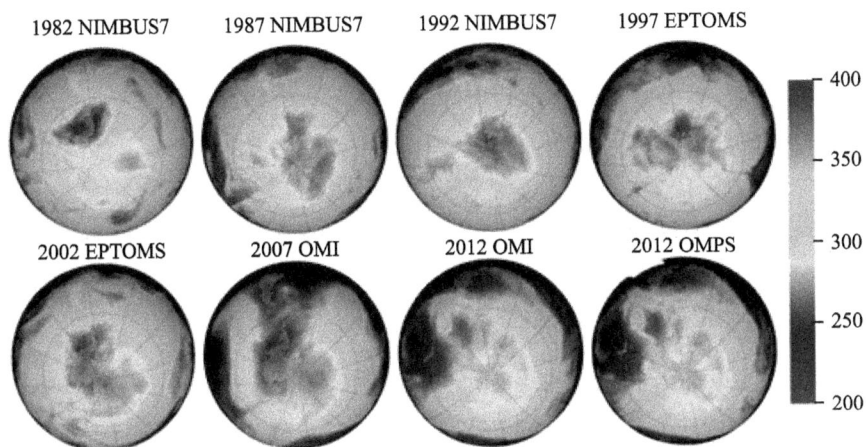

| 1982 NIMBUS7 | 1987 NIMBUS7 | 1992 NIMBUS7 | 1997 EPTOMS |
| 2002 EPTOMS | 2007 OMI | 2012 OMI | 2012 OMPS |

NIMBUS7—监测大气臭氧浓度的极轨卫星

EPTOMS—地球探测卫星臭氧总量测绘光谱仪（Earth Probe Total Ozone Mapping Spectrometer）

OMPS—臭氧成像和廓线仪

OMI—臭氧检测仪

图 1-5　南极上空臭氧层季节变化[5]

1.1.4.3　臭氧层的破坏对人类生态环境的影响

在地球的整个历史中，正如臭氧是由氧在太阳紫外线照射下生成的一样，臭氧在自然界也被太阳紫外线破坏而生成氧。在人工合成的化学品出现之前，臭氧层内臭氧的生成和消亡处于动态平衡，维持着一定的浓度。

但臭氧层破坏后会导致过量中波紫外线到达地球表面。适量的中波紫外线是维持人类生命所必需的，但过量的中波紫外线辐射会对人类和其他生物的健康以及生态环境造成很大的影响，主要包括如下几个方面[6]：

（1）对人类的影响。

①导致人类免疫系统的破坏。中波紫外线能破坏蛋白质的化学键，破坏动植物的个体细胞。长期接受过量紫外线辐射会引起细胞自身修复能力的下降，免疫机能减退，导致各种疾病的发病率的增加。

②导致白内障发病率的提高。美国环保局所作的一项调查表明，臭氧层每耗减 1%，白内障的发病率将增加 0.3%~0.6%。

③诱发皮肤癌。紫外线辐射的增加直接导致人类皮肤癌的发生。较常见的包括 Basal 和鳞状皮肤癌这些非恶性皮肤癌。美国环保局估计，臭氧每减少 10%，这两种皮肤癌的发病率就会提高 26%。

（2）对陆生生态的影响。紫外线辐射过量会改变植物的生物活性和生物化学过程，包括植物的生命周期和植物中的一些化学成分，这些成分可以帮助植物防止病菌和昆虫的袭击，影响植物的质量。导致农作物产量降低和质量劣化。其中最受伤害的是豆类、瓜类、蔬菜等农作物，使西红柿、土豆、甜菜、大豆等的质量下降。研究表明，如果臭氧减少 25%，则大豆的产量会下降 20%~25%。紫外线辐射的增加对长生命植物如林业也有影响。

（3）对水生生态的影响。紫外线辐射过量会对光合作用产生影响，将影响水生生物的生长和产量，特别是一些小型生物如浮游生物、藻类和海草等浮游植物。由于这些生物都是海洋生物食物链中基本的一环，它们数量和物种的减少将直接导致上层食物链中鱼类的减少。有关研究结果显示，如果臭氧减少 25%，海洋上层的初级生物产量将减少 25%。

（4）对材料的影响。紫外线辐射过量会影响聚合材料的力学性质，减少聚合和生物材料（如木材、纸张、羊毛和棉制品、塑料等）的使用寿命。

（5）对大气辐射平衡的影响。臭氧层的破坏会导致原有的臭氧纵向分布的改变，破坏地球的辐射收支平衡，加剧对流层中二氧化碳、臭氧这些温室气体量的增加，成为影响气候变化的一个重要因素。

此外，ODS 还存在着温室效应和其他环境影响问题[7]。

1.2 关于消耗臭氧层物质的蒙特利尔议定书

1.2.1 臭氧层保护国际行动

ODS 破坏臭氧层的问题被确认以后，国际社会采取了一系列的措施来减少 ODS 的使用和排放，保护臭氧层。

①1974 年。臭氧层破坏问题的提出。

②1977 年。UNEP（联合国环境规划署）在美国华盛顿召开评价臭氧层的国际会议，通过了《关于臭氧层行动世界计划》。开始了对臭氧层的监测，进行臭氧层破坏对人类、环境、气候影响评价。

③1985 年。UNEP 在奥地利维也纳召开保护臭氧层大会，通过了《保护臭氧层维也纳公约》。标志着保护臭氧层国际统一行动的开始。但尚未涉及实质性的对 ODS 消费和排放的控制。

④1987 年。UNEP 在加拿大蒙特利尔召开了"保护臭氧层公约关于含氯氟烃议定书全权代表大会"，形成了《关于消耗臭氧层物质的蒙特利尔议定书》（以下简称《蒙特利尔议定书》或《议定书》），并有 24 个国家签署。议定书意味着 ODS 消费和排放控制的开始，制定了 5 种全氯氟烃（CFCs）和 3 种哈龙（用作灭火剂）的淘汰计划。

⑤1989 年。在芬兰赫尔辛基召开蒙特利尔议定书缔约国第一次全体大会，通过了《赫尔辛基宣言》，向全世界呼吁保护臭氧层的急迫性。1989 年中国签字加入《蒙特利尔议定书》。

⑥1990 年。在英国伦敦召开了蒙特利尔议定书缔约国第二次全体大会，通过了《关于消耗臭氧层物质的蒙特利尔议定书》（伦敦修正案）。扩大了控制物质的范围，由原来的 2 类 8 种扩大到了 5 类 20 种，且提前了控制时间进度。建立了基金机制（蒙特利尔基金），修改了不利于发展中国家的条款。

⑦1991 年。在肯尼亚内罗毕召开了蒙特利尔议定书缔约国第三次全体大会。

⑧1992 年。在丹麦哥本哈根召开了蒙特利尔议定书缔约国第四次全体大会，通过了《蒙特利尔议定书》（哥本哈根修正案）。调整了淘汰 ODS 物质的时间表，提出了淘汰 HCFCs 物质的时间表，并对 ODS 的销毁、回收、再生和再利用做出了规定。1992 年我国签字成为

《蒙特利尔议定书》（修正案）的缔约国。

⑨1995 年。蒙特利尔议定书缔约国第七次全体大会通过了《蒙特利尔议定书》（维也纳修正案）。

⑩1997 年。蒙特利尔议定书缔约国第九次全体大会通过了《蒙特利尔议定书》（蒙特利尔修正案）。

⑪1999 年。蒙特利尔议定书缔约国第十一次全体大会通过了《蒙特利尔议定书》（北京修正案）。

各次修正案对受控物质种类、消费基准量和淘汰时间进度计划等做了一系列的修正。2007 年中国实现了 CFCs 和哈龙物质的提前淘汰。到 2010 年中国已签署加入了所有修正案。

2010 年是《蒙特利尔议定书》一个重要的里程碑，第一阶段履约工作全面完成，CFCs、哈龙、四氯化碳、甲基氯仿在全球实现了 100% 淘汰。

1.2.2 HCFCs 淘汰时间表

2007 年 9 月，第十九次蒙特利尔议定书缔约国大会上通过了加速淘汰 HCFCs 物质的调整案。按照调整案，对于包括中国在内的第 5 条款国家（发展中国家）来说，新的淘汰 HCFCs 的时间进度如图 1-6 所示。2013 年冻结在 2009 年和 2010 年消耗量的平均水平上（基线水平），2015 年在基线水平上削减 10%，2020 年削减 35%，2025 年削

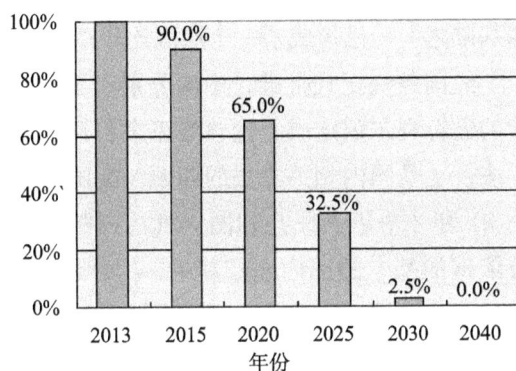

图 1-6　发展中国家 HCFCs 淘汰进度

减 67.5%，2030 年削减 97.5%，自 2030 年起仅允许保留 2.5% 作为维修用途，至 2040 年实现完全淘汰。发达国家在此基础上提前 10 年。

中国作为已签署承诺按照《蒙特利尔议定书》规定行事的发展中国家，正在按照此时间表进行中国的 HCFCs 淘汰工作。

需要说明的是，尽管 HCFCs 的淘汰尚在进行中，部分发达国家已经开始了 HFCs 的逐步削减工作。HFCs 类物质不破坏臭氧层，但大部分具有较高的温室效应。这对中国制冷空调行业将是另一个严峻挑战。

1.3　中国 ODS 淘汰行动

针对 CFCs 和 HCFCs 的控制淘汰，中国政府已颁布了 100 多项保护臭氧层的政策法规。2008 年 12 月，中国环境保护部下发了《关于严格控制新建、改建、扩建含氢氯氟烃生产项目的通知》；2009 年 10 月，中国环境保护部下发了《关于严格控制新建使用含氢氯氟烃生产设施的通知》；中国国务院于 2010 年 4 月颁布了《消耗臭氧层物质管理条例》，并于 2010 年 6 月 1 日起生效实施，从国家层面完善管理制度，规范生产、销售、使用和进出口等行为；2013 年 8 月，环保部下发了《关于加强 HCFCs 生产、销售和使用管理的通知》，规定受控用

途年使用量 100 吨以上的企业必须申请取得 HCFCs 使用配额许可证方能开展生产活动，使用单位应当于每年 10 月 31 日前申请配额并提交相关证明材料，环保部根据企业申请情况、基线年消费水平、国家和行业 HCFCs 控制目标于每年 12 月 30 日前核发配额；2014 年 1 月环保部、商务部、海关总署联合发布了《消耗臭氧层物质进出口管理办法》，自 2014 年 3 月 1 日起施行。

1.3.1 《中国逐步淘汰消费臭氧层物质国家方案》

中国对全球环境保护具有举足轻重的作用，履约态度和行动备受关注。目前中国的 ODS 生产量、使用量和出口量全球最大，持久性有机污染物（Persistent Organic Pollutants，简称 POPs）生产量、使用量、排放量居全球前列，生物多样性减少的趋势居全球前列，温室气体排放总量居全球前列，汞的生产量、使用量和排放量全球最大。面临着严峻的环境保护形势。

中国在消耗臭氧层物质（ODS）淘汰领域所实施的政策法规建立在对国际公约所做的承诺基础之上，已形成了一个层次比较清晰的政策法规体系[8]。

经国务院正式批准，中国分别于 1991 年 6 月和 2003 年 4 月加入了《关于消耗臭氧层物质的蒙特利尔议定书》伦敦修正案和哥本哈根修正案。议定书是国际社会需要共同遵守的国际法，也是国内相关立法的渊源。在国内，《中华人民共和国环境保护法》（以下简称《环保法》）和《中华人民共和国大气污染防治法》（以下简称《大气法》）是中国 ODS 淘汰行动所依据的基本的国内法。其中，《大气法》2000 年修正案专门针对 ODS 淘汰问题新增了第四十五条和第五十九条。新增第四十五条第一款规定："国家鼓励、支持消耗臭氧层物质替代品的生产和使用，逐步减少消耗臭氧层物质的产量，直至停止消耗臭氧层物质的生产和使用。"这一款原则性的规定为现行管理体系提供了明确的、原则性的国内立法支持。

我国制定的《中国逐步淘汰消耗臭氧层物质国家方案》（以下简称《国家方案》）及其修订稿是经国务院批准并得到蒙特利尔议定书多边基金执委会认可的国家行动计划。该方案虽然没有通过正式的立法程序体现为法律的形式，但是从国际法与国内法关系的理论以及方案本身的承诺效力来看，它在实质上是中国实施《蒙特利尔议定书》的基本行动纲领，对中国 ODS 淘汰行动作出了全面的原则性规定，在 ODS 淘汰行动的整个政策法规体系中占有核心地位，是制定和实施各行业淘汰计划以及各种相关政策措施的首要依据。

在《国家方案》之下，分别形成了 ODS 进出口管理、ODS 生产控制、ODS 消费控制、ODS 监督管理和多边基金赠款管理等政策体系。在蒙特利尔多边基金的支持下，按照行业的划分分别制订了各行业的 ODS 淘汰计划。并依据各行业计划，分别制订了各行业的具体政策。

与此同时，以作为中国环境保护基本法的《环保法》为根本依据，依托既存的行之有效的环境保护领域政策法规，结合《国家方案》的要求，又在排污申报登记制度中增加了有关对 ODS 排污申报登记的要求；在建设项目环境影响评价制度中增加了对多边基金赠款项目环境影响评价的特别要求；在环境标志制度中增加了鼓励 ODS 替代品或替代产品的生产的内容；增加了对地方环保部门在保护臭氧层工作中监督管理职能的要求等。

表 1-1 所示为中国公布的部分 HCFCs 类物质淘汰清单。

表 1-1 国家公布的部分 HCFCs 类物质淘汰清单

类别	物质			异构物数	ODP 值	备注
	代码	化学式	化学名称			
第五类含氢氯氟烃	HCFC-21	CHFCl$_2$	二氯一氟甲烷	1	0.04	主要用途为制冷剂、发泡剂、灭火剂、清洗剂、气雾剂等。按照《议定书》最新的修正案规定，2013 年生产和使用分别冻结在 2009 年和 2010 年两年平均水平，2015 年在冻结水平上削减 10%，2020 年削减 35%，2025 年削减 67.5%，2030 年实现除维修和特殊用途以外的完全淘汰
	HCFC-22	CHF$_2$Cl	一氯二氟甲烷	1	0.055	
	HCFC-31	CH$_2$FCl	一氯一氟甲烷	1	0.02	
	HCFC-121	C$_2$HFCl$_4$	四氯一氟乙烷	2	0.01~0.04	
	HCFC-122	C$_2$HF$_2$Cl$_3$	三氯二氟乙烷	3	0.02~0.08	
	HCFC-123	C$_2$HF$_3$Cl$_2$	二氯三氟乙烷	3	0.02~0.06	
	HCFC-123	CHCl$_2$CF$_3$	1,1-二氯-2,2,2-三氟乙烷	—	0.02	
	HCFC-124	C$_2$HF$_4$Cl	一氯四氟乙烷	2	0.02~0.04	
	HCFC-124	CHFClCF$_3$	1-氯-1,2,2.2-四氟乙烷	—	0.022	
	HCFC-131	C$_2$H$_2$FCl$_3$	三氯一氟乙烷	3	0.007~0.05	
	HCFC-132	C$_2$H$_2$F$_2$Cl$_2$	二氯二氟乙烷	4	0.008~0.05	
	HCFC-133	C$_2$H$_2$F$_3$Cl	一氯三氟乙烷	3	0.02~0.06	
	HCFC-141	C$_2$H$_3$FCl$_2$	二氯一氟乙烷	3	0.005~0.07	
	HCFC-141b	CH$_3$CFCl$_2$	1,1-二氯-1-氟乙烷	—	0.01	
第五类含氢氯氟烃	HCFC-142	C$_2$H$_3$F$_2$Cl	一氯二氟乙烷	3	0.008~0.07	主要用途为制冷剂、发泡剂、灭火剂、清洗剂、气雾剂等。按照《议定书》最新的修正案规定，2013 年生产和使用分别冻结在 2009 年和 2010 年两年平均水平，2015 年在冻结水平上削减 10%，2020 年削减 35%，2025 年削减 67.5%，2030 年实现除维修和特殊用途以外的完全淘汰
	HCFC-142b	CH$_3$CF$_2$Cl	1-氯-1,1-二氟乙烷	—	0.065	
	HCFC-151	C$_2$H$_4$FCl	一氯一氟乙烷	2	0.003~0.005	
	HCFC-221	C$_3$HFCl$_6$	六氯一氟丙烷	5	0.015~0.07	
	HCFC-222	C$_3$HF$_2$Cl$_5$	五氯二氟丙烷	9	0.01~0.09	
	HCFC-223	C$_3$HF$_3$Cl$_4$	四氯三氟丙烷	12	0.01~0.08	
	HCFC-224	C$_3$HF$_4$Cl$_3$	三氯四氟丙烷	12	0.01~0.09	
	HCFC-225	C$_3$HF$_5$Cl$_2$	二氯五氟丙烷	9	0.02~0.07	
	HCFC-225ca	CF$_3$CF$_2$CHCl$_2$	1,1-二氯-2,2,3,3,3-五氟丙烷	—	0.025	
	HCFC-225cb	CF$_2$ClCF$_2$CHClF	1,3-二氯-1,1,2,2,3-五氟丙烷	—	0.033	
	HCFC-226	C$_3$HF$_6$Cl	一氯六氟丙烷	5	0.02~0.10	
	HCFC-231	C$_3$H$_2$FCl$_5$	五氯一氟丙烷	9	0.05~0.09	
	HCFC-232	C$_3$H$_2$F$_2$Cl$_4$	四氯二氟丙烷	16	0.008~0.10	
	HCFC-233	C$_3$H$_2$F$_3$Cl$_3$	三氯三氟丙烷	18	0.007~0.23	

续表

类别	物质			异构物数	ODP 值	备注
	代码	化学式	化学名称			
第五类 含氢溴氟烷	HCFC-234	$C_3HF_4Cl_2$	二氯四氟丙烷	16	0.01~0.28	主要用途为制冷剂、发泡剂、灭火剂、清洗剂、气雾剂等。按照《议定书》最新的修正案规定，2013年生产和使用分别冻结在2009年和2010年两年的平均水平，2015年在冻结水平上削减10%，2020年削减35%，2025年削减67.5%，2030年实现除维修和特殊用途以外的完全淘汰
	HCFC-235	C_3HF_5Cl	一氯五氟丙烷	9	0.03~0.52	
	HCFC-241	$C_3H_3FCl_4$	四氯一氟丙烷	12	0.004~0.09	
	HCFC-242	$C_3H_3F_2Cl_3$	三氯二氟丙烷	18	0.005~0.13	
	HCFC-243	$C_3H_3F_3Cl_2$	二氯三氟丙烷	18	0.007~0.12	
	HCFC-244	$C3H_3F_4Cl$	一氯四氟丙烷	12	0.009~0.14	
	HCFC-251	$C_3H_4FCl_3$	三氯一氟丙烷	12	0.001~0.01	
	HCFC-252	$C_3H_4F_2Cl_2$	二氯二氟丙烷	16	0.005~0.04	
	HCFC-253	$C_3H_4F_3Cl$	一氯三氟丙烷	12	0.003~0.03	
	HCFC-261	$C_3H_5FCl_2$	二氯一氟丙烷	9	0.002~0.02	
	HCFC-262	$C_3H_5F_2Cl$	一氯二氟丙烷	9	0.002~0.02	
	HCFC-271	C_3H_6FCl	一氯一氟丙烷	5	0.001~0.03	

1.3.2 《消耗臭氧层物质管理条例》

2010 年 4 月，中国国务院颁布了《消耗臭氧层物质管理条例》（以下简称《条例》），《条例》明确了我国管理消耗臭氧层物质的目标和任务，规定国家逐步削减并最终淘汰消耗臭氧层物质，于 2010 年 6 月 1 日施行。

《条例》共 6 章 41 条。第一章 总则（第 1~9 条），第二章 生产、销售和使用（第 10~21 条），第三章 进出口（第 22~24 条），第四章 监督检查（第 25~29 条），第五章 法律责任（第 30~40 条），第六章 附则（第 41 条）。

（1）《条例》明确了消耗臭氧层物质的定义和条例的适用范围。

①消耗臭氧层物质的定义。《条例》第二条规定，本条例所称消耗臭氧层物质，是指对臭氧层有破坏作用并列入《中国受控消耗臭氧层物质清单》的化学品，其清单由国务院环境保护主管部门会同国务院有关部门制定、调整和公布。

②条例的适用范围。《条例》第三条规定，在中华人民共和国境内从事消耗臭氧层物质的生产、销售、使用和进出口等活动，适用本条例。

其中，生产是指制造消耗臭氧层物质的活动；使用，是指利用消耗臭氧层物质进行的生产经营等活动，不包括家庭等使用冰箱、空调等含消耗臭氧层物质的产品的活动。

（2）《条例》明确了国家管理消耗臭氧层物质的目标和实施。

①目标。最终淘汰作为制冷剂、发泡剂、灭火剂、溶剂、清洗剂、加工助剂、杀虫剂、气雾剂、膨胀剂等用途的消耗臭氧层物质。国务院环境保护主管部门会同国务院有关部门拟订《中国逐步淘汰消耗臭氧层物质国家方案》。

②实施。国务院环境保护主管部门根据《国家方案》和消耗臭氧层物质淘汰进展情况，

会同国务院有关部门确定并公布限制或者禁止新建、改建、扩建生产和使用消耗臭氧层物质建设项目的类别，制定并公布限制或者禁止生产、使用、进出口消耗臭氧层物质的名录。

（3）《条例》规定建立消耗臭氧层物质总量控制制度。

（4）《条例》规定建立消耗臭氧层物质配额管理制度。

①措施。国家对消耗臭氧层物质的生产、使用、进出口实行总量控制和配额管理。

②技术。国家鼓励、支持消耗臭氧层物质替代品和替代技术的科学研究、技术开发和推广应用。

（5）《条例》规定建立消耗臭氧层物质备案管理制度。

①资质（消耗臭氧层物质的生产、使用单位）。

a. 有合法生产或者使用相应消耗臭氧层物质的业绩。

b. 有生产或者使用相应消耗臭氧层物质的场所、设施、设备和专业技术人员。

c. 有经环境保护主管部门验收合格的环境保护设施。

d. 有健全完善的生产经营管理制度。

②备案（企业备案制度，涉及销售、维修、回收和再生、销毁各环节）。

a. 消耗臭氧层物质的销售单位应当按照国务院环境保护主管部门的规定办理备案手续。

b. 从事含消耗臭氧层物质的制冷设备、制冷系统维修、报废处理等经营活动的单位向所在地县级人民政府环境保护主管部门备案。

c. 从事消耗臭氧层物质回收、再生利用或者销毁等经营活动的单位向所在地环境保护主管部门备案。

③排放。

a. 维修、报废处理等经营单位应对消耗臭氧层物质进行回收、循环利用或者交由从事消耗臭氧层物质回收、再生利用、销毁等经营活动的单位进行无害化处置。

b. 从事消耗臭氧层物质回收、再生利用、销毁单位应对消耗臭氧层物质进行无害化处置，不得直接排放。

④信息。

a. 从事消耗臭氧层物质的生产、销售、使用、回收、再生利用、销毁等经营活动的单位。

b. 从事含消耗臭氧层物质的制冷设备、制冷系统或者灭火系统的维修、报废处理等经营活动的单位。

c. 应当完整保存有关生产经营活动的原始资料至少 3 年，并按照规定报送相关数据。

⑤进出口。

a. 国家将对进出口消耗臭氧层物质予以控制并实行名录管理。

b. 制定、调整和公布《中国进出口受控消耗臭氧层物质名录》。

c. 进出口单位应当向国家消耗臭氧层物质进出口管理机构申请进出口配额，领取进出口审批单，并提交拟进出口的消耗臭氧层物质的品种、数量、来源、用途等情况的材料。

（6）《条例》规定了强化执法手段，明确法律责任。

①监督。县级以上环境保护主管部门和其他有关部门进行监督检查，有权采取下列措施：

a. 要求被检查单位提供有关资料；

b. 要求被检查单位就执行本条例规定的有关情况做出说明；

c. 进入被检查单位的生产、经营、储存场所进行调查和取证；

d. 责令被检查单位停止违反本条例规定的行为，履行法定义务；

e. 扣押、查封违法生产、销售、使用、进出口的消耗臭氧层物质及其生产设备、设施、原料及产品

②法律责任。明确、详细的惩罚措施。

a. 责令停止违法行为或限期改正；

b. 没收有关生产原料、消耗臭氧层物质、使用消耗臭氧层物质生产的产品及违法所得；

c. 拆除、销毁用于违法生产或使用消耗臭氧层物质的设备、设施；

d. 核减配额或吊销配额许可证；

e. 处以最高 100 万元或相关金额 3 倍的罚款直至追究刑事责任。

1.3.3　HCFCs 淘汰国家方案

1.3.3.1　房间空调器行业

在我国，房间空调器行业是 HCFCs 物质的主要消费领域之一。HCF-C22 是在我国房间空调器行业，乃至世界房间空调器产业，当前所采用的主要的制冷剂之一。

房间空调器行业 HCFC-22 淘汰管理计划（HPMP）的重点内容是确定空调器 HCFC 消费的基线数据，即 2009 年和 2010 年制冷剂 HCFC-22 的使用量、提出替代技术路线、确定淘汰时间表、对淘汰费用进行估算、提出政策建议等。HPMP 不仅是行业替代工作的纲领性文件，而且将作为行业获得国际资金支持的基础依据。

另外，受到《蒙特利尔议定书》HCFCs 加速淘汰修正案影响的还有我国的部分家用冰箱、冷柜和热水器企业，其采用的发泡剂 HCFC-141b 也是需要在 2030 年完成淘汰的物质。与房间空调器 HCFC-22 替代有所不同，HCFC-141b 替代技术比较成熟。

2011 年 7 月，第 64 次蒙特利尔多边基金执委会批准了中国房间空调器行业第一阶段 HCFC-22 淘汰管理计划，多边基金将在 2015 年前资助中国房间空调器行业 7500 万美元，实现行业第一阶段 HCFC-22 淘汰目标。按照中国政府与多边基金的协议，将有 18 条生产线转换成采用 R290 替代技术。房间空调器行业 HCFC-22 淘汰管理计划将依据《蒙特利尔议定书》新的时间表要求，对本行业内 HCFC-22 的淘汰工作做出总体的规划，这将成为我国房间空调器行业今后履约工作的指南性文件，确保在国家履约的大背景下，实现房间空调器行业的履约。

配合房间空调器 R290 改造，同期改造了 3 条采用 R290 的压缩机生产线，总产能达到 500 多万台。行业计划还设立并开展了 R290 替代技术应用研发项目，包括降低充注量研究、制冷剂分布研究、制热性能提升研究、泄漏模拟研究和压缩机技术研究；同时，作为技术支撑，设立并开展了 R290 替代技术风险评估课题，全面评估 R290 的使用风险水平；与 R290 使用相关的标准研究包括安装、维修、生产和运输等，如《使用可燃性制冷剂房间空调器安装、维修和运输的特殊要求》标准的编制。为确保第一阶段履约目标实现，建立了 HCFC-22 配额管理制度，总体控制 HCFC-22 在行业内的消费量。开展相应的售后培训活动，解决安

装和维修的售后风险问题。对于 R290 产品市场，利用增加运行成本（Incremental Operating cost，简称 IOC）补贴形式推动 R290 产品的市场化；加强替代技术政策信息交流，组织房间空调器行业 HCFC-22 替代技术研讨等。

1.3.3.2　工商业制冷空调行业

工商制冷空调行业是 HCFCs 主要消费行业之一，企业数量超过千家。工商业制冷空调产品应用广泛，种类繁多，根据不同的应用场合，使用不同种类制冷空调设备。主要产品包括以下几大类：制冷压缩机；压缩冷凝机组；户用冷水（热泵）机组；工商用冷水（热泵）机组；热泵热水机；单元式空调机；多联式空调（热泵）机组；工商用冷冻冷藏设备；车用空调。因此，不同的产品，子行业的企业规模、生产能力及产品分类不同，生产线改造的复杂程度也不同。不同的产品，所使用的替代制冷剂不同，决定了工商制冷空调行业是一种多替代技术路线的模式（表 1-2）。

表 1-2　第一阶段工商业制冷空调产品替代制冷剂

序号	子行业	可选择的替代制冷剂
1	压缩冷凝机组	NH_3、CO_2、R32、R134a、R410A
2	户用冷水（热泵）机组	R32、R410A、R134a
3	中小型工商用冷水（热泵）机组	R32、R410A、R134a
	大中型工商用冷水（热泵）机组	R134a、R410A
4	热泵热水机	CO_2、R32、R134a、R410A
5	单元式空调机	R32、R410A
6	多联式空调（热泵）机组	R32、R410A
7	工商用冷冻冷藏设备	NH_3、CO_2、R32、R134a、R410A
8	列车空调	R32、R410A、R407C

中国制冷空调工业协会承担了中国工商制冷空调行业 HCFCs 淘汰管理计划的编制工作。在 HCFCs 淘汰管理计划编制过程中，充分考虑中国的国情，结合能效和寿命期气候性能等各方面的因素，尽可能选择臭氧气候友好的替代技术，设计管理计划的框架。

2011 年 7 月，在蒙特利尔召开的第 64 次多边基金执委会会议上，中国工商制冷空调行业第一阶段 HCFCs 淘汰管理计划（HPMP）获得批准。

按照批准的工商制冷空调行业第一阶段 HCFCs 淘汰管理计划，为完成 2013 年冻结、2015 年淘汰 10% 的目标，工商制冷空调行业在第一阶段需要淘汰 HCFCs 约 8450 吨。中国制冷空调工业协会与环保部环境保护对外合作中心（FECO）等相关机构一道，在行业内组织开展工商制冷空调行业 HCFCs 淘汰管理计划的落实、实施与监督管理工作。中国工商制冷空调行业第一阶段 HCFCs 淘汰改造项目汇总情况见表 1-3。

表 1-3　工商制冷空调行业第一阶段 HCFCs 淘汰进程

序号	采用的替代制冷剂	生产线数量	涉及产品种类
1	R32	16	户用冷水机组、单元机、压缩机
2	CO_2/NH_3	9	压缩机、压缩冷凝机组
3	HFOs	1	压缩机
4	R410A	5	单元机、多联机
5	R134a	5	工商用冷水机组、压缩冷凝机组
合计		36	

与此同时，为推动行业 HCFCs 淘汰管理计划的执行，在行业中还开展了一系列的技术支撑工作，包括：

（1）广泛宣传淘汰管理计划和臭氧层保护的政策法规，面向维修企业大力推广维修良好操作行为及制冷剂回收再利用等环保理念，确保如期完成行业第一阶段 HCFCs 淘汰管理计划规定的淘汰任务。

（2）在行业内组织针对制冷剂替代的各种专题研讨活动，让更多企业关注和加入替代转换进程中。

（3）开展了自愿性企业资质等级认证工作，目前已有超过 1000 家企业获得维修安装资质认证证书。在认证细则中增加了减少制冷剂泄漏、加强制冷剂回收再利用的相关指标和要求。

（4）开展《工商业用或类似用途的制冷空调设备维修保养技术规范》的编制、《制冷空调设备维修技术与操作》教材的编写，力图规范制冷空调维修企业和从业人员的操作行为，使空调制冷设备在使用寿命期内运行稳定可靠，有效减少制冷剂泄漏排放，促进制冷剂回收及循环再利用，从而降低维修行业制冷剂消费量，实现制冷剂的负责任使用。

（5）技术支撑研究工作。开展了针对使用弱可燃 R32 制冷剂的制冷空调设备制造与使用安全技术标准的前期研究，对 R32 制冷空调设备在制造、储运和使用的整个生命周期中各个环节的安全风险进行评价，并提出相应的解决措施和建议。

1.3.3.3　制冷维修行业

随着中国制冷制造业的迅速发展，制冷设备的保有量规模不断扩大，中国制冷维修行业也随之出现并不断发展壮大。据估算，目前中国房间空调器的维修企业在 110000 家左右，工商制冷维修企业超过 10000 家，从业人员达上百万人。中国在用制冷设备中所使用的 HCFCs 制冷剂主要以 HCFC-22 为主，约占 99%，其余采用 HCFC-123、HCFC-142b 等。

2011 年 7 月，在蒙特利尔召开的第 64 次多边基金执委会会议上，中国制冷维修行业第一阶段 HPMP 和能力建设项目（能力建设包括政策能力建设、进出口能力建设、宣传培训三个子项）同期获得批准，获批资金 564 万美元。

制冷维修行业通过四个途径削减制冷维修行业的 HCFCs 消费量。

（1）减小设备运行过程中的泄漏量。这一目标将通过改善产品的制造质量（密封性）、保证设备安装或组装质量（密封性）以及鼓励制造商减少产品的制冷剂充灌量来实现。

（2）减小设备维修过程中的泄漏量。这一目标将通过在维修过程实施制冷剂回收来实现，同时鼓励制造商在产品设计时充分考虑制冷剂回收的便利。

（3）减小报废设备制冷剂的直接排放量。这一目标将通过制定严格的法规和标准禁止直接排放、建设 HCFCs 制冷剂再生（再利用）和销毁体系来实现。

（4）鼓励设备用户自愿换用零 ODP 和低 GWP 的替代制冷剂。这一目标必须通过国家的鼓励政策（如政府补贴、税收优惠等）来推动。

为此，将开展一系列的能力建设如政策法规、国家标准、技术支持体系、信息管理与监督体系、人员培训、再生 / 销毁体系、相关设备配套能力、公共宣传等确保上述目标的实现（图 1-7）。

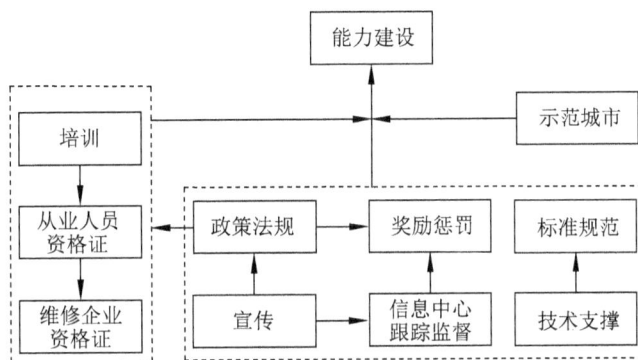

图 1-7　中国制冷维修行业 HCFCs 淘汰实施框架

制冷维修行业 HPMP 的目标是加强制冷维修行业政策法规、标准规范、技术培训等方面的能力建设，提升行业管理水平。HPMP 的实施分为房间空调器维修和工商制冷维修两个子行业进行，房间空调器维修子行业通过推广良好操作降低泄漏率，工商制冷维修子行业通过降低泄漏率、提高回收率实现削减 HCFCs 的目标。

1.4　制冷剂及其环境特性

本节所涉及的制冷剂指蒸汽压缩制冷系统所用的制冷剂。制冷剂是制冷系统中实现热量传递和转移的介质，理论上凡是在制冷系统工作温度区间内能实现相变的物质均可作为制冷剂。但制冷剂的性质在很大程度上影响了制冷系统的性质，如能效、可靠性、安全性、环境特性等，因此，在工程实践中要综合考虑各种因素后选择合适的物质作为制冷剂。

制冷剂又称制冷工质、工质、冷媒等。

1.4.1　制冷剂的分类与命名

1.4.1.1　制冷剂分类

制冷剂的种类很多，对制冷剂的研究从来没有停止过，新的制冷剂也不断出现。根据制冷剂的特征、分类目的不同，制冷剂的分类方法也有很多（图 1-8）。

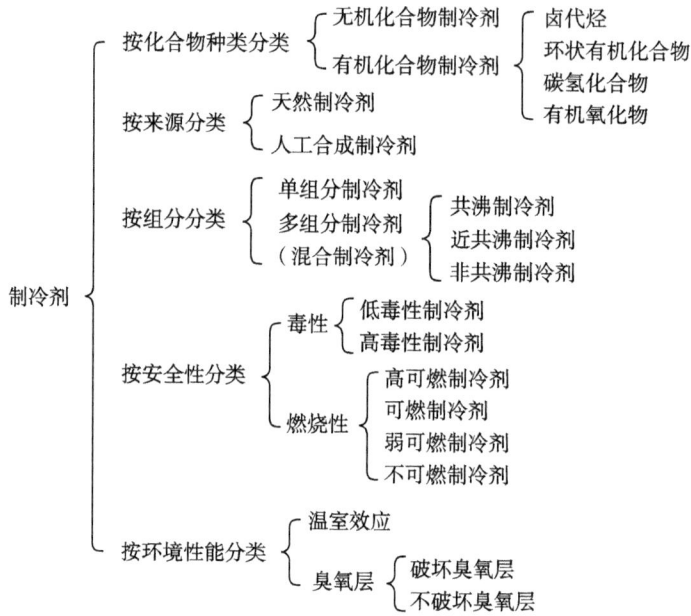

图 1-8　制冷剂分类

在日常使用中，常见的对制冷剂的称呼如可燃制冷剂、不可燃制冷剂、天然制冷剂、混合制冷剂、共沸制冷剂等均来源于上述分类方法。

1.4.1.2　制冷剂的命名和编号方法

国际上对制冷剂的编号有通用的规定[9]，我国的标准也采用了同样的编号规则[10]。

按照编号需要，将制冷剂分为几大类物质，包括甲烷系列、乙烷系列、丙烷系列、环状有机化合物、无机化合物、有机化合物等制订不同的编号规则。

（1）甲烷、乙烷、丙烷和环丁烷系的卤代烃以及碳氢化合物。这几类制冷剂采用相同的编号规则，用 R 后跟编号表示，编号为 2 位或 3 位数字，如 R22、R123 等。编号按照制冷剂的化学组成得出，这样制冷剂化合物的结构可以从其编号推导出来，反之亦然，且不致产生模棱两可的判断。编号遵循以下规则：

①自右向左的第一位数字是化合物中氟（F）原子数。

②自右向左的第二位数字是化合物中氢（H）原子数加 1 的数。

③自右向左的第三位数字是化合物中碳（C）原子数减 1 的数。当该数字为零时，则不写。

④自右向左的第四位数字是化合物中非饱和碳键的个数。当该数字为零时，则不写。

⑤在溴部分和全部代替氯的情况下，仍然采用同样的规则，但要在原来氯氟化合物的识别编号后面加字母 B 以表示溴（Br）的存在，字母 B 后的数字表示溴的原子个数。

⑥化合物中氯（Cl）原子数，是从能够与碳（C）原子结合的原子总数中减去氟（F）、溴（Br）和氢（H）原子数的和后求得的。对于饱和的制冷剂，连接的原子总数是 $2n+2$，其中 n 是碳原子数。对于单个不饱和的制冷剂和环状饱和制冷剂，连接的原子总数是 $2n$。

例如，对于 R123，其分子式为 $CHCl_2CF_3$，包含有 2 个碳原子、1 个氢原子、3 个氟原子、2 个氯原子。它的编号表示及含义如图 1-9 所示。

$$氯原子数 = (2n+2) - (氟原子数 + 氢原子数)$$
$$= 6 - (1+3) = 2$$

| 编号 | R | 1 | 2 | 3 |

| 数字规则 | | 碳原子数 −1 | 氢原子数 +1 | 氟原子数 |

| 分子数 | | 碳 C=2，即 $n=2$ | 氢 H=1 | 氟 F=3 |

| 数字位数 | | 右数第 3 位 | 右数第 2 位 | 右数第 1 位 |

| 分子式 | | | $CHCl_2CF_3$ | |

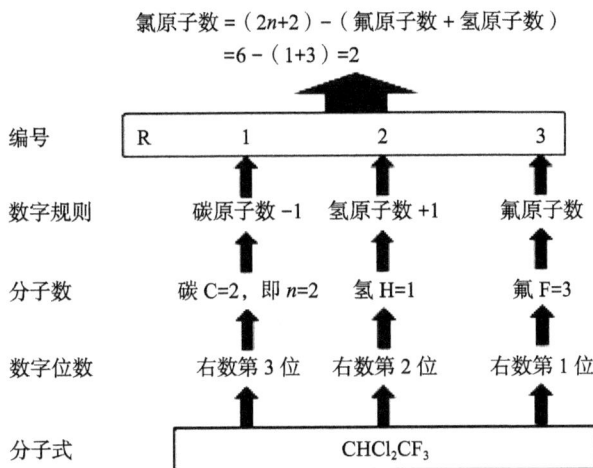

图 1-9 制冷剂编号示例

⑦碳（C）原子应按照出现的顺序依序编号，编号 1 分配给具有氢取代基数目最多的末端碳（C）原子。在两个末端碳（C）原子都包含相同数目的（但相异的）卤素原子的情况下，编号 1 应分配给依次具有最大数目的溴（Br）、氯（Cl）、氟（F）和碘（I）原子的第一个末端碳原子。

⑧环状衍生物，在制冷剂的识别编号之前使用字母 C（例如，R-C318，PFCC-318）。

⑨乙烷系同分异构体都具有相同的编号，但最对称的一种用编号后面不带任何字母来表示。随着同分异构体变得越来越不对称时，就应附加 a、b、c 等字母。对称度是把连接到每个碳原子的卤素原子和氢原子的质量相加，并用一个质量总和减去所得的差值来确定，其差值绝对值越小，生成物就越对称。

⑩丙烷系的同分异构体都是具有相同编号，它们通过后面加上两个小写字母来区别，加的第一个字母表示中间碳原子（C2）上的取代基（表 1-4）。

表 1-4 丙烷同分异构体中附加字母

同分异构体	附加字母
CCl_2	a
$CClF$	b
CF_2	c
$CHCl$	d
CHF	e
CH_2	f

⑪对环丙烷的卤代衍生物，用所连接原子的质量总和为最大的碳原子作为中心碳原子，对这些化合物，舍去第一个后缀字母。加的第二个字母表示两端碳原子（C1 和 C3）取代基的相对对称性，对称性取决于与"C1"和"C3"碳原子分别相连的卤素原子和氢原子质量总

和，两个和之差绝对值越小，这个同分异构体越对称。但与乙烷系列不同，最对称的同分异构体具有第二个附加字母a（乙烷系列同分异构体不加字母），按不对称顺序再附加字母（b、c等）；如果没有同分异构体时，则省略附加字母，这时仅用制冷剂编号就明确地表示出分子结构；例如，$CF_3CF_2CF_3$ 编号为R218，而不是R218ca。

⑫丙烯系的同分异构体都是具有相同编号，它们通过后面加上两个小写字母来区别，加的第一个字母表示中间碳原子上的取代基，应分别用 x、y 和 z 代表 Cl、F 和 H。第二个字母表示末端亚甲基碳上的取代基（表1-5）。

表1-5　丙烯同分异构体附加字母

同分异构体	附加字母
CCl_2	a
CClF	b
CF_2	c
CHCl	d
CHF	e
CH_2	f

⑬对于立体异构体存在的情况，相对的异构体（相对立或相反）由后缀（E）界定、同向异构体（共同或顺式）由后缀（Z）界定。

（2）醚基制冷剂。醚基制冷剂在编号之前用前缀"E"（表示"醚"）表示。除了一些特殊情况外，碳氢化合物原子的基数字标号与碳氢化合物的编号规则相同。对于特殊情况的处理可参考相关文献[10]。

（3）混合制冷剂。混合制冷剂在400和500系列号中进行编号，遵循下列规则。

①非共沸混合制冷剂应在400系列中被连续地分配一个识别编号。为了区分具有相同制冷剂但不同组成（质量百分比不同）的非共沸混合制冷剂，编号后应添加一个大写字母（A、B或C）。

②共沸混合制冷剂应在500系列中被连续地分配一个识别编号。为了区分具有相同制冷剂但不同组成（质量百分比不同）的共沸混合制冷剂，编号后应添加一个大写字母（A、B或C）。

③混合物应对单一成分的容差进行规定。那些容差应规定到接近0.1%质量比的精确度。超过或低于名义值的最大容差不应超过2.0%质量比。超过或低于名义值的容差不应小于0.1%质量比。最高和最低容差之间的差值不应超过名义成分组成的1/2。

（4）有机化合物。有机化合物在600系列号中按十个一族被分配编号，在族内按名称顺序编号。对于带有4~8个碳原子的饱和烃类，被分配的编号应是600加碳原子数减4。例如，丁烷是R600，戊烷是R601，己烷是R602，庚烷是R603，辛烷是R604。直链或"正"烃没有后缀。对于带有4~8个碳原子的烃类同分异构体，小写字母a、b、c等按表1-6所示根据连接到长碳链上的族被附加到同分异构体上。例如，R601a被分配给2-甲基丁烷（异戊烷），而 R601b 将被分配给 2,2- 二甲基丙烷（季戊烷）。其中一个异构体的浓度大于或等于 4% 的混合同分异构体，应在 400 或 500 系列中被分配一个编号。

表 1-6　各种有机化合物的后缀

被连接的族	后缀	被连接的族	后缀
无（直链）	无后缀	无（直链）	无后缀
2- 甲基 -	a	2,5- 二甲基 -	j
2,2- 二甲基 -	b	3,4- 二甲基 -	k
3- 甲基 -	c	2,2,4- 三甲基 -	l
2,3- 二甲基 -	d	2,3,3- 三甲基 -	m
3,3- 二甲基 -	e	2,3,4- 三甲基 -	n
2,4- 二甲基 -	f	2,2,3,3- 四甲基 -	o
2,2,3- 三甲基 -	g	3- 乙基 -2- 甲基 -	P
3- 乙基 -	h	3- 乙基 -3- 甲基 -	q
4- 甲基 -	i		

（5）无机化合物。无机化合物按 700 和 7000 系列序号编号，遵循如下规则。

①对于相对分子质量小于 100 的无机化合物，化合物的相对分子质量加上 700 就得出制冷剂的识别编号。

②对于相对分子质量等于或大于 100 的无机化合物，化合物的相对分子质量加上 7000 就得出制冷剂的识别编号。

③当两个或两个以上的无机制冷剂具有相同的相对分子质量时，应按名称的顺序编号添加大写字母（例如，A、B、C 等），以便区分它们。

技术性用途时，制冷剂编号前应加字母 R（Refrigerant 的第一个字母）。

非技术用途主要应用在有关保护臭氧层、替代制冷剂化合物或混合物的非技术性的、科普读物类的有关宣传类出版物中。此时，制冷剂编号前加 C 表示有碳元素，C 后面加 H、B、Cl、F 分别说明含有氢、溴、氯、氟元素。纯工质如 CFC-11，表明其含有碳、氟和氯元素。对于混合物，若已有编号，应用每个组分的成分标识前缀符号连接起来表示，如 R500 由 CFC-12 和 HFC-152a 组成，可表示为 R500（CFC-12/HFC-152a）；还没有编号的混合物可用每个组分的成分标识前缀符号表示，如 HCFC-22/HFC-152a/CFC-114（36/24/40），但不能写成 HCFC/HFC/CFC22/152a/114（36/24/40）或 HCFC-22/152a/114（36/24/40）。

1.4.2　制冷剂的热力学性质与热力学性质图表

制冷剂的性质包括热力学、物理化学、环境影响、生理学、安全性以及经济性等各个方面的特性，本节介绍对制冷剂几个主要特性的要求。

制冷剂的热力学性质在很大程度上决定了制冷循环的工作压力、能耗与能效等基本特征，因此，是选择制冷剂首要考虑的问题。

制冷剂常用的热力学性质包括沸点、凝固点、临界点、压力、温度、比体积、比焓、比熵、比热容、汽化潜热等。这些热力学性质决定了一种物质能否作为制冷剂以及其作为制冷剂的表现。例如，凝固点高的制冷剂就不能用在低温制冷场合，低温下制冷剂将凝固变为固体使得制冷系统无法工作。

已有大量的文献介绍了这些参数的定义、作用和数据[1, 11-15]。它们是制冷剂的固有性质，一般通过试验测得，然后将其整理为图、表或经验公式以方便使用。计算机技术的发展使得获取制冷剂的热力学性质变得非常方便，如行业内广泛使用的 NIST 软件。但在工程应用中，通过查图、表获取制冷剂热力学性质仍不失为一种简洁、快速的方法，目前仍在广泛采用这种方法。

在此以 lg$p$—h 为例介绍制冷剂的热力学性质图，以方便读者了解制冷剂热力学性质的总体表述方法。lg$p$—h 也称压焓图，横坐标为制冷剂的比焓，纵坐标为压力取对数（使坐标间隔比较合理）。除了压焓图外，行业里经常使用的还有 T—s 图（温熵图），其作用与压焓图是一样的，可参考相关文献。

压焓图分为一点、两线、三区（图 1-10）。

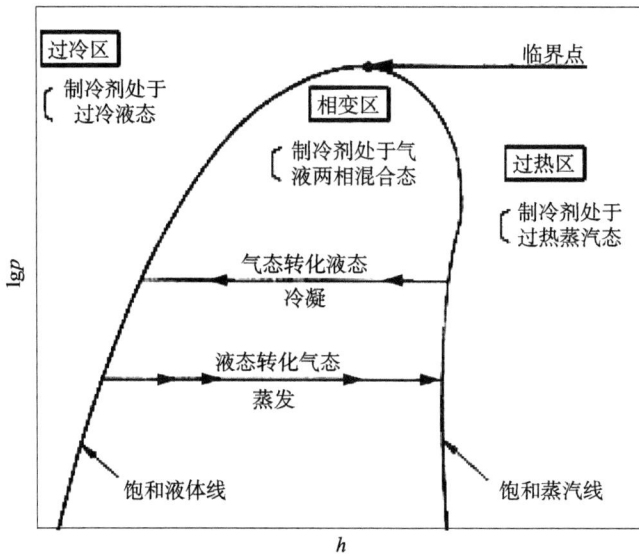

图 1-10　压焓图

图中左侧区域为过冷区，制冷剂在这个区域处于过冷液体状态，制冷循环中制冷剂进入节流装置前的状态处于这个区域。图中右侧区域为过热区，制冷剂在这个区域处于过热气体状态，制冷循环的压缩过程、冷凝过程的气体冷却阶段等均处于这个区域。图中中间区域为两相区，制冷剂在这个区域处于气液混合共存状态，制冷循环的蒸发过程、冷凝过程的气体相变阶段均处于这个区域。

图中左半边曲线为过冷区和两相区的分界线，称为饱和液体线，制冷剂在这条曲线上的任意一点都处于饱和液体状态。图中右半边曲线为过热和两相区的分界线，称为饱和蒸汽线，制冷剂在这条曲线上的任意一点都处于饱和蒸汽状态。

饱和液体线和饱和蒸汽线的交点就是制冷剂的临界点。

在压焓图上可表示出制冷剂的主要热力学性质。将制冷剂各种热力学参数相等的点连接起来，成为曲线画在图上。如将压力相等的点连接起来就是等压线，不同的压力有不同的等压线。这样每一类等值线都有很多条。

压焓图上的等值线包括等压线、等焓线、等温线、等容线、等熵线和等干度线等。图 1-11~图 1-14 表示了等温线、等容线、等熵线和等干度线在压焓图上的走势[1]。

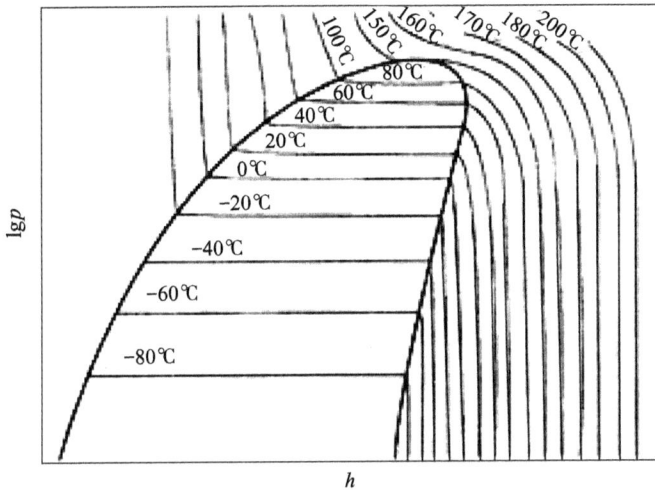

图 1-11　压焓图上的等温线

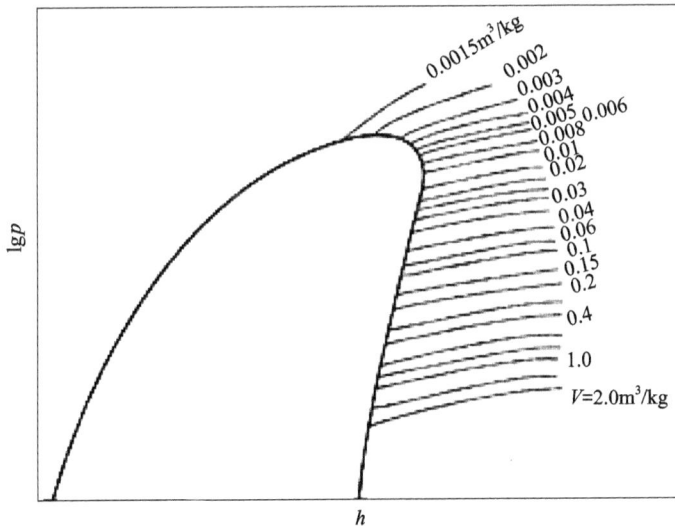

图 1-12　压焓图上的等容线

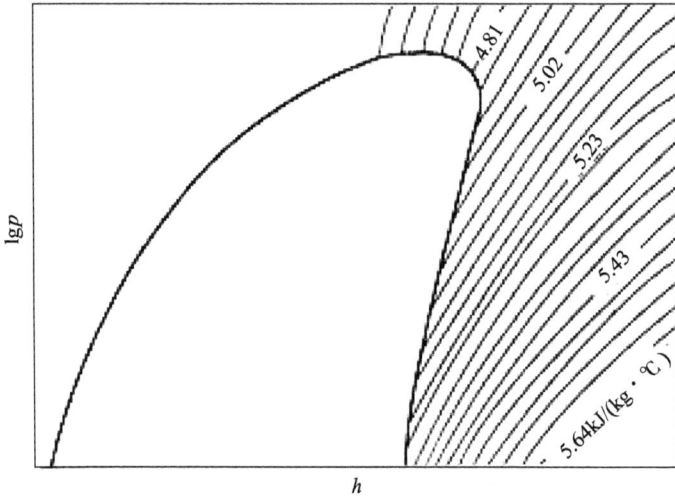

图 1-13　压焓图上的等熵线

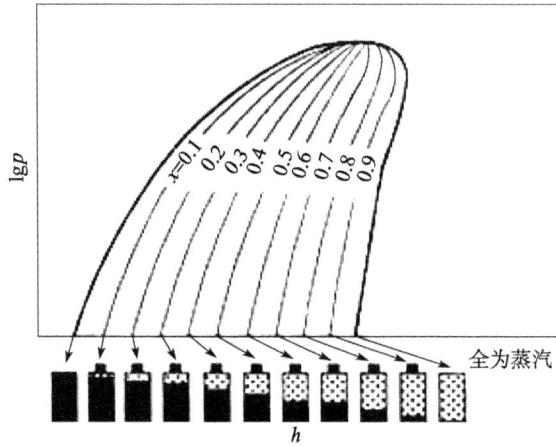

图 1-14　压焓图上的等干度线

图 1-15 为与图 1-14 所对应的压缩式制冷循环中制冷剂的相变情况。图中中间部分为制冷循环的压焓图。压焓图上的等压线为水平直线、等焓线为垂直直线。

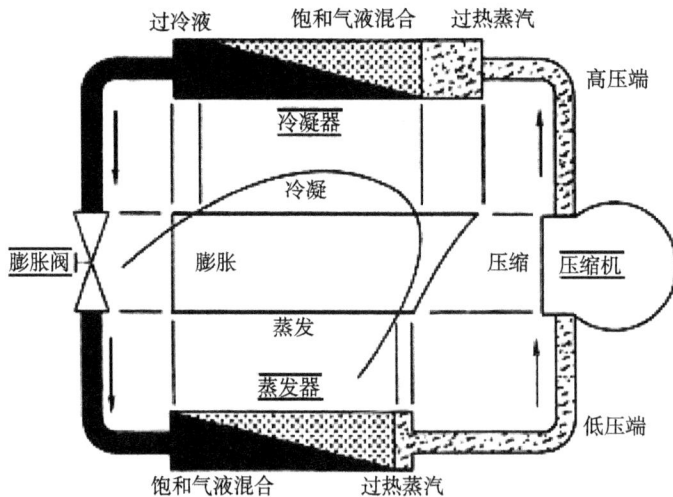

图 1-15　压缩式制冷循环中制冷剂的相变情况

1.4.3 安全性

1.4.3.1 燃烧性

制冷剂的安全性包括方方面面，在此介绍有关燃烧性的安全问题。

制冷剂通常分为不可燃、弱可燃和高可燃，根据制冷剂的浓度需要多高才能维持火苗以及火焰释放的能量大小确定。

当考虑到环境影响问题如臭氧层破坏、温室效应后，自然制冷剂的使用将越来越多。一些自然制冷剂具有可燃性，如 R290（丙烷）作为国家方案确定为房间空调器现用 HCFC-22 制冷剂的替代制冷剂之一，过去常用的 R717（氨）也将从原来的食品冷冻领域扩展到其他应用场合。这样，有关安全性问题就是制冷空调行业面临的一个严峻挑战。

（1）评价燃烧性的指标。涉及燃烧性的主要指标包括[16]：

①闪点。某挥发性物质挥发后与空气混合形成一可燃性混合物所需的最低温度。

②自燃点。物质在一个普通环境中，无需其他任何点火源，自发燃烧所需要的最低温度。

③燃烧下限（LFL）。火焰能在制冷剂与空气的混合气体中传播的最小制冷剂浓度。

④燃烧上限（UFL）。火焰能在制冷剂与空气的混合气体中传播的最大制冷剂浓度。

⑤燃烧热（HOC）。在 25℃及一个大气压力下，某物质燃烧所放出的热量。

⑥最小点火能（MIE）。点燃一可燃蒸汽、气体或粉尘所需要的最小能量。

⑦燃烧速度（Su）。层流火焰沿着一定方向向未燃烧的气体传播的最大速度。

⑧可燃浓度限值（FCL）。制冷剂在空气中的燃烧浓度值极限，此标准意在降低普通工作场所、密闭环境中发生着火或爆炸的风险。

⑨最大燃烧压力。燃烧过程中出现的最高压力。

（2）制冷剂燃烧性的分类。按制冷剂的燃烧性危险程度，制冷剂的燃烧性根据可燃下限（LFL）、燃烧热（HOC）和燃烧速度（Su）分为 1、2L、2 和 3 四类[10, 17]。

①第 1 类（不可燃）。在 101kPa 和 60℃大气中实验时，单一制冷剂或者混合制冷剂的 WCF 和 WCFF 未表现出火焰蔓延。

②第 2L 类（弱可燃）。单一制冷剂或者混合制冷剂的 WCF 和 WCFF 满足：在 101kPa、60℃的实验条件下有火焰蔓延，制冷剂 LFL > 3.5%（体积分数），燃烧产生热量 < 19000kJ/kg。并且在 101kPa、60℃的实验条件下测试时，制冷剂的最大燃烧速度 Su ≤ 10cm/s。

③第 2 类（可燃）。单一制冷剂或者混合制冷剂的 WCF 和 WCFF 满足：在 101kPa、60℃的实验条件下有火焰蔓延，制冷剂 LFL > 3.5%（体积分数），并且燃烧产生热量 < 19000kJ/kg。

④第 3 类（高可燃或可燃易爆）。单一制冷剂或者混合制冷剂的 WCF 和 WCFF 满足：在 101kPa、60℃的实验条件下有火焰蔓延。且制冷剂 LFL ≤ 3.5%（体积分数），或者燃烧产生热量 ≥ 19000kJ/kg。

其中，WCF（worst-case formulation）为最坏情况成分，即因采用标称成分容限而造成配方的毒性最强或易燃性最大的成分。WCFF（worst-case fractionated formulation）为最不利分馏成分，即在最不利成分分馏期间产生的导致成分毒性最强或易燃性最大的成分。

1.4.3.2 毒性

许多化学物质，包括制冷剂，如果使用不当可能会对人体产生危险。一些国际性组织和国家的学术性团体和政府部门对此都制订了相应标准，以保护从业者的人身安全。

（1）评价毒性的指标。毒性始终是制冷剂的一个重要特性，涉及毒性的有关指标包括[10, 16]：

①急性毒性。制冷剂意外释放期间可能发生的因单次短期接触而产生的不利健康影响。

②慢性毒性。因长期、反复接触而产生的不利健康影响。

③半数致死浓度（LC_{50}）。在特定时间内，可导致50%被测试动物因急性吸入而中毒死亡的浓度。表1-7为我国根据大鼠半致死浓度的物质毒性分类[18]。

表1-7 物质毒性分类

毒性级别	经口 LD_{50}（mg/kg）	经皮 LD_{50}（mg/kg）	吸入 LC_{50}
剧毒（++++）	≤ 5	≤ 50	气体：≤ 100×10^{-6} 蒸汽：≤ 0.5mg/L 尘、雾：≤ 0.05mg/L
高毒（+++）	> 5，≤ 50	> 50，≤ 200	气体：> 100×10^{-6}，≤ 500×10^{-6} 蒸汽：> 0.5，≤ 2.0mg/L 尘、雾：> 0.05，≤ 0.5mg/L
中毒（++）	> 50，≤ 300	> 200，≤ 1000	气体：> 500×10^{-6}，≤ 2500×10^{-6} 蒸汽：> 2.0，≤ 10mg/L 尘、雾：> 0.5，≤ 1.0mg/L
低毒（+）	> 300，≤ 2000	> 1000，≤ 2000	气体：> 2500×10^{-6}，≤ 5000×10^{-6} 蒸汽：> 10，≤ 20mg/L 尘、雾：> 1.0，≤ 5.0mg/L
实际无毒（-）	> 2000	> 2000	气体：> 5000×10^{-6} 蒸汽：> 20mg/L 尘、雾：> 5.0mg/L

注　LC_{50}（Lethal Concentration 50）：半致死浓度/半数致死浓度；
　　LD_{50}（lethal dose 50%）：半数致死量。

④心脏致敏最低作用剂量（LOEL）

导致任何一只被测试动物出现心脏致敏的最小物质浓度。心脏致敏：相比身体自身释放的儿茶酚胺或服用的药物，心脏受到了更多刺激而产生能导致死亡的心律紊乱。

⑤心脏致敏最高无作用剂量（NOEL）

所有被测试动物均不出现心脏致敏的最高浓度值。

⑥制冷剂浓度限值（RCL）

制冷剂在空气中的浓度值极限，此标准意在降低普通工作场所、密闭环境中出现急性中毒、窒息、燃烧的风险。

⑦职业接触限定值（OEL）

对于普通8h工作日和普通40h工作周的工人，能被反复证明不出现任何不良反应的时间加权平均浓度。

⑧急性毒性接触极限（ATEL）

旨在在发生制冷剂释放时降低对人的急性毒性风险危害的最大建议制冷剂浓度。

（2）毒性的分类。制冷剂根据容许的接触量，毒性危害分为 A、B 两类[10,16]。

① A 类（低毒性）。制冷剂的职业接触限定值 OEL ≥ 400 ppm。

② B 类（高毒性）。制冷剂的职业接触限定值 OEL < 400 ppm。

综上所述，制冷剂的安全等级如图 1-16 所示，其中 A1 危险性最小，B3 危险性最大[10]。

表 1-8 给出了常用制冷剂的安全性类别[10]。

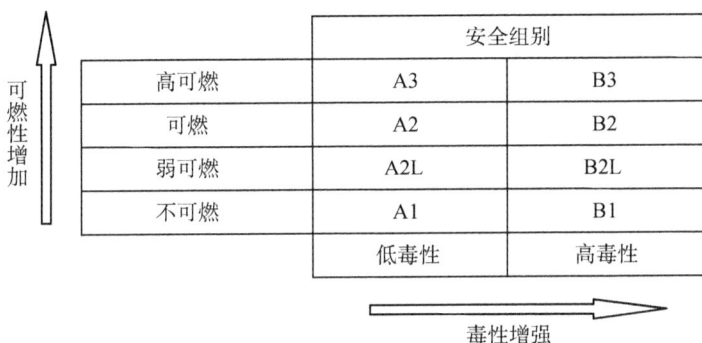

图 1-16　制冷剂的安全性分类

表 1-8　常用制冷剂的安全性类别

编号	成分标识前缀	化学名称	化学分子式	相对分子质量（g/mol）	标准沸点（℃）	安全分类	LFL（ppm，体积分数）	ATEL（ppm，体积分数）	RCL（ppm，体积分数）
甲烷系列									
R14	PFC	四氟甲烷（四氟化碳）	CF_4	88.0	−128	A1		110000	110000
R22	HCFC	氯二氟甲烷	$CHClF_2$	86.5	−41	A1		59000	59000
R23	HFC	三氟甲烷	CHF_3	70.0	−82	A1		51000	51000
R32	HFC	二氟甲烷（亚甲基氟）	CH_2F_2	52.0	−52	A2L	144000	220000	29000
乙烷系列									
R116	PFC	六氟乙烷	CF_3CF_3	138.0	−78	A1		120000	120000
R123	HCFC	2,2-二氯-1,1,1-三氟乙烷	$CHCl_2CF_3$	153.0	27	B1		9100	9100
R124	HCFC	2-氯-1,1,1,2-四氟乙烷	$CHClFCF_3$	136.5	−12	A1		10000	10000
R125	HFC	五氟乙烷	CHF_2CF_3	120.0	−49	A1		75000	75000
R134a	HFC	1,1,1,2-四氟乙烷	CH_2FCF_3	102.0	−26	A1		50000	50000
R142b	HCFC	1-氯-1,1-二氟乙烷	CH_3CClF_2	100.5	−10	A2	80000	25000	16000
R143a	HFC	1,1,1-三氟乙烷	CH_3CF_3	84.0	−47	A2L	82000	170000	16000
R152a	HFC	1,1-二氟乙烷	CH_3CHF_2	66.0	−25	A2	48000	50000	9600

编号	成分标识前缀	化学名称	化学分子式	相对分子质量（g/mol）	标准沸点（℃）	安全分类	LFL（ppm，体积分数）	ATEL（ppm，体积分数）	RCL（ppm，体积分数）
R170	HC	乙烷	CH_3CH_3	30.0	−89	A3	31000	7000	6200
RE170		二甲醚	CH_3OCH_3	46.1	−25	A3	34000	42000	6800
丙烷系列									
R218	PFC	八氟丙烷	$CF_3CF_2CF_3$	188.0	−37	A1		110000	110000
R227ea	HFC	1,1,1,2,3,3,3-七氟丙烷	CF_3CHFCF_3	170.0	−16	A1		90000	90000
R236fa	HFC	1,1,1,3,3,3-六氟丙烷	$CF_3CH_2CF_3$	152.0	−1	A1		55000	55000
R245fa	HFC	1,1,1,3,3-五氟丙烷	$CF_3CH_2CF_3$	134.0	15	B1		34000	34000
R290	HC	丙烷	$CH_3CH_2CH_3$	44.0	−42	A3	21000	50000	4200
环状有机化合物									
RC318	PFC	八氟环丁烷	$CF_2CF_2CF_2CF_2$	200.0	−6	A1		80000	80000
杂项									
有机化合物烃类									
R600	HC	丁烷	$CH_3CH_2CH_2CH_3$	58.1	0	A3	16000	1000	1000
R600a	HC	2-甲基丙烷（异丁烷）	$(CH_3)_2CHCH_3$	58.1	−12	A3	18000	25000	3600
R601	HC	戊烷	$CH_3CH_2CH_2CH_2CH_3$	72.2	36	A3	12000	1000	1000
R601a	HC	2-甲基戊烷（异戊烷）	$(CH_3)_2CHCH_2CH_3$	72.2	27	A3	10000	1000	1000
无机化合物									
R702		氢	H_2	2.0	−253	A3	40000		
R704		氦	He	4.0	−269	A1			
R717		氨	NH_3	17.0	−33	B2L	167000	320	320
R744		二氧化碳	CO_2	44.0	−78	A1		40000	40000
丙烯系列									
R1234yf	HFO	2,3,3,3-四氟-1-丙烯	$CF_3CF=CH_2$	114.0	−29.4	A2L	62000	100000	12000
R1234ze（E）	HFO	1,3,3,3-四氟-1-丙烯	$CF_3CH=CHF$	114.0	−19.0	A2L	65000	59000	13000
R1270	HC	丙烯	$CH_3CH=CH_2$	42.1	−48	A3	27000	1000	1000

从表 1-8 中可以看出，除 R717、R123 和 R245fa 外，多数制冷剂是无毒的。但所有的碳氢化合物制冷剂（成分标示前缀 HC）都是高可燃物质，还存在不少的可燃和弱可燃制冷剂如 R717、R32、R1234yf 和 R1234ze 等。

1.4.4　对制冷剂的要求

1.4.4.1　一般要求

以下的论述主要是针对蒸汽压缩制冷循环。从运行效率、经济性和安全性来考虑，理想工质应该具有以下的热力学和热物理学性质。

（1）良好的热力学性质。

①制冷剂的标准沸点（101.325kPa 下的饱和温度）要合适。使得蒸发温度所对应的饱和压力不应过低，以稍高于大气压力为宜，可以防止空气漏入系统。冷凝温度所对应的饱和压力不宜过高，以降低对设备耐压和密封的要求，允许用较轻的材料构造热交换器、压缩机、管道等。

②在工作温度（蒸发温度与冷凝温度）时，气化潜热大，单位制冷剂有较大的制冷能力，以减小换热器的体积。

③制冷剂在 T—s 图上的饱和蒸汽线、饱和液体线陡峭，以便冷凝过程更加接近定温放热过程。饱和液体线陡峭表明液态质量定压热容小，这样可以在膨胀之前进一步使液体过冷、减少气体闪发，以减少节流引起的制冷能力的下降。

④临界温度应远高于环境温度，使循环不在临界点附近运行，而运行于具有较大气化潜热的范围之内。

⑤凝固点要低，以免制冷剂在低温下凝固而阻塞管路。

⑥比体积小，使得单位容积的质量流量大，减小压缩机的体积。但在离心式压缩机之中，最好是比体积较大。

⑦压缩过程的温升小、排气温度低，以免压缩机过热、电动机工作环境恶化以及制冷剂、润滑油和其他物质起化学反应。

⑧压缩过程的压力比小，使得容积效率高、耗能低。

（2）良好的传热和流动性能。

①制冷剂应有较高的导热系数以及具有较高的相变传热系数，以提高换热器的热交换效率，减少热交换器的面积。

②蒸汽和液体的黏度低，以减小制冷剂在换热器和管路中的流动阻力损失。

（3）良好的物理化学性质。

①化学稳定性好，高温下以及有水分时不易产生化学反应或分解。

②制冷剂与接触到的润滑油、金属和非金属材料不发生化学作用，保证长期可靠地运行。

（4）与润滑油有良好的互溶性。以保证系统回油，一方面可以充分润滑压缩机的摩擦面，另一方面可以避免在换热器底部沉积以影响传热。一般是寻找合适的润滑油与制冷剂相配。

（5）良好的电气绝缘性。压缩机（特别是封闭式压缩机）的电动机绕组及电气元件往往浸泡在气态或液态制冷剂中，这就一方面要求制冷剂不腐蚀这些材料，另一方面制冷剂本身也应具有良好的绝缘性。

（6）经济上要求制冷剂价格便宜，容易获得。

1.4.4.2 环保与安全要求

一般要求是从制冷循环和制冷装置的经济性、可靠性的角度对制冷剂的要求，主要是针对制冷剂的热力学性质。

随着人们对环境保护意识的不断增强，除了热力学和热物理学性质之外，对制冷剂还提出了包括环境影响、安全性如毒性和可燃性等在内的其他要求。实际上，这些要求是首要考虑的问题。

（1）ODP。由于《蒙特利尔议定书》的强制要求，新的制冷剂的 ODP 必须是零，正在使用的 ODP 不为零的制冷剂（如 HCFCs）将按照议定书要求的时间进度进行淘汰。

这已成为对制冷剂的最基本的要求。

（2）GWP。新的制冷剂的 GWP 值也应该为零或尽可能低。

目前常用的 HFCs 类制冷剂尽管 ODP 为零，不破坏臭氧层。但它们大部分具有较高的 GWP，即具有较高的温室效应。高 GWP 值的制冷剂基本上属于过渡性物质，将面临逐步削减的压力。如欧盟已出台"F- 气体"法令限制高 GWP 的 HFCs 类制冷剂的使用[19]。

在选择未来的替代制冷剂时，除满足零 ODP 值、尽可能低的 GWP 值外，还应综合考虑制冷剂的整个寿命周期气候性能（LCCP）等，选择对全球气候变化影响更低的替代物，这样才能实现环境效益的最大化。表 1-9 为部分零 ODP 制冷剂的温室效应指标。

表 1-9　制冷剂的环境指标

编号	分子式	化学品名称 / 组成	ODP	GWP	大气寿命（年）	GTP
R290	C_3H_8	丙烷	0	3	12	
R600	C_4H_{10}	正丁烷	0			
R600a	C_4H_{10}	异丁烷	0	3	12	
R717	NH_3	氨	0	0	数日	
R718	H_2O	水	0	0.2	数日	
R744	CO_2	二氧化碳	0	1	极长	
R32	CH_2F_2	二氟甲烷	0	716	5.2	94
R41	CH_3F	氟甲烷	0	107	2.8	16
R125	C_2HF_5	1,1,1,2,2 - 五氟乙烷	0	3400	32.6	967
R134a	$C_2H_2F_4$	1,1,1,2- 四氟乙烷	0	1370	13.4	201
R143a	$C_2H_3F_3$	1,1,1- 三氟乙烷	0	4180	47.1	2505
R152a	$C_2H_4F_2$	1,1- 二氟乙烷	0	133	1.5	19
R161	C_2HF_5	氟乙烷	0	12	0.18	1
RE170	CH_3OCH_3	二甲醚	0		0.015	
R236fa	$C_3H_2F_6$	1,1,1,3,3,3- 六氟丙烷	0	9820	242	8377
R245fa	$C_3H_3F_5$	1,1,1,3,3- 五氟丙烷	0	1050	7.7	121
R410A		R32/R125	0	2088	16.95	
R433A		R1270/R290	0	0~20		
R435A		RE170/R152a	0	27		

编号	分子式	化学品名称/组成	ODP	GWP	大气寿命（年）	GTP
R440A		R290/R134a/R152a	0	150		
R1234yf	$C_3H_2F_4$	2,3,3,3-四氟丙烯	0	4	11天	0
R1234ze（E）	$C_3H_2F_4$	反式1,3,3,3-四氟丙烯	0	6	14天	0

（3）燃烧性。制冷剂应不燃烧、不爆炸，否则需要采取特别的预防措施来避免安全事故，特别是在用量较多的情况下。

由于 ODP、GWP 方面的限制，可燃制冷剂的使用已经是不可避免的选择，无论是天然的可燃制冷剂（如丙烷、氨等）还是人工合成的弱可燃制冷剂（如 R32 等）。尽管关于制冷剂的研究始终在进行，不排除未来出现新的零 ODP、零或低 GWP 的不可燃制冷剂，但在当前制冷空调行业可燃制冷剂的使用已是不可回避的现实。

这种情况下，目前所能做的只能是采取防范措施，避免或减少安全事故的发生。

涉及 R290（丙烷）在房间空调器中作为制冷剂使用的国家安全标准 GB 4706.32—2012 已于 2013 年 5 月 1 日起正式实施。该标准等同采用 IEC 60335-2-40：2005，碳氢工质允许作为制冷剂在家用设备上使用，其允许充注量的大小依据制冷剂的类型、系统类型和房间面积来确定；该标准还规定了采用可燃性制冷剂的设备在充注、标识、储存、运输、安装和维修等多个环节的安全要求[20]。标准的实施将使在家用制冷器具中使用可燃制冷剂合法且有法可依。

为了推进（弱）可燃性制冷剂的应用，环境保护部环境保护对外合作中心、中国制冷空调工业协会、全国冷冻空调设备标准化技术委员会正在共同推进其他两个国家标准 GB 9237—2001[21] 和 GB/T 7778—2008 的修订工作。届时包括 R32、HFO 等在内的弱可燃性替代制冷剂在中国工商制冷空调行业的应用将获得法律许可。

（4）毒性。理想制冷剂即使在浓度很高，暴露在其中的时间很长的情况下，也应该对人、对动植物是无害的。从表 1-8 可以看出，除 R717、R123 和 R245fa 外，多数的制冷剂是无毒的。但毒性是相对的，即使无毒的物质也能造成人身伤害，如 CO_2 是无毒的，但人处于高 CO_2 浓度的环境中时，也会因缺氧导致窒息甚至死亡。因此，理想的制冷剂是不存在的。

从毒性的角度来看，安全的关键在于制冷剂的浓度和人员暴露在其中的时间。解决这个问题的唯一出路也只能是采取防范措施，避免或减少安全事故的发生。

（5）其他。过去片面要求制冷剂的热稳定性和化学稳定性越高越好，现在人们意识到这种观点是不全面的，会导致环境问题。如以前使用的 CFCs 类制冷剂极为稳定，在大气中的寿命往往超过百年。这样，当它们泄漏或排放到大气中后，在低层空间（大气对流层）不能分解，从而有机会进入高层空间（大气平流层），受到紫外线的照射后分解，破坏臭氧层。

因此，现在对制冷剂稳定性的要求是：在制冷系统中使用时具有良好的稳定性，不能分解或是反应生成其他有害的化合物。而一旦被泄漏或排放到大气中就应该迅速分解成安全物质，即在大气中的稳定性要差、寿命要短。

一般而言，很少存在完全满足上述各方面要求的制冷剂。就目前的情况看，环境性能好的制冷剂往往存在其他问题，如碳氢类制冷剂的高度可燃性、二氧化碳运行压力高等。每种制冷剂都有其优缺点，由此适合的系统各不相同，在选择时需结合具体要求进行判断。需要明确的是，环境指标是必须满足的硬指标。ODP 不为零和 GWP 过高的制冷剂，即使循环性能再优良，在今后的发展中也必将被逐步削减。

1.4.5 常用 HCFCs 替代制冷剂

本节介绍目前常见的 HCFCs 类制冷剂的替代制冷剂，这些制冷剂仅限于当前 HCFCs 制冷剂应用的范围。如冰箱领域不属于此范围，其所用的制冷剂如 R600a 在此不予讨论。

制冷剂的相关数据来自有关文献[22, 23]、相关制冷剂的化学品安全说明书（MSDS：Material Safety Data Sheet）等以及 NIST 制冷剂热物性计算软件的计算结果。

（1）R744（二氧化碳）。R744 是二氧化碳（CO_2），属于纯天然物质，ODP 为 0，GWP 为 1，安全分类为 A1，无毒、不可燃，大气中寿命极长。

常温常压下为无色无味的气体。其分子式和结构式为 CO_2，相对分子质量 44.01，沸点 -78.464℃，临界温度 31.0℃，临界压力 7.382MPa，临界密度 468.2kg/m³。

25℃时饱和蒸汽压 6.434MPa，液体密度 0.711g/cm³，气体密度（101.325kPa）242.73kg/m³，液体黏度 0.0570mPa·s，气体黏度 0.0202mPa·s，液体导热系数 80.789mW/m·K，气体导热系数 45.509mW/m·K，表面张力 0.558mN/m。

CO_2 具有优良的热力学性能和环境性能。其单位体积制冷量大、液体密度较大、黏度低，这些都有利于减少系统管路和压缩机的尺寸、提高换热器的效率。

CO_2 的主要应用领域为热泵热水器、小型制冷空调装置等，其制冷循环一般为跨临界循环，压缩排气温度高于其临界温度，不存在常规制冷循环中的气体相变冷凝过程，而是一个没有相变的气体冷却过程。

CO_2 的关键问题是工作压力很高，其高压往往超过 10MPa。因此，关键在于解决 CO_2 制冷系统的耐压能力问题。为此，也有将 CO_2 作为二级复叠式制冷系统的低温级制冷剂，高温级依照冷凝温度的不同可以选取不同的制冷剂。这样，CO_2 低温级制冷循环就变为常规的亚临界循环。

由于 CO_2 制冷循环的无相变高温气体冷却过程的特点，它特别适用于热泵热水器/机，用于加热热水[24]。目前 CO_2 制冷剂在热泵热水器、二级复叠式制冷系统、小型制冷空调装置中已进入市场化应用。

（2）R717（氨）。R717 是氨（NH_3），属于纯天然物质，ODP 为 0，GWP 为 0，安全分类为 B2L，有毒、弱可燃，大气中寿命数日。

常温常压下为无色刺激性气体。其分子式和结构式为 NH_3，相对分子质量 17.03，沸点 -33.3℃，临界温度 132.3℃，临界压力 11.33MPa，临界密度 235.0kg/m³。

25℃时饱和蒸汽压 0.988MPa，液体密度 0.603g/cm³，气体密度（101.325kPa）7.807kg/m3，液体黏度 0.132mPa·s，气体黏度 0.00983mPa·s，液体导热系数 485.51mW/m·K，气体导热系数 26.159mW/m·K，表面张力 24.812mN/m。

NH_3 属于弱可燃物质，燃烧下限（LFL）16%（体积分数）、燃烧上限（UFL）25%（体积分数），浓度达到 11%~14% 时可点燃，浓度达到 16%~25% 时遇明火会发生爆炸。

NH$_3$ 具有毒性，具有强烈的刺激性气味，可以刺激人的眼睛和呼吸系统。半数致死浓度（LC$_{50}$）3300ppm，制冷剂浓度限值（RCL）320ppm，职业接触限值（OEL）25ppm。空气中容积浓度达到 0.5%~0.6% 时，人停留半小时就会引起中毒。

NH$_3$ 是最早使用的可燃、有毒制冷剂，过去主要用于食品冷冻冷藏行业的大型冷库。长期的使用经验已形成了完善的制冷剂应用技术和安全技术，涵盖设计、施工、操作、维护维修、紧急状态处理等方方面面。尽管 NH$_3$ 制冷系统安全事故时有发生，但这些事故均是由于在某个或几个环节未遵循相关的技术要求或技术规范所造成的。

介绍 NH$_3$ 制冷剂及其系统的资料很多，进一步信息可参考有关文献[25-29]。

近年来，由于 HCFCs 类制冷剂的淘汰和对制冷剂 GWP 要求的提高，国内外正在尝试将 NH$_3$ 应用于小型封闭式制冷空调系统中，如单元式空调机、食品陈列柜等，部分产品已少量进入市场。

此外，NH$_3$/CO$_2$ 复叠式系统也是近年来出现的新应用，以 CO$_2$ 为低温级、NH$_3$ 为高温级的组合可以有效地减少氨充注量、降低 CO$_2$ 的工作压力，系统效率高、尺寸小、制冷快，具有较为明显的优势。

（3）R718。R718 是水，属于纯天然物质，ODP 为 0，GWP 为 0.2，安全分类为 A1，无毒、不可燃，大气中寿命数日。

常温常压下为无色无味的液体。其分子式和结构为 H$_2$O，相对分子质量 18.02，沸点 100℃，临界温度 373.99℃，临界压力 22.064MPa，临界密度 322kg/m^3。

25℃时饱和蒸汽压 0.00317MPa，液体密度 0.997g/cm^3，气体密度（101.325kPa）23.075kg/m^3，液体黏度 0.890mPa·s，气体黏度 0.0097mPa·s，液体导热系数 607.15mW/m·K，气体导热系数 18.550mW/m·K，表面张力 71.99mN/m。

很早以前，曾尝试过以水作为制冷剂，但随着卤代烃类制冷剂的出现，其优良的性能使得水制冷剂即刻被淘汰。水作为制冷剂最大的问题是其对金属的腐蚀性以及机械运动部件的润滑问题。目前，水制冷剂的应用前景尚不明朗。

（4）R290（丙烷）。R290 是丙烷，属于纯天然物质，ODP 为 0，GWP 为 3，安全分类为 A3，无毒、高可燃，大气中寿命 12 年。

常温常压下为气体。其分子式为 C$_3$H$_8$、结构式为 CH$_3$CH$_2$CH$_3$，相对分子质量 44.096，沸点 -42.1℃，临界温度 96.74℃，临界压力 4.251MPa，临界密度 220.5kg/m^3。

25℃时饱和蒸汽压 0.952MPa，液体密度 0.492g/cm^3，气体密度（101.325kPa）20.618kg/m^3，液体黏度 0.0971Pa·s，气体黏度 0.00827mPa·s，液体导热系数 93.718mW/m·K，气体导热系数 18.960mW/m·K，表面张力 6.987mN/m。

R290 属于高可燃物质，燃烧下限（LFL）2.1%vol、燃烧上限（UFL）9.5%vol。需要采取相关的安全措施。

R290 具有优良的环境性质。大气寿命短、对臭氧层无破坏作用。与 R22 相比，两种制冷剂的沸点、临界温度和饱和蒸汽压曲线都比较接近，是直接替代 R22 的良好候选之一，也是中国国家方案中房间空调器的替代制冷剂。国内在 R290 作为房间空调器制冷剂方面开展了大量的研究[30-36]。研究结果表明，R290 制冷系统的性能数（Coefficient of Performance，简称 COP）要高于 R22 制冷系统，但制冷量和制热量会降低，压缩机的排气温度、排气压力都要低于 R22 系统。

R290 作为制冷剂最大的问题是其燃烧性，需要控制制冷剂的充注量，并建立一整套涵盖产品设计、制造、运输、储存、安装、维修等各个环节的安全技术和安全标准与规范。由于以前没有这方面的研究和经验积累，这是制冷行业所面临的亟待解决的课题。这一问题得不到解决，产品的市场化推广将受到制约。目前，中国环保部对外合作中心也设立了一系列的针对 R290 安全性的研究课题，行业里也开展了大量的研究工作[37-39]。

（5）R152a。R152a 是 1，1-二氟乙烷，属于氢氟烃，ODP 为 0，GWP 为 133，安全分类为 A2，无毒、可燃，大气中寿命 1.5 年。

常温常压下为轻微醚味气体。其分子式为 $C_2H_4F_2$、结构式为 CH_3CHF_2，相对分子质量 66.05，沸点 -24.02℃，临界温度 113.5℃、临界压力 4.52MPa、临界密度 365kg/m³。

25℃时饱和蒸汽压 0.596MPa、液体密度 0.896g/cm³、气体密度（101.325kPa）18.469kg/m³、液体黏度 0.163Pa·s、气体黏度 0.0101mPa·s、液体导热系数 97.976mW/m·K、气体导热系数 14.786mW/m·K、表面张力 9.734mN/m。

R152a 属于可燃物质，燃烧下限（LFL）3.9%（体积分数）、燃烧上限（UFL）16.9%（体积分数）。因此在使用时需要采取相应的安全措施。

R152a 是目前常用的制冷剂，已有成熟的技术。作为混合工质中常见的组分，R152a 也得到了广泛的应用。R152a 的性能与 R134a 相近，其循环的 COP 高于 R22 制冷循环且排气压力更低，但 R152a 的容积制冷量较小，达到同样的制冷量需要更大的压缩机。

（6）R32。R32 是二氟甲烷，属于含氢氟烃，ODP 为 0，GWP 为 716，安全分类为 A2L，无毒、弱可燃，大气中寿命 5.2 年。

常温常压下为醚味气体。其分子式和结构式为 CH_2F_2，相对分子质量 52.02，沸点 -51.7℃，临界温度 78.11℃、临界压力 5.78MPa、临界密度 424kg/m³。

25℃时饱和蒸汽压 1.689MPa、液体密度 0.961g/cm³、气体密度（101.325kPa）47.339kg/m³、液体黏度 0.113Pa·s、气体黏度 0.0128mPa·s、液体导热系数 125.89mW/m·K、气体导热系数 15.022mW/m·K、表面张力 6.78mN/m。

R32 属于弱可燃物质，燃烧下限（LFL）14%（体积分数）、燃烧上限（UFL）31%（体积分数）。因此在使用时需要采取相应的措施。

R32 是替代小型工商制冷空调用 HCFCs 制冷剂的国家方案之一。由于 R32 的燃烧性要低于 R290，目前国内外也在开展将 R32 用作房间空调器的替代制冷剂研究[40-44]。

R32 的性质与 R410A 的性质非常接近，可作为 R22 的替代物。针对 R32 在制冷空调中的应用，行业里展开了大量的工作[14, 45-50]。研究结果表明，R32 的充注量要小于 R410A 系统，房间空调器和小型商用空调中 R32 系统的制冷量和 COP 都要高于 R410A。在制热方面，R32 系统与 R410A 系统表现相当，无明显优劣之分。R32 系统的冷凝压力与 R410A 相近，但要高于 R22 系统。但 R32 系统的排气温度要高于 R410A 和 R22 系统，需采取相应的措施如喷液冷却等，以降低压缩机的排气温度[51]。

R32 在使用时应遵守相关标准的相关规定[17]，控制制冷剂的充注量，并建立一整套涵盖产品设计、制造、运输、储存、安装、维修等各个环节的安全技术和安全标准与规范。由于以前没有这方面的研究和经验积累，这是中国制冷空调行业所面临的亟待解决的课题。这一问题得不到解决，产品的市场化推广将受到制约。目前，中国环保部对外合作中心也设立了一系列的针对 R32 安全性的研究课题，行业里也开展了大量的研究工作。

（7）R410A。R410A 是一种混合制冷剂，由 R32 和 R125 按照 50%：50% 的质量配比组成，ODP 为 0，GWP 为 2088，安全分类为 A1，无毒、不可燃，大气中寿命 16.95 年。

常温常压下为气体。相对分子质量 72.58，沸点 -51.4℃，临界温度 71.35℃、临界压力 4.902MPa、临界密度 459.53kg/m³。

25℃时饱和蒸汽压 1.658MPa、液体密度 1.059g/cm³、气体密度（101.325kPa）64.874kg/m³、液体黏度 0.118Pa·s、气体黏度 0.0137mPa·s、液体导热系数 89.016mW/m·K、气体导热系数 15.442mW/m·K、表面张力 5.299mN/m。

R410A 为非共沸制冷剂，但其滑移温度为 0.1℃，因此实际使用中可按照共沸制冷剂处理，可以气态充注制冷剂，也可以向制冷系统直接补充制冷剂，而不用抽出制冷系统的残余制冷剂。

R410A 制冷剂的运行压力较 R22 高 50%~60%，设计时需要考虑系统的耐压能力。目前 R410A 广泛应用于房间空调器、单元机 / 多联机、冷水机组和商用制冷系统中，各方面技术已经成熟。进一步的信息可以参考相关文献。

R410A 具有很高的温室效应，是一种过渡性的制冷剂。随着 HCFCs 替代工作的进展，这类具有较高温室效应的 HFCs 物质的使用量会急剧增长，对未来 HFCs 类制冷剂的逐步削减将带来很大的压力[52]。

（8）R1234yf。R1234yf 是 2，3，3，3- 四氟丙烯，属于氢氟烃，ODP 为 0，GWP 为 4，安全分类为 A2L，无毒、弱可燃，大气中寿命 11 天。

常温常压下为轻微醚味气体。其分子式为 $C_3H_2F_4$、结构式为 $CF_3CF{=}CH_2$，相对分子质量 114.04，沸点 -29.5℃，临界温度 94.7℃、临界压力 3.382MPa、临界密度 478kg/m³。

25℃时饱和蒸汽压 0.683MPa、液体密度 1.0919g/cm³、气体密度（101.325kPa）37.925kg/m³、液体黏度 0.156Pa·s、气体黏度 0.0123mPa·s、液体导热系数 63.585mW/m·K、气体导热系数 13.966mW/m·K、表面张力 6.157mN/m。

R1234yf 属于弱可燃物质，燃烧下限（LFL）6.2%（体积分数）、燃烧上限（UFL）12.3%（体积分数）。因此在使用时需要采取相应的措施。

R1234yf 是近年来推出的一种制冷剂，具有优秀的环保性质。它是一种长期替代物，目前主要用于汽车空调中作为 R134a 的替代制冷剂，但与 HFC-134a 相比仍存在一定差距。已有研究结果表明[53, 54]，若对 R134a 系统进行直接替代，R1234yf 系统制冷量会下降 3%~13%，COP 最高会下降 12% 左右；压缩机的排气温度也会下降。

此外，R1234yf 也可与其他制冷剂组成混合制冷剂替代 HCFC-22 广泛应用于家用空调、商用空调、除湿机、商业制冷等制冷设备中。

目前，国外学者已经针对 R1234yf 的基本物理性质、状态方程及系统性能做出了比较多的研究。美国、日本等国家也已批准 HFC-1234yf 的使用。但国内的相关研究相对较少，多集中于直接替代方面。

R1234yf 与矿物油、烷基苯、PAG、POE 等常见润滑油都有良好的互溶性[55]。R1234fy 可以与铝、镁、锌反应，尤其是去除表面氧化层后。R1234fy 与涤纶、尼龙、环氧树脂、PET、锦纶、氯丁橡胶、氢化丁晴树脂、三元乙丙橡胶和丁基橡胶等具有良好的材料兼容性，但与硅橡胶不兼容。

（9）R1234ze（E）。R1234ze（E）是反式 1,3,3,3- 四氟丙烯，属于氢氟烃，ODP 为 0，GWP 为 6，安全分类为 A2L，无毒、弱可燃，大气中寿命 14 天。

常温常压下为轻微醚味气体。其分子式为 $C_3H_2F_4$、结构式为 $CF_3CH{=}CHF$，相对分子质量 114.04，沸点 $-19℃$，临界温度 111.25℃、临界压力 3.576MPa、临界密度 473kg/m³。

25℃时饱和蒸汽压 0.499MPa、液体密度 1.18g/cm³、气体密度（101.325kPa）26.356kg/m³、液体黏度 0.199Pa·s、气体黏度 0.0122mPa·s、液体导热系数 74.384mW/m·K、气体导热系数 13.611mW/m·K、表面张力 8.851mN/m。

R1234ze（E）属于弱可燃物质，因此在使用时需要采取相应的措施。

R1234ze（E）是新开发的一种环保性能非常优良的 HFC 类制冷剂，用作 R134a 的替代物。R1234ze（E）可用于热泵、冷水机组及自动售货机、冷柜等制冷设备中。

此外，R1234ze（E）也常和其他制冷剂组成混合制冷剂，用于 R410A、R407C 等高 GWP 制冷剂的替代。

目前，国内外对于 R1234ze（E）的研究相对较少，主要应用案例集中在冷水机组及自动售货机、冷柜方面。国外的研究主要集中在制冷剂的基本换热性能、物理性质方面以及直接替代方面。国内的研究则相对很少，仅涉及制冷剂本身的介绍。

（10）R134a。R134a 是 1,1,1,2- 四氟乙烷，属于氢氟烃，ODP 为 0，GWP 为 1370，安全分类为 A1，无毒、不可燃，大气中寿命 13.4 年。

常温常压下为气体。其分子式为 $C_2H_2F_4$、结构式为 CH_2FCF_3，相对分子质量 102.03，沸点 $-26.07℃$，临界温度 101.06℃、临界压力 4.06MPa、临界密度 513.2kg/m³。

25℃时饱和蒸汽压 0.703MPa、液体密度 1.207g/cm³、气体密度（101.325kPa）32.71kg/m³、液体黏度 0.195Pa·s、气体黏度 0.0117mPa·s、液体导热系数 81.140mW/m·K、气体导热系数 13.835mW/m·K、表面张力 8.08mN/m。

R134a 具有较高的温室效应，是一种过渡性的制冷剂。目前 R134a 广泛用作汽车空调、工商制冷、家用冰箱和冷柜的制冷剂，各方面技术已经成熟。进一步的信息可以参考相关文献。

（11）其他。其他 ODP 为零的制冷剂还有 R404A、R407C、R417A 等，前者主要用于食品冷冻行业，后两者主要用于小型商用空调和热泵系统中。有关这些制冷剂的应用技术均已经成熟，这里不再赘述，进一步的信息可以参考相关文献。

1.5 故障分析与诊断基础

一旦判明故障原因，设备故障的维修和修复相对比较简单。比较困难或关键的问题在于分析、判断故障的原因，即故障分析与判断。

故障分析与诊断是一门专门的科学。故障诊断技术是指在系统运行状态下，通过各种监测手段判断其工作是否正常。如果不正常，经过分析与判断指出发生了什么故障，以便于维修。或者在故障未发生前预测可能会发生什么故障，便于及时采取措施，避免发生故障。

在制冷空调行业，故障诊断技术发展比较薄弱。尽管从设备制造的角度，近年来设备运行监测、故障信息与报警的自动化程度不断提高，设备运行出现报警仅是现象，在出现报警后的故障分析以及对设备运行状态正常与否的判断方面尚未形成系统性的故障分析技术。多数情况下分析故障原因还停留在经验的基础上，尚未将故障诊断与分析技术与制冷设备结合起来，各类维修教材也多是介绍故障的修复，故障的判断与分析带有很大的主观性、随机性和偶然性。

本节对故障分析与诊断技术的基本常识做简要介绍。

1.5.1　基本概念

本节介绍一些故障分析与诊断的基本概念与术语[56]。

1.5.1.1　性能指标

（1）故障检测系统性能指标。

①故障检测灵敏度。故障检测灵敏度是指故障检测系统对相应故障征兆的检测能力。能够在某故障早期精确检测到故障说明检测系统对该故障灵敏。

②故障检测准确性。故障检测准确性是指故障检测系统能够正确区分系统状态的能力，即正确判断系统工作情况正常与否的能力。误报率和漏报率低说明检测系统准确性高。

③故障检测快速性。故障检测快速性是指故障检测系统能够及时检测到故障的能力，通常用故障发生到被正确检测出来的时间间隔来衡量。

（2）故障诊断系统性能指标。

①故障分离能力。故障分离能力是指针对不同故障模式的准确定位能力。

②故障辨识度。故障辨识度是指对故障大小、发生时刻及其时变特性等因素判断的准确程度，它将影响其后期故障决策环节的准确度。

③鲁棒性。鲁棒性是用于衡量故障诊断系统不受噪声等外界干扰及建模误差等因素的影响，保持较高准确性和较低误报率、漏报率的能力。

④自适应性。自适应性是指故障诊断系统不受被监测对象输入、结构、工作条件等变化所带来的影响，通过自动调整自身参数或结构仍能给出正确诊断结果的能力。

1.5.1.2　RAMS 基本概念

RAMS 是指可靠性（Reliability）、可用性（Availability）、维修性（Maintainability）和安全性（Safety）的统称。

（1）可靠性。

①可靠度。可靠度是指产品在规定的条件下和规定的时间内，完成规定功能的概率。

$$R(t)=P(T>t) \tag{1-5}$$

式中，$R(t)$——可靠度；

T——产品故障前的工作时间，即产品寿命；

t——规定的时间；

$P（T>t）$——产品使用时间 T 大于规定时间 t 的概率。

②累计故障分布函数。累计故障分布函数是指在规定的条件下，在规定的时间内丧失规定功能的概率。

$$F（t）=P（T \leqslant t） \qquad （1-6）$$

式中，$F（t）$——累计故障分布函数；

$P（T \leqslant t）$——产品使用时间 T 不大于规定时间 t 的概率。

显然，

$$R（t）+F（t）=1 \qquad （1-7）$$

③故障率。故障率是指已工作到时刻 t 的产品，在时刻 t 后单位时间内发生故障的概率。

$$\lambda\left(t\right)=\frac{\Delta N_{\mathrm{f}}\left(t\right)}{N_{\mathrm{s}}\left(t\right)\Delta t} \qquad （1-8）$$

式中，$\lambda（t）$——故障率；

$\Delta N_{\mathrm{f}}（t）$——时刻 t 后，Δt 单位时间内的故障产品数；

$N_{\mathrm{s}}（t）$——残存产品数，即到 t 时刻尚未故障的产品数；

Δt——单位时间。

④平均故障间隔时间。平均故障间隔时间是指对于可修复的产品，其相邻故障间的平均工作时间。

$$\mathrm{MTBF}=\frac{1}{N}\sum_{i=1}^{n}\sum_{j=1}^{n}t_{ij} \qquad （1-9）$$

式中，MTBF——平均故障间隔时间；

n——测试产品总数；

N——测试产品的所有故障数，$N=\sum_{i=1}^{n}n_i$；

n_i——第 i 个测试产品故障数；

t_{ij}——第 i 个产品的第 $j-1$ 次故障到第 j 次故障间的工作时间。

（2）维修性。

①维修度。维修度是指产品在规定的维修时间和规定的维修条件下，按规定程序和方法进行维修时，使产品保持或恢复到完成规定功能的概率。

$$M（t）=P（\tau \leqslant t） \qquad （1-10）$$

式中，$M（t）$——维修度；

$P（\tau \leqslant t）$——故障产品在 t 时刻前维修完毕的概率；

τ——维修时间。

②维修率。维修率是指维修时间已达到某一时刻但尚未修复的产品在该时刻后的单位时间内完成维修的概率。

$$\mu\left(t\right)=\frac{1}{1-M\left(t\right)}\frac{\mathrm{d}M\left(t\right)}{\mathrm{d}t} \qquad （1-11）$$

式中，$\mu(t)$——维修率。

③平均修复时间。平均修复时间是指可修复产品的平均修理时间。

$$\mathrm{MTTR} = \int_0^{+\infty} t\mathrm{d}M(t) \tag{1-12}$$

式中，MTTR——平均修复时间。

（3）可用性。可用性是指产品在规定条件下使用时，在某时刻具有或维持其功能的概率。它综合了可靠度和维修度。其中，固有可用度可表示为：

$$A_i = \frac{\mathrm{MTBF}}{\mathrm{MTBF}+\mathrm{MTTR}} \tag{1-13}$$

式中，A_i——固有可用度。

（4）安全性。安全性是将伤害或损坏的风险降低到可以接受水平的状态，而风险表示危险的严重性和可能性。危险是可能导致事故的状态。事故是指造成人员伤亡、职业病、设备损坏、财产损失或环境危害的一个或一系列意外事件。

危险严重性和危险可能性用危险严重性等级和危险可能性等级表示，如表 1-10 和表 1-11 所示。

表 1-10 危险严重性等级

等级	事故说明
Ⅰ（灾难性）	人员伤亡或系统报废
Ⅱ（严重性）	人员严重受伤、严重职业病或系严重损坏
Ⅲ（轻度性）	人员轻度受伤、轻度职业病或系统轻度损坏
Ⅳ（轻微性）	轻于Ⅲ级的损伤

表 1-11 危险可能性等级

等级	个体	总体
A（频繁）	频繁发生	连续发生
B（很可能）	在寿命周期内出现若干次	经常发生
C（有时）	在寿命周期内可能有时发生	发生若干次
D（极少）	在寿命周期内不易发生	不易发生但有理由预期可能发生
E（不可能）	很不容易发生以至于可以认为不会发生	不易发生，但有可能发生

1.5.2 故障的分类

国家标准对故障的定义是：给定层次级上的子分系统的故障是指该子分系统"丧失规定的功能"，或者说给定层次级上的子分系统的输出与所预期的输出不相容[57]。

也有将故障定义为：在一般情况下，故障是指设备（系统）在规定条件下不能完成规定的功能；设备（系统）在规定条件下，一个或几个性能参数不能保持在规定的上下限值之间；设备（系统）在规定的应力范围内工作时，导致设备（系统）不能完成其功能的机械零件、结构件或元器件的破裂、断裂、卡死等损坏状态。

故障分类有各种方法（图 1-17）[58]：

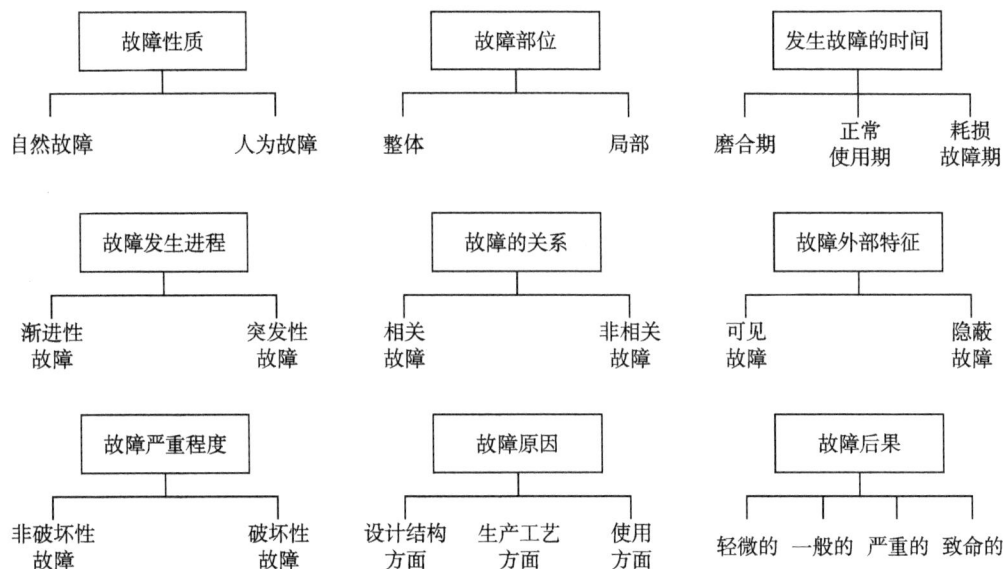

图 1-17　故障的分类

按照故障性质可分为自然故障和人为故障。自然故障是指设备在运行时由于自身原因而造成的故障，包括带有偶然性的因材料、工艺或加工装配不符合要求造成的异常自然故障和具有规律性的正常自然故障。人为故障是指由于操作者无意或有意而造成的故障。

按照故障发生的时间可分为磨合期故障、使用期故障和后期故障（耗损故障）。

按照故障发生的进程可分为渐进性故障、突发性故障。渐进性故障是指设备在使用过程中某些零件因疲劳、腐蚀或磨损等造成的性能逐渐下降，最终超出允许值而发生的故障。突发性故障是指在故障出现前无明显征兆、难依靠早期试验或测试预测的故障。

按照故障的关系可分为相关故障和非相关故障。相关故障又称间接故障，由其他部件故障间接造成。非相关故障又称直接故障，由零部件本身直接因素造成。

按照故障严重程度可分为破坏性故障和非破坏性故障。破坏性故障是指突发性、永久性的故障，往往会危及设备或人身安全。非破坏性故障是指渐进性、局部性的故障，故障发生后暂时不会危及设备或人身安全。

按照故障发生的原因可分为外因故障和内因故障。外因故障由操作不当或工作环境条件恶化造成，内因故障由设备设计或生产方面存在的潜在隐患造成。

按照故障存在的程度可分为暂时性故障和永久性故障。暂时性故障是指带有间断性、在一定条件下设备所产生的功能上的故障，通过调整参数而不需更换零部件即可修复。永久性故障是由某些零件损坏造成，必须经过更换或修复才能消除故障。

1.5.3　故障诊断基本方法

随着故障诊断技术的发展，各种新的故障诊断方法不断涌现。在此简单介绍一些常用的故障诊断方法。

1.5.3.1　故障诊断方法

故障诊断的方法主要有定性分析法和定量分析法两种。

定性分析法是借助一些定性分析工具和专家的直觉、经验，凭分析对象过去和现在的延续状况以及最新的信息资料，对分析对象的性质、特点和发展规律做出判断的一种方法。该方法是利用专家的经验和事物之间的因果关系，适用于故障逻辑关系比较清晰、明确的场合。

定量分析法是依据统计数据建立系统模型，并用模型计算出分析对象的各项指标及其数值的一种方法。该方法适用于有大量的历史数据或能够建立系统精确解析模型的系统故障诊断。

图 1-18 为常用故障诊断方法[58]。

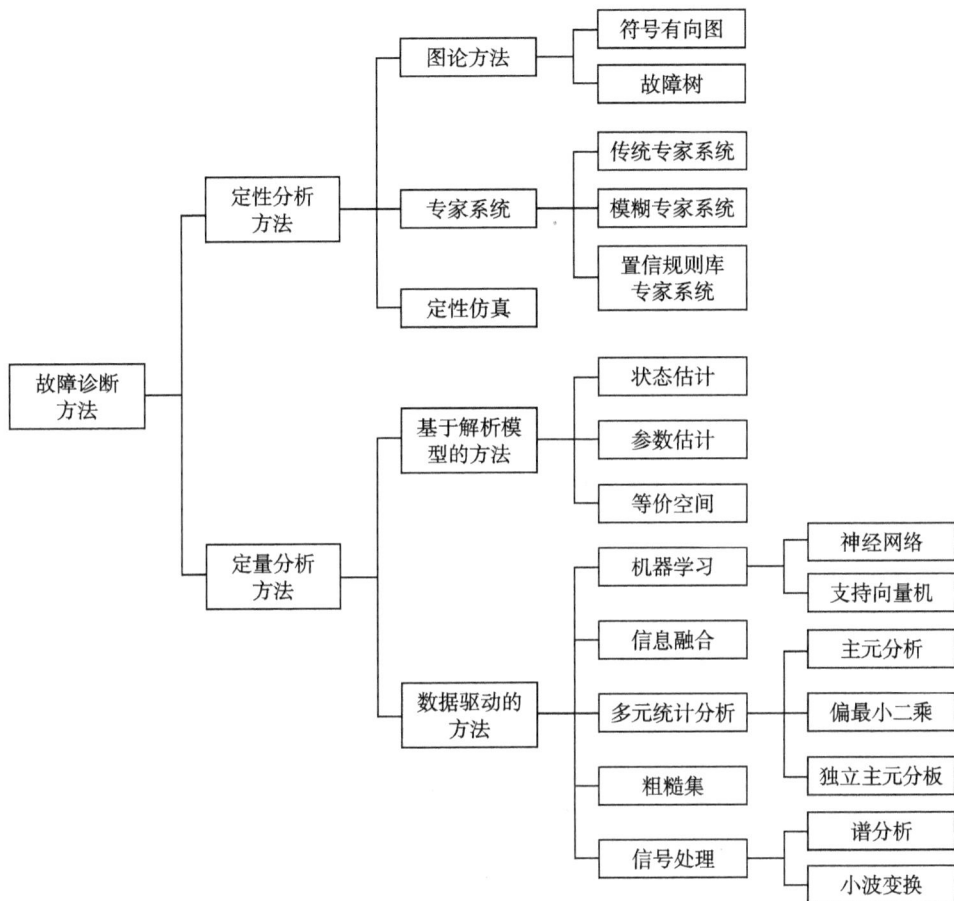

图 1-18　故障诊断方法

1.5.3.2　基于故障树的故障诊断[56]

基于故障树的诊断方法是较适用于制冷空调产品的一种故障诊断方法。

故障树是一种特殊的逻辑图。基于故障树的诊断方法是一种由因到果的分析过程，从系统的故障状态出发，逐级进行推理分析，最终确定故障发生的原因、影响程度和发生概率。

（1）故障树分析的主要作用。

①在系统分解的更低级别中分配致命故障模式的概率。

②从安全的角度出发，对可供选择的设计结构进行比较。

③确定致命性故障通路和设计弱点，以便进行改进。

④对可供选择的改进措施进行评价。

⑤指定使用、试验及维修程序，以判断并处理不可避免的致命性故障模式。

（2）故障树分析的一般步骤。故障树分析分为定性分析和定量分析两种，一般步骤如下：

①选择顶事件。选择系统中不希望发生的、影响系统可靠性和安全性的故障事件作为顶事件，一个系统顶事件可以不止一个。

②建造故障树。对于可能引发顶事件的硬件、软件、环境、人为因素等进行分析，画出故障树。

③故障树分析。确定顶事件发生的概率和引发顶事件的各种可能因素组合及其发生概率。

1.5.3.3 故障树的建造

故障树是用图形表示的故障现象与原因间的逻辑关系，其常用事件的符号、名称及含义见表1-12。

表1-12 故障树常用事件符号及含义

序号	符号	名称	说明
1	◯	基本事件（底事件）	元部件基于设计的运行条件发生的随机故障事件。通常，其故障分布已知，且用实线圆表示部件本身故障，虚线圆表示由人为错误引起的故障
2	◇	未展开事件（底事件）	表示那些可能发生，但概率值较小，或者对此系统而言不需要再进一步分析的故障事件
3	▭	顶事件	不希望发生的、对系统技术性能、经济性、可靠性和安全性有显著影响的故障事件
4	▭	中间事件	故障树中除底事件及顶事件之外的所有事件
5	△A	输入三角形	位于故障树的底部，表示树的A部分分支在另外地方
6	△A	输出三角形	位于故障树的顶部，表示树A是另外部分绘制的故障树的子树

故障树建造要求对系统及其各个组成部分有深刻、透彻的理解，需要综合设计、制造、运行、维护维修各方面的经验进行。建树是一个多次反复、逐步深入、不断完善的过程。

（1）广泛收集并分析被测系统及其故障的有关资料，包括系统的设计资料如说明书、原理图、结构图、设计说明等；试验资料如试验报告、故障记录等；使用维护资料如维修规章、维修记录等；用户信息如质量保证期的故障信息、重大事故的详细分析报告等。

（2）选择顶事件。顶事件的选取根据分析目的不同，分别考虑对系统技术性能、经济性、可靠性和安全性影响显著的故障事件。

（3）建造故障树。采用逻辑推演法，将已确定的顶事件画在顶部矩形框内，将引起顶事件的全部直接原因置于相应原因事件符号中画在第二层，再根据系统中它们的逻辑关系用逻辑门连接顶事件和这些直接原因事件。如此逐级向下发展，直至所有最低一级原因事件都是底事件为止。故障树常用逻辑门及含义见表1-13。故障树示例见图1-19。

表 1-13　故障树常用逻辑门及含义

序号	符号	名称	说明
1	 A ⊙ $B_1\cdots B_n$	与门	设 B_i=（i=1，2，…，n）为门输入事件，A 为门输出事件，B_i 同时发生，则 A 必然发生，即有：$A=B_1\cap B_2\cap B_3\cap\cdots\cap B_n$
2	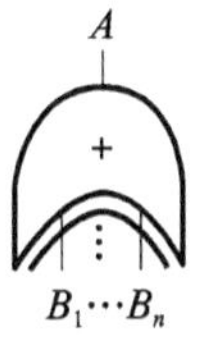 A + $B_1\cdots B_n$	或门	若输入事件 B_i 中至少有一个发生，则输出事件 A 必然发生，即有：$A=B_1\cup B_2\cup B_3\cup\cdots\cup B_n$
3	 A 异或 B_1 B_2	异或门	当输入事件 B_1，B_2 中任何一个发生时，输出事件 A 必然发生，但事件 B_1，B_2 不能同时发生，即有：$A=（B_1\cap\bar{B_2}）\cup（\bar{B_1}\cap B_2）$
4	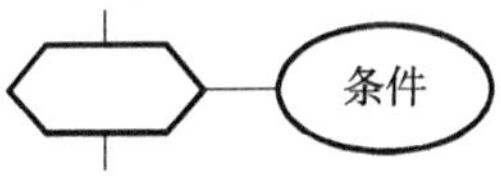 条件	禁止门	当给定条件满足时，则输入事件直接引起输出事件的发生；否则，输出事件不发生。图中长椭圆形是修正符号，其注明限制条件
5	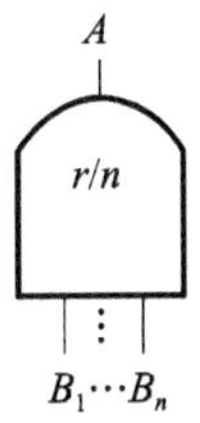 A r/n $B_1\cdots B_n$	表决门	n 个输入事件中至少有 r 个发生，则输出事件 A 才发生，否则输出事件 A 不发生

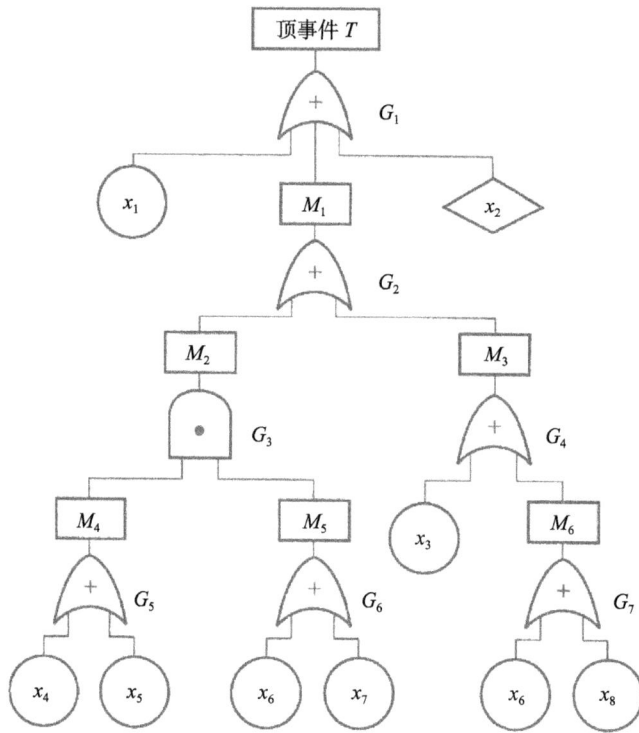

图1-19　故障树示例

1.5.4　维修活动

系统的维修主要包括改善维修、事后维修、视情维修、定期维修、基于状态的维修等几种[56]。

（1）改善维修。改善维修是从改善和提高个别零件的可靠性和维修性、降低故障率、减少维修时间及费用角度出发，通过检查和修理，消除系统先天性缺陷或频发故障，对系统的局部结构或零件的设计进行改进，并结合修理进行改装，以提高系统可靠性和维修性。

（2）事后维修。事后维修也称故障维修，是指当系统出现故障，或性能、精度降低到合格水平以下时所进行的非计划性维修。

（3）视情维修。视情维修是在事先人为规定的一些界限值或标准的情况下，通过人的感官或仪表进行检查，当发现潜在的问题开始暴露，并确定这一问题将导致系统超过所限定界限值的时间后，基于该时限对系统进行必要修理的维修方式。

（4）定期维修。定期维修是一种以时间为基准的预防性维修方式，具有周期性的特点。即根据磨损规律并结合生产计划，按照事先确定的修理类别、修理周期和修理工作内容，对系统进行维护、检查和修理，以保证系统经常处于良好的技术状态。

（5）基于状态的维修。基于状态的维修是以系统技术状态为基础的预防性维修方式，根据系统的日常点检、定期检查、状态监测和故障诊断所提供的信息，经过统计分析和数据处理来判断系统劣化程度，并在故障发生前有计划地进行适当的维修。

习　题

1. 选择题

（1）对大气臭氧层没有破坏作用的制冷剂是（　　）。

A. R12　　　　　　　　B. R22　　　　　　　　C. R717　　　　　　　　D. R502

（2）下列制冷剂中（　　）属于非共沸溶液。

A. R134a　　　　　　　B. R290　　　　　　　C. R407C　　　　　　　D. R502

（3）R134a 制冷剂属于卤代烃制冷剂中的（　　）类。

A. CFC　　　　　　　　B. HCFC　　　　　　　C. HFC　　　　　　　　D. HC

（4）R134a 是（　　）。

A. 高压低温制冷剂　　　　　　　　　　B. 低压高温制冷剂

C. 中压低温制冷剂　　　　　　　　　　D. 中压中温制冷剂

（5）储存制冷剂的钢瓶，（　　）使用。

A. 相互不能调换　　　　　　　　　　　B. 卤代烃制冷剂可以调换

C. R12 和 R22 可以互换　　　　　　　　D. R22 和 R502 可以互换

（6）R717 是应用较广的中温中压制冷剂，它在标准大气压下，沸点为（　　）。

A. −29.8℃　　　　　　B. −40.8℃　　　　　　C. −33.4℃　　　　　　D. −45.4℃

（7）载冷剂的（　　）要低，可以扩大使用范围。

A. 熔点　　　　　　　　B. 凝固点　　　　　　C. 热容量　　　　　　　D. 比重

（8）四氟乙烷制冷剂的代号是（　　）。

A. R142　　　　　　　　B. R114　　　　　　　C. R123　　　　　　　　D. R134a

（9）R717 钢瓶表面颜色是（　　）。

A. 绿色　　　　　　　　B. 黄色　　　　　　　C. 银灰色　　　　　　　D. 蓝色

（10）制冷剂的（　　）值要小，以减少制冷剂在系统内的流动阻力。

A. 密度、比重　　　　B. 重度、容重　　　　C. 密度、黏度　　　　D. 比容、比重

（11）R22 的分子式是（　　）。

A. CHF_3　　　　　　　B. $CHClF_2$　　　　　　C. CCl_2F_2　　　　　　D. CCl_3F

（12）R134a 在常压下的饱和温度是（　　）。

A. −29.8℃　　　　　　B. −33.4℃　　　　　　C. −29℃　　　　　　　D. −26.5℃

（13）R718 常压下的饱和温度是（　　）。

A. 100℃　　　　　　　B. 0℃　　　　　　　　C. 44℃　　　　　　　　D. 7.2℃

（14）按化学结构分类，卤代烃制冷剂属于（　　）。

A. 无极化合物　　　B. 饱和碳氢化合物的衍生物

C. 多元混合液　　　D. 碳氢化合物

（15）《蒙特利尔议定书》及有关国际协议规定发达国家停用 HCFCs 的时间为（　　）。

A. 2020　　　　　　　　B. 2030　　　　　　　C. 2040　　　　　　　　D. 2050

（16）卤代烃 $CFCl_3$ 的代号为（　　）。

A. R717　　　　　　B. R11　　　　　　C. R22　　　　　　D. R711

（17）关于制冷剂氨，以下说法错误的是（　　）。

　　A. 易溶于水　　　　　　　　　　B. 不溶于润滑油

　　C. 毒性较大　　　　　　　　　　D. 不破坏大气臭氧层

（18）《蒙特利尔议定书》及有关国际协议规定发展中国家在（　　）年停产、禁用 CFC 类制冷剂。

　　A. 1995　　　　　　B. 2000　　　　　　C. 2005　　　　　　D. 2010

2. 判断题（判断下列说法正确与否）

（1）R12 属于 CFC 类物质，R22 属于 HCFC 类物质，R134a 属于 HFC 类物质。

（2）所有卤代烃都会破坏大气臭氧层。

（3）市场上出售的所谓"无氟空调"就是不含氟烃类制冷剂的空调。

（4）R718 是一种无毒、不会燃烧、不会爆炸的制冷剂。

（5）R502 制冷剂在常压下的沸腾温度是 −40.8℃。

（6）R290 是人工合成物质，对臭氧层有破坏作用。

（7）含氟烃类制冷剂在高温下分解，但不会产生有毒产物。

（8）制冷剂 R717、R12 是高温低压制冷剂。

（9）混合制冷剂有共沸溶液制冷剂和非共沸溶液制冷剂之分。

（10）《蒙特利尔议定书》规定发展中国家在 2030 年停用过渡性物质 HCFCs。

（11）卤代烃系统中的水分会对卤代烃制冷剂起化学反应，可生成酸。

（12）盛装制冷剂的钢瓶表面应标明制冷剂的种类、容积、盛装重量。不得任意涂改制冷剂钢瓶本身的颜色和代号标识。

（13）R152a 是目前常用的制冷剂，其性能与 R134a 相近，其循环的 COP 高于 R22 制冷循环且排气压力更低，同时，其容积制冷量较大。

（14）R32 的性质与 R410A 的性质非常接近，可作为 R22 的替代物。

（15）对于 R290 一类可燃制冷剂，只要控制制冷剂的充注量就能够实现其安全地运行。

（16）R410A 是一种混合制冷剂，由 R32 和 R125 按照 50%：50% 的体积配比组成。

（17）只要人类停止使用含氯制冷剂，地球上空的臭氧层就会很快回恢复如初。

3. 填空题

（1）按照制冷剂化合物的种类分类，制冷剂可分为 _____ 和 _____。

（2）制冷剂氨的代号为 R____，其中 7 表示 _____，17 表示 _____。

（3）制冷剂对环境的影响程度可以用 _____ 和 _____ 两个指标表示。

（4）存在于地球平流层中的臭氧，能有效地过滤掉几乎全部的 _____，而允许危害较小的 _____ 通过。

（5）温室气体能够使太阳 _____ 辐射透过，而 _____ 辐射被吸收。

（6）_____ 年《蒙特利尔议定书》第一阶段履约工作全面完成，CFCs、哈龙、四氯化碳、甲基氯仿物质在全球实现了 100% 淘汰。

（7）发展中国家至 2040 年完全淘汰 HCFCs，发达国家在此基础上提前 _____。

（8）HFCs 类物质不破坏臭氧层，但由于其具有较高的 _____，在一些发达国家已经开始了淘汰工作。

（9）R717 属于纯天然物质，ODP 为 ____，GWP 为 ____。

（10）R290 属于高可燃物质，燃烧下限（LFL）____%（体积分数）、燃烧上限（UFL）____%（体积分数）。需要采取相关的安全措施。

（11）R152a 常温常压下为轻微 _____ 气体，其分子式为 _____。

（12）R32 的安全分类为 ____ 类，属于 ____ 制冷剂，在使用时应遵守相关标准的相关规定。

（13）几种常用制冷剂的正常蒸发温度分别为：R152a　t_s=____℃　R32　t_s=____℃

（14）R1234yf 分子式 _____，沸点 _____℃。

（15）故障诊断的方法主要有 _____ 和 _____ 两种。

（16）系统的维修主要包括 _____、_____、视情维修、定期维修等几种。

（17）NH_3 具有毒性，具有强烈的刺激性气味，可以刺激人的眼睛和呼吸系统。空气中容积浓度达到 _____% 时，人停留 30min 就会引起中毒。

（18）CO_2 的主要应用领域为热泵热水器、小型制冷空调装置等，其制冷循环一般为 _____，压缩排气温度高于其 _____，不存在常规制冷循环中的气体相变冷凝过程，而是一个没有相变的气体冷却过程。

（19）水作为制冷剂最大的问题是其对金属的 _____ 以及机械运动部件的 _____ 问题。

（20）R410A 制冷剂的运行压力较 R22 高 _____，设计时需要考虑系统的耐压能力。

4. 简答题

（1）何为 CFC 类物质？为何要禁用 CFC 类物质？

（2）请写出下列制冷剂的化学式：R22、R717、R125、R290，并说出 HCFC 类制冷剂中 H、C、F、C 的含义。

（3）何为共沸溶液类制冷剂？

（4）通常用来表示制冷剂对环境影响的 ODP、GWP 是什么含义？

（5）简述对制冷剂热力学方面的要求。

（6）何为温室效应？列举几个会加剧温室效应的物质。

（7）温室效应对全球有何影响？

（8）何为制冷剂？

（9）简述对制冷剂物理化学性质方面的要求。

（10）对于可燃制冷剂，为了保证其安全地使用，需要做哪些努力？

参考答案

1. 选择题

（1）C　（2）C　（3）C　（4）D　（5）A　（6）C　（7）B　（8）D　（9）B　（10）C

（11）B　（12）D　（13）A　（14）B　（15）B　（16）B　（17）B　（18）D

2. 判断题

（1）√　（2）×　（3）×　（4）√　（5）√　（6）×　（7）×　（8）×　（9）√　（10）×　（11）√　（12）√　（13）×　（14）√　（15）×　（16）×　（17）×

3. 填空题

（1）有机化合物　无机化合物；（2）717 无机化合物　分子量；（3）ODP 破坏臭氧层潜能 GWP 温室效应潜能；（4）中波紫外线　长波紫外线；（5）短波　长波；（6）2010；（7）10年；（8）温室效应；（9）0　0；（10）2.1%　9.5%；（11）醚味　$C_2H_4F_2$；（12）A2L　弱可燃；（13）−24.02　−51.7；（14）$C_3H_2F_4$　−29.5；（15）定性分析法　定量分析法；（16）改善维修　事后维修；（17）0.5~0.6；（18）跨临界循环临界温度；（19）腐蚀性润滑；（20）50%~60%

4. 简答题

（1）答：CFC 类物质就是不含氢的氯氟烃。CFC 物质对地球高空的臭氧层有严重的破坏作用，会导致地球表面的紫外线辐射强度增加，破坏人体免疫系统。还会导致大气温度升高，加剧温室效应。因此需要禁止 CFC 类物质的使用和生产。

（2）答：R22：$CHClF_2$；R717：NH_3；R125：CHF_2CF_3；R290：$CH_3CH_2CH_3$　在 HCFC 中，H 表示氢、第一个 C 表示氯、F 表示氟、第二个 C 表示碳。

（3）答：共沸溶液类制冷剂是由两种或两种以上互溶的单组分制冷剂在常温下按一定的质量或容积比相互混合而成的制冷剂。

（4）答：ODP：臭氧耗损潜值。ODP 表示某种物质分子分解臭氧的能力。ODP 的数值以 CFC11 为基准。不同的物质 ODP 值不同，ODP 值越大，表明该物质破坏臭氧层的能力就越强。

GWP：全球变暖潜值。GWP 值也是在一个相对的基础上计算出来的。二氧化碳的 GWP 值被定为 1，其他所有气体都有一个相对于二氧化碳的 GWP 值。GWP 值越大，该气体的温室效应就越强。

（5）答：①沸点要求低；②临界温度高、凝固温度低；③具有适宜的工作压力；④汽化潜热大；⑤对于大型制冷系统，单位容积制冷量尽可能地大；⑥绝热指数小。

（6）答：温室效应是指透射阳光的密闭空间由于与外界缺乏热交换而形成的保温效应，或者说是太阳短波辐射透过大气射入地面，而地面增暖后放出的长波辐射却被大气中的二氧化碳等物质所吸收，从而产生大气变暖的效应。当大气中的二氧化碳浓度增加，阻止了地球热量的散失，使地球气温升高，这就是温室效应。而能够加剧温室效应的气体包括二氧化碳、氯氟代烷、甲烷、一氧化氮等 30 多种。

（7）答：①危及人类健康，可使皮肤癌、白内障的发病率增加，破坏人体免疫系统；②危及植物及海洋生物，使农作物减产，不利于海洋生物的生长与繁殖；③海平面上升；④气候反常；⑤土地沙漠化。

（8）答：制冷剂是制冷系统中实现能量传递和转移的介质，理论上凡是在制冷系统工作温度区间内实现相变的物质均可作为制冷剂。

（9）答：①黏度尽可能小；②热导率要求高；③化学稳定性和热稳定性好，经得起蒸发和冷凝的循环变化，不变质，不与油发生反应，不腐蚀，高温下不分解；④对大气环境无破坏作用，即不破坏臭氧层，也无温室效应；⑤良好的电气绝缘性；⑥经济上要求制冷剂价格便宜，容易获得。

（10）答：对于可燃制冷剂，需要控制制冷剂的充注量，并建立一整套涵盖产品设计、制造、运输、储存、安装、维修等各个环节的安全技术和安全标准与规范。

参考文献

［1］　曹德胜，史琳. 制冷剂使用手册［M］. 北京：冶金工业出版社，2003.

［2］　http://www.21nx.com/lilunshuji/mokejiatingzhenliaoshouce/1028-23-16.html

［3］　张若玉，何金海，张华. 温室气体全球增温潜能的研究进展［J］. 安徽农业科学，2011，39（28）：17416-17419，17422.

［4］　http://gzdaily.dayoo.com/gb/content/2003-04/24/content_1042145.htm

［5］　http://www.rmlt.com.cn/2012/1110/53220.shtml

［6］　郭辉. 制冷剂对环境的影响及发展趋势［J］. 技术与创新管理，2013（5）：497-499，512.

［7］　吴克安，郭智恺，郑冬芳，等. 含氢氯氟烃（HCFCs）替代品对大气 VOCs 的影响分析［J］. 浙江化工，2014（2）：1-3，9.

［8］　http://www.ozone.org.cn/zcfg_734/gjfags/200712/t20071228_15621.html

［9］　ISO 817：2014 .Refrigerants — Designation and safety classification（制冷剂—编号和安全性分类）.

［10］　GB/T 7778 .制冷剂编号方法和安全性分类.

［11］　丁国良，张春路，赵力. 制冷空调新工质 - 热物理性质的计算方法与实用图表［M］. 上海：上海交通大学出版社，2003.

［12］　严家禄. 工程热力学［M］. 北京：高等教育出版社，2002.

［13］　郑贤德. 制冷原理与装置［M］. 北京：机械工业出版社，2008.

［14］　张朝晖，解国珍. 工商业用制冷空调设备维护维修技术［M］. 北京：中国纺织出版社，2014.

［15］　解国珍，姜守忠，罗勇. 制冷技术［M］. 北京：机械工业出版社，2008.

［16］　ASHRAE 34—2013. 制冷剂命名和安全级别.

［17］　ISO 5149 制冷和热泵系统安全和环境要求.

［18］　HJ/T 154—2004. 新化学物质危害评估导则.

［19］　汪训昌，欧盟 2014 年版 F -gas 法规的述评与思考［J］. 暖通空调，2014（8）：7-11.

［20］　GB 4706.32—2012. 家用和类似用途电器的安全　热泵、空调器和除湿机的特殊要求.

［21］　GB 9237—2001. 制冷和供热用机械制冷系统安全要求.

［22］　CRC Handbook of Chemistry and Physics，2010.

［23］　ANSI/ASHRAE Standard 34—2010. Designation and safety classification of refrigerants.

［24］　刘圣春，马一太，管海清. CO_2 空气源热泵热水器的研究现状及展望［J］. 制冷与空调，2008（2）：4-12.

［25］　吴业正. 制冷与低温技术原理［M］. 北京：高等教育出版社，2004.

［26］　刘炽辉. 商用制冷设备安装与维修［M］. 北京：机械工业出版社，2011.

［27］　刘孝刚. 制冷设备安装调试与维修［M］. 北京：北京理工大学出版社，2014.

［28］　张慜，郁延军，陶谦. 冷藏和冻藏工程技术［M］. 北京：中国轻工业出版社，2000.

［29］　魏龙，赵强. 制冷设备维修手册［M］. 北京：化学工业出版社，2011.

［30］ 肖友元，刘畅，郭春辉. 自然工质 R290 在家用空调器中的应用研究［J］. 流体机械，2009（5）：61-65.

［31］ 宁静红，彭苗，李慧宇. R290 家用空调的替代与应用研究［J］. 流体机械，2006（12）：72-75.

［32］ 郭春辉，刘知新，徐永恩. R290 空调器系统混空气实验研究［J］. 制冷与空调，2013（5）：58-61.

［33］ 刘振，赖想球，周向阳. R290 家用空调制热特性研究［J］. 流体机械，2013（3）：82-84.

［34］ 杨林德，吴建华，候杰. 分体式房间空调器 R290 和 R1270 替代 R22 实验研究［J］. 制冷学报，2013（2）：9-14.

［35］ 李廷勋，杨九铭，曾昭顺，等. R290 灌注式替代 R22 空调整机性能研究［J］. 制冷学报，2010（4）：31-34.

［36］ 肖庭庭，李征涛，陈坤，等. R290 替换 R22 应用于家用空调的试验研究［J］. 流体机械，2014（3）：67-70.

［37］ 刘知新，郭春辉，郭畅，等. R290 家用空调器泄漏安全性实验研究. 第五届中国制冷空调行业信息大会暨推进 HCFCs 加速淘汰国际论坛论文集［C］. 北京：中国制冷空调工业协会，2014：212-214.

［38］ 张网，杨昭，李晋，等. 以 R290 为制冷剂的空调室外机火灾危险性［J］. 消防科学与技术，2013（3）：240-243.

［39］ 张网，任常兴，张欣. R290 作为替代制冷剂的火灾危险性的研究进展［J］. 工业安全与环保，2012（10）：44-47.

［40］ 许玫. 日本制冷剂向 R32 过渡［J］. 制冷与空调，2013（10）：70-71.

［41］ 薛松. HFC-32 最新市场形势及前景分析［J］. 浙江化工，2014（4）：1-4.

［42］ 范凤敏. 跨出关键的一步——中国工商制冷空调行业 HCFCs 替代进入实质性实施阶段［J］. 制冷与空调，2013（2）：8-9.

［43］ 贾磊，史敏，张秀平，等. 合成类 HCFCs 替代制冷剂的研究进展［J］. 制冷与空调，2011（1）：116-120.

［44］ 徐宝东. 国际保护臭氧层协议与氟化学产业的发展趋势［J］. 化学工业，2014（2-3）：14-18.

［45］ 史琳，朱明善. 家用 / 商用空调用 R32 替代 R22 的再分析［J］. 制冷学报，2010（1）：1-5.

［46］ 梅奎，李明，梁路军. R32 和 R410A 循环特性对比研究［J］. 制冷与空调，2011（2）：56-59

［47］ 黄玉优，王俊，尹茜，等. R32 空气源热泵热水器的实验研究［J］. 制冷与空调，2011（2）：69-72.

［48］ 陈政文，王娜娜，胡文举，等. R32、R22、R410A 风冷空调机性能实验研究［J］. 低温建筑技术，2012（11）：130-122.

［49］ 谢翔，许鹏. R32 在家用空调器中的应用研究［J］. 制冷与空调，2012（6）：58-60.

［50］ 郑泽顺，林小苗. 带有喷气冷却的 R32 风冷单元式空调机性能实验研究［J］. 制冷与空调，2013（1）：52-54.

［51］ 秦妍，张剑飞. R32 制冷系统降低排气温度的方法研究［J］. 制冷学报，2012（1）：14-17.

［52］ 胡建信，方雪坤，吴婧，等，中国控制和管理氢氟碳化物的机遇与挑战［J］. 气候变化研究进展。2014（2）：142-148.

［53］ JARALL S. Study of refrigeration system with HFO-1234yf as a working fluid［J］. International Journal of Refrigeration，2012（35）：1668-1677.

［54］ ZILIO C，BROWN J S，SCHIOCHET G，et al. The refrigerant R1234yf in air conditioning systems［J］. Energy，2011（36）：6110-6120.

［55］ 刘圣春，饶志明，杨旭凯，等. 新型制冷剂 R1234yf 的性能分析［J］. 制冷技术，2013，33（1）：56.

［56］ 赵林海. 故障诊断技术及其在轨道电路中的应用［M］. 北京：北京交通大学出版社，2013.

［57］ GB/T 3187—1994. 可靠性、维修性术语.

［58］ 吕琛. 故障诊断与预测——原理、技术及应用［M］. 北京：北京航空航天大学出版社，2012.

第 2 章　制冷原理与设备

2.1 基础理论知识

2.1.1 热力学基础

热力学是研究热能的性质及其转换规律的科学。在此基础上形成的工程热力学是研究热能与机械能和其他能量之间相互转换的规律及其应用的热力学分支，是制冷空调专业的理论基础。

2.1.1.1 热力学基本定律

（1）热力学第一定律。热力学第一定律即所谓的能量守恒定律，也就是通常所说的能量不灭，既不能创造能量，也不能消灭能量。

热力学第一定律反映了各种形式的能量传递和转换时遵循的规律，即能量可以从一个物体传递到另外一个物体，或者从一种形式转换为另外一种形式，但在传递和转换过程中其总量维持不变。

例如，能量可以从电能转换为机械能（利用电动机），但输入给电动机的电能必然等于电动机输出的机械能以及电动机各种损失所转化的热能之和。

（2）热力学第二定律。热力学第二定律反映了能量传递的方向。

开尔文和普朗特对热力学第二定律的描述是，利用单一热源而不断做功的循环发动机是不可能制成的，或者说第二类永动机是不可能制成的。

比较通俗、容易理解的说法是，热量不可能自发地从低温物体传递到高温物体。例如，放在房间的一杯开水可以自动地向房间空气释放热量而变凉，但一杯冷水不可能自动地从房间空气吸热而变得比房间温度更高。

（3）热力学第三定律。热力学第三定律反映了能量传递的极限。

比较通俗的描述是，不可能用有限手段达到绝对零度（-273.15℃）。

2.1.1.2 状态与状态参数

描述物质所处状态的参数称为状态参数，它们表示物质所处的状态，而与物质达到所处状态的途径无关。这些参数在制冷空调领域被广泛使用，如压力、温度、密度等。

（1）温度。温度是反映物质冷热程度的一个物理量，微观上温度是反映物质分子热运动的剧烈程度。如热的物体的温度比冷的物体的温度高。

反应温度数值的标尺称为温标，包括绝对温标、摄氏温标和华氏温标。

绝对温标也称开尔文温标，其单位为开尔文，用符号 K 表示，是将水的三相点定为 273.16K 的一种温标。

摄氏温标是最常用的一种温标，其单位为摄氏度，用符号℃表示。它将水的三相点定为 0.01℃。开尔文温标和摄氏温标的分度相同，均为 1/273.16。因此，二者之间的换算关系为：

$$摄氏温度（℃）=绝对温度（K）-273.15$$

此外，美国和其他一些英语国家使用的温标是华氏温标，其单位为华氏度，用符号℉表示。它将水的冰点定义为 32℉，其分度与开尔文温标和摄氏温标不同。它与摄氏温度的换算关系是：

$$T（℉）=1.8t（℃）+32 \tag{2-1}$$

式中，t——摄氏温度数；

T——华氏温度数。

（2）压力。压力即中学物理中所说的压强，是指垂直作用于物体表面单位面积并指向物体表面的力。压力的国际单位为帕斯卡（简称为帕），用符号 Pa 表示，意味着每平方米 1 牛顿（N）的作用力，即 $1Pa=1N/m^2$。

在工程上还常用其他一些压力单位，如标准大气压、工程大气压、水柱高度、水银柱高度以及英制单位等，它们之间的换算关系为：

1 千帕（kPa）$=10^3Pa$

1 兆帕（MPa）$=10^6Pa$

1 巴（bar）$=10^5Pa$

1 标准大气压 $=101325Pa$

1 工程大气压（kgf/cm^2）$=98066.5Pa$

1 毫米水柱（$mm\,H_2O$）$=9.80665Pa$

1 毫米汞柱（$mm\,Hg$）$=133.3224Pa$

1 磅 / 平方英寸（psi、bf/in^2）$=6894.8\,Pa$

压力分为绝对压力和相对压力。由于测量压力的仪表均处于大气环境，所测得的压力实际上是绝对压力和大气压力的差值，称为相对压力或表压力。其换算关系是：

$$p_g=p-p_b \tag{2-2}$$

式中，p_g——表压力；

p——绝对压力；

p_b——大气压力。

当绝对压力低于大气压力时，压力表（此时称为真空表）所测得的压力实际上是绝对压力低于大气压力的差值，称为真空度。

$$p_v=p_b-p \tag{2-3}$$

式中，p_v——真空度。

（3）比体积与密度。比体积通常也称比容，是指单位质量物质所占据的体积，其单位是 m^3/kg。比体积的倒数即为常说的密度，指单位体积的物质所具有的质量，其单位是 kg/m^3。

（4）焓。焓是一个能量参数，由其他状态参数计算得出：

$$H=U+pV \tag{2-4}$$

式中，H——物质的焓；

U——物质的内能；

p——压力；

V——体积。

而单位质量物质的焓称为比焓（一般简称为焓）：

$$h=H/m=u+pv \tag{2-5}$$

式中，m——物质的质量；

u——物质的比内能；

p——压力；

v——比体积。

焓的单位为焦耳（J），比焓的单位为 J/kg。在使用工程单位时，焓的单位为 kcal，比焓的单位为 kcal/kg。而 1 kcal=4.18kJ。

（5）熵。熵是一个导出的状态参数，可由其他状态参数导出。熵反映了一个体系中一种能量分布的混乱程度，当能量分布均匀时熵达到最大，能量传递就停止了。

熵和比熵可由下式计算[1]：

$$S = \int \frac{\mathrm{d}U + p\mathrm{d}V}{T} + S_0, \quad \mathrm{d}S = \frac{\mathrm{d}U + p\mathrm{d}V}{T} \tag{2-6}$$

$$s = \frac{S}{m} \tag{2-7}$$

式中，S——熵；

S_0——熵常数；

s——比熵。

熵的单位为 J/K，比熵的单位为 J/（kg·K）。在使用工程单位时，熵的单位为 kcal/K，比熵的单位为 kcal/（kg·K）。

（6）状态方程。描述物质各个状态参数之间关系的方程称为状态方程，利用状态方程可以通过一些状态参数计算其他的状态参数。

当假设某种气体的分子不占体积、分子间也无相互作用力时，这种气体可视为理想气体。理想气体状态方程较为简单：

$$pv = RT \tag{2-8}$$

式中，R——气体常数，J/（kg·K）。

但现实中理想气体是不存在的，制冷空调领域所涉及的所有制冷剂气体均不能按照理想气体计算，需要采用实际气体状态方程。

实际气体状态方程修正了理想气体所做的两个假设，一般为基于大量实验数据的经验公式，不同的制冷剂状态方程不同，同一制冷剂也有不同的状态方程，均比较复杂。式（2-9）为广泛用于制冷剂热力性质计算的马丁—候方程（M—H 方程）[2]：

$$p = \frac{RT}{v-b} + \frac{A_2 + B_2 T + C_2 \left[\mu \exp\left(-kT / T_c\right) + v / T^3 \right]}{\left(v-b\right)^2} +$$

$$\frac{A_3 + B_3 T + C_3 \exp\left(-kT / T_c\right)}{\left(v-b\right)^3} +$$

$$\frac{A_4 + B_4 T + C_4 \left[\mu \exp\left(-kT / T_c\right) + v / T^3 \right]}{\left(v-b\right)^4} +$$

$$\frac{A_5 + B_5T + C_5 \exp\left(-kT/T_c\right)}{\left(v - b\right)^5} +$$

$$\frac{A_6 + B_6T + C_6 \exp\left(-kT/T_c\right)}{\exp\left(av\right)\left[1 + C' \exp\left(av\right)\right]} \qquad （2-9）$$

式中，T_c——临界温度；

　　a、b、A_2、$\cdots$、A_6，B_2、$\cdots$、B_6，C_2、$\cdots$、C_6——经验常数，不同制冷剂取值不同，具体数值见参考文献 3[3]。

　　物质的状态参数可以是相互独立的，在某些情况下状态参数间存在特定的关系，不是独立的。例如，制冷剂在气液两相状态其压力和温度是相互关联的，压力确定后温度也就确定了，反之亦然。但在过热蒸汽状态和过冷液体状态，压力和温度是独立变化的，相互之间没有关系。

　　（7）制冷循环所涉及的典型状态与参数[4]。

　　①平衡状态：系统在不受外界影响的条件下，如果宏观热力性质不随时间而变化，系统内外同时建立了热的和力的平衡，这时系统的状态称为平衡状态。要使系统达到平衡，系统内部及相联系的外界的参数，如温度、压力等都必须相等。

　　②饱和状态、饱和温度和饱和压力：制冷剂在封闭容器内的蒸发过程中，随着蒸发的进行，气相空间蒸汽分子的浓度不断增大，返回液体的分子也不断增多，当气化分子数和凝结分子数处于动态平衡时，宏观上蒸发现象将停止。这种气化和凝结的动态平衡状况称为饱和状态。饱和状态的压力称为饱和压力，温度称为饱和温度。饱和温度和饱和压力之间存在单值的对应关系。

　　③湿蒸汽和干饱和蒸汽：某一饱和温度下的饱和液体继续加热，开始沸腾，在定温下产生蒸汽而形成饱和液体和饱和蒸汽的混合物，该混合物称为湿蒸汽。将湿蒸汽继续加热，直至饱和液体全部变为蒸汽，这时的蒸汽称为干饱和蒸汽。

　　④比潜热：指 1kg 饱和液体制冷剂转变为同温度的干饱和蒸汽所吸收的汽化热量，其单位为 kJ/kg。

　　⑤过冷液体和过冷度：将某一饱和压力下的饱和液体继续冷却，使其温度低于该饱和压力下的饱和温度，这一现象称为过冷，此时该液体为过冷液体。其液体温度与饱和温度之差称为过冷度。

　　⑥过热气体和过热度：干饱和蒸汽再继续加热时，蒸汽温度自饱和温度起继续升高，比体积增大而压力不变，这一现象称为过热。这时，蒸汽的温度已经超过相应压力下的饱和温度，称为过热气体。其蒸汽温度与饱和温度之差称为过热度。

2.1.1.3　过程

　　物质从一个状态起经历一系列中间状态后达到另外一个状态，称为一个过程。因此，过程是由一系列的状态所组成。

　　根据有无能量损失，过程可以分为可逆过程和不可逆过程。

可逆过程是指物质经历一个过程后，可以使其逆向回到原始状态而不对外界产生任何影响的过程。可逆过程意味着过程进行中没有任何的损失，是一个实际上不存在的理想过程。与可逆过程对比，可以分析实际过程的各种损失，是节能和提高能效常用的分析方法。

不可逆过程是有损失的、物质实际经历的过程。

根据过程进行中状态参数的变化特征，过程又可分为等容过程、等压过程、等温过程、等熵过程、绝热过程、多变过程等，这些过程既可能是可逆过程也可能是不可逆过程。

（1）等容过程。等容过程指物质在保持比体积不变的情况下进行的过程，过程中伴随着物质对外界的吸热或放热，以及压力的变化。

过程进行中物质状态的变化规律用过程方程描述。对于等容过程，$v=$ 常数，再结合理想气体状态方程，可得其过程方程为：

$$v = \frac{RT}{p} = 常数 \tag{2-10}$$

利用此式可计算等容过程中物质压力和温度的变化关系。

（2）等压过程。等压过程指物质在保持压力不变的情况下进行的过程，过程中伴随着物质对外界的吸热或放热，以及比体积的变化。在制冷空调领域，如果忽略流动阻力损失，一般将流体在换热器中进行的热交换过程视为等压过程。对于理想气体，其过程方程为：

$$p = \frac{RT}{v} = 常数 \tag{2-11}$$

（3）等温过程。等温过程指物质在保持温度不变的情况下进行的过程，过程中伴随着物质对外界的吸热或放热以及物质的压缩或膨胀。对于理想气体，其过程方程为：

$$T = \frac{pv}{R} = 常数 \tag{2-12}$$

（4）等熵过程。等熵过程指物质在保持比熵不变的情况下进行的过程，过程中伴随着物质的压缩或膨胀，但不存在物质对外界的吸热或放热。对于理想气体，其过程方程为：

$$pv^{\gamma} = 常数 \tag{2-13}$$

其中，γ——等熵指数。

（5）绝热过程。绝热过程是指物质在与外界无热量交换情况下进行的过程。在没有损失的情况下，绝热过程就是等熵过程。在制冷空调领域，一般将压缩机的压缩过程视为绝热过程。对于理想气体，其过程方程为：

$$pv^{k} = 常数 \tag{2-14}$$

其中，k——绝热指数。

（6）多变过程。上述各种过程均是热力过程中的几种特殊情况，而一般过程称为多变过程。对于理想气体，其过程方程为：

$$pv^{n} = 常数 \tag{2-15}$$

其中，n——多变指数。

多变指数可以是任何实数，它决定了过程进行中状态的变化规律。当多变指数取特殊值时，多变过程就转变为上述的特殊过程。

$n=0$：等压过程；

$n=1$：等温过程；

$n=\infty$：等容过程；

$n=\gamma$：等熵过程；

$n=k$：绝热过程。

将过程表示在以状态参数为坐标的图中，直观反映过程进行中状态变化情况的曲线称为过程曲线。图 2-1 所示为 p—v 图中几个典型过程的过程曲线。

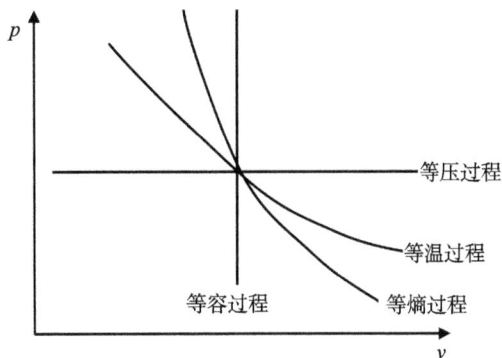

图 2-1　过程曲线

2.1.1.4　循环

（1）循环的概念。物质经过一系列中间状态后又返回初始状态称为一个循环，循环一般由几个过程组成。

最基本的热力循环是卡诺循环，它由两个可逆的等温过程和两个可逆的等熵过程组成。卡诺循环工作在两个热源之间，从高温热源吸收热量、向低温热源放出热量，同时对外输出功。

卡诺循环是理论上最省功、效率最高的循环。根据卡诺定理，工作在两个恒温热源之间的循环，不管采用什么工质，如果是可逆的，其热效率均为 $1-T_2/T_1$（注意温度为绝对温度）；如果是不可逆的，其热效率恒小于 $1-T_2/T_1$。而 T_1、T_2 分别为高温热源和低温热源的温度。

图 2-2 所示为卡诺热机及卡诺循环。过程 a—b、c—d 为等温过程，过程 b—c、d—a 为等熵过程。

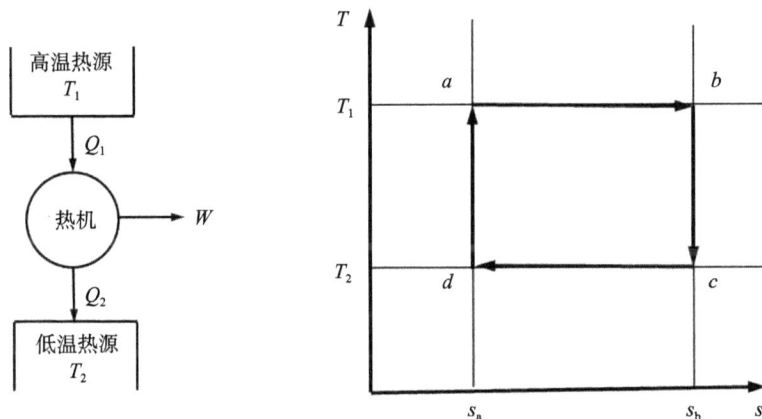

图 2-2　卡诺热机及卡诺循环

由于卡诺循环是可逆的，也可以使工质进行反向循环，即所谓逆卡诺循环。逆卡诺循环是最基础的制冷循环。工质从低温热源吸收热量，然后将其放到高温热源，使得低温热源的温度降低，达到制冷的目的。如前热力学第二定律所述，热量不可能自动地从低温传递到高温，必须付出代价即消耗一定的能量。以空调系统为例，高温热源为室外空气，制冷剂通过冷凝器向室外空气放热；低温热源为室内空气，制冷剂通过蒸发器从室内空气吸热；所消耗的能量体现为压缩机的输入功率。

根据逆卡诺循环所工作的温度范围不同，可实现制冷循环或制热循环（也称热泵循环）。制冷循环和热泵循环的区别在于循环与环境温度的关系。当循环工作于环境温度之下时，制冷剂从低温热源吸收热量，向高温热源（环境）放出热量，为制冷循环；当循环工作于环境温度之上时，制冷剂从低温热源（环境）吸收热量，向高温热源放出热量，为热泵循环。如图 2-3 所示。

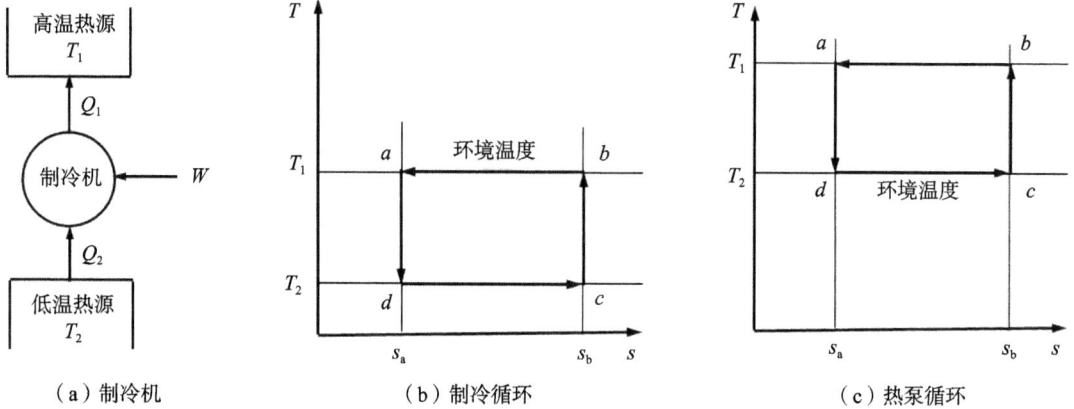

图 2-3　制冷机与逆卡诺制冷循环和热泵循环

（2）循环效率。在相同的温度范围内，逆卡诺循环的效率也是最高的。尽管这种循环实际上是不能实现的，但现实中常将实际制冷循环的效率与逆卡诺循环的效率相比较，以衡量实际循环接近理论上最省功的逆卡诺循环的程度，即常说的热力完善度。

对于逆卡诺循环，制冷运行时的效率用制冷系数表示［制冷循环，图 2-3（b）］：

$$\varepsilon_0 = \frac{T_2}{T_1 - T_2} = \frac{1}{\dfrac{T_1}{T_2} - 1} \tag{2-16}$$

式中，ε_0——制冷系数。

逆卡诺循环制热运行时的效率用制热系数表示［制热循环，图 2-3（c）］：

$$\varepsilon_1 = \frac{T_1}{T_1 - T_2} = \frac{1}{1 - \dfrac{T_2}{T_1}} \tag{2-17}$$

式中，ε_1——制热系数。

2.1.2　传热学基础

2.1.2.1　热量传递的基本方式

热量传递有三种基本方式：导热、对流和热辐射。

导热是指热量在物体内部从温度较高的地方传递到温度较低的地方，或者从温度较高的物体传递到与之接触的温度较低的另一物体。例如，在制冷空调装置的翅片式换热器中，由管道向翅片的传热以及在翅片内部由翅片根部向翅片端部的传热都属于导热。

对流传热仅发生在流体中，流体中温度不同的各部分流体相对运动、混合所引起的热量传递称为对流。在工程上，对流一般还伴随着导热，不是单纯的对流。

热辐射是物体通过电磁波方式进行的热量传递。例如，空调行业的冷板辐射换热器主要就是利用辐射冷却室内空气。与导热和对流依赖于物质的存在不同，热辐射可以在真空中传播。

需要说明的是，一般情况下，一个热量传递过程往往三种传热方式同时存在。

2.1.2.2 热量传递的基本定律[5]

（1）导热。傅里叶定律对导热基本规律的描述是：在导热现象中，单位时间内通过给定截面的热量，正比于垂直于该截面方向上的温度变化率和截面面积。

$$Q = -\lambda F \frac{\partial t}{\partial x} \tag{2-18}$$

式中，Q——单位时间内通过给定截面的热量，W；

λ——导热系数，W/（m·K）；

F——导热截面面积，m^2；

$\frac{\partial t}{\partial x}$——温度变化率，K/m；

t——温度，K；

x——导热方向。

（2）对流。对流换热以牛顿冷却公式为基本计算式：

$$Q = \alpha F \Delta t \tag{2-19}$$

式中，α——对流换热系数，W/（m^2·K）；

F——换热面积，m^2；

Δt——对流换热温差，K。

（3）热辐射。辐射换热量用辐射力衡量。辐射力是物体在单位时间内向半球空间所有方向发射的全部波长的辐射能的总量，常用单位是 W/m^2。

根据斯蒂芬—波尔茨曼定律，黑体的辐射力 E_b：

$$E_b = \sigma_0 T^4 = C_0 \left(\frac{T}{100} \right)^4 \tag{2-20}$$

式中，σ_0——黑体辐射常数，其值为 5.67×10^{-8} W/（m^2·K^4）；

T——黑体的温度，K；

C_0——黑体辐射系数，其值为 5.67W/（m^2·K^4）。

实际物体的辐射不同于黑体，为此引入黑度的概念，把实际物体的辐射力与同温度下黑体辐射力的比值称为实际物体的黑度。则实际物体的辐射力 E 可按下式计算：

$$E = \varepsilon E_b = \varepsilon C_0 \left(\frac{T}{100} \right)^4 \tag{2-21}$$

式中，ε——实际物体的黑度。

2.1.3 流体力学基础

由于流体有黏性，在流动过程中将受到阻力。为了克服流动阻力，必须使用冷剂泵或溶液泵压送水或溶液。另外，当流体流过连接管路时也同样地受到阻力。计算阻力损失是选择泵扬程的依据。单位质量流体的能量损失称为比能损失或压头损失。

2.1.3.1 实际流体的伯努利方程

伯努利方程是用于流动过程流体能量（动能、势能、压力能）转换计算最常用的方程。

根据能量守恒定律，对于无黏性的理想流体，从截面 1—1 流动到截面 2—2 时，若流动过程中与外界无热和功的交换，则单位质量流体所具有的总能不变。即：

$$z_1 + \frac{p_1}{\rho_1 g} + \frac{v_1^2}{2g} = z_2 + \frac{p_2}{\rho_2 g} + \frac{v_2^2}{2g} \tag{2-22}$$

式中，z_1、z_2——1—1 截面和 2—2 截面的位置高度，m；

p_1、p_2——1—1 截面和 2—2 截面处的压力，Pa；

v_1、v_2——1—1 截面和 2—2 截面处的流速，m/s；

ρ_1、ρ_2——1—1 截面和 2—2 截面处的密度，kg/m³。

对于有黏性的实际流体，由截面 1—1 流至截面 2—2 过程中要克服摩擦阻力而损失了一部分机械能。如单位质量流体所损失的机械能为 h_{f1-2}，则有

$$z_1 + \frac{p_1}{\rho_1 g} + \frac{v_1^2}{2g} = z_2 + \frac{p_2}{\rho_2 g} + \frac{v_2^2}{2g} + \frac{h_{f1-2}}{g} \tag{2-23}$$

上述两式就是众所周知的伯努利方程。

2.1.3.2 阻力损失的计算

流体流过管路、热交换器或阀件所遇到的阻力损失，可分为沿程阻力损失 Δp_L 和局部阻力损失 Δp_w。

（1）沿程阻力损失。沿程阻力损失 Δp_L 是指流体与壁面以及流体内部存在的摩擦力。这种沿流程的摩擦阻力，称为沿程阻力。对于圆形管道，沿程阻力损失可用下式计算：

$$\Delta p_L = \rho \lambda \frac{l}{d_i} \cdot \frac{v^2}{2} \tag{2-24}$$

式中，Δp_L——沿程阻力损失，Pa；

λ——沿程阻力系数。流体在管内层流时 $\lambda = 64/Re$；流体在管内紊流时，在 $4000 < Re < 100000$ 范围内，$\lambda = 0.3164/Re^{0.25}$；

ρ——流体的密度，kg/m³；

l——管长，m；

d_i——管子内径，m；

v——流体在管内的平均流速，m/s。

（2）局部阻力损失。指流体经过断面改变或流动方向改变、速度分布改变所受到的阻力。如流体通过弯头、三通、阀门，通流面积突然扩大或缩小时受到了较大的流动阻力，这种局部位置处的流动阻力就称局部阻力。

局部阻力种类繁多，形式各异，影响因素较多。一般都要依靠实验所得的一些经验公式和系数来计算，常表示成下列形式：

$$\Delta p_{\mathrm{w}} = \rho \xi \frac{v^2}{2} \tag{2-25}$$

式中，Δp_{w}——局部阻力损失，Pa；

ξ——局部阻力系数。不同的管路件以及截面缩小、扩大或转弯时的局部阻力系数可查阅流体力学或水力学相关书籍。

将管路系统所有沿程阻力和局部阻力相加，即可得到总的阻力损失。如忽略进、出口间的位差和动能差，流体的总压力降可计算如下：

$$\Delta p = p_1 - p_2 = \sum_{i=1}^{n} \Delta p_{\mathrm{L}i} + \sum_{i=1}^{n} \Delta p_{\mathrm{w}i} \tag{2-26}$$

式中，Δp——总压力降，Pa；

$\Delta p_{\mathrm{L}i}$——流体在 i 段中的沿程阻力，Pa；

$\Delta p_{\mathrm{w}i}$——流体在 i 段中的局部阻力，Pa。

2.2 制冷原理

所谓制冷、空调是人为地制造一个局部低温空间（相对于环境温度），且维持这一温度。该局部空间是人们对于其温度有不同于环境温度的要求，只能通过人工的方式消耗能量来实现。如用于储存食物、药品的冷库、电冰箱、冷藏柜内的空间及人们所处的生活空间。

制冷的目的通过制冷循环，使制冷剂在蒸发器中吸热以降低被冷却的空间或对象的温度来实现。因此，制冷循环是制冷技术的基础。

尽管为了达到制冷的目的，可利用电能、机械能和热能等多种方式，但无论是技术成熟程度还是能源效率等各个方面，目前广泛应用的制冷方式是利用电能或机械能驱动的蒸汽压缩式制冷。基本的制冷系统由压缩机、节流元件（可用毛细管代替）、蒸发器、冷凝器四个部分组成。若在系统管路中增加四通换向阀，改变工质在系统中的流向，则系统可反向作制热运行，成为热泵。

2.2.1 单级蒸汽压缩理论循环

2.2.1.1 理论循环

在本章热力学基础部分中（2.1.1）指出逆卡诺循环是一个制冷循环，但它只是一个理论上的循环。尽管具有理论上的最高效率，但现实中难以实现。主要原因有两个，首先，逆卡诺循环中压缩机的吸气状态是湿蒸汽，会导致压缩机产生一系列的问题，如液击、润滑恶化等；其次，逆卡诺循环中包括一个等熵膨胀过程，需要配备膨胀机。导致制冷装置结构复杂、成本上升。

为此，在实际应用中针对上述问题对逆卡诺循环进行了一定的修正，提出了一个实用的理论循环，即单级蒸汽压缩理论循环。所进行的修正包括：将压缩机的吸气状态改为饱和蒸汽；取消等熵膨胀过程而代之以等焓膨胀过程，这样省去了膨胀机，可以用节流装置实现等焓膨胀，大大简化了系统；将冷凝器出口状态改为饱和液体状态。

并且，理论循环忽略了实际运行中的一些复杂因素，以便对循环的基本特性进行分析。为此假设：

（1）压缩过程为等熵过程，不存在任何不可逆损失；

（2）换热器不存在传热温差。在冷凝器和蒸发器中，制冷剂的冷凝温度等于冷却介质的温度，蒸发温度等于被冷却介质的温度，且冷凝温度和蒸发温度都是定值；

（3）离开蒸发器和进入压缩机的制冷剂蒸汽为蒸发压力下的饱和蒸汽，离开冷凝器和进入节流装置的制冷剂液体为冷凝温度下的饱和液体；

（4）制冷剂在管道中流动时没有阻力损失，忽略动能变化，除了蒸发器和冷凝器外，制冷剂与管道外介质没有热交换；

（5）制冷剂流过节流装置时流速变化可以忽略不计，且与外界环境没有热交换。

在上述假设下，单级蒸汽压缩理论循环就变为由一个等熵压缩过程、一个等焓膨胀过程和两个等压过程组成（图 2-4）[6]。

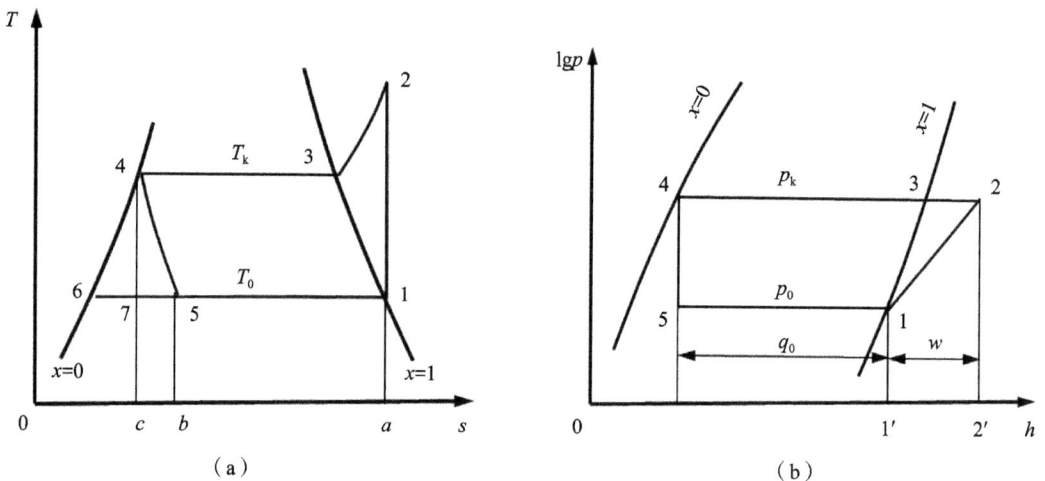

图 2-4 理论循环在 T—s 图和 $\lg p$—h 图上的表示

图中，$x=0$ 曲线为饱和液体线，其上每一点均处于饱和液体状态；$x=1$ 曲线为饱和蒸汽线，其上每一点均处于饱和蒸汽状态。

制冷剂进入压缩机时为 1 点表示的蒸发压力下的饱和蒸汽，然后在压缩机中经历 1—2 的等熵压缩过程，离开压缩机时为 2 点的冷凝压力下的过热蒸汽。2—3—4 表示制冷剂的冷却和冷凝过程，为一等压过程，且压力等于冷凝温度下对应的饱和压力。其中 2—3 为制冷剂蒸汽的冷却过程，由 2 点的过热蒸汽冷却为 3 点的冷凝压力下的饱和蒸汽，这一冷却过程与冷却介质间存在传热温差。3—4 为冷凝压力和冷凝温度下的等压、等温冷凝过程，制冷剂由 3 点的饱和蒸汽变为 4 点的冷凝压力下的饱和液体，这一过程中制冷剂与冷却介质间没有传热温差。4—5 为等焓节流过程，制冷剂的温度与压力都下降进入两相区，由 4 点的饱和液体变为 5 点的蒸发压力下的气液两相状态。5—1 为制冷剂在蒸发器中的等压、等温蒸发过程，压力等于蒸发压力、温度等于蒸发温度，制冷剂吸收被冷却介质或对象的热量，由5点的两相状态变为1点的饱和蒸汽。蒸发过程中制冷剂与被冷却介质或对象间没有传热温差。

图2-5为单级蒸汽压缩理论循环系统流程和制冷剂的压力、温度变化。这样的基本制冷系统包括四个基本部件：压缩机、冷凝器、蒸发器和节流阀。从压缩机出来的制冷剂过热蒸汽2首先进入冷凝器，在冷凝器中被冷却到饱和液体4，然后经节流阀节流，成为气液两相状态5后进入蒸发器，在蒸发器中吸收被冷却介质热量后变为饱和蒸汽1。离开蒸发器的饱和蒸汽再进入压缩机被压缩成为过热蒸汽。由此形成循环。

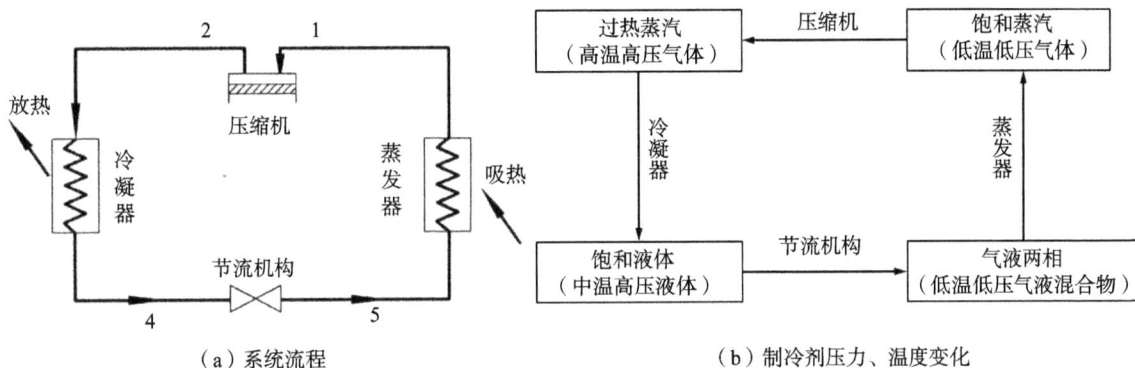

图2-5 单级蒸汽压缩理论循环系统流程图

2.2.1.2 性能指标

对于单级蒸汽压缩理论循环，可以利用图2-4所示的 T—s 图和 $\lg p$—h 图计算其各种性能参数，所做计算没有涉及制冷剂流量，计算的性能参数均是针对单位质量流量的制冷剂而言的。因此，各参数均冠以"单位"两字。

（1）单位制冷量。单位制冷量是制冷剂在一个循环中从被冷却介质或对象中吸收的热量。

$$q_0 = h_1 - h_5 = h_1 - h_4 \qquad (2\text{-}27)$$

式中，q_0——单位制冷量，J/kg；

　　　h_1——1点的焓，J/kg；

　　　h_5——5点的焓，J/kg；

　　　h_4——4点的焓，J/kg。

（2）单位容积制冷量。单位容积制冷量是单位体积的制冷剂在一个循环中从被冷却介质或对象中吸收的热量，可利用单位制冷量换算得出。

$$q_v = \frac{h_1 - h_5}{v_1} = \frac{h_1 - h_4}{v_1} \qquad (2\text{-}28)$$

式中，q_v——单位容积制冷量，J/m³；

　　　v_1——1点的比体积，m³/kg。

（3）单位压缩功。单位压缩功是压缩机在一个循环中压缩制冷剂气体所消耗的功。

$$w = h_2 - h_1 \qquad (2\text{-}29)$$

式中，w——单位压缩功，J/kg；

h_2——2 点的焓，J/kg。

（4）单位冷凝热。单位冷凝热是制冷剂在一个循环中向冷却介质放出的热量。

$$q_k = h_2 - h_4 \qquad (2\text{-}30)$$

式中，q_k——单位冷凝热，J/kg。

（5）制冷系数。制冷系数为一个循环中单位制冷量与单位压缩功的比值，反映了制冷循环的经济性。制冷系数越大意味着得到同样单位制冷量所需的单位压缩功越小，或者同样的单位压缩功可以得到更大的单位制冷量。

$$\varepsilon_0 = \frac{q_0}{w_0} = \frac{h_1 - h_4}{h_2 - h_1} \qquad (2\text{-}31)$$

式中，ε_0——制冷系数。

（6）热力完善度。单级蒸汽压缩理论循环是在逆卡诺循环的基础上作了一定的修改得出的，由于逆卡诺循环是理论上最经济的循环，所作修改必然会降低循环的经济性。

热力完善度就用来反映一个制冷循环接近逆卡诺循环的程度。热力完善度越大就表明制冷循环越接近逆卡诺循环，其经济性就越高。

$$\eta = \frac{\varepsilon_0}{\varepsilon_c} = \frac{h_1 - h_4}{h_2 - h_1} \frac{T_4 - T_0}{T_0} \qquad (2\text{-}32)$$

式中，η——热力完善度；

ε_c——工作于 T_0 和 T_4 之间的逆卡诺循环的制冷系数；

T_4——4 点的温度，即冷凝温度 T_k；

T_0——5 点的温度，即蒸发温度。

需要注意的是，制冷系数和热力完善度都是用来评价制冷循环的经济性的，但二者有所不同。制冷系数随循环的温度而变，只可以用来评价工作于同样温度范围（低温热源和高温热源的温度）的制冷循环的经济性。热力完善度不受工作温度的限制，可以用来评价不同温度范围的制冷循环的经济性。

为了改善制冷循环的热力完善度，往往对单级蒸汽压缩理论循环进行一些改进，如液体过冷、吸气过热、回热等，下面逐一讨论之。

2.2.1.3　液体过冷循环

在上述的单级蒸汽压缩理论循环中，进入节流装置的制冷剂液体为饱和液体状态。而液体过冷是将节流前的制冷剂液体进一步冷却到冷凝压力下的过冷状态，成为过冷液体。这样的循环称为液体过冷循环（图 2-6）。

如图 2-6 所示，在液体过冷循环中，进入节流装置的制冷剂由 4 点的饱和液体变为 4′ 点的过冷液体，节流过程也随之变为 4′—5′。在蒸发器中的蒸发过程由原来的 5—1 变为 5′—1。由此，循环由原来的 1—2—3—4—5—1 变为 1—2—3—4—4′—5′—5—1。

很显然，此时单位制冷量变为 $q' = h_1 - h_{5'}$，与原来相比有所增加，增加量为 $\Delta q_0 = h_5 - h_{5'}$。但循环的单位压缩功并未改变，因此循环的制冷系数和热力完善度均有所改善。此时，制冷系数 ε' 为：

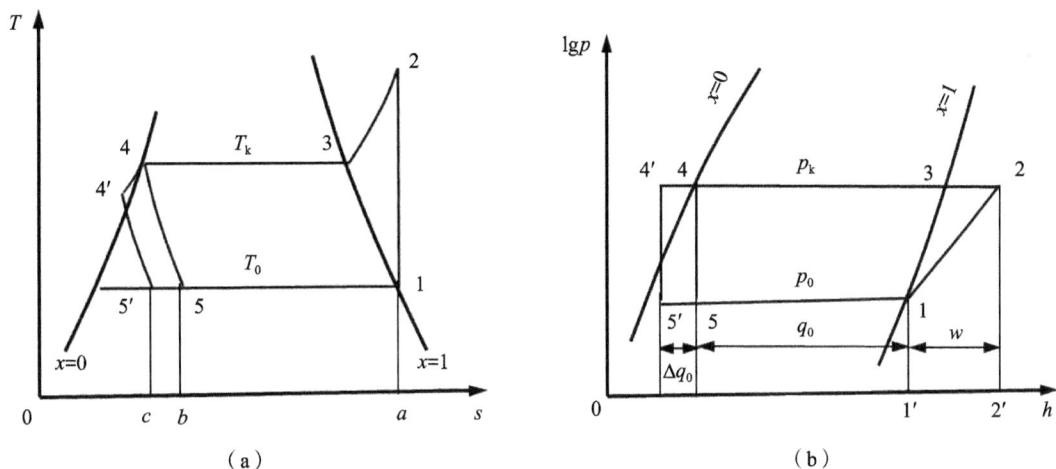

图 2-6　液体过冷循环在 T—s 图和 $\lg p$—h 图上的表示

$$\varepsilon' = \frac{q'}{w_0} = \frac{h_1 - h_{5'}}{h_2 - h_1} = \frac{(h_1 - h_5) + (h_5 - h_{5'})}{h_2 - h_1} \tag{2-33}$$

由此可知，制冷系数得到了完善。循环的过冷度越大，制冷系数就越大，热力完善度也就越高。

2.2.1.4　吸气过热循环

在上述的单级蒸汽压缩理论循环中，进入压缩机的制冷剂为饱和气体状态。而吸气过热是制冷剂在蒸发器中进一步吸收被冷却介质的热量，变为蒸发压力下的过热蒸汽，再进入压缩机。这样的循环称为吸气过热循环（图 2-7）。

在吸气过热循环中，进入压缩机的制冷剂由原 1 点的饱和蒸汽变为 1′ 点的过热蒸汽，压缩过程也随之变为 1′—2′。在蒸发器中的蒸发过程由原来的 5—1 变为 5—1′。由此，循环由原来的 1—2—3—4—5—1 变为 1′—2′—2—3—4—5—1—1′。

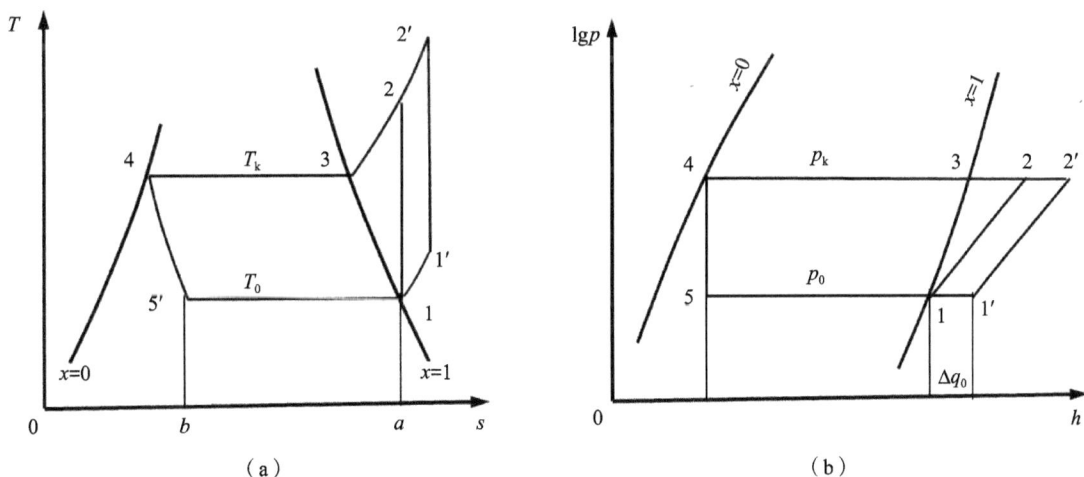

图 2-7　吸气过热循环在 T—s 图和 $\lg p$—h 图上的表示

很显然，此时单位制冷量变为 $q'=h_{1'}-h_5$，与原来相比有所增加，增加量为 $\Delta q_0=h_{1'}-h_1$。但与此同时，压缩机的单位压缩功也有所增加，变为 $w'=h_{2'}-h_{1'}$，增加量为 $\Delta w=(h_{2'}-h_{1'})-(h_2-h_1)$。由此，制冷系数为：

$$\varepsilon'=\frac{q'}{w'}=\frac{q_0+\Delta q_0}{w+\Delta w} \tag{2-34}$$

从式（2-34）中可以看出，采用吸气过热后，循环的制冷系数和热力完善度能否得到改善尚不一定。取决于单位制冷量和单位压缩功的增加情况，取决于不同种类制冷剂的特性。

但进入压缩机的制冷剂为饱和蒸汽也提高了压缩机的运行可靠性，避免因工况波动导致吸气由饱和蒸汽变为两相气液混合物，使压缩机出现液击等运转恶化状况。因此，吸气过热循环被广泛应用于制冷空调系统中。

需要说明的是，吸气过热能否改善循环的制冷量还取决于过热是在何处发生。当如前述过热发生在蒸发器中时，过热量是在蒸发器中吸收了被冷却介质的热量，属于制冷量的一部分，这时吸气过热可以改善循环的制冷量，称为有效过热。但如果过热发生在离开蒸发器后、由蒸发器到压缩机的管道内，过热量来自管道外界的环境，而非来自冷却介质使其冷却，此时的过热称为无效过热，不能改善循环的制冷量。

2.2.1.5 回热循环

如前所述，液体过冷可以改善循环的经济性。由此启发人们寻找各种方法增加液体过冷度，以获得更好的循环经济性。

回热循环就是在此思路下产生的。它是利用回热器使节流前的制冷剂液体与出蒸发器的制冷剂气体进行热交换，同时使液体过冷、气体过热，如图2-8所示。

从压缩机出来的制冷剂过热蒸汽 2' 首先进入冷凝器，在冷凝器中被冷却到饱和液体 4，

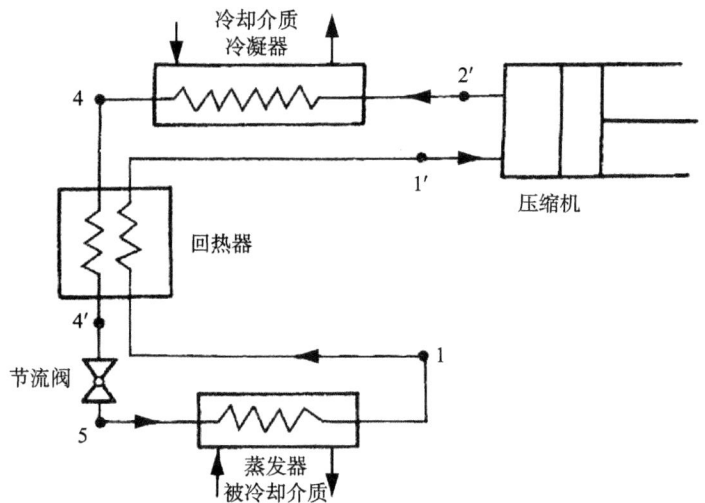

图 2-8 回热循环系统图

然后进入回热器进一步冷却到过冷液体状态 4'。离开回热器的过冷液体经节流阀节流，成为气液两相状态 5 后进入蒸发器，在蒸发器中吸收被冷却介质热量后变为饱和蒸汽 1。离开蒸发器的饱和蒸汽进入回热器，冷却由冷凝器进入回热器的制冷剂，变为过热蒸汽 1' 后再进入压缩机被压缩。由此形成循环。图2-9为回热循环的 T—s 图和 $\lg p$—h 图。

对于回热循环，与无回热、无过冷循环相比，单位制冷量有所增加，变为 $q_0'=h_1-h_{5'}$，增加量为 $\Delta q_0=h_{5'}-h_5$。与此同时，压缩机功耗也有所增加，变为 $w'=h_{2'}-h_{1'}$，增加量为 $\Delta w=(h_{2'}-h_{1'})-(h_2-h_1)$。因此，回热循环的制冷系数为：

$$\varepsilon' = \frac{q'}{w'} = \frac{q_0 + \Delta q_0'}{w + \Delta w} \tag{2-35}$$

因此可以看出，回热循环的制冷系数能否得到改善尚不一定。取决于单位制冷量和单位压缩功的增加情况，需要具体问题具体分析。

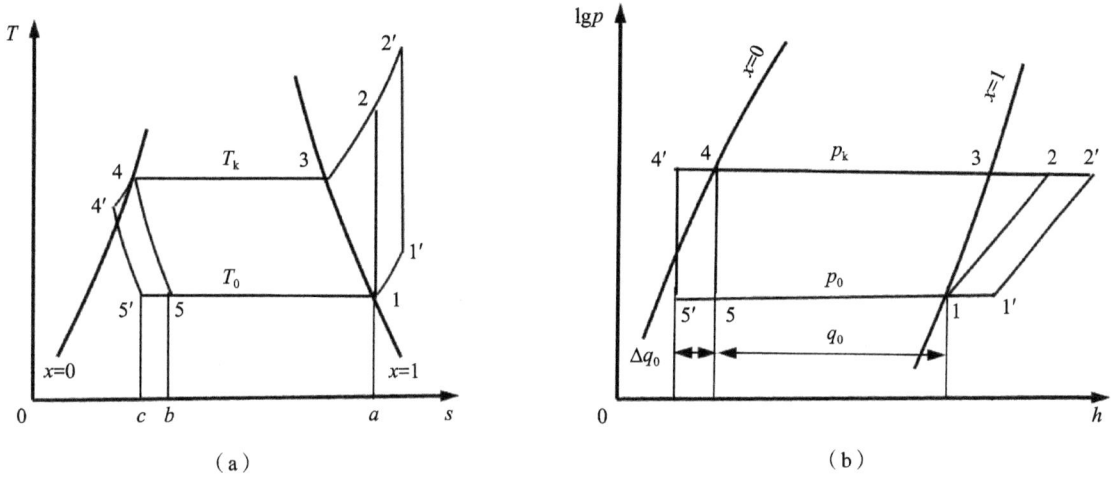

图 2-9　回热循环在 T—s 图和 $\lg p$—h 图上的表示

2.2.1.6　热泵循环

类似于对逆卡诺循环的分析，单级蒸汽压缩理论循环以及在其基础上发展的液体过冷循环、吸气过热循环、回热循环等均可用作制热目的，成为热泵循环。

同样，制冷循环与热泵循环的区别也在于循环的工作范围与外界环境的关系，在此不予赘述。下表总结了两类循环的温度特征。

表 2-1　制冷循环与热泵循环的区别

	制冷循环	热泵循环
高温热源	外界环境	被加热对象
低温热源	被冷却对象	外界环境
冷凝器	向外界环境放热	向被加热对象放热
蒸发器	从被冷却对象吸热	从外界环境吸热

2.2.2　单级蒸汽压缩实际循环

由于存在一些不可避免的实际因素如流动阻力、传热温差等，实际的制冷循环与理论循环有所不同，其区别主要表现在以下几个方面：

（1）压缩过程不是等熵过程，存在着制冷剂与压缩机零部件的热交换、流动阻力、摩擦损失、气体泄漏等。这些实际因素的存在导致压缩功耗增加、压缩机效率降低。

（2）热交换过程存在传热温差，制冷剂与冷却介质（冷凝过程）或被冷却介质（蒸发过程）的温度不再相等，冷凝器中制冷剂的冷凝温度高于冷却介质的温度，蒸发器中制冷剂的蒸发温度低于被冷却介质的温度。传热温差的存在使得实际循环工作温度范围大于理论循环，实际循环经济性下降。

（3）制冷剂流动过程中存在流动阻力损失，制冷剂流经管路、换热器及其他部件时出现压力降低。流动阻力的存在导致实际循环的功耗增加。

（4）存在漏热。在循环中制冷剂的温度与外界环境温度有温差，当制冷剂温度高于环境温度时向外界放热，当制冷剂温度低于环境温度时从外界吸热。当实际循环用于制冷目的时，制冷剂从外界吸热造成冷量损失，实际循环经济性下降。

这些实际因素的存在，使得实际循环图与理论循环图也有所不同。图 2-10 为实际循环的 T—s 图和 $\lg p$—h 图[6]。

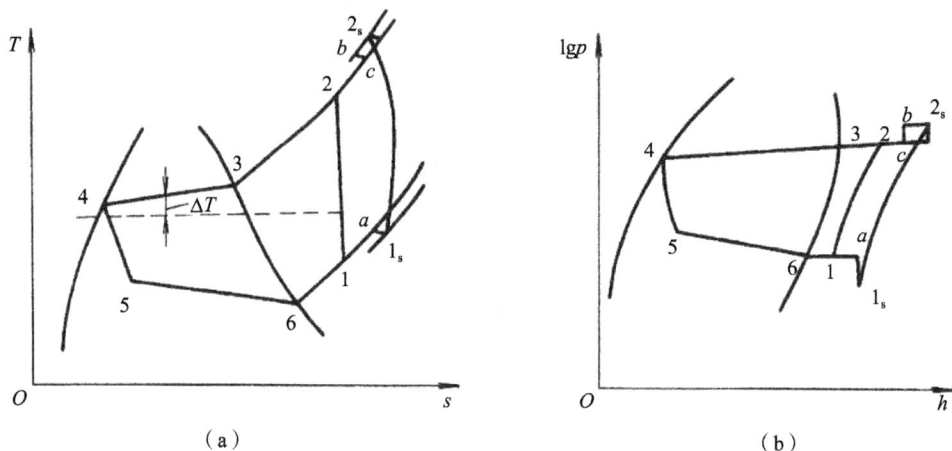

图 2-10 实际循环在 T—s 图和 $\lg p$—h 图上的表示

图中，5—6 为实际蒸发过程，不再是等压等温过程。由于流动阻力损失的存在，制冷剂在蒸发器中流动时有压力降，蒸发过程线向右下方倾斜。由于存在传热温差，蒸发过程中制冷剂的温度是变化的且均低于被冷却介质的温度。6—1_s 是蒸发器出口至压缩机开始压缩前这一流动过程中的压力和温度变化，可将其视为制冷剂先由 6 点等压过热至 a 点，然后由 a 点等焓节流至 1_s 点。1_s—2_s 为在压缩机气缸中进行的压缩过程，压缩终了气缸内制冷剂的状态为 2_s。实际压缩过程不再是等熵过程，而是一个先吸热、后放热、有泄漏的变指数多变过程。2_s—c 为制冷剂从压缩机气缸到蒸发器入口的流动过程，是一个压力降低和温度降低的过程。2_s—b 为排气过程的冷却，b—c 表示排气管路中的压力降。c—3—4 表示制冷剂在冷凝器中的冷却和冷凝过程。由于存在传热温差和流动阻力损失，冷凝过程不再是等压等温过程，制冷剂的温度是变化的且均高于被冷却介质的温度，制冷剂在冷凝器中流动时有压力降，冷凝过程线向右下方倾斜。4—5 是实际的节流过程，节流过程中制冷机与外界环境间有热交换，且焓值也略有变化，不再是等焓过程。

2.2.3 多级蒸汽压缩制冷循环

当需要获得更低的温度时，制冷循环需要工作在更宽的温度范围。如采用单级蒸汽压缩制冷循环，循环的压力比会比较高，较高的压力比也造成压缩机的排气温度过高，影响系统的经济性和可靠性。解决这一问题的途径之一是采用多级蒸汽压缩制冷循环。级数较多时会造成系统过于复杂，一般情况下多采用两级压缩。

所谓多级压缩是指将压缩过程分为多次（多级）进行，经过第一级压缩后，将排气进行冷却，称为中间冷却。然后再进行第二级压缩，以此类推。多级压缩循环一般采用一次节流方式，即由冷凝器出来的制冷剂液体直接由冷凝压力 p_k 节流至蒸发压力 p_0。

需要说明的是，多级压缩必须有中间冷却，不进行中间冷却时，多级压缩与单级压缩没有区别，徒增加了系统的复杂性和成本。

两级蒸汽压缩制冷循环分为两级压缩中间完全冷却循环和两级压缩中间不完全冷却循环以及带闪发蒸汽分离器等。以下按理论循环对其做简单介绍[4]。

2.2.3.1 两级压缩中间完全冷却循环

中间完全冷却是指在中间冷却过程中，低压级排出的过热蒸汽等压冷却到中间压力下对应的饱和蒸汽状态。中间不完全冷却是指在中间冷却过程中，低压级排出的过热蒸汽等压冷却降温但未达到饱和状态。不同中间冷却方式的采用与制冷剂的特性有关，对那些吸气过热有利的制冷剂采用中间不完全冷却方式，而对那些吸气过热不利的制冷剂，则采用中间完全冷却方式。

一次节流中间完全冷却两级蒸汽压缩制冷循环如图 2-11 和图 2-12 所示。

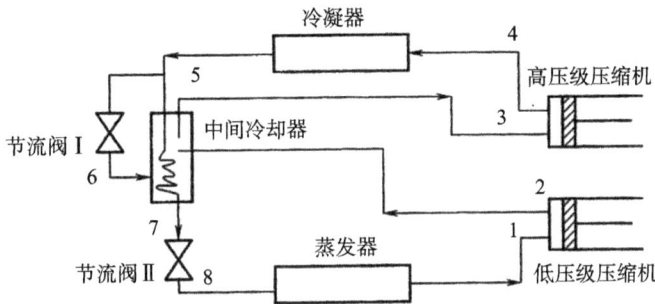

图 2-11 一次节流中间完全冷却两级蒸汽压缩制冷循环原理图

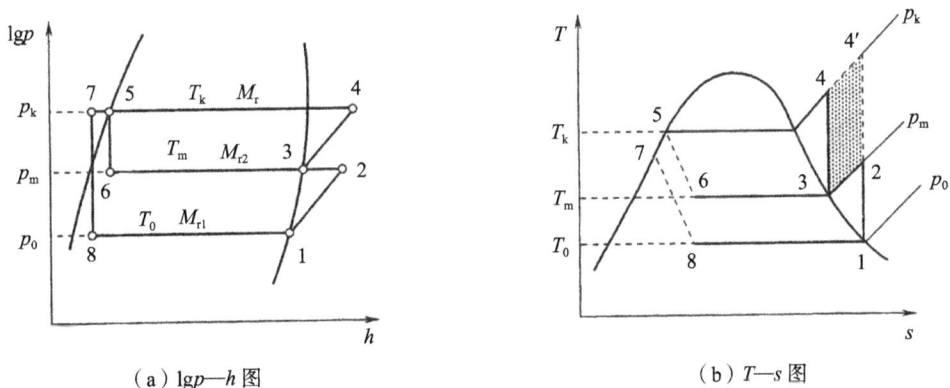

（a）lg$p$—h 图　　　　　　　（b）T—s 图

图 2-12 一次节流中间完全冷却两级蒸汽压缩制冷理论循环热力状态图

一次节流中间完全冷却两级蒸汽压缩制冷理论循环的工作过程如下：

1—2：低压级等熵压缩过程，耗功 $P_{0.L.}$（低压级理论功率）。

2—3：低压级排气在中间冷却器内的等压冷却过程，低压级排气被完全冷却成中间压力 p_m 下的干饱和蒸汽，即中间完全冷却过程。其放热为 Q_{m1}。

3—4：高压级等熵压缩过程，耗功 $P_{0.H.}$（高压级理论功率）。

4—5：制冷剂蒸汽在冷凝压力 p_K 下的等压冷却冷凝过程，向冷却介质放热 Q_K。

5—6：制冷剂液体经节流阀 I 由 p_K 节流至 p_m 的过程，并向中间冷却器供液 M_{r2}。

5—7：制冷剂饱和液体 M_{r1} 在中间冷却器盘管中的过冷过程，盘管内的制冷剂液体向盘管外的制冷剂放热 Q_{m2}。

7—8：制冷剂过冷液体经节流阀 II 由 p_K 节流至 p_0 的过程，即一次节流过程。

8—1：制冷剂 M_{r1} 在蒸发器内的等压汽化吸热过程，从被冷却物体获取冷量 Q_0。

6—3：中间冷却器内，制冷剂 M_{r2} 在 p_m 下的蒸发吸热过程，吸热为 $Q_m=Q_{m1}+Q_{m2}$。

由图 2-12 可以看出，一次节流中间完全冷却两级蒸汽压缩制冷理论循环比单级蒸汽压缩理论循环节约的绝热压缩功为 T—s 图中面积 3—2—4′—4—3；高压液体节流前过冷，单位质量制冷量增加为 $\lg p$—h 图中 h_5-h_7。

2.2.3.2 一次节流中间不完全冷却两级蒸汽压缩制冷循环

一次节流中间不完全冷却两级蒸汽压缩制冷理论循环工作原理如图 2-13 所示。一次节流中间不完全冷却两级蒸汽压缩制冷理论循环热力状态见图 2-14。

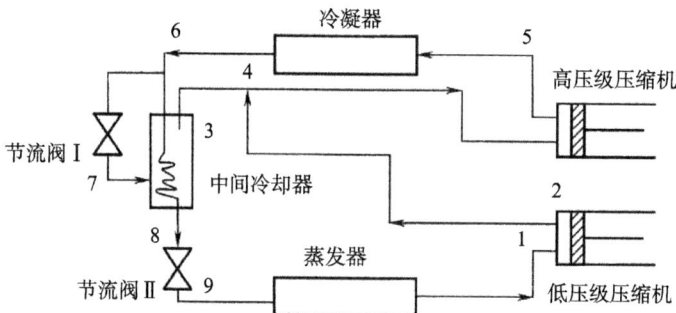

图 2-13　一次节流中间不完全冷却两级蒸汽压缩制冷理论循环工作原理图

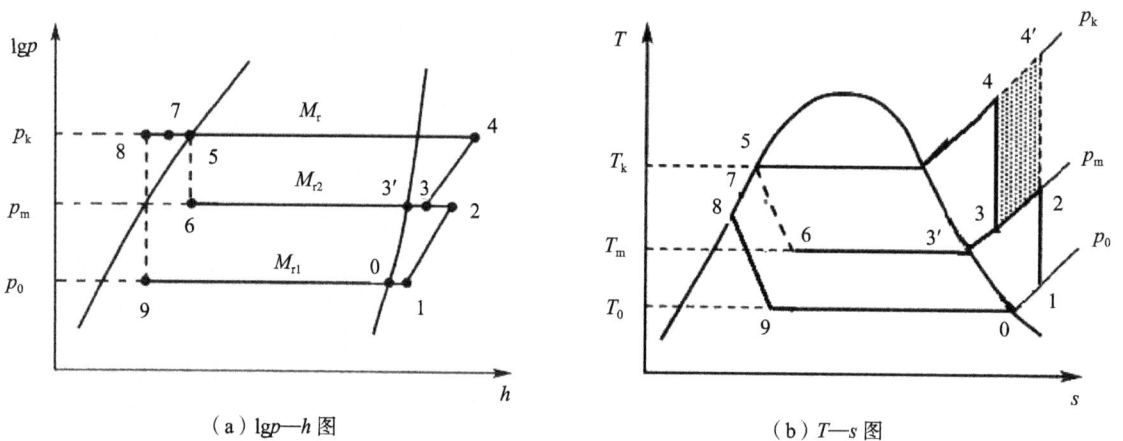

（a）$\lg p$—h 图　　　　　（b）T—s 图

图 2-14　一次节流中间不完全冷却两级蒸汽压缩制冷理论循环热力状态图

一次节流中间不完全冷却循环和一次节流中间完全冷却循环的主要区别是：高压级制冷压缩机吸入的制冷剂不是中间压力 p_m 下的干饱和蒸汽，而是具有一定过热度的过热蒸汽（图 2-14 中的状态 3），所以称作"中间不完全冷却"。一次节流中间不完全冷却两级蒸汽压缩制冷理论循环的工作过程类似于一次节流中间完全冷却两级蒸汽压缩制冷理论循环，不同之处是：低压级的压缩过热制冷剂气体与来自中间冷却器的部分饱和蒸汽在高压级吸气管道混合后进行二级压缩。

比较图 2-12 和图 2-14，可以看到，由于一次节流中间不完全冷却两级蒸汽压缩制冷循环的低压级排气冷却效果差，因此它比一次节流中间完全冷却两级蒸汽压缩制冷循环的压缩功消耗得多，制冷系数低。

2.2.3.3 带闪发蒸汽分离器的制冷循环

从冷凝器来的高压液态制冷剂节流降压至某中间压力时，在闪发蒸汽分离器中气液分离，闪发蒸汽通入压缩机，与压缩机中已压缩到中间压力的来自蒸发器的制冷剂混合再进行压缩，液体再经节流降压至蒸发器吸热制冷。由于有了闪发蒸汽分离器，达到了节约压缩机耗功的目的，故一般也把闪发蒸汽分离器称为经济器或节能器。由于压缩过程被分为两个阶段，第一阶段为压缩来自蒸发器的制冷剂，第二阶段来自闪发蒸汽分离器的制冷剂进入压缩机，与第一阶段的制冷剂混合进行压缩。且来自闪发蒸汽分离器的制冷剂温度较低，具有冷却作用，使得压缩过程类似于两级压缩。故这种循环也有资料称为准二级压缩。

以带闪发蒸汽分离器的螺杆式压缩机的制冷循环为例（图 2-15）。

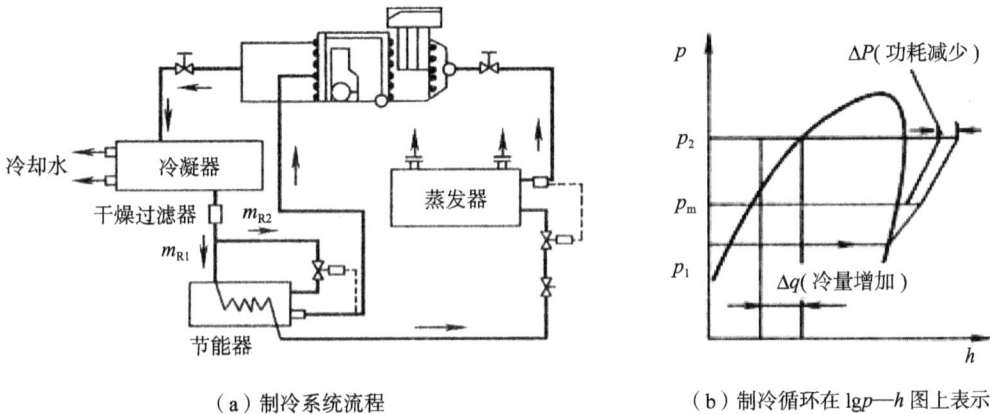

（a）制冷系统流程　　　　　　　（b）制冷循环在 $\lg p—h$ 图上表示

图 2-15　闪发蒸汽分离器的螺杆式压缩机的两级压缩制冷循环

由冷凝器出来的高压液体一部分（m_{R2}）经过节流到 p_m 压力后进入节能器，在其内蒸发吸收热量，将另一部分高压液体（m_{R1}）过冷，使其在蒸发器内增加了 Δq 的制冷量。节能器内蒸发的温度较低制冷剂 m_{R2} 与压缩机第一级出来的 m_{R1} 高温气体混合降温，经过二级压缩到高压 p_2 进行冷凝，节约能耗 ΔP。可以看出，带节能器的二次吸气制冷循环，其冷量增加，功耗减少，性能系数 COP 明显提高。

2.2.4 复叠式蒸汽压缩制冷循环

尽管采用多级压缩循环可以获得较低的温度，而且可以降低压缩机排气温度，减少压缩机功耗。但蒸发温度很低时，多级压缩制冷循环受单一制冷剂的限制。由于只能使用一种制冷剂，采用中温制冷剂时受到高凝固点的限制，采用低温制冷剂时受到低临界点的限制。

这种情况下，复叠式制冷循环有其独有的优势。

复叠式制冷循环是使用两种或两种以上的制冷剂，由两个或两个以上的单级压缩制冷循环组成，用于制取 -60~-120℃的低温。在此介绍最常用的两级复叠式制冷循环，两级以上的复叠式制冷循环的原理都是类似的。

两级复叠式制冷循环由使用中温制冷剂的高温级和使用低温制冷剂的低温级两部分组成，形成两个单级压缩制冷系统复叠工作的制冷循环。两个系统之间用冷凝蒸发器衔接起来，它既是高温级的蒸发器又是低温级的冷凝器。高温级的中温制冷剂在冷凝蒸发器中蒸发吸热，低温级的低温制冷剂在冷凝蒸发器中冷凝放热。两种制冷剂在冷凝蒸发器中热交换后，高温级的中温制冷剂蒸发为气体，低温级的低温制冷剂冷凝为液体。高温级循环在其冷凝器中将热量传递给冷却介质（外部环境），从冷凝蒸发器中出来的低温制冷剂液体经低温级节流装置降压后成为气液混合物，进入其蒸发器吸收被冷却介质的热量而蒸发制冷，获得所需要的低温。

图 2-16 给出了两级复叠式制冷循环的系统图和 $\lg p$—h 图[6]，其制取的低温为 -80℃。高温级制冷循环为 0'—1'—2'—3'—4'—5'—0'，低温级制冷循环为 0—1—2—3—4—5—0。高温级制冷循环和低温级制冷循环分别设有回热器 G 和油分离器 C，回热器可增加循环的制冷量和改善压缩机的工作条件，油分离器可以防止润滑油进入换热器，减少传热热阻，保证压缩机的可靠润滑。低温级压缩机 A 设有排气冷却器 S，以降低排气温度、减少冷凝蒸发器 E 中的冷凝负荷。膨胀容器 W 可以保证低温级系统避免超压和安全顺利启动。两个电磁阀 H 用于防止系统停止运行时高压级和低压级的高压制冷剂进入各自的蒸发器，使系统启动时大量液体进入压缩机造成液击，损坏压缩机。

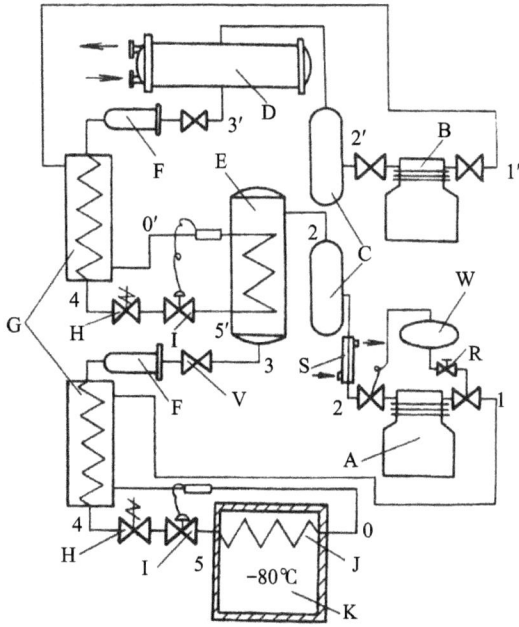

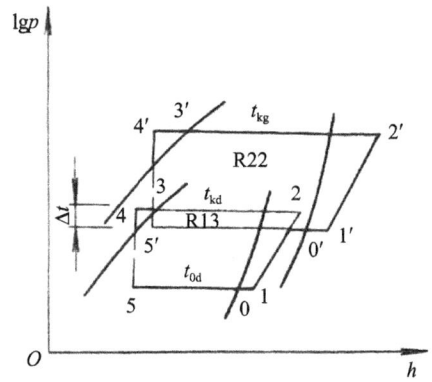

（a）制冷系统流程 （b）制冷循环在 $\lg p$—h 图上表示

A—低温级压缩机 B—高温级压缩机 C—油分离器 D—水冷冷凝器 E—冷凝蒸发器
F—过滤器 G—回热器 H—电磁阀 I—热力膨胀阀 J—蒸发器 K—低温室
W—膨胀容器 V—截止阀 R—减压阀 S—低压级排气冷却器

图 2-16 两级复叠式制冷循环

2.2.5　其他制冷方式简介

蒸汽压缩制冷是最常用的主流制冷方式。除此之外，尚有一些制冷方式如吸收式制冷、热电制冷、蒸汽喷射式制冷、吸附式制冷、空气膨胀制冷等在一些特殊领域有所应用，在此对其仅做常识性介绍。

2.2.5.1　吸收式制冷

吸收式制冷是除蒸汽压缩制冷外应用较多的一种制冷方式，它也是利用制冷剂在蒸发器中蒸发吸热实现制冷的目的。但吸收式制冷不使用压缩机，以发生器、吸收器替代。其最大特点是主要利用热能驱动系统运转制冷。因此，在余热、废热利用方面具有独有的优势。当然，也可以采用一次能源如天然气、燃油直接燃烧加热驱动。

与蒸汽压缩制冷类似，吸收式制冷循环也可用于制热（热泵）。

（1）吸收式制冷循环。图 2-17 所示为蒸汽压缩制冷与吸收式制冷的原理对比[7]。

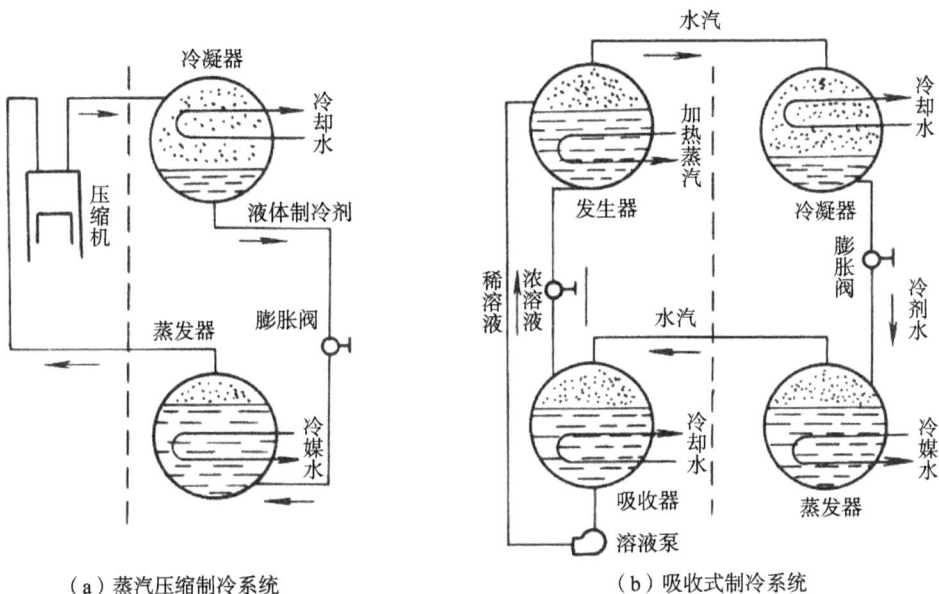

（a）蒸汽压缩制冷系统　　　　　　　　　（b）吸收式制冷系统

图 2-17　蒸汽压缩制冷与吸收式制冷的原理对比

从图 2-17 中可以看出，两种制冷系统均具有蒸发器、冷凝器、膨胀阀，是类似的。区别在于蒸汽压缩制冷系统使用压缩机将蒸发器出来的低温低压制冷剂蒸汽压缩为高温高压的过热蒸汽，而吸收式制冷系统使用一套发生器、吸收器和溶液泵系统代替压缩机实现同样功能。

对于吸收式制冷系统，除了制取制冷量的制冷剂外，还需要有吸收、解吸制冷剂的吸收剂，二者组成工质对，常用的工质对有溴化锂—水、氨—水等。以溴化锂—水工质对为例，在发生器中的溴化锂—水溶液，通过热能（驱动力）加热后蒸发出高压高温水蒸气，解吸后的溴化锂溶液流入吸收器，高压高温的水蒸气进入冷凝器中被冷凝为液态水，液态水经过节流后变为低温低压的水和水蒸气混合物，混合物进入蒸发器中吸收被冷却对象的热量变为低温低压的水蒸气，低温低压的水蒸气再进入吸收器中被溴化锂吸收。吸收水蒸气后的溴化锂溶液通过溶液泵送入发生器中，这样循环往复。

因此，溴化锂吸收式制冷系统中除了制冷剂（水）的循环外，还有吸收剂在发生器和吸收器间由溶液泵驱动的吸收剂（溴化锂）循环。

图 2-18 所示为蒸汽型单效溴化锂吸收式冷水机组系统原理[7]。系统由制冷剂回路、吸收剂回路、热源回路、冷却水回路和冷冻水回路组成。图中未标出各回路的全部部件。

由发生器、蒸汽锅炉、疏水器、凝水箱和凝水泵组成的热源回路向机组提供作为驱动热源的水蒸气；由蒸发器、空调末端、冷冻水泵、膨胀水箱等构成

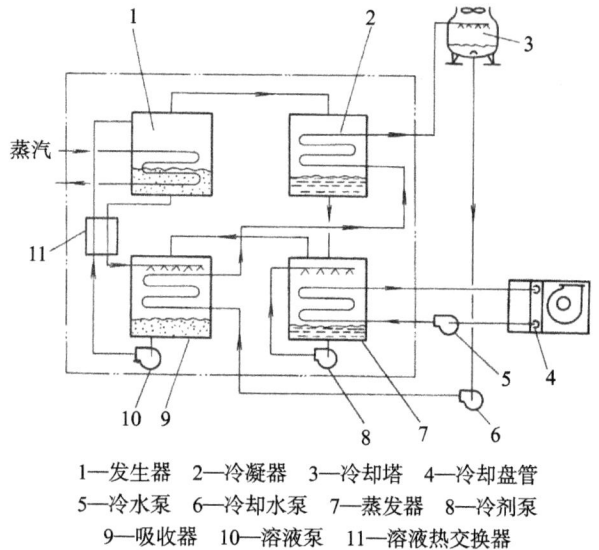

1—发生器 2—冷凝器 3—冷却塔 4—冷却盘管
5—冷水泵 6—冷却水泵 7—蒸发器 8—冷剂泵
9—吸收器 10—溶液泵 11—溶液热交换器

图 2-18 单效溴化锂吸收式冷水机组系统原理图

的冷冻水回路向用户供冷；由吸收器、冷凝器、冷却水泵、冷却塔等构成的冷却水回路向外界环境排放制冷剂的冷凝热和吸收剂的吸收热；溶液回路由发生器、吸收器、溶液热交换器、溶液泵等构成；制冷剂回路由蒸发器、冷凝器、节流装置等构成。

机组工作时，由吸收器流出的稀溶液，经溶液泵升压流经溶液热交换器后进入发生器。稀溶液在溶液热交换器中与来自发生器的浓溶液换热，稀溶液被升温后进入发生器。在发生器中，稀溶液被作为驱动热源的蒸汽加热，解吸出制冷剂（水）蒸汽浓缩为浓溶液。浓溶液在压差和位差作用下经溶液热交换器中进入吸收器。浓溶液在溶液热交换器中向来自吸收器的稀溶液放热使其升温，在吸收器中吸收来自蒸发器的制冷剂蒸汽，稀释成稀溶液，同时向冷却水放出吸收热。稀溶液再经溶液热交换器进入发生器，形成吸收剂循环。

制冷剂在冷凝器、节流装置和蒸发器中的循环与蒸汽压缩制冷循环相似，在此不予赘述。

（2）吸收式热泵循环。吸收式热泵分为增热型（第一类）和升温型（第二类）两大类，图 2-19 为其原理图[7]。

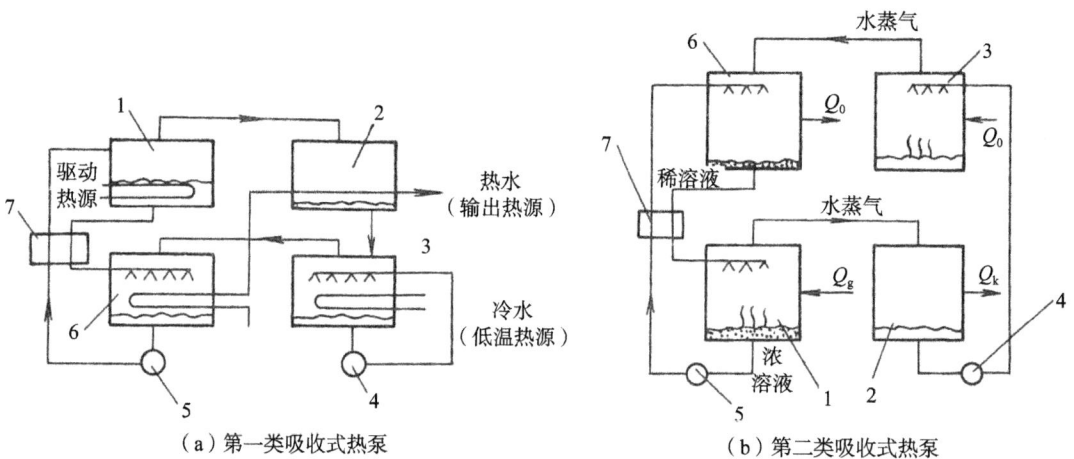

（a）第一类吸收式热泵　　　　　（b）第二类吸收式热泵

1—发生器 2—冷凝器 3—蒸发器 4—冷剂泵 5—溶液泵 6—吸收器 7—溶液热交换器

图 2-19 吸收式热泵循环

第一类吸收式热泵的原理与吸收式制冷系统相同,在蒸发器中输入低温热源,发生器中输入驱动热源,从吸收器和冷凝器中输出中温热水。系统以增加热量为目的,故称为增热型吸收式热泵。

第二类吸收式热泵的原理与吸收式制冷系统相反,发生器、冷凝器处于低压区,而吸收器、蒸发器处于高压区。热源介质并联进入发生器和蒸发器。在吸收器中利用溶液的吸收作用使流经管内的热水升温。系统以升温为目的,故称为升温型吸收式热泵。

2.2.5.2 热电制冷

热电制冷也称半导体制冷,是利用半导体热电效应(帕尔贴效应)的一种制冷方式,将 P 型和 N 型半导体材料利用金属材料连接,形成热电制冷的基本电偶。其工作原理如图 2-20 所示[8]。

如图 2-20 所示,当接通直流电源时电路中产生电流 I。当电子沿着导线和金属板节点 5 流向 P 型半导体材料时,电子与该材料的内部空穴产生复合效应而放出热量 Q_{k1},当电子离开 P 型材料进入金属板节点 1 时,电子和空穴产生离解效应而吸收热量 Q_{01};当电子由金属板节

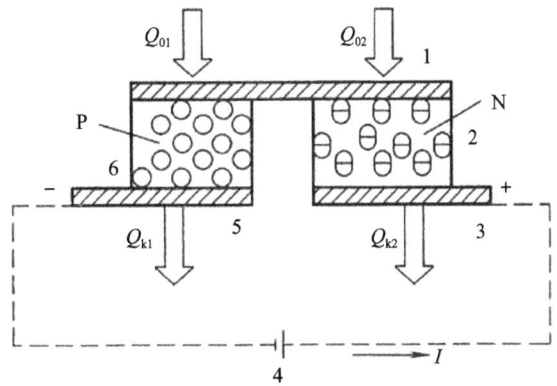

1、3、5—金属板节点　2—电臂之一(N 型材料)
4—直流电源　6—电臂之二(P 型材料)

图 2-20　半导体热电制冷原理图

点 1 流向富集电子的 N 型材料时,需要吸收热量 Q_{02} 以提高能级。当电子离开 N 型材料流向金属板节点 3 回到直流电源时需要放出热量 Q_{k2}。这样,在金属板节点 1 的端部吸收的热量为 $Q_0=Q_{01}+Q_{02}$,温度降低形成冷端,得到制冷量。在金属板节点 3 和 5 的端部放出的热量为 $Q_k=Q_{k2}+Q_{k1}$,形成热端。

如果改变电流方向,则冷端和热端互易。

利用上述原理即可实现制冷的目的,冷端从被冷却介质吸热,热端向冷却介质(外界环境)放热。每对电偶产生的制冷量很小,实际应用中是将许多电偶串联、并联成为热电堆使用。

热电制冷装置不使用制冷剂、没有运动部件、噪声低、对环境没有污染,特别适用于微型制冷领域或有特殊要求的用冷场合。

2.2.5.3 蒸汽喷射式制冷

蒸汽喷射式制冷属于蒸汽压缩式制冷的一种,区别在它不使用压缩机,而用喷射器代替压缩机的功能。

图 2-21 所示为蒸汽喷射式制冷的原理[8]。它由喷射器、冷凝器、蒸发器、节流装置、泵、锅炉和空调末端等部件组成。喷射器由喷嘴、扩压器和吸入室等几部分构成,它实际上是一种喷射式压缩机。

图 2-21 中蒸汽喷射式制冷使用水作为制冷剂、冷媒介质和工作蒸汽。压力锅炉 3 消耗外界热量将水加热为高温高压的工作蒸汽。工作蒸汽进入喷射器 1 的喷嘴膨胀后高速流动,

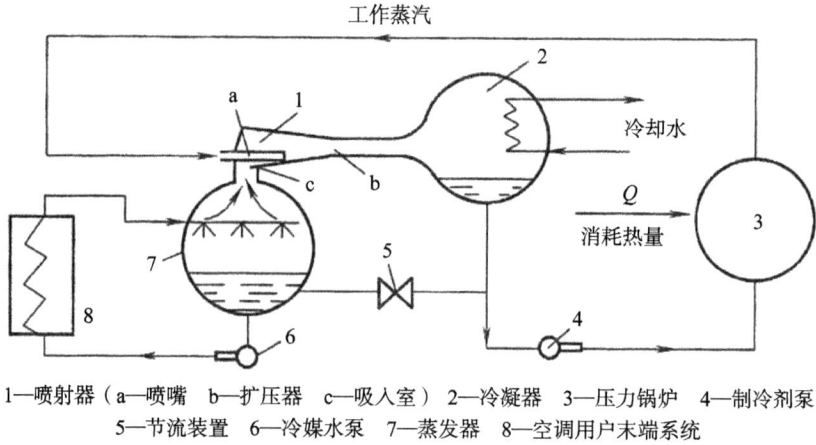

1—喷射器（a—喷嘴　b—扩压器　c—吸入室）　2—冷凝器　3—压力锅炉　4—制冷剂泵
5—节流装置　6—冷媒水泵　7—蒸发器　8—空调用户末端系统

图 2-21　蒸汽喷射式制冷原理图

在喷射器内形成低压区。蒸发器 7 与喷射器 1 连通于低压区。蒸发器 7 中的部分水蒸发，从未蒸发的水中吸收热量使其温度降低，实现制冷的目的。被降温的水通过冷媒水泵 6 送入空调末端 8 向用户供冷，在吸收用户处的热量升温后重新返回蒸发器 7 中降温。蒸发器 7 中产生的水蒸气在压差作用下进入喷射器 1，在喷嘴出口处与工作蒸汽混合经扩压器升压后进入冷凝器 2。水蒸气在冷凝器 2 中被冷却成为液态水，液态水分为两路，一路经节流装置 5 降压后进入蒸发器蒸发制冷，另一路由制冷剂泵 4 提高压力、送回压力锅炉 3，重新加热产生工作蒸汽。

2.2.5.4　吸附式制冷

　　吸附式制冷与吸收式制冷的原理类似，均利用工质对来实现制冷的目的。二者之间的区别仅在于吸收式制冷所用的吸收剂是液体，而吸附式制冷利用固体微孔材料具有吸附气体的特性，所用的吸附剂是固体（多孔介质材料）。

　　图 2-22 所示为吸附式制冷的原理[8]。

　　吸附式制冷系统由吸附床 3、蒸发器 1、冷凝器 2 以及其他截止阀、换热器、加热流体、冷却流体、载冷剂和液体泵等组成，吸附床内填充吸附剂。

　　吸附式制冷分为两个过程：吸附过程和脱附过程。在吸附过程中，吸附床吸附制冷剂气体，蒸发器内制冷剂蒸发，从载冷剂中吸收热量 Q_0 实现制冷的目的，相当于蒸汽压缩式制冷中制冷剂的节流降压和蒸发吸热过程。在脱附过程中，利用加热流体对吸附床进行加热 Q_h，使被吸附气体脱离吸附剂进入冷凝器，在冷凝器中向冷却流体放热凝结为液体，相当于蒸汽压缩式制冷中制冷剂的压缩和冷凝过程。

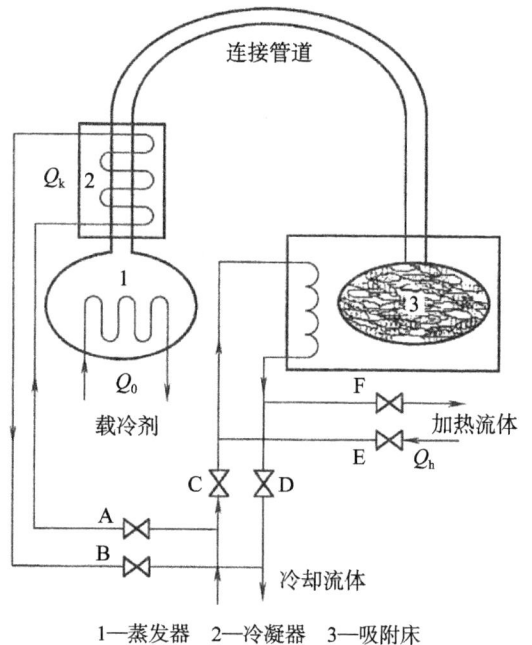

1—蒸发器　2—冷凝器　3—吸附床

图 2-22　吸附式制冷原理图

由此可知，吸附式制冷是吸附过程和脱附过程交替进行的间歇式制冷方式。在吸附过程，阀门 A、B、E、F 关闭，阀门 C、D 打开。在脱附过程，阀门 A、B、E、F 打开，阀门 C、D 关闭。

吸附式制冷利用低品位热量驱动，在余热、废热利用方面具有独有的优势。系统简单、无运动部件、可靠性高。但属于间歇式制冷，效率不高。

2.2.5.5 空气膨胀制冷

空气膨胀制冷是利用气体压力降低过程中分子能量变化引起温度下降的机理来实现制冷的目的，是制冷剂不发生相变的制冷方式，所使用的制冷剂为空气。当需要得到更低的制冷温度时，也可使用其他沸点更低的气体如氮气、氦气等。

图 2-23 所示为等压循环空气膨胀制冷原理[8]。系统由空气压缩机、截止阀、膨胀机、空气冷却器等组成。

低压空气①经过空气压缩机 1 压缩为高温高压的空气②，然后进入空气冷却器 7 中

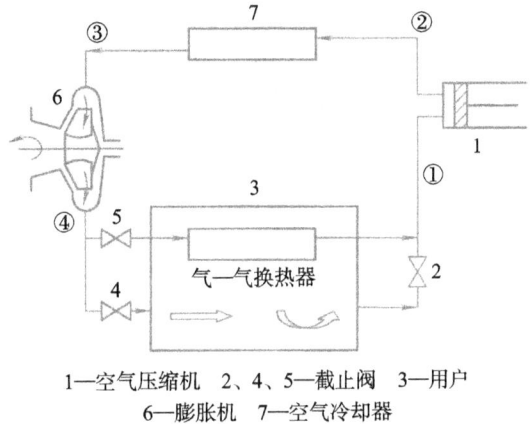

1—空气压缩机　2、4、5—截止阀　3—用户
6—膨胀机　7—空气冷却器
图 2-23　等压循环空气膨胀制冷原理图

等压冷却降温为高压中温的空气③。高压中温的空气③经膨胀机 6 降温降压为低温低压的空气④，膨胀机 6 同时回收膨胀功。低温低压的空气④被送入用户 3 向用户供冷。在用户处吸收热量升温的低压空气①再进入压缩机压缩为高温高压的空气。以此循环不息，实现连续制冷的目的。

2.3　制冷压缩机

压缩机在制冷系统中的作用是吸入来自蒸发器的低温低压蒸汽，将其压缩提高其压力和温度后，把高温高压的蒸汽排到冷凝器中放热。冷凝后的制冷剂液体经过节流变为低温低压的气液混合物进入蒸发器吸热成为低温低压的蒸汽再进入压缩机中被压缩，从而形成循环实现制冷。

对于蒸汽压缩式制冷循环，压缩机是系统的关键部件、是制冷系统的心脏。压缩机品质的好坏直接影响着制冷系统的好坏。反过来，制冷系统设计与匹配的好坏则决定着压缩机的工作状态。

压缩机在各种制冷、空调系统的作用是完全相同的，区别仅在于由于各种不同的温度和制冷量要求导致压缩机的工作状况与容量大小不同，形成了各种各样的制冷压缩机诸如冰箱用制冷压缩机、空调器用制冷压缩机、冷水机组用制冷压缩机等。

本节仅介绍制冷压缩机的基本知识与结构。不同用途、不同结构、不同原理、不同制造商的压缩机产品变化多端，具体的产品结构详见其他有关章节或参考产品使用说明书。

2.3.1 制冷压缩机的工作原理

2.3.1.1 压缩机的分类与特点

（1）压缩机的分类。压缩机是一种用来提高气体压力的机械。

提高气体压力的方式多种多样，根据不同的方式，可将压缩机按工作原理的不同分为两大类：一类是提高气体的速度，然后将速度能转化为压力能，这种压缩机称为速度式压缩机，速度式压缩机分为离心式、轴流式、喷射式三种，目前离心式压缩机用于蒸汽压缩式制冷循环，喷射式压缩机用于蒸汽喷射式制冷循环，轴流式压缩机未在制冷空调行业使用；另一类是缩小气体所占据的体积借以提高气体的压力，称之为容积式压缩机，容积式压缩机又分为往复式和回转式，往复式仅指往复活塞式，回转式压缩机则包括滚动转子式、涡旋式、螺杆式、滑片式等多种。目前市场上广泛使用的是容积式压缩机，速度式压缩机中仅离心式在大型空调装置中有所应用。

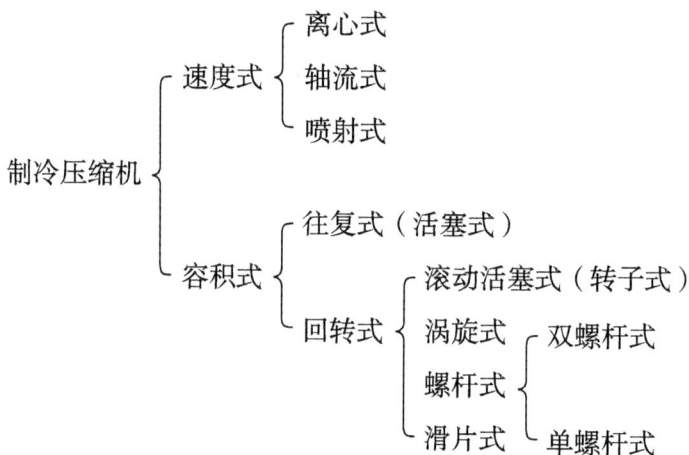

制冷压缩机 ——
- 速度式
  - 离心式
  - 轴流式
  - 喷射式
- 容积式
  - 往复式（活塞式）
  - 回转式
    - 滚动活塞式（转子式）
    - 涡旋式
    - 螺杆式
      - 双螺杆式
      - 单螺杆式
    - 滑片式

制冷压缩机尚有其他一些分类方式。如按照压缩机的用途可分为冰箱压缩机、空调压缩机、冷库用压缩机等；按照制冷压缩机能够达到的蒸发温度范围可分为高温制冷压缩机、中温制冷压缩机和低温制冷压缩机三类等。还可按照使用的制冷剂、制冷量的大小、制冷量的调节方式、压缩的级数、转速的高低等进行分类，在此不逐一介绍。

图 2-24 为几种常见用途的制冷压缩机外观。

（2）压缩机机壳的密封型式。压缩机按照机壳密封结构形式可分为全封闭制冷压缩机、半封闭制冷压缩机和开启式制冷压缩机三类。

全封闭压缩机［图 2-24（b）、（c）、（d）］一般用于小型制冷装置，其所有的零部件包括电动机均装在一个封闭的壳体内，壳体的接缝采用焊接方式连接。压缩机没有通过连接部位的气体泄漏。压缩机与电动机共用一根轴，电动机的转子直接装在压缩机的曲轴上。压缩机对外的接口仅有吸、排气管和电气接线装置。但全封闭压缩机维修时需要割开密封焊死的壳体，维修性较差，对维修水平和维修设备的要求均比较高，需要专门的维修人员在专门的制造厂进行维修。为此，本书不包括全封闭压缩机的维修内容。

半封闭压缩机［图 2-24（f）］与全封闭压缩机类似，区别仅在于壳体的接缝采用螺栓连

（a）开启式汽车空调压缩机　　　　　　　　　（b）全封闭活塞式家用冰箱压缩机

（c）全封闭涡旋式商用空调压缩机　　　　　　（d）全封闭滚动转子式家用空调压缩机

（e）开启式活塞压缩机　　　　　　　　　（f）半全封闭螺杆压缩机

图 2-24　几种不同用途的制冷压缩机

接。因此，它既具有全封闭压缩机的优点，又改进了其维修性，需要维修时拆开壳体的连接螺栓即可。半封闭压缩机在各类制冷装置中有广泛的应用。

　　开启式压缩机，如图 2-24（a）和（e）所示，不包括电动机。压缩机的曲轴伸出曲轴箱的端盖，与外置的电动机通过传动机构如联轴器、皮带轮等连接。压缩机的所有装配部位均使用螺栓连接。因此，开启式压缩机具有最好的可维修性。但曲轴与曲轴箱端盖之间需要有轴封，通过轴封部位以及其他诸多连接部位存在较多的气体泄漏的可能。

（3）压缩机的应用范围。结构特点和工作原理也决定了压缩机的应用对象和适用范围。一般来讲，活塞式压缩机是最早出现、应用范围最广的一种机型；在某些应用领域回转式压缩机具有明显的优势；涡旋式压缩机是较新的、具有较多技术优势的一种压缩机，在中型范围内得到了广泛应用。在大型制冷、空调应用场合，螺杆式压缩机和离心式压缩机具有特定的优势。

但应当注意：每一种压缩机都有各自的最佳应用领域，且是其他机型难以替代的；没有一种压缩机放之四海而皆准，可以适用于所有的应用领域。

按制冷量划分，各种压缩机的应用领域如图 2-25 所示。

图 2-26 所示为按照所能够达到的排气压力划分时，制冷压缩机的应用范围。

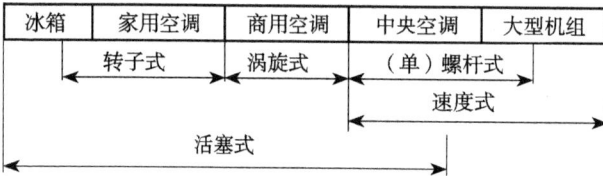

图 2-25　制冷压缩机的应用范围（按制冷量划分）

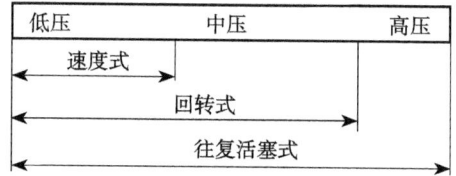

图 2-26　制冷压缩机的应用范围（按排气压力划分）

2.3.1.2　容积式压缩机的工作原理

容积式压缩机都是通过缩小气体所占据的体积来实现气体的压缩、提高气体的压力。因此，所有这类压缩机的工作原理基本上是类似的，压缩机的工作容积作周期性的扩大与缩小，在工作容积扩大时气体在压缩机内外压力差的作用下进入工作容积，在工作容积缩小时气体首先被压缩、压力提高，压缩结束后利用工作容积的继续缩小将气体排出压缩机。区别在于实现缩小气体体积的具体方式有所不同。

以下分别介绍各种容积式压缩机的工作原理[9]。

（1）气体流动控制。两大类容积式压缩机工作过程的最大区别在于气体流动的控制（有无吸、排气阀）。往复活塞式压缩机具有吸气阀和排气阀，气体何时进入和离开压缩机取决于气阀内外的压力差，当压力差足以克服气阀阻力（包括气阀弹簧力和流动阻力）时气阀即可打开以实现气体的流动。以排气阀为例，当工作容积中的气体被压缩到略高于排气管道（或冷凝器）中的压力，气体就通过这个压力差克服气阀阻力开始排气。当冷凝压力降低时，压缩机排气开始时工作容积中的压力也随之降低。当冷凝压力提高时，压缩机排气开始时工作容积中的压力也随之提高。二者始终相差一个仅取决于气阀阻力的压力差。因此，往复活塞式压缩机的吸排气过程不是固定的，取决于压缩机的外部工况（蒸发压力和冷凝压力），这也是往复活塞压缩机变工况适应能力较好的根本原因。与之相反，大多数的回转式压缩机没有吸、排气阀，压缩机的工作容积在空间是运动（或旋转）的，在压缩机的壳体上开有固定位置的吸、排气孔口。当工作容积旋转到与吸气孔口联通时，气体就进入压缩机开始吸气过程，当工作容积旋转到与排气孔口联通时，气体就排出压缩机开始排气过程。因此，回转式压缩机的吸、排气过程与外界压力无关，仅取决于壳体上按照预定压力设计的吸、排气孔口的位置。应当注意，一些回转式压缩机也具有气阀，如滚动转子式压缩机没有吸气阀，但具有排气阀，某些用途的涡旋式压缩机也具有排气阀。当回转式压缩机具有某种气阀时，其气体的流动就与往复式压缩机的相应过程类似。

气体流动原理的不同就导致了往复式压缩机和回转式压缩机的工作过程不同。往复活塞式压缩机为自动吸、排气，吸、排气过程随外界的压力而变。而回转式压缩机的吸、排气过程为强制性的，吸、排气过程与外界压力无关，仅取决于压缩机的内部设计，由此产生了内、外压力比的概念，内压力比是压缩机设计时按照固定的运行工况确定的，是一个固定值。而外压力比由压缩机的外部工况决定，它将随着蒸发压力和冷凝压力的变化而变化。也就是说，回转式压缩机排气开始时的排气压力是固定的，不论制冷系统需要的冷凝压力是多少，压缩机必须将气体压缩到这一固定的压力。当冷凝压力较低时将会出现过压缩，当冷凝压力较高时又会出现压缩不足。吸气过程也会出现类似的情况。

很显然，在实际使用时必然会出现内外压力比不相等的情况，由此将因过压缩或压缩不足产生所谓的内外压力比不相等的附加能量损失。

图 2-27 所示为两大类压缩机在排气过程的压力变化，图中阴影面积即为回转式压缩机过压缩或压缩不足产生的附加能量损失。

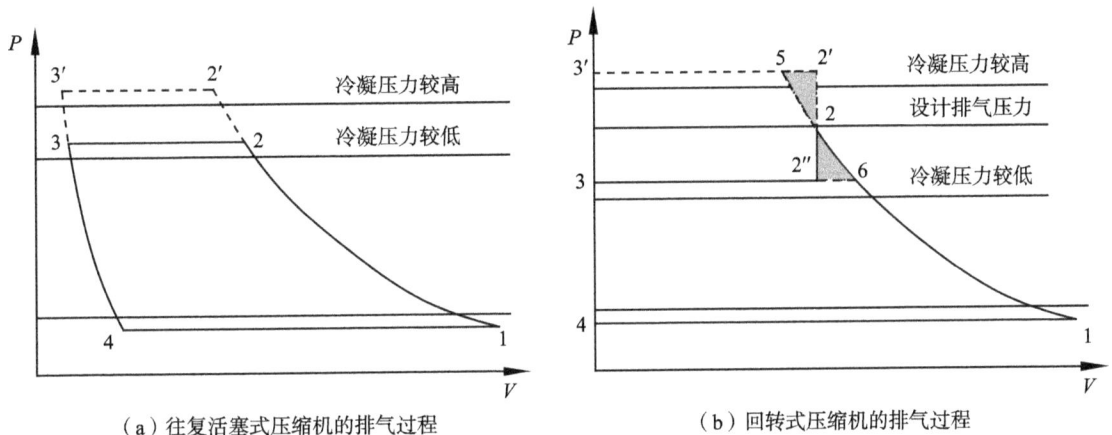

（a）往复活塞式压缩机的排气过程　　　（b）回转式压缩机的排气过程

图 2-27　制冷压缩机的排气过程

图 2-27（a）为往复活塞式压缩机的排气过程，从图中可以看出，随着冷凝压力（压缩机排气管路中的压力）的提高，压缩机的工作过程也由 1—2—3—4—1 变为 1—2'—3'—4—1，排气压力随着冷凝压力的变化而变化。图 2-27（b）为回转式压缩机的排气过程，从图中可以看出，当冷凝压力较低时压缩机的工作过程为 1—2—2″—3—4—1，当冷凝压力较高时压缩机的工作过程变为 1—2—2'—3'—4—1。图中阴影面积 6—2—2″—6 和 2—2'—5—2 分别为因过压缩和压缩不足产生的附加能量损失。只有当冷凝压力恰好等于设计的排气压力时这样的附加能量损失才不存在。这也正是回转式压缩机变工况适应能力较差的原因所在。这是没有气阀的回转式压缩机的固有特点，唯有通过良好的制冷系统设计和匹配加以弥补。

（2）转子式压缩机的工作原理。转子式压缩机的工作容积由气缸、在气缸中偏心放置与气缸内圆相切且绕气缸中心旋转的转子、顶在转子上随转子旋转做往复运动的滑片以及气缸两侧的端盖组成。转子与气缸间形成了一个月牙形的空间，滑片将这个月牙形空间分为两部分。随着转子的旋转，这两部分容积做周期性的扩大与缩小，实现气体的吸气、压缩与排气。

图 2-28 表示了转子式压缩机的工作过程，图中阴影部分表示已压缩及排气过程，空白部分表示吸气过程。A 图是转子处于滑片槽的最近处，工作容积处于吸气结束状态，其内为吸气压力。B 图是转子转过某一角度的位置，此时气缸容积被滑片分隔为两个容积，右边的一个工作容积和吸气腔相通，处于吸气状态；左边一个工作容积比 A 图位置时缩小，容积内气体处于压缩状态，压力比吸气压力高。C 图的位置是右边的工作容积继续扩大，左边的工作容积继续缩小的状态。D 图的位置是右边的工作容积继续扩大，气体不断由吸气孔口进入；左边的工作容积继续缩小，气体的压力继续升高。假设这时该工作容积内的气体压力已升高到略高于排气阀背部的压力（冷凝压力），则排气阀被开启。这个工作容积内的气体有一部分通过排气阀排出，开始排气过程。E 图的位置是右边的工作容积继续进行吸气过程，而左边的工作容积继续进行排气过程。F 图的位置是左边的工作容积已缩小到零，排气过程结束，排气阀关闭；右边的工作容积扩大到最大，吸气压力下的气体充满到整个气缸的工作容积，吸气过程结束。

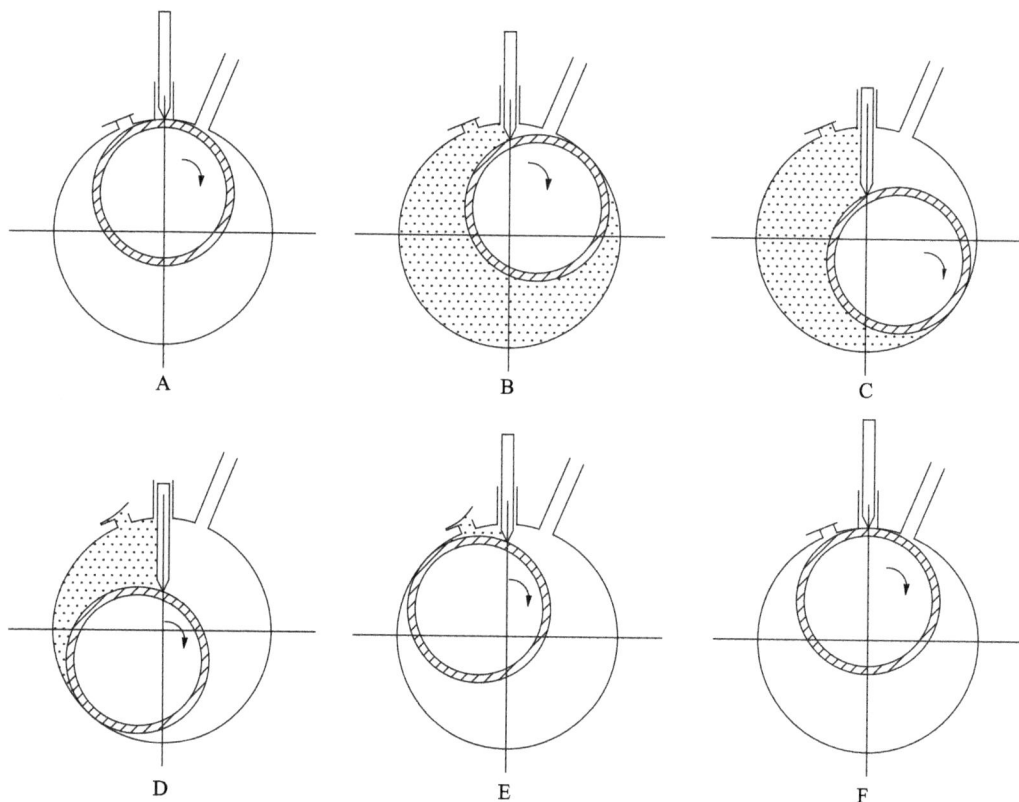

图 2-28　转子式压缩机的工作过程

由此可见，转子压缩机一转中是分别在气缸内的两个工作容积实现一个完整的吸气、压缩和排气过程的。

（3）涡旋式压缩机的工作原理。涡旋式压缩机的工作过程如图 2-29 所示。它由一个被曲轴带动的动涡旋盘与一个固定不动的定涡旋盘相互配合，组成气缸的可变容积。它们相互配合时形成几对弯月形的工作容积。曲轴带动动涡旋盘相对于定涡旋盘作无自转的平面运动，使弯月形容积从外部逐渐向中心移动，且其容积逐渐缩小。A 图是最外面的两个弯月形工作容积被封闭，即吸气终了状态。B 图是这两个弯月形容积逐渐向中心移动，容积逐渐缩小，充满在容积内的气体受到压缩，压力逐渐升高。C 图是这两个容积已移动到接近中心，与中心处的排气孔口接通，工作容积内的气体开始排出。D 图是最外边的两个弯月形容积与吸气腔接通，又开始吸气和压缩过程。如此周而复始。

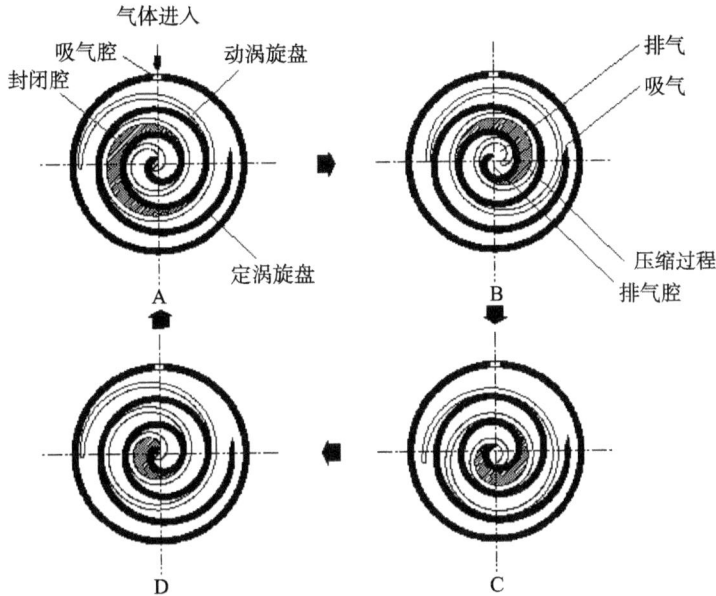

图 2-29 涡旋式压缩机的工作过程

（4）活塞式压缩机的工作原理。往复活塞式压缩机有四个工作过程，分别是膨胀过程、吸气过程、压缩过程和排气过程，如图 2-30 所示。

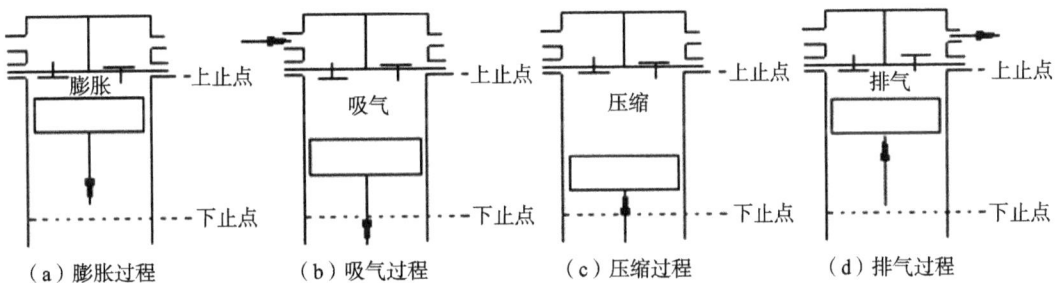

（a）膨胀过程　（b）吸气过程　（c）压缩过程　（d）排气过程

图 2-30 活塞式压缩机的工作过程

活塞在气缸中作往复运动，活塞能够达到的最靠近气缸盖的极限位置称为上止点，最远离气缸盖的位置称为下止点。当活塞从上止点开始向下运动时，在气缸中仍残留少量高压气体，这部分气体所占据的体积称为余隙容积，是由机械运动所要求的活塞顶部与气缸顶部间的间隙以及阀孔等容积组成，对于活塞式压缩机是不可避免的。由于高压气体的存在，活塞向下运动时的开始阶段，低压气体尚不能进入气缸，只有当余隙容积中的高压气体膨胀到略低于吸气管道中的压力时，吸气过程才能够开始，这一阶段称为膨胀过程。在膨胀过程中吸、排气阀均处于关闭状态。在吸气过程，活塞仍然向下运动，吸气阀依靠两侧的压力差打开，外界气体经过吸气阀进入气缸。当活塞到达下止点后，吸气过程结束，活塞开始向上运动，由于此时气缸内的压力低于气缸外排气管道中的压力，吸、排气阀均不能打开，由气缸、活塞以及阀板、气阀等组成了一个封闭的空间，并且随着活塞的向上运动而缩小，气体得以压缩，成为压缩过程。随着压缩过程的进行，气缸内的气体压力不断提高，当压力略高于排气管内的压力，所产生的压力差足以克服排气阀的阻力时，排气阀打开，开始排气过程，直至活塞到达上止点，气缸容积达到最小，排气过程结束。

（5）螺杆式压缩机的工作原理。螺杆式压缩机依靠在 ∞ 字形机壳中作相向旋转的两个螺杆（也称转子）实现气体的压缩。螺杆的运动遵循啮合原理，一般由阳转子驱动阴转子运动。随着螺杆的运动，由螺杆齿槽、机壳和端盖组成的工作容积作周期性的扩大与缩小。螺杆式压缩机没有气阀，在机壳上的特定位置开有特定形状的吸、排气孔口，当工作容积与吸、排气孔口连通时即开始吸、排气过程。

图 2-31 所示为螺杆式制冷压缩机的工作过程。

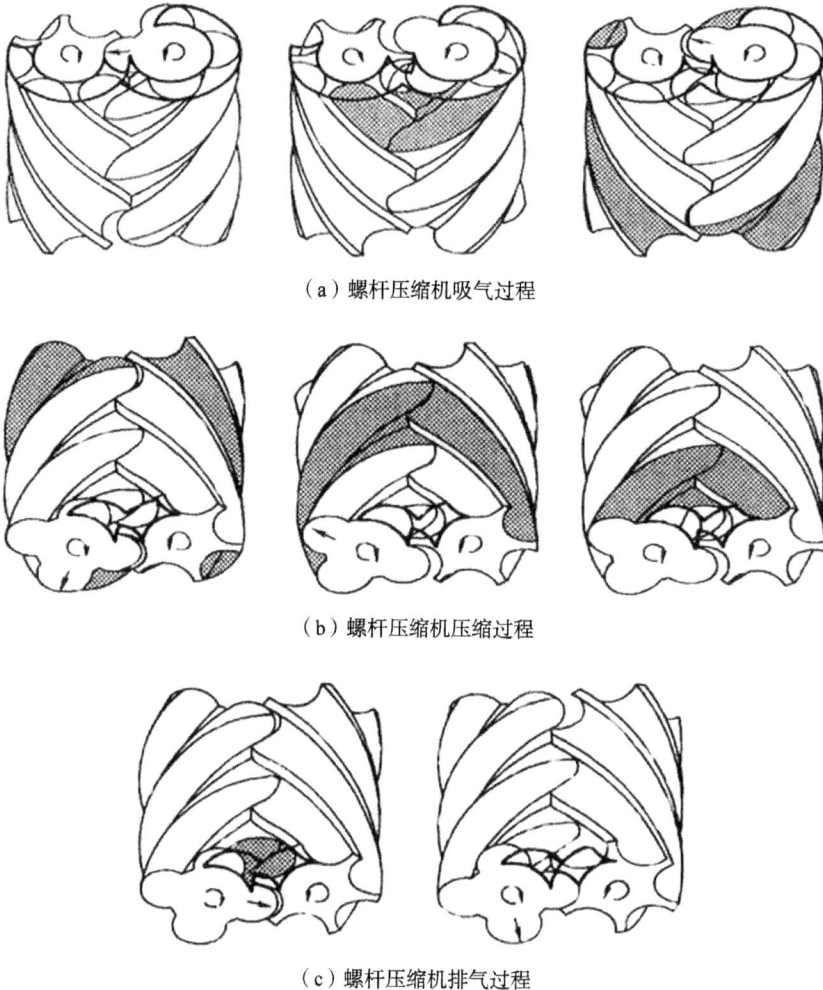

（a）螺杆压缩机吸气过程

（b）螺杆压缩机压缩过程

（c）螺杆压缩机排气过程

图 2-31　螺杆式压缩机的工作过程

图 2-31（a）所示为螺杆式压缩机自吸气开始至吸气结束的吸气过程。此时，工作容积与机壳上的吸气孔口连通，随着螺杆的转动，工作容积不断扩大，气体在压差的作用下流入工作容积。当工作容积达到最大时恰好与吸气孔口脱离，吸气过程结束。

图 2-31（b）为螺杆压缩机的压缩过程，此时工作容积成为一个封闭的空间，随着螺杆的继续旋转，工作容积由最大值开始不断缩小，气体所占有的体积也不断缩小，压力提高，实现了气体的压缩。压缩过程将一直持续到工作容积与排气孔口连通时为止。

图 2-31（c）表示了螺杆压缩机的排气过程。随着工作容积内的气体压力不断提高，当压力达到所需的值时，工作容积恰好与机壳上的排气孔口连通，排气过程开始，压缩机的设计将确保这一点。在排气过程中，工作容积仍将继续缩小，但此时工作容积不再是封闭的空间，随着螺杆的转动，气体将从排气孔口流出压缩机。当工作容积达到零或最小值时，工作容积与排气孔口脱离，排气过程结束。

由上述工作原理可以看出，螺杆式压缩机与活塞式压缩机的最大区别是：它的工作容积在周期性扩大与缩小的同时，其空间位置也在变化。只要在机壳上合理设置吸、排气孔口，就能实现压缩机的基本工作过程——吸气、压缩及排气过程。不同的工作原理也决定了螺杆式压缩机不需要气阀及完全不同于活塞式压缩机的吸、排气机理。

2.3.1.3　离心式压缩机工作原理[4]

离心式压缩机是气体的速度能（动能）转换为压力能以提高气体压力的一种机械。

压缩机的叶轮依靠电动机带动旋转，为了获得很高的转速，在电动机和叶轮之间装有增速齿轮。带有后弯式叶片的叶轮是离心式压缩机的重要部件，将能量传给气体。为了防止漏气，轴和机体之间有良好的轴封。机体上装有固定的由叶片构成的扩压器。从轴中心来看机体，它具有蜗牛壳的形状，称它为蜗壳。单级离心式制冷压缩机的吸入口在轴中心的位置，而压出口则在蜗壳的切线方向。

压缩机工作时叶轮高速旋转，后弯式叶片带动气体也作高速旋转运动。由于惯性离心力的作用，气体不断沿叶轮外缘的切线方向流出，流经扩压器而入蜗壳，然后由压出口排出。扩压器是一个横截面逐渐扩大的环形通道，气体在其内流动时，流速降低、压力提高，即将动能转变为压力能。当气体由扩压器进入蜗壳内后，由于蜗壳的截面积也随气流方向而逐渐扩大，因此使气体的流速进一步降低、压力进一步提高。与此同时，由于气体不断流向叶轮外缘，在叶轮中心因而形成一定的真空度，将低压气体不断从吸入管吸入。

图 2-32 所示为单级离心式压缩机的剖面图[9]。

压缩机各部件的功能如下：

进气室：它是把气体由蒸发器均匀地引入到第一级。一般作成沿气体流动方向截面积略有减少，是一个压力降低、速度增加的收敛过程。在进气室的入口处通常装有可旋转调节的进口导叶以调节气体进气量和流入工作叶轮的气流的速度和方向。

叶轮：叶轮由轮盖、叶片和轮盘组成。它是压缩机中把机械能转变为气体能量的唯一部件。在工作时，转子（包括轴和叶轮等）高速旋转，利用其叶片对气体做功，气体由于受离心力的作用以及在叶轮内的扩压流动，使气体通过叶轮后的压力和速度得到提高。

扩压器：气体从叶轮流出时具有较高的流动速度，在叶轮后面设置有流通面积逐渐扩大

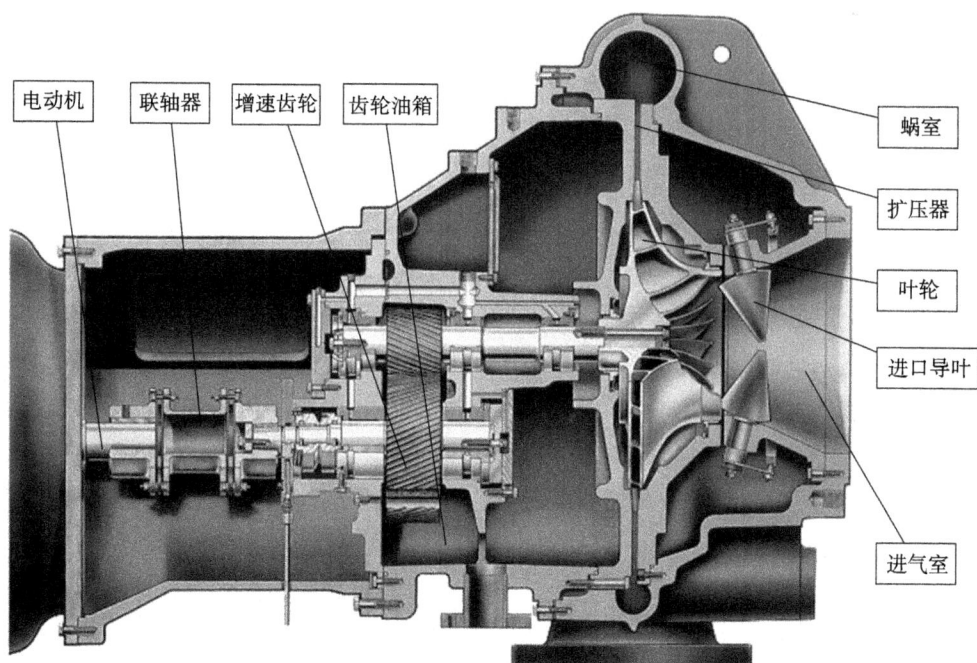

图 2-32　单级离心式压缩机的剖面图

的扩压器，用以把速度能转变为压力能，以提高气体的压力。面积逐渐扩大的环形通道称为无叶扩压器，其中装有叶片的称为叶片扩压器。

蜗室：单级离心式压缩机出口和多级压缩机的末端级，不存在把气体引入下一级的问题，所以在叶轮或扩压器后面没有弯道和回流器，而是接上蜗室，蜗室的主要目的是把扩压器或叶轮后面的气体汇集起来，引导到冷凝器去。由于蜗室外径的逐渐增大和流通截面的渐渐扩大，也使气流起到一定的降速扩压作用。

密封：叶轮工作时，轮盖与固定壁之间的压力比叶轮进口处压力要高，同时由于转子与固定元件之间有相对运动，应有一定的间隙，因此就存在高压气体通过这些间隙向低压处的泄漏（称内泄漏），这种泄漏是一种损失。为了尽量减少这种损失，须装有迷宫密封。

离心式压缩机单级压缩所能达到的压力有限，实际应用中经常采用多级压缩方能达到所需压力。这种压缩机称为多级离心式压缩机，其工作原理与单级离心式压缩机类似。

2.3.2　制冷压缩机的典型结构

制冷压缩机的结构形式多种多样，主要取决于其工作原理。而具有相同工作原理、同样用途的制冷压缩机，尽管其生产厂商不同，但结构上大同小异。

由于滚动转子式压缩机和涡旋式压缩机多为全封闭结构，而全封闭压缩机的维修性较差，需要专门的维修人员在专门的制造厂进行维修。

本节重点介绍活塞式压缩机、涡旋式压缩机、螺杆式压缩机和离心式压缩机。滚动转子式压缩机仅做常识性介绍[9]。且本节仅介绍各种压缩机的总体结构，有关压缩机部件的介绍可参考本书其他章节或相关资料。

2.3.2.1　滚动活塞式压缩机的典型结构

目前国内使用的滚动活塞式压缩机均为高压腔结构，即壳体中为排气压力，电动机依靠排气进行冷却。目前广泛地应用于家用空调器产品中。

图 2-33 是一台立式、单缸、全封闭滚动活塞式压缩机的内部结构图。在圆筒形封闭壳体 1 内，安装着上部是电动机、下部是压缩机的机组。电动机由定子 2 和转子 3 组成。电动机的定子与封闭壳体内壁紧贴。转子内孔与压缩机的曲轴 4 成紧配合连接。压缩机主要由气缸 8、滚动活塞（亦称滚套）6、滑片 11、滑片弹簧 10、上气缸盖 5 和下气缸盖 9 及排气阀 7 组成。上、下气缸盖又称主轴承和副轴承。在压缩机封闭壳体的下部盛有润滑油。通过偏心轴上的油孔，润滑油分别流至滚动活塞内壁、主轴承和副轴承中进行润滑。

在压缩机的吸气管处连接有一个气液分离器 12，它是预防过量液体进入气缸用的。在正常工作

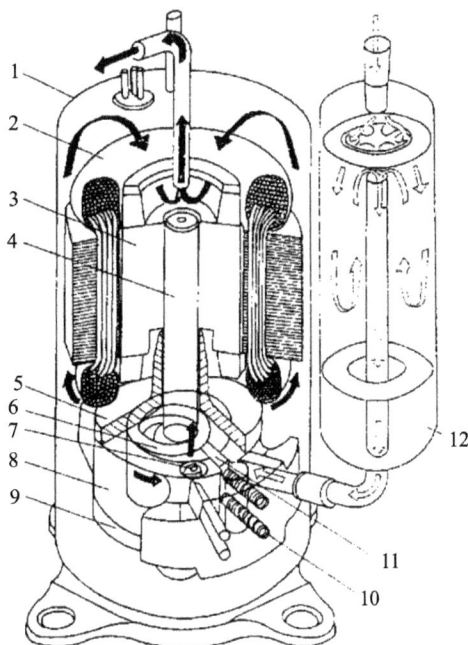

图 2-33　滚动活塞式压缩机的内部结构

时，由蒸发器来的是饱和气体或过热气体。但有时（如空调器启动时，热泵融霜时）气体中会含有较多的液体。气液分离器使气液分离。气体不断被压缩机吸入，液体暂时留存在气液分离器中，依靠压缩机外壳散发出的热量，使液体蒸发成气体，并不断被压缩机吸入气缸中。

图中空心箭头表示由蒸发器来的低压气体，黑体箭头表示经过压缩机压缩和从排气阀排出的高压气体。

此外，市场上尚有双缸滚动活塞式压缩机，它有两个气缸，相互错角 180° 在曲轴上并排布置。双缸滚动活塞式压缩机的制冷量为相同气缸尺寸的单气缸压缩机的两倍，而转动中的负荷扭矩波动和振幅显著减小。因此，压缩机的振动显著减小，轴承载荷也显著减小，有利于滚动活塞式压缩机的大冷量化和变频技术的应用。

双缸滚动活塞式压缩机与单缸滚动活塞式压缩机的结构类似，只是多了一个气缸。在此对其结构不作具体介绍。

2.3.2.2　涡旋式压缩机的典型结构

涡旋式压缩机是 20 世纪 70 年代中期出现的新机种，国外 80 年代进入商业应用。在我国的柜式空调器、多联式空调机领域得到了大量的应用，有取代活塞式压缩机的趋势。

图 2-34 所示为典型的高压腔涡旋式压缩机的结构示意图。

回气由吸气管 1 直接经定盘 2 进入压缩腔，动盘 3 由主轴承 5 和下轴承 6 支承（位于机架 10 上）的曲轴 4 驱动，电动机定子 7、转子 8 位于机壳下部，经压缩的高压气体由定盘上部中央的排气口排至壳体，冷却电动机后由壳体上的排气管 9 排出，整个壳体中为排气压力。其动盘为浮动结构，在其背后有一中间压力腔（由动盘中间压力孔 11 引入），动盘依靠中间压力托起，紧贴定盘保持端面密封，并能补偿端面磨损。润滑油依靠排气压力与中间压力差

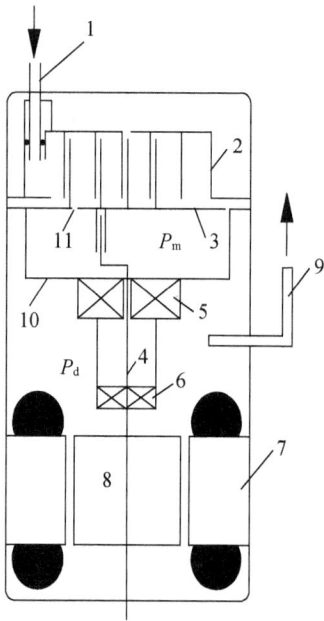
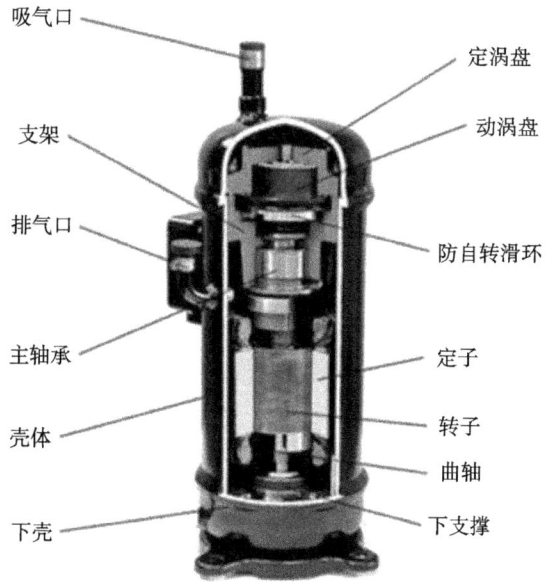

（a）原理图 （b）剖面图

1—吸气管 2—定盘 3—动盘 4—曲轴 5—主轴承 6—下轴承 7—定子
8—转子 9—排气管 10—机架 11—中间压力孔 P_m—中间压力 P_d—排气压力

图 2-34 高压腔涡旋式压缩机的结构

由吸油管经曲轴中心油孔输送到各润滑部位，最后再回到壳体底部油池形成循环。

其特点是结构简单、润滑可靠、易于实现变频，但加工、装配精度要求很高。

图 2-35 所示为一种典型的低压腔涡旋式压缩机的结构示意图（不考虑保护装置）。

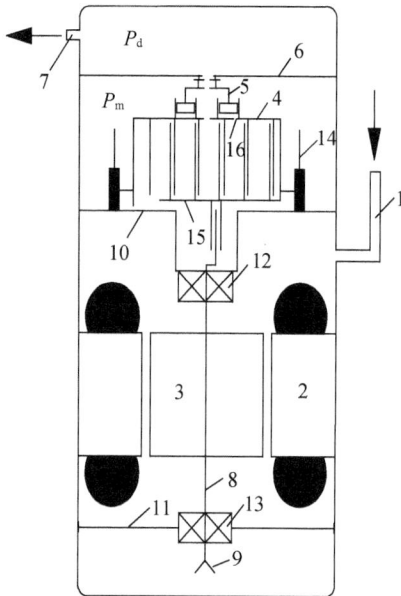
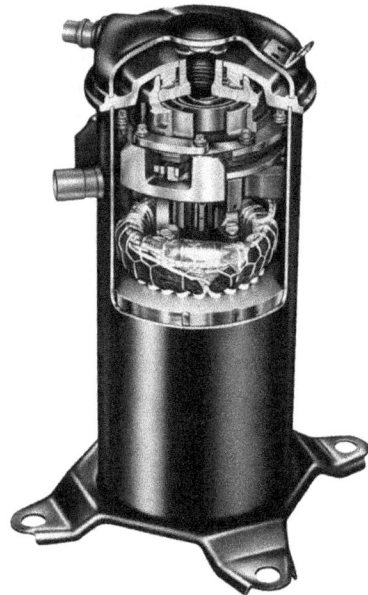

（a）原理图 （b）剖面图

1—吸气管 2—定子 3—转子 4—定盘 5—浮动机构 6—隔板 7—排气管 8—曲轴 9—油泵
10—机架 11—挡油板 12、13—轴承 14—销 15—动盘 16—中间压力孔 P_m—中间压力 P_d—排气压力

图 2-35 低压腔涡旋式压缩机的结构

回气由壳体上的吸气管 1 进入壳体，冷却电动机定子 2、转子 3 后由定盘 4 上的吸气口进入压缩腔，高压气体由定盘上部中央的排气口排出，经密封浮动装置 5 进入隔离板 6 上部的高压空间，最后由排气管 7 排出。整个壳体下部为低压腔。其定盘为轴向浮动结构，中间压力腔位于定盘上方，压力由定盘上的中间压力孔 16 引入，4 个导向销 14 为定盘提供导向，中间压力使定盘产生向机架运动的趋势，以保证端面密封并补偿端面磨损。其动盘 15 为径向柔性结构，曲轴偏心在一定范围内可自动调节，动盘依靠离心力克服气体压力紧贴定盘侧壁，保证密封并起柔性补偿作用。

润滑油通过曲轴 8（由位于机架 10、11 上的上下轴承 12、13 支承）下部的油泵 9 经曲轴中心油孔提供给各润滑部位，最后同样回到壳体底部油池形成循环。

其特点是结构复杂，但因柔性及浮动结构对零件的加工、装配精度要求不高，实现变频比较困难。

低压腔结构的压缩机在其隔离板上均有一回油毛细管，随高压气体进入高压腔的润滑油可以在高压腔里得到一定程度的分离，然后汇集在汇油槽中，并经毛细管返回低压腔。毛细管的较大阻力可以保证高低压腔之间不至于串通。由此确保进入系统中的油量不至于太多。

与旋转式压缩机不同，涡旋式压缩机具有高压腔与低压腔两大结构流派，二者各有所长，在使用中并无优劣之分。

2.3.2.3　活塞式压缩机的典型结构

（1）半封闭活塞压缩机。半封闭活塞压缩机的电动机和压缩机装在同一机体内并共用同一根主轴，因而不需要轴封装置，避免了轴封处的制冷剂泄漏。压缩机的机体在维修时仍可拆卸，其密封面以法兰连接，用垫片或垫圈密封。这些密封面虽系静密封面，但难免会产生泄漏，因而被称为半封闭式压缩机。

半封闭活塞压缩机一般由曲轴、电动机（包括转子、定子、引出线及接线端子等）、轴承、气缸体、连杆、活塞、活塞环、吸气阀、排气阀、气缸盖、油泵、单向阀等零部件组成。

外界提供给电动机的动力（电能）使得电动机驱动压缩机的主轴旋转，由主轴驱动的连杆将电动机的旋转运动转换成为活塞在气缸中的往复运动以实现气体的压缩，气体的流进、流出由吸、排气阀控制。

图 2-36 所示为一台半封闭活塞制冷压缩机的内部结构。

图 2-37 为一台半封闭活塞压缩机的剖面图。制冷剂从右上侧吸入，流经电动机时对其冷却，然后进入气缸，在气缸中压缩后从排气腔排出。压缩机使用的制冷剂为 R134a，用于空调和蒸发温度为中温的场合。

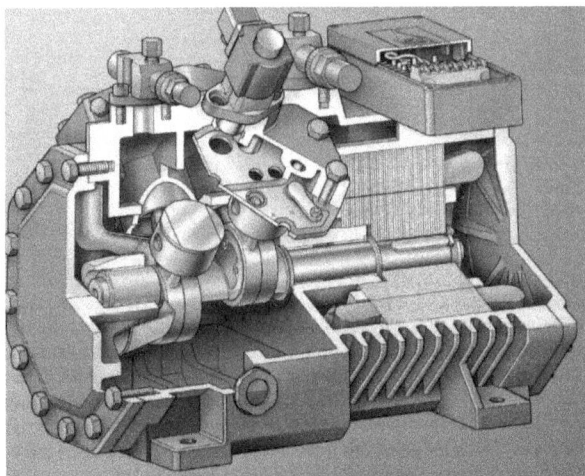

图 2-36　半封闭活塞压缩机的内部结构

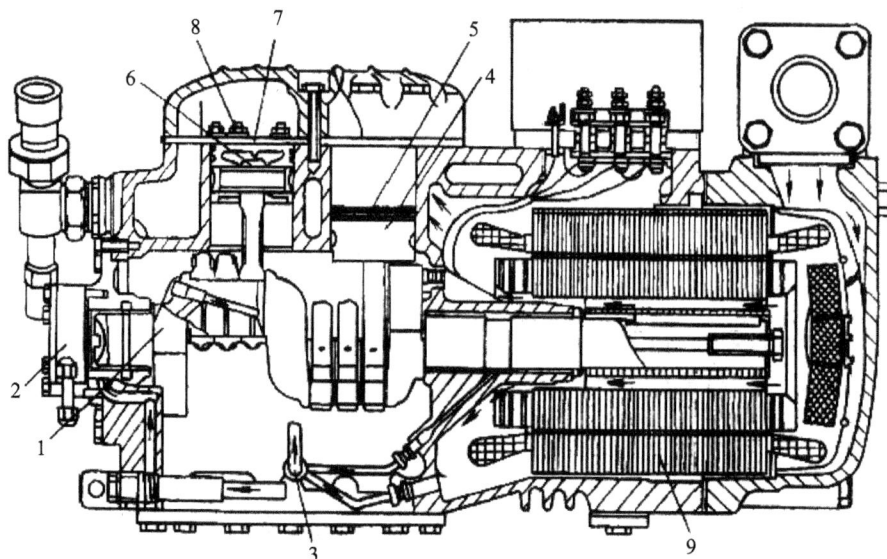

1—曲轴　2—油泵　3—回油系统　4—活塞　5—活塞环　6—连杆小头　7—阀板　8—气阀　9—电动机

图 2-37　半封闭活塞制冷压缩机的内部结构

该压缩机采用表面硬化处理的曲轴、镀铬的活塞环和优质的活塞销，并使用加大尺寸的油泵，使运动件的磨损减少。气阀阀片为舌簧阀片，阀片的形状与活塞顶部的形状相配合，减少了余隙容积。

压缩机的主轴为曲拐轴，支承在一对滑动轴承上，滑动轴承的轴瓦上覆盖着具有高耐磨性能的合金。曲轴的右端悬臂支撑着同时起飞轮作用的电动机转子。各运动部件的摩擦表面均用油泵供油进行强制润滑。

小功率的半封闭活塞压缩机常用离心式供油或飞溅式供油。此举使压缩机结构简化，易于维修。图 2-38 所示用油盘的半封闭制冷压缩机为离心式供油。用甩油盘 1 将润滑油带出，收集在曲轴左侧的油槽中，再用曲轴旋转时产生的离心力将润滑油输送到各摩擦表面。因吸气不经过电动机，故容积效率比较高。

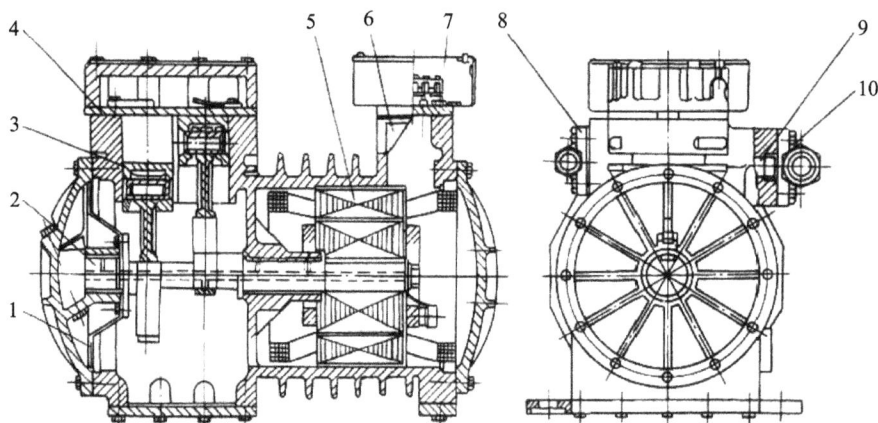

1—甩油盘　2—曲轴　3—活塞连杆组　4—阀板组　5—电动机　6—接线柱
7—接线盒　8—排气截止阀　9—吸气滤网　10—吸气截止阀

图 2-38　用甩油盘的半封闭式制冷压缩机

（2）开启式活塞压缩机。开启式活塞压缩机曲轴的功率输入端伸出机体外，通过传动装置与原动机连接。曲轴伸出部位装有轴封装置，防止泄漏，由于轴封装置不可能绝对可靠地密封，故制冷剂的泄出和空气的渗入是不可避免的。

开启式压缩机的原动机独立于制冷系统之外，不与制冷剂和润滑油接触，因而不需要采用耐油和耐制冷剂的措施。如果原动机为电动机，只需使用普通的电动机。这一优点使开启式压缩机在有些应用场合成为唯一的选择。例如，在以氨为制冷剂的制冷系统中，因氨对铜有腐蚀性，故不可能将电动机包含在制冷系统中，以免电动机受氨遭破坏。即使在以含氟烃类为制冷剂的制冷系统中，欲以普通电动机驱动压缩机，也只能用开启式压缩机，否则普通电动机的绝缘会因含氟烃类制冷剂的侵蚀而损坏。

既然开启式压缩机的原动机独立于制冷系统之外，原动机的种类就不局限于电动机，内燃机、燃气轮机等也可用作原动机。这一特点使开启式压缩机在汽车等移动式运载工具上得到十分广泛的应用。

开启式压缩机的制冷量，可以通过改变传动机构传动比的方法予以调节，例如，改变带轮直径调节制冷量。因吸入制冷剂时蒸汽不经过电动机，提高了压缩机的容积效率和输气量。开启式压缩机容易拆卸修理，且原动机的更换对制冷系统无影响，这一特点对用户是有利的。

开启式压缩机除了制冷剂和润滑油比较容易泄漏这一最大的缺点外，尚有重量大、占地面积多等不足之处。

开启式压缩机的气缸和曲轴箱铸成整体，这不仅提高了各配合尺寸之间的精度（例如，曲轴中心线与气缸中心线之间的垂直度），而且有利于机体的强度和刚度。整个机体铸成一体，虽然增加了工艺上的困难，但随着技术的发展，工艺上的困难已不难解决，由此带来的各种优点却是十分重要的。而一些大型的压缩机则采用嵌入式气缸套的结构，尽管这样提高了加工和装配精度要求，工艺也较复杂，但气缸磨损后便于修复或更换，避免因气缸磨损而报废整个机体。

图 2-39 所示为我国生产的一种典型的开启式压缩机。两个曲拐紧靠在一起，彼此相差180°，每一曲拐上装三根连杆，分别连接到按 W 形分布的三个活塞上。活塞的 W 形分布减少了曲柄销的长度，使曲轴两端两个轴颈之间的距离缩短，改善了曲轴的刚度。在两曲拐之间可不设置支承用的轴承。气缸和活塞的角度式布置有很好的惯性力平衡性，只要适当地配置平衡块，曲柄连杆机构的一阶往复惯性力和旋转惯性力完全平衡。对于制冷量大的压缩机，这一点是十分重要的。

这种开启式压缩机采用嵌入气缸套的结构，并在气缸套的法兰上设置吸气阀座。这种结构的优点是：有利于吸入的低温蒸汽对缸套的冷却；使排气阀的安置面积加大，且易于活塞顶部的形状与排气阀底部形状的配合，以减少余隙容积；用顶开吸气阀片调节输气量；可以更换缸套，但吸气过热度的增加使容积效率下降，吸气阀片外侧流道不通，会影响压缩机的能效比和制冷量。

压缩机用油泵强制供油，这不仅是润滑所需，而且也是输气量调节所需，因为输气量调节机构是以高压油为动力而动作的。

压缩机排气阀用弹簧压在气缸套上，避免了用螺栓将排气阀紧固在气缸套上产生的结

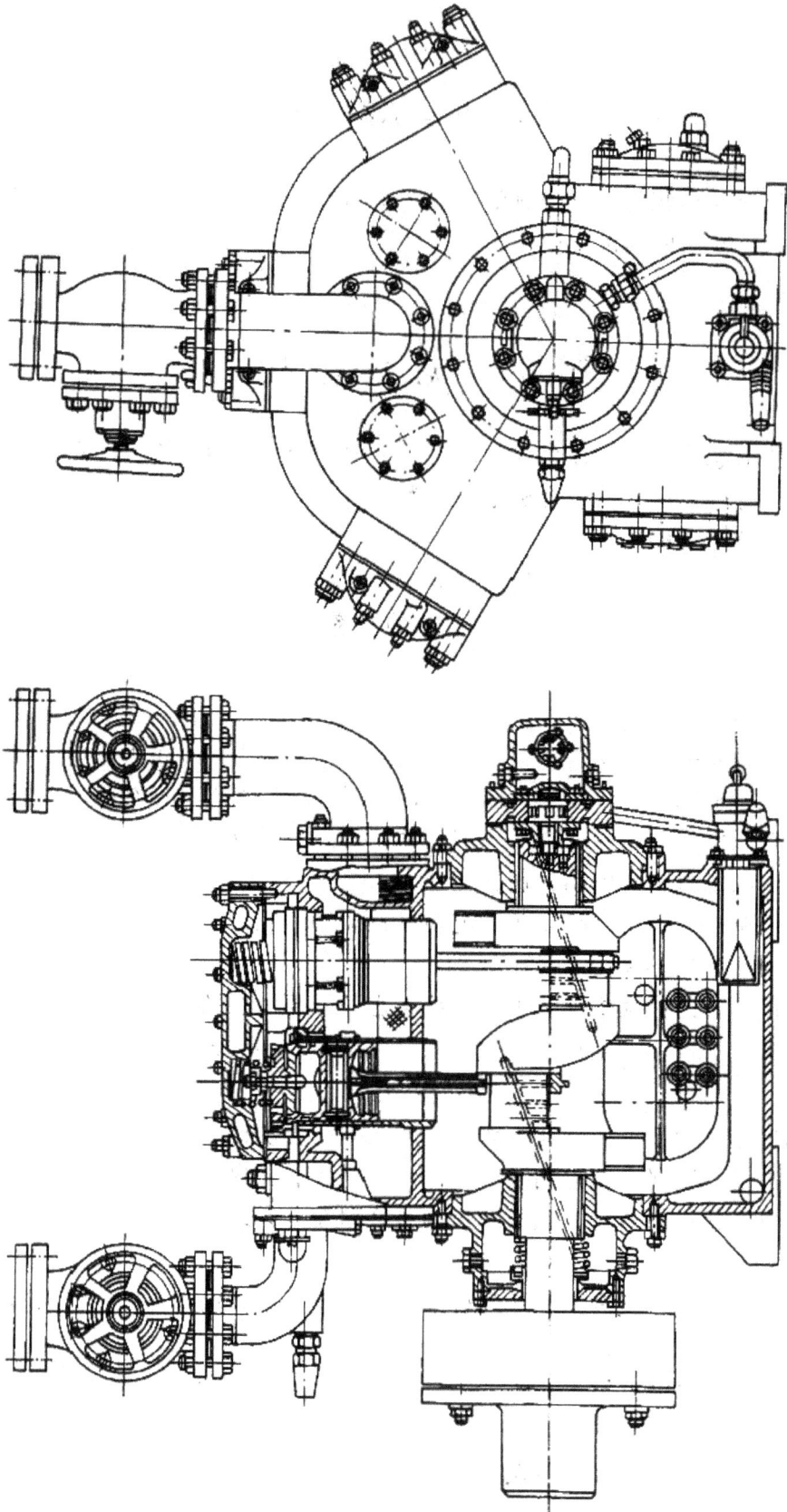

图 2-39　一种典型的开启式压缩机

构和尺寸方面的困难；由此产生的另一个优点是可以缓解液击产生的危害。当液击发生时，缸内的压力迅速上升，克服作用于排气阀上的弹簧力，排气阀脱离气缸套，液体从排气阀与缸套间的缝隙泄出，缸内压力下降。压力降至一定的数值后，排气阀又回落到缸套上。

当气缸数大于 8 个时，双曲拐的布置方式已不合适，此时采用两支承结构将使曲轴两个轴承之间的距离增大，曲轴刚度下降，因而应采用多支承结构（图 2-40）。图中所示的压缩机共有 12 个气缸，按 W 形布置。有四个曲柄销，每个装有三根连杆，用三个支承保证曲轴的刚度。

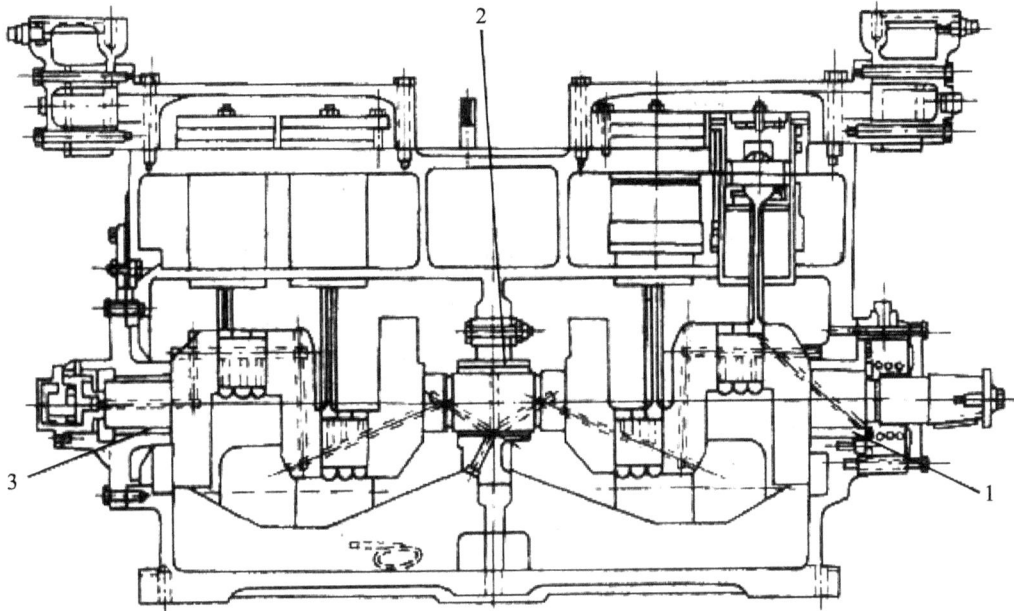

1—止推轴承　2—中间轴承　3—后轴承

图 2-40　12 缸 W 形压缩机

当蒸发温度很低时，单级压缩机不能满足要求，普遍采取的解决方法是使用图 2-41 所示的单机双级开启式压缩机。这是一台 8 缸压缩机，含 6 个低压缸和 2 个高压缸。因压力不同，将故低压缸的吸、排气腔及与其相连通的空间与高压缸的吸、排气腔及其相连通的空间隔离。低压级和高压级应分别配置安全阀、截止阀。高压级活塞、连杆承受的载荷大，需要采取措施（如连杆小头用滚针轴承），以确保其可靠性。

2.3.2.4　螺杆式压缩机的典型结构

与往复式、活塞式压缩机相比，螺杆式压缩机运动中无往复惯性力，对地面基础要求不高。当制冷量相同时，螺杆式压缩机体积小、重量轻、占地面积小，且结构简单，零件数仅为往复式压缩机的 1/10，易损件少、无吸排气阀、无膨胀过程、对液击不敏感，能适应广阔的工况范围，尤其是应用于热泵机组上，其容积效率并不像往复式压缩机那样有明显的下降。

（1）半封闭式螺杆压缩机。半封闭式螺杆压缩机一般由阳转子、阴转子、阳转子主轴（驱动轴）、阴转子主轴、电动机（包括转子、定子、引出线及接线端子等）、轴承、机体、油分离器、端盖、吸气组件、排气组件、接线端子、除雾器、滑阀调节机构等组成。

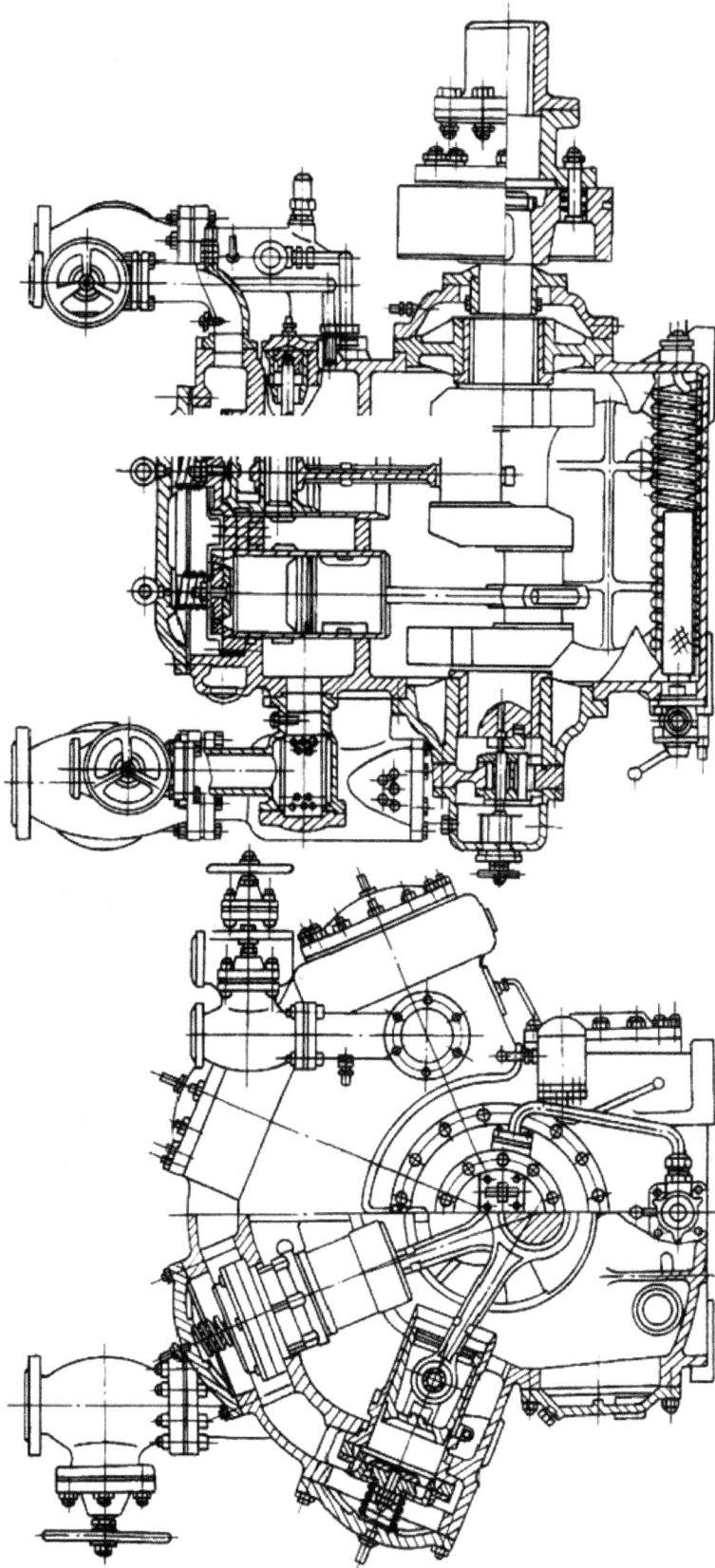

图 2-41　单机双级开启式压缩机

　　压缩机的零部件和电动机共同安装在一个壳体内，电动机与压缩机的阳转子（主螺杆）共用一根主轴，驱动主螺杆旋转，主螺杆通过啮合原理驱动阴转子（副螺杆）旋转，阴转子具有自己的支撑轴。来自蒸发器的低温低压气体经过吸气组件进入机体中，首先冷却电动机，然后进入螺杆中被压缩，压力得以提高。压缩机后的气体进入油分离器中分离气体中所含的润滑油，最后经排气组件排出压缩机，进入冷凝器。油分离器中的润滑油依靠排气压力经油管提供到各运动部位，保证润滑和机件的正常工作。

　　图 2-42 所示为半封闭式螺杆式制冷压缩机的内部结构图。

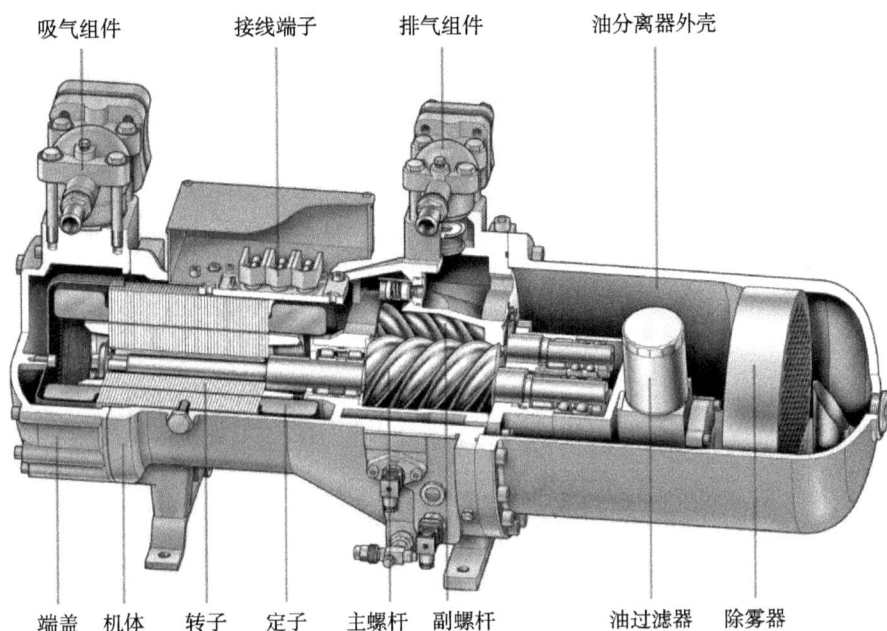

图 2-42　半封闭式螺杆式制冷压缩机的内部结构

　　图 2-43 和图 2-44 是典型单级半封闭式螺杆式压缩机的结构图。

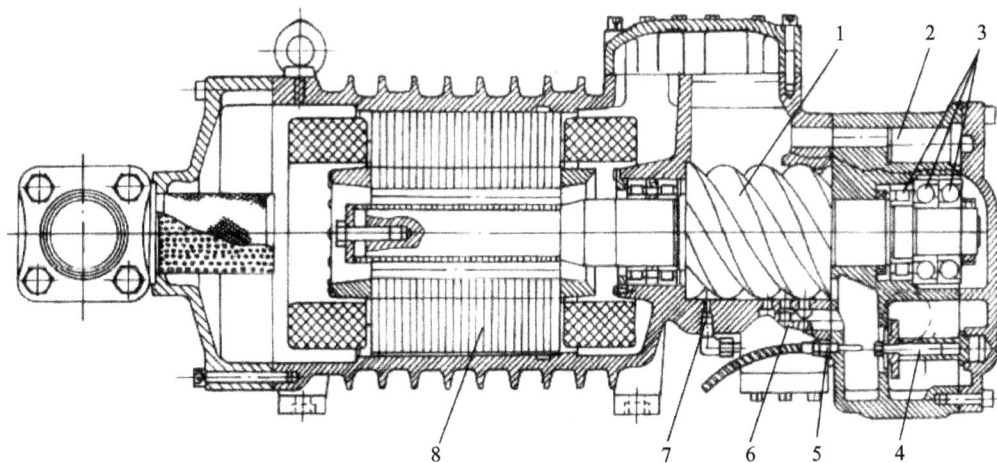

图 2-43

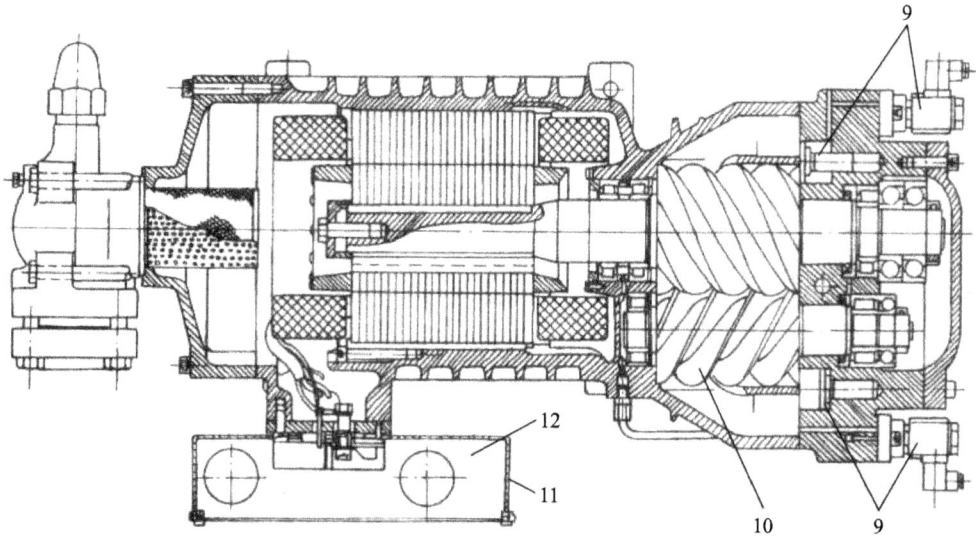

1—阳转子 2—安全卸载阀 3—滚动轴承 4—止逆阀 5—排温控制探头 6—内容积比控制机构
7—喷油阀 8—电动机 9—输气量控制器 10—阴转子 11—接线盒 12—电动机保护装置

图2-43 HSK 型半封闭式螺杆式压缩机结构图

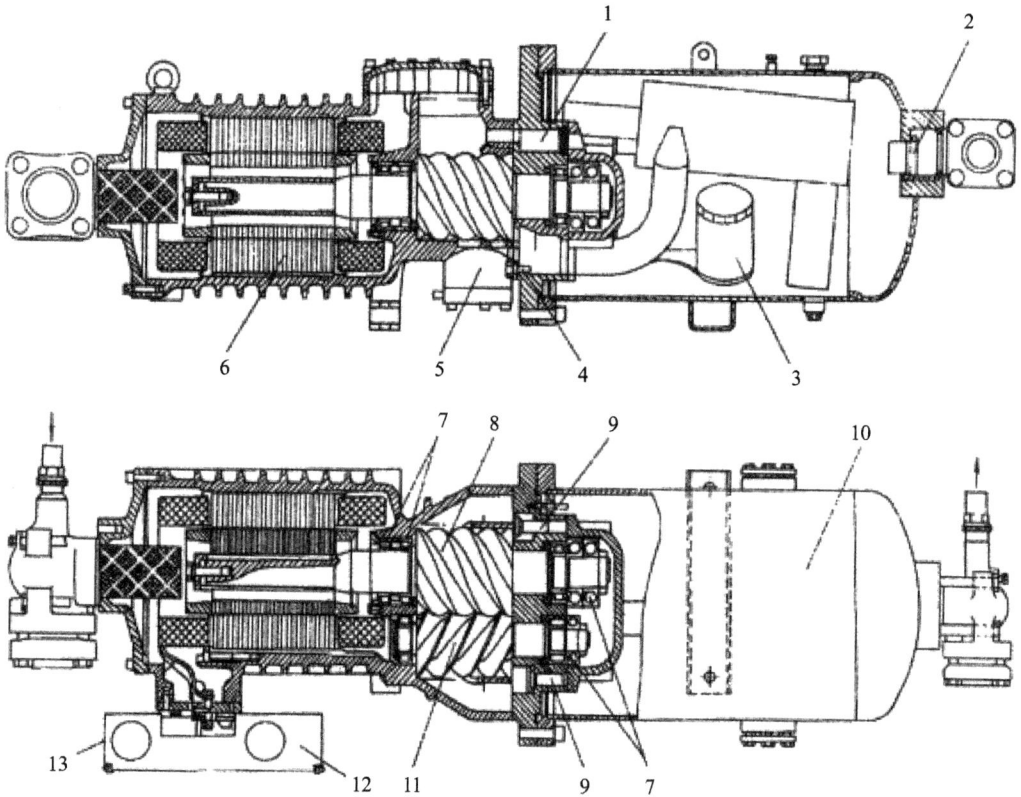

1—压差阀 2—止回阀 3—油过滤器 4—排温控制探头 5—内容积比控制机构 6—电动机 7—滚动轴承
8—阳转子 9—输气量控制器 10—油分离器 11—阴转子 12—电动机保护装置 13—接线盒

图2-44 HSKC 型半封闭式螺杆式压缩机结构图

上述半封闭式压缩机的阳阴转子都采用 5：6 或 5：7 齿数。阳转子与电动机共用一根轴，滚动轴承采用圆柱轴承，止推轴承比滑动轴承小，可保持阳阴转子轴心稳定，从而能减少转子啮合间隙，减少泄漏，同时使用润滑油量也减少。图 2-44 中压缩机的油分离器设置在机体内，以分离油和气体，使得机组装置紧凑，而图 2-43 的结构，在机体外仍要设置一个油分离器。压缩机供油都采用压差供油，利用排气压力和轴承压力差供油，无油泵，大大简化了供油系统。低压制冷剂进入过滤网，通过压缩机再到压缩机吸气孔口。因此内置电动机靠制冷剂气体冷却，电动机效率高而且有较大的抗过载能力，其尺寸也可相应缩小。

除了少量微型半封闭式螺杆压缩机，大多数压缩机都设置内容积比控制调节机构。

在冷凝压力较高、蒸汽压力较低时，排气温度和润滑油温度或者内置电动机的温度可能会过高，造成保护装置动作、压缩机停机。为了保证压缩机能在工作界限范围内运行，一般采用液体制冷剂喷射冷却进行降温。保护器设定最高温度限制，当传感器信号表明排气温度达到限制温度时，立即打开温控喷液阀，让液体制冷剂从喷油口喷入，以降低排气温度。

（2）开启式螺杆压缩机。制冷装置上最先应用的螺杆式压缩机是开启式，以后再发展到半封闭式和全封闭式。

开启式螺杆压缩机与半封闭螺杆压缩机相比，由于没有电动机，其结构更加简化。压缩机结构与半封闭螺杆压缩机的机械部分基本相同，主要的区别在于驱动轴功率输入端伸出机体外带来的各种结构变化。

本书第 6 章中对开启式螺杆压缩机、机组及其主要部件做了详细的说明，在此不予赘述。

2.3.2.5　离心式压缩机的典型结构

离心式压缩机的零部件很多，一般把离心式压缩机中可以转动的部件统称为转子。不能转动的零部件统称为静子或固定部件。转子是离心式压缩机的主要部件。

图 2-45 所示为单级离心式制冷压缩机的剖面图，图 2-46 所示为多级离心式压缩机的剖面图。表 2-2 给出了各类离心式压缩机的结构特点。

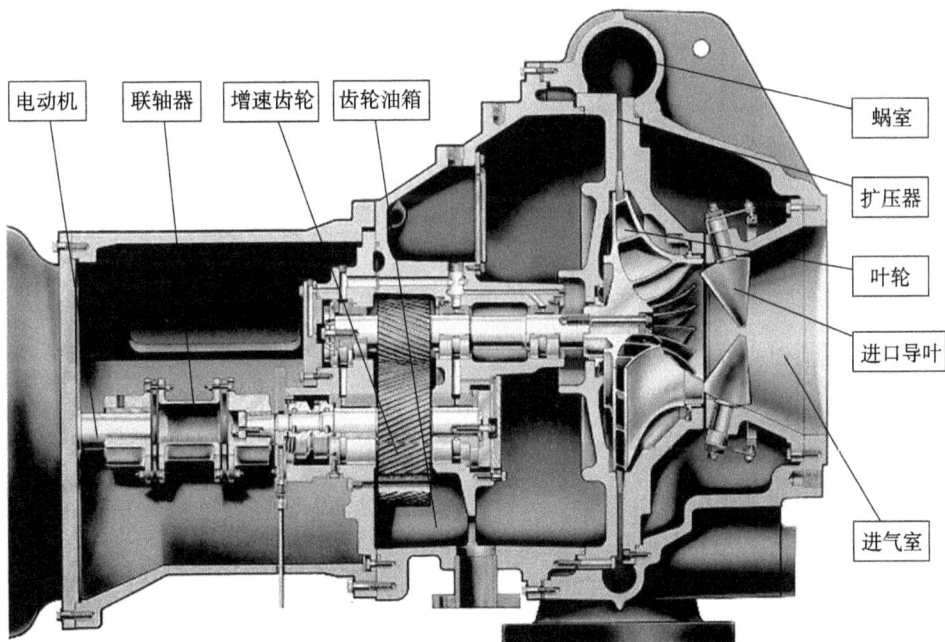

图 2-45　单级离心式制冷压缩机的剖面图

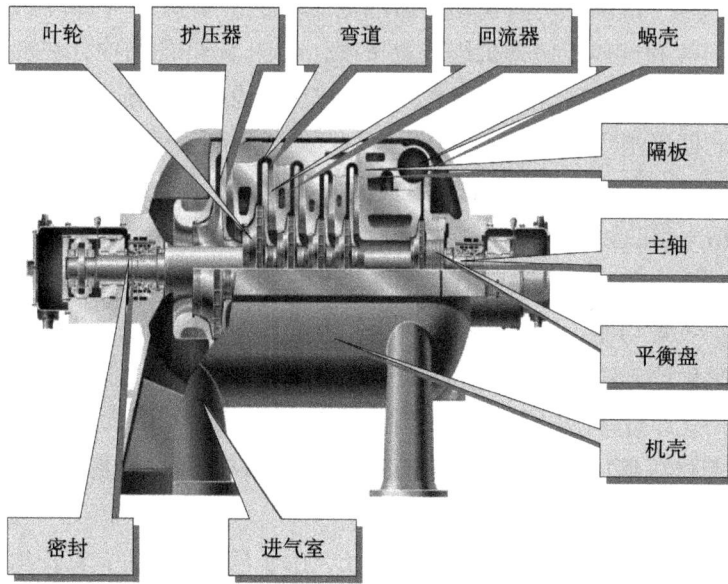

图 2-46　多级离心式压缩机的剖面图

表 2-2　离心式压缩机的结构特点

种类	结构简图	特点
全封闭式	 1、3—电动机　2—蒸发器 4—冷凝器　5—压缩机	（1）压缩机与电动机直连，封闭在同一机壳内。 （2）电动机直接驱动压缩机，在电动机的两个轴端可各悬挂一级或两级叶轮，取消了增速器和压缩机的固定元件。 （3）电动机在制冷机中得到充分冷却，不会出现电流过载。 （4）装置结构简单、噪声低、振动小。 （5）有些机组采用气体膨胀机高速驱动，结构更加简单。 （6）一般应用于飞机机舱或船舱空调。 （7）具有制冷量小，气密性好的特点。 （8）由于是全封闭，维修不方便，因此要求压缩机使用可靠性高，寿命长。 （9）适用于批量生产的小冷量离心式制冷机机组
半封闭式		（1）把压缩机、增速齿轮和电动机封装一体，仅在压缩机进气口和蒸发器相连，出气口和冷凝器相通。 （2）因各部件与机壳用法兰连接，故有制冷剂泄漏。 （3）单级或多级压缩机采用悬臂结构的叶轮。若用二级叶轮，则不需要增速器而由电动机直接拖动。 （4）电动机需要专门制造，并要考虑电动机的冷却、腐蚀和电器绝缘问题。 （5）润滑系统为整体组合件，可以埋藏在冷凝器一侧的油室中。 （6）体积小、噪声低、密封性好

续表

种类	结构简图	特点
空调用开启式		（1）开启式压缩机或者增速器的出轴端装有轴封。 （2）电动机放置在机组的外面，利用空气进行冷却，可以节能 3%~6%。 （3）若机组改换制冷剂运行时，可以按工况要求的大小更换电动机。 （3）润滑系统布置在机组内部或另外设置。 （4）用于化工企业或空调。 （5）制冷剂可以采用化工产品
低温用开启式		（1）压缩机、增速器与原动机分开，在机壳外用联轴节连接。 （2）尽量采用单位容积制冷量大的制冷剂，以减小机组尺寸，通常采用化工工艺流程中的工质作为制冷剂。 （3）采用多级压缩制冷循环以提高经济性。多级压缩机主轴的叶轮可以顺向布置或逆向布置，各级有完善的固定元件。 （4）压缩机机壳为水平剖分式，轴端采用机械或其他形式的密封，轴的两端用止推轴承和滑动轴承支撑。 （5）有利于制冷剂更换。 （6）润滑系统一般另附油站，以确保传动部分的润滑和调节控制。 （7）开启式机组常用于化工流程中。 （8）存在制冷剂易泄漏、体积较大等缺点

（1）转子部件的构成。转子部件包括叶轮，主轴和平衡盘等。

①叶轮。叶轮也称为工作轮，它是离心式压缩机中最重要的部件。气体在旋转叶轮的叶片作用下获得能量，提高了压力能和动能，同时克服流动损失。叶轮是离心式压缩机中使气体获得能量的唯一部件。

②主轴。主轴上安装所有旋转部件（主要是叶轮），它的作用就是用来支持旋转部件及传递扭矩。

③平衡盘。平衡盘是利用其两边的气体压力差来平衡转了轴向力的零件。它位于离心压缩机的高压端，其中一侧是末级叶轮轮盘侧间隙中的气体压力，另一侧是大气压力或吸气压力。平衡盘的外缘安装有密封装置，阻止气体向外泄漏。

（2）固定部件。固定部件中所有零部件均不能转动。它是由进气室、机壳、进口导叶、扩压器、弯道、回流器、蜗室和密封等组成。

①进气室。使气体在进入叶轮之前形成一个负压，以便将气体均匀地引入叶轮，减少进

口的气体流动损失。

②机壳。机壳也称气缸，转子和固定元件都安装在其中。

③进口导叶。有些离心式制冷压缩机在叶轮进口前安装进口导叶，若改变进口导叶的开度，不但可改变进入叶轮的气体流量，也可以改变叶轮的做功大小，达到调节制冷量的目的。

④扩压器。气体从叶轮流出时，具有较高的流动速度。为了充分利用这部分动能，在叶轮后面设置扩压器，用以把动能转化为压力能，进一步提高气体压力。

⑤弯道。在多级离心压缩机中，采用弯道把气体引导进入下一级。弯道是由机壳和隔板构成的环形空间。

⑥回流器。回流器是使气流按要求的流动方向，均匀地流入下一级叶轮。回流器一般由隔板和导流叶片组成。

⑦蜗室。蜗室是将扩压器后面或叶轮后面的气体收集起来，传输到压缩机外部去，使气体流向气体输送管道或流到冷却器中进行冷却。此外，在汇集气体的过程中，由于蜗室外径的逐渐增大和流通截面逐渐扩大，也对气流起到一定的降速扩压作用。

⑧密封。密封的作用是防止气体在压缩机内部级间的串流及向压缩机外部的泄漏。

多级离心式制冷压缩机由"级"组成，而压缩机中的中间气体冷却器将压缩机分为"段"。"级"是由一个叶轮和与之相配合的固定元件构成的压缩机基本单元。图 2-47 所示是离心式压缩机中间的级和特征截面，包括叶轮（0—0 截面 ~2—2 截面）、扩压器（3—3 截面 ~4—4 截面）、弯道（4—4 截面 ~5—5 截面）和回流器（5—5 截面 ~6—6 截面）等几个主要元件。除了上述元件外，还应包括吸气室（in—in 截面 ~ 0—0 截面）。压缩机每段进口处的级称为首级，而在压缩机每段排气口处的级称为末级。末级没有弯道和回流器，而代之以蜗室。有的压缩机末级叶轮出口没有连接扩压器，气体从叶轮出来直接进入蜗室。由于级在段中所处的位置不同，需要有不同的固定元件与之相配合。压缩机的段可以由一个级或多个级组成。

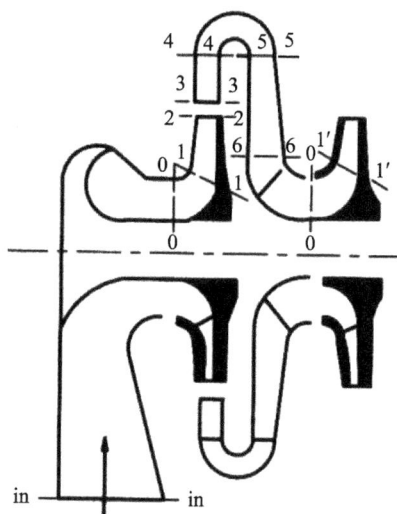

图 2-47　离心式压缩机中间的级和特征截面

2.3.3　压缩机的性能参数

评价压缩机性能好坏的主要参数如下。

（1）制冷量。压缩机制冷量的定义与计算与制冷原理中介绍的制冷量概念完全相同。但应当注意两个问题：

首先，制冷量必然与一定的运行工况相对应，同一台压缩机的制冷量将随工况变化而不同。抛开运行工况讨论制冷量毫无意义。我国的制冷压缩机产品和技术基本上来自国外，同一类压缩机可能因技术来源不同导致额定工况的不同，在涉及压缩机制冷量时必须关注对应的工况。

其次，与制冷循环的制冷量不同，压缩机的制冷量在测试时，吸气管道的过热量将计入压缩机的制冷量。

（2）输气量。在一定工况下，单位时间内由吸气端输送到排气端的气体质量称为在该工况下的压缩机质量输气量。将其换算到吸气状态的体积则称为容积输气量。

$$q_{mr} = \frac{q_{Vr}}{v_s} \qquad (2-36)$$

式中，q_{mr}——质量输气量，kg/s；

q_{Vr}——容积输气量，m^3/s；

v_s——吸气比体积，m^3/kg。

（3）容积效率。压缩机实际输气量与理论输气量之比称为容积效率。在制冷压缩机中定义了几个系数用于容积效率的计算与分析：

$$\eta_V = \lambda_T \lambda_P \lambda_V \lambda_l \qquad (2-37)$$

式中，η_V——容积效率；

λ_T——温度系数；

λ_P——压力系数；

λ_V——容积系数；

λ_l——泄漏系数。

温度系数用于衡量气体在吸气过程中的温升对容积效率的影响。

$$\lambda_T = \frac{V_x}{V_P} \qquad (2-38)$$

式中，V_x——吸入气体的体积折算到吸气温度下的体积，m^3；

V_P——吸入气体的体积（几何容积），m^3。

压力系数反映了吸气终了压力降对容积效率的影响。

$$\lambda_P = \frac{V_y}{V_P} \qquad (2-39)$$

式中，V_y——吸入气体的体积折算到名义吸气压力下的体积，m^3。

容积系数反映了余隙容积对容积效率的影响。

$$\lambda_V = 1 - \alpha \left(\varepsilon^{\frac{1}{m}} - 1 \right) \qquad (2-40)$$

式中，α——相对余隙容积；

ε——压力比；

m——膨胀过程指数。

泄漏系数反映了气体泄漏对容积效率的影响。

应当注意，除泄漏系数外，其他几个系数都是针对压缩机的吸气过程而言的，与排气过程无关。

（4）理论循环功。当制冷剂按理想气体处理时，压缩机的理论压缩循环功为：

$$W = P_s V_P \frac{k}{k-1}\left(\varepsilon^{\frac{k-1}{k}} - 1\right) \tag{2-41}$$

式中：W——压缩机理论循环功，J；

　　　P_s——吸气压力，Pa；

　　　V_P——吸入气体的理论最大容积，m³；

　　　ε——压力比；

　　　k——制冷剂的等熵指数。

（5）指示功率与指示效率。单位时间内实际循环所消耗的指示功就是压缩机的指示功率 P_i。

而压缩机的指示效率 η_i 用于评价压缩机工作容积内部热力过程的完善程度，为压缩机的等熵循环理论功率 P_{ts} 与实际循环指示功率 P_i 之比。

$$\eta_i = \frac{P_{ts}}{P_i} \tag{2-42}$$

（6）轴功率、轴效率与机械效率。由驱动装置传到压缩机主轴上的功率称为轴功率 P_e。轴功率的一部分直接用于压缩气体，即指示功率；另一部分用于克服各运动部件的摩擦阻力，称为摩擦功率 P_m。

压缩机的轴效率 η_e 为等熵压缩理论功率与轴功率之比，反映了压缩机主轴输入功率利用的完善程度。

$$\eta_e = \frac{P_{ts}}{P_e} \tag{2-43}$$

压缩机的指示功率与轴功率之比称为机械效率 η_m，反映了压缩机摩擦损耗的大小。

$$\eta_m = \frac{P_i}{P_e} \tag{2-44}$$

（7）电功率与电效率。输入压缩机电动机的功率即为压缩机消耗的电功率 P_{el}，而电效率 η_{el} 则是等熵压缩理论功率与电功率之比，反映了电动机输入功率的利用完善程度。

$$\eta_{el} = \frac{P_{ts}}{P_{el}} \tag{2-45}$$

（8）性能系数与能效比。为了衡量压缩机的最终制冷效率，引入了性能系数 COP（Coefficient of performance）和能效比 EER（Energy Efficient Ratio）两个概念。

性能系数为一定工况下压缩机的制冷量 Q_o 与压缩机的输入功率（轴功率）P_e 之比。

$$COP = \frac{Q_o}{P_e} \tag{2-46}$$

能效比为压缩机的制冷量 Q_o 与电动机的输入功率 P_{el} 之比。

$$EER = \frac{Q_o}{P_{el}} \tag{2-47}$$

关于性能系数 COP 和能效比 EER 有几个容易混淆的概念需要重视：

① COP 也就是单位轴功率制冷量，用于衡量压缩机（不包括电动机）的能源利用率，一

般用于开启式压缩机。

②EER 衡量压缩机整机（包括电动机）的能源利用率，多用于全封闭式或半封闭式压缩机。很显然，EER 与 COP 间相差一个电动机效率。

③两个物理量的法定单位均为 W/W，但有时也采用 kcal/（h·kW），两种单位间存在如下换算关系：

$$1\text{kcal}/（\text{h·kW}）=1.163\text{W/W} \tag{2-48}$$

④两个物理量分别表示不同的物理意义，注意区别同一物理量的单位换算和两个物理量之间的换算。

⑤目前一些企业对于全封闭式压缩机习惯于用 COP 代替 EER，且单位多用 W/W。但一些场合也有使用 EER，且单位有时用 kcal/（h·kW），应注意区别。

⑥这两个物理量与常规的效率概念不同，它反映的是能量迁移的效率而不是能量转换的效率，因此 COP 和 EER 均可以大于 1.0。

2.3.4 影响压缩机性能的因素

压缩机出厂后，在确定的工况下其性能和各种效率均已确定，而压缩机在使用时处于何种工况则取决于系统的设计。因此，系统两器、毛细管的选配、工质充灌量等无一不影响着系统的实际使用性能。某种意义上，系统设计与优化就是将压缩机的能力和特性发挥出来。

影响压缩机实际使用性能的外部因素主要有吸气温度，吸气压力，吸排气压力脉动，压力比，排气温度，清洁度等。

（1）吸气温度。吸气温度对压缩机的影响主要表现在三个方面：

首先，以吸气预热的形式影响压缩机的排气量，即工质流量（或制冷量）。压缩机每一转中所能吸进的气体的体积是一定的（称之为行程容积或工作容积、气缸容积）。当吸入气体的温度升高时，由于热膨胀的作用，尽管气缸容积不变，但吸入气体的质量减少，造成压缩机质量流量下降，系统制冷量降低。特别是对于直接吸气的高压腔压缩机吸气预热的影响尤为明显。其次，吸气温度直接影响着压缩机的功率消耗。最后，吸气温度增加使得排气温度也随之上升，二者成正比关系。排气温度提高也将给压缩机带来一系列影响，留待后叙。

$$T_\text{d} = T_\text{S}\varepsilon^{\frac{n-1}{n}} \tag{2-49}$$

式中，T_S——吸气温度，K；

T_d——排气温度，K；

ε——压力比；

n——压缩过程指数。

（2）吸气压力。吸气压力对压缩机的影响主要表现为影响压缩机的质量流量。压缩机在每一转中所吸入的气体质量 m_s 为：

$$m_S = \frac{P_S V}{R T_S}$$

（2-50）

式中，P_S——吸气压力，Pa；

V——气缸容积，m^3。

由上式可以看出，工质的质量流量与吸气压力成正比。吸气压力提高，质量流量增加，系统的制冷量也随之上升。

（3）吸排气压力脉动。吸气压力脉动对制冷量的影响类似于吸气压力，在吸气结束时，若压力脉动使气缸中气体的压力高于吸气压力，则制冷量随着工质流量的增加而上升。反之，制冷量则下降。

排气压力脉动对压缩机的影响主要表现为负面作用，引起压缩机及邻近管道的振动及噪声。应尽量避免导致较强压力脉动甚至共振的系统设计。

（4）压力比。压力比对制冷量的影响主要表现为影响压缩机的容积效率。

首先，除涡旋式压缩机外，活塞式与旋转式压缩机均不能将吸入气体完全排出，排气结束后仍有少量高压气体（排气压力）滞留在气缸中，它所占据的体积称为余隙容积。这部分气体在吸气过程中首先膨胀占据了一部分气缸容积，使吸入气体的量减少，制冷量下降。

由式（2-40）可看出，压力比越大，容积系数也越小。因此，压力比越高，压缩机的容积效率也将越低。其次，很容易理解，压力比越大，泄漏的压力差也越大，压缩机的泄漏也就越严重。

压力比对压缩机其他方面的表现为：压力比较高时，零件的受力情况恶化，摩擦、磨损增加，压缩机的振动和噪声也随之上升。

由式（2-50）可知，压力比增大还使排气温度增加。

（5）排气温度。排气温度较高时对压缩机各方面的情况均不利，应设法加以控制。

首先，对于高压腔压缩机，其电动机依靠排气冷却，排气温度过高将使电动机工作环境恶化。

其次，排气温度上升意味着压缩机工作温度上升，润滑油黏度下降，使润滑情况恶化、压缩机泄漏增加。过高的排气温度甚至使润滑油炭化而积存在气阀等处形成积炭现象。

最后，排气温度过高还使压缩机零部件热变形严重，整体性能下降。

（6）清洁度。清洁度指压缩机中不凝性气体、杂质、水分的含量。它们主要影响压缩机的可靠性，对压缩机有害无益，同样应严格控制。各种杂质对压缩机的影响分析如下[10]。

不凝性气体如空气等增加了压缩机的功耗和排气温度，而且使换热器换热面积减少、换热效率下降（图2-48）。

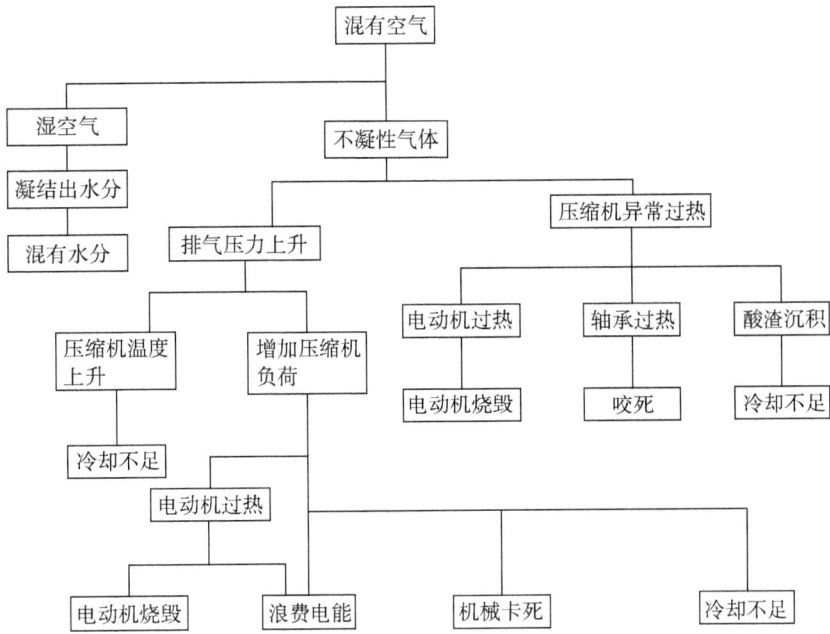

图 2-48　不凝性气体对压缩机的影响

　　杂质对压缩机的影响主要表现在物理方面，杂质在压缩机运动表面形成磨粒磨损，使摩擦磨损急剧增加。杂质在系统中则有可能形成"脏堵"使系统出现故障。金属性的杂质进入电动机还将破坏电动机及密封接线柱的绝缘能力，甚至造成短路。图 2-49 表示了杂质对压缩机的影响。

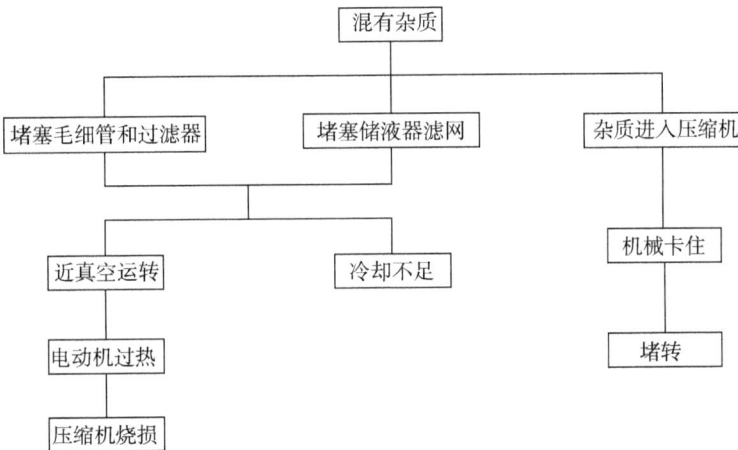

图 2-49　杂质对压缩机的影响

　　水分的存在一方面其本身使电动机的绝缘性能下降；另一方面则与润滑油反应生成酸性物质溶解铜类材料，既破坏了电动机的绝缘，又在其他零件上形成所谓"镀铜"现象。此外，水分还使润滑油乳化、变质，破坏润滑情况。在蒸发温度较低时（0℃以下）还可能在毛细管处形成"冰堵"使系统失效。图 2-50 表示了水分对压缩机的影响。

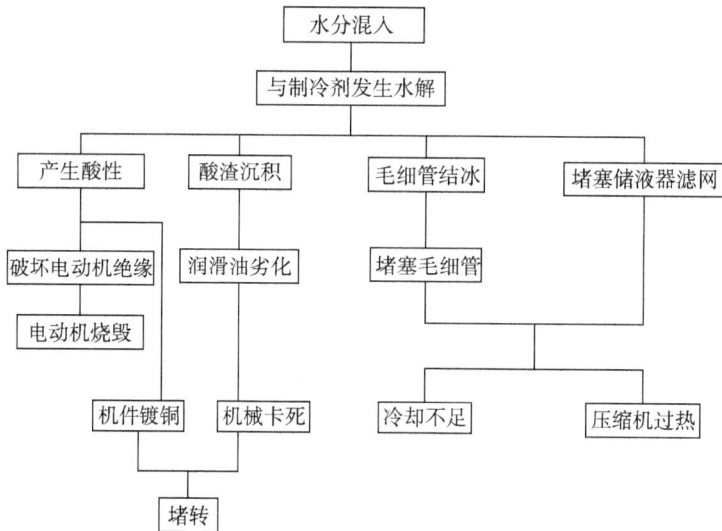

图 2-50　水分对压缩机的影响

2.3.5　压缩机的保护

压缩机保护的目的在于当出现过载（过热、过电流）、超压、缺相（三相压缩机）等各种异常情况时及时切断电源，确保压缩机不出现大的故障或报废。

（1）液击保护[9]。对于往复活塞式压缩机，当因工况变化或其他原因使得制冷剂在蒸发器中不能完全蒸发，就会有过多的制冷剂液体进入气缸，来不及从排气阀排出时，气缸内将出现液击。液击时产生的很高压力使气缸、活塞、连杆等零件损坏，因此需采取一系列保护措施。

①假盖。将气阀组件用一弹簧紧压在气缸端部，形成假盖。缸内压力过高时，将排气阀顶起，液体泄出，缸内压力迅速降低。

②油加热器。曲轴箱的润滑油溶有制冷剂，环境温度低时溶入量增加。压缩机起动时，曲轴箱内压力突然降低，大量制冷剂气化，润滑油呈泡沫状并被吸入气缸，引起液击。用油加热器在起动前对润滑油加热，降低溶在润滑油中的制冷剂量，是避免液击的有效措施。通过油加热器的加热，降低了油内溶入的制冷剂，保证了油的品质；在低温启动时，加热使油的黏度降低，有利于启动。

③气液分离器。来自蒸发器的气液混合物在气液分离器内分离，气体从出口管的上部进入，从下部流出。分离出来的液体积存于分离器底部，其中的液体制冷剂受热汽化后进入出口管上部，不能气化的润滑油从回流孔流入出口管再进入压缩机。

（2）电源保护。当出现以下情况时保护系统应动作切断压缩机电源：

①电源电压过高或过低，超出压缩机工作电压范围。

②严重的相间不平衡，超出压缩机的许用范围。

（3）高低压保护。为保证压缩机的吸、排气压力不超标，应在系统中设置高低压压力开关，根据压缩机的工作压力范围设定其动作值。当运转过程压力超出设定值时，压力开关动作切断压缩机电源，起保护作用。

但应注意在起动时或制热运转时有可能造成压力开关误动作，影响空调器的正常功能。因此，在电路设计时应采取相应措施。

（4）过电流保护。过电流保护用于当电压过低或超载时保护压缩机不因电流过大而发生故障。

过电流保护一般采用过电流继电器，其中热继电器依靠电流产生的热量而动作，因其成本比较低而得到广泛应用。但它动作迟缓、精度及可靠性较差。使用时应特别注意其动作电流的设定。而水银式或电磁感应式继电器使用效果较好，但成本也较高。

对于三相压缩机应特别注意过电流保护的设计应使三相中任意一相的电流过大时均能起保护作用，现实中不乏因保护不完善致使压缩机烧毁的先例。

（5）过热保护。某些压缩机自带有一外置式的温度保护器，装在壳体的上表面保护压缩机不因过热而出现故障。该保护器应稳妥地接入控制电路中，并确保温控器所感受到的壳体温度不受其他因素影响。

（6）再起动保护。压缩机起动时高、低压部分应处于压力平衡状态，其压力差应小于0.05MPa。否则压缩机将可能因带载起动而出现故障。

因此，除除霜转至制热外，压缩机自停机至再次起动前必须有 3min 以上的延迟时间。

（7）缺相和逆相保护。本功能只适用于三相压缩机。

三相压缩机在缺相运转时将因三相间的严重不平衡导致压缩机的工作电流很大，特别是缺相起动时因形不成旋转磁场使压缩机不能起动而类似于堵转。这两种情况下的电流将远远大于压缩机的许用工作电流，导致电动机的温度急剧上升而烧损。

压缩机的旋转方向是固定的，在反向旋转时将因润滑系统失效等方面的原因造成一系列的问题。则对于三相压缩机就存在着三相供电的相序对压缩机旋转方向的影响问题。

因此，对于三相压缩机的缺相和逆相也均应有可靠的保护。可在系统中加装同时具备缺相和逆相保护功能的逆相保护器，也可在控制软件中予以考虑，但应注意，这种情况下若软件只具备逆相保护的功能，对于缺相保护则应另行考虑。

应特别注意，多数压缩机均自带内置式的保护器，它同时具备过电流和过热保护功能，起到保护电动机不因异常情况而烧毁的作用。这是压缩机保护的最后一道防线。系统设计时应以任何情况下压缩机自身保护器不动作为原则。因此，不得以压缩机自身保护功能代替系统中应有的对压缩机的保护功能。

2.3.6　润滑和润滑油

本部分内容介绍压缩机的润滑以及对润滑油的要求[9]。

2.3.6.1　润滑油的作用

压缩机中的润滑为流体动力润滑，当润滑状况良好时，摩擦副的两个金属壁面被一层润滑油膜隔开，金属零件间不直接接触，可大幅度减少零件的磨损。建立良好流体动力润滑油膜的前提是一定的转速和载荷、合适的表面粗糙度和摩擦副间隙以及润滑油的黏度。

压缩机润滑系统向压缩机各摩擦副供油。润滑油在压缩机中所起的作用，归纳起来可分为三个方面：减少摩擦；带走摩擦产生的热量和磨屑；密封。

由于摩擦，需要输入更大的轴功率，因而轴效率降低，能耗增加；摩擦使摩擦表面磨损，过分的磨损破坏了相对运动件之间的合理间隙，影响机器的正常工作。通过注入润滑油减少各运动副的摩擦，使机器的磨损减少、能耗降低。

摩擦产生的热量使零件温度升高，若温度升高太大，润滑油的黏度会降低到允许范围以外，破坏油膜的承载能力，甚至在零件的局部高温区油会炭化，影响零件的正常运动。有些零件受热后体积膨胀，严重的情况下运动副会卡住。注入润滑油后，热量被润滑油带走，保证运动副有合理的温度水平。被加热的润滑油经冷却后再次进入润滑系统，流向摩擦副进行润滑和吸收摩擦热。

气体泄漏间隙的润滑油有助于阻止气体泄漏。

此外，润滑油还有冲洗作用，可带走摩擦间隙中的磨屑和杂质，减少摩擦、磨损。

需要注意的是，曲轴箱（或全封闭式压缩机壳）内的润滑油，在低的环境温度下溶入较多的制冷剂。压缩机起动时，随着温度的上升，溶解在润滑油中的制冷剂汽化，使润滑油产生沸腾现象，造成润滑不良甚至发生液击，而制冷剂随润滑油送到各摩擦部位时沸腾会直接破坏润滑油膜。为此可在曲轴箱中安装油加热器，在压缩机起动前先加热一定的时间，减少溶在润滑油中的制冷剂。

2.3.6.2 制冷压缩机的润滑方式

由于不同压缩机的运行条件不同，故润滑方式是多样的。压缩机的润滑方式分为两大类：即飞溅润滑和压力润滑。压力润滑的供油方式有油泵供油和离心供油两种，视所需油压和油量而定。

（1）飞溅润滑。飞溅润滑用于小型活塞式压缩机，通过连杆大头（或连杆大头上的溅油杆）与曲轴箱中的润滑油周期接触，使油飞溅并沾在各零件的表面，再进入摩擦副进行润滑。飞溅的润滑油达到缸壁和活塞表面，对它们进行润滑。从连杆表面流到连杆大头的润滑油以及直接溅在连杆大头和曲柄上的一部分润滑油进入大头和曲柄销之间的间隙，对它们润滑。压缩机的轴承上部开有油孔，从壁面流下的润滑油通过油孔流入轴颈和轴瓦之间，实现润滑。

飞溅润滑系统结构简单，容易加工。但其供油量难以控制，对摩擦表面的冷却效果差，只能用于小型压缩机。

（2）油泵供油。对于大、中型制冷压缩机，因其载荷大，需要充分的润滑油润滑各摩擦副并带走热量，所以采用压力润滑。油泵供油是压力润滑的方式之一。利用油泵将经过过滤的润滑油加压送到各摩擦部位。

（3）离心供油。这种供油方式常见于封闭式压缩机。曲轴的一端浸入润滑油中，曲轴上有偏心油道。曲轴旋转时，润滑油在离心力的作用下流向摩擦部位。若全封闭式压缩机的电动机位于压缩机下部，需要在轴的下端装延伸管。

为排除从油中释放出的气体，油路上一般设有放气孔，集中在延伸管中心线附近的气体从放气孔排出而不会进入油道。

离心供油机构结构简单，工作可靠，但供油量和供油压力均较小，不宜用于负载较大的压缩机中。

2.3.6.3　润滑油

（1）评价润滑油品质的主要因素。评价润滑油品质的部分因素有：黏度、与制冷剂的相溶性、低温下的流动特性、倾点、酸值、闪点、化学稳定性、与材料的相容性、含水量、含机械杂质量以及电击穿强度等。

①黏度。黏度决定了滑动轴承中油膜的承载能力、摩擦功耗和密封能力。黏度大，承载力强，密封性好，但流动阻力大。润滑油的黏度与温度有关，随温度的上升而降低。

②与制冷剂的相溶性。有些制冷剂与润滑油不相溶，有些完全相溶，有些部分相溶。若相溶性好，在换热器表面不易形成油膜，对传热有利。制冷剂的溶解使油的凝固点下降，对低温装置有利。但溶解使油变稀，导致油膜太薄，溶解也会造成蒸发温度升高（在蒸发压力不变的前提下），蒸发器的制冷效果下降。制冷剂溶入润滑油中也会影响油的黏度。

③倾点。指油品在试验条件下能够连续流动的最低温度，是表示润滑油在低温下流动特性的指标，在标准中规定它不能高于某一个温度。

④酸值。润滑油中如含有酸类物质，会引起材料的腐蚀。油中含有游离酸的数量用酸值表示。中和 1g 润滑油中的游离酸所需 KOH 的毫克数称为酸值。

⑤闪点。润滑油在开口容器内被加热时，所形成的油气与火焰接触，能发生闪火的最低温度称为闪点。它表明润滑油的挥发性。润滑油的闪点应比排气温度高 25~35℃，以免润滑油燃烧和结焦。

⑥化学稳定性和对系统中材料的相容性。润滑油在高温和金属的催化作用下，会引起化学反应，生成沉积物和焦炭；润滑油分解后产生的酸要腐蚀电气绝缘材料；润滑油应与系统中所用的材料相容，不会引起这些材料（如橡胶、分子筛等）的损坏。

⑦含水量、含机械杂质量。润滑油含水后易引起毛细管的冰堵，含机械杂质也会使通道堵塞并使零件磨损。含水的润滑油和含氟烃类制冷剂的混合物能够溶解铜。当溶解铜的润滑油混合物与钢或铸铁零件接触时被溶解的铜又会析出，沉积在钢、铁零件表面上，形成铜膜，从而破坏制冷机的正常运行。

⑧电击穿强度。电击穿强度是反映润滑油绝缘性能的一个指标。制冷机用的润滑油，其电击穿强度一般要求在 10kV/cm 以上。微量杂质的存在会降低润滑油的绝缘性能。

在选择润滑油时应充分考虑上述因素。压缩机中常用的润滑油包括矿物润滑油、合成烃型润滑油以及酯类油和聚醚油等。

在选择 CO_2 压缩机的润滑油时，应综合考虑润滑油与 CO_2 的混合性，润滑油在 CO_2 环境中的稳定性，以及润滑油中溶解 CO_2 后其黏度的变化等因素。

润滑油使用的一个基本原则是：在任何情况下，始终使用压缩机制造商指定或推荐的润滑油种类、品牌和型号。

（2）使用润滑油时的注意事项[4]。

①与制冷剂互溶的润滑油会产生发泡现象。即：当制冷系统长期停止运行，压缩机中聚集的润滑油的温度比较低时，就有大量的制冷剂液体溶入润滑油。在该状态下起动压缩机时，由于压力的降低，溶入的制冷剂液体从润滑油中快速蒸发，称为起泡现象。其危害是：随着压缩机润滑油中制冷剂的蒸发，油也大量地进入压缩机排气侧，导致压缩机润滑不良。为防

止起泡现象，通常在曲轴箱中装有提高油温的曲轴箱加热器，启动前先将润滑油预热。

②制冷剂回收的时候，油和制冷剂是一起回收的，特别是以液体方式回收时，有相当多的油溶解在里面。另外，每一种制冷或空调设备都是使用制造厂指定的润滑油，所以，当回收制冷剂再利用时，要将溶油的制冷剂经过再生和过滤后方可使用，严禁将溶入不同润滑油的制冷剂混合使用。

③与润滑油互溶的含氟烃类制冷剂，在系统运行时，与润滑油一起循环。因此，压缩机中储存的润滑油中，溶解有一部分制冷剂，冷凝器的液体制冷剂中也溶入少量的润滑油，节流后在蒸发器中制冷剂蒸发成蒸汽时，溶入的润滑油基本上分离出来而成单体油存在，这部分分离出来的润滑油必须返回压缩机。

④未启封的润滑油中几乎不含有水分。若启封后，润滑油被搁置在环境中，会吸收空气中的水蒸气，增加了油中水分的含量，合成油的这种倾向尤其强烈。如果制冷系统内混入太多的水分，润滑油与压缩机电动机等所使用的有机材料将会产生水解，会出现管道堵塞或压缩机绝缘不良的现象。

⑤在 HFCs 制冷系统内，如果混入过多空气，将会加快润滑油的分解或劣化；如果系统内不同种类的润滑油混合，或者采用不同黏度等级或不同添加剂的同种润滑油，会使压缩机润滑不良，引起机器损伤，所以应该使用压缩机制造厂家指定的润滑油。

⑥当制冷系统中进入水分时，会使机组在运行中发生故障或损坏机器设备，因此，在机器加工安装、维护的各个阶段，应特别注意，严禁水分进入系统：启封的润滑油吸收空气中水蒸气而增加了润滑油中的水分，特别是合成油这种倾向特别强烈；维修时要严格保证系统运行部件的密封度和系统的真空度，防止外界湿空气泄入将水蒸气带入制冷系统；维修时保证安装和更换零部件的干燥程度。

2.3.7　制冷量调节

使设备的能力与用户的负载相匹配是任何用能产品设计的基本原则，也是提高能量利用率的必然要求。这意味着设备的合理选型和设备提供的制冷量或制热量可以随用户负荷的变化而变化。

制冷装置的制冷量调节一般通过压缩机进行，实际上是压缩机的制冷量调节。本节简单介绍压缩机制冷量调节的一些常识[9]。

2.3.7.1　制冷量调节的目的

制冷压缩机的设计往往是针对一个固定的工况如设计工况或额定工况。设计目标一般是使压缩机在这个工况下的性能为最好，这时压缩机的制冷量也是确定的。但对于制冷空调产品来讲，用户的负荷一般不是固定的。在设备选型合理的前提下，影响用户负荷的因素有：环境温度（风冷机组）或冷却水温度（水冷机组）、热源、用户设定的目标温度等。显然用户负荷为一多变量函数，随时在变化。

压缩机容量调节的目的有两个：首先是保证用户处的目标温度可以始终稳定在预期的范围内。一般来讲，为了在最恶劣情况下能够满足用户的需求，制冷空调设备的能力都大于用户处的负荷，如果缺乏调节能力，用户处的温度会一直下降直至在低于目标温度的某一个温度下达到制冷量与负荷的平衡。其次是为了减少能量消耗，提高能量利用率。

由于压缩机是制冷空调装置的心脏，是唯一具有制冷能力的部件，调节压缩机的容量使制冷系统的制冷量与用户的负荷相匹配，就是多数情况下的必然选择。

2.3.7.2　制冷量调节的要求

一般来讲，对压缩机的制冷量调节有如下要求：

（1）压缩机的制冷量随着调节参数的变化而变化，而且最好是连续变化，即无级调节。这是容量调节的基本要求，当连续改变某一个参数（调节参数）时，压缩机的制冷量也随之连续变化，变化规律应当单调、连续（无跳跃）且最好是线性的。

（2）压缩机的制冷量随调节参数的变化应有适当的灵敏度。

（3）调节过程能量损失小。包括两方面的要求：一是压缩机和制冷设备的能效不因调节而降低；二是调节系统和调节过程本身所消耗的能量小。在能源短缺日趋严重和对用能产品节能要求不断提高的情况下，这一点尤为重要。

（4）调节机构简单、可靠。任何调节方式都不应大幅度增加压缩机的结构和制造复杂性，避免造成成本的大幅度增加。同时，调节机构应当具有良好的可靠性。

（5）附带影响小。除制冷量和调节参数外，调节过程不应当改变压缩机的其他运行工况参数，如压力比、容积比等，更不应对外界产生附带影响。

（6）最好只有一个调节参数，即不需要同时改变几个参数才能够改变压缩机的制冷量。

应当说明的是，很难找到一种调节方式在各方面都是理想的。实际应用中需要根据负荷的特征、压缩机和制冷设备的特征以及调节的要求和经济性等因素选择合适的调节方式。

2.3.7.3　制冷量调节的基本原理

从制冷原理可知，压缩机的制冷量为：

$$\varPhi_0 = q_{\mathrm{m}}\Delta h \tag{2-51}$$

式中，$\varPhi_0$——制冷量，J；

q_{m}——制冷剂的质量流量，kg/s；

Δh——制冷剂出、进蒸发器的比焓差，J/kg。

Δh 受制冷循环设计的制约，一般不可随意变化。要改变压缩机的制冷量，唯有改变其质量流量。对于容积式压缩机，在忽略各种损失的理想状况下，其质量流量一般可写为：

$$q_{\mathrm{m}} = \frac{1}{v_{\mathrm{s}}}\lambda_{\mathrm{P}}\lambda_{\mathrm{V}}\lambda_{\mathrm{T}}\lambda_{\mathrm{L}}nV_{\mathrm{P}} \tag{2-52}$$

式中，v_{s}——压缩机吸气口处制冷剂的比体积；

λ_{P}——压力系数；

λ_{V}——容积系数；

λ_{T}——温度系数；

λ_{L}——泄漏系数；

n——压缩机转速；

V_{P}——压缩机一转的工作容积。

显然，改变以上任何一个参数都可以改变压缩机的质量流量，进而改变压缩机的制冷量。实际上，除了 λ_P、λ_T 为随机参数不可控以外，改变其他参数都已用于压缩机的制冷量调节。如改变吸气比体积的吸气节流调节、改变容积系数的连通辅助容积调节、改变泄漏系数的压开吸气阀调节、改变转速的变频调节和改变工作容积的调节等。

2.3.7.4 制冷量调节的方式

根据上述原理，压缩机制冷量调节的方式很多。但一般来讲，可将各种调节方式分为三大类：吸气节流调节、改变转速调节和改变工作容积调节。

（1）吸气节流调节。由式（2-53）可知，压缩机的质量流量与吸气口处制冷剂的比体积成反比。因此，若能够根据用户处的负荷不断改变吸气比体积，就可使制冷量随负荷的变化而变化，从而实现制冷量调节的目的。

这种调节方式原理上比较简单，物理意义上也比较容易理解：在调节过程中，压缩机的工作容积并未发生变化，即压缩机每转中所吸入的气体体积不变。但由于吸入气体的比体积增加，压缩机每转中所吸入的气体质量减少，从而使得压缩机的质量流量降低，压缩机的制冷量也随之降低。

在实际应用中往往是通过节流的方式改变压缩机的吸气压力来间接改变压缩机的吸气比体积，这也是称其为吸气节流调节的原因所在。一般可在压缩机的吸气管路上加装节流调节阀来实现。

吸气节流调节属于压缩机的外部控制调节，压缩机自身的结构与设计不需作任何变化。其特点是调节原理和调节装置均比较简单，但调节过程往往伴随着制冷循环特征参数如蒸发温度、冷凝温度的变化，因此它并不是一种理想的调节方式。

（2）改变转速调节。由式（2-53）可知，压缩机的制冷量随其转速呈线性变化，当转速变化时直接导致制冷量变化。由此可以借改变转速实现压缩机制冷量的调节。

①间歇运行调节。这是一种最简单的变转速调节方式，一般适用于制冷量较小的产品，目前广泛应用于家用电冰箱、房间空调器中。

其基本原理是通过控制压缩机的开停机进行制冷量的调节。当改变压缩机的开机时间和停机时间的比例时，也就改变了压缩机在一段时间内的制冷量，因此也称开停调节。

由此可知，调节过程中压缩机运行时的转速并不发生变化。但在考虑了包括开机时间和停机时间的一段连续时间内压缩机的平均转速是变化的。即可认为：

$$平均转速 = 压缩机运行转速 \frac{\sum 开机时间}{\sum 开机时间 + \sum 停机时间}$$

改变开机时间和停机时间的比例就意味着改变了压缩机在这段时间内的平均转速，进而改变了压缩机的制冷量。这也是将开停调节归入变转速调节的原因所在。

开停调节首先根据目标温度设定一个上限的开机温度和一个下限的停机温度，目标温度由用户设定，为用户期望的温度。制冷系统运行时，控制器根据实际的温度控制系统的开机或停机。如家用电冰箱中，当冰箱内空间的温度达到预先设定的停机温度时，压缩机就停机；停机后冰箱内的温度会逐渐回升，当温度升高到预先设定的开机温度时，压缩机开机，进行制冷，温度下降。由此周而复始，实现温度的调节。显然，冰箱中的温度始终围绕着目标温度在上下波动。

开停调节的优点是简单易行、成本低廉，压缩机和制冷系统不需要做设计上的任何改变即可实施。缺点是调节过程能量损失大，主要包括两个方面：一是存在着由于停机后制冷系统高低压平衡导致重新启动时建立高低压的能量损失以及较大的启动电流带来的损耗；二是调节精度差，被调温度始终在一定范围内波动，并且该波动范围不能够设置太小，否则将出现制冷系统频繁的开停机现象。此外，还存在着频繁启动对电网的冲击等问题。因此，开停调节一般仅适用于对调节过程要求不高的小型制冷装置。

②传动机构变转速调节。这是一种外置式的调节方式，通过机械或电磁变速机构调节压缩机的转速，多用于开启式压缩机。即在驱动机构和压缩机主轴之间串联一变速机构，驱动机构的转速不变，但可以通过变速结构改变压缩机主轴的转速。典型的应用实例就是汽车空调压缩机，在压缩机的轴端用一电磁离合器根据空调负荷的大小改变压缩机的转速，离合器通过皮带与发动机相联。

③变频调节。从电动机理论可知，电动机的转速 n 与电源输入频率的关系为：

$$n = \frac{60f(1-s)}{P} \tag{2-53}$$

式中，f——电源输入频率，Hz；

　　　s——电动机转差率；

　　　P——电动机极对数。

由此式可知，电动机的频率与其转速成正比。因此，只要改变了输给压缩机电源的频率，就可改变压缩机的转速。这就是所谓的变频调节。

变频调节通过变频提供给压缩机电动机一个频率和电压可调的电源，控制器根据用户的负荷情况控制和改变电源的频率。以此实现制冷量的调节。

变频调节广泛应用于房间空调器中，且有向大容量机组拓展的趋势。一些使用螺杆式压缩机甚至离心式压缩机的机组也逐渐在使用变频调节方式。

（3）改变工作容积调节。由式（2-53）可知，压缩机的制冷量随其工作容积呈线性变化，当工作容积变化时直接导致制冷量变化。由此可以借改变工作容积实现压缩机制冷量的调节。

改变压缩机工作容积的方法很多，可以设置几个工作容积，关闭其中的一个或数个进行调节。这几个工作容积可以分别由几台压缩机提供（多机并联调节），也可以由单一压缩机提供（多缸压缩机调节）。还可以针对单一工作容积改变其有效利用容积，即所谓的旁通调节或吸气回流调节如螺杆式压缩机的滑阀或柱塞调节等。

①多机并联调节原理。多机并联调节方式多用于大中型机组和冷冻、冷藏行业。其基本原理是在制冷系统中并联使用数台压缩机，视用户对系统制冷量的要求运行一台、多台直至运行全部的压缩机。这样，尽管每台压缩机的独立制冷量是固定的，但系统的总体制冷量将因运行压缩机的台数不同而变化，同样实现了制冷量调节的目的。

多机并联调节方式属于分级调节，可以采用同样制冷量的压缩机并联，也可以采用不同制冷量的压缩机并联。不同的组合可以形成各种调节方案，当有一台变转速压缩机参与并联时可实现无级调节。

图 2-51 所示为三压缩机并联调节方式。当三台压缩机均为定速压缩机时，根据对制冷

量的要求不同，分别使 0 台、1 台、2 台或 3 台压缩机运行，可以得到 0%、25%、50%、75% 和 100% 的制冷量，即可实现 4 级分级调节（图中实线部分），此时各压缩机的制冷量分别是最大制冷量的 25%、25% 和 50%。当其中一台 25% 制冷量的压缩机为变频压缩机时，即可实现制冷量 0%~100% 的无级调节（图中虚线部分，假

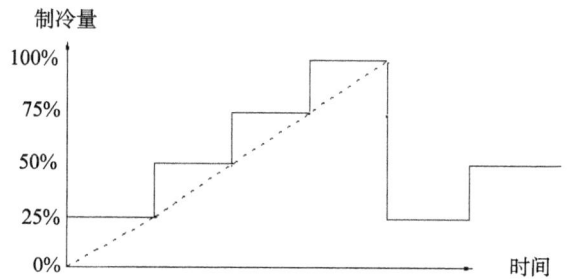

图 2-51　三压缩机并联调节

设变频压缩机的最低频率为 0Hz）。例如，在制冷量 25%~50% 的范围内可以开变频压缩机和一台 25% 制冷量的定速压缩机，调节变频压缩机的转速可使其制冷量在 0%~25% 范围内变化，再与定速压缩机 25% 的制冷量叠加即可实现 25%~50% 的制冷量范围内无级调节。

双机并联调节方式广泛应用于多联式空调机和大中型制冷 / 空调系统中。

其优点是调节效率高、成本较低，并且可以减少单台压缩机的启动次数、延长压缩机的寿命。缺点是系统复杂、控制难度高、存在润滑油的平衡等问题。多压缩机系统的回油问题和压缩机间的均油问题是影响可靠性的重要因素。

②旁通调节。旁通调节或称吸气回流调节的原理是推迟压缩机工作容积封闭的时间。当压缩机吸气结束、工作容积开始由最大缩小时，控制工作容积使其不能够封闭，这样吸入的一部分气体将随着工作容积的缩小从吸气口或特别设立的回流通道返回吸气腔，直到工作容积封闭后才开始压缩过程。这样相当于减少了压缩机吸气量，其输气量和制冷量也随之减小。随着工作容积封闭的时间不同，压缩机的制冷量也不同，由此实现压缩机制冷量的调节。

以螺杆式压缩机的滑阀调节为例说明旁通调节。

图 2-52 所示为滑阀与螺杆转子的相对位置。

在螺杆压缩机两转子之间设置一个可以轴向移动的滑阀，滑阀的内侧为机壳的一部分，与转子外圆配合，滑阀的外侧与机壳配合并可在机壳中作轴向运动。滑阀的运动由油压系统控制。

滑阀轴向位置的移动可以改变螺杆转子有效工作长度，从而达到输气量调节的目的。图 2-53 为滑阀位置与负荷的关系，图 2-53（a）表示全负荷时滑阀的位置，图 2-53（c）为部分负荷时滑阀的位置，图 2-53（b）为这两种滑阀位置对应的 P—V 图。

图 2-52　滑阀与螺杆转子的相对位置

当滑阀在初始位置时，压缩机为正常工作，工作容积可以 100% 地将吸入的气体压缩并排出压缩机，这时为全负荷工作状态。当滑阀沿轴向向排气端移动时，在滑阀的后面与机壳之间则形成了一个图 2-53（c）所示的旁通口，一部分吸入转子螺槽中的气体将随着转子的旋转又经旁通口 B 回流至压缩机的吸气口，只有当转子螺槽越过回流口时工作容积才封闭，开始压缩过程。这样，转子在滑阀固定端部分长度失去了有效工作能力，相当于减小了螺杆

转子
吸入端

V

排出端

滑阀

滑阀固定部

（a）全负荷

P

V

（b）P-V图

吸入端

V_p

排气

B

通吸入孔口

（c）部分负荷

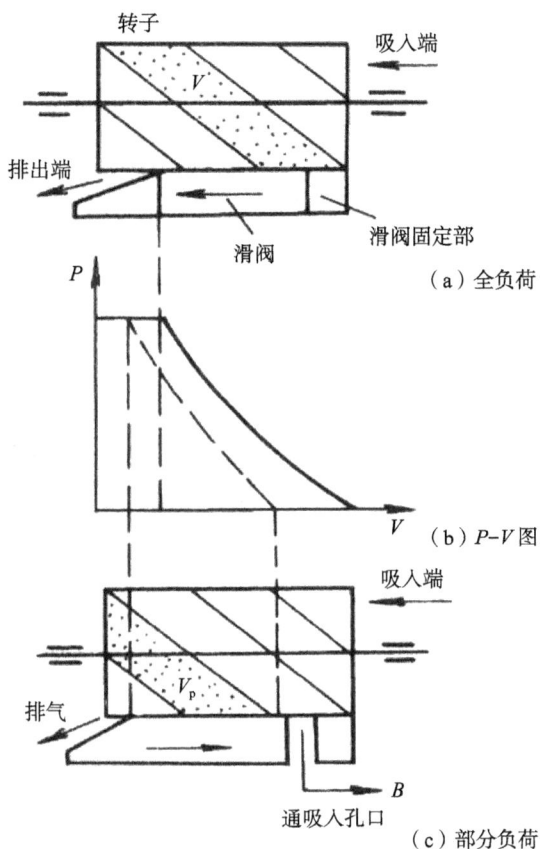

图 2-53 滑阀位置与负荷关系

转子的有效工作长度。滑阀的移动距离和位置由油压系统控制。滑阀向排气侧移动得越多，压缩过程就开始得越晚，回流的气体量就越大，制冷量也就越小。从而实现调节制冷量的目的。

滑阀调节输气量几乎可在 10%~100% 的范围内连续地进行，调节过程中，功率与输气量在 50% 以上负荷运行时几乎是成正比例关系，但在 50% 以下，性能系数则相应会大幅度下降，显得经济性较差。

螺杆式压缩机也少量使用柱塞调节，可参考相关资料或产品说明书。

吸气回流的调节方式在其他类型压缩机中也有应用。尽管实现回流的具体结构和方式多种多样，但调节的原理是完全相同的。

③顶开吸气阀调节。对于往复活塞式压缩机，有一种顶开吸气阀片调节制冷量的方法。它是采用各种机构将吸气阀片顶开，当压缩机进入压缩过程、气缸容积缩小时，吸气阀处于受外界强制作用被打开的状态，随着气缸容积的缩小，气缸内的气体又经吸气阀回流至吸气腔，顶开吸气阀片的时间不同，回流的气体量就不同，压缩机的输气量也就不同，从而实现了制冷量调节的目的。

2.4 换热器

换热器在制冷系统中的作用是实现制冷剂与外界介质（如空气、水等）之间以及其他介质之间的热量交换。换热器的种类很多，本节按照结构介绍制冷系统中常用的几种换热器[4, 6]。

2.4.1 制冷设备中换热器的基本传热方式

制冷系统的热交换器通常采用间壁式换热器，即传热时冷、热两流体处于固体壁面的两侧，例如在卧式冷凝器中，冷却水在管内流动，制冷剂蒸汽在管外凝结，蒸汽凝结时放出的热量通过管壁传递给冷却水。这种热量由壁面一侧的流体穿过壁面传给另一侧流体的过程，称为传热过程。制冷系统中间壁式传热设备主要有蒸发器、冷凝器、回热器及板式热交换器等。制冷系统热交换器所涉及的传热过程包括通过平壁的传热、通过圆管的传热和通过肋壁的传热[4]。

2.4.1.1 平壁传热

通过平壁的传热方式如图 2-54 所示。图中，t_{f1} 为热流体温度；t_{f2} 为冷流体温度；t_{w1} 为热流体侧壁面温度；t_{w2} 为冷流体侧壁面温度；$\dot{Q}$ 为热交换率。

由传热学可知，平壁传热过程所传递的热量正比于冷、热流体的温差及传热面积，即傅里叶公式：

$$\dot{Q} = K \cdot A \cdot \Delta t_m \qquad (2\text{-}54)$$

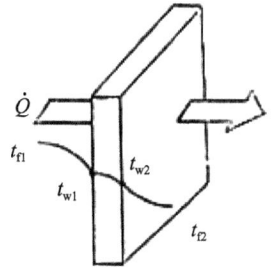

图 2-54　平壁传热方式

式中，$\dot{Q}$——单位时间通过平壁的传热量，W；

$\quad$ K——传热系数，W/（m^2·℃）；

$\quad$ A——传热面积，m^2；

$\quad$ Δt_m——冷、热流体间传热温差，℃。

传热系数 K 是热交换设备的一个重要指标，表示温差为 1℃，面积为 1m^2 时的传热率。

单位面积热流密度：

$$\dot{q}_F = K \cdot \Delta t_m \qquad (2\text{-}55)$$

式中，$\dot{q}_F$——平板单位面积热流密度，W/m^2。

传热学指出：单层平壁的平壁传热系数：

$$K = \frac{1}{R_0} = \frac{1}{R_w + R + R_n} = \frac{1}{\dfrac{1}{\alpha_w} + \dfrac{\delta}{\lambda} + \dfrac{1}{\alpha_n}} \qquad (2\text{-}56)$$

式中，R_0——单层平壁传热总热阻，m^2·℃/W；

$\quad$ R_w——热流体与平壁间的放热热阻，m^2·℃/W；

$\quad$ R——平壁导热热阻，m^2·℃/W；

$\quad$ R_n——冷流体与平壁间的放热热阻，m^2·℃/W；

$\quad$ α_w——热流体与平壁间的放热系数，W/（m^2·℃）；

$\quad$ δ——平壁层壁厚，m；

$\quad$ λ——平壁层导热系数，W/（m^2·℃）；

$\quad$ α_n——冷流体与平壁间的放热系数，W/（m^2·℃）。

对于 n 层平壁，传热系数为：

$$K = \frac{1}{R_w + \sum\limits_{j=1}^{n} R_j + R_n} = \frac{1}{\dfrac{1}{\alpha_w} + \sum\limits_{j=1}^{n}\left[\dfrac{\delta}{\lambda}\right]_j + \dfrac{1}{\alpha_n}} \qquad (2\text{-}57)$$

2.4.1.2 圆管传热

通过圆管的传热方式如图 2-55 所示。

制冷系统热交换器常采用壳管式热交换设备，当圆管长度为 l，圆管内、外径分别为 d_i、d_o（相应半径为 r_i、r_o）时，以圆管外表面积 A_o 为计算基准的单层圆管稳定传热量为：

$$\dot{Q}_p = K_o \cdot A_o \cdot (t_i - t_o) = K_o \cdot \pi d_o l \cdot (t_i - t_o) \qquad (2\text{-}58)$$

式中，$\dot{Q}_p$——单位时间通过单层圆管的传热量，W；

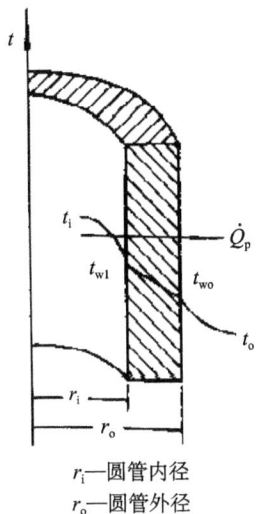

r_i—圆管内径
r_o—圆管外径

图 2-55 圆管传热方式

K_o——以圆管外表面积为计算基准时的传热系数，$W/(m^2 \cdot ℃)$；

A_o——圆管外表面积，m^2；

d_o——圆管外直径，m；

l——圆管长，m；

t_i、t_o——圆管内、外侧流体温度，℃。

单位长度热流密度为：

$$\dot{q}_l = \frac{\dot{Q}_p}{l} = K_1 \cdot (t_i - t_o) \tag{2-59}$$

式中，$\dot{q}_l$——圆管单位长度热流密度，W/m^2。

传热学指出：单层圆管的传热热阻是高温侧流体放热热阻、圆管传热热阻、低温侧流体吸热热阻之和。单位长度单层圆管传热系数为：

$$K_1 = \frac{1}{R_i} = \frac{1}{\dfrac{1}{\alpha_i \pi d_i} + \dfrac{1}{2\pi\lambda}\ln\dfrac{d_o}{d_i} + \dfrac{1}{\alpha_o \pi d_o}} \tag{2-60}$$

以圆管外表面积为计算基准时的传热系数为：

$$K_o = \frac{1}{\dfrac{1}{\alpha_i} \cdot \dfrac{d_o}{d_i} + \dfrac{d_o}{2\lambda}\ln\dfrac{d_o}{d_i} + \dfrac{1}{\alpha_o}} \tag{2-61}$$

工程计算中，当圆管的内、外径之比小于 2 时，式（2-61）可写成：

$$K_o = \frac{1}{\dfrac{1}{\alpha_i} \cdot \dfrac{d_o}{d_i} + \dfrac{\delta}{\lambda}\dfrac{d_o}{d_m} + \dfrac{1}{\alpha_o}} \tag{2-62}$$

式中，d_m——圆管内、外径的算术平均值，m。

热交换器在投入使用后，流体中的润滑油、冷媒水和冷却水会在传热表面形成污垢，增加了传热热阻。因此，实际计算时考虑污垢系数的传热系数为：

$$K_o = \frac{1}{\left(\dfrac{1}{\alpha_i} + \gamma_i\right) \cdot \dfrac{d_o}{d_i} + \dfrac{\delta}{\lambda}\dfrac{d_o}{d_m} + \left(\dfrac{1}{\alpha_o} + \gamma_o\right)} \tag{2-63}$$

式中，γ_i，γ_o——换热器换热面内、外壁污垢系数。

2.4.2 壳管式换热器

壳管式换热器是制冷系统最常用的换热器之一，适用于液体、气液混合物相互之间的热交换。其基本结构是由换热管束放置在一个筒状壳体内。管束两侧设置有管板，管束穿过管板并与管板间密封（采用胀接或焊接）形成一体。管板连同其上管束放进筒状壳体内并与壳体内壁间密封。壳体两端安装封头，封头内设有隔板适应流程分配的需要。如图 2-56 所示。这类换热器易于制造，生产成本较低，选材范围广，清洗方便，适应性强，但它在结构紧凑性、传热强度和单位传热面积的金属耗量等方面无法与板翅式或板式换热器相比。

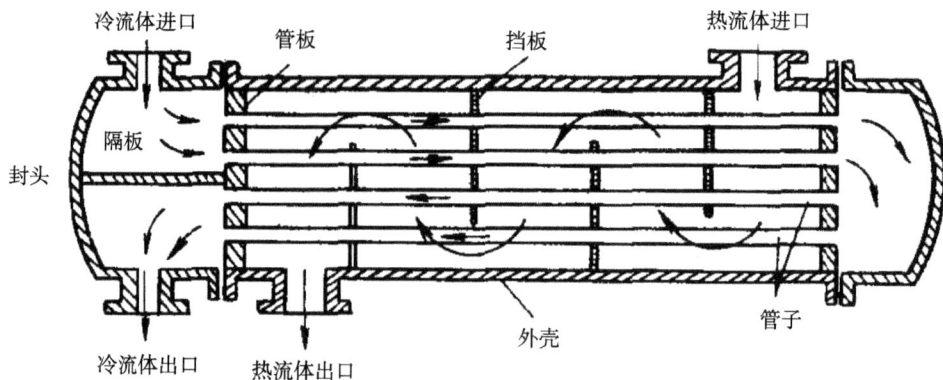

图 2-56　卧式壳管式换热器

一种流体（图中冷流体）从封头上的进口进入封头在管束内流动，最后从同侧或异侧（取决于流程的布置）封头上的出口流出，称之为管程，将管程的折返次数称为流程数。另一种流体（图中热流体）从壳体上的进出口进出壳体，在壳体内、管束间流动，与管束内的流体换热，这一通道称为壳程，壳程内一般装有折流挡板，以改善壳程的换热。这样，管程流体和壳程流体互不掺混，仅通过管壁交换热量。

壳管式换热器可用作冷凝器、蒸发器以及其他两种液体间的换热。由于换热流体的压力一般较高，壳管式换热器属于压力容器，其设计、制造均须遵守国家有关压力容器的标准、规范。

2.4.2.1　壳管式冷凝器

壳管式换热器用作冷凝器时可分为立式和卧式两种，换热器一侧流体为制冷剂，另外一侧流体一般为冷却水。

立式壳管式换热器多用于大型氨制冷装置，卧式壳管式换热器则普遍用于各种制冷装置中。图 2-57（a）、（b）所示分别为立式和卧式壳管式冷凝器的结构。其壳程为制冷剂、管程为冷却水。

与卧式壳管式冷凝器不同，立式壳管式冷凝器壳体两端端盖（封头），制冷剂过热蒸汽由竖直放置的壳体的上部进入壳程，在管束外冷凝为液体，然后从壳体的下部引出。壳体的上端口设有配水槽，管束的每一根管口装有一个水分配器，冷却水由分配器的水槽进入管内，并沿管子内表面形成液膜向下流动，以提高表面传热系数、节约水量。冷却水由下端流出并汇集到水槽内，经水泵送到冷却塔降温后循环利用。

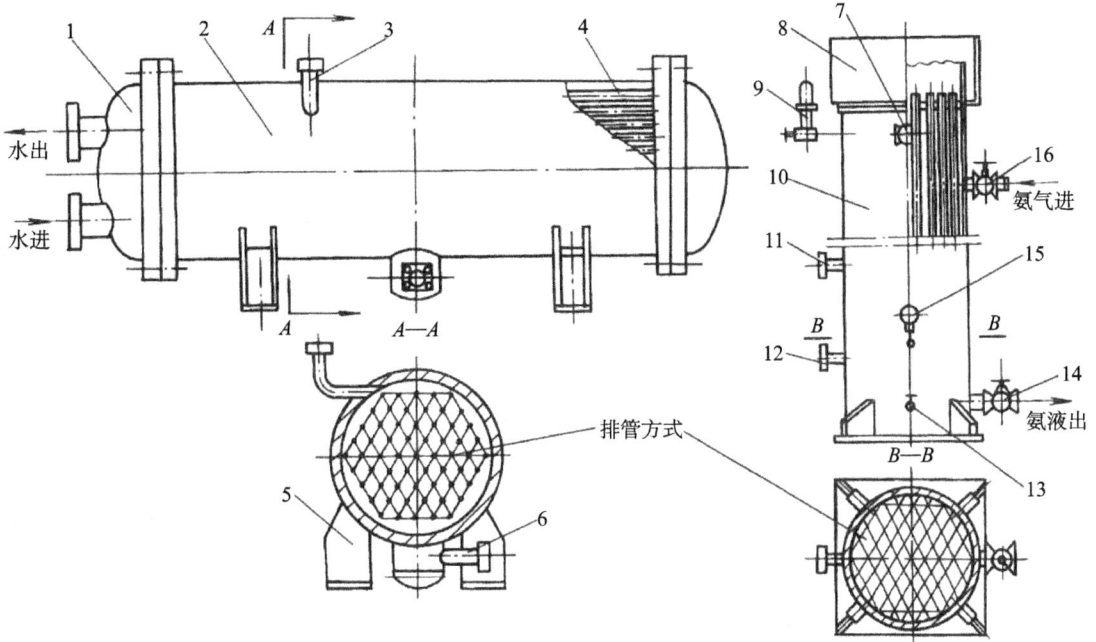

（a）卧式壳管式冷凝器　　　　（b）立式壳管式冷凝器

1—端盖　2、10—壳体　3—进气管　4、17—传热管　5—支架　6—出液管　7—放空气管
8—水槽　9—安全阀　11—平衡管　12—混合管　13—放油阀　14—出液阀　15—压力表　16—进气阀

图 2-57　壳管式冷凝器结构

2.4.2.2　壳管式蒸发器

壳管式换热器用作蒸发器时可分为满液式蒸发器和干式蒸发器两种。图 2-58 和图 2-59 分别为卧式满液式蒸发器和干式蒸发器的结构。

对于满液式蒸发器，制冷剂沿壳程流动，载冷剂沿管程流动。制冷剂液体节流后进入蒸发器的壳程吸收载冷剂热量。吸热汽化后的制冷剂蒸汽上升至回气包中进行气液分离，干饱和蒸汽通过回气管进入制冷压缩机，饱和液体流回蒸发器筒体内继续吸热汽化。其特征是蒸发器内充满了制冷剂液体，吸热蒸发后的制冷剂气体不断从液体中分离出来。由于制冷剂与传热管充分接触，具有较大的换热系数。不足之处在于制冷剂充注量大，且有回油问题。

干式蒸发器的结构与满液式壳管蒸发器相似，区别在于载冷剂沿壳程流动，制冷剂液体

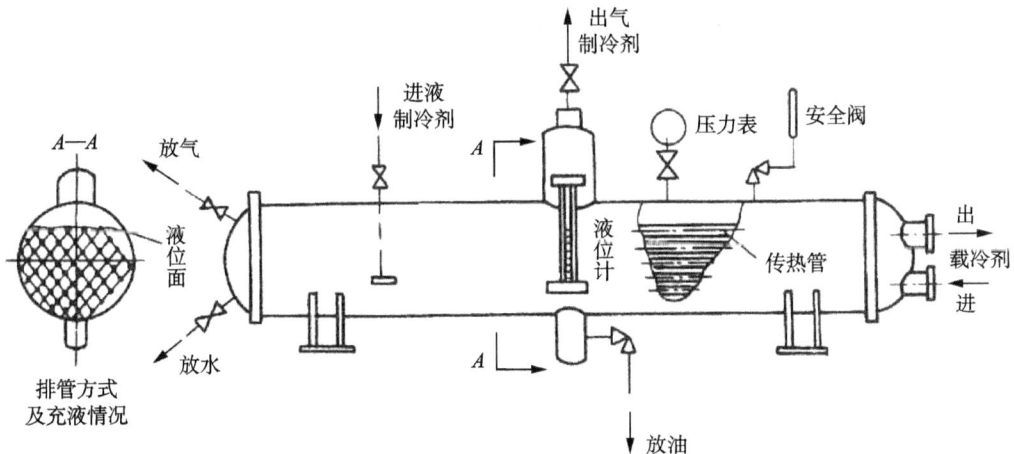

图 2-58　卧式满液式蒸发器的结构

（a）直管式

（b）U形管式

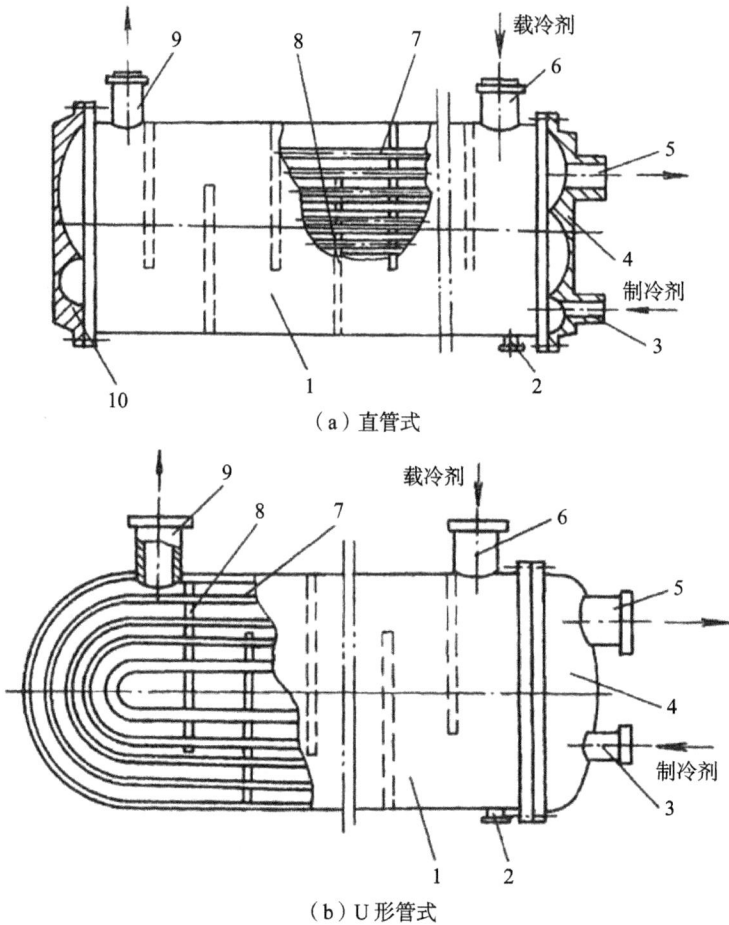

1—管壳　2—放水管　3—制冷剂进口管　4—右端盖　5—制冷剂蒸汽出口管
6—载冷剂进口管　7—传热管　8—折流板　9—载冷剂出口管　10—右端盖

图 2-59　干式蒸发器的结构

沿管程流动。制冷剂的充灌量少，通常在蒸发器出口处制冷剂全部蒸发为饱和或过热状态，故称为"干式"。主要用于含氟烃类制冷剂制冷系统。工程中常用的有直管式和U形管式两种。U形管式干式蒸发器的管束由多根弯曲半径不等的U形管组成，这些U形管的开口端胀接在同一块管板上，其他结构与直管式相似。制冷剂液体节流后由端盖下部进入，经过两个流程吸热汽化后从端盖上方出口引出。其优点是不会因不同材料的膨胀率的差异而产生内应力，而且U形管束可以比较方便地抽出来清洗。

2.4.3　板式换热器

板式换热器是由带波纹槽的若干矩形金属板片叠制压紧组成，板周边之间相互密封，冷热流体经过相临板间的波纹流道空间进行冷热交换（图 2-60）。

按照板片的连接方式分为可拆卸板式换热器和焊接板式换热器。可拆卸板式换热器的板片间有密封垫片，通过螺栓连接成为可拆开的板束。焊接板式换热器的所用板片均无（或仅板片角孔有）密封垫片，而且焊接成为不可拆开的板束。

板式换热器主要用在液体和液体之间的换热，即可用作蒸发器，也可用作冷凝器以及制

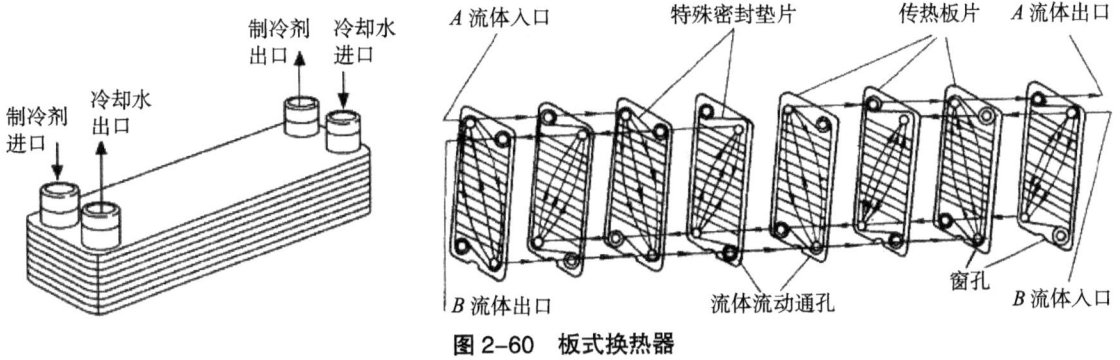

图 2-60 板式换热器

冷装置中的其他换热器如回热器。各种用途时换热器的结构基本相同。尽管也有使用,但板式换热器很少用于一侧或两侧流体为气体的场合。

板式换热器传热系数高、传热温差小、结构紧凑、占地面积小、重量轻、热流密度大,具有广泛的应用空间。但是板式换热器也存在内容积小、难以清洗、内部渗漏不易修复等缺点。

2.4.4 风冷换热器

风冷换热器广泛用于小型制冷空调系统和装置中,其特点是换热器一侧的流体为气体,多数情况下为空气。这类换热器可用作冷凝器、蒸发器以及载冷剂和空气之间的换热等场合。由于气体的换热系数远小于液体,为了强化气体侧的换热,往往在换热管外缠绕或穿插金属翅片。而且翅片一般还加工出强化气流扰动、提高换热系数的结构,如冲缝、开窗、波纹等。因此,这类换热器也称为管翅式换热器。

根据换热器气体侧流动组织的不同,风冷换热器可分为自然对流风冷换热器和强制对流风冷换热器。后者往往带有或外配风扇强制通风。在制冷空调领域,多使用强制对流风冷换热器。

图 2-61 所示为强制对流通风的管翅式蒸发器。

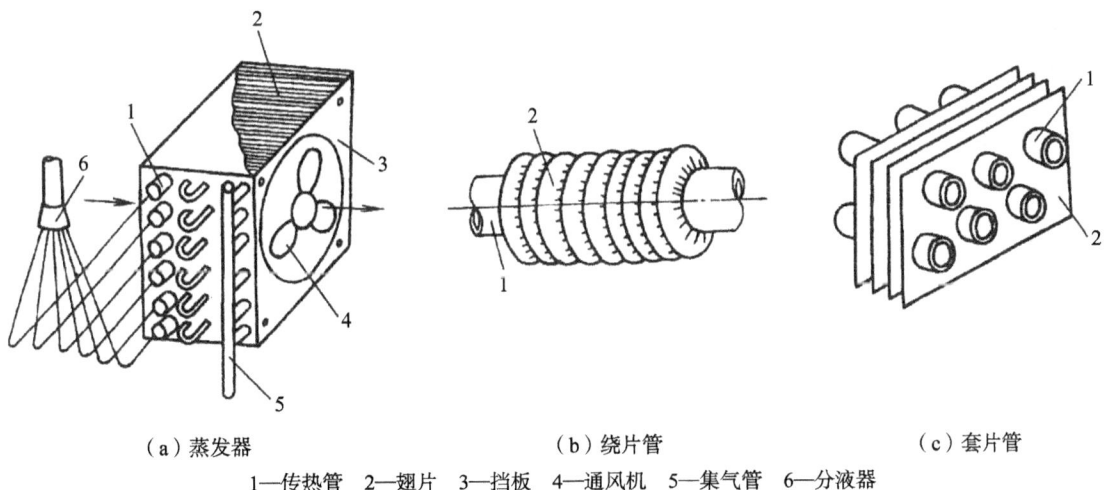

（a）蒸发器　　　　　　（b）绕片管　　　　　　（c）套片管

1—传热管　2—翅片　3—挡板　4—通风机　5—集气管　6—分液器

图 2-61 强制对流通风的管翅式蒸发器及其翅片形式

2.4.5 套管式换热器

套管式换热器是将一根细管同心套入另外一根粗管中，将两根管弯曲、盘绕成各种形状（图 2-62）。细管内和粗、细管间分别为冷、热流体的流动通道，流体在两个流动通道中反向流动。套管式换热器可用作冷凝器、蒸发器、回热器、中间冷却器等。

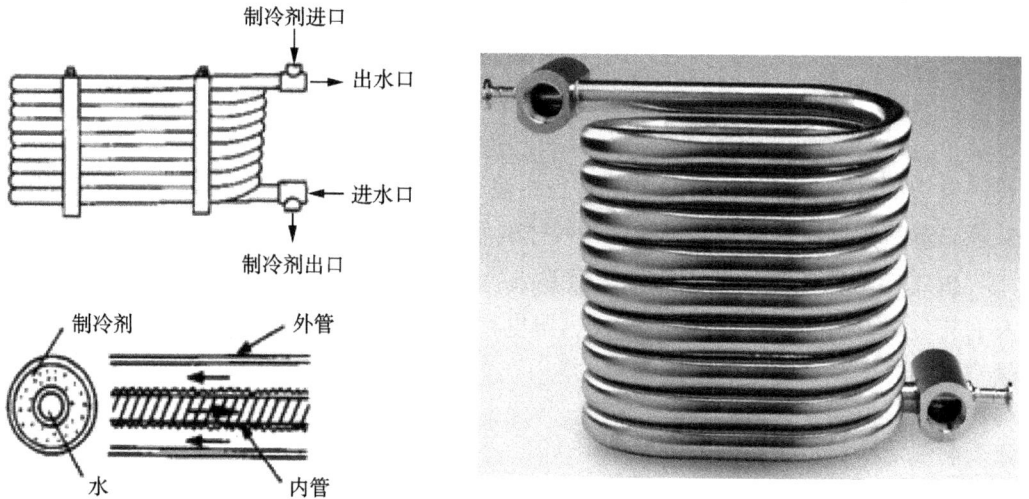

图 2-62 套管式换热器

一种复合套管式换热器是将几根管子插进一根粗管中。制冷剂通过内管流动而水在内、外管之间反向流动。

制冷空调装置中使用的换热器还有蛇管式、盘管式、板翅式、沉浸式等，可参考相关资料。

2.5 节流元件

节流装置在制冷系统中的作用是将来自冷凝器的制冷剂液体降压、降温，成为气液混合物，其本质上是一个局部阻力元件。

制冷空调装置中常用的节流元件有毛细管、热力膨胀阀、电子脉冲膨胀阀、手动调节阀等。其中毛细管是最简单的节流元件，它是一根内径很小的金属管（多为铜管），一般盘绕成螺旋状，两端焊入制冷系统管路。而手动调节阀主要用于氨制冷系统，与一般手动阀门相似。

本节介绍热力膨胀阀、电子脉冲膨胀阀两种节流元件[4, 6]。

2.5.1 热力膨胀阀

热力膨胀阀是一种借助制冷系统热力参数（如压力、温度）自动控制液体制冷剂流量的节流装置。它依靠控制蒸发器出口处制冷剂蒸汽的过热度来自动调节蒸发器的供液量，同时起节流降压作用。热力膨胀阀用于含氟烃类制冷剂制冷系统（即非满液式蒸发器中），主要由热力膨胀阀、毛细管、感温包等组成。

热力膨胀阀根据膜片下部的气体压力不同可分为内平衡式热力膨胀阀和外平衡式热力膨胀阀。若膜片下部的气体压力为膨胀阀节流后的制冷剂压力，则称为内平衡式热力膨胀阀；若膜片下部的气体压力为蒸发器出口的制冷剂压力，则称为外平衡式热力膨胀阀。图 2-63 和图 2-64 分为内平衡式热力膨胀阀和外平衡式热力膨胀阀的结构。

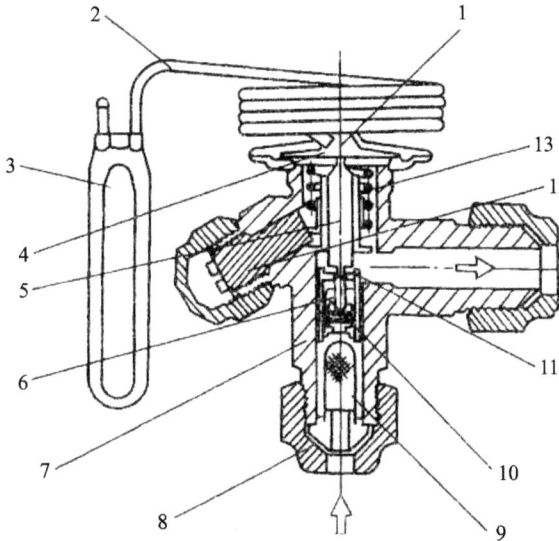

1—压力腔 2—毛细管 3—感温包 4—膜片 5—顶杆
6—阀芯 7—阀体 8—螺母 9—进液过滤网 10—阀座
11—阀孔 12—调节螺杆 13—弹簧
图 2-63 内平衡式热力膨胀阀的结构

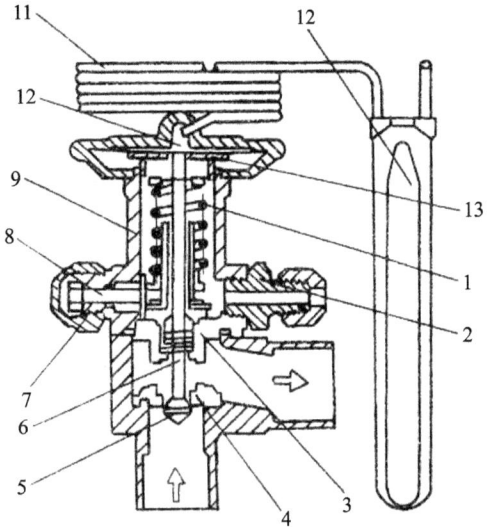

1—弹簧 2—外平衡管接头 3—密封组合体 4—阀孔
5—阀芯 6—顶杆 7—螺母 8—调整杆 9—阀体
10—压力腔 11—毛细管 12—感温包 13—膜片
图 2-64 外平衡式热力膨胀阀的结构

内平衡式热力膨胀阀由压力腔、毛细管、感温包、膜片、顶杆、阀芯、阀体、螺母、进液过滤网、阀座、阀孔、调节螺杆、弹簧等组成。阀体装在蒸发器的供液管路上，感温包紧扎在蒸发器的回气管路上，感温包内充有与制冷系统相同的液态制冷剂。

作用在金属膜片上的力主要有三个：作用在膜片下部向上的阀后制冷剂的蒸发压力，使阀门向关闭方向移动；作用在膜片下部向上的弹簧力，使阀门向关闭方向移动，弹簧力的大小可以通过调整螺钉予以调整；作用在膜片上部向下的感温包内制冷剂的压力，其趋势是使阀门开大，感温包内制冷剂的压力随蒸发器出口回气过热度的变化而变化，它的大小决定于感温包内充注制冷剂的性质以及感受温度的高低。

当膨胀阀保持一定的开启度稳定工作时，作用在膜片上、下部的三个力处于平衡状态，膜片不动，阀门的开启度不变。而当其中一个力发生变化，就会破坏原有平衡，膜片开始位移，阀门开启度也随之变化，直到建立新的平衡为止。当蒸发器负荷增加，蒸发器内制冷剂气化量增加，显得供液量不足，蒸发器出口的制冷剂蒸汽过热度增大，感温包内制冷剂温度升高，这时感温包的压力大于其他两力之和，阀针向下移动，阀门开大，供液量增加。反之则弹簧力推动传动杆向上移动，阀门关小，减小供液量。

外平衡式热力膨胀阀有一根外部连接管，将膜片下部的空间与蒸发器出口相连接，这样膨胀阀膜片下部的压力就不再是蒸发器的进口压力，而是蒸发器的出口压力，从而可消除由于制冷剂在蒸发器中的流动阻力所引起的附加过热度。其动作原理与内平衡式热力膨胀阀类似，也是通过三个作用力之间的平衡，只是此时其中一个作用力不同。

热力膨胀阀是一种利用制冷剂热力参数来自动调节流量的节流控制元器件，被广泛应用。但是有不足之处：

①蒸发器处的高温气体首先要加热感温包外壳，感温包外壳有较大的热惯性，导致反应滞后。感温包外壳对感温包内工质的加热引起进一步的滞后。讯号反馈的滞后导致被调参数的周期性振荡。

②感温包内的压力通过薄膜传递给阀针。因薄膜的加工精度及安装均会影响它受压产生的变形以及灵敏度，故难以实现高精度控制。

③因薄膜的变形量有限，使阀针开度的变化范围较小，故流量的调节范围较小，不能满足使用变频压缩机时大流量的调节。

2.5.2　电子脉冲膨胀阀

上述热力膨胀阀的缺点限制了其应用。随着制冷剂供液量调节范围变宽和调节反应快速度的要求不断提高，电子脉冲膨胀阀应运而生，并为制冷装置的智能化提供了条件。电子脉冲膨胀阀利用被调节参数产生的电讯号，控制施加于膨胀阀上的电压或电流，进而控制阀针的运动，达到调节供液量之目的。

图 2-65 所示为电子脉冲式膨胀阀的结构，它是用脉冲步进电动机直接驱动针阀。当控制电路的脉冲电压按照一定的逻辑关系作用到电动机定子的线圈上时，永久磁铁制成的电动机转子受磁力矩作用产生旋转运动，通过螺纹的传递，使针阀上升或下降，调节阀间制冷剂的供液量。

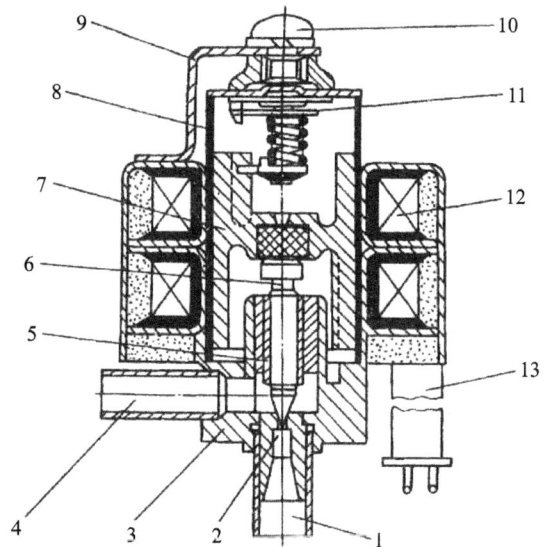

1—进液管　2—阀孔　3—阀体　4—出液管　5—丝套
6—转轴（阀芯）　7—转子　8—屏蔽套　9—尾板
10—定位螺钉　11—限位器　12—定子线圈　13—导线

图 2-65　电子脉冲式膨胀阀的结构

2.6　标准基础

标准是从事产业工作的基础，国际上的知名公司无一不对标准给予极高的重视。标准除了规范产品的技术特征如定义、分类、测试方法等外，对于引导产品乃至行业的技术发展有着至关重要的作用。占据了标准的制高点就意味着掌握了行业的话语权，所谓一流企业卖标准、二流企业卖专利、三流企业卖产品即为此写照。

近年来，我国制冷空调行业逐渐意识到了标准的重要性，也在积极参与国际标准的制定。但与发达国家相比仍有很大的差距，参与度、话语权、重视程度等均与中国制造大国的状况不相适应。特别是在涉及标准的技术研究方面显得尤为薄弱，从政府、行业到企业各个层面投入不足、重视不够，将标准制定简化为一种协商和妥协的过程和结果。标准多是追认性的，对技术发展的引导作用发挥不足，在一些重大的标准技术问题上不得不追随国外。

就产品维护维修来讲，标准也起着重要的作用。各种标准对产品的一系列规定和要求同样也适用于维护维修过程，特别是涉及安全因素的情况。此外，一些标准还专门规定了产品维护维修的要求和程序。因此，从事产品维护维修也需要对相关产品的各种标准有深刻的认识。

2.6.1　标准基础知识

标准是在一定范围内获得最佳秩序，对活动或其结果规定共同的和重复使用的规则、导则或特性的文件。该文件经协商一致制定并经一个公认机构的批准。它以科学、技术和实践经验的综合成果为基础，以促进最佳社会效益为目的。

通常按标准的专业性质，将标准划分为技术标准、管理标准和工作标准三大类。

（1）技术标准。对标准化领域中需要统一的技术事项所制定的标准称技术标准。技术标准可进一步分为：基础技术标准、产品标准、工艺标准、检验和试验方法标准、设备标准、原材料标准、安全标准、环境保护标准、卫生标准等。其中的每一类还可进一步细分，如基础技术标准还可再分为：术语标准、图形符号标准、数系标准、公差标准、环境条件标准、技术通则性标准等。

（2）管理标准。对标准化领域中需要协调统一的管理事项所制定的标准叫管理标准。管理标准主要是对管理目标、管理项目、管理业务、管理程序、管理方法和管理组织所作的规定。

（3）工作标准。为实现工作（活动）过程的协调，提高工作质量和工作效率，对每个职能和岗位的工作制定的标准叫工作标准。在中国建立了企业标准体系的企业里一般都制定工作标准。按岗位制定的工作标准通常包括：岗位目标（工作内容、工作任务）、工作程序和工作方法、业务分工和业务联系（信息传递）方式、职责权限、质量要求与定额、对岗位人员的基本技术要求、检查考核办法等内容。

按标准的功能可将其分为基础标准、产品标准、方法标准、安全标准、卫生标准、环保标准、管理标准等。

基础标准是指在一定范围内作为其他标准的基础并具有广泛指导意义的标准。产品标准是指对产品结构、规格、质量和检验方法所作的技术规定。方法标准是指产品性能、质量方面的检测、试验方法为对象而制定的标准。其内容包括检测或试验的类别、检测规则、抽样、取样测定、操作、精度要求等方面的规定，还包括所用仪器、设备、检测和试验条件、方法、步骤、数据分析、结果计算、评定、合格标准、复验规则等。

通常可以通过标准的编号获悉标准的归类、颁布年代等，如 GB/T 10870—2001 为 2001 年颁布的推荐性（T）国家标准（GB）。表 2-3 所示为常见的国际标准代号。表 2-4 为常见的其他国家标准代号，表 2-5 为中国国家标准代号，表 2-6 为中国行业标准代号。中国地方标准的代号为"DB"，企业标准以"Q"开头，在没有相应国家标准、行业标准和地方标准时，企业应制定企业标准并向地方标准管理部门备案。

表2-3　国际标准代号

代号	含义	发布机构
IEC	国际电工委员会标准	国际电工委员会（IEC）
IIR	国际制冷学会标准	国际制冷学会（IIR）
ISO	国际标准化组织标准	国际标准化组织（ISO）
WHO	世界卫生组织标准	世界卫生组织（WHO）

表2-4　部分其他国家标准代号

代号	含义	代号	含义
ANSI	美国国家标准	JIS	日本工业标准
BS	英国国家标准	ASME	美国机械工程师学会标准
DIN	德国国家标准	MSS	美国阀门和管件制造厂标准化协会标准
NF	法国国家标准	API	美国石油学会标准

表2-5　中国国家标准代号

代号	含义	代号	含义
GB	国家标准	JJF	国家计量技术规范
JJG	国家计量检定规程	GHZB	国家环境质量标准
GWPB	国家污染物排放标准	GWKB	国家污染物控制标准
GBn	国家内部标准	GBJ	工程建设国家标准

表2-6　中国行业标准代号

代号	含义	代号	含义
JB	机械行业标准	SB	商业行业标准
BB	包装行业标准	QB	轻工业行业标准
HG	化工行业标准	WS	卫生行业标准
YS	有色冶金行业标准	YB	黑色冶金行业标准
HJ	环保行业标准	QC	汽车行业标准
SN	商品检验行业标准	SJ	电子行业标准

2.6.2　国家标准

国家标准是产品设计、质量检验的基础。标准规定了技术基础如术语、试验方法，规定了产品的定义、实验条件和测试工况、安全要求、能效要求、运行要求、操作规范等一系列产品设计、制造、安装、维修所必需的基本要求。

在我国，标准分为国家标准、行业标准、地方标准和企业标准。按照标准的性质又可分为推荐性标准和强制性标准。一般涉及安全、能效等方面的标准多是强制性的。强制性标准要求必须执行，推荐性标准国家鼓励企业自愿采用。

在我国，安全标准和能效标准一般是强制性的，产品技术标准多是推荐性的。其中产品的能效标准一般将产品能效分为几个等级，用 1、2、3、…表示。1 级为最高能效，是产品设计和开发的努力目标。最低等级为产品能效的市场准入门槛，低于此能效的产品将不允许在市场上销售。产品的最低能效要求均是强制性的。

在制冷空调行业，既有专门的方法标准如 GB/T 10870—2014《蒸汽压缩循环冷水（热泵）机组性能试验方法》，也常将产品标准与方法标准合并起来，如 GB/T 7725—2004《房间空气调节器》。

简单而言，标准是产品的技术法律，在从事行业相关工作时必须给予极高的重视。表 2-7 列出了我国现行制冷空调设备技术标准。以供参考。

表 2-7　现行制冷空调设备技术标准

序号	标准编号	标准名称
基础与综合		
1	GB/T 9068—1988	采暖通风与空气调节设备噪声声功率级的测定　工程法
2	GB/T 7778—2008	制冷剂编号表示方法和安全性分类
3	GB/T 7941—1987	制冷装置试验
4	GB/T 19412—2003	蓄冷空调系统的测试与评价方法
5	GB/T 25858—2010	精密空调机组性能测试方法
6	GB/T 25859—2010	蓄冷系统用蓄冰槽　型式与基本参数
7	GB/T 27941—2011	多联式空调（热泵）机组应用设计与安装要求
8	GB/T 29033—2012	水－水热泵机组热力学完善度的计算方法
9	JB/T 4330—1999	制冷和空调设备噪声的测定
10	JB/T 7249—1994	制冷设备术语
11	JB/T 9058—1999	制冷设备清洁度测定方法
12	JB/T 10504—2005	空调风机噪声声功率级测定－混响室法
13	NB/T 47012—2010	制冷装置用压力容器
安全要求		
14	GB/T 9237—2017	制冷制热用机械制冷系统　安全要求
15	GB 10080—2001	空调用通风机　安全要求
16	GB 10891—1989	空气处理机组　安全要求
17	GB 18361—2001	溴化锂吸收式冷（温）水机组　安全要求
18	GB 25130—2010	单元式空气调节机　安全要求
19	GB 25131—2010	蒸汽压缩循环冷水（热泵）机组　安全要求
20	JB 9063—1999	房间风机盘管空调器　安全要求

续表

序号	标准编号	标准名称
能效标准		
21	GB 21455—2013	转速可控型房间空气调节器能效限定值及能效等级
22	GB 12021.3—2010	房间空气调节器能效限定值及能效等级
23	GB 30721—2014	水（地）源热泵机组能效限定值及能效等级
24	GB 19576—2004	单元式空气调节机能效限定值及能源效率等级
25	GB 19577—2015	冷水机组能效限定值及能源效率等级
26	GB 21454—2008	多联式空调（热泵）机组综合性能系数限定值及能源效率等级
27	GB 29541—2013	热泵热水机（器）能效限定值及能效等级
28	GB 30978—2014	饮水机能效限定值及能效等级
29	GB 19761—2009	通风机能效限定值及能效等级
30	GB 26920.1—2011	商用制冷器具能效限定值及能效等级　第1部分：远置冷凝机组冷藏陈列柜
31	GB 28381—2012	离心鼓风机能效限定值及节能评价值
32	GB 29540—2013	溴化锂吸收式冷水机组能效限定值及能效等级
压缩机、压缩冷凝机组		
33	GB/T 5773—2016	容积式制冷压缩机性能试验方法
34	GB/T 10079—2001	活塞式制冷压缩机
35	GB/T 19410—2008	螺杆式制冷剂压缩机
36	GB/T 18429—2001	全封闭涡旋式制冷压缩机
37	GB/T 21360—2008	汽车空调器用压缩机
38	GB/T 21363—2008	容积式制冷压缩冷凝机组
39	GB/T 22068—2008	汽车空调用电动压缩机总成
40	GB/T 27940—2011	制冷用容积式单级制冷压缩机并联机组
41	GB/T 27942—2011	汽车空调用小排量涡旋压缩机
42	GB/T 29030—2012	容积式 CO_2 制冷压缩机（组）
43	JB/T 5446—1999	活塞式单机双级制冷压缩机
44	JB/T 11965—2014	高环温车用空调机
房间空调器		
45	GB/T 24985—2010	家用和类似用途房间空气调节器可靠性试验方法
46	GB/T 15765—2014	房间空气调节器用全封闭型电动机－压缩机
47	GB/T 7725—2004	房间空气调节器
48	GB/T 24985—2010	家用和类似用途房间空气调节器可靠性试验方法
49	GB 17790—2008	家用和类似用途空调器安装规范

序号	标准编号	标准名称
50	GB/T 22939.7—2008	家用和类似用途电器 包装空调器的特殊要求
51	GB/T 22766.3—2009	家用和类似用途电器售后服务 第3部分：空调器的特殊要求
52	GB 4706.32—2012	家用和类似用途电器的安全 热泵、空调器和除湿机的特殊要求
53	GB/T 22257—2008	移动式空调器通用技术要求
54	GB 4706.92—2008	家用和类似用途电器的安全 从空调和制冷设备中回收制冷剂的器具的特殊要求
55	GB/T 22766.3—2009	家用和类似用途电器售后服务 第3部分：空调器的特殊要求
56	GB 21551.6—2010	家用和类似用途电器的抗菌、除菌、净化功能 空调器的特殊要求
57	GB/T 26205—2010	制冷空调设备和系统 减少卤代制冷剂排放规范
冷水机组		
58	GB/T 10870—2014	容积式冷水机组 性能试验方法
59	GB/T 18362—2008	直燃型溴化锂吸收式冷（温）水机组
60	GB/T 18430.1—2007	蒸汽压缩循环冷水（热泵）机组 第1部分：工业或商业和类似用途的冷水（热泵）机组
61	GB/T 18430.2—2016	蒸汽压缩循环冷水（热泵）机组 第2部分：户用和类似用途的冷水（热泵）机组
62	GB/T 18431—2014	蒸汽和热水型溴化锂吸收式冷水机组
63	GB/T 19409—2013	水（地）源热泵机组
64	GB/T 20107—2006	户用及类似用途的吸收式冷（热）水机
65	GB/T 21362—2008	商业或工业用及类似用途的热泵热水机
66	GB/T 22070—2008	氨水吸收式制冷机组
67	GB/T 25127.1—2010	低环境温度空气源热泵（冷水）机组 第1部分：工业或商业用及类似用途的热泵（冷水）机组
68	GB/T 25127.2—2010	低环境温度空气源热泵（冷水）机组 第2部分：户用及类似用途的热泵（冷水）机组
69	GB/T 25142—2010	风冷式循环冷却液制冷机组
70	GB/T 25861—2010	蒸汽压缩循环水源高温热泵机组
71	GB/T 29031—2012	空气源单元式空调（热泵）热水机组
72	GB/T 29363—2012	核电厂用蒸汽压缩循环冷水机组
73	JB/T 11966—2014	空气源多联式空调（热泵）热水机组
74	JB/T 11969—2014	游泳池用空气源热泵热水机
空气调节		
75	GB/T 17758—2010	单元式空气调节机
76	GB/T 18836—2017	风管送风式空调（热泵）机组
77	GB/T 18837—2015	多联式空调（热泵）机组

续表

序号	标准编号	标准名称
78	GB/T 19411—2003	除湿机
79	GB/T 19413—2010	计算机和数据处理机房用单元式空调机
80	GB/T 19569—2004	洁净手术室用空调机
81	GB/T 19842—2005	轨道车辆空调机组
82	GB/T 20108—2017	低温单元式空调机
83	GB/T 20109—2006	全新风除湿机
84	GB/T 20738—2006	屋顶式空气调节机组
85	GB/T 21361—2017	汽车用空调器
86	GB/T 22069—2008	燃气发动机驱动空调（热泵）机组
87	GB/T 25128—2010	直接蒸发式全新风空气处理机组
88	GB/T 25857—2010	低环境温度空气源多联式空调（热泵）机组
89	GB/T 25860—2010	蒸发式冷气机
90	GB/T 27943—2011	热泵式热回收型溶液调湿新风机组
91	JB/T 5146.3—1991	空调设备用加湿器性能试验方法
92	JB/T 6415—1992	立柱式风机盘管机组
93	JB/T 9066—1999	柜式风机盘管机组
94	JB/T 10538—2005	防爆除湿机及空调机
95	JB/T 10649—2006	桥式起重机用空调机
96	JB/T 10916—2008	户用和类似用途的采暖空调热水机组
97	JB/T 11968—2014	通讯基站用单元式空气调节机
冷暖通风设备		
98	GB/T 13933—2008	小型贯流式通风机
99	JB/T 6411—2014	暖通空调用轴流通风机
100	JB/T 6412—1999	排风柜
101	JB/T 7221—1994	单元式空气调节机组用双进风离心通风机
102	JB/T 7225—1994	暖风机
103	JB/T 8932—1999	风机箱
104	JB/T 9062—2013	采暖通风与空气调节设备　涂装要求
105	JB/T 9065—2015	制冷空调设备包装　通用技术条件
106	JB/T 9067—1999	空气幕
107	JB/T 9068—2017	前向多翼离心通风机
108	JB/T 9069—2017	屋顶通风机

序号	标准编号	标准名称
109	JB/T 9070—2017	空调用通风机 平衡精度
冷冻、冷藏设备		
110	GB/T 18835—2002	谷物冷却机
111	GB/T 21145—2007	运输用制冷机组
112	GB/T 25129—2010	制冷用空气冷却器
113	GB/T 29029—2012	大型盐水制冰机组
114	GB/T 29032—2012	片冰制冰机
115	JB/T 6527—2006	组合冷库用隔热夹心板
116	JB/T 7244—1994	食品冷柜
117	JB/T 9061—1999	组合冷库
118	JB/T 10285—2017	食品真空冷冻干燥设备
辅助设备与控制元器件		
119	GB/T 25126—2010	大容量交叉式电磁四通换向阀
120	GB/T 25862—2010	制冷与空调用同轴套管式换热器
121	JB/T 3548—2013	制冷用热力膨胀阀
122	JB/T 4119—2013	制冷用电磁阀
123	JB/T 6918—2017	制冷金属与玻璃烧结液位计和视镜
124	JB/T 7223—2011	小型制冷系统用两位三通电磁阀
125	JB/T 7230—2013	热泵用四通电磁换向阀
126	JB/T 7245—2017	制冷系统用钢制、铁制制冷剂截止阀和升降式止回阀
127	JB/T 7658.1—2006	氨制冷装置用辅助设备 第 1 部分：淋水式冷凝器
128	JB/T 7658.2—2006	氨制冷装置用辅助设备 第 2 部分：油分离器
129	JB/T 7658.3—2006	氨制冷装置用辅助设备 第 3 部分：立式蒸发器
130	JB/T 7658.4—2006	氨制冷装置用辅助设备 第 4 部分：卧式蒸发器
131	JB/T 7658.5—2006	氨制冷装置用辅助设备 第 5 部分：蒸发式冷凝器
132	JB/T 7658.6—2006	氨制冷装置用辅助设备 第 6 部分：空气冷却器
133	JB/T 7658.7—2006	氨制冷装置用辅助设备 第 7 部分：搅拌机
134	JB/T 7658.8—2006	氨制冷装置用辅助设备 第 8 部分：贮液器
135	JB/T 7658.9—2006	氨制冷装置用辅助设备 第 9 部分：低压循环桶
136	JB/T 7658.10—2006	氨制冷装置用辅助设备 第 10 部分：集油器
137	JB/T 7658.11—2006	氨制冷装置用辅助设备 第 11 部分：中间冷却器
138	JB/T 7658.12—2006	氨制冷装置用辅助设备 第 12 部分：紧急泄氨器

续表

序号	标准编号	标准名称
139	JB/T 7658.13—2006	氨制冷装置用辅助设备　第13部分：空气分离器
140	JB/T 7658.14—2006	氨制冷装置用辅助设备　第14部分：氨液分离器
141	JB/T 7658.15—2006	氨制冷装置用辅助设备　第15部分：氨气过滤器
142	JB/T 7658.16—2006	氨制冷装置用辅助设备　第16部分：氨液过滤器
143	JB/T 7658.17—2006	氨制冷装置用辅助设备　第17部分：立式冷凝器
144	JB/T 7658.18—2006	氨制冷装置用辅助设备　第18部分：卧式冷凝器
145	JB/T 7659.1—2013	氟代烃类制冷装置用辅助设备　第1部分：贮液器
146	JB/T 7659.2—2011	氟代烃类制冷装置用辅助设备　第2部分：管壳式水冷冷凝器
147	JB/T 7659.3—2011	氟代烃类制冷装置用辅助设备　第3部分：干式蒸发器
148	JB/T 7659.4—2013	氟代烃类制冷装置用辅助设备　第4部分：翅片式换热器
149	JB/T 7961—1995	制冷用压力、压差控制器
150	JB/T 8053—2011	小型制冷系统用双稳态电磁阀
151	JB 8701—1998	制冷用板式换热器
152	JB/T 10212—2016	空调用直动式电子膨胀阀
153	JB/T 10477—2016	制冷空调净化设备的箱体器件
154	JB/T 10503—2017	空调与制冷用高效换热管
155	JB/T 10537—2005	冷冻空调设备用复合密封垫片
156	JB/T 10648—2017	空调用铜制制冷剂截止阀
157	JB/T 10718—2007	空调用机织空气过滤网
158	JB/T 11132—2011	制冷与空调用套管换热器
159	JB/T 11133—2011	水冷冷水机组管壳式冷凝器胶球自动在线清洗装置
160	JB/T 11210—2011	制冷空调系统用气液分离器
161	JB/T 11211—2011	小型制冷系统用电动切换阀
162	JB/T 11212—2011	制冷空调系统用吸气管过滤器及吸气管干燥过滤器
163	JB/T 11213—2011	制冷空调系统用液管过滤器及液管干燥过滤器
164	JB/T 11520—2013	制冷设备用单向阀
165	JB/T 11521—2013	空调与制冷设备用管路件
166	JB/T 11522—2013	空调与冷冻设备用球阀
167	JB/T 11523—2013	空调与冷冻设备用油分离器
168	JB/T 11524—2013	干式风机盘管机组
169	JB/T 11525—2013	空调与制冷设备用铜端铝连接管
170	JB/T 11526—2013	空调用交点黏结空气过滤网

序号	标准编号	标准名称
171	JB/T 11527—2013	制冷剂充注与回收用表阀组
172	JB/T 11528—2013	制冷及热交换器用铜及铜合金无缝翅片管直坯管
173	JB/T 11529—2013	空调连接管线用保护套管
174	JB/T 11530—2013	制冷用闭式冷却塔
175	JB/T 11964—2014	蒸发冷却用填料
176	JB/T 11967—2014	冷冻空调设备冷凝器用微通道热交换器
177	JB/T 11970—2014	制冷与空调用壳盘管式换热器

习　题

1. 选择题

（1）蒸汽压缩式理想制冷循环的制冷系数与（　　）有关。

　　A. 制冷剂　　　　　　　B. 蒸发温度

　　C. 冷凝温度　　　　　　D. 蒸发温度和冷凝温度

（2）制冷剂使用的新型环保型制冷剂为（　　）。

　　A. R12　　　　　　B. R22　　　　　　C. R11　　　　　　D. R600a

（3）供热循环的供热系数是指（　　）。

　　A. 从低温热源吸收的热量与循环消耗外功的比值

　　B. 向高温热源放出的热量与循环消耗外功的比值

　　C. 从低温热源吸收的热量与向高温热源放出的热量的比值

　　D. 比相同热源下制冷循环的制冷系数少 1

（4）与 28℃相对应的绝对温标为（　　）。

　　A. −245K　　　　　　B. 82.4K　　　　　　C. 301K　　　　　　D. 245K

（5）方程 Q=KA（t_1−t_2）式中的 K 称为（　　）。

　　A. 热导率　　　　B. 表面换热系数　　　C. 辐射表面传热系数　D. 传热系数

（6）大、中型冷水机组中的水冷式冷凝器多采用（　　）换热器结构。

　　A. 壳管式　　　　　　B. 套管式　　　　　　C. 肋片管式　　　　　　D. 板式

（7）吸收剂是吸收蒸发器内的（　　）制冷剂。

　　A. 饱和液体　　　　　B. 未饱和液体　　　　C. 液体　　　　　　D. 汽化的气体

（8）（　　）制冷压缩机为速度型压缩机。

　　A. 活塞式　　　　　　B. 涡旋式　　　　　　C. 螺杆式　　　　　　D. 离心式

（9）离心式压缩机的可调导流叶片是使气流（　　）。

　　A. 改变方向　　　　　B. 改变体积　　　　　C. 增加压力　　　　　D. 降低压力

（10）内平衡式膨胀阀的膜片上作用着感温工质压力 P_g、蒸发压力 P_o 和弹簧当量压力 P_w。当三力失去平衡，$P_g < P_w + P_o$ 时，阀的供液量将（　　）。

  A. 增大   B. 减少   C. 不变   D. 说不清楚

（11）制冷设备布置应使管路尽量短，另外还有一定的管径要求。目的是减少（　　）。

  A. 压力   B. 重力   C. 动力   D. 阻力

（12）采用两级压缩制冷循环的原因是（　　）。

  A. 制冷工质不同   B. 冷凝温度过高

  C. 制冷压缩机结构形式不同   D. 压缩比过大

（13）R718 是最容易得到的物质，它只适用于（　　）以上的制冷装置。

  A. $-20\,^{\circ}\mathrm{C}$ B. $0\,^{\circ}\mathrm{C}$ C. $20\,^{\circ}\mathrm{C}$ D. $5\,^{\circ}\mathrm{C}$

（14）相同工况下，卡诺热机效率比实际热机效率（　　）。

  A. 小   B. 二者相等   C. 大   D. 不确定

（15）有一机器可从单一热源吸收 1000kJ 热量，并输出 1000kJ 功，这台机器（　　）。

  A. 违反热力学第一定律   B. 违反热力学第二定律

  C. 不违反第一、第二定律   D. A 和 B

（16）若已知工质的绝对压力 $P = 0.08\mathrm{Pa}$，大气压力 $P = 0.1\mathrm{MPa}$，则测得压差（　　）。

  A. 真空度为 0.02MPa   B. 表压力 0.02MPa

  C. 真空度为 0.18MPa   D. 表压力 0.18MPa

（17）热力学平衡态是指系统同时处于 _____ 平衡和 _____ 平衡。

  A. 质量 / 压力   B. 温度 / 质量   C. 压力 / 质量   D. 温度 / 压力

（18）当理想气体的密度不变而压力升高时，其比体积（　　）。

  A. 增大   B. 减少   C. 不变   D. 不一定

（19）（　　）的工作原理是逆卡诺循环的应用。

  A. 蒸汽机   B. 热机   C. 锅炉   D. 制冷装置

（20）如某阀门后的表压力为 0.5 个大气压，则该处的绝对压力应为（　　）。

  A. 5 个大气压   B. 1.5 个大气压   C. 0.4 个大气压   D. 0.5 个大气压

2. 判断题（判断下列说法正确与否）

（1）表压力代表流体内某点处的实际压力。

（2）通用气体常数与气体种类无关。

（3）热泵的工作循环为正向循环。

（4）容器中气体的压力不变，则压力表的度数也一定不会改变。

（5）系统的平衡态是指系统在无外界影响的条件下，不考虑外力场作用，宏观热力性质不随时间而变化的状态。

（6）不可能从单一热源取热使之完全变为功。

（7）低温热源的温度越低，高温热源的温度越高，制冷循环的制冷系数越高。

（8）对蒸汽压缩式制冷循环，吸气过热可提高循环的制冷系数。

（9）蒸发器内的制冷剂是处于饱和状态的。

（10）离心式压缩机不属于容积型压缩机。

（11）内平衡式热力膨胀阀适用于蒸发盘管阻力相对较大的蒸发器。

（12）中间不完全冷却循环的高压压缩机吸气温度会高于中间完全冷却循环的相应吸气温度。

（13）变频式空调器利用变频器来改变压缩机转速以实现压缩机的容量控制。

（14）流体流层间产生的内摩擦力就是黏滞力。

（15）螺杆式压缩机的结构简单，螺杆的加工精度要求也不高。

（16）制冷剂在充灌前必须经过干燥脱水处理方可使用。

（17）毛细管与膨胀阀统称节流元件，它把从蒸发器流出的高压制冷剂液体减压，节流后供给冷凝器。

（18）滑阀能量调节机构可在 0~100% 之间实现无极调节。

（19）在压焓图上，制冷剂的冷凝过程是等压等温放热过程。

（20）制冷压缩机的输气系数永远是小于 1 的数值。

3. 填空题

（1）若已知工质的表压力为 0.07MPa，当地大气压力为 0.1MPa，则工质的绝对压力为 _____MPa。

（2）单位质量的理想气体被定容加热时，由于温度升高，则压力 _____。（填增大或减小）

（3）对逆卡诺制冷循环，冷热源的温差越大，则制冷系数 _____。

（4）按照压缩机的结构可将其分为 _____ 和 _____ 两大类型。

（5）活塞式压缩机的润滑方式可分为 _____ 和 _____ 两种。

（6）对制冷剂的热力学方面的选择，要求制冷剂的沸点要 _____，临界温度要 _____，凝固温度要 _____。（填高低）

（7）复叠式压缩制冷循环通常是由两个或两个以上 _____ 组成的多元复叠制冷循环。

（8）在压焓图中 $X=1$ 是 _____ 线，$X=0$ 是 _____ 线。

（9）蒸汽制冷包括单级压缩蒸汽制冷、两级压缩蒸汽制冷、_____ 三种。

（10）双级压缩按节流的次数不同可分为 _____ 和 _____，按中间冷却方式的不同可分为 _____ 和 _____ 两种。

（11）吸收式制冷系统使用的工质有 _____ 和 _____ 两种，称为工质对。

（12）压缩机吸入的是 _____ 的气体，排出的是 _____ 的气体。

（13）所谓压缩机的制冷量，就是压缩机在一定的运行工况下，在单位时间内被它抽吸和压缩的制冷剂工质在蒸发制冷过程中，从 _____ 中吸取的热量。

（14）炉墙内壁到外壁的热传递过程为 _____。

（15）不可能制造出一种循环工作的热机，只从 ____ 热源吸取热量，使之完全变为有用功，而其他物体不发生 _____ 的过程。

（16）卡诺循环是由两个可逆的 _____ 过程和两个可逆的 _____ 过程组成。

（17）在两个恒温热源间工作的一切可逆循环，其热效率仅决定于两热源的 _____，而

与工质的性质 _____。

（18）热力膨胀阀根据膜片下部的气体压力不同可分为 _____ 和 _____。

（19）理想气体的可逆过程方程式 pv^n= 常数，当 n=____ 时，即为等容过程。

（20）在一定的压力下，当液体温度达到饱和时，继续加热，立即会出现强烈的 _____。

4. 简答题

（1）理想气体与实际气体的区别。

（2）试在所给参数坐标图上定性地画出理想气体过点 1 的下述过程，分别指出该过程的过程指数 n 应当在什么数值范围内（图中请标明四个基本过程线）。

A. 压缩、升温、吸热的过程。

B. 膨胀、降温、吸热的过程。

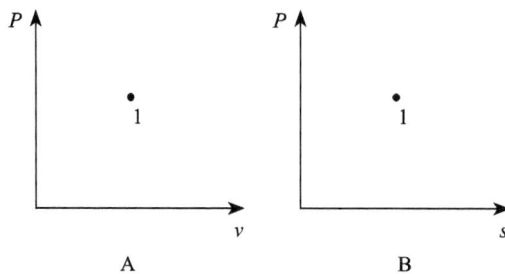

（3）什么叫热力完善度？

（4）传热有哪些基本方式？各在什么情况下发生？

（5）制冷剂节流前过冷对蒸汽压缩式制冷循环有何影响？在实际中可采用哪些方法实现节流前制冷剂过冷？

（6）试述变频式空调器的工作原理及产品特点。

（7）什么叫压缩机的"液击"？它有什么危害？

（8）什么叫单位制冷量？

（9）什么叫中间完全冷却？

（10）活塞式压缩机的润滑系统主要作用是什么？

参考答案

1. 选择题

（1）D （2）D （3）B （4）C （5）D （6）A （7）D （8）D （9）A （10）B （11）D （12）D （13）B （14）C （15）B （16）A （17）D （18）C （19）D （20）B

2. 判断题

（1）× （2）√ （3）× （4）× （5）√ （6）× （7）× （8）× （9）√ （10）√ （11）× （12）√ （13）√ （14）√ （15）× （16）√ （17）× （18）× （19）× （20）√

3. 填空题

（1）0.17；（2）增大；（3）越小；（4）容积型压缩机　速度型压缩机；（5）飞溅润滑　压力润滑；（6）低　高　低；（7）制冷系统；（8）干饱和蒸汽　饱和液体线；（9）复叠式制冷循环；（10）一级节流二级节流中间完全冷却　中间不完全冷却；（11）制冷剂　吸收剂；（12）低温低压　高温高压；（13）低温热源；（14）导热；（15）单一　任何变化；（16）定温绝热；（17）温度无关；（18）内平衡式热力膨胀阀　外平衡式热力膨胀阀；（19）∞；（20）汽化现象

4. 简答题

（1）答：二者差异在体积和作用力上，理想气体分子本身无体积，分子间无作用力，而实际气体恰恰相反。

（2）如下图［图中：（1）$n>k$；（2）$1<n<k$］

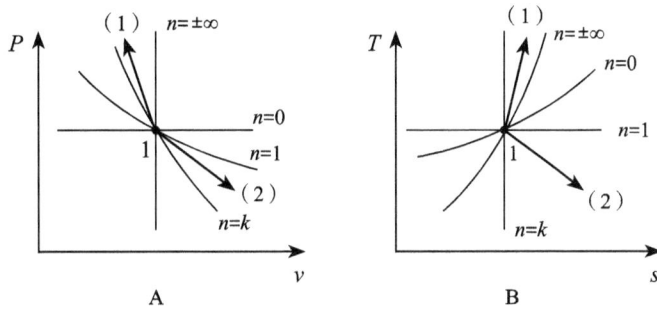

（3）答：热力完善度是用来表示制冷机循环接近逆卡诺循环的程度，它也是制冷循环的一个技术经验指标。

（4）答：传热有导热、对流换热和辐射换热三种基本方式。导热发生在一物体内部温度不同的各部分之间或是发生在直接接触而温度不同的物体之间；对流换热是在流体与固体壁面之间的热量传递；辐射换热是由于热因（自身的温度或微观粒子的热运动）而使物体激发向外界辐射电磁波，使物体之间产生互相辐射和吸收热量的总效果。

（5）答：节流前的制冷剂过冷将提高单位质量制冷量，而且压缩机的功耗基本不变，因此提高了制冷循环的制冷系数，制冷剂节流前过冷还有利于膨胀阀的稳定工作。在实际中可采用过冷器、回热循环、增加冷却介质的流速和流量等方法实现节流前制冷剂的过冷。

（6）答：变频式空调器通过变频器的控制使压缩机的转速发生变化，从而改变压缩机的排气量，达到改变制冷量或制热量的目的。变频式空调器具有降温速度快、起动电流小、适应 50Hz 或 60Hz 不同电制、制冷量可调节、节能效果显著等特点。

（7）答：在制冷循环过程中，液体制冷剂进入压缩机被压缩称为"液击"。液击的危害在于当液体制冷剂进入汽缸被压缩时，其压力瞬间急剧升高，远远超过正常运行时的气体压力冲击排气阀片，很容易击碎阀片，损坏压缩机，所以压缩机需要防止液击。

（8）答：单位制冷量是指制冷压缩机每输送 1kg 制冷剂经循环从低温热源中吸取的冷量。

（9）答：中间完全冷却是指在中间冷却过程中，将低压级排除的过热蒸汽等压冷却到中间压力下的饱和蒸汽的冷却过程。

（10）答：①使润滑油在作相对运动的零件表面形成一层油膜，从而降低压缩机的摩擦功和摩擦热，从而减少压缩机的磨损量，提高压缩机的机械效率及运转的可靠性和耐久性；②润滑油带走摩擦热量，使摩擦表面的温度保持在允许的范围内；③由于有润滑油存在于活塞与汽缸的间隙及轴封中，密封效果提高，从而提高压缩机的效率和阻止制冷剂蒸汽的泄漏；④使润滑油不断地冲刷金属摩擦表面，带走磨屑，便于使用滤清器将磨屑清除；⑤它所建立的油压可作为控制顶开吸气阀机构的液压动力。

参考文献

［1］ 严家禄. 工程热力学［M］. 北京：高等教育出版社，2002.

［2］ 丁国良，张春路，赵力. 制冷空调新工质［M］. 上海：上海交通大学出版社，2003.

［3］ Chan C Y，Haslden G G. Computer-based refrigerant thermodynamic properties，part 2：program listings［J］. Int J Refrig，1981，4（2）：52-60.

［4］ 张朝晖，解国珍. 工商业用制冷空调设备维护维修技术 [M]. 北京：中国纺织出版社，2014.

［5］ 杨世铭，陶文铨. 传热学［M］. 北京：高等教育出版社，2006.

［6］ 郑贤德. 制冷原理与装置［M］. 北京：机械工业出版社，2008.

［7］ 戴永庆. 溴化锂吸收式制冷技术及应用［M］. 北京：机械工业出版社，1999.

［8］ 解国珍，姜守忠，罗勇. 制冷技术［M］. 北京：机械工业出版社，2008.

［9］ 吴业正，李红旗，张华. 制冷压缩机［M］. 北京：机械工业出版社，2010.

［10］ 李红旗，马国远，刘忠宝. 制冷空调与能源动力系统新技术［M］. 北京：北京航空航天大学出版社，2006.

第3章　工商空调设备的维护及维修

3.1 单元式空调机

单元式空调机是一种向封闭空间、房间或区域提供处理空气的设备，它主要包括制冷系统、空气处理和净化装置，还可以包括加热、加湿和通风装置。

根据用途不同，单元式空调机主要分为普通空调用单元式空调机和恒温恒湿机两大类。

3.1.1 普通空调用单元式空调机

普通空调用单元式空调机是一种舒适型空调，广泛用于工商领域的小型建筑物。它一般由几个单元组合而成，本质上是一种柜式空调机组。主要区别在于空气处理系统，一般都设有混合段、过滤段、换热（盘管）段、风机等相关功能段。

图 3-1 所示几种单元式空调机的外观图。

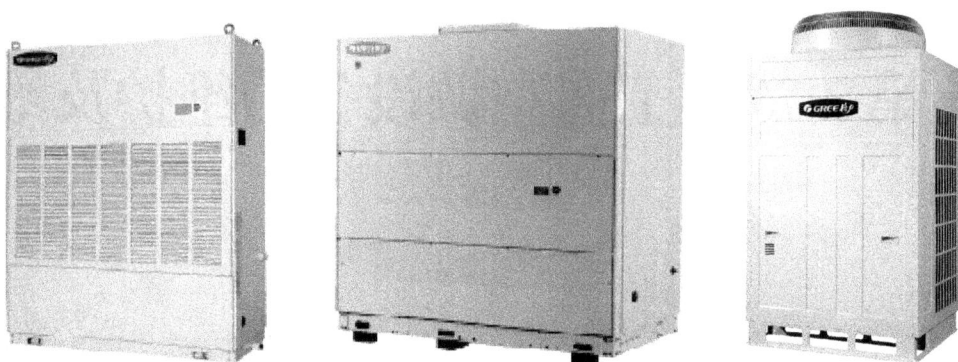

图 3-1 几种单元式空调机的外观图

3.1.1.1 风冷单元式空调机组的原理与结构

单元式空调机作制冷运行时，来自室内换热器的低温、低压制冷剂气体被压缩机吸入并压缩成高温、高压气体，压缩气体经过四通阀进入室外换热器，在与室外空气进行热交换后冷凝成为制冷剂液体，液体经毛细管节流降压、降温后进入室内换热器，在与室内需要调节的空气进行热交换后成为低温、低压制冷剂气体，如此周而复始地循环，达到制冷的目的；制热循环时，制冷剂的流动方向与制冷时相反，压缩机排出的高温、高压制冷剂气体在经过四通阀后直接进入室内换热器，通过离心风机的作用，向室内空气放出热量，并被冷凝为制冷剂液体，经外机主辅毛细管节流降压后在室外换热器中吸收热量，变为低温、低压制冷剂气体，经四通阀回到压缩机，完成一个热泵制热循环，如此周而复始地循环，达到制热的目的。

图 3-2 所示为风冷单元式空调机工作原理图。

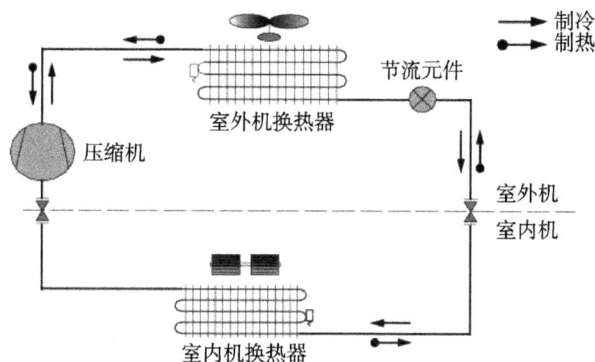

图 3-2 风冷单元式空调机工作原理图

风冷单元式空调机的室外机主要由压缩机、室外换热器、外风机、主毛细管、辅毛细管、单向阀、截止阀等组成。室内机主要由室内换热器、内风机、接水盘部件等组成。图 3-3 和图 3-4 分别是风冷单元式空调机室外机和室内机的爆炸图。表 3-1 和表 3-2 分别为图 3-3 和图 3-4 中各部分的名称及数量。

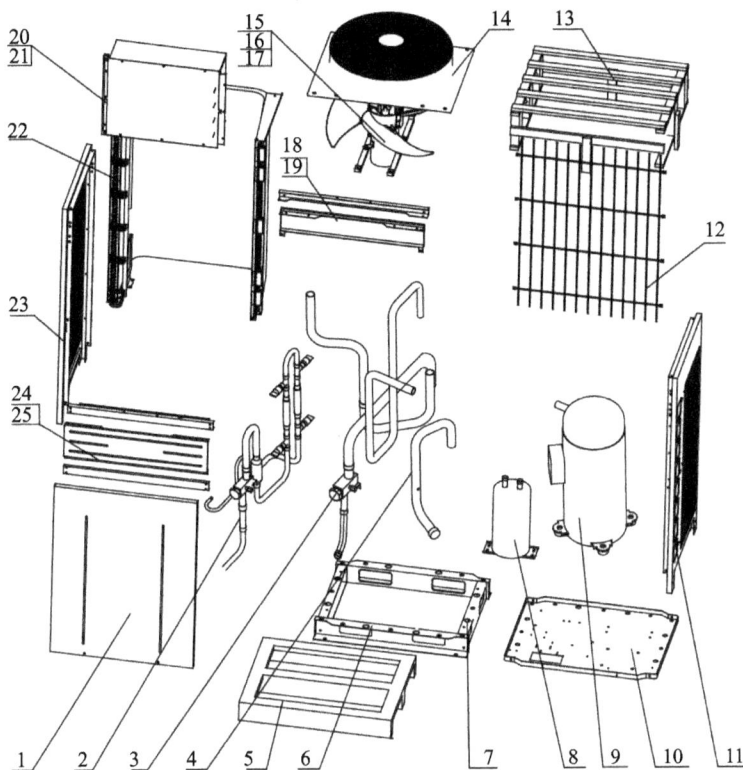

图 3-3　风冷单元式空调机室外机爆炸图

表 3-1　图 3-3 中各部件的名称及数量

序号	名称	数量	序号	名称	数量
1	前面板	1	14	导流罩（杏灰）	1
2	辅助毛细管组件	1	15	电动机安装架组件	2
3	大阀门组件	1	16	电动机	1
4	吸气管组件	1	17	轴流风叶组件（黑色）	1
5	包装木底座	1	18	后盖板	1
6	底座横梁	2	19	安装架组件 3	1
7	底座纵梁组件	2	20	电器盒盖	1
8	汽液分离器	1	21	电器盒部件	1
9	压缩机及其配件	1	22	冷凝器部件	1
10	底盘组件	1	23	左侧板组件	1
11	右侧板	1	24	前盖板	1
12	后隔栅	1	25	安装架组件 2	1
13	包装木顶盖	1			

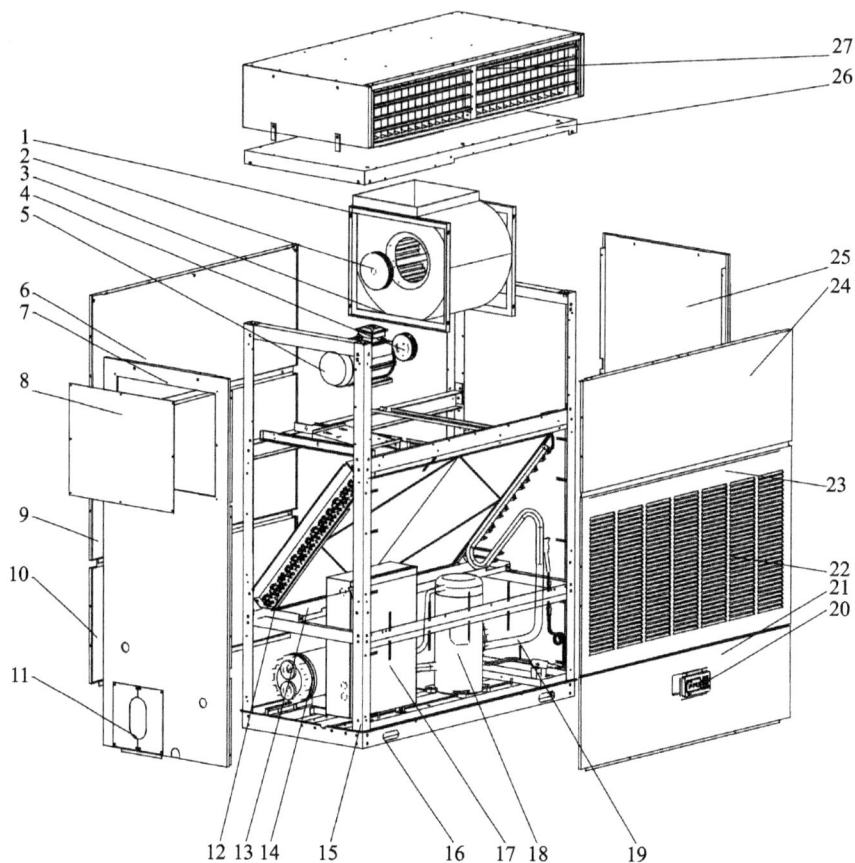

图 3-4　风冷单元式空调机室内机爆炸图

表 3-2　图 3-4 中各部件的名称及数量

序号	名称	数量	序号	名称	数量
1	风机	1	15	立柱组件	1
2	皮带轮	1	16	底盘部件	1
3	皮带	2	17	电器盒部件	1
4	皮带轮	1	18	压缩机及其配件	1
5	电动机 SW750A	1	19	管路系统	1
6	后面板部件 2	1	20	显示板 Z3D3	1
7	左侧板组件 1	1	21	下面板 1	1
8	左侧板组件 2	1	22	过滤网组件	1
9	后面板组件 1	1	23	前面板组焊件	1
10	下面板 2	1	24	前面板 1	1
11	封板 1	2	25	右侧板组件 1	1
12	蒸发器部件	1	26	顶盖板组件	1
13	接水盘组件	1	27	风帽部件	1
14	卧式壳管式冷凝器	1			

3.1.1.2 风冷单元式空调机的维护与保养

在维护保养风冷单元式空调机前必须关机并切断电源，以免导致触电或受伤。除特别注明外不可使用水、挥发性液体如稀释剂或汽油清洗空调机，且确保工作场地、防护措施、人员资质等符合有关规定要求。若有异常，立即联系售后服务人员予以指导。

（1）清洗空气过滤网。拆卸进风口的空气过滤网，利用吸尘器或用水漂洗过滤网，过滤网很脏（如有油污）时可用溶有中性洗涤剂的温水（45℃以下）清洗，然后放阴凉处晾干。

空调机使用环境灰尘多时，空气过滤器应清洗多次且确保定期清洗（一般每两周清洗一次）。注意切勿用45℃以上热水清洗，以免掉色或变形。切勿在火上烤干，过滤网等部件会着火或变形。

（2）使用季节开始时的保养。

①查室内机和室外机的进、出风口是否有堵塞；

②检查接地线是否完好；

③检查线路连接是否完好；

④电源打开后线控器的显示屏上是否有文字出现；

⑤检查室外机安装架是否损坏，如有损坏立即与售后服务人员联系。如果室外机生锈，应在保障人身安全的情况下，在生锈处涂上油漆以防止其扩大。

（3）使用季节结束时的保养。

①天气晴朗时进行半天送风运转，使机内部干燥；

②空调机若将长期不用，须关闭电源。关闭电源后，线控器显示屏上的文字将消失；

③检查室外机安装架是否损坏，如有损坏立即与售后服务人员联系。如果室外机生锈，应在保障人身安全的情况下，在生锈处涂上油漆以防止其扩大；

④可用专用防护罩将室外机包起来，避免雨水、灰尘等进入空调机，腐蚀机组。

3.1.1.3 风冷单元式空调机组的常见故障分析与排除

所有产品的使用说明书中一般均附有该产品的故障代码表。当产品出现故障时，控制系统可以显示故障代码，根据故障代码可以初步判定故障的大致范围。

表 3-3 所示为某典型型号风冷单元式空调机的常见故障代码表。需要注意的是，不同产品的故障代码和含义不同，表 3-1 仅为示例，维修时应参考具体产品的使用说明书。

表 3-3 典型型号风冷单元式空调机组的常见故障代码表

故障代码	故障名称	故障信号来源	控制说明
E1	高压保护	压力开关（高压）/压力保护开关	当排气压力超出了安全值时，高压保护动作，显示故障代码，并使机组停机。当查明、排除掉机组排气压力过高的原因后，可以使机组掉电，并重新上电清除故障显示
E2	室内机防冻结保护	室内机管感温包	在制冷或抽湿模式下，当连续一段时间检测到蒸发器温度低于某值时，停压缩机，内风机保持原状态，显示板显示 E2。当压缩机停止一段时间且蒸发器温度大于某值时，消除故障，机组按设定模式运行
E3	低压保护	低压开关	当吸气压力低于安全值时，低压保护动作，显示故障代码 E3，并使机组停机。当查明原因并除掉故障后，可以使机组掉电，并重新上电清除故障显示

续表

故障代码	故障名称	故障信号来源	控制说明
E4	压缩机排气高温保护	排气感温包	压缩机启动后，如果检测到压缩机排气温度高于限定值，就认为压缩机排气管高温保护，关闭压缩机和外风机，显示故障E4。如果检测排气温度下降到某值时，则压缩机重新启动运行。若连续几次出现上述保护现象，则不能恢复运行，重新上电，才可恢复运行
E5	压缩机过载保护	压缩机过载开关	压缩机在正常工作状态下运行时，会有一个运行参数范围，如果参数（如电流）高于上限值，可认为进入过载状态，此时压缩机已偏离稳定运行的状态，需要进行调整或保护。出现过载保护，关闭压缩机和外风机，显示故障E5。如果故障恢复则压缩机重新启动运行，从第一次检测到故障开始，如果连续检测到几次压缩机过载保护，不可再自动恢复。重新上电，才可恢复运行
E6	通信故障	末端接口	室外机上电后，如果室内机主板没有信息返回，就认为室内机通信故障，停压缩机，外风机。同时，如果室内机未收到室外机的信息，则室内机停辅助电加热和内风机。手操器（或者线控器）未收到室外机信息，则显示故障E6，机器不动作
EH	辅助电加热误开保护	继电器	检测辅助电加热误开后，停止其他负载，开启内风机高速，同时显示EH，蜂鸣器报警
F0	室内环境感温包故障	室内感温头	检测到温度值高于限定值或低于限定值，就认为是感温包故障。测量其阻值可判断是否正常
F1	蒸发器感温包故障	感温头	检测到温度值高于限定值或低于限定值，就认为是感温包故障。测量其阻值可判断是否正常
F2	冷凝器感温包故障	感温头	检测到温度值高于限定值或低于限定值，就认为是感温包故障。测量其阻值可判断是否正常。单冷机不检测
F3	室外环境感温包故障	感温头	检测到温度值高于限定值或低于限定值，就认为是感温包故障。室外环境感温包不作任何处理，仅仅显示感温包故障F3。单冷机不检测
F4	排气感温包故障	感温头	检测到温度值高于限定值或低于限定值，就认为是感温包故障。测量其阻值可判断是否正常。 显示故障代码F4并有蜂鸣器报警（若为线控器的话，无蜂鸣器报警功能），故障清除后能自动恢复运行并清故障代码

在查找故障原因、排除故障时，首先根据控制器显示的故障代码判定故障的信号来源和种类，然后按照故障种类根据如下流程分析与排除故障。

（1）"E1"高压保护故障。故障判断条件和方法：通过检测高压开关是否动作进行判断。高压开关断开，则判断为高压过高，系统停机保护。

可能原因包括室外机截止阀未打开、高压开关动作异常、室外或室内风机异常、室内机过滤网或风道堵塞（制热模式）、运行环境温度过高、系统冷媒灌注量过多、系统管路堵塞等（图3-5）。

（2）"E2"室内机防冻结保护故障。故障判断条件和方法：检测室内机管温，当管温过低时，防止蒸发器结冰冻坏，会触发防冻结保护。

可能的故障原因包括室内机过滤网或蒸发器脏、室内机电动机堵转、系统冷媒量不足、内外机环境温度过低等（图3-6）。

```
┌──────────────┐
│   高压保护    │
└──────┬───────┘
       │
  ◇ 用压力表        ──否──▶  ◇ 测量           ──是──▶  ┌──────────────┐
  测量其压力是否              压力开关是否               │  更换室外机主板  │
  为真正高压? ◇               正常? ◇                   └──────────────┘
       │是                     │否
                               │
  ◇ 检查                       │                       ┌──────────────┐
  室内机运行模式设定 ──否──▶ ┌──────────────┐          │   更换压力开关  │
  是否恰当? ◇               │ 参照室内机说明书 │◀────────└──────────────┘
       │是                  └──────────────┘
       │
  ◇ 检查                    ┌──────────────┐
  大小阀门是否完全 ──否──▶  │   完全打开阀门   │
  打开? ◇                   └──────────────┘
       │是
       │
  ◇ 检查室外                 ┌──────────────┐
  机面板是否盖上   ──否──▶  │    盖好面板     │
  封严? ◇                   └──────────────┘
       │是
       │
  ◇ 检查室内、               ┌──────────────┐
  外机换热器进出风 ──否──▶  │   清除障碍物    │
  是否顺利? ◇               └──────────────┘
       │是
       │
  ◇ 检查                     ┌──────────────┐
  室内、外机风机是否 ──否──▶ │ 测量风机电动机和 │
  运行? ◇                   │  信号输入情况   │
       │是                  └──────────────┘
       │
  ◇ 检查室内                 ┌──────────────┐
  扫风叶片是否完全 ──否──▶  │ 测量扫风电动机和信号 │
  打开? ◇                   │   输入情况     │
       │是                  └──────────────┘
       │
  ◇ 检查                     ┌──────────────┐
  电子膨胀阀动作是否 ──否──▶ │ 使阀体和线圈啮合 │
  正常? ◇                   └──────────────┘
       │是
       │
  ◇ 检查室内外               ┌──────────────┐
  过滤网或换热翅片 ──是──▶  │  参照维修与保养  │
  是否有脏堵? ◇             └──────────────┘
       │否
┌──────────────┐          主要检查各室内机与主管连接的进出口,还有室外机的电子膨胀
│  系统管路有堵塞  │────▶   阀等处。更换电子膨胀阀、干燥过滤器等零件。
└──────────────┘
```

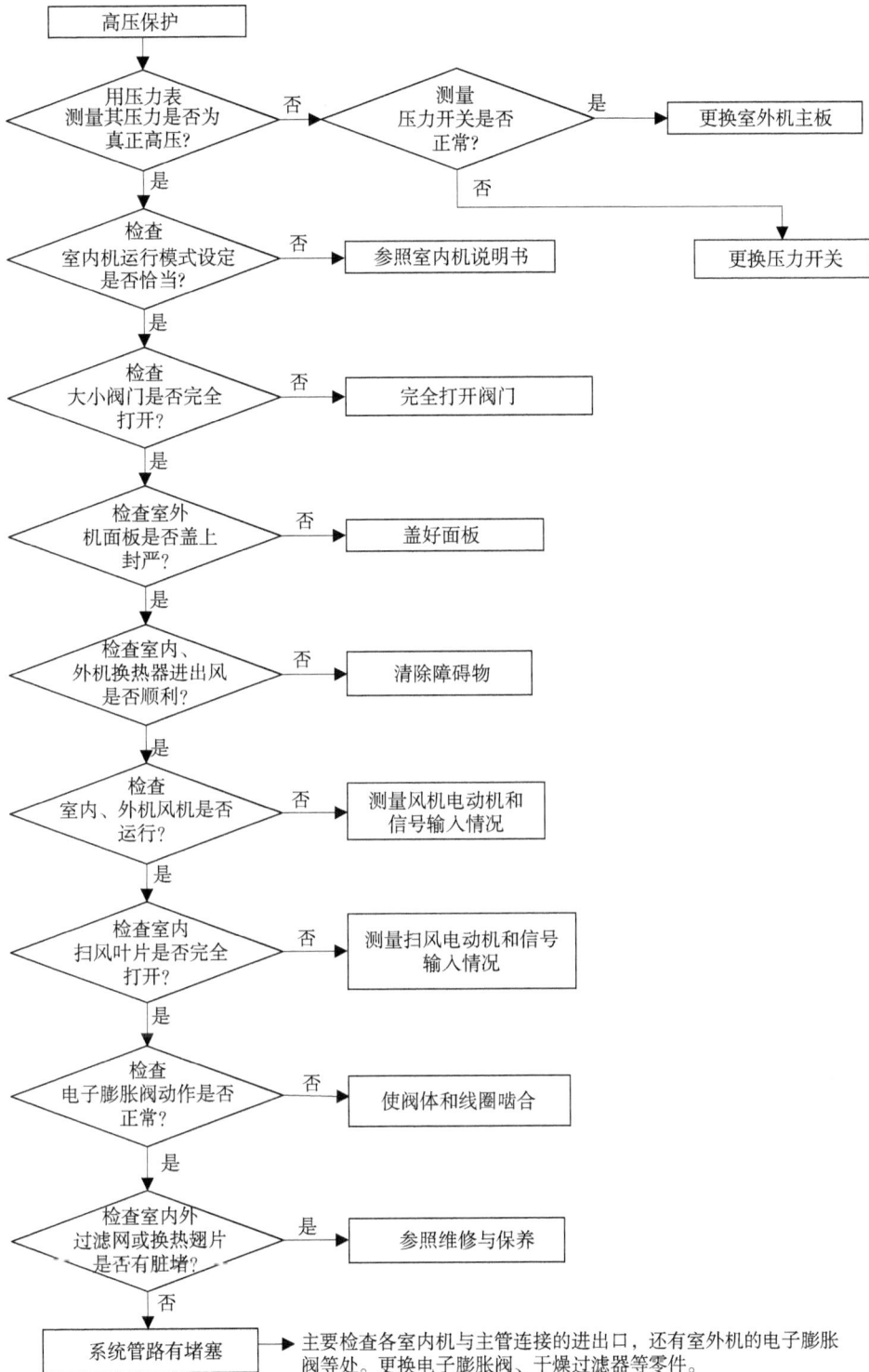

图 3-5　高压保护故障分析与排除流程

```
          ┌─────────────────┐
          │ "E2"防冻结保护   │
          └─────────────────┘
                  │
                  ▼
          ╱─────────────────╲
         ╱   检查室内机       ╲         是      ┌─────────────────────┐
        ╱ 有没有进行定期维护？过滤网、蒸发器上 ╲──────→│ 此时应该进行内机清洗工作 │
         ╲     是否有积尘     ╱                └─────────────────────┘
          ╲─────────────────╱
                  │否
                  ▼
          ╱─────────────────╲
         ╱   检查室内机电动机是否 ╲        否      ┌─────────────────┐
        ╱  正常？若电动机发生故障转速过低 ╲─────→│  更换室内机电动机  │
         ╲  甚至停转，会导致内机换热变差、╱            └─────────────────┘
          ╲   蒸发器结霜      ╱
          ╲─────────────────╱
                  │是
                  ▼
          ╱─────────────────╲
         ╱   检查系统冷媒是否泄漏？ ╲       是      ┌─────────────────┐
        ╱ 当系统冷媒发生泄漏，或冷媒量充注量不足，╲──→│ 根据系统参数增加冷媒 │
         ╲ 会导致蒸发压力过低，蒸发器结霜，╱          └─────────────────┘
          ╲严重时会导致室内机防冻结保护╱
          ╲─────────────────╱
                  │否
                  ▼
          ┌─────────────────────┐
          │ 当内外机环境温度过低时，会 │
          │ 导致冷凝压力、蒸发压力降低，│
          │   容易触发防冻结保护，    │
          │  此时可适当提高室内机风挡  │
          └─────────────────────┘
```

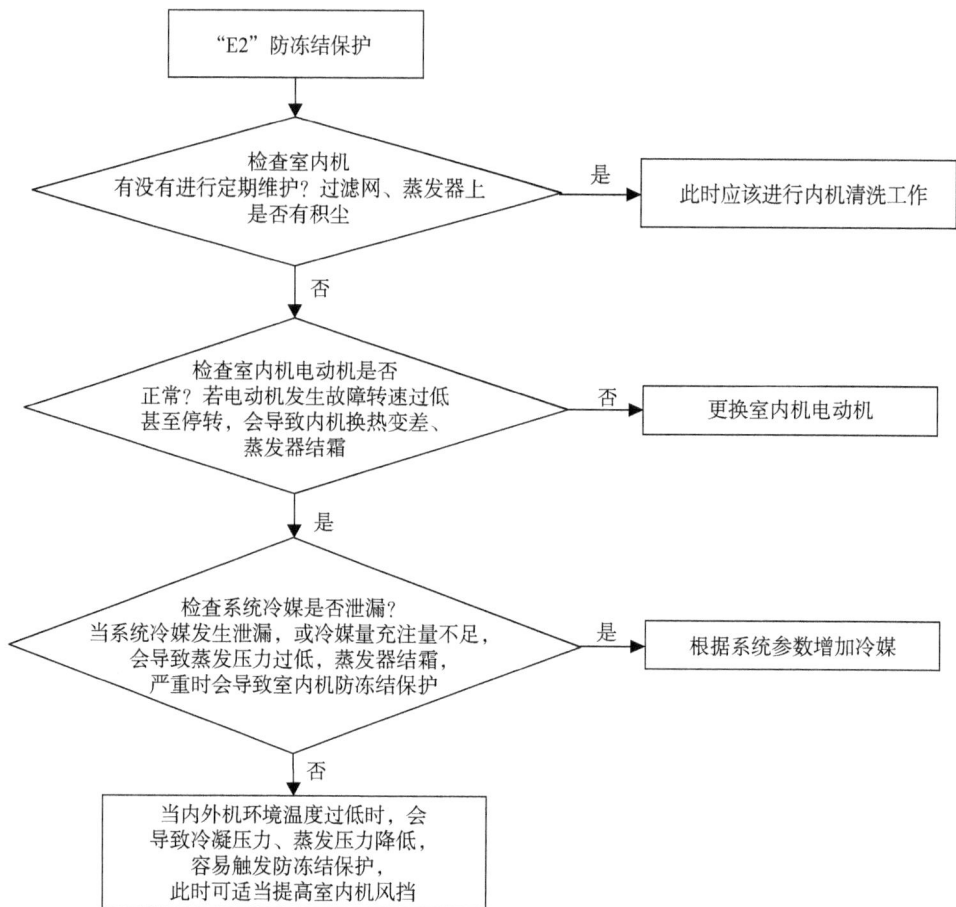

图 3-6　室内机防冻结保护故障分析与排除流程

（3）"E3"低压保护故障。故障判断条件和方法：通过检测低压开关是否动作进行判断。低压开关断开，则判断为低压过低，系统停机保护。

可能的故障原因包括室外机截止阀未打开、低压开关异常、室外或室内风机异常、室内机过滤网或风道堵塞（制冷模式）、运行环境温度过低、系统制冷剂灌量不足、系统管路堵塞等（图 3-7）。

（4）"E4"压缩机排气高温保护故障。故障判断条件和方法：通过压缩机排气管和壳顶感温包检测压缩机排气管温度，当检测值大于 125℃时，系统保护停机。

可能的故障原因包括室外机截止阀未打开、电子膨胀阀动作异常、室外或室内风机异常、室内机过滤网或风道堵塞（制冷模式）、运行环境温度超过运行范围、系统制冷剂充注量过多、系统管路堵塞等（图 3-8）。

（5）"E5"压缩机过载保护故障。故障判断条件和方法：通过检测压缩机过载开关的通断进行判断，压缩机过载开关断开，则判断为压缩机过载，保护停机。

可能的故障原因包括系统参数异常、压缩机异常、主板异常等（图 3-9）。

（6）"E6"通信故障。故障判断条件和方法：上电后，当室外机连续 2min 没有接收到室内机主板信息时，进入室内通信故障处理。

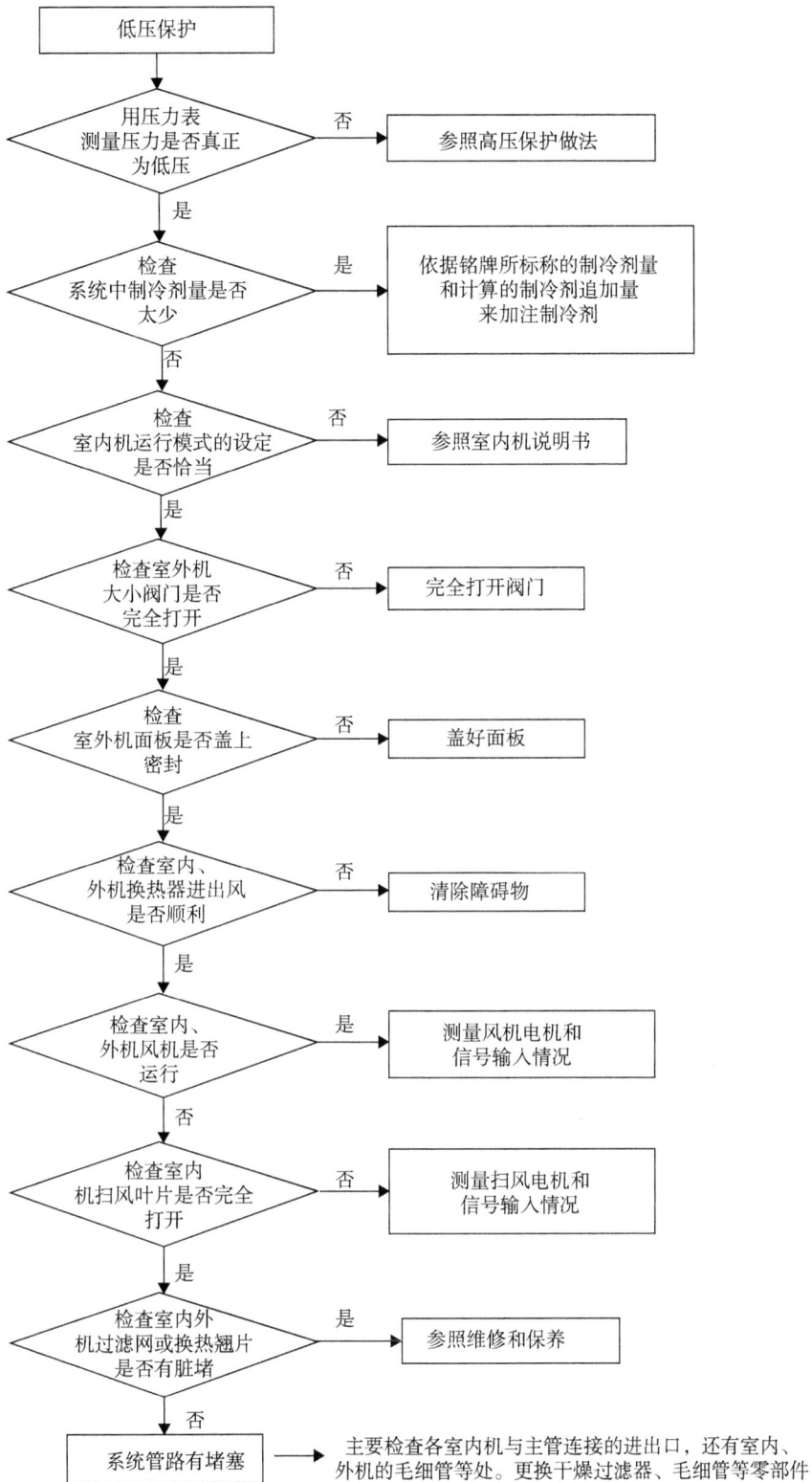

图 3-7　低压保护故障分析与排除流程

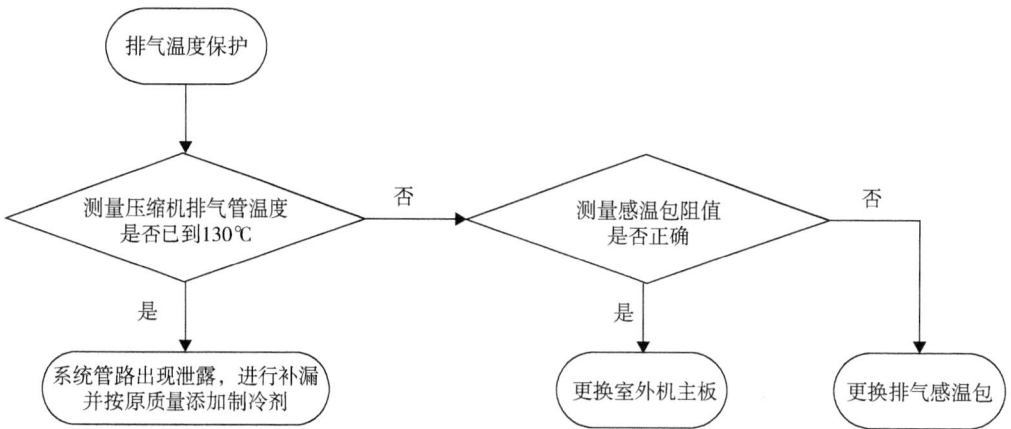

图 3-8　排气温度保护故障分析与排除流程

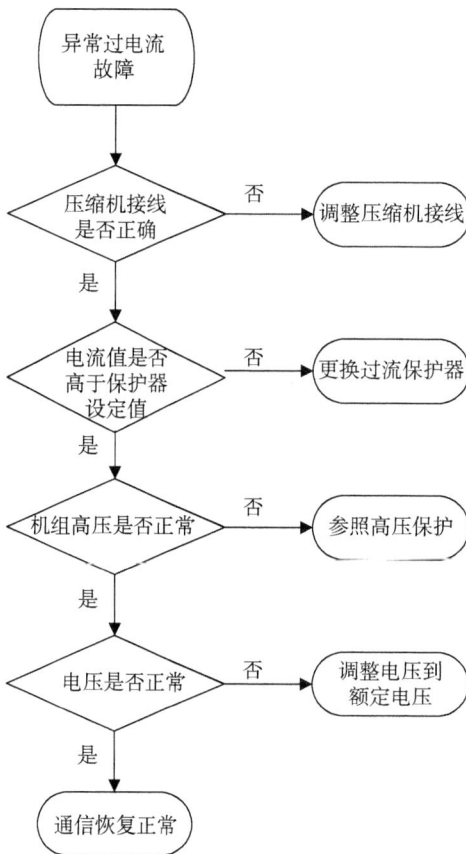

图 3-9　压缩机过载保护故障分析与排除流程

可能的故障原因包括通信线路连接异常、通信受强电干扰等（图 3-10）。

（7）"F0""F1""F2""F3""F4"等感温包故障。故障判断条件和方法：如果检测到 AD 值大于 250（短路，对应温度 160℃）或小于 5（开路，对应温度为零下 45℃左右），就认为是感温包故障。

可能的故障原因包括感温包插头与内机主板连接异常、感温包损坏等（图 3-11）。

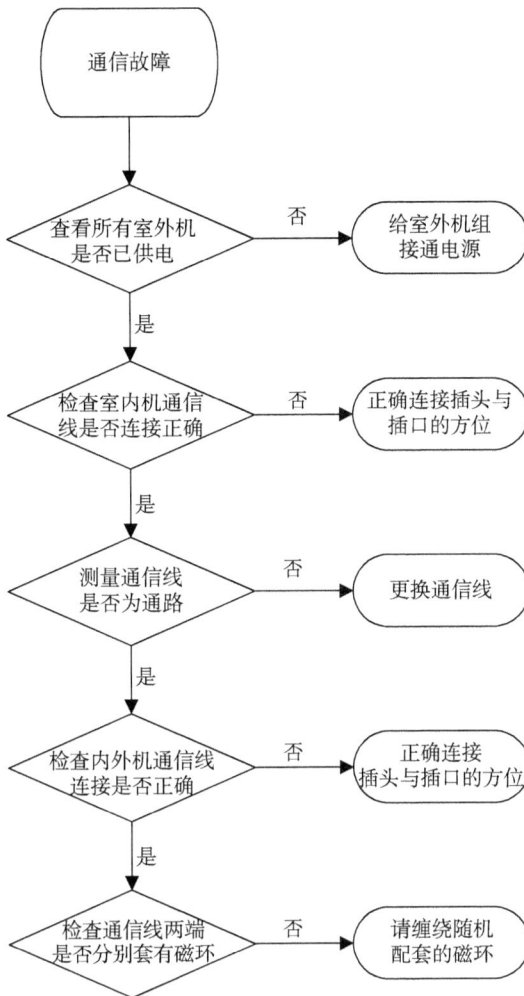

图 3-10　通信故障分析与排除流程

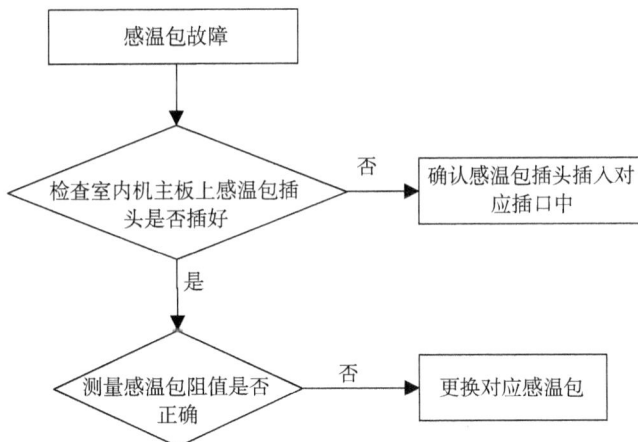

图 3-11　感温包故障分析与排除流程

3.1.2 恒温恒湿机

恒温恒湿机属于特殊的单元式空调机，是一种用于机房的精密环境控制系统，旨在保证精密设备诸如敏感设备、工业过程设备、通信设备和计算机设备等拥有一个合理的运行环境。恒温恒湿机专为精密电子设备设计，其对温度、湿度、空气洁净度和气流速度要求高，对可靠性要求也较高。且由于精密设备发热量较大，空调机组需常年制冷运行。

机房对环境的要求：

（a）温度恒定：22~24℃、温度波动 1~2℃；

（b）湿度恒定：50%±（3%~5%）RH；

（c）空气洁净度（0.5μm 以上）<18000 粒 /L；

（d）换气次数：> 30 次 /h；

（e）新风量：30m³/（人·h）；

（f）机房正压：>10Pa。

恒温恒湿空调具有高可靠性、高显热比以及大风量的特点，配置能适应不同水质的远红外加湿器或电极式加湿罐，与普通舒适性空调相比有很大的区别，表 3-4 为舒适性空调机与恒温恒湿机的对比。

表 3-4　舒适性空调机与恒温恒湿空调机的比较

	舒适性空调	机房空调（恒温恒室机）
目的与用途	人对环境舒适性的要求	设备对运行环境的要求
运行模式	夏季制冷、冬季制热	全年制冷
热密度（W/m²）	80~150	500~1000
显热比（显冷量 / 总冷量）	0.6~0.7	0.9~1.0
换气能力（次 /h）	5~15	30~60
空气过滤	简单	ASHRAE（美国制冷协会标准）20%+
送风温度范围（℃）	10~21	18~27
相对湿度设定范围	一般无	50%±5%
露点范围（℃）	无要求	5.5~15
再热器	一般无	有
加湿器	一般无	有
集中监控能力	一般无	标准配置
运行时间（h/ 年）	1000~2500	8760（一年 365 天、每天 24h）

3.1.2.1 恒温恒湿机的分类

一般情况下，恒温恒湿机按冷源分类，可以分为双冷源系统、单冷源系统和自然冷源系统等。按照制冷剂侧冷却方式机组又可分为风冷系统和水冷系统。按照风机特点可分为前倾离心风机（以下简称 FC 风机）和可直流调速的后倾离心风机（以下简称 EC 风机）。

（1）按冷源分类。

①双冷源系统。机组既包含压缩机制冷系统又包含冷冻水系统，根据室内负荷可以灵活选择是在压缩机制冷系统下运行还是在冷冻水系统下运行，从而实现机组的节能运行。图 3-12（a）为双冷源机组的系统示意图。

②单冷源系统。机组仅有一种冷源，压缩机制冷系统或冷冻水制冷系统（冷冻水需另配冷水机组提供），即相当于双冷源系统中只有一种冷冻水或压缩机式的其中某一种制冷循环模式。图 3-12（b）为单冷源机组系统（风冷）示意图。

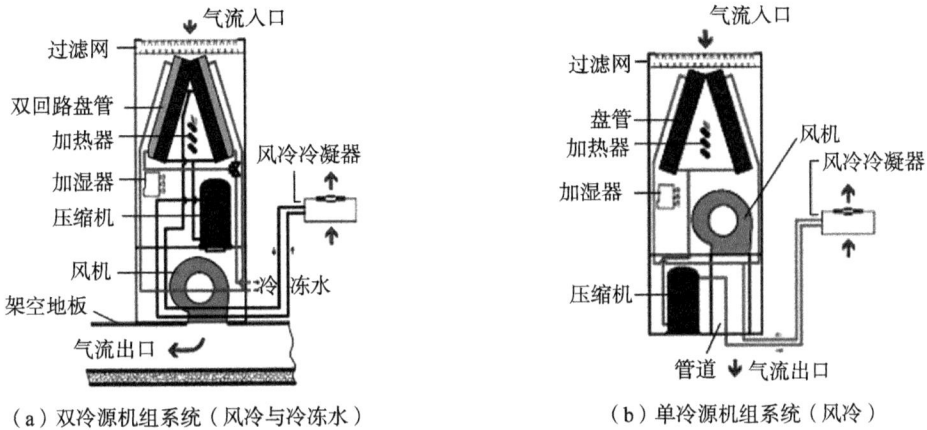

（a）双冷源机组系统（风冷与冷冻水）　　　　（b）单冷源机组系统（风冷）

图 3-12　双冷源和单冷源系统

③自然冷源系统。自然冷源，顾名思义，利用自然界中存在的冷源，这种冷源是天然存在而不需付出代价的，如冬季的室外空气。此时机组既包含压缩机制冷系统又包含自然冷源系统。自然冷源系统和专门的干冷器或节能泵柜连接，在室外温度比较低的条件下，机组可以根据干冷器提供的自然冷源介质或节能泵柜本身制冷剂情况和室内负荷，灵活选择是在压缩机制冷系统下运行还是在自然冷源系统下运行，从而实现机组的节能运行。图 3-13（a）是压缩机配干冷器的自然冷源机组原理图，图 3-13（b）是压缩机与节能泵柜串联组成的自然冷源机组原理图。

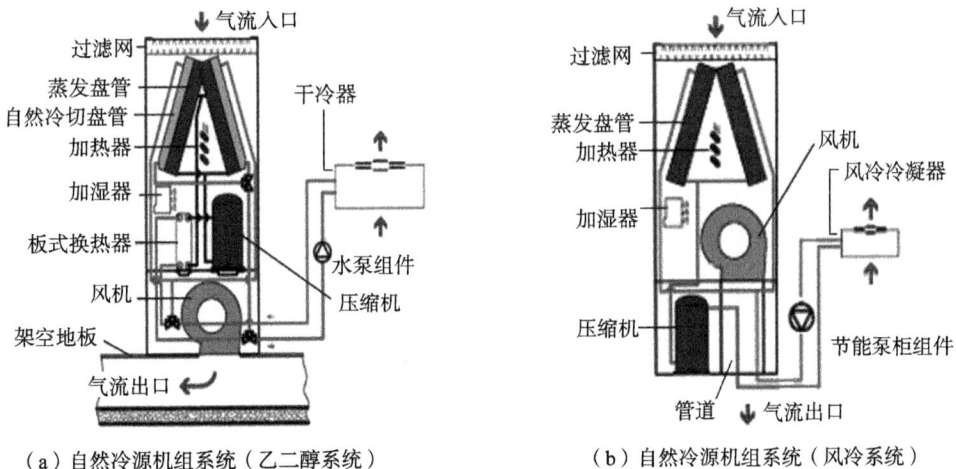

（a）自然冷源机组系统（乙二醇系统）　　　　（b）自然冷源机组系统（风冷系统）

图 3-13　自然冷源系统

（2）按冷却方式分类。

①风冷系统。风冷系统包括室内机和室外机两部分（图3-12）。制冷剂在风冷冷凝器中和空气换热达到冷凝的目的，根据冷凝压力调节风机的转速。可进行专门的低温型设计，使机组在室外最低环境温度很低（如 -29℃）时正常制冷运行。在节能模式下，通过温度调节风机的转速，使得系统在保证制冷量最大的同时室内不会因低温而结霜［图3-13（b）］。

②水冷系统。水冷系统为一体结构，其冷凝器采用水冷换热器，利用冷却水达到使制冷剂冷凝的目的。水冷系统具有结构紧凑、能效比高、占地面积小、对室外环境噪声污染少等优点，但需要配备冷却塔（图3-14）。

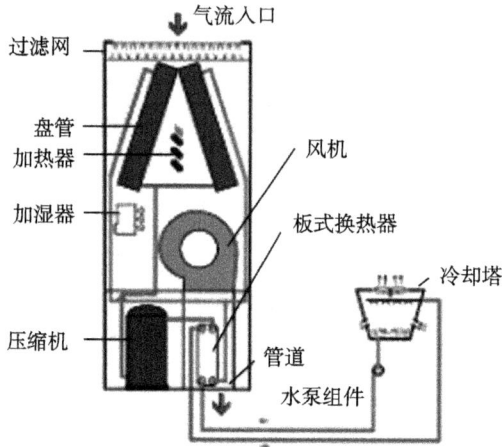

图3-14　水冷系统

3.1.2.2　恒温恒湿机的构成

图3-15所示为一真实恒温恒湿机的系统构成图。系统主要由风机部分、加湿器、电加热器、安全控制装置、滤网、漏水检测系统和制冷系统等部件组成。图中箭头表示介质的流动方向。

图中实线部分是室内机部分，包括压缩机、蒸发器/冷冻水盘管、室内风机、膨胀阀、加湿器、加热器、干燥过滤器、视液镜、高低压开关/传感器等管路附件、控制器等。虚线部分是室外冷凝侧部分，包括风冷冷凝器（板式换热器）、球阀等。

（1）风机。前倾离心风机（图3-16）使用皮带传动，具有风量大、送风距离远、可拆卸性强、维护方便等特点。后倾离心风机（图3-17）具有高效、节能、低噪声等特点。风机是空气循环流动的驱动部件。

（2）加湿器。①远红外加湿器。图3-18为远红外加湿器结构图。加湿器由微处理器控制。悬挂在不锈钢加湿水盘上的高强度石英灯管发射出红外光和远红外光，使水盘中的水分子吸收辐射能以摆脱水的表面张力，在纯净状态下蒸发，不含任何杂质。远红外加湿器的应用减少了系统对水质的依赖性。

②电极式加湿器。图3-19为电极式加湿器的结构图，包括排水阀、控制系统和蒸汽分送器组件。它通过给三根浸入加湿桶内水中的电极通电，使电流以水为导体形成回路，从而使水温逐渐升高至沸腾产生湿蒸汽。

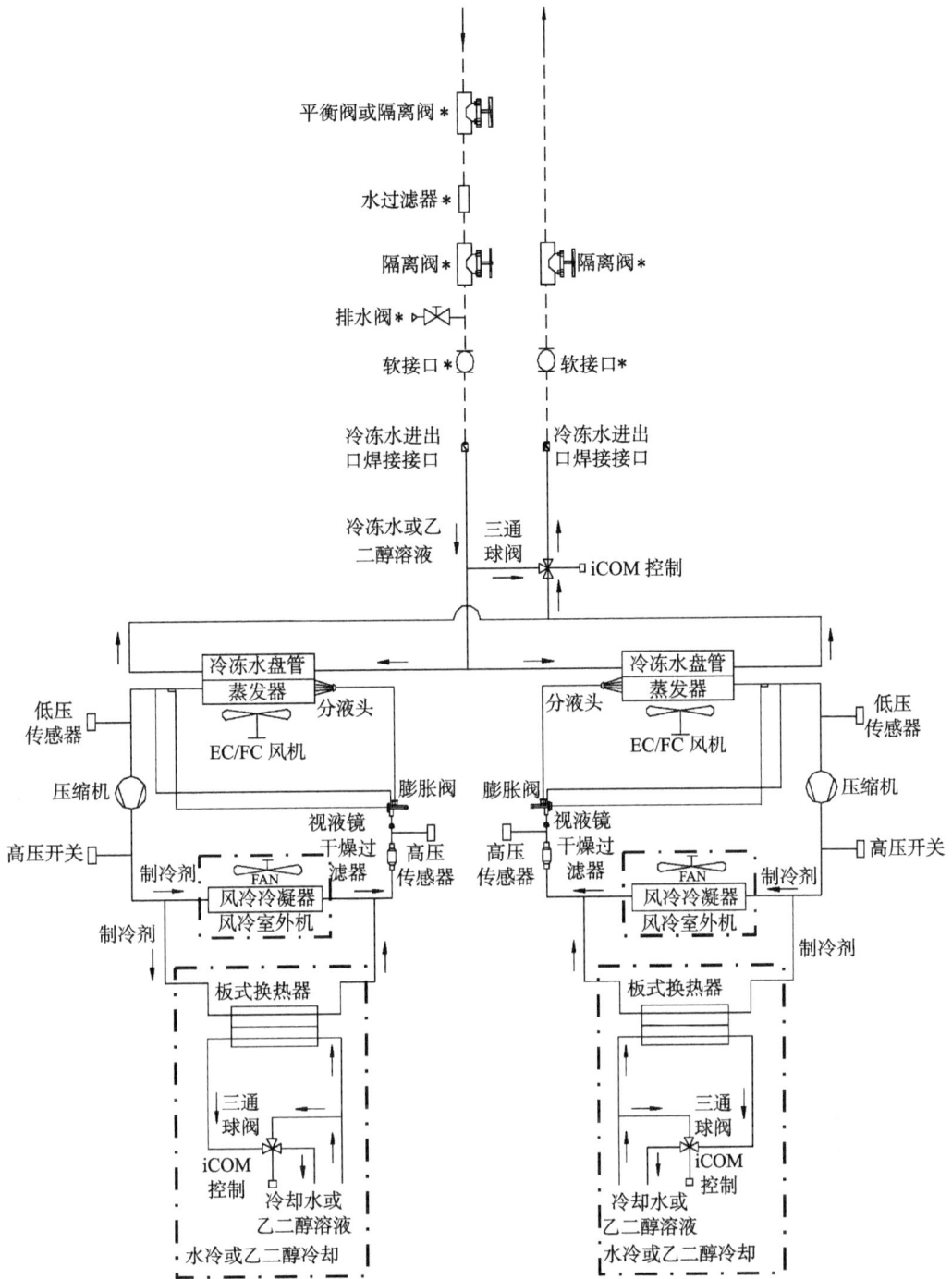

图 3-15　恒温恒湿机系统图

图 3-16　前倾离心风机（FC 风机）

图 3-17　后倾离心风机（EC 风机）

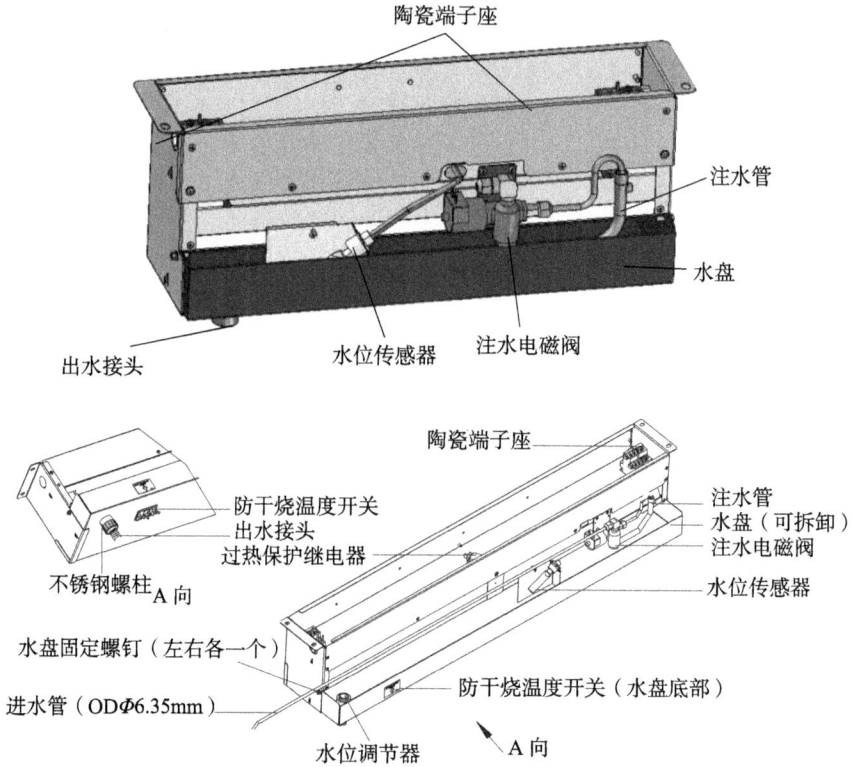

图 3-18　远红外加湿器

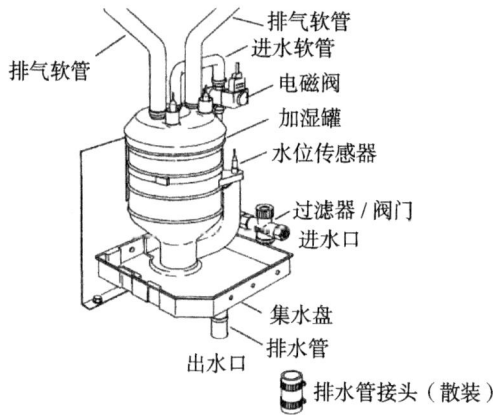

图 3-19　电极式加湿器

（3）电加热器。电加热器一般使用电加热管和 PTC 加热器，PTC（Positive Temperature Coefficent）是正温度系数的简称。

图 3-20 为螺旋翅片 U 形不锈钢加热管示意图，它的发热速度快、热量均匀。

PTC 加热器（图 3-21）在达到设定热量后可以较快地稳定。加热器的发热量可维持机房的干球温度，同时加热器较低的表面温度可以防止空气产生电离，从而延长其使用寿命。

（4）安全控制装置。每个风机都装有热过载保护继电器，当风机出现过载时能够及时进行保护。风量丢失开关和滤网堵开关，可对空调机组的风机系统进行实时监控。电加热器配有自动和手动复位限温器，当加热器温度过高时能够及时断开，并进行保护。远红外加湿器

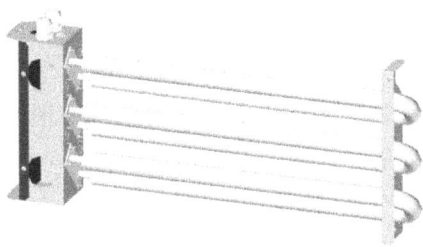

图 3-20　U 形电加热器

图 3-21　PTC 加热器

装有可自动复位的防干烧限温器和安全开关，同时配有高水位报警开关。当出现干烧和温度过高时，能够自动断开加湿器，并进行保护。

（5）空气过滤网。空气过滤网用于保证机房空气的洁净度。

（6）漏水检测系统。漏水检测系统可以向空调机组或一个独立的监控系统提供报警信息。

（7）制冷系统。制冷部分主要由压缩机、蒸发器、热力膨胀阀、视液镜、干燥过滤器、冷凝器等部件组成。水冷系统的冷凝器（多为板式换热器，并配备水流量调节阀）可放置在室内，而风冷系统的冷凝器放置在室外。图 3-22 为某品牌恒温恒湿机房风冷系列空调系统的总体布局图。

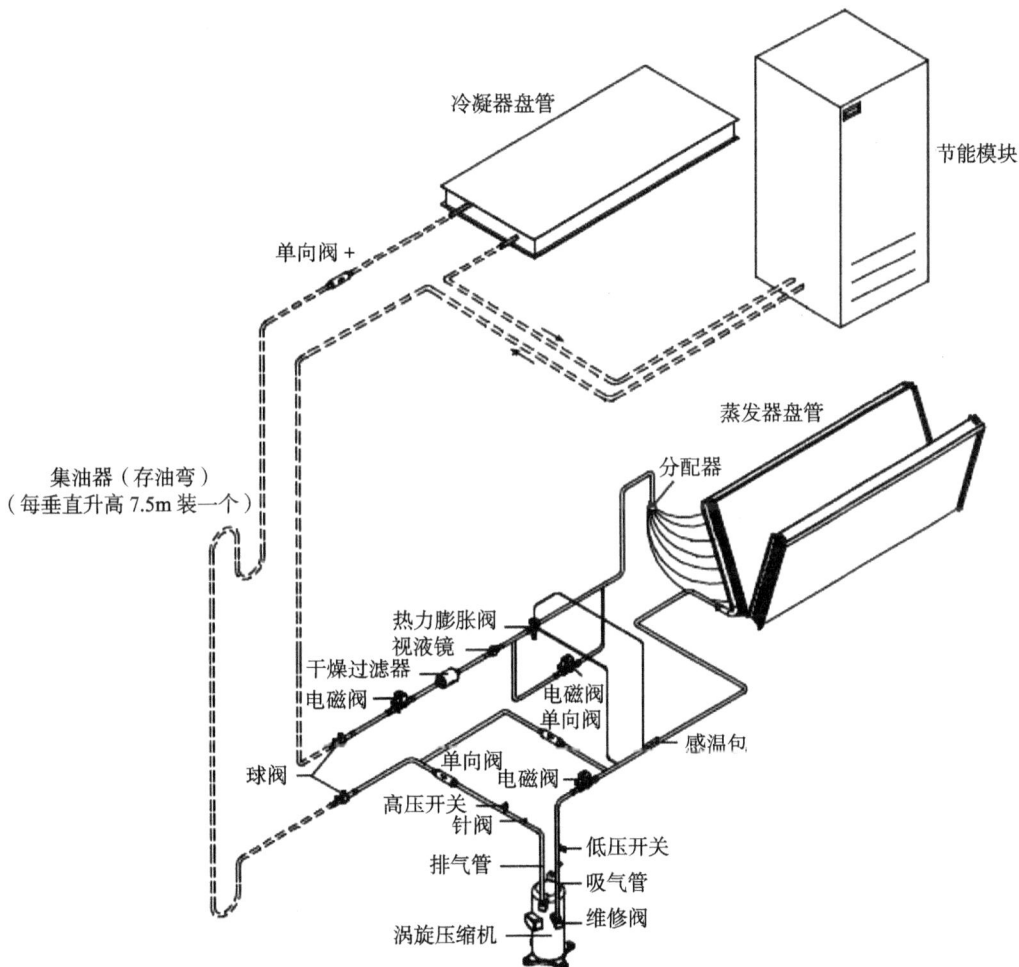

图 3-22　风冷系列空调系统总体布局图

①压缩机。压缩机采用了某品牌高效涡旋式压缩机，图 3-23 为压缩机的外观图。涡旋式压缩机具有振动小、噪声低及可靠性高等特点。

②蒸发器。蒸发器采用风冷翅片管换热器。为提高传热效率，采用亲水处理的开窗翅片、内螺纹铜管，分配器保证制冷剂在每个回路分配的均匀性。

③热力膨胀阀。节流装置采用外平衡式热力膨胀阀，图 3-24 为其外观图。在室内或室外环境温度变化时，可根据制冷系统的运行情况自动调节制冷剂流量，以适应负荷的变化。

图 3-23　压缩机

图 3-24　热力膨胀阀

④视液镜。视液镜为系统运行的观察窗口，可观察制冷剂状态，同时检测系统水分含量。当系统含水量超标时，其底色由绿色变为黄色。

⑤干燥过滤器。干燥过滤器可吸收制冷系统中存在的水分，同时过滤系统中长期运行产生的杂质，保证系统正常运行。图 3-25 为其外观图。

⑥板式换热器。板式换热器仅用于水冷系统，采用具有自清洗功能的钎焊式板式换热器，具有结构紧凑、换热效率高等特点。图 3-26 是板式换热器的外观图。

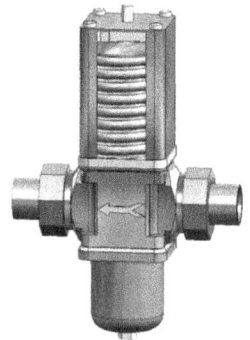

⑦水流量调节阀。水流量调节阀仅用水冷系统，可根据制冷系统的高压信号来调节其开度，控制流过板式换热器的水流量，保持恒定的冷凝压力及温度，使系统稳定运行。图 3-27 是水流量调节阀的结构图。

⑧风冷冷凝器。风冷冷凝器用于风冷系统，采用波纹形翅片管换热器。风机转速控制系统通过检测系统的冷凝压力调整输出电压，从而控制室外风机转速，使系统压力与负荷相适应，在有效降低风机噪声的同时，又保证了空调机组能稳定、可靠、高效运行。

图 3-25　干燥过滤器

图 3-26　板式换热器

图 3-27　水流量调节阀

3.1.2.3　恒温恒湿机实例

图 3-28 为某型号恒温恒湿机实物图。机组包括板式换热器、压缩机、红外加湿器、风机、iCOM 控制器、FC 风机等。

图 3-28　某型号恒温恒湿机实物图

3.1.2.4　恒温恒湿机的送风方式

恒温恒湿机按送风方式分为上出风和下出风。上出风系统可以接风管，也可以选配风帽，在接风管的时候需要综合考虑。

上出风风管送风初投资较高，送风方式较灵活，可根据现场实际情况灵活调节风口位置。图 3-29（a）为风管送风空调的示意图。上出风风帽送风安装简便，缺点是送风距离较短，一般适用于热负荷不大的场合。图 3-29（b）为风帽送风空调的示意图。

地板下出风空调使用比较广泛，其送风均匀，且配合的开孔地板也可灵活调节开孔位置，因此目前应用较广。图 3-29（c）为地板下送风空调的示意图。

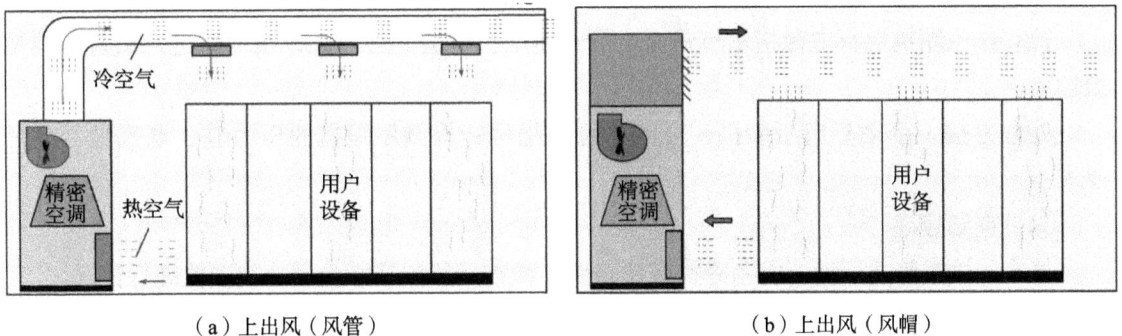

（a）上出风（风管）　　　　　　　　　　　（b）上出风（风帽）

图 3-29

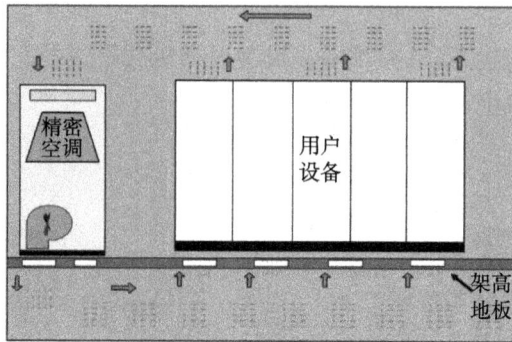

（c）下出风

图 3-29　送风方式

3.1.2.5　恒温恒湿机维护

恒温恒湿空调机组在运行过程中难免因为各种原因导致故障产生，良好的日常维护是减少故障发生的有效手段。

（1）不停机检查项目。

①检查控制屏显示的远程和本地温度、湿度、露点是否在正常范围内。

②是否有报警状态图标显示。

③聆听主机机组运行有无杂音。

④检查室内机侧板是否有结霜或结露现象。

⑤检查风冷冷凝器翅片是否有较多灰尘。

⑥检查冷凝风机电动机是否正常运转、仔细聆听冷凝器运行有无杂音。

（2）停机检查项目。确认机组已停机，主电源已切断，拆下机组前部面板，依次检查：

①空气过滤网（**重要！**）。

检查：过滤网是否透光；过滤网上侧是否有较多灰尘。

处理方法：将过滤网拆下，曝晒，轻轻敲打，除去灰尘；经处理后过滤网仍然有很多灰尘或不透光，需更换新的过滤网，建议三个月更换一次。

②检查控制、电气部分。

检查：打开面板后有无烧糊异味；察看各电缆接头处有无变色。

处理方法：关闭空调机组总电源，紧固松动的接头；查看接触器触点有无拉弧烧黑痕迹。

③检查压缩机。

检查：压缩机运行电源指示灯是否常绿；压缩机电流是否过大；压缩机进、出口压差是否过大。

处理方法：手动开启压缩机，观测电源灯指示；检测压缩机的压力差、电流是否满足要求。

④检查储液罐。

检查：检查静止储液罐内制冷剂液位高低；检查运行储液罐内制冷剂液位高低情况。

处理方法：如果储液罐内无制冷剂，制冷剂泵接触器不吸合，需检查供液管是否泄漏，有无停制冷剂泵，有无压缩机停止；确认制冷剂泵或压缩机运行正常后，要手动开启压缩机或制冷剂泵后确认储液罐液位；如果储液罐液位很低，需检查漏点并添加制冷剂。

⑤检查加湿器。

a. 红外加湿水盘。

检查：检查红外线加湿水盘内水位高低；检查红外线加湿盘内结垢情况。

处理方法：如果加湿水盘内无水，加湿接触器不吸合，加湿灯管不亮，需检查供水是否畅通，有无停水；确认供水正常后，要手动复位水盘温度保护开关（位于加湿盘下侧）；如果加湿盘内水垢较多，需拆下清理水垢，清理水垢的周期和当地水质有关。

b. 电极式加湿罐。

检查：如果控制屏显示的湿度值达不到房间要求，可能加湿罐内已结垢，需拆下来清理，加湿罐在机组底部中间位置。

处理方法：拆下加湿器上部的电缆和蒸汽管，解开固定加湿罐体的扎带，将加湿器取出清理水垢，检查排水管接口。

⑥风冷冷凝器检查（**重要！**）。

检查：从冷凝器进风侧查看翅片是否积满灰尘。

处理方法：使用毛刷（或长毛扫帚）轻轻清扫冷凝器翅片，将翅片上附着的灰尘清除掉，建议每周清扫一次；将风机网罩和叶片拆下，从上方冲洗冷凝器翅片，冲洗时可用塑料布包上电动机，以防止水溅到电动机上，建议每三个月冲洗一次；如果机组出现压缩机高压报警，清理好冷凝器后需将高压保护开关复位。

⑦室内风机组件检查。

检查：如果机组运行时有明显杂音或感觉机组风量不够，需检查风机组件情况。

处理方法：打开风机组件检修面板，查看风机皮带是否有开裂或断开，皮带附近是否有许多磨损下来的黑色粉末；皮带松紧度是靠风机电动机重力自动调整的，如果皮带磨损情况较重，以至皮带不能拉紧，则需要更换皮带，皮带一般 12 个月需更换一次；如果风机为 EC 风机，请确认接线是否正常或轴承是否磨损，整体更换。

⑧末端风机组件检查。

检查：如果机组运行时感觉机组风量不够，风机运行声音异常，需检查风机组件情况。

处理方法：打开机组侧面板，如果风机有振动现象，需及时更换；调整保险开关，判断保险是否损坏。

⑨检查末端蒸发器（**重要！**）。

检查：蒸发器是否透光；蒸发器上侧是否有较多灰尘。

处理方法：用吸尘器和软毛刷轻轻刷，除去灰尘；经处理后蒸发器仍然有很多灰尘或不透光，需用专用清洗除尘设备带电清洗，一般每三个月需清洗一次。

⑩水过滤器检查（**重要！**）。

检查：从水过滤器进出口压力查看水过滤网是否堵塞。

处理方法：将机组前后阀门关闭，通过泄水阀将机组内部水全部排掉；将过滤网拆下清洗，安装完毕并查漏，一般每三个月清洗一次；如果机组出现高水温报警，清理好水过滤器后需将高水温复位。

（3）常见报警处理。

①流量丢失或高低扬程。其可能原因：

a.制冷剂泵部分故障。

b.流量开关或管路堵塞故障。

c.供电反相。

②压缩机高压报警。其可能原因：

a.风冷冷凝器灰尘较多。

b.检查风冷冷凝器电源是否断开。

c.水冷设备冷凝器水流量丢失或冷却水温异常。

③低湿报警。其可能原因：

a.加湿器供水堵塞、水压过低、停水；加湿水盘下侧的温度保护开关跳脱。

b.加湿器结垢较多。

④高温报警。其可能原因：

a.房间热负荷较大或房门开启频繁。

b.其他异常报警导致制冷停止。

⑤地板漏水报警。其可能原因：

a.露点太高，有水从加湿水盘溢出。

b.漏水检测探头腐蚀。

3.1.2.6　恒温恒湿机常见故障与排除

恒温恒湿机故障主要包括三个方面：室内机故障、室外冷凝器故障、节能泵制冷模式故障。一般情况下，机组的控制系统在出现故障时会发出故障报警，同时显示故障代码。在判断和排除故障时，可参考说明书查找故障原因和处理方法。表3-5所示为恒温恒湿机常见报警类型。

表3-5　恒温恒湿机常见报警类型

种类	报警类型
运行状况	高温报警、低温报警、高湿报警、低湿报警
压缩机	高压报警、低压报警、运行超时报警、排气温度报警
电源	电源丢失报警、电源欠压报警、电源过压报警、频偏报警、反相报警、缺相报警
风机	过载报警、运行超时报警、气流丢失报警、过滤网堵塞报警
加湿器	低水位报警、运行超时报警
加热器	运行超时报警
盘管	冻结报警
泵	流量丢失报警、锁定报警
控制	远程关机报警、通信故障报警、温湿度检测板故障报警、温湿度传感器失效、室外温度传感器失效
安全	火警报警、烟雾报警

恒温恒湿机各部件的故障诊断和处理方法见表3-6~表3-11。需要注意的是，排除故障需将故障所引起的其他连带影响一并消除。如压缩机烧毁的严重故障，在压缩机烧毁后管路

系统中会残留一部分残留物（可能为铜屑、焊渣、氧化皮、压缩机运动部件磨损物等杂质，也可能为制冷剂与润滑油经过高温碳化后的产物），这些残留物对更换后的新压缩机运行会带来很大影响，很容易使压缩机失效陷入恶性循环，因此，在压缩机烧毁后更换新的压缩机时必须对系统进行清洗。

表 3-6　风机故障诊断和处理方法

故障现象	可能的原因	需检查项目或处理方法
FC 风机不能启动	无主电源	检查风机三相 L1、L2 和 L3 的额定电压
	断路器跳脱	检查主风机的断路器
	过载，空气开关跳开	手动复位，检查电流值
	接触器不吸合	检查接触器控制端子之间有无 $24V_{ac}$。如有，但接触器不吸合，则接触器故障，更换接触器
	控制板故障	检查控制板输入端子之间有无 $24V_{ac}$。如无，则为控制板故障，检查控制板上可控硅旁的绿灯是否点亮
	保险板故障	检查保险板输入端子之间有无 $24V_{ac}$。如无，且该保险板输出指示的绿灯未亮，进一步检查保险板上保险丝旁的指示灯是否点亮，或取下保险管测试其是否被烧坏
	气流丢失开关报警（动作）	1. 检查皮带是否松脱或风机电动机是否发生故障 2. 检查机组机外余压是否过高，较高的机外余压可通过优化风道及适当调整皮带轮配比解决
	风机本身失效	更换风机
EC 风机不能启动	断路器跳脱	检查主风机的断路器
	接触器不吸合	检查接触器控制端子之间有无 $24V_{ac}$。如有，但接触器不吸合，则接触器故障，更换接触器
	控制板故障	检查控制板输入端子之间有无 $24V_{ac}$。如无，则为控制板故障，检查控制板上可控硅旁的绿灯是否点亮
	保险板故障	检查保险板输入端子之间有无 $24V_{ac}$。如无，且该保险板输出指示的绿灯未亮，进一步检查保险板上保险丝旁的指示灯是否点亮，或取下保险管测试其是否被烧坏
	接触器吸合，机组显示气流丢失报警	1. 检查是否有 $0\sim10V_{dc}$ 模拟量输出，如无，则需要检查控制板 2. 检查菜单里风机转速是否设置过低，如果确认，可适当提高设定值解决 3. 检查是否机组机外余压过高，较高的机外余压可通过优化风道及适当提高设定值解决
	EC 风机故障	1. 检查风机三相 L1、L2 和 L3 是否存在不带电、缺相、电压过低等情况 2. 检查模拟量输出是否在 $0\sim10V_{dc}$ 要求范围内 3. 检查电动机是否堵转（电流过大） 4. 检查电动机是否过热 5. 霍尔失效 如果问题出现在前三点，则排除故障点后，电动机可自动恢复运行；如果是电动机过热，则需要将风机断电，待电动机冷却后，重新上电方可恢复；如果是霍尔失效，则需要厂家维护

表 3-7 压缩机和制冷系统故障诊断和处理方法

故障现象	可能的原因	需检查项目或处理方法
压缩机不能启动	未开电源（关机）	检查主电源开关、保险丝或断路器及连接线
	电源过载空开跳开	手动复位，检查电流平均值
	电路连接松动	紧固电路接头
	压缩机线圈短路烧坏	检查电动机绕组，如发现缺陷，立即更换
接触器未吸合，压缩机不运行	无制冷需求输出	检查控制器状态
	高压开关动作	检测高压开关
	接触器故障	检查接触器，检查压缩机控制端子与接触器接地之间有无 24V
接触器吸合，压缩机不运行	断路器跳停	检查断路器以及接触器之后查看线路电压
	压缩机内置保护器断开	检查压缩机线圈是否开路。如开路，等待线圈冷却后自动复位
压缩机运行一段时间就停止运转或接触器断开	制冷剂泄漏，低压开关无法闭合或者双冷源机组的低压传感器读取压力偏低；双冷源机组的低压传感器读数错误	1. 检查吸气压力 2. 检查低压开关所在线路 3. 校核低压传感器读数与实际压力是否在校核高低压传感范围内（高低压传感器值可在维护菜单 / 诊断设置中读取，显示为绝对压力）
需要制冷时机组不制冷，压缩机停止运转	压缩机在运行中，产生防冻结保护而停机	检查系统和风道，确定低压过低的原因
高压保护	冷凝器脏堵进水温度过高或水流量偏小（水冷）	1. 清洁冷凝器或板换 2. 检查水系统（水冷）
	冷凝设备不运转	1. 风冷系统，检查冷凝风机 2. 水冷系统，检查水系统
	制冷剂充注量过多	检查过冷度是否过高
	电动球阀调整不当（水冷）	1. 需要检查高压传感器读数与实际值是否在 ±0.6bar 范围内（高低压传感器值可在维护菜单 / 诊断设置中读取，显示为绝对压力） 2. 需要检查板式换热器的电动球阀是否正常动作
排气压力低	水流量过大或进水温度过低（水冷）	检查水系统
	制冷剂泄漏	查漏并进行维修及添加制冷剂
	室外风机转速控制器故障，输出电压一直是满载电压，不随冷凝压力的改变而改变（风冷）	如发现缺陷，立即更换转速控制器
启动后，吸、排气压力无变化	压缩机反转或内部串气	压缩机反转则调换压缩机任意两根 L 线；如发生内部串气且无法恢复，则需更换压缩机

续表

故障现象	可能的原因	需检查项目或处理方法
吸气压力低或回液	系统内的制冷剂不足	检查有无泄漏。如有，则进行维修并添加制冷剂
	空气过滤网太脏	更换空气过滤网
	干燥过滤器堵塞	更换干燥过滤器
	过热度调节不当	严格按照热力膨胀阀调节步骤进行调节
	热力膨胀阀感应元件有缺陷	更换热力膨胀阀
	空气气流分配不好	检查送风、回风系统
	冷凝压力过低	检查冷凝器
	皮带打滑	检查皮带情况并予以调整或更换
	带 FC 风机的单冷源机组，除湿电磁阀没有打开	1. 系统没有除湿需求的情况下检查除湿电磁阀的状态，测量除湿电磁阀控制端子之间有无电压，如无，则表示除湿电磁阀没打开，需要检查电磁阀相关电缆 2. 检查气流丢失开关接线是否正常，开机后测量气流丢失开关控制之间有无 $24V_{ac}$，如无，检查气流丢失开关是否损坏
	机外余压过大，造成风量衰减	检查风管或风道，重新评估机组的机外余压
压缩机噪声大	回液	参见"吸气压力低或回液"的处理方法
	润滑不良	添加润滑油
	压缩机运输固定件未拆除	拆除运输固定件
压缩机运转过热	压缩比过高	1. 检查高、低压开关设置，检查冷凝器是否脏堵 2. 检查蒸发器及冷凝器风机是否正常运行
	吸气过热度过高	调节热力膨胀阀或添加适量制冷剂
提供冷冻水时，自然冷源不启动	室内温度回风温度与设定温度的差值过高（大于菜单设定值），报警记录中会显示 FC 停 1h	首次开机调高设定温度后，机组断电重启可启动 FC 系统；如果在机组正常运行中，出现 FC 停 1h 以上，则表明目前制冷需求偏高，需要开启压缩机制冷来满足需求
	正常冷冻水进水温度下，FC 不启动，不会显示 FC 停 1h。这表明机组回风温度和进水温度的差值偏低	1. 测量冷冻水进水温度，并与机组检测到的自然冷源温度比较（自然冷源温度由安装在冷冻水进水总管上的温度传感器测得，在显示菜单/传感器数据中可以读取），如果显示偏差较大，则需要检查传感器的安装及传感器是否损坏 2. 需要满足机组回风温度和进水温度的差值高于菜单里设定值，FC 才可能开启，可能原因是进水温度过高或者机组设定温度过低，可通过适当降低菜单里的设定值使 FC 开启。注意：过低的设定值可能会造成机房内出现较大的温度波动

注　判断以上症状的前提是有制冷需求。

表 3-8　远红外加湿器的故障诊断和处理方法

故障现象	可能的原因	需检查项目或处理方法
无加湿效果	未给远红外加湿器水盘注水	1. 检查水源是否正常 2. 检查注水电磁阀是否工作 3. 检查高水位开关和水位调节器的状态 4. 检查进水管有无堵塞
	加湿接触器不能吸合	1. 检查加湿接触器的线路电压是否正常 2. 检查断开的远红外加湿器安全装置：水盘过温保护开关、灯管过温保护开关。用跳线连接水盘过温保护开关的端子，如果接触器闭合，则更换串联的安全装置，然后撤除跳线
	气流丢失开关故障	检查气流丢失开关接线是否正常，开机后测量气流丢失开关控制端子之间有无电压，如无，则检查气流丢失开关是否损坏
	加湿器主电源断电	1. 检查加湿空开是否闭合 2. 加湿接触器吸合状态下，检查三相 L1、L2 和 L3 电源电压是否正常
	远红外加湿器灯管烧坏	更换灯管

表 3-9　加热系统的故障诊断和处理方法

故障现象	可能的原因	需检查项目或处理方法
加热系统不运行，接触器不吸合	无加热需求	检查控制器的状态，确认是否有加湿需求
	加热辅助继电器故障	检查加热辅助继电器及其线路
	加热系统安全装置断开	跳线连接加热过温保护端子。如果加热系统开始运行，则表示安全装置断开。撤除跳线，拆下电加热器，检查手动复位开关是否断开，同时检查自动复位开关是否损坏，用欧姆表检测加热器的电阻特性，判断电加热是否损坏
	气流丢失开关故障	检查气流丢失开关接线是否正确，开机测量气流丢失开关控制端子间有无电压，如无，则检查气流丢失开关是否损坏
接触器吸合，无加热效果	加热器主电源断电	1. 检查加热空开是否闭合 2. 加热接触器吸合状态下，检查接触器三相 L1、L2 和 L3 电源电压是否正常
	加热器被烧坏	切断电源，用欧姆表检测加热器的电阻特性判断是否损坏

表 3-10　室外冷凝器的故障诊断和处理方法

故障现象	可能的原因	故障处理
缺相报警	三相电压有一相或两相丢失	测量三相火线电压是否正确
	输入反接	检查输入线序
	风机转速控制器单板硬件故障	更换风机转速控制器单板后进行比较
可控硅过温	风机堵转等故障	检查风机是否运行正常
	风机转速控制器单板硬件故障	更换风机转速控制器单板后进行比较

故障现象	可能的原因	故障处理
风机1过温、风机2过温	风机堵转等故障	检查风机是否运行正常
	风机供电交流接触器故障或者接线断开等	检查交流接触器配线；检测交流接触器辅助触点状态
	风机转速控制器单板硬件故障（检测电路故障或者可控硅供电电路故障）	更换风机转速控制器单板后进行比较
压力传感器失效	压力传感器没有安装或者接线端子接触不良	检查压力传感器配线情况
	电流型压力传感器短路端子没有加短路跳线帽	电流型压力传感器配置时安装短路跳线帽
	压力传感器失效	更换压力传感器后进行比较
	风机转速控制器硬件故障	更换风机转速控制器单板后进行比较
EEPROM（芯片）读故障	风机转速控制器硬件故障	更换风机转速控制器单板后进行比较
可控硅温度传感器失效	可控硅温度传感器没有安装或者接线端子接触不良	检查可控硅温度传感器配线情况端子
	可控硅温度传感器失效	更换可控硅温度传感器后进行比较
	风机转速控制器硬件故障	更换风机转速控制器单板后进行比较
频率异常	电网电压频率错误；风机转速控制器硬件故障	更换风机转速控制器单板后进行比较

表 3-11 节能泵制冷模式的故障诊断和处理方法

症状	可能的原因	需检查项目或处理方法
室内外机组通信失败	通信线接线错误	检查并重新接线
	节能模块没有上电	给节能模块上电
冷凝器通信故障	通信线连接错误	检查并重新接线
	冷凝器没有上电	给冷凝器上电
冷凝器运行故障	冷凝器控制板接线错误	检查冷凝器控制板接线
	冷凝器控制板故障	参考用户手册进一步确定控制板是否故障
温湿度传感器失效	温湿度检测板连接不良	检查温湿度检测板接线
	蒸发器入口温度检测 NTC 连接不良	检查蒸发器入口温度检测 NTC 接线
不能进入节能模式	进入节能模式的条件没有完全满足	检查进入节能模式的条件是否完全满足
	存在影响节能模式运行的相关报警	排除影响节能模式运行的相关报警
	1h 以内发生过泵流量丢失报警	此项原因仅在室外温度大于 −15℃时可能存在
	节能模块的流量开关失效	参见《节能模块用户手册》进行处理

对于任何制冷系统，压缩机报废均属于严重故障且时有发生。排除故障的唯一方法是更换压缩机，而压缩机的更换是一件比较复杂的维修工作。图3-30所示为某型号产品压缩机更换操作流程。

3.1.3 直膨式机组

3.1.3.1 直膨式机组的原理与结构

所谓直膨式空调机组，就是制冷系统中由制冷剂在其蒸发（或冷凝）器盘管内直接吸热或放热，对盘管外的空气进行换热，从而实现制冷或制热。

热泵型直膨式空调机组制冷运行时，将来自室内换热器的低温、低压制冷剂气体经压缩机吸入并压缩成高温高压气体进入室外换热器，与室外侧空气进行热交换而成为制冷剂液体，经节流元件节流降压、降温后再回到室内换热器，与室内需调节的空气进行热交换而成为低温低压制冷剂气体。如此周而复始地循环，达到制冷的目的。

制热运行时，制冷剂的流动方向与制冷时相反；压缩机排出的高温高压制冷剂气体在室内换热器中放出热量凝结成液体，经节流阀节流后在室外机换热器中吸收低品位热量，进行热泵制热循环，达到制热的目的。

单冷型直膨式空调机组仅有制冷模式，其工作过程与热泵型机组的制冷运行相同。

直膨式空调机组主要由室内空气处理机组和室外风冷式压缩冷凝机组两大部分组成，两部分用铜管

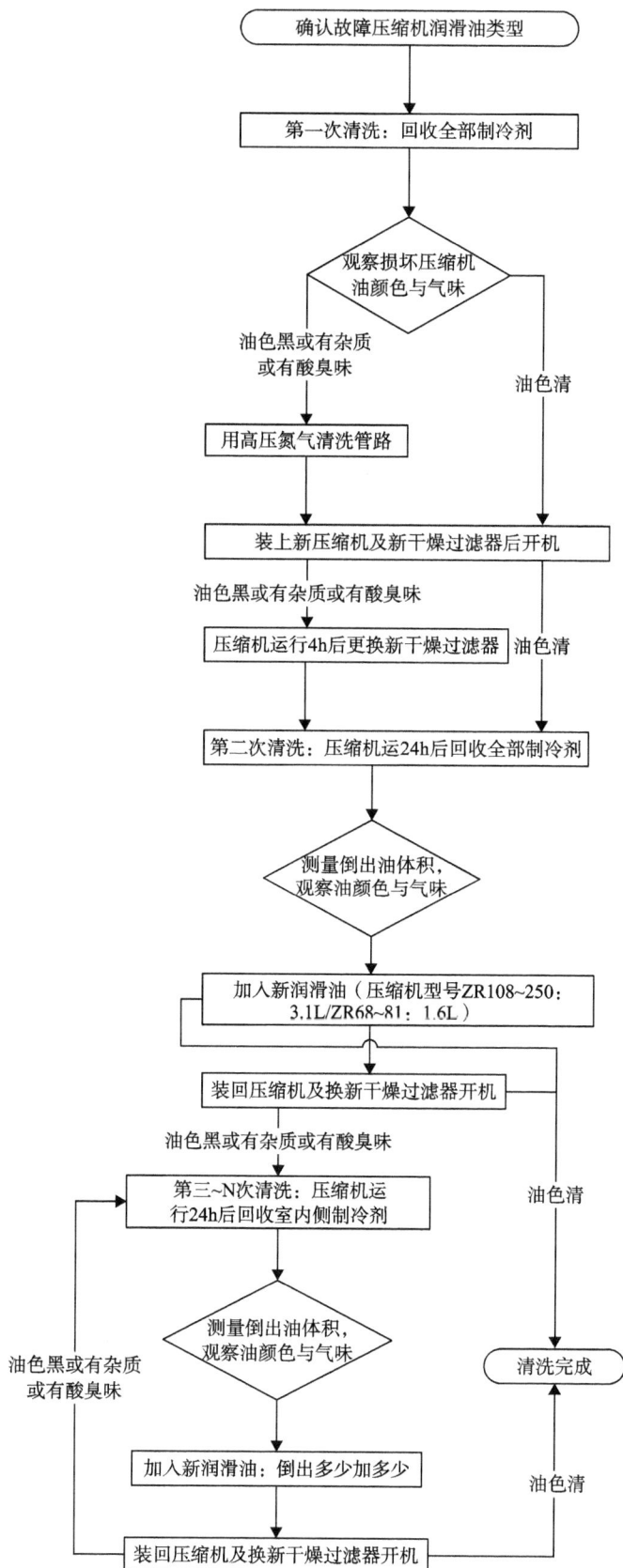

图3-30　压缩机更换流程图

直接连接，管内是制冷剂，空气经蒸发器降温处理后，再经一系列处理后送至室内。无须水泵、冷却塔、风机盘管等配套设备，亦无须冷凝排水管道，安装使用极为方便，此系统设计避免了寒冷地区冬季冻裂水管的问题。

直膨式空调机组氟系统主要部件有：压缩机、室内翅片管式换热器、室外翅片管式换热器、节流元件、四通换向阀（热泵机组专有）；直膨式空调机组风侧系统主要部件有室内风机、电动机、过滤器等。

3.1.3.2　直膨式机组的维护与保养

为延长空调机组的使用寿命，应定期对机组进行检查、维护和保养。

（1）空气过滤网。空气过滤网的作用就是阻止外界异物，即杂物、烟灰、粉尘及其他可能由空气流动而带来的异物。如果过滤网堵塞，不仅降低其过滤效果，而且还使机组风量减小，风机背压降低，易造成事故。过滤网的清洗周期应根据安装位置及所处环境造成的杂物、异物的多少而定。可先在过滤网表面轻轻拍打，清除粗大的堵塞物，然后在溶有清洗剂的温水中清洗。空气过滤网应安装在回风百叶窗后，并易于拆装，重新使用前要彻底晾干。

（2）换热器。注意保证盘管翅片、铜管等无划伤碰瘪现象。保持盘管清洁，可用一个尼龙刷刷洗盘管的翅片。刷洗前必须用真空吸尘器清理。如有压缩空气，可以使用高压空气管或喷嘴清洗盘管。盘管清洁后外表面应无脏污，表面换热效果应达到其出厂时的换热能力。

（3）皮带。对于室内机由皮带驱动的机组，运行一段时间后，应调整皮带的松紧度。

（4）排水管。在机组运行前必须检查排水管。如果堵塞，必须清除异物，以便冷凝水排通顺畅。

（5）使用季节开始时的检查。

①检查所有室内末端设备电源接线是否有误，风机转动是否正常。

②检查室内末端设备进出口处的风阀是否全部打开。

③检查管路系统的保温和凝结水的排放措施是否良好。

④检查所有供电和控制线路是否全部连接到位，是否按接线图正确接线，接地是否可靠，所有接线端子是否全部紧固。

⑤检查风机扇叶是否与风扇护网干涉。

⑥长时间停机之后再次使用，必须对机组预先通电 12h，以便室外压缩机曲轴箱预热。

（6）使用季节结束的保养。

①清洁过滤网和室内、外机身。

②机组长时间不运行时，请关闭总电源。

（7）其他注意事项。

①只有在停机并关掉电源后才能清扫空调机，否则可能触电或受伤。

②不要用水直接冲洗机组，不要在机组运行时进行检修。

③不要卸掉风机网罩，高速运行的风机会造成危险。

④不要使用钢丝或铜丝代替保险丝，使用正确规格的保险丝，否则会伤害机组。

⑤若发现任何异常（如焦味），关掉电源，查找故障原因并排除。在这种情况下若继续使用，空调机会损坏，并可能造成触电或火灾事故。保养只能由专业维修人员进行，在接线

装置之前必须切断所有电源。

3.1.3.3　直膨式机组的故障分析与排除

直膨式机组在使用过程中，可能会不同程度地出现故障，表 3-12 和表 3-13 是制冷系统和控制系统一些常见的故障及其处理方法。

表 3-12　制冷系统常见故障分析与排除

故障现象	可能原因	解决方法
压缩机不能正常启动，也无嗡嗡声	主控制器电源及通信数据线故障	启动电源查看通信灯亮否
	主控制器报警指示灯亮	查看何种故障，联系制造商服务人员
	机组控制处于预热状态	正常情况，为保护机组做准备
	主控制器内数据设定有误	阅读用户操作手册，重设参数
压缩机能启动，但开停频繁	制冷剂过多或不足，致使排气压力过高或吸气压力过低，压力开关动作	确定制冷剂是否合适，多则由排气口放出，不足则查漏修复、补充
	主控制器温控周期值过小	在制造商服务人员指导下修改参数
	压缩机电源相序有误	查看主电源动力线及压缩机进线
压缩机噪声大	液体制冷剂回到压缩机	检查膨胀阀是否失灵，感温包是否与吸气管脱开
	压缩机内部零件坏	拆修或更换压缩机
空调制冷能力偏低	制冷剂不足，冷量不够，蒸发温度偏低	查漏、修复漏点，加足制冷剂
	机组冷凝器散热不良	清洗冷凝器，改善冷凝条件
	膨胀阀调整不当	检查 EXV 线圈与 EXV 阀
	过滤器堵塞	更新过滤器
冷凝压力过高	制冷剂过多	排出多余制冷剂
	环境温度高，机组通风不良	排除影响因素，使冷凝条件良好
	制冷剂、系统内有空气或不可凝气体	由排气口排出气体或不可凝气体
冷凝压力过低	制冷剂不足	查明泄漏，修复后补足制冷剂
	压缩机阀片有问题，效率下降	更换压缩机
吸气压力过高	制冷剂过多	排出多余制冷剂
	膨胀阀开度过大	检查 EXV 线圈与 EXV 阀
	四通阀泄漏	更换四通阀
吸气压力过低，机组频繁低压保护	制冷剂不足	查明泄漏，修复后补充制冷剂
	室内末端设备故障	修复末端设备
	膨胀阀开度太小或堵塞	检查 EXV 线圈与 EXV 阀
空调制冷正常但不制热	主控制器内空调工况选择有误	查看主控制器内工况设定
	四通阀电线松动或线圈烧坏或卡死	检修四通换向阀
	气温过低，翅片式换热器结霜	除霜，查明原因，加装辅助热源

表 3-13　控制系统常见故障分析与排除

故障现象	可能原因	解决方法
通信故障	外部强电压串入控制板	确保现场电源正常
	外界电磁干扰	安装时远离干扰源
	通信线异常断开	检查更换
	接线错误	更正接线
	线控器或主板本身硬件或软件问题	更换线控器或主板
	未使用双绞线或屏蔽线	使用双绞线或屏蔽线
	强电线路和通信线没有分开布线	把强电线路和通信线分开布线
线控器无显示	正常的保护导致模块失电	对照电路图，判断是否保护引起
	接线错误	更正接线
	线控器损坏	更换线控器
	通信故障导致	对照通信故障原因，排除
	控制主板掉电	检查掉电原因，恢复上电
	控制主板损坏	检查并更换主板
开机，机组不动	设定温度不恰当，正常停机	更改设定温度
	远程开关未合上（如果有）	将远程开关合上（如果有）
	故障引起停机	根据故障代码，排除故障
	主板或线控损坏	更换主板或线控
	设定定时开机，时间未到	等待或取消定时

3.2　多联式空调机

3.2.1　多联式空调机的原理与典型结构

3.2.1.1　多联式空调机的原理

多联式空调机是中央空调的一个类型，俗称"一拖多"，指的是一台或多台含变容式压缩机的室外机，通过将制冷剂配管并入一个管道系统中，从而实现对多台室内机进行自由连接的空调系统。其室外机采用风冷换热形式、室内机采用直接蒸发换热形式，它通过对变容式压缩机和电子膨胀阀的控制，调节系统和室内侧换热器制冷剂的流量来实现系统的变容节能运行。多联机是一种一次制冷剂空调系统，它以制冷剂为输送介质，室外主机由室外侧换热器、压缩机和其他制冷附件组成，末端装置是由直接蒸发式换热器和风机组成的室内机。多联式空调室外机通过管路能够向若干个室内机输送制冷剂液体。通过控制压缩机的制冷剂循环量和进入室内各换热器的制冷剂流量，可以适时地满足室内冷、热需求。

3.2.1.2　多联式空调机的功能与特点

多联式系统具有节能、舒适、运转平稳等诸多优点，而且各房间可独立调节，能满足不同房间不同空调负荷的需求。

多联式空调机使用多种可变PI（比例积分）控制系统，根据制冷剂压力传感器对变频和标准压缩机进行辅助控制，简化对较小型设备的控制段数，对大、小范围都能精确控制。因此，可以对不同容量和种类的、装机总容量为室外机容量的50%~130%的室内机进行独立的控制。此外，多联式空调机的管长设计自由度较大，一般总长度可达到几百米以上，且可以允许内外机之间具有较长的高低差。多联式空调的配线系统是将室内机与室外机之间的传输线集成在一根公共线路中，简化了现场配线，缩短了电气作业时间。相对于风管式系统和水管式系统而言，多联式系统的室内机组形式多样，常见的有嵌入型、风管型、悬吊型、壁挂型等。这些室内机既能提供合理、良好的气流组织，又可较好地配合各种室内装潢的风格。同时由于采用了电子膨胀阀对制冷剂流量的精确控制，可实现不同负荷率下平稳的变容调节运行。与此相对应，在控制方式上它提供了从单独分散控制到集中远程控制等各种功能，可适用于中高档的住宅和办公场所。目前，在国内得到广泛应用的多联式空调系统主要有单冷型、热泵型、热回收型以及水冷型等，可分别用于不同的场合以满足不同的要求。

多联式空调机按其所用压缩机的变容控制工作原理大致可分为变转速控制和数码脉冲式控制两大类。所谓变转速控制方式，是指通过调节压缩机电动机的转速来提供不同的输出能力以满足不同的工况要求；而数码脉冲式控制则是采用脉冲阀，脉动地控制压缩机涡旋定片与动片间啮合的开合来实现其容量的调节。至于实现转速调节的方式则有多种，如变频式变转速控制，直流电动机变转速控制和变极数变转速控制等。总之，不论多联式系统采用何种变容控制的工作原理，为了实现压缩机不同容量输出的变化，均采用了精确的流量控制，从而在许可的工作范围内为用户提供优异的舒适环境。同时，由于系统采取直接供冷（暖）方式，所以可以取得较高的能效比。

多联式空调系统根据其制冷剂配管实际连接形式大体可分为室外直接分歧方式和室外总管室内分歧的连接方式两大类。采用室内分歧形式的多联式空调系统（图3-31），其室外机组所连接的制冷剂配管由一组气管和液管构成（一般称为主配管，对于部分品牌的热回收式系统则由两根气管和一根液管构成）。制冷剂主配管根据室内机组的分布情况，在合适的位置进行再分支，最终与各个室内机组相连接。采用室外分歧的多联式空调系统（图3-32），其室外机组连接复数组制冷剂配管，数量根据实际连接的室内机组的数量和形式来确定。相对而言，采用室内分支的系统，由于流量调节机构设置在各室内机组中，能较为迅速地对应室内负荷的变化，且可达到较长的配管长度以对应较大的空调空间；而室外分歧的多联式空调系统由于流量控制机构设置在室外机组，为减小管路的输送损耗，一般不宜安装较长的制冷剂配管，多用于三房至四房的家庭场合。

多联式空调机集"一拖多"技术、智能控制技术、节能技术和网络控制技术等多种高新技术于一身，满足了消费者对舒适性、方便性等方面的要求。多联式空调机与多台家用空调相比投资较少，只用一个室外机，安装方便美观，控制灵活方便。它可实现各室内机的集中管理，采用网络控制。可单独启动一台室内机运行，也可多台室内机同时启动，使得控制更

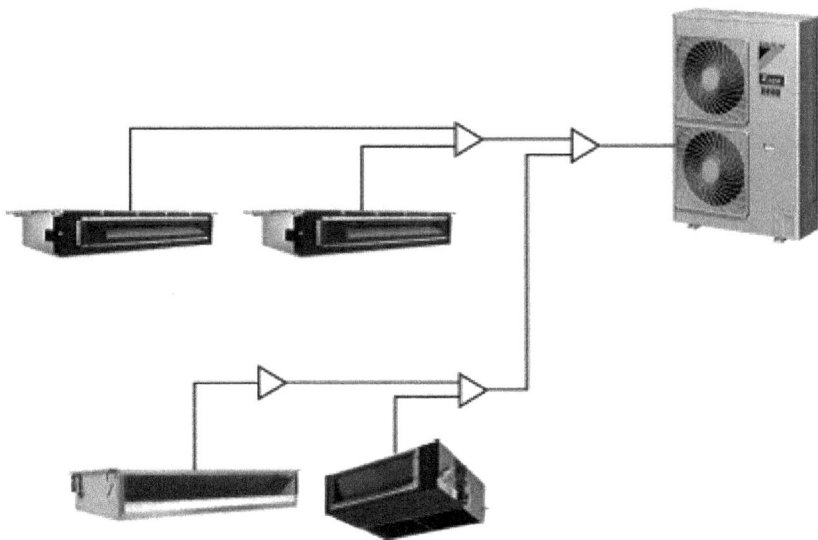

图 3-31 室外总管室内分歧方式

图 3-32 室外直接分歧方式

加灵活和节能。多联式空调占用空间少。仅一台室外机可放置于楼顶,其结构紧凑、美观、节省空间。长配管、高落差。多联式空调可实现超长配管安装;两个室内机之间的落差可达到 30m,因此多联式空调安装随意、方便。多联式空调采用的室内机可选择各种规格,款式可自由搭配。它与一般中央空调相比,避免了一般中央空调一开俱开,且耗能大的问题,因此它更加节能。此外,自动化控制避免了一般中央空调需要专用的机房和专人看守的问题。多联式中央空调的另一个最大的特点是智能网络中央空调,它可以一台室外机带动多台室内机,并且可以通过它的网络终端接口与计算机的网络相连,由计算机实行对空调运行的远程控制,满足了现代信息社会对网络家电的追求。

多联式空调机的主要部件包括压缩机(一般可分为变频压缩机、定频压缩机)、风机、换热器(蒸发器、冷凝器)、节流装置(电子膨胀阀)、变频模块(控制变频压缩机)、控制模块、制冷剂管路中的分歧管等。

分歧管也叫分歧器或分支管，适用于多联式空调系统，是连接主机和多个末端设备（蒸发器）的连接管，分为气管侧和液管侧。空调分歧管就相当于水管的分叉头，用来分流制冷剂。分歧管的选型是根据每个分歧管后所连接的室内机的容量来确定的。空调分歧管可以横装或竖装，横装时分管口与水平线的夹角须小于15°，分歧管接头处的管路须保证50cm以上的直管段。

3.2.1.3 多联式空调机的结构

各厂家多联式空调机的结构大同小异，其室内机属于风机盘管，详见有关章节或资料。在此仅介绍室外机，图3-33为某型号多联式空调机室外机系统图，图3-34为其主要部件图，图3-35为其管路控制图。表3-14为图3-34中各部件的名称及数量。

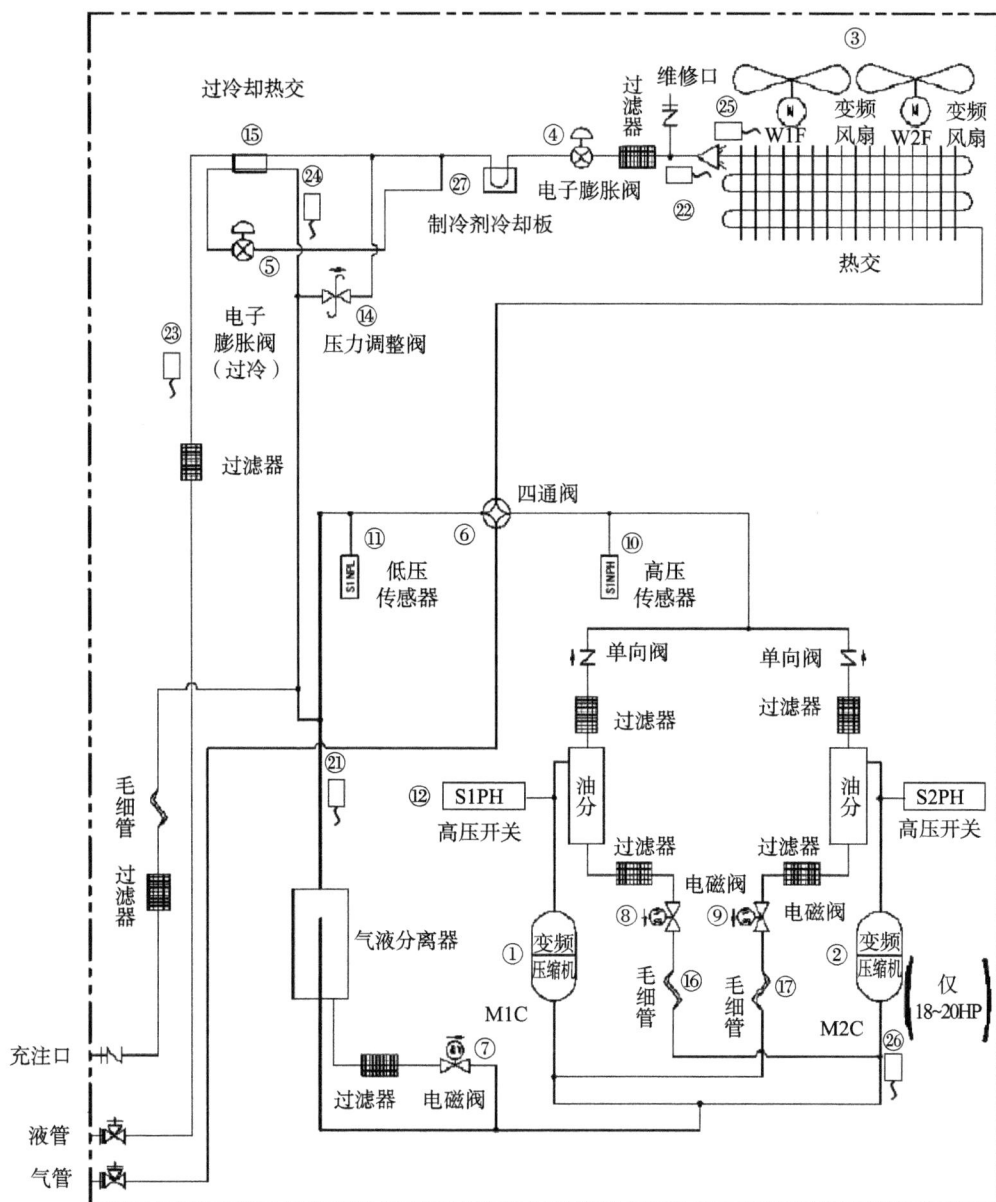

图3-33　多联式空调机室外机系统图

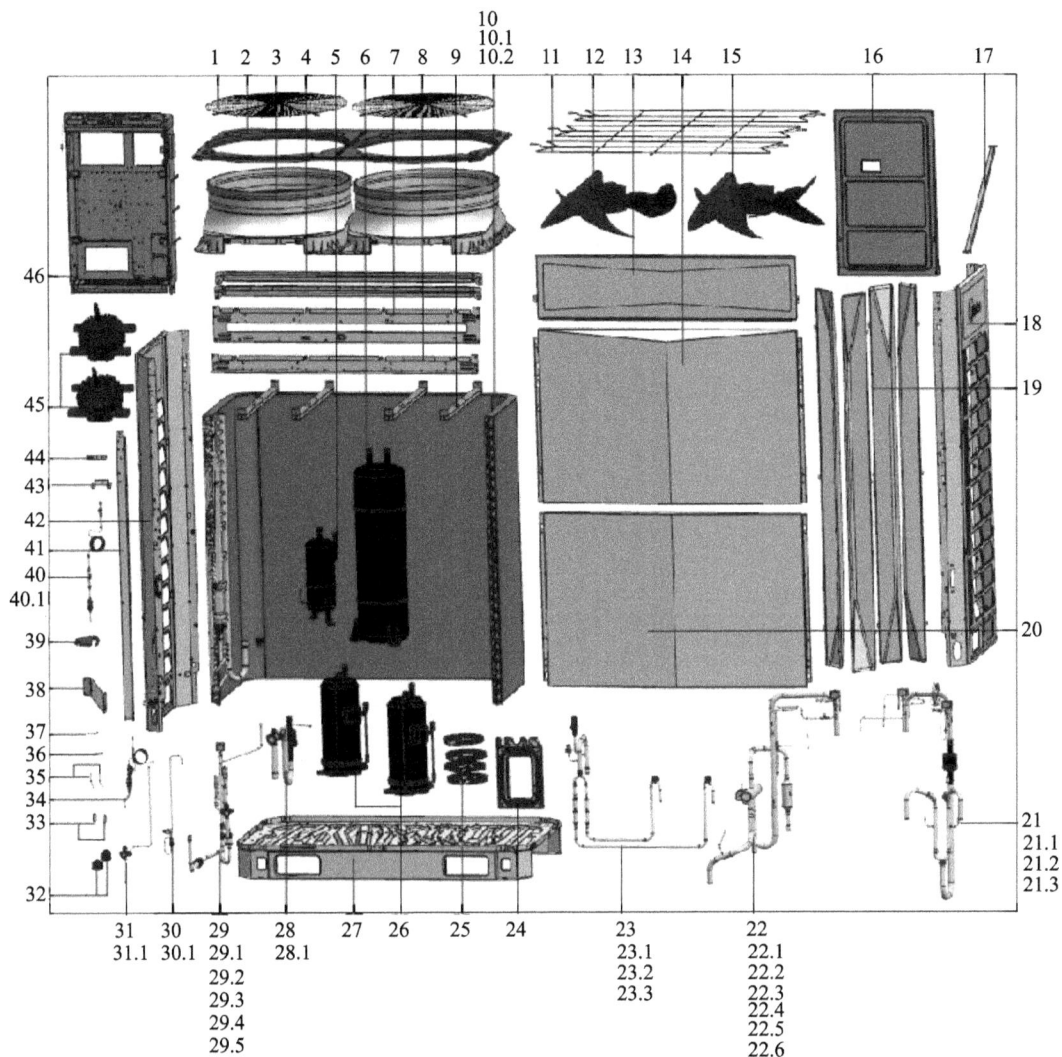

图 3-34　多联式空调机室外机的主要部件图

表 3-14　图 3-34 中各部件名称及数量

序号	名称	数量	序号	名称	数量
1	出风网罩	2	23.2	单向阀	2
2	顶盖	1	23.3	压力控制器	1
3	导风圈组件	2	24	阀安装板	1
4	顶盖支撑板	2	25	压缩机电加热带	4
5	油分离器	1	26	直流变频压缩机	2
6	气液分离器	1	27	底盘部件	1
7	前横梁	1	28	低压阀组件	1
8	后横梁组件	1	28.1	低压阀	1
9	电动机支架焊合件	4	29	膨胀阀组件	1
10	冷凝器部件	1	29.1	单通电磁阀线圈	1
10.1	冷凝器输出管组件	1	29.2	单通电磁阀	1

序号	名称	数量	序号	名称	数量
10.2	冷凝器输入管组件	1	29.3	单向阀	1
11	后铁丝网	1	29.4	低压阀	1
12	轴流风叶	1	29.5	电子膨胀阀	2
13	后上盖板	1	30	表接头组件	1
14	上面板组件	1	30.1	表接头	1
15	轴流风叶	1	31	油平衡阀组件	1
16	电控盒盖组件	1	31.1	低压阀	1
17	顶盖中间支撑	1	32	电子膨胀阀线圈	2
18	右侧板组件	1	33	排气温控器	2
19	装饰柱	4	34	回油毛细管组件	1
20	下面板	1	35	排气温度传感器部装件	2
21	回气管组件	1	36	管温传感器组件	1
21.1	单通电磁阀线圈（带螺钉）	2	37	室温传感器组件	1
21.2	压力控制器	1	38	电控盒左挂板	1
21.3	单通电磁阀	2	39	橡胶垫	1
22	四通阀组件	1	40	油平衡组件	1
22.1	四通阀线圈	1	40.1	单向阀	1
22.2	单通电磁阀线圈（带螺钉）	1	41	电控盒支撑板	1
22.3	四通阀	1	42	左侧板组件	1
22.4	单向阀	1	43	配管支撑板	1
22.5	卸荷阀	1	44	温包卡	1
22.6	单通电磁阀	1	45	直流电动机	2
23	压缩机排气管组件	1	46	室外机电控盒组件	1
23.1	压力传感器	1			

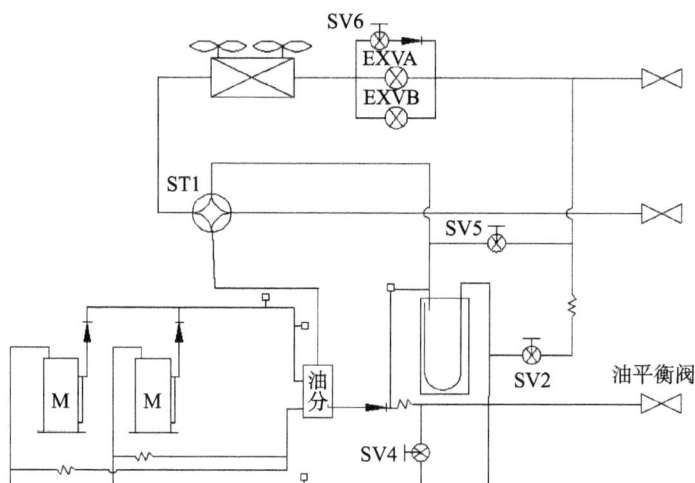

图 3-35 多联式空调机室外机管路控制图

图 3-35 中：

SV2—喷液冷却电磁阀：任意排气温度在 100℃以上都要求开启，90℃以下关闭。

SV4—回油电磁阀：上电时开启 120s。在变频压缩机开启 200s 后开启，开启 10min 后关闭，以后变频运行 20min 开启 3min。

SV5—快速化霜电磁阀：上电时开启 60s。制热除霜开始后 40s 打开。

SV6—旁通阀：制热或停机时关闭。制冷时，压缩机启动 10min 内开启，然后根据排气温度调节；运行强制制冷和回油时开启；制冷时如果排气压力 Pc 冷时如果（点检值 36）则开启，Pc<3.4（点检值 34）则关闭。

ST1—四通阀：制热开启运行，变频压缩机启动开始计时 70s 后四通阀通电换向。

M—压缩机：采用高性能的无刷直流变频压缩机，根据室内机所需的温度进行变频调节、满足室内温度调节要求。当环境温度、排气温度过高，电压过低时均出现限频控制。

油分离器：压缩机运行时会把冷冻油随制冷剂一起带出，为了避免压缩机缺油及制冷量下降现象，在压缩机排气口设置油分离器，把冷冻油与制冷剂分离，使冷冻油回到压缩机。

EXV—电子膨胀阀：室外电子膨胀阀制热运行时调节系统过热度，起节流降压作用。初始上电时，室内外机的电子膨胀阀都先关闭，然后打开处于待机状态，室内外机电子膨胀阀在压缩机启动后开至目标开度。运行过程中收到关机指令，压缩机全部停止后，电子膨胀阀先关闭，然后开到一定的开度处于待机状态；多个模块组合运行过程中收到关机指令，主机运行从机停机时，从机电子膨胀阀关闭。

3.2.2　多联式空调机的维护与保养

在正确的保养下可使空调的使用年限延长至 10~15 年。定期的维护保养，将提高空调性能，延长空调使用寿命，降低电费与更新设备的费用支出。由于外界工作环境的影响，中央空调主机经常在较恶劣的环境下工作，这样会造成压缩机油的炭化和乳化，从而使系统积炭、腐蚀、堵塞、润滑性能下降，使整机性能降低甚至影响到机组的使用寿命，给用户带来较大的经济损失，影响正常的生活和工作。而主机系统的主要维修保养任务就是预防性保养和维修性保养相结合，杜绝机组跑、冒、滴、漏现象的发生，把故障解决在萌芽状态。

（1）多联式空调机室外机的维护保养。

①清除机组表面灰尘，金属表面除锈加防锈油。

②检查机脚螺栓有无松动，机组有无异常振动及噪声，如有，应立即进行处理。

③检查机组有无漏油现象，有漏油时意味着制冷剂泄漏，应立即进行修复，并重新抽真空灌注制冷剂。

④检查各类温度传感器、压力传感器控制器工作是否正常，发现问题立即处理。

⑤清扫电控柜内外灰尘，检查电控柜内元器件，导线及线头有无松动或异常发热现象，发现问题立即处理。

⑥检查冷凝器翅片是否脏堵，如果脏堵，可先在过滤网表面轻轻拍打清除粗大的堵塞物，然后在溶有清洗剂的温水中清洗过滤网，并清除翅片上的污物。

（2）多联式空调机室内机的维修保养。多联式空调机的室内机运行一段时间后过滤网上就会聚积灰尘，增加空气阻力，因而引起风量减小或堵死；风量减小会引起室内空调效果不好，影响正常使用。并且，室内机长期运行会使电动机轴承磨损严重、电动机功耗增加、噪声增大，给用户的正常生活带来影响。所以室内机每年要进行一次保养，主要包括：

①清洗回风过滤器，清洗换热器翅片，清洗离心风轮，轴承加油保养及更换。

②检测风机盘管出风口风量及出风口温度是否正常，清理出风口、回风口灰尘。

③室内机积水盘的清洗。

3.2.3 多联式空调机的常见故障分析

3.2.3.1 变频压缩机锁定

变频压缩机锁定故障可通过在机组启动状态下观察压缩机有无反应进行判断。可能的原因包括变频压缩机锁定、高低压差过大、电源接线错误、变频P板故障、截止阀未打开等。可通过图3-36所示流程分析。

3.2.3.2 室内机排水水位控制系统故障

室内机排水水位控制系统故障通过浮子开关检测，可能的故障原因包括电源电压异常、浮球开关故障、排水泵故障、室内机P板故障、排水管堵塞或向上倾斜等。可通过图3-37所示流程分析。

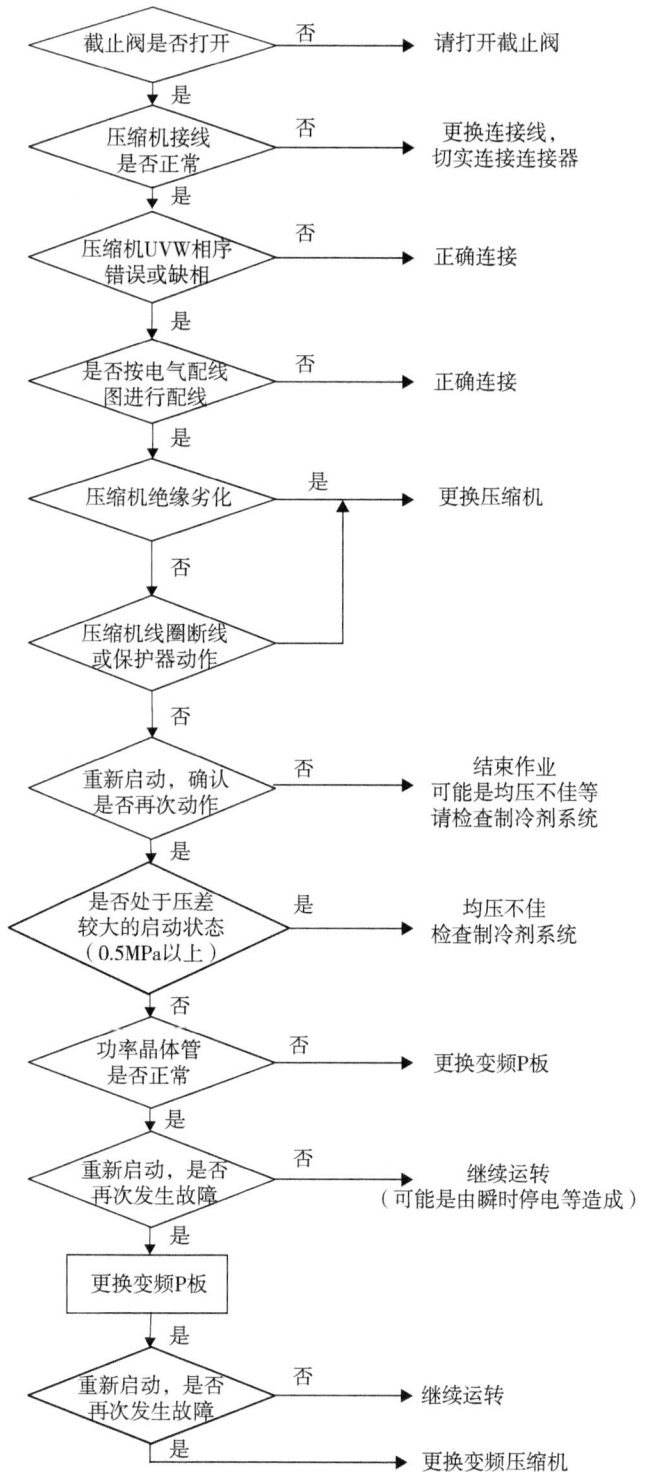

图3-36 变频压缩机锁定故障分析

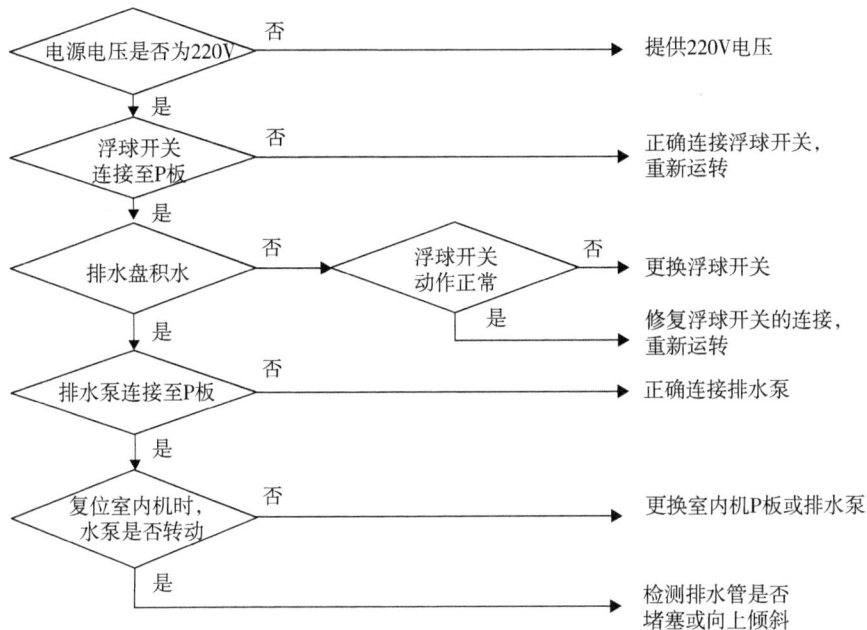

图 3-37 室内机排水水位控制系统故障分析

3.2.3.3 高压故障

高压故障可通过保护装置电路检测高压开关的导通情况判断故障原因。可能的故障原因包括高压开关动作、高压开关故障、控制 P 板故障、瞬时停电、高压传感器故障等，可通过图 3-38 所示流程分析。

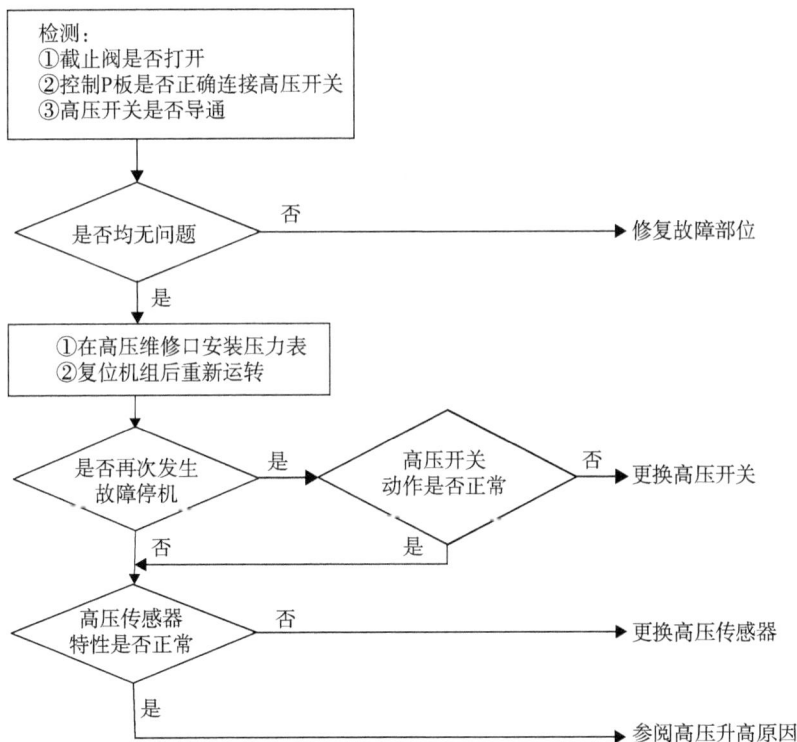

图 3-38 高压故障分析

3.2.3.4 低压故障

低压故障可通过保护装置电路检测低压开关的导通情况分析故障原因，可能的原因包括低压开关动作、低压开关故障、控制 P 板故障、截止阀未开、低压传感器故障等，可通过图 3-39 所示流程分析。

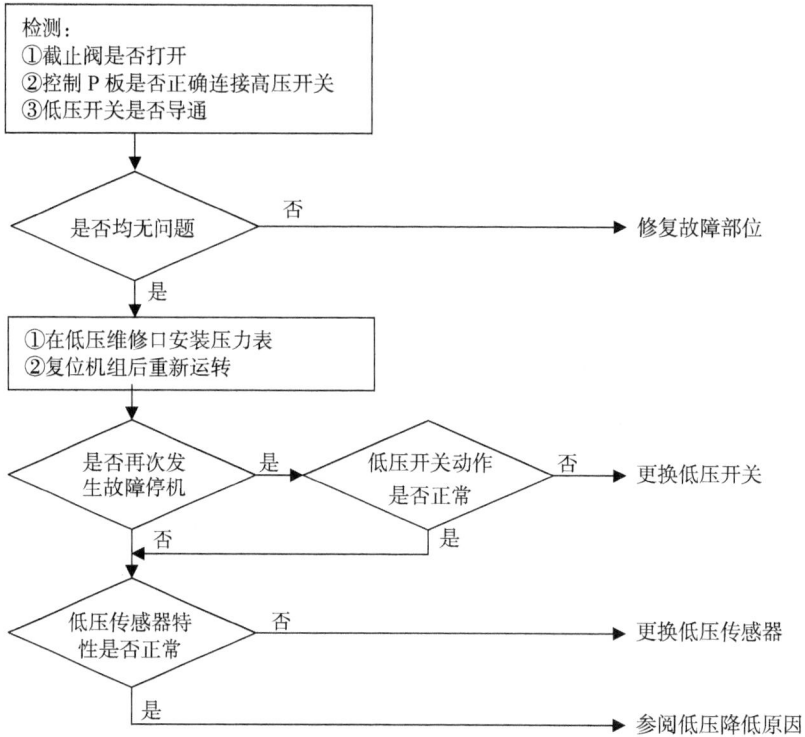

图 3-39 低压故障分析

3.2.3.5 排气管温度异常

排气管温度异常可根据排气管或压缩机温度传感器检测的温度判断，可能的故障原因包括排气管温度异常、排气管传感器故障、压缩机表面温度异常、压缩机表面热敏电阻故障、控制 P 板故障等。可通过图 3-40 所示流程分析。

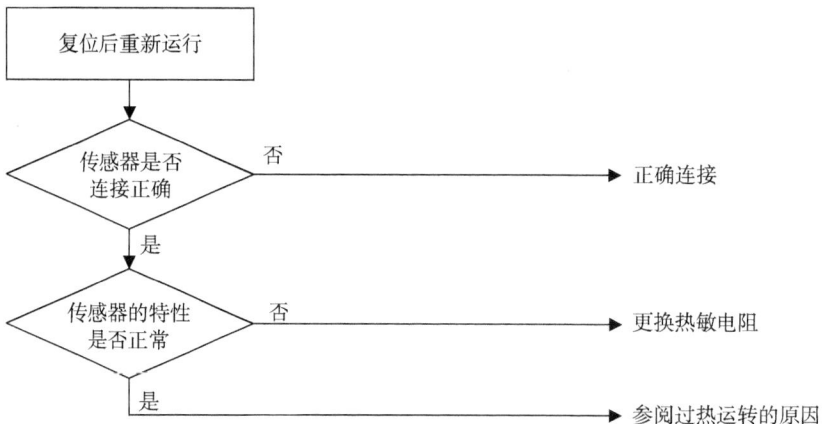

图 3-40 排气管温度异常故障分析

3.2.3.6 湿运转

湿运转故障可通过图 3-41 所示流程进行分析。

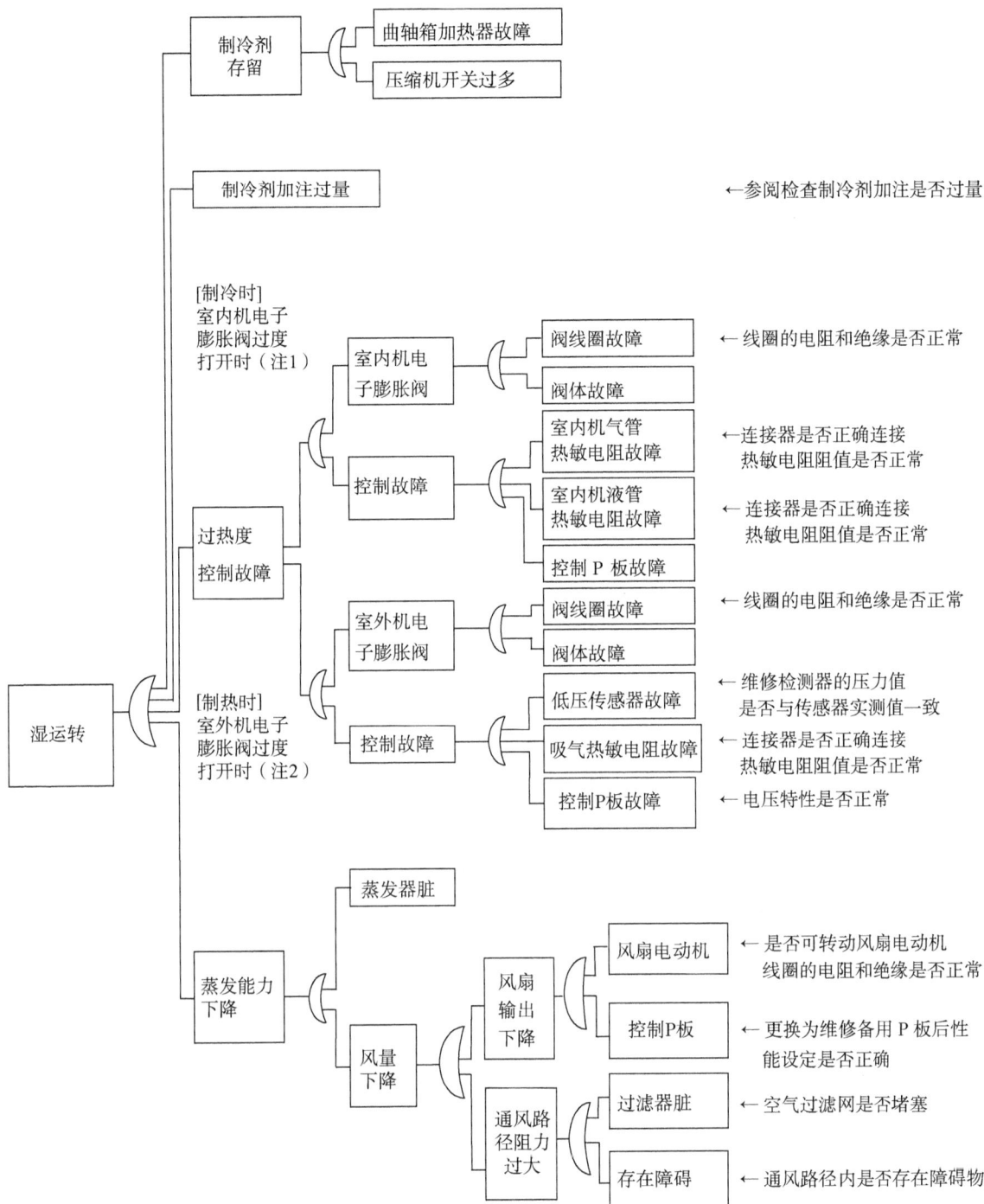

图 3-41 湿运转故障分析

注 1. 制冷时由室内机电子膨胀阀进行过热度控制。

2. 制热时由室外机电子膨胀阀进行室外机热交换器的过热度控制。

3. 判断为湿运转的过热度的大致标准：

① 吸气过热度 3℃以下；

② 排气过热度 15℃以下，刚启动后和下降控制室等除外。（上述值仅供参考。即使在上述范围内，某些条件下仍正常。）

3.2.3.7　制冷剂充注过量

制冷剂充注过量可根据空调的运转情况进行判断，如图 3-42 所示，主要现象包括：

（1）高压压力升高，运转频率低限运转，效果变差。

（2）制热时，室内机热交换器出口处有液态制冷剂积存，室内机液管侧热交温度较低（出风温度 30℃左右），过冷度变大。

（3）制热时，由于高压上升，使电子膨胀阀关小，蒸发不充分，导致潮湿运转，过热度变小，排气管温度下降。

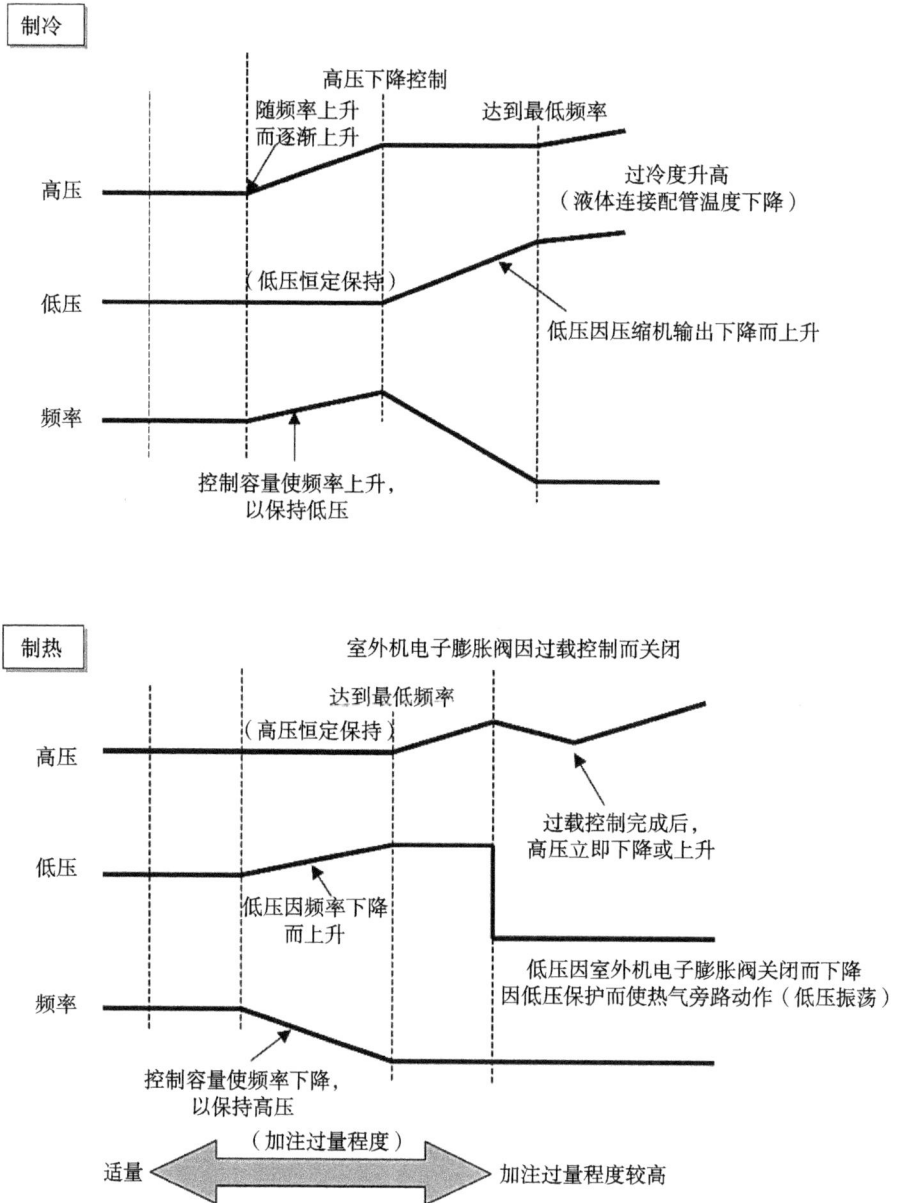

图 3-42　制冷剂充注过量故障分析

3.2.3.8　制冷剂充注不足

制冷剂充注不足可根据空调的运转情况进行判断，如图 3-43 所示，主要现象包括：电子膨胀阀开启度大、过度蒸发导致过热运转，排气温度升高。制冷时，压缩机运转频率低，低压压力降低，效果变差。制热时，高压与液侧压力差明显变大。

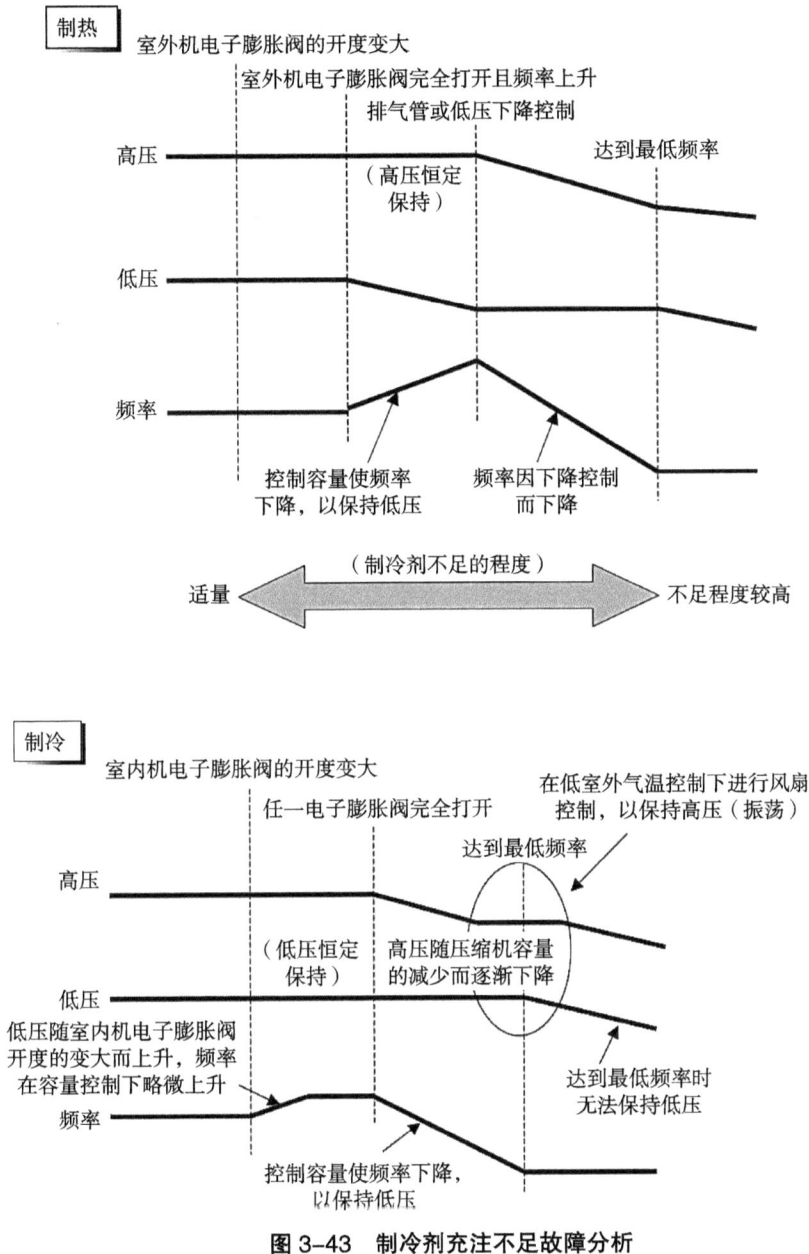

图 3-43　制冷剂充注不足故障分析

3.2.3.9　过热运转

过热运转故障可通过图 3-44 所示流程进行分析。

热气旁路控制故障
- 热气路径堵塞
- 电磁阀线圈故障 ←线圈的电阻和绝缘是否正常
- 电磁阀本体故障
- 控制P板故障

排气温度控制故障

过冷电子膨胀阀控制故障
- 过冷电子膨胀阀故障
  - 阀线圈故障 ←线圈的电阻和绝缘是否正常
  - 阀体故障
- 控制故障
  - 低压传感器 ←维修检测器的压力值是否与传感器实测值一致
  - 过冷热交换器出口热敏电阻故障 ←连接器是否正确连接 热敏电阻阻值是否正常
  - 控制P板故障 ←电压特性是否正常

排气管温度上升

四通阀故障
- 四通阀位于中间位置 ←四通阀连接的配管的温度是否正常
- 从热气旁通阀泄漏

压缩机过热
- 因轴损坏导致过热
- 因压缩机故障导致过热

［制冷时］室内机电子膨胀阀过度节流时（注1）
- 室内机电子膨胀阀故障
  - 阀线圈故障 ←线圈的电阻和绝缘是否正常
  - 阀体故障
- 控制故障
  - 室内机气管热敏电阻故障 ←连接器是否正确连接 热敏电阻阻值是否正常
  - 室内机液管热敏电阻故障 ←连接器是否正确连接 热敏电阻阻值是否正常
  - 控制P板故障

过热度控制故障

制热运行室外机电子膨胀阀过度节流时（注2）
- 室外机电子膨胀阀故障
  - 阀线圈故障 ←线圈的电阻和绝缘是否正常
  - 阀体故障
- 控制故障
  - 低压传感器故障 ←维修检测器的压力值是否与传感器实测值一致
  - 吸气热敏电阻故障 ←连接器是否正确连接 热敏电阻阻值是否正常
  - 控制P板故障 ←电压特性是否正常

制冷剂不足

配管阻力过大
- 管径或长度不当 ←检查配管长度及管径
- 弯曲或断裂 ←目测
- 水分或不凝气体 ←重新抽真空去除
- 截止阀关闭 ←确认截止阀已打开

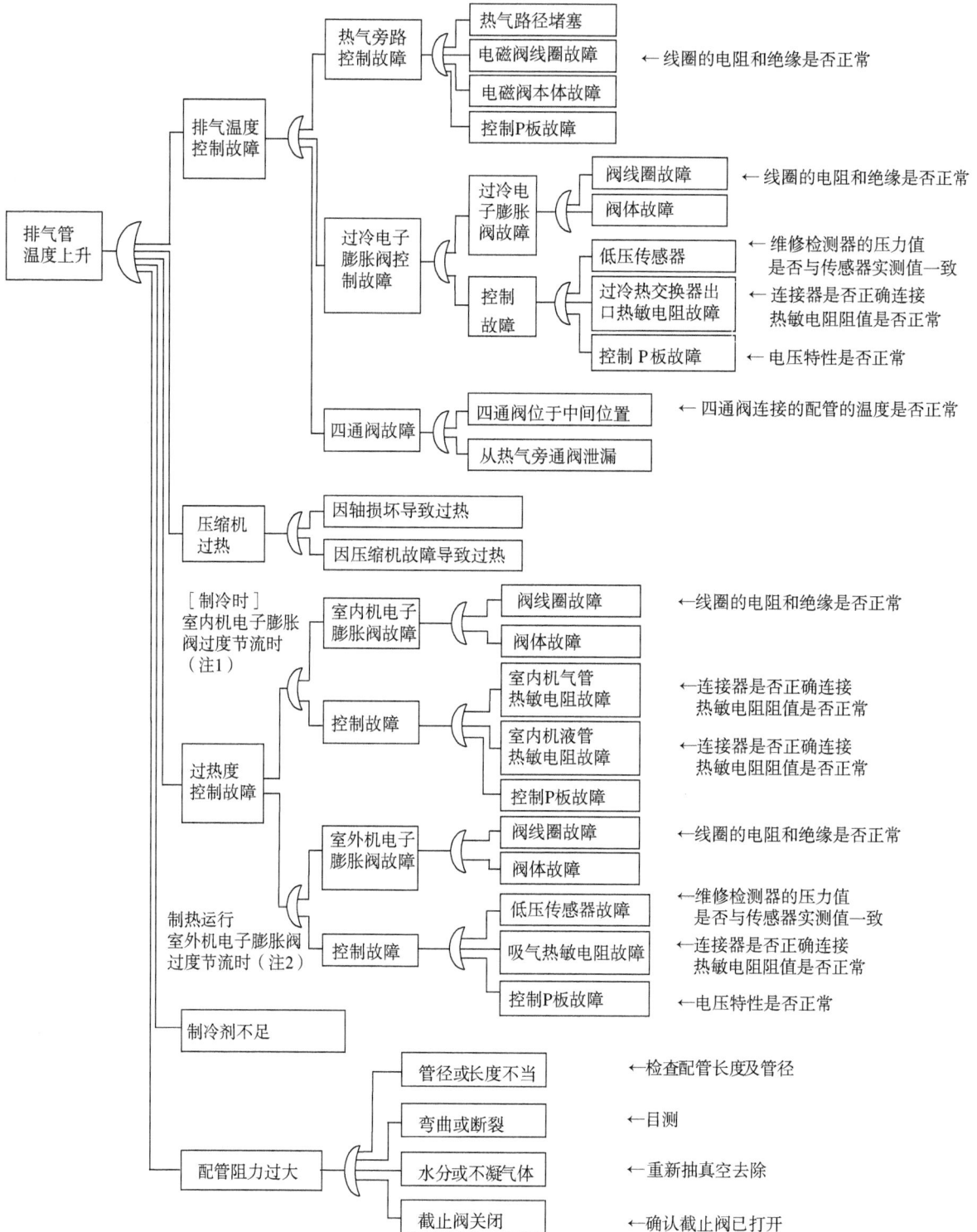

图 3-44 过热运转故障分析

注 1. 制冷时由室内机电子膨胀阀进行过热度控制。
　　2. 制热时由室外机电子膨胀阀进行室外机热交换器的过热度控制。
　　3. 判断为过热运转的过热度大致标准：
　　　①吸气过热度 10℃以上；
　　　②排气过热度 45℃以上，刚启动后和下降控制室等除外（上述值仅供参考。即使在上述范围内，某些条件下仍正常）。

3.2.3.10　低压过低

低压过低故障可通过图 3-45 所示流程进行分析。

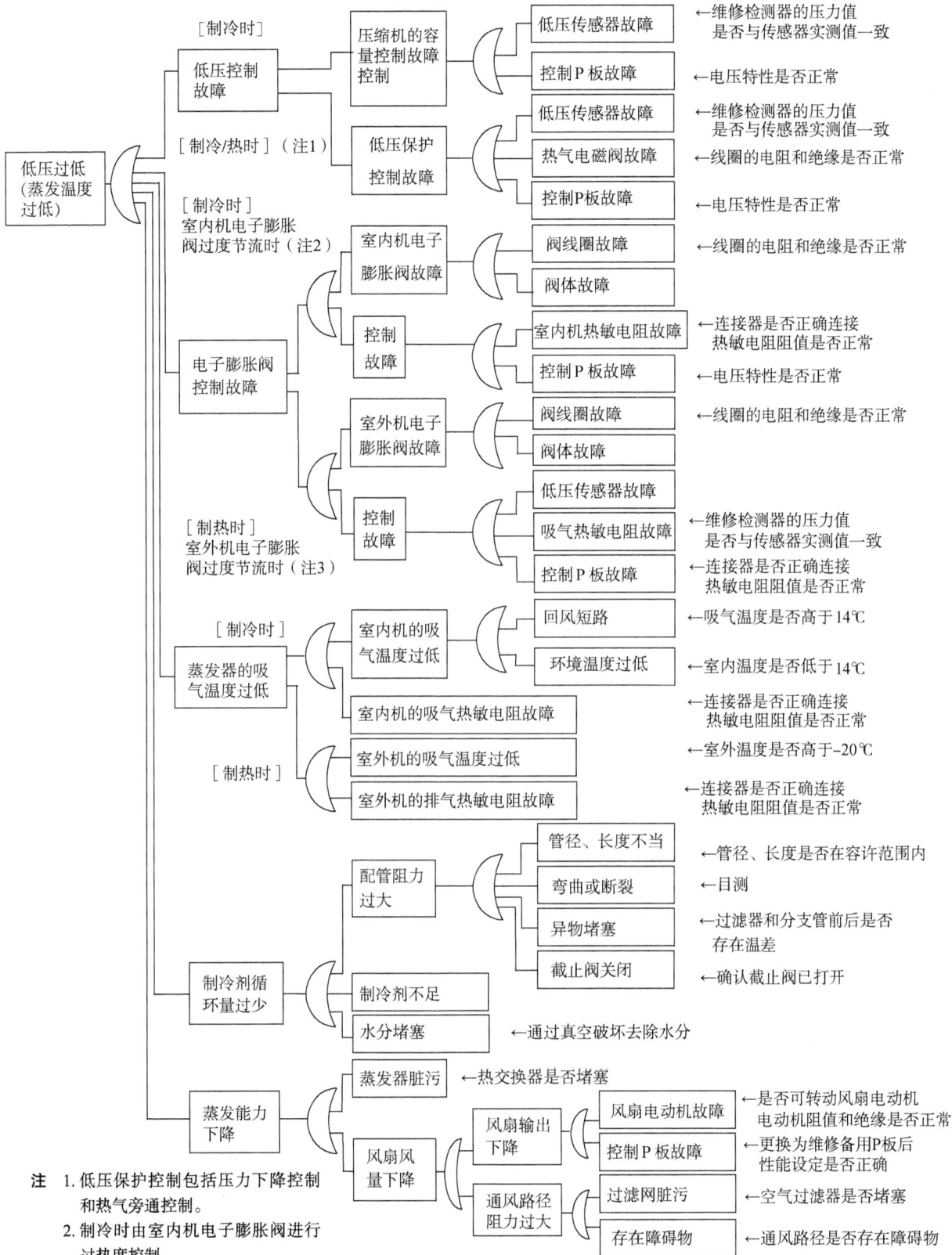

注　1.低压保护控制包括压力下降控制
　　　和热气旁通控制。
　　2.制冷时由室内机电子膨胀阀进行
　　　过热度控制。
　　3.制热时由室外机电子膨胀阀进行
　　　室外机热交换器的过热度控制。

图 3-45　低压过低故障分析

3.2.3.11 高压过高

高压过高故障可通过图 3-46 所示流程进行分析。

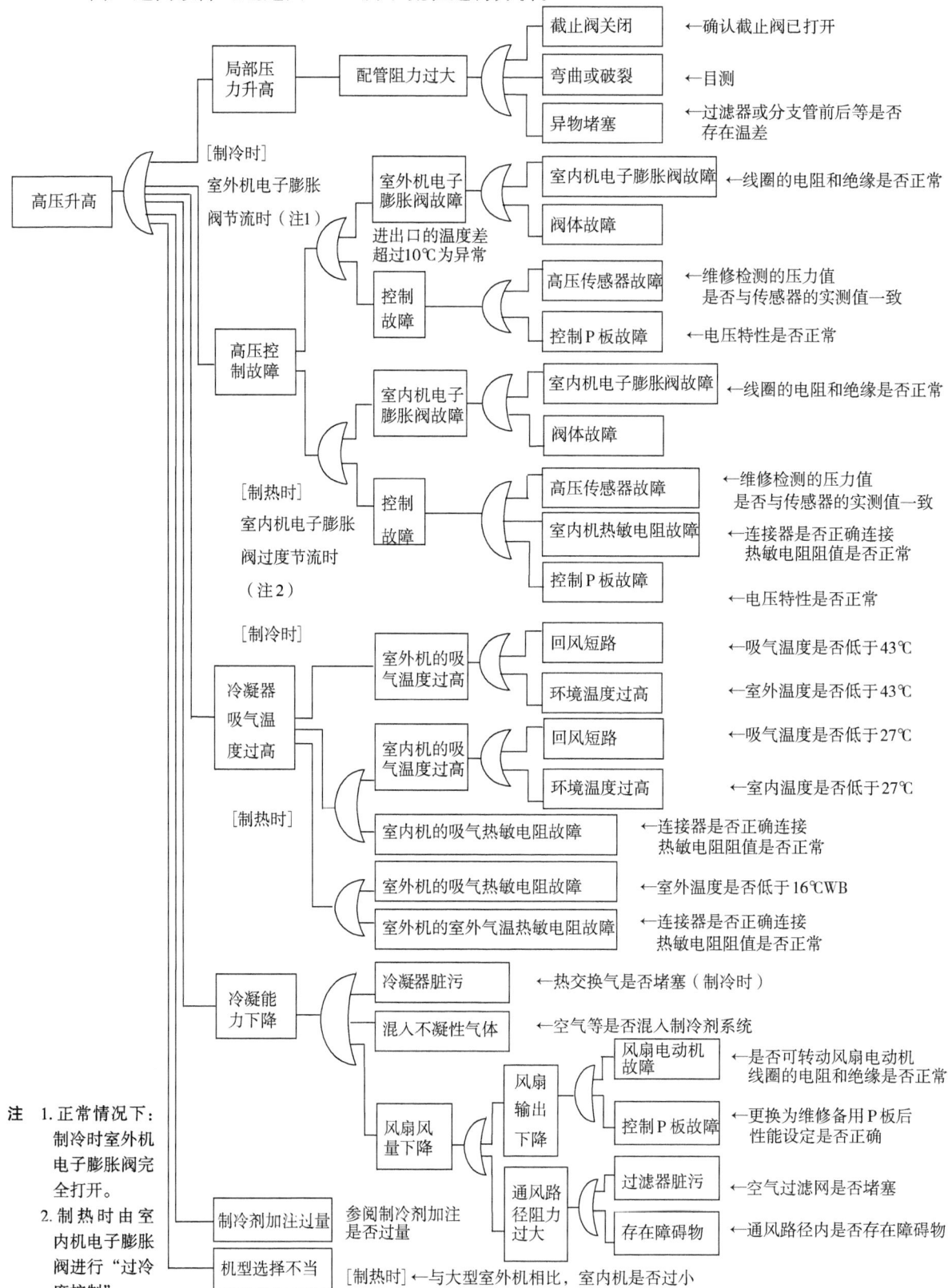

高压升高

- 局部压力升高 — 配管阻力过大
  - 截止阀关闭 ←确认截止阀已打开
  - 弯曲或破裂 ←目测
  - 异物堵塞 ←过滤器或分支管前后等是否存在温差

- 高压控制故障
  - [制冷时] 室外机电子膨胀阀节流时（注1）
    - 室外机电子膨胀阀故障（进出口的温度差超过10℃为异常）
      - 室内机电子膨胀阀故障 ←线圈的电阻和绝缘是否正常
      - 阀体故障
    - 控制故障
      - 高压传感器故障 ←维修检测的压力值是否与传感器的实测值一致
      - 控制P板故障 ←电压特性是否正常
  - [制热时] 室内机电子膨胀阀过度节流时（注2）
    - 室内机电子膨胀阀故障
      - 室内机电子膨胀阀故障 ←线圈的电阻和绝缘是否正常
      - 阀体故障
    - 控制故障
      - 高压传感器故障 ←维修检测的压力值是否与传感器的实测值一致
      - 室内机热敏电阻故障 ←连接器是否正确连接 热敏电阻阻值是否正常
      - 控制P板故障 ←电压特性是否正常

- 冷凝器吸气温度过高
  - [制冷时]
    - 室外机的吸气温度过高
      - 回风短路 ←吸气温度是否低于43℃
      - 环境温度过高 ←室外温度是否低于43℃
    - 室内机的吸气温度过高
      - 回风短路 ←吸气温度是否低于27℃
      - 环境温度过高 ←室内温度是否低于27℃
  - [制热时]
    - 室内机的吸气热敏电阻故障 ←连接器是否正确连接 热敏电阻阻值是否正常
    - 室外机的吸气热敏电阻故障 ←室外温度是否低于16℃WB
    - 室外机的室外气温热敏电阻故障 ←连接器是否正确连接 热敏电阻阻值是否正常

- 冷凝能力下降
  - 冷凝器脏污 ←热交换气是否堵塞（制冷时）
  - 混入不凝性气体 ←空气等是否混入制冷剂系统
  - 风扇风量下降
    - 风扇输出下降
      - 风扇电动机故障 ←是否可转动风扇电动机 线圈的电阻和绝缘是否正常
      - 控制P板故障 ←更换为维修备用P板后性能设定是否正确
    - 通风路径阻力过大
      - 过滤器脏污 ←空气过滤网是否堵塞
      - 存在障碍物 ←通风路径内是否存在障碍物

- 制冷剂加注过量 参阅制冷剂加注是否过量
- 机型选择不当 [制热时]←与大型室外机相比，室内机是否过小

注 1. 正常情况下：制冷时室外机电子膨胀阀完全打开。
2. 制热时由室内机电子膨胀阀进行"过冷度控制"。

图 3-46 高压过高故障分析

3.2.3.12　风扇电动机故障

风扇电动机故障可通过电动机发出的信号检测风扇转速是否正常。可能的故障原因包括风扇电动机线束断线、短路，连接松动、断线、绝缘故障，以及风扇电动机信号异常（电路故障）、P 板故障、电源电压瞬时紊乱、风扇电动机锁定、风扇有异物缠绕等。可通过图 3-47 所示流程分析。

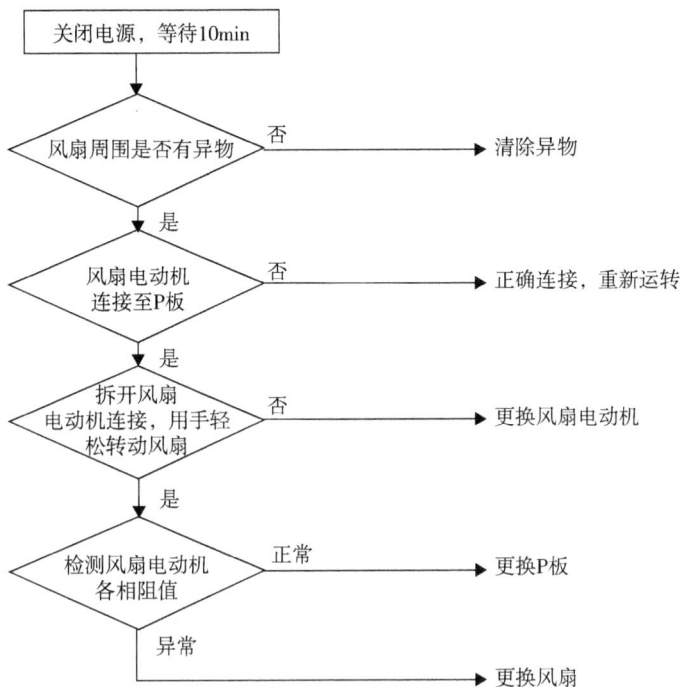

图 3-47　风扇电动机故障分析

3.2.4　多联式空调机的故障显示

一般情况下，机组的控制系统在出现故障时会发出故障报警，同时显示故障代码。在判断和排除故障时，可参考说明书查找故障原因和处理方法。表 3-15 所示为某型号多联式空调机的典型故障代码。需要注意的是，不同品牌和型号的产品，故障代码及其含义不同，具体故障分析时需参考相应产品的使用说明书。

表 3-15　某型号多联式空调机的典型故障代码

故障代码	故障说明	故障代码	故障说明
A0	外部保护装置异常	J2	电流传感器异常
A1	PCB 异常	J3	排出管温度热敏电阻异常
A3	排水量控制系统（S1L）异常	J5	吸入管温度热敏电阻异常
A6	水热交换器泵异常	J6	室外机换热器热敏电阻异常
A7	摆动叶片电动机（M1S）异常	J7	液管热敏电阻异常
A8	电源电压异常	J8	换热器液管热敏电阻（R7T）异常

故障代码	故障说明	故障代码	故障说明
A9	电子膨胀阀线圈异常	J9	过冷换热器气管热敏电阻异常
AA	备用加热器异常	JA	高压传感器异常
AE	水系统异常	JC	低压传感器异常
AF	排水位超出限定	L1	变频器 PCB 异常
AH	自清洁装饰面板异常	L4	变频器散热翅片温度升高异常
AJ	制冷 / 制热量确定装置异常	L5	变频器压缩机瞬间过电流
C0	流动开关异常	L8	变频器压缩机瞬间过电流
C1	传输异常（室内机 PCB 和风扇 PCB 之间）	L9	变频器压缩机启动故障
	传输异常（室内机主 PCB 和辅助 PCB 之间）	LC	变频器与控制 PCB 间的传输错误
C4	液管热敏电阻（R2T）异常	P1	变频器过波保护
	制冷剂液体侧热敏电阻（R3T）异常	P4	变频器散热翅片热敏电阻温度升高异常
C5	气管热敏电阻（R3T）异常	PJ	更换主 PCB 后现场设定异常或 PCB 组合异常
	生活用热水热敏电阻（R5T）异常	U0	制冷剂不足警示
C6	组合异常（室内机 PCB 和风扇 PCB 之间）	U1	相位颠倒、开相位
C9	吸入空气热敏电阻（R1T）异常	U2	电源不足或瞬间故障
	进水热敏电阻（R4T）异常	U3	未执行检查运转
CA	出水备用加热器热敏电阻（R2T）异常	U4	室内机和室外机之间传输错误
CC	湿度传感器系统异常	U5	遥控器和室内机之间传输错误
CJ	遥控器内的室温热敏电阻异常	U8	主遥控器和辅助遥控器间传输错误
E1	PCB 异常	U9	同一系统内室内机和室外机传输错误
E3	高压开关启动	UA	室内机、室外机和水热交换器组合不当
E4	吸入压力异常	UC	中央遥控器地址重复
E5	变频器压缩机电动机锁定	UE	中央遥控器和室内机之间传输错误
E6	STD 压缩机电动机过电流 / 锁定	UF	系统未设定
E7	室外机风扇电动机异常	UH	系统异常，制冷剂系统地址未定
E9	电子膨胀阀线圈（Y1E～Y3E）异常	UC	中央遥控器地址重复
F3	排出管温度异常	UE	中央遥控器和室内机之间传输错误
F6	制冷剂充装过量	UF	系统未设定
H7	室外风扇电动机信号异常	UH	系统异常，制冷剂系统地址未定
H9	室外空气热敏电阻（R1T）异常		

3.2.5　多联式空调机的常见故障分析与排除

在此介绍一些常见的故障分析与排除。

3.2.5.1　主控与变频压缩机驱动通信故障

故障判断条件和方法：连续 30s 外机检测不到变频压缩机驱动板数据。可能原因包括模块内部外机主板与变频压缩机驱动板之间的通信线未正确连接、变频压缩机驱动板异常、主板异常等。可按图 3-48 所示流程分析与排除。

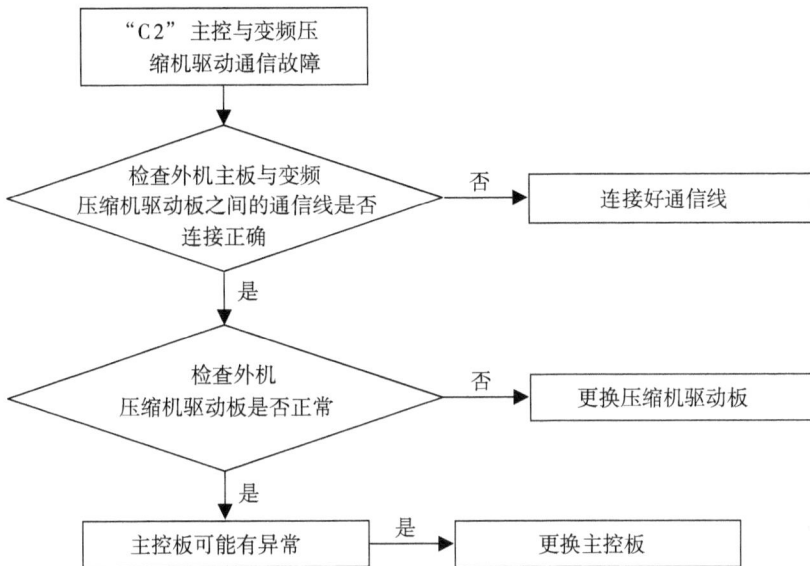

图 3-48　主控与变频压缩机驱动通信故障

3.2.5.2　主控与变频风机驱动通信故障

故障判断条件和方法：连续 30s 外机检测不到变频风机驱动板数据。可能的原因包括模块内部外机主板与变频风机驱动板之间的通信线未正确连接、变频风机驱动板异常、主板异常等，可按图 3-49 所示流程分析与排除。

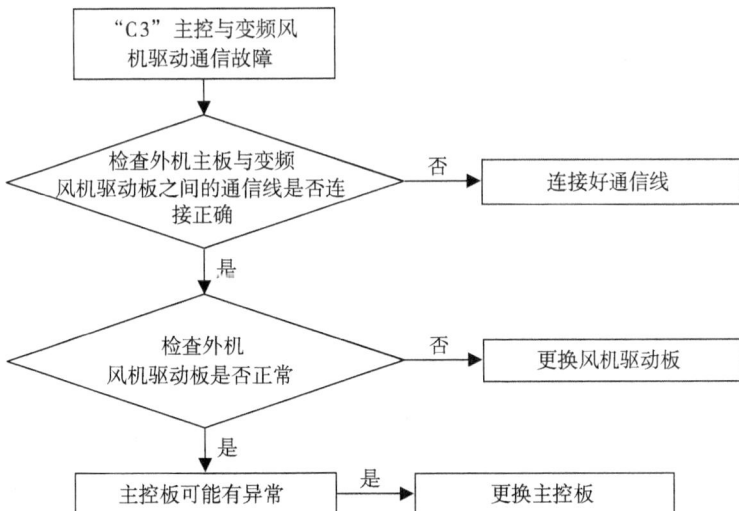

图 3-49　主控与变频风机驱动通信故障

3.2.5.3 压缩机排气温度过低保护

故障判断条件和方法：通过检测压缩机排气温度与高压值，排气温度与高压值对应的饱和温度的差值低于10℃则保护停机。可能的原因包括压缩机排气感温包检测异常、制冷模式下室内机电子膨胀动作异常、制热模式下室外电子膨胀阀动作异常、系统冷媒过多等。按如下流程分析与排除。

（1）首先检查各个压缩机的排气管和壳顶感温包安装是否牢固，保温棉是否扎好。然后根据感温包温度—阻值特性表，测试各个温度下对应的阻值是否正常，如不正常则需要更换。

（2）如果系统是在制冷模式下保护。首先，检查室内机电子膨胀阀：

①停止室内机，电子膨胀阀关至0PLS时，内机盘管进出管管温与系统低压值相差小于10℃，则判断动作异常。处理方法：确认膨胀阀线圈连接正常后，重新断电上电复位，检查复位动作。若不正常则需要更换线圈或主板；若都正常后仍出现该问题，则需要更换电子膨胀阀。

②运行室内机，电子膨胀阀动作是否异常：电子膨胀阀开至200PLS时，内机盘管出管管温仍小于进管管温1℃以上，并且压缩机排气温度或压缩机壳顶温度与高压温度值的差小于10℃。处理方法：确认膨胀阀线圈连接正常后，重新断电上电复位，检查复位动作。若不正常则需要更换线圈或主板；若都正常后仍出现该问题，则需要更换电子膨胀阀。

其次，检查室外过冷器电子膨胀阀，确认膨胀阀线圈连接正常后，重新断电上电复位，检查复位动作是否正常。

（3）如果系统是在制热模式下保护，首先检查室外机电子膨胀阀，确认膨胀阀线圈连接正常后，重新断电上电复位，检查复位动作。若不正常则需要更换线圈或主板，若都正常则检查其他项目。

（4）核实冷媒灌注量是否按设计要求追加，冷媒过多将导致系统保护。处理方法：重新按设计要求灌注冷媒量。

3.2.5.4 高压过高故障

故障判断条件和方法：通过高压传感器检测系统实时高压或检测高压开关是否动作进行判断。可能的原因包括室外机截止阀未打开、高压传感器异常、高压开关动作异常、室外或室内风机异常、室内机过滤网或风道堵塞（制热模式）、运行环境温度过高、系统冷媒灌注量过多、系统管路堵塞等。按图3-50所示流程分析与排除。

3.2.5.5 压缩机过流保护

故障判断条件和方法：通过电流传感器或电路检测压缩机的运行电流，当电流值超过限定值时即为保护停机。可能的原因包括系统参数异常、驱动模块异常、压缩机异常等。按图3-51所示流程分析与排除。

3.2.5.6 风机驱动板电源电压保护

故障判断条件和方法：通过内机线控器查看故障代码，根据主控板上的故障代码可以判断出风机驱动板的具体故障，然后参考具体故障排查方法进行故障排查。可能的原因包括风机驱动直流母线电压过高保护（室外机主控板上双八数码管显示HH）、风机驱动直流母线电

```
┌─────────────────────┐
│    E1系统高压保护    │
└─────────────────────┘
           │
      是   ▼   否
  ◇外接压力表测试系统◇────→  ◇测试高压开关是否正常◇──是──→ ┌──────────────┐
  │高压真的大于4.2MPa吗?│                              │ 更换室外机主板 │
  ◇─────────────────◇                              └──────────────┘
           │ 否                    │ 否
           ▼                       ▼
  ◇检查高压压力      ◇──是──→ ┌──────────────┐    ┌──────────────┐
  │传感器是否正常?  │        │ 更换室外机主板 │    │ 更换高压开关  │
  ◇─────────────◇        └──────────────┘    └──────────────┘
           │ 否
           ▼
                              ┌──────────────┐
                              │ 更换压力传感器 │
                              └──────────────┘
```

检查室外机截止阀是否完全开启? —否→ 完全打开外机截止阀

室外机面板是否完全盖上? —否→ 重新安装室外机面板

室内外机进回风是否短路或是否有障碍物阻挡? —否→ 清除障碍物和避免进回风短路

检查室内外机风机运转是否正常? —否→ 检查风机输入信号是否正常? —否→ 更换主板

检查风机输入信号是否正常? —是→ 更换电机

检查室内机的扫风板是否完全打开? —否→ 检查扫风电机和输入信号

室内外电子膨胀阀工作是否正常? —否→ 检查电子膨胀阀和主板

检查室内外机翅片是否脏堵? —是→ 清除翅片

室外环境温度是否超过50℃? —是→ 正常保护, 无需处理

系统管路是否堵塞? —是→ 重新焊接管路

系统冷媒灌注量过多 —→ 每次释放1kg制冷剂, 之后连续运行1.5h后观察系统是否出现保护。按以上操作循环动作, 直至系统不再出现保护为止

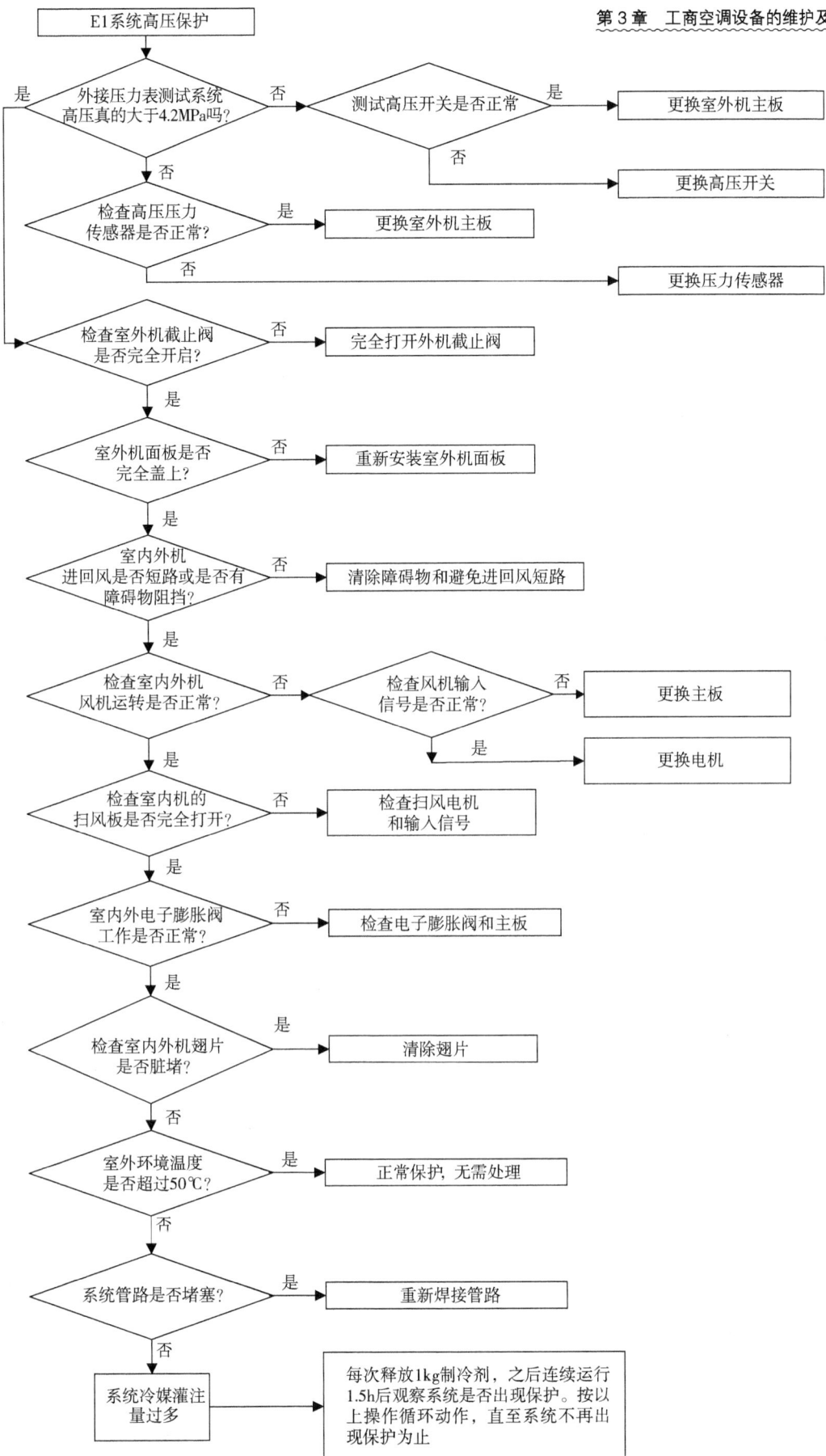

图 3-50　高压过高故障

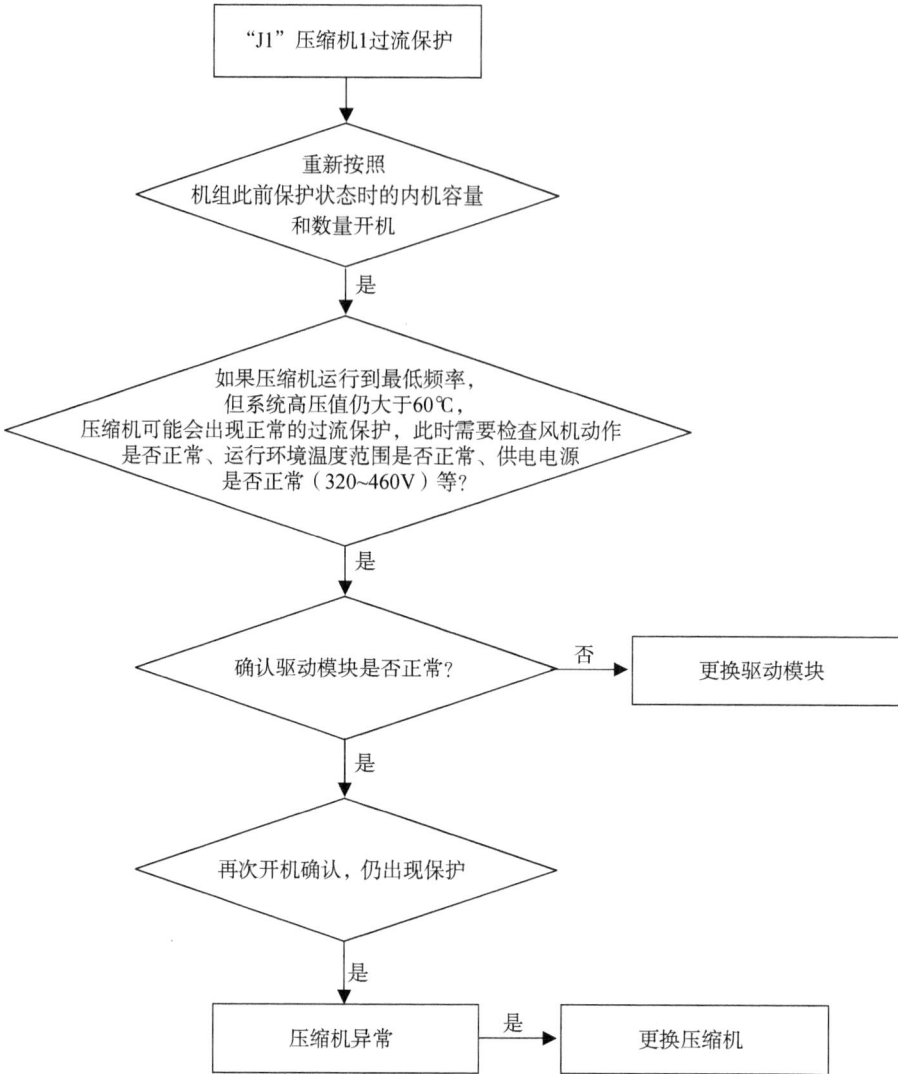

图 3-51　压缩机过流故障

压过低保护（室外机主控板上双八数码管显示 HL）等。按如下流程分析与排除。

（1）查看内机线控器故障代码。

（2）同步查看室外机双八数码管上的故障代码。

（3）根据室外机双八数码管上的故障代码进行故障排查（具体排查步骤参考具体故障）。

3.2.5.7　变频风机过流保护

故障判断条件和方法：通过查看室外机主控板双八数码管上的故障代码可判断是否为变频风机过流保护。可能的原因包括风机 U、V、W 线接触不良、风机损坏、风叶卡住（风叶被阻挡，电动机轴生诱）、风机驱动板异常等。按图 3-52 所示流程分析与排除。

3.2.5.8　压缩机排气温度过高保护

故障判断条件和方法：通过压缩机排气管和壳顶感温包检测压缩机排气温度，当检测值大于 118℃时，系统保护停机。可能的原因包括室外机截止阀未打开、电子膨胀阀动作异常、室外或室内风机异常、室内机过滤网或风道堵塞（制冷模式）、运行环境温度超过运行范围、

```
            ┌─────────────────────┐
            │ "H5" 变频风机过流保护 │
            └─────────────────────┘
                        │
                        ▼
                 ◇ 检查风机U、V、W
                   线接触是否良好? ◇
                        │ 是
                        ▼
        ◇ 检查风机各相绕组间阻值是否正常
          （正常为小于10Ω）并且阻值两两相等,     否      ┌──────────┐
          风机各相绕组对地绝缘情况是否正常  ─────────→ │  更换风机  │
          （正常值大于2MΩ）? ◇                       └──────────┘
                        │ 是
                        ▼
        ◇ 检查风叶是否因异物或者电动机轴        是      ┌──────────┐
          生诱导致卡住? ◇               ─────────→ │  清除异物  │
                        │ 是                       └──────────┘
                        ▼
        ◇ 是否同时出现过其他故障?              是     ┌────────────────┐
          如风机启动失败（HJ）、IPM模块  ─────────→ │ 风机损坏，更换风机 │
          保护（H6）、风机失步（H9）◇             └────────────────┘
                        │ 否
                        ▼
            ┌─────────────┐     是      ┌────────────────┐
            │ 风机驱动板异常 │ ─────────→ │  更换风机驱动板   │
            └─────────────┘            └────────────────┘
```

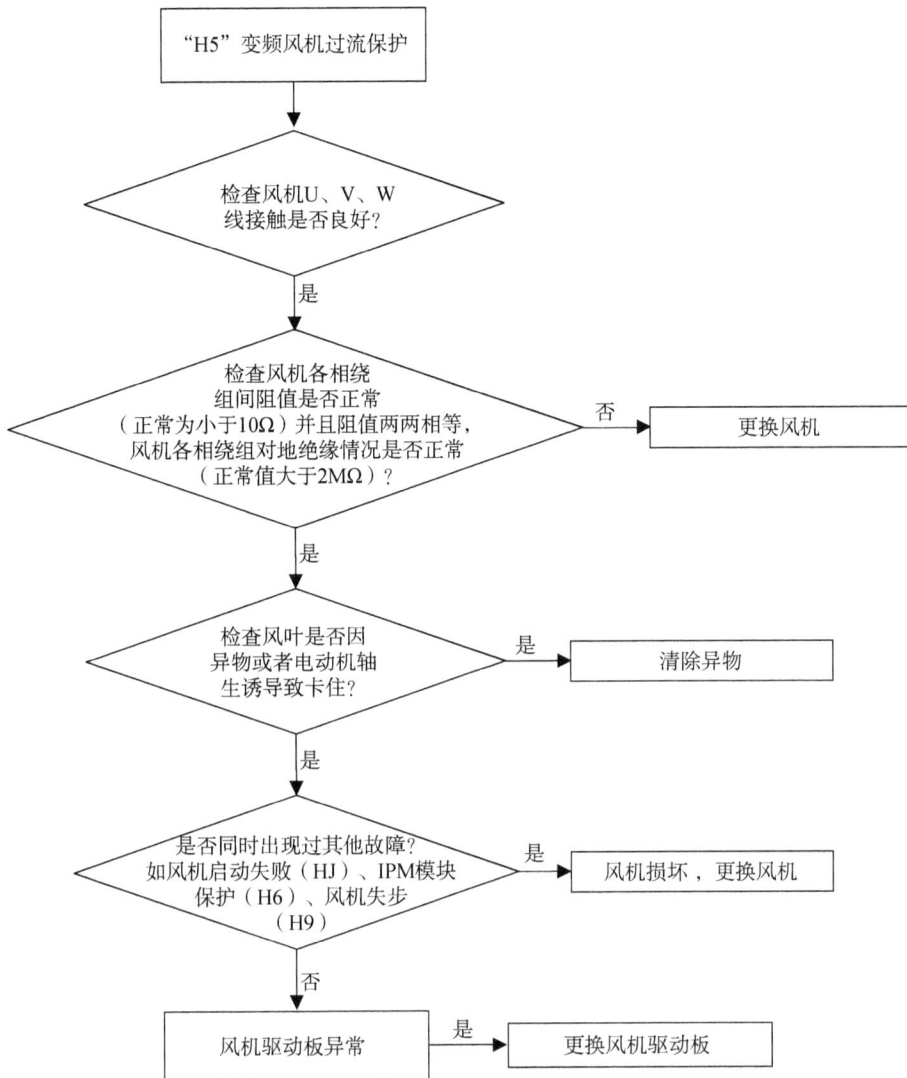

图 3-52　变频风机过流故障

系统冷媒灌量不足、系统管路堵塞等。按如下流程分析与排除。

（1）检查并确认室外机气管和液管截止阀已完全开启。

（2）重新按机组此前保护状态时的内机容量和数量开机，确认内外机膨胀阀线圈连接正常后，重新断电上电复位，检查复位动作。若不正常则需要更换线圈或主板；若都正常则检查其他项目。

（3）重新按机组此前保护状态时的内机容量和数量开机，根据调试软件显示的转速，观察室内外风机运行是否正常，如不正常，需要更换电动机或电动机驱动模块（室外风机）。

（4）制冷模式保护时需检查室内机过滤网是否脏堵或风道阻力过大（风阻设计大于机组的静压）。

（5）核实机组回风温度是否超过运行要求（制冷模式要求：外环境温度 -5~50℃，内环境温度 16~32℃；制热模式要求：外环境温度 -20~24℃，内环境温度 16~30℃）。

（6）核实冷媒灌注量是否按设计要求追加，冷媒不足将会导致保护。

（7）重新按机组此前保护状态时的内机容量和数量开机，根据内外机参数和管路冷热状态（用手摸）确认管路或膨胀阀是否堵塞。

3.2.5.9　系统低压保护

故障判断条件和方法：通过低压压力传感器检测压缩机吸气压力，当压力低于设定值时则保护停机。可能的原因包括室外机截止阀未打开、低压传感器异常、室外或室内风机异常、室内机过滤网或风道堵塞（制冷模式）、运行环境温度过低、系统冷媒灌量不足、系统管路堵塞等。按图3-53所示流程分析与排除。

3.2.5.10　变频风机失步保护

故障判断条件和方法：通过查看室外机主控板双八数码管上的故障代码可判断是否为变频风机失步保护。可能的原因包括电源线接触不良、风机损坏、风叶卡住（风叶被阻挡、电动机轴生诱）、风机驱动板异常等。按图3-54所示流程分析与排除。

3.2.5.11　压力比过高保护

故障判断条件和方法：通过压力传感器检测系统的高低压，当系统压力比大于8时，机组将保护停机。可能的原因包括压力传感器异常、运行环境温度超出要求等。按图3-55所示流程分析与排除。

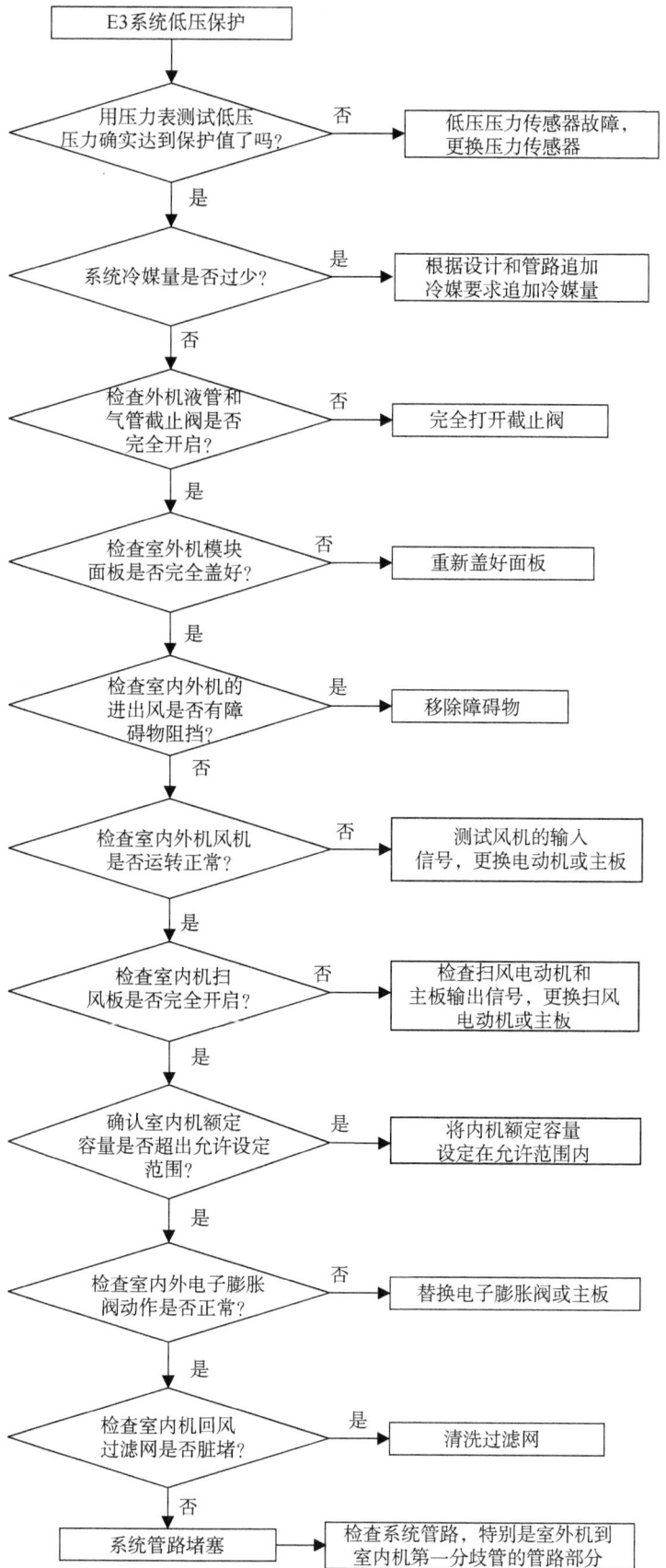

图3-53　低压保护故障

```
              "H9"变频风机
               失步保护
                  │
                  ▼
          检查风机U、V、W
          线接触是否良好?
                  │是
                  ▼
       检查风机各相绕组间
   阻值是否正常（正常为小于10Ω）并且阻值 ──否──→  更换风机
   两两相等，风机各相绕组对地绝缘情况是
      否正常（正常值大于2MΩ）?
                  │是
                  ▼
          检查风叶是否
      因异物或者电动机轴 ──是──→  清除异物
      生诱导致卡住?
                  │是
                  ▼
          是否同时出现
      过其他故障? 如过流保护（H5）、 ──是──→  风机损坏, 更换风机
      IPM模块保护（H6），
      启动失败（HJ）
                  │否
                  ▼
       风机驱动板异常  ──是──→  更换风机驱动板
```

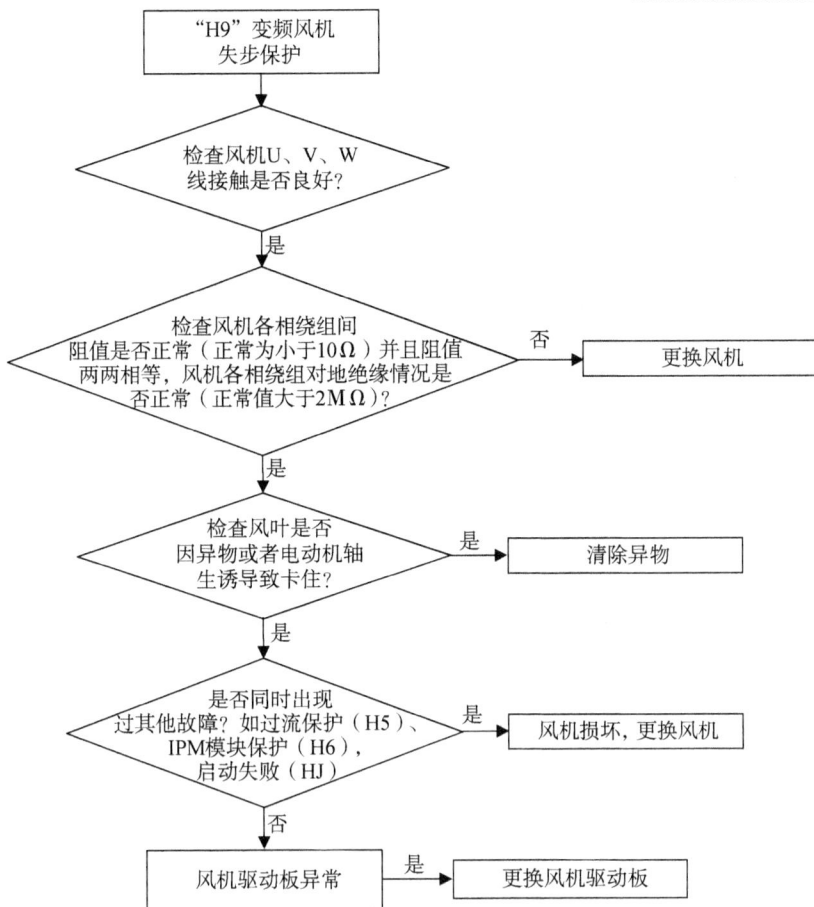

图 3-54 变频风机失步故障

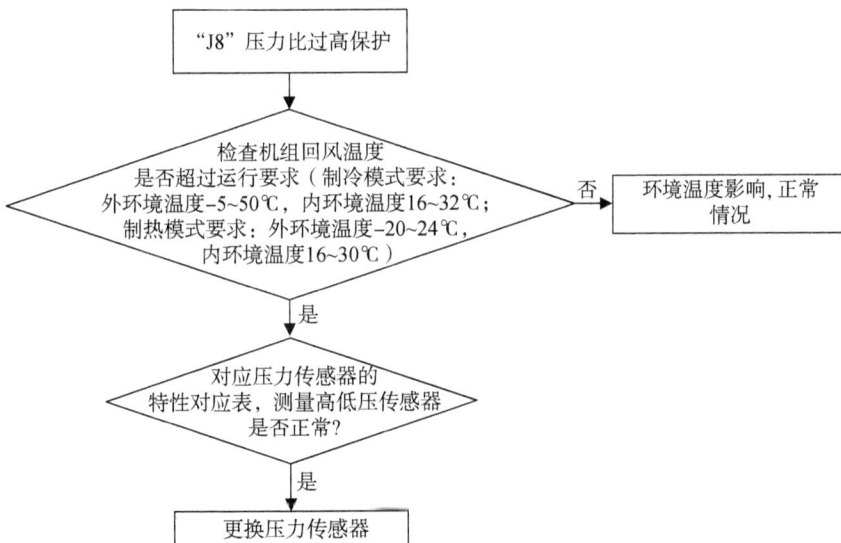

```
              "J8"压力比过高保护
                  │
                  ▼
          检查机组回风温度
   是否超过运行要求（制冷模式要求:
   外环境温度-5~50℃，内环境温度16~32℃; ──否──→  环境温度影响, 正常
   制热模式要求: 外环境温度-20~24℃，              情况
       内环境温度16~30℃）
                  │是
                  ▼
          对应压力传感器的
      特性对应表，测量高低压传感器
      是否正常?
                  │是
                  ▼
          更换压力传感器
```

图 3-55 压力比过高故障

3.2.5.12 压力比过低保护

故障判断条件和方法：通过压力传感器检测系统高低压，启动后系统压力比小于1.8时，机组将保护停机。可能的原因包括压力传感器异常、运行环境温度超出要求等。按图3-56所示流程分析与排除。

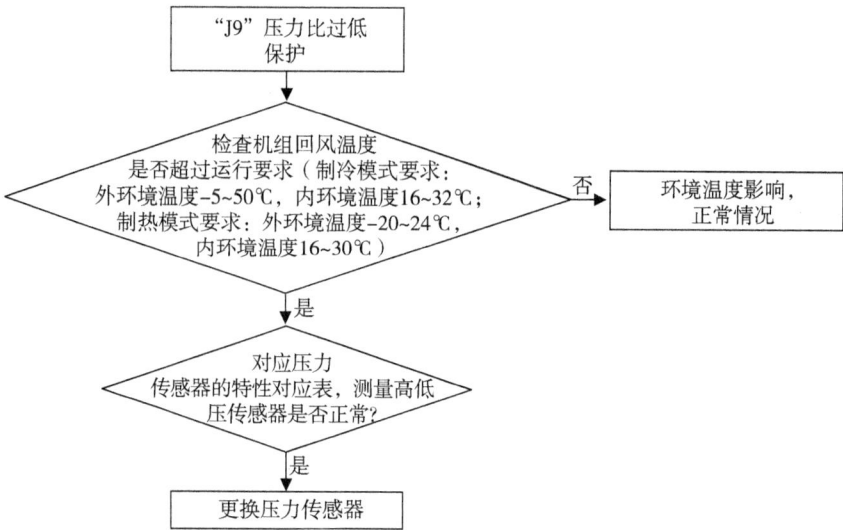

图 3-56　压力比过低故障

3.2.5.13　变频风机启动失败

故障判断条件和方法：通过查看室外机主控板上的故障代码，可判断是否为变频风机启动失败。可能的原因包括风机电源线接触不良、风机损坏、风叶卡住（风叶被阻挡、电动机轴生诱）、风机驱动板异常等。按图 3-57 所示流程分析与排除。

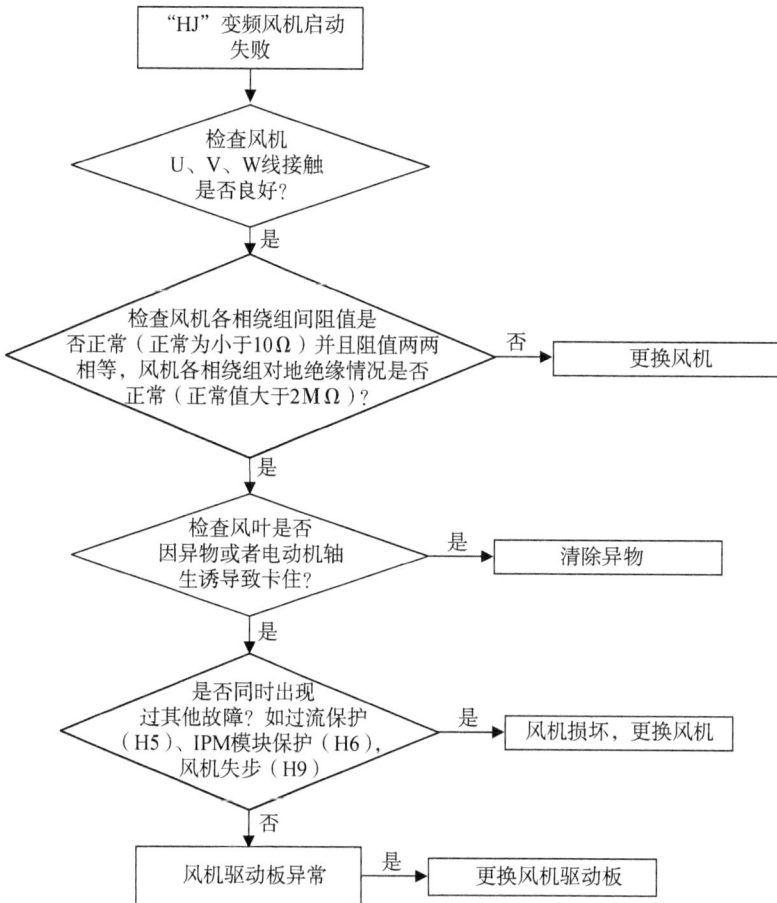

图 3-57　变频风机启动失败

3.3 冷水 / 热泵机组

3.3.1 涡旋式冷水 / 热泵机组

涡旋式冷水 / 热泵机组以使用涡旋式压缩机而得名，主要适用于小型应用场合，多为风冷形式。机组一般包括涡旋式压缩机、风冷冷凝器及其风机、蒸发器、节流装置、四通换向阀（热泵机组）、储液器、干燥过滤器、控制系统、管路系统、壳体等。

3.3.1.1 涡旋式冷水 / 热泵机组（定频）的维护与保养

（1）控制系统。机组的主控制器必须与机组采用同一供电电源系统，电源电压波动范围为 ±10%，在运行时注意以下事项：

①应定期检查机组电气系统接线是否牢固，及接地是否可靠，电气元件是否动作异常，接地线不可以接在煤气管、自来水管、避雷针等上，如遇异常应及时维修和更换。

②不要频繁开关机组，禁止使用闸刀开关机组。

③控制数据线应与供电电源线相互隔离且尽可能采用屏蔽措施，防止干扰。

④不要直接用水冲洗机组，防止触电或其他事故。

⑤机组长时间不运行时，必须排尽系统中的水，并关闭电源。

⑥机组冬季短时间不使用时，必须保证机组处于供电状态，以保证机组可自动防冻。

⑦长时间停机之后再次使用，必须按照说明书对机组进行通电预热。

⑧机组运行过程中应始终保证由机组自动控制循环水泵的启停，不允许手动启停水泵，禁止短接水流开关信号线。

（2）运行环境及空气侧。机组周围应保持清洁干燥，保证机组不处在酸、碱及盐雾等腐蚀性气体环境中。

对于风冷式机组，需保证机组排风、回风通畅，防止排风直接再次回到机组导致排风与回风短路，同时应防止机组之间的排风干扰，并定期清洗（1~2 个月）空气侧换热器，以保持其良好的换热效果。

（3）水侧。机组内部或外部安装的水过滤器应定期清洗，保证水质清洁，以避免机组因过滤器脏堵而不能正常运行甚至损坏。

定期检查水流开关是否能够正常断开及闭合以及水系统补水、排气、水处理装置是否能够正常工作。

水侧换热器使用过程需定期清洗，可使用弱酸溶液（5% 的磷酸或草酸），酸溶液的循环流速应是平时流速的 1.5 倍，最好反向冲洗，清洗完成后需要用大量的清水将残留的酸溶液清洗干净，避免长期存在水系统中损坏设备。

机组运行时切勿随意关闭室内末端设备的进出水阀门，避免影响机组的正常工作。

（4）其他。定期检查机组各个部件的工作情况，检查机组制冷系统工作压力是否正常，及机组内管路接头、阀门等处是否有油污，确保机组制冷剂无泄漏；如需补充制冷剂，一定要专业人员操作。

3.3.1.2 涡旋式冷水／热泵机组（定频）的常见故障分析与排除

（1）制冷系统常见故障分析与排除。机组在使用过程中，可能会不同程度地出现故障，表 3-16 是制冷系统一些常见的故障及其处理方法。需要说明的是，机组故障处理与排除需由专业人员进行。

表 3-16　涡旋式冷水／热泵机组制冷系统常见故障及处理方法

故障	可能原因	检测及排除方法
排气压力过高（制冷运转）	系统中有空气或有其他不凝气体	从制冷剂系统最高点排除气体，必要时重新抽真空
	冷凝器翅片脏或有杂物封堵	清洗冷凝器翅片
	冷凝风量不足或冷凝风机故障	检修冷凝风机，恢复运转
	吸气压力过高	见"吸气压力过高"
	制冷剂充注过量	回收过量制冷剂
	环境温度过高	检查环境温度
排气压力过低（制冷运转）	空气热交换器侧空气过冷	检查周围环境温度
	制冷剂泄漏或充注不够	检漏或充注足够制冷剂
	吸气压力过低	见"吸气压力过低"
吸气压力过高（制冷运转）	制冷剂充注过量	排出过量制冷剂
	冷冻水进口水温过高	检查水管隔热及水管隔热规格
吸气压力过低（制冷运转）	水流量不足	检查进出口水的温差，调节水流量
	冷冻水进口水温低	检查安装情况
	制冷剂泄漏或制冷剂充注量不足	检漏或充注足够制冷剂
	蒸发器有水垢	清除水垢
排气压力过高（制热运转）	水流量不足	检查进出口水的温差，调节水流量
	系统中有空气或有其他不凝气体	从注氟嘴排除气体，必要时重新抽真空
	水侧热交换器有水垢	清除水垢
	冷却水出口水温过高	检查水温
	吸气压力过高	见"吸气压力过高"
排气压力过低（制热运转）	冷却水温度过低	检查冷却水温度
	制冷剂泄漏或制冷剂充注量不足	检漏或充注足够制冷剂
	吸气压力过低	见"吸气压力过低"
吸气压力过高（制热运转）	空气侧热交换器进气温度高	检查外气温度
	制冷剂充注过量	排出过量制冷剂
吸气压力过低（制热运转）	制冷剂充注不足	充注足够制冷剂
	风量不足	检查风扇转向
	空气回路短路	排除空气短路的原因
	除霜运行不充分	四通阀或热敏电阻故障，如有需要，更换

故障	可能原因	检测及排除方法
压缩机因防冻结保护 而停止 （制冷运行时）	冷冻水流量不足	水泵或水流开关有故障，检查，如有需要，维修或更换
	水回路有气体	排出气体
	热敏电阻有故障	如确认有故障，更换
压缩机因高压保护而 停机	排气压力过高	见"排气压力过高"
	高压开关故障	检查，如有故障，修复或更换
压缩机因电动机过载 而停机	排气和吸气压力过高	见"排气压力过高"和"吸气压力过高"
	高电压或低电压，单相或相位不平衡	检查，电压不得超出或低于额定电压的 20V
	电动机或接线端子短路	检查，电动机和端子对应电阻
	过载组件故障	更换
压缩机因内置温感器 或排气温度保护而停 机	电压过高或过低	检查，电压不得超出或低于额定电压的 20V
	排气压力过高或吸气压力过低	见"排气压力过高"和"吸气压力过低"
	元器件故障	在电动机冷却时检查内置温感器
压缩机因低压保护而 停机	电子膨胀阀前（或后）的过滤器堵塞	更换过滤器
	低压开关故障	若有缺陷，更换
	吸气压力过低	见"吸气压力过低"
压缩机异常 噪声	液态制冷剂由蒸发器流入压缩机而产生液击	调整制冷剂充注量 检查膨胀阀和吸气过热度是否正常
	压缩机老化	更换压缩机
有杂音	面板的紧固螺钉松动	紧固所有部件
	安装地基强度不够	参考安装指导
压缩机不启动	过电流继电器跳开，保险烧坏	更换损坏组件
	控制电路没有接通	检查控制系统接线
	高压保护或低压保护	见前面吸、排气压力故障部分
	接触器线圈烧坏	更换损坏组件
	电源相序连接错误	重新连接，调整三相中任两条接线
	水系统故障，水流开关断路	检查水系统
	线控器有故障信号	查找故障类别，并采取相应措施
空气热交换器结霜 过多	四通阀或热敏电阻故障	检查运行情况，需要时更换
	空气回路短路	排除空气短路的原因
	化霜控制问题	确认控制合理，必要时调整

注意：以下情况属于正常现象。

①机组在运行过程中，当温度达到用户设定值时，机组会自动停止运转，待温度上升后，机组会按照用户设定运行模式自动重新运转；

②当室外温度较低，湿度相对较大时，机组在运转过程中可能会出现室外热交换器结霜，为保证设备正常运转，机组微电脑控制器会根据时间和温度判断，自动进入化霜过程，化霜完毕后，机组会按照用户设定运行模式自动重新运转；

③冬季环境温度较低时，机组自动运行水泵或压缩机进行防冻。

（2）控制系统常见故障分析与排除。表3-17所示为涡旋式冷水／热泵机组控制系统常见故障及其处理方法。

表3-17　涡旋式冷水／热泵机组控制系统常见故障及处理方法

故障现象	可能原因	解决方法
通信故障	外部强电压串入控制板	确保现场电源正常
	外界电磁干扰	安装时远离干扰源
	通信线异常断开	检查更换
	接线错误	更正接线
	线控器或主板本身硬件或软件问题	更换线控器或主板
	未使用双绞线或屏蔽线	使用双绞线或屏蔽线
	强电线路和通信线没有分开布线	把强电线路和通信线分开布线
线控器无显示	正常的保护导致模块失电	对照电路图，判断是否是保护引起
	接线错误	更正接线
	线控器损坏	更换线控器
	通信故障导致	对照通信故障原因，排除
	控制主板掉电	检查掉电原因，恢复上电或更换主板
	控制主板损坏	检查并更换主板
开机，机组不动	设定温度不恰当，正常停机	更改设定温度
	远程开关未合上（如果有）	将远程开关合上（如果有）
	故障引起停机	根据故障代码，排除故障
	主板或线控器损坏	更换主板或线控器
	设定定时开机，时间未到	等待或取消定时

3.3.2　螺杆式冷水／热泵机组

3.3.2.1　风冷螺杆式冷水／热泵机组

（1）风冷螺杆式冷水／热泵机组的功能、特点与结构

①风冷螺杆式冷水／热泵机组的原理、分类。根据能量调节滑阀的位置，螺杆式压缩机按照一定的负荷率从蒸发器中吸入制冷剂蒸汽。压缩机的吸气降低了蒸发器中的压力，使蒸发器内制冷剂能够在低温状态下强烈气化，气化所需的热量来自蒸发器换热管内流动的水，随着热量的去除，冷水水温降低，实现制冷的效果。从水中吸收热量后，制冷剂蒸汽进入压缩机，经压缩后压力、温度均升高，压缩机排出温度远高于冷凝器所处的空气温度，制冷剂蒸汽通过冷凝器将热量排放到空气中变为液态，液态制冷剂经节流装置后流入蒸发器，完成

制冷循环。

　　根据机组使用功能可以分为单冷型和冷热两用型，即风冷螺杆式冷水机组和风冷螺杆式热泵机组。风冷螺杆式冷水机组适用于单一供冷场所，风冷螺杆式热泵机组适用于夏季供冷、冬季供暖的场所，热泵机组的选择需注意制冷及制热负荷的匹配。

　　②风冷螺杆式冷水 / 热泵机组的结构与主要部件。风冷螺杆式冷水 / 热泵机组有两个（或四个）制冷剂回路，每个回路采用一台螺杆式压缩机，两个电子膨胀阀（单冷机组每回路仅一个电子膨胀阀），一个四通换向阀（单冷机组无），一套油分离、冷却和过滤系统。

　　在制冷模式下，气态制冷剂离开水侧换热器被吸入压缩机。经压缩后，制冷剂和油（油在制冷剂循环时被吸入压缩机）一起被排出压缩机。

　　在制热模式下，机组每一个制冷剂回路都有一个四通换向阀用以改变热泵机组内空气侧和水侧换热器的作用。机组的水侧换热器为冷凝器，空气侧换热器为蒸发器。图 3-58 为风冷螺杆式冷水 / 热泵机组的系统图。

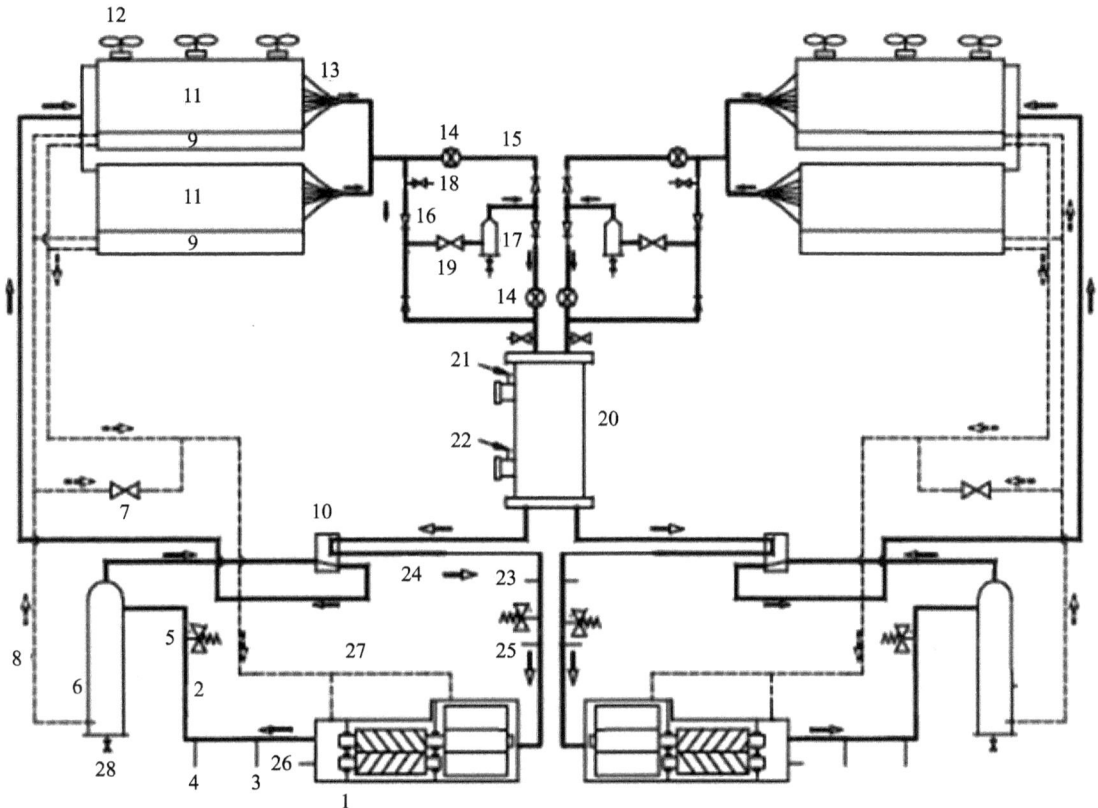

图 3-58　风冷螺杆式冷水 / 热泵机组的系统图

1—压缩机　2—排气管　3—高压控制　4—高压变送器　5—安全阀　6—油分离器　7—油旁路电磁阀　8—油管
9—油冷却器　10—四通换向阀　11—空气侧换热器　12—风机　13—冷媒分配器　14—电子膨胀阀　15—液态冷媒管
16—逆止阀　17—干燥过滤器　18—检修阀　19—液态管路截止阀　20—水侧换热器　21—出水温度传感器　22—进水温度传感器　23—低压变送器　24—吸气管路　25—吸气温度传感器　26—油温度传感器　27—油压变送器　28—阀

　　a. 压缩机。风冷螺杆式冷水 / 热泵机组使用螺杆式压缩机，对于半封闭直接驱动型螺杆压缩机，每台压缩机只有三个运动部件：两个转子和一个滑阀。阴转子和阳转子负责压缩制冷剂蒸汽，滑阀位于转子的上端，沿转子轴向移动。气态制冷剂吸入位于电动机末端的吸入口，经过吸气过滤器后进入转子端，制冷剂蒸汽被压缩后直接进入排气端。转子之间以及转子和压缩机壳体之间没有机械接触。阴、阳转子只在驱动点处接触。油由压缩机转子端的顶部吸入，然后覆盖转子和压缩机的内部空隙，从而密封转子和压缩机壳体之间的间隙并润滑转子。

螺杆式压缩机制冷量调节多使用滑阀结构。滑阀位于转子的上端，由一个与转子平行的活塞/油缸驱动。压缩机的加、卸载取决于滑阀在转子上的位置。当滑阀完全离开排气口时，压缩机处于完全加载状态。当滑阀向排气口移动时，压缩机就开始卸载，从而通过减少转子的压缩面积来减少制冷量。

滑阀活塞的运动决定了滑阀的位置，从而相应地调节压缩机的容量。油流进、流出缸体将决定滑阀的位置，它由常闭的加载和卸载电磁阀控制。基于系统负荷需求从机组控制器上产生的瞬时加载和卸载脉冲信号控制着加载和卸载电磁阀的工作状态。压缩机加载时，加载电磁阀开启而卸载电磁阀闭合，于是加压的油就进入缸体，从而使滑阀向转子方向移动。压缩机卸载时，加载电磁阀闭合而卸载电磁阀开启，缸体里的油会被吸入压缩机吸气口处，当受压的油离开缸体时，滑阀将渐渐地离开转子。当两个电磁阀都闭合时，压缩机将保持现有的负载水平。正常情况下，机组关机之前卸载电磁阀得电，滑阀将移动到完全卸载的位置。

压缩机电动机由气态制冷剂冷却，气态制冷剂由吸气端进入电动机室内。

图 3-59 为半封闭螺杆式压缩机的结构图。

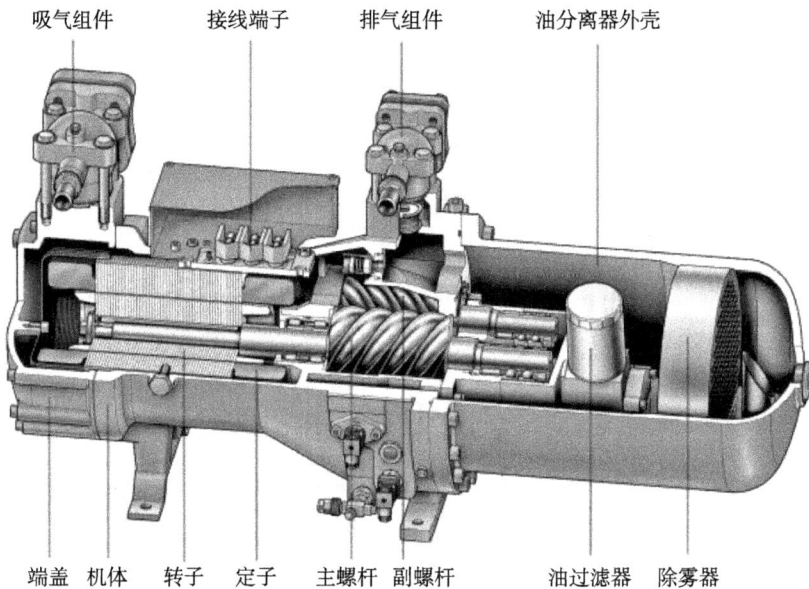

图 3-59　半封闭螺杆式压缩机

b. 润滑系统。图 3-60 所示为螺杆式冷水/热泵机组油路系统，图中 EXV 表示电子膨胀阀。

螺杆式冷水/热泵机组中润滑油的主要作用为润滑、密封、冷却和调节压缩机滑阀，润滑油进入压缩机为轴承和转子供油，随制冷剂经排气进入油分离器，经油分离器分离后大部分润滑油通过回油管回到压缩机。少部分未分离润滑油与制冷剂混合进入蒸发器，在蒸发器底部收集后经回油管路回压缩机。

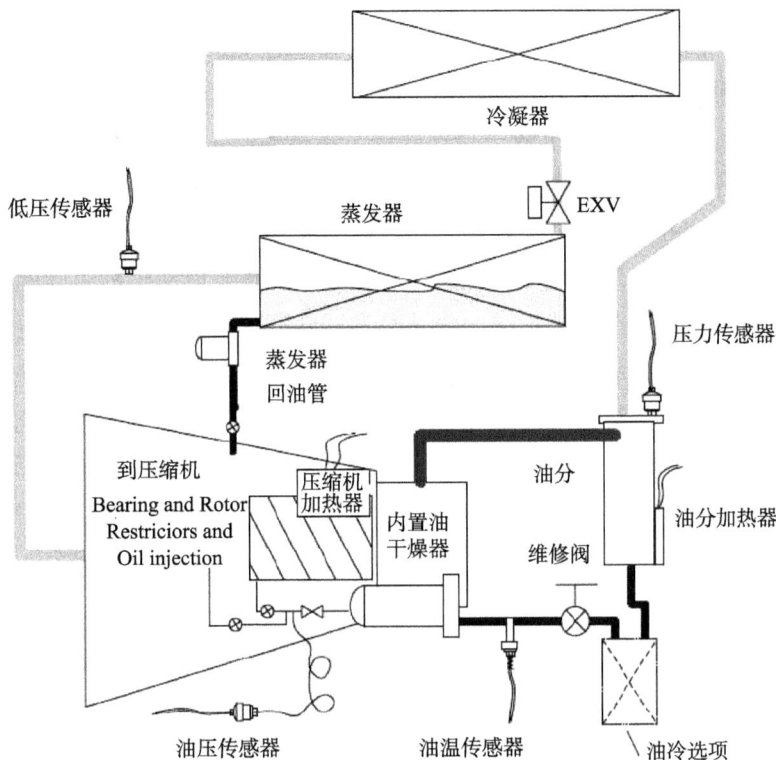

图 3-60　螺杆式冷水 / 热泵机组的油路系统

油分离器：润滑油和制冷剂的混合物进入油分离器并在其内部进行旋转，由于润滑油较重，所以被甩到桶壁后流到油分离器底部并进入冷却回路。制冷剂蒸汽由油分离器中部排出后进入冷凝器中（图 3-61）。

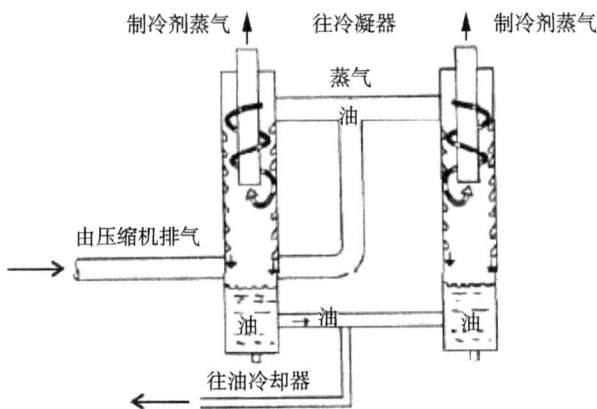

图 3-61　油分离器

风冷螺杆式冷水 / 热泵机组附有可更换的油过滤器。油过滤器能除掉可能污染电磁阀及压缩机内部油管路的杂物，也可避免压缩机转子和轴承表面的过度磨损。润滑油已在制造商实验室内经过广泛的实验并已证明使用在压缩机里能达到满意的效果。

压缩机轴承供油：润滑油被注入位于阴、阳转子末端的轴承室里。轴承室和压缩机的吸气口相连，故油离开轴承后通过压缩机转子回到油分离器。

压缩机转子供油：润滑油由主电磁阀控制，通过油过滤器进入压缩机转子室内，并沿着转子顶部注入，用于封闭转子之间的间隙、转子与压缩机壳体之间的间隙，同时对转子进行润滑。油通过该回路进入压缩机转子壳体底部，然后被吸入转子间以密封转子之间的间隙，并润滑阴阳转子的啮合线。尽管油分离器效率很高，还是有少量的油流到冷凝器中并最终沉积在蒸发器中。这些油必须回收至油箱。通过压力驱动泵或称气泵就可以抽回润滑油。气泵安装在蒸发器底下，是由两个电磁阀控制的四孔汽缸。该泵以一定的时间间隔把蒸发器中的积油抽回压缩机中。制冷剂和油的混合物从蒸发器底部进入气体泵之后，电磁阀打开使制冷剂蒸汽流到蒸发器顶部，然后关闭。第二个电磁阀打开使冷凝压力下的制冷剂蒸汽进入气体泵，同时单向止回阀避免液体回流至蒸发器。液体制冷剂和油的混合物从气体泵中排出，经过过滤器进入压缩机。然后其中的油与抽入压缩机的油混合通过油分离器回到油箱。

c. 四通换向阀。有无四通换向阀（图3-62）是单冷机组和热泵机组的主要区别。四通换向阀可实现风冷螺杆式机组在制冷和制热模式下的切换。

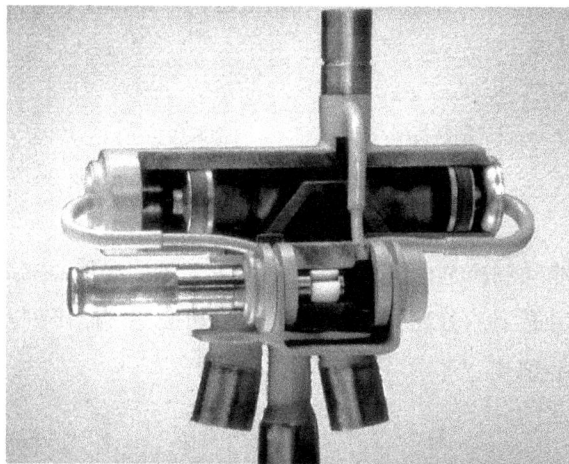

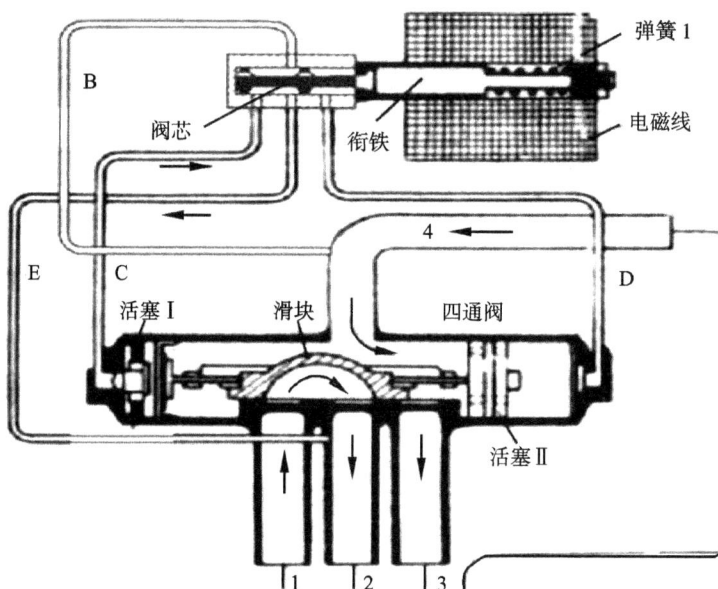

图3-62　四通换向阀

四通换向阀主要由四通气动换向阀（主阀）、电磁换向阀（控制阀）及毛细管组成。阀内由滑块、活塞组成活动阀芯，主阀阀体两端有通孔可使两端的毛细管与阀体内空间相连通，滑块两端分别固定有活塞，活塞两边的空间可通过活塞上的排气孔相通。控制阀由阀体和电磁线圈组成。阀体内有针型阀芯。主阀与控制阀之间有三根（或四根）毛细管相连，形成四通换向阀的整体。

四通换向阀处于工作状态的时候，主要分为通电状态和断电状态。通电状态对应机组制热模式，断电状态对应机组制冷模式。主阀的管口 4 连接于压缩机高压排气口，管口 2 连接于压缩机低压吸气口。1、3 两个管口分别连接蒸发器的出气口和冷凝器的进气口。管口 3 接冷凝器的进气口，管口 1 接蒸发器的出气口。当电磁阀不通电时，系统工作于制冷状态，控制阀因弹簧 1 的作用，阀芯移至左端，处于释放状态，此时毛细管 E 与 C 连通。因为 E 接在低压吸气管上，所以毛细管 C 及主阀内左端空间均为低压，高压气体由主阀管口 4 进入主阀，经活塞 I 的排气孔使主阀内的右端空间成为高压，推动主阀阀芯移至左端，管口 2 与管口 1 连通而管口 4 与管口 3 连通，系统形成制冷循环状态。当电磁阀通电时，电磁力吸动控制阀阀芯向右移动，毛细管 E 与 D 相连。主阀内右端空间成为低压，高压气体经活塞 II 的排气孔进入主阀内左端空间，推动阀芯移向右端，管口 2 与管口 3 连通而管口 4 与管口 1 连通，蒸发器、冷凝器的功能对换，系统转换成制热循环状态。

d. 蒸发器。在螺杆式冷水机组中，蒸发器的型式主要是满液式蒸发器和干式蒸发器两种。

对于满液式蒸发器，液体制冷剂经过节流装置进入蒸发器的管程，蒸发器内的液位保持一定。蒸发器内的传热管浸没在制冷剂液体中，水在管内流动，从蒸发器内溢出的湿蒸汽经气液分离后再进入压缩机。

干式蒸发器则由热力膨胀阀或电子膨胀阀直接控制液体制冷剂进入蒸发器的管程，制冷剂液体在管内完全转变为气体，而被冷却的介质则在传热管外的管程中流动。

（2）风冷螺杆式冷水 / 热泵机组的维护与保养。定期维护是保证机组长期可靠运行的关键。

①每周的维护和检查。在机组运行约 30min 且系统稳定后，请检查运行状态并完成下列步骤：

a. 在机组面板上检查水侧换热器和空气侧换热器内制冷剂的压力。

b. 如果运行压力显示制冷剂充注不足，需测量系统的过热和过冷度。如果运行状况显示制冷剂充注过量，应回收一部分制冷剂。回收时速度要慢，使油损失降到最小。严禁将制冷剂直接排放至大气中。

c. 检查整个机组是否有异常状况，检查空气侧换热器盘管是否有脏物和起苔。如果盘管脏了，应进行清洗。

②每月的维护和检查。每月需要测量并记录系统的过热状况、过冷状况等。如果运行状态显示制冷剂不够，用肥皂泡检查以找出机组泄漏点，修补所有泄漏点。

③年度维护。每个年度应检查每个控制的设定值及其功能，检查压缩机及接触器状况；检查所有的接管部件是否泄漏及损坏，水管道里任何阻碍水流动的杂物应及时清理掉；清理受腐蚀部位并对其重新进行喷漆；清洗空气盘管和风机，检查风机构成，确认有足够的旋转

间隙来保证低振动和低噪声；检查油系统的运行状况和润滑油的液位；分析润滑油有无变质。

④盘管清洗。每年至少清理一次空气盘管。如果机组所处的环境较脏，应勤加清洗，以便保证机组运行时的正常效率。清洗时应遵循清洁剂制造厂家的指导以避免对盘管造成损坏。清洗盘管时应采用软刷和喷射器。

如果清洗剂的 pH 超过 8.5，应添加防腐剂。

⑤水侧换热器的化学清洗。由于水系统是一个封闭的循环，所以它不应结垢及沉积淤泥。若发生上述情况，应及时进行反向清洗去除这些杂质。如果该方法未能奏效，应采用化学方法进行清洗。

不能采用酸性的清洗剂以免损坏镀锌钢管、聚丙烯以及内部铜管等部件。水处理公司会推荐一种适合本系统的化学清洁剂。

⑥油过滤器的更换。当油质分析证明油质已经恶化，应及时更换油及油过滤器。油充注量参见机组铭牌。油过滤器压降参见机组服务手册。油过滤器的压降为过滤器盖板快速连续阀与压缩机上部快速连续阀之间的压力差。

⑦检查油分离器油位。在机组满负载运行 15min 之后关掉机组。用软管连接油分离器的角阀和压缩机排气管路的快速连接阀。排出内部不凝性气体。在机组停机 10min 后，在垂直方向移动视镜，直至观察到油的液面。当确认了油液面高度后，移去软管和视镜（图 3-63）。

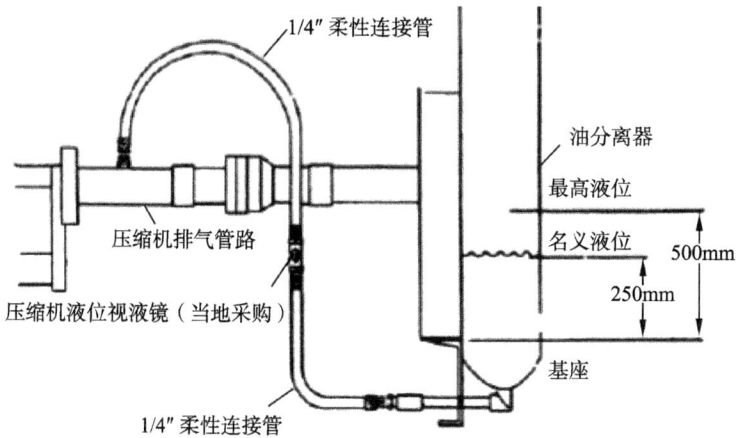

图 3-63　油位检查

（3）风冷螺杆式冷水／热泵机组的常见故障分析与排除。表 3-18 所示为风冷螺杆式冷水／热泵机组的常见故障原因与排除方法。图 3-64~ 图 3-70 为一些常见故障的分析与排除方法，更多内容可参考产品使用说明书。

表 3-18　风冷螺杆式冷水／热泵机组的常见故障原因与排除方法

现象	原因	排除方法
排气压力高	系统内有空气或不凝气体	排出机组内不凝性气体
	冷凝器表面脏堵	清洗冷凝器
	吸入压力高于正常值	参考"吸气压力高"
	机组周围通风状况不良	改善机组周围通风状况
	风扇无法正常运行	检查风扇

现象	原因	排除方法
排气压力低	环境温度低	调整风机开启数量
	液体制冷剂从蒸发器进入压缩机	检查和调整膨胀阀,确定感温包是否紧固于吸气管上并已隔热
	冷凝器泄漏	检查机组运行电流、查漏
	吸气压力低	参考"吸气温度过低"
	制冷剂充注量不足	补充足够制冷剂
吸气压力高	排气压力过高	参考"排气压力过高"
	制冷剂充注过量	排出过量制冷剂
	液体制冷剂从蒸发器进入压缩机	检查和调整膨胀阀,确定感温包是否紧固于吸气管上并已隔热
	吸气管隔热不良	检查管理隔热
吸气压力过低	液体管或吸气管堵塞	检查制冷剂过滤器
	膨胀阀调整不当或故障	正确调整过热度,检查感温包是否泄漏
	系统制冷剂不足	补充制冷剂
	系统内有过量润滑油参与循环	检查润滑油油量
	冷水入口温度低于标准温度	调整温度设定值
	蒸发器能力不足	检查蒸发器水流量、有无堵塞
	排气压力低	参考"排气压力低"
	冷冻水系统有空气	排出空气
	滑阀开度太小	检查滑阀控制
压缩机因高压断开停机	冷凝器堵塞	清洗冷凝器
	高压保护设定值不正确	检查设定值
电动机过载	电压过高或过低	检查电压与额定值是否一致,必要时调整三相不平衡度
	排气压力高	参考"排气压力高"
	过载元件故障	检查控制器,更换损坏模块
	电动机或接线短路	测量接线与地线之间阻抗
压缩机噪声高	液体制冷剂由蒸发器进入压缩机	检查和调整膨胀阀,确定感温包是否紧固于吸气管上并已隔热
压缩机不能运转	过载保护断	检查断开原因并修理后,重新启动机组
	控制线路接触不良	检查控制线路及修理
	断电	检查电源
	压缩机继电器线圈烧毁	更换
	相位错误	任意两相互调
卸载系统不能工作	温控模块故障	调节温度设定或更换温控器
	卸载电磁阀故障	检查电磁阀线圈
	卸载滑阀损坏	检查卸载机械结构部件;检查油路是否堵塞

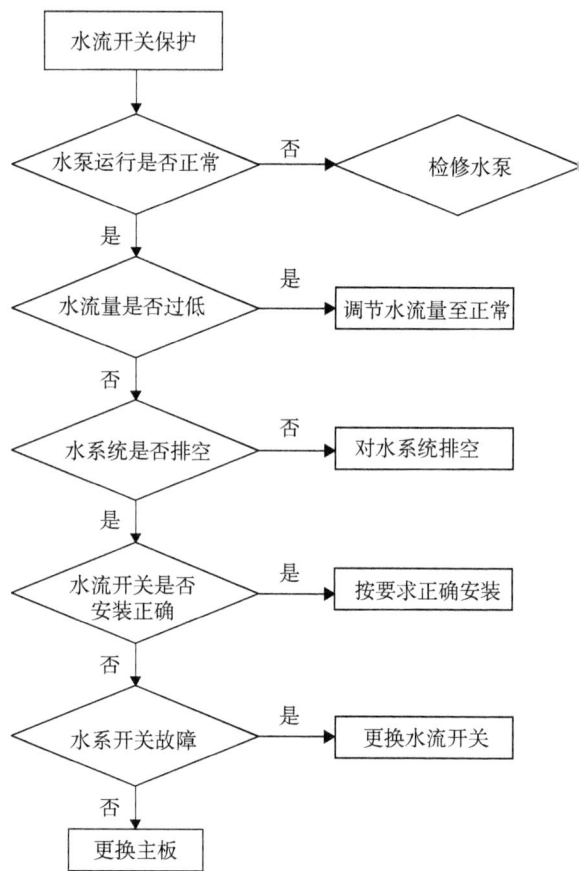

图 3-64　水流开关保护故障

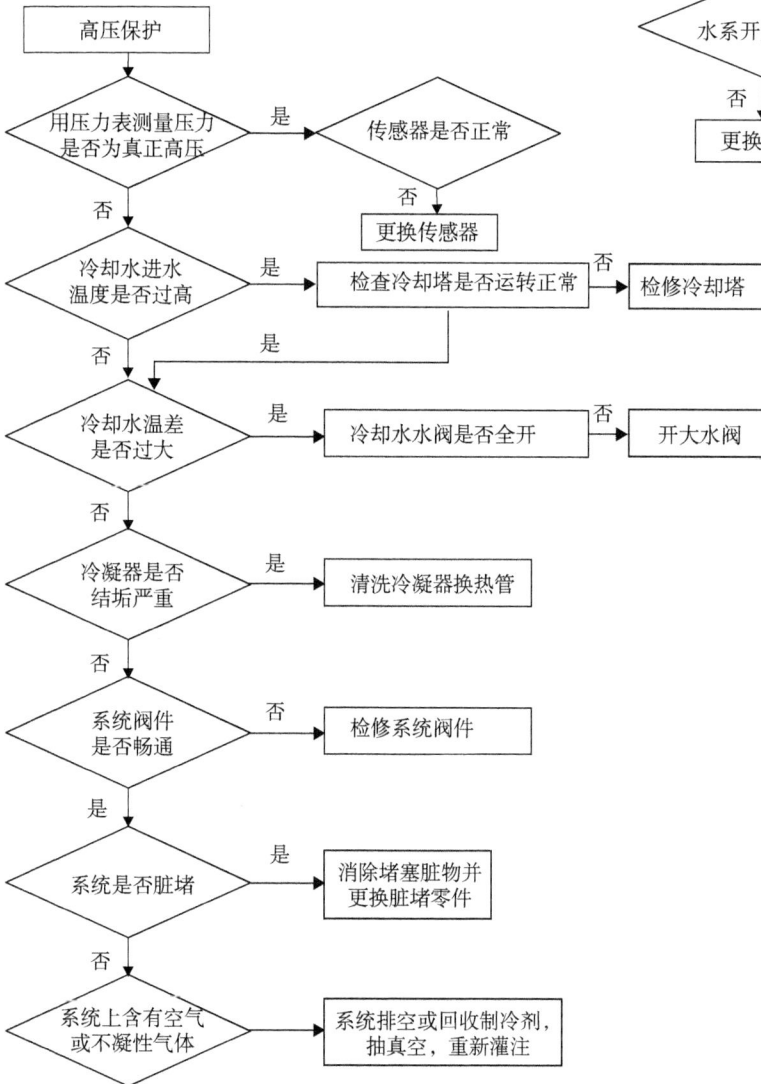

图 3-65　高压保护故障

左图流程（图3-66）:

低压保护 → 传感器是否正常 —否→ 更换传感器；是↓
水温是否正常 —否→ 水温是否正确设置 —否→ 重新设置水温；是→
水流量是否正常 —否→ 调节水流量至正常；是↓
蒸发器是否结垢严重 —是→ 清洗蒸发器换热管；否↓
系统阀件是否畅通 —否→ 检修系统阀件；是↓
系统是否脏堵 —是→ 消除堵塞脏物并更换脏堵零件；否↓
缺少制冷剂 —是→ 检漏、补漏，或抽真空，重新灌注

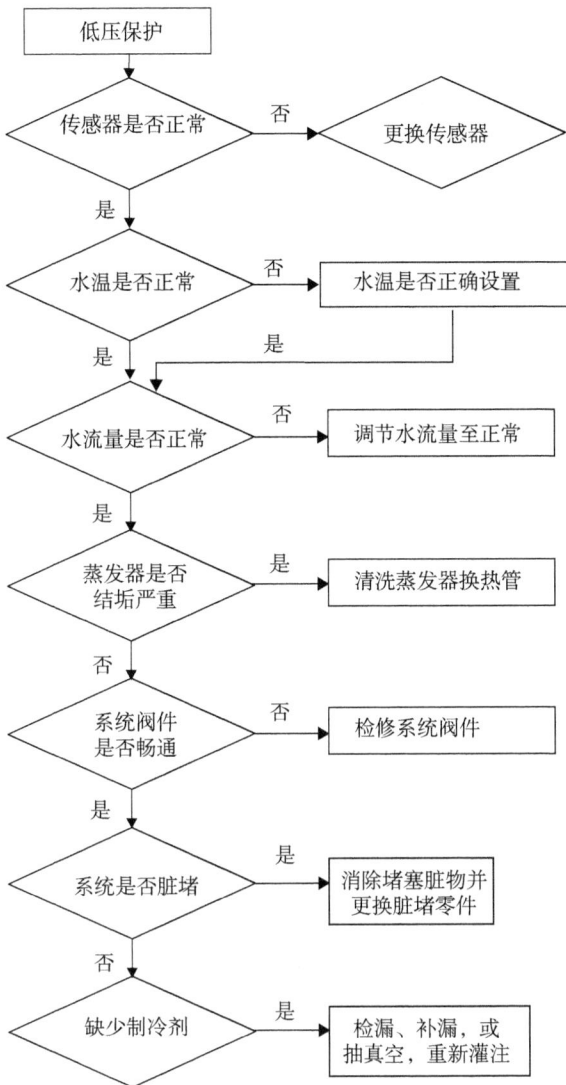

图 3-66　低压保护故障

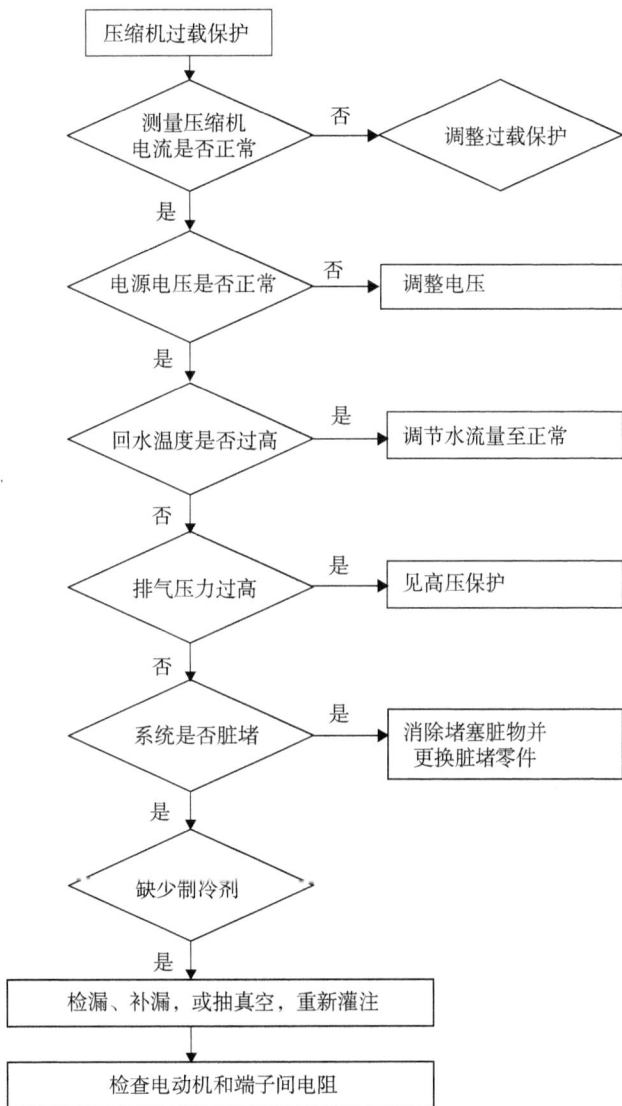

右图流程（图3-67）:

压缩机过载保护 → 测量压缩机电流是否正常 —否→ 调整过载保护；是↓
电源电压是否正常 —否→ 调整电压；是↓
回水温度是否过高 —是→ 调节水流量至正常；否↓
排气压力过高 —是→ 见高压保护；否↓
系统是否脏堵 —是→ 消除堵塞脏物并更换脏堵零件；是↓
缺少制冷剂 —是→ 检漏、补漏，或抽真空，重新灌注 → 检查电动机和端子间电阻

图 3-67　压缩机过载保护故障

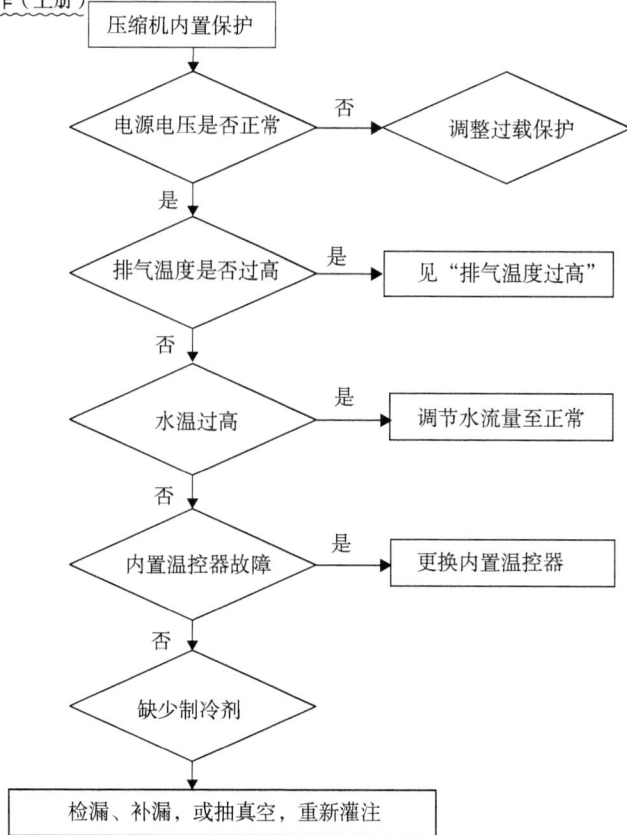

图 3-68　压缩机内置保护故障

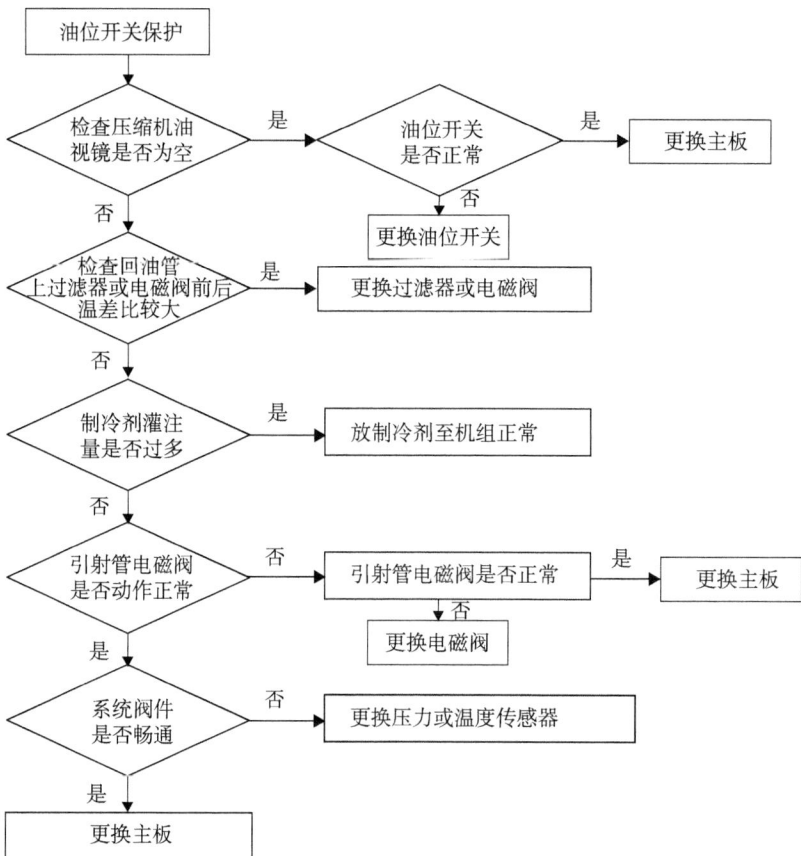

图 3-69　油位保护故障

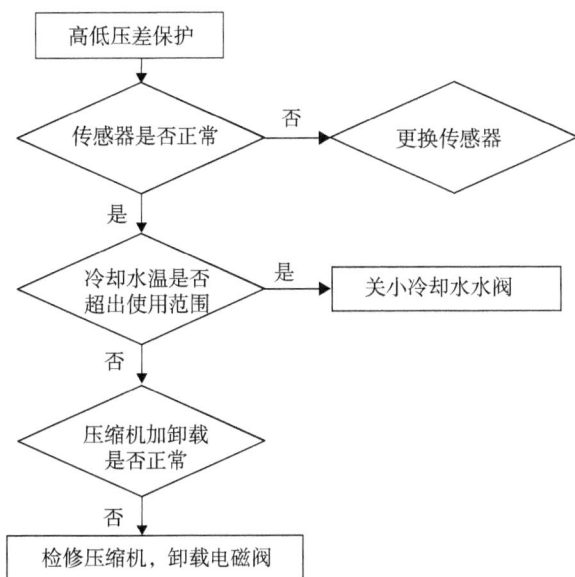

图 3-70　高低压差保护故障

3.3.2.2　水冷螺杆式冷水 / 热泵机组的功能、特点与结构

（1）水冷螺杆式冷水 / 热泵机组的原理。与风冷螺杆式冷水 / 热泵机组不同，水冷螺杆式冷水 / 热泵机组使用水冷冷凝器，冷却水经冷却塔冷却后水温下降。相比而言，水冷螺杆式冷水 / 热泵机组效率更高。

（2）螺杆式冷水 / 热泵机组的典型结构和主要部件。图 3-71 和图 3-72 为水冷螺杆式冷水机组的基本结构，主要由螺杆压缩机、蒸发器、冷凝器、油分离器、控制箱、启动柜等部件组成。

水冷螺杆式冷水 / 热泵机组使用冷凝器为卧式壳管式冷凝器，由筒体、管板、冷凝管和两侧端盖组成。具有结构紧凑、传热系数高、冷却水耗量低、操作管理方便等优点。

除冷凝器外，水冷螺杆式冷水 / 热泵机组的其他部件与风冷螺杆式冷水 / 热泵机组类似，这里不予赘述。

（3）水冷螺杆式冷水 / 热泵机组的维护与保养。

①每周维护和检查。在机组运行稳定后检查运行状况：记录机组数据检查蒸发器和冷凝器压力，并与显示屏的读数比较，在运行工况下压力读数应该在许可范围内。

注：冷凝器压力依赖于冷却水温，并且应该等于全负荷时制冷剂的饱和压力，这一压力是高于冷凝器出口水温 1.5~3℃的制冷剂对应的饱和压力。

②每月维护和检查。清洗冷冻水和冷凝水管路系统中所有的水过滤器，测量油过滤器的压降，测量并记录过冷和过热。如果运行状况表明制冷剂有泄漏，用肥皂

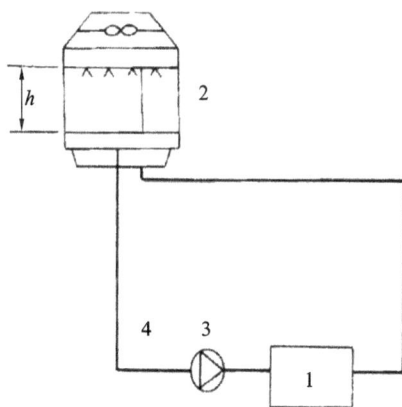

1—水冷螺杆式冷水机组　2—冷却塔
3—冷却水泵　4—冷却管路

图 3-71　水冷螺杆式冷水机组系统图

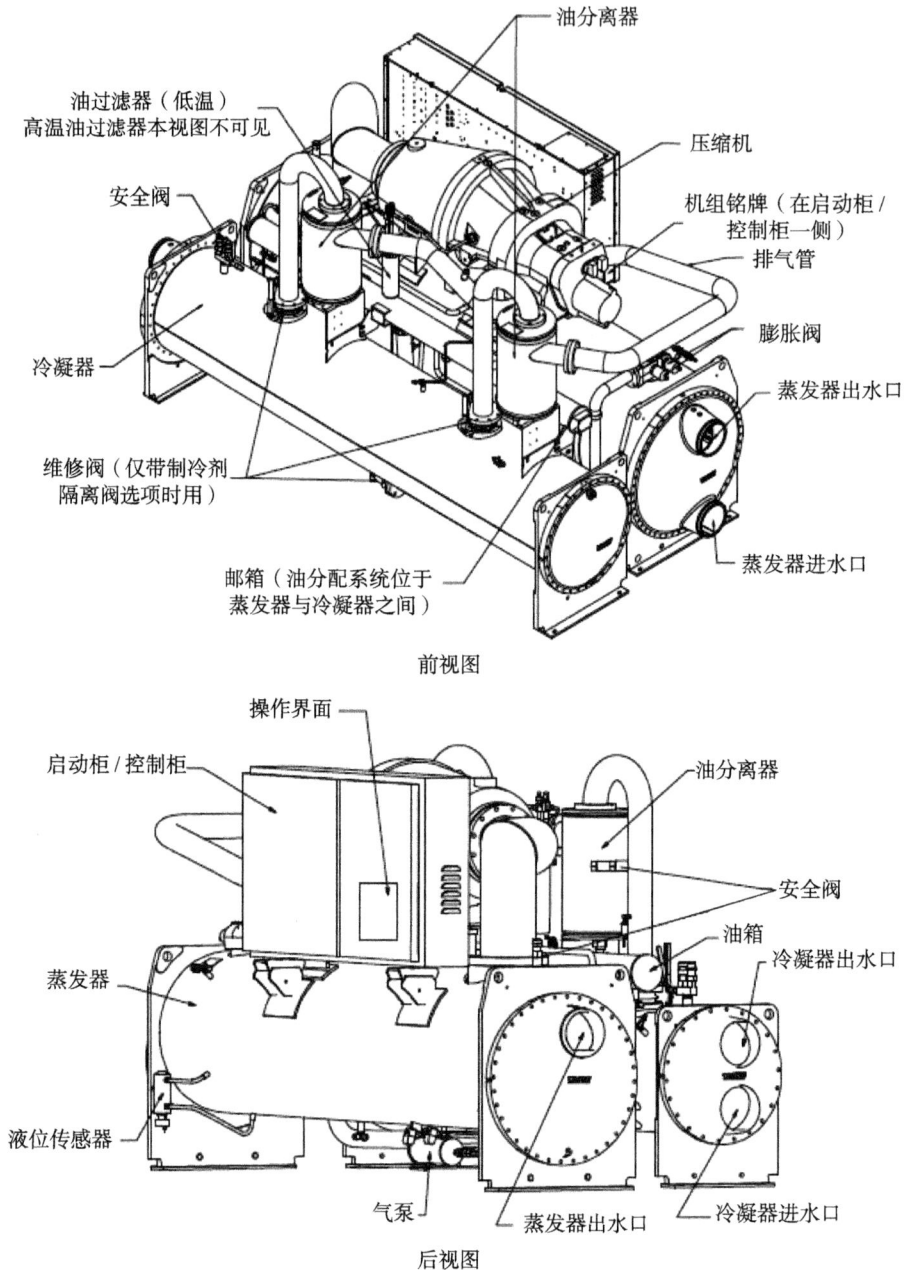

图 3-72　水冷螺杆式冷水 / 热泵机组结构图

泡检漏并确定修复所有的泄漏点。

补充制冷剂直到机组规定的工况下运行为止，冷却水：30℃和 0.215m³/（h·kW），冷冻水：7~12℃。

③每年维护。每年关闭机组一次来检查下面的内容：执行所有的每周维护和每月维护程序。检查制冷剂充注量和油位。对油进行分析，确定油的含水量和酸性度。

重要：由于 POE 油的吸湿特性，所有的油都必须储存在金属容器里。如果储存在塑料容器中，这种油将会吸水。

④检查油过滤器的压降。检查机组泄漏状况、安全控制状况以及电气部件是否存在不

足。检查所有的水管路部件是否有泄漏。清洗每一个水管路过滤器。清洗并重新油漆那些被腐蚀的地方。检测所有释压阀的排空管以及释压阀的密封情况，替换有漏泄的释压阀。检查冷凝器管束的污垢状况，如必要则清洗干净。检查并确保油箱加热器在工作。

⑤油箱油位检查。油箱中油位的测量可以指示出系统油的充注量。需要定期检查以免压缩机缺油导致故障。

⑥油充注。使油管加满油输送给压缩机而对系统充油的方法通常是不可取的。如果油管在开机时没有充满油，控制系统将出现"在压缩机停机时缺油"的诊断。

⑦制冷剂充注。如果发现制冷剂充注量不足，首先找出制冷剂泄漏的原因。一旦问题解决就给机组抽真空并充注制冷剂。

（4）水冷螺杆式冷水／热泵机组的故障分析与排除。表 3-19 所示为水冷螺杆式冷水／热泵机组的故障分析与排除方法。

表 3-19　水冷螺杆式冷水／热泵机组的故障分析与排除方法

现象	原因	排除方法
排气压力高	系统内有空气或不凝气体	排出机组内不凝性气体
	冷却水入水温度过高或冷凝器水流量不足	调节冷却水水阀；检查冷却塔工作状况；加长管路内过滤器
	冷凝器换热管脏堵	清洗冷凝器
	吸气压力高于正常值	参考"吸气压力高"
	制冷剂充注过量	排出过量制冷剂
排气压力低	冷却水水流量过大或水温过高	调整冷却水水流量；检查冷却塔运行状况
	液体制冷剂从蒸发器进入压缩机	检查和调整膨胀阀，确定感温包是否紧固于吸气管上并已隔热
	冷凝器泄漏	检查机组运行电流，如有泄漏，查漏
	吸气压力低	参考"吸气压力过低"
	制冷剂充注量不足	补充足够制冷剂
吸气压力高	排气压力过高	参考"排气压力过高"
	制冷剂充注过量	排出过量制冷剂
	液体制冷剂从蒸发器进入压缩机	检查和调整膨胀阀，确定感温包是否紧固于吸气管上并已隔热
	吸气管隔热不良	检查管隔热
吸气压力过低	液体管或吸气管堵塞	检查制冷剂过滤器
	膨胀阀调整不当或故障	正确调整过热度，检查感温包是否泄漏
	系统制冷不足	补充制冷剂
	系统内有过量润滑油参与循环	检查润滑油油量
	冷水入口温度低于标准温度	调整温度设定值
	通过蒸发器的冷水流量不足	检查冷水管路压力损失
	排气压力低	参考"排气压力低"

现象	原因	排除方法
压缩机因高压断开停机	冷凝器堵塞	清洗冷凝器
	高压保护设定值不正确	检查设定值
	冷却水不足	检查设定值
	制冷剂充注过量	检查制冷剂充注量
电动机过载	电压过高或过低	检查电压与额定值是否一致，必要时调整三相不平衡度
	排气压力高	参考"排气压力高"
	过载元件故障	检查控制器模块，更换损坏模块
	电动机或接线短路	测量接线与地线之间阻抗
	回水温度过高	检查系统负荷，增加冷机开启数量
压缩机有噪声	液体制冷剂由蒸发器进入压缩机	检查和调整膨胀阀，确定感温包是否紧固于吸气管上并已隔热
压缩机不能运转	过载保护断	检查断开原因并修理后，重新启动机组
	控制线路接触不良	检查控制线路及修理
	断电	检查电源
	压缩机继电器线圈烧毁	更换
	相位错误	任意两相互调
卸载系统不能工作	温控模块故障	调节温度设定或更换温控器
	卸载电磁阀故障	检查电磁阀线圈
	卸载滑阀损坏	检查卸载机械结构部件；检查油路是否堵塞

3.3.3　离心式冷水／热泵机组

3.3.3.1　离心式冷水／热泵机组的功能、特点与结构

离心式冷水机组具有单机制冷量大、高效节能、稳定可靠、制冷剂泄漏少、运行噪声低、应用范围广等特点。离心式冷水机组根据压缩等级可分一、二、三级三类，一般一级很少使用。根据制冷剂类型可分正、负压两类。

离心式冷水／热泵机组一般由吸气弯管、压缩机、接线盒、控制柜、冷凝器、电动机、经济器、油箱组件、排气装置、蒸发器、控制面板等部件组成（图 3-73）。

除所用压缩机外，离心式冷水／热泵机组与其他种类冷水／热泵机组的功能、原理与主要结构和部件均是类似的，在此不予赘述，本部分仅介绍有关多级压缩的制冷循环。

（1）三级离心式冷水／热泵机组。当处于制冷模式时，液体制冷剂沿蒸发器长度方向，通过分配器上的小孔（在筒体的整个长度上）均匀地喷淋到每根蒸发管上。在此，液体制冷剂从蒸发管内循环水中充分吸热并气化。然后通过了挡液装置（除去气体中的液态制冷剂液滴），经过第一级可调进口导叶后进入第一级叶轮。来自第一级叶轮的压缩气体流经第二级固定的进口导叶，进入第二级叶轮。在此，制冷剂气体又被压缩，然后通过第三级可调进口

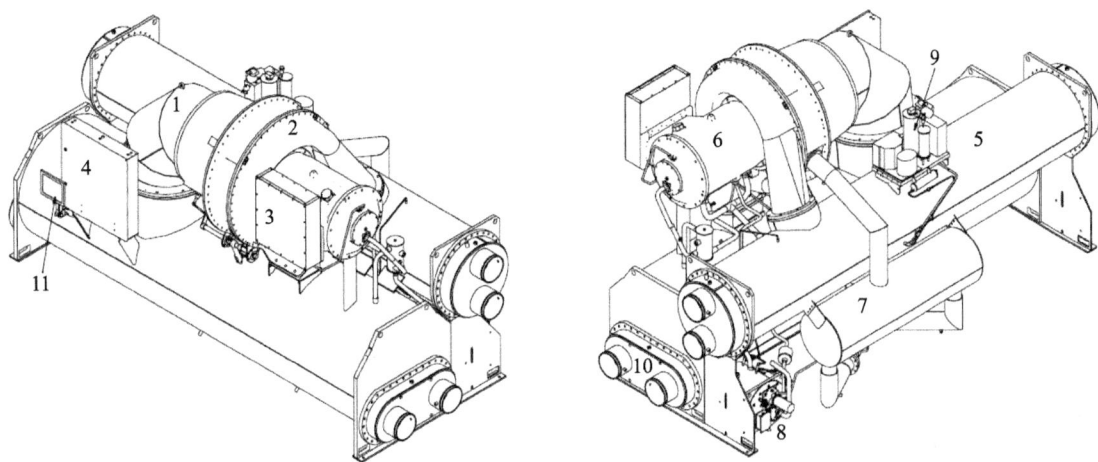

1—吸气弯管　2—压缩机　3—接线盒　4—控制柜　5—冷凝器　6—电机外壳
7—经济器　8—油箱组件　9—排气装置　10—蒸发器　11—显示面板

图 3-73　离心式冷水 / 热泵机组

导叶，进入第三级叶轮。

　　气体被第三次压缩之后，便被排放到冷凝器中。冷凝器筒体内的防冲挡板将压缩后的制冷剂气体均匀地分布到冷凝管上。循环流经冷凝管的冷却塔水吸收制冷剂中的热量，从而使制冷剂冷凝。然后液态制冷剂通过节流孔板进入经济器。经济器让部分气态制冷剂旁通而不必经历所有三个压缩级，从而降低了制冷剂循环的能耗。由图 3-74 ~ 图 3-77 可见，部分液态制冷剂由于通过孔板节流降压而闪发成气体，来进一步冷却液态制冷剂。然后这部分闪发气体被吸入压缩机的第二级和第三级叶轮中。所有剩余的液态制冷剂流经另一个孔板而进入蒸发器。

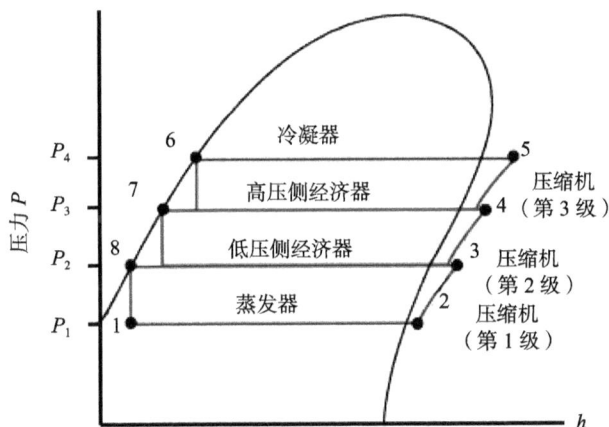

图 3-74　三级压焓图

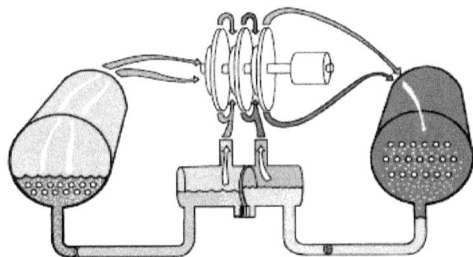

图 3-75　三级制冷剂流

　　（2）二级离心式冷水 / 热泵机组。来自第一级叶轮的压缩气体通过第二级可调进口导叶，进入第二级叶轮。在此，制冷剂气体又被压缩，然后被排到冷凝器中。冷凝器筒体内的防冲挡板将压缩后的制冷剂气体均匀地分布到冷凝管上。循环流经冷凝管的冷却塔水吸收制冷剂中的热量，从而使制冷剂冷凝。然后液态制冷剂从冷凝器底部流出，流经节流孔板而进入经济器。经济器让部分气态制冷剂旁通而不必经历所有两个压缩级，从而降低了制冷剂循环的能耗。部分液态制冷剂由于通过孔板节流降压而闪发成气体，来进一步冷却液态制冷剂。然后这部分闪发气体直接通过经济器进入压缩机的第二级叶轮中。所有剩余的液态制冷剂从经济器流出，通过另一个孔板进入蒸发器。

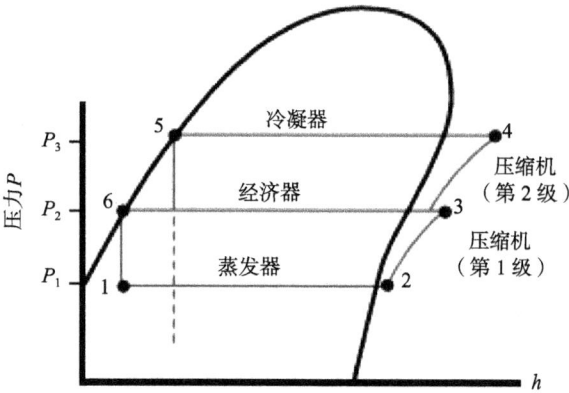

图 3-76　两级压焓图

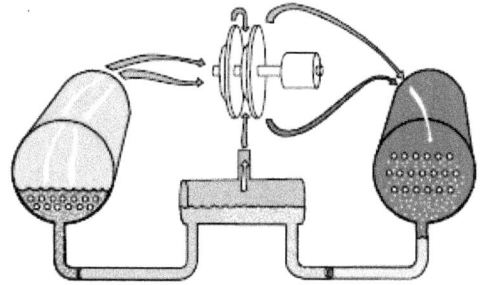

图 3-77　两级制冷剂流

3.3.3.2　离心式冷水／热泵机组的维护与保养

（1）日常维护和检查（R123 制冷剂、三级离心式压缩机，表 3-20）。

表 3-20　机组运行范围

运行特性	正常读数
近似的蒸发压力	6~9PSIA/-9~-6PSIG
近似的冷凝器压力	17~27PSIA/2~12PSIG（标准冷凝器）
油箱温度（主机未运行）	60~80℃
油箱温度（主机运行）	35~72℃
油箱压差	18~22PSID

注　1. 冷凝器压力取决于冷凝器水温，它等于在满负荷运行时冷凝温度对应的 R123 饱和压力，该冷凝温度大于冷凝器出水温度。

　　2. ASME 冷凝器的正常压力读数超出 12 PSIG。

　　3. 油箱压力为 -9~-6PSIG，HG 排油压力为 7~15PSIG。

（2）每日检查。检查冷水主机蒸发器和冷凝器压力、油箱压力、油压差和排油压力。将读数与上面提供的数值进行比较。

使用油箱端盖上的两个视镜检查冷水主机油箱中的油位。当主机正在运行时，应在较低的视镜中可见油位。

（3）每 3 个月检查。清洗水路系统中的所有过滤器。

（4）每 6 个月检查。每 6 个月检查润滑导叶执行器处的联接轴承、球形接头和枢轴点、叶片操作柄处 O 形圈、滤油器截止阀 O 形圈。

用真空容器抽取爆破片和排气装置、集液管中的所有杂物。若排气装置运行太过频繁，则应经常执行该过程。给所有裸露的金属部件上油，以防止生锈。

（5）每年。每年关闭冷水主机一次，检查说明书年度检查清单中列出的各个项目。并参考排气装置手册中的维护部分，执行年度维护程序。

使用冰水槽验证蒸发器制冷剂温度传感器的精度仍处于公差范围内。若温度读数超出公差范围，则更换传感器。若传感器一直暴露在超出其正常工作范围极限的环境中，则每隔 6 个月检查一次精度。

检查冷凝器管的污垢情况，有必要时进行清洗。

提取压缩机润滑油样本进行实验室综合分析。

测量压缩机电动机绕组的接地电阻。对冷水主机进行泄漏试验；若系统频繁排气，则该过程尤为重要

（6）更换压缩机润滑油。开始运行 6 个月或 1000h 后（以先满足的时间为准），一般需要更换压缩机润滑油和过滤器。换油后，只有在油质分析表明需要更换时再换油，这样可减少使用寿命内的耗油量及制冷剂的排放量。该分析可以确定系统内的含湿量、油的酸性等级和油内所含磨损金属成分，并可作为诊断依据。

（7）油过滤器。三种情况下需要更换滤油器：每年、每次换油时或在冷水主机运行期间出现异常油压时。

（8）常规润滑。唯一需要进行周期性润滑的部件是外部导叶执行器连杆装置和油回转阀。根据需要用几滴轻机油润滑导叶执行器连杆装置轴承和连杆末端轴承。若机组处于潮湿、多灰尘或腐蚀性环境中，则需考虑在滤油器关断阀顶部四周放置一颗硅膜球。

（9）清洗冷凝器。当制冷剂冷凝温度和冷凝器出水温度之间的差值高于预期值时，表示冷凝管出现了污垢。如果在年检中发现冷凝管出现了污垢，可以采用机械或化学方法来清洗去垢。当使用化学清洗方法后，还必须对管子进行机械清洁、冲刷和检查。

（10）清洗蒸发器。由于蒸发器水循环是闭式循环，因此不会积聚太多的水垢或者污泥。通常情况下，每 3 年清洁一次就足够。但是对于开放式蒸发器系统，例如，净气器，需要定期进行检查和清洁。

（11）排气系统。由于机组制冷系统的部分组件在低于大气压力下工作，空气和湿气有可能渗入系统。这些不凝性气体会滞留在冷凝器中使冷凝压力升高、压缩机耗功增加，机组的能效和制冷量降低。

如果排气泵排气时间处于小型泄漏范围内，则应进行泄漏检查并尽早修复所有泄漏。如果排气泵排气时间处于大型泄漏范围内，则应立即对主机进行全面的泄漏检查，并找出和修复泄漏。

3.3.3.3　离心式冷水 / 热泵机组的常见故障分析与排除

离心式冷水 / 热泵机组的常见故障分为电气类故障、制冷系统故障、水系统故障、结构件故障和油系统故障等几类。为了保护离心机能在正常工作环境中运行，机组一般均配置故障保护，常见故障保护有油压差保护、压缩机低压保护、压缩机高压保护、喘振保护等。

对于离心式冷水 / 热泵机组常见的故障报警原因分析如下：

（1）低制冷剂温度报警。蒸发器饱和制冷剂温度低于报警设定值。出现此故障的原因可能是制冷剂量不足、节流装置堵塞、传感器故障等。

（2）蒸发器低出水温度报警。出水温度低于报警设定值。出现此故障的原因可能是蒸发器水流量偏低、低制冷剂温度、传感器故障等。

（3）冷凝器高压报警。冷凝器压力高于报警设定值。出现此故障的原因可能是冷却水水流量偏低、系统内空气含量过多等。

（4）机组喘振。"喘振"机组高压侧气体压力高于排气压力，导致气体回流至压缩机内，表现为机组的电流周期性变化。因此在机组起动后，检测主机电流，如果在一定时间内，主机电流的波动次数达到设定值，则判断机组为喘振故障，机组保护停机。出现此故障的原因可能是机组负载过低、水流量问题、冷凝器内空气过多等。

（5）低油压差。供油压力与回油压力压差过低。如果供油不足，轴承有烧掉的危险，为保证机组主电动机、压缩机各轴承处润滑充分，需要足够的油压差。运行时当压差过低时机组报警或者保护停机，在机组启动时，压差低于设定值主机将不启动。出现此问题的原因可能是油泵故障、油过滤器堵塞等。

（6）低油温。油温低于报警设定值。出现此问题的原因可能是油箱电加热故障、开机前预热不足等。

（7）高油温。供油温度升高会降低润滑油的黏度，可能使轴承油膜刚度不足，承载能力不够而导致轴承损坏。在机组运行过程中控制供油温度，当温度高于一定值时机组会报警或者保护停机。出现此故障的原因可能是系统过载、压缩机排气温度过高、油冷却不良、油位偏低、油泵故障、传感器故障等。

（8）油泵过载。油泵过载可能导致油泵损坏，并可能进而导致润滑油供给中断，对机组造成损害，如果检测到机组油泵过载，机组将保护停机。

（9）电动机高温。电动机温度高于报警设定值。出现此故障的原因可能是电压或电流超出标准范围、电动机故障、冷却管路安装问题、制冷剂过滤器堵塞、制冷剂泵故障、温度传感器故障等。

（10）启动转换失败。规定时间内启动模块未收到转换完成信号。出现此问题的原因可能是启动柜故障。

（11）启动未完全加速。规定时间内启动模块未收到完全加速信号。出现此问题原因可能是启动柜故障、电动机故障等。

（12）反相。机组主电动机反转将可能导致机组损毁，为保护机组，当机组出现缺逆相时启动柜将给出信号，而机组将保护停机。出现此问题的原因是电动机接线端相序接错。

（13）缺相。出现此问题的原因可能是电动机接线端子松动或未接、电动机某相线圈烧毁等。

（14）电力缺失。供电缺失。出现此故障的原因可能是客户供电侧跳闸。

（15）电流不平衡。不平衡度超过10%。出现此故障的原因可能是客户供电质量问题、电动机故障等。

（16）电动机电流过载。电动机运行电流超过报警设定值。出现此故障的原因可能是电流互感器配置错误、供电问题、电动机堵转等。

（17）传感器通信故障。传感器故障或与通信模块失去通信，将失去对机组的控制，从而有可能导致机组损坏。出现此故障的原因可能是接线松动、传感器固件损坏、中央处理器故障等。

其他一些故障报警如表 3-21 所示。图 3-78~图 3-82 所示为几个常见故障的分析与排除流程，更多内容可参考产品使用说明书。

表 3-21　其他类型故障

故障名称	故障信号来源	说明
主机绕组过热保护	电动机绕组过热保护开关	主机绕组过热将可能导致机组主电动机损坏，机组在运行过程中将检测电动机绕组过热保护开关，如果检测开关断开，机组将保护停机
启动动作异常保护	主机电流	机组起动动作异常有可能导致主机电流过大，从而导致主电动机的损坏，为了避免这种情况，开机后将检测主机电流，如果电流过大，机组将保护停机
压缩机高压报警/保护	冷凝压力	机组冷凝器按照一类压力容器设计制造，为了保证冷凝器的安全，机组运行过程中控制机组的冷凝压力，当机组压力超过设定值，机组将报警或保护停机
压缩机低压报警/保护	蒸发压力	蒸发压力过低，造成蒸发温度低，过低的蒸发温度将可能导致蒸发器铜管内水结冰而损坏蒸发器，机组运行过程中控制机组的蒸发压力，当机组压力低于设定值，机组将报警或保护停机
防冻保护	冷冻水出水温度	冷冻水出水温度过低，则冷冻水可能在蒸发器的蒸发管内结冰而损坏铜管和蒸发器，机组运行过程中严格控制机组的冷冻出水温度，当机组冷冻水出水温度低于设定值时，机组将保护停机
冷冻水水流开关保护/冷却水水流开关保护	水流开关	水流量少或断水，导致冷凝压力过高或者蒸发压力过低，水流量过少将导致冷凝压力迅速升高或蒸发压力迅速降低而导致设备故障，为保证设备的安全，应当保证水流量，水流量少或断水，机组将保护停机
频繁启停保护	启停次数和时间记录	机组频繁起动，对机组寿命产生影响，为了避免机组频繁起停，设定机组在 12h 内开机次数超过 8 次时，报警，禁止启动。此报警不能清除，必须等待到下个 12h 计算周期开始后，才可重新启动机组

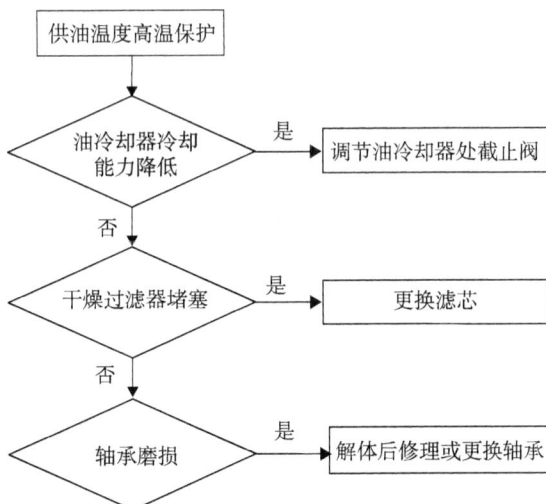

图 3-78　供油温度高温保护故障

```
          ┌──────────────┐
          │ 压缩机高压保护 │
          └──────┬───────┘
                 │
                 ▼
            ╱─────────╲        是      ┌──────────────┐
           ╱ 冷却水流量不足 ╲─────────▶│ 调整至额定流量 │
            ╲─────────╱             └──────────────┘
                 │否
                 ▼
            ╱─────────╲        是      ┌──────────────┐
           ╱ 冷却塔的能力降低 ╲────────▶│  检查冷却塔   │
            ╲─────────╱             └──────────────┘
                 │否
                 ▼
            ╱─────────╲        是      ┌──────────────────┐
           ╱ 冷却水温度太高 ╲──────────▶│ 检查膨胀节流管等，  │
            ╲─────────╱              │ 使冷水温度尽快接近  │
                 │否                 │ 额定温度          │
                 ▼                   └──────────────────┘
            ╱─────────╲        是      ┌──────────────┐
           ╱ 有不凝气体存在 ╲──────────▶│ 排出不凝性气体 │
            ╲─────────╱             └──────────────┘
                 │否
                 ▼
       ┌──────────────────┐       ┌──────────────┐
       │ 换热管结垢，传热恶化 │──────▶│  清扫传热管   │
       └──────────────────┘       └──────────────┘
```

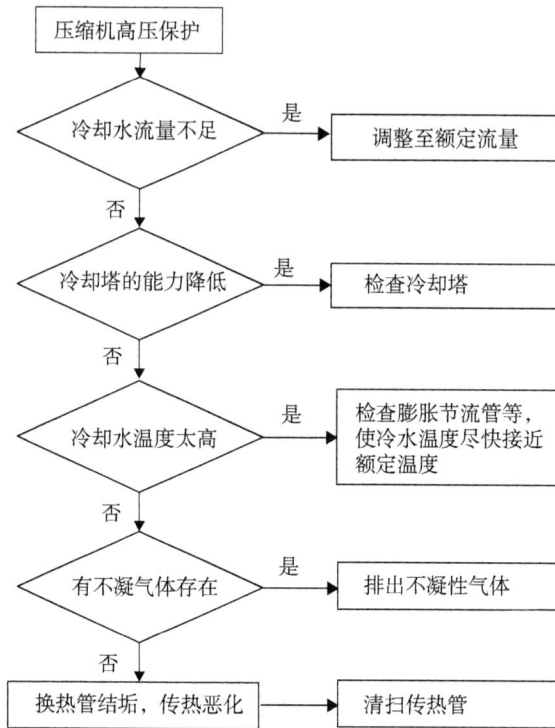

图 3-79　压缩机高压保护故障

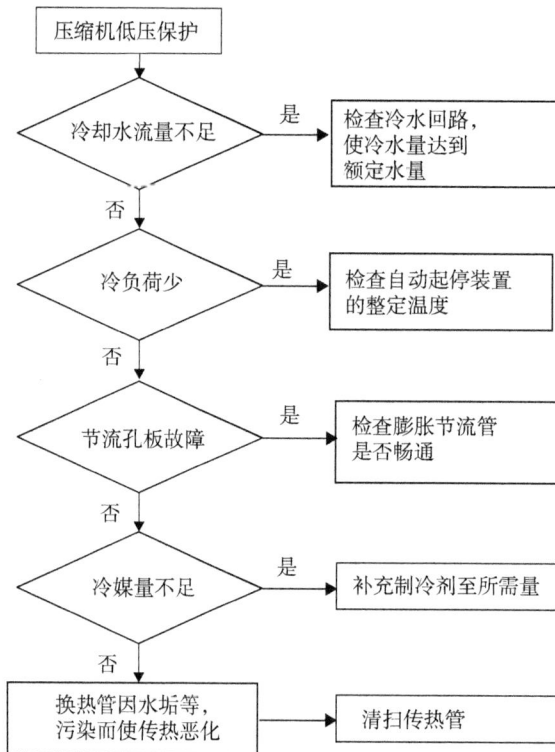

```
          ┌──────────────┐
          │ 压缩机低压保护 │
          └──────┬───────┘
                 │
                 ▼
            ╱─────────╲        是      ┌──────────────┐
           ╱ 冷却水流量不足 ╲──────────▶│ 检查冷水回路，  │
            ╲─────────╱              │ 使冷水量达到   │
                 │否                 │ 额定水量      │
                 ▼                   └──────────────┘
            ╱─────────╲        是      ┌──────────────┐
           ╱  冷负荷少  ╲────────────▶│ 检查自动起停装置 │
            ╲─────────╱              │ 的整定温度     │
                 │否                 └──────────────┘
                 ▼
            ╱─────────╲        是      ┌──────────────┐
           ╱ 节流孔板故障 ╲───────────▶│ 检查膨胀节流管  │
            ╲─────────╱              │ 是否畅通      │
                 │否                 └──────────────┘
                 ▼
            ╱─────────╲        是      ┌──────────────┐
           ╱  冷媒量不足 ╲────────────▶│ 补充制冷剂至所需量 │
            ╲─────────╱              └──────────────┘
                 │否
                 ▼
       ┌──────────────────┐       ┌──────────────┐
       │ 换热管因水垢等，    │──────▶│  清扫传热管   │
       │ 污染而使传热恶化    │       └──────────────┘
       └──────────────────┘
```

图 3-80　压缩机低压保护故障

```
                    ┌──────────────┐
                    │   油压差保护   │
                    └──────┬───────┘
                          │否
                          ▼
                     ◇ 油压调节阀 ◇    是    ┌──────────────────────┐
                     ◇ 开度过大  ◇ ────────→│ 关小油压调节阀使油压升至 │
                          │              │ 规定油压              │
                          │否            └──────────────────────┘
                          ▼
                     ◇ 油压传感器 ◇    是    ┌──────────────────────┐
                     ◇   失灵    ◇ ────────→│ 重新标定压力传感器，      │
                          │              │ 必要时更换             │
                          │否            └──────────────────────┘
                          ▼
                     ◇ 润滑油中  ◇          ┌──────────────────────┐
                     ◇ 混入的制冷剂 ◇  是   │ 制冷机停车后务必将油加    │
                     ◇   过多    ◇ ────────→│ 热器投入，保持给定油温   │
                          │              │（确认油加热器有无断线，   │
                          │              │ 油加热器温度控制的整定   │
                          │否            │ 值是否正确）            │
                          ▼              └──────────────────────┘
                     ◇ 油过滤器  ◇    是    ┌──────────────────────┐
                     ◇   堵塞    ◇ ────────→│ 更换油过滤器纸滤芯       │
                          │              └──────────────────────┘
                          │否
                          ▼
                     ◇  轴承磨损  ◇    是    ┌──────────────────────┐
                                   ────────→│ 更换轴承              │
                          │              └──────────────────────┘
                          │否
                          ▼
              ┌──────────────┐  是    ┌──────────┐
              │ 油泵的输出油量减少 │────────→│ 解体检查   │
              └──────────────┘        └──────────┘
```

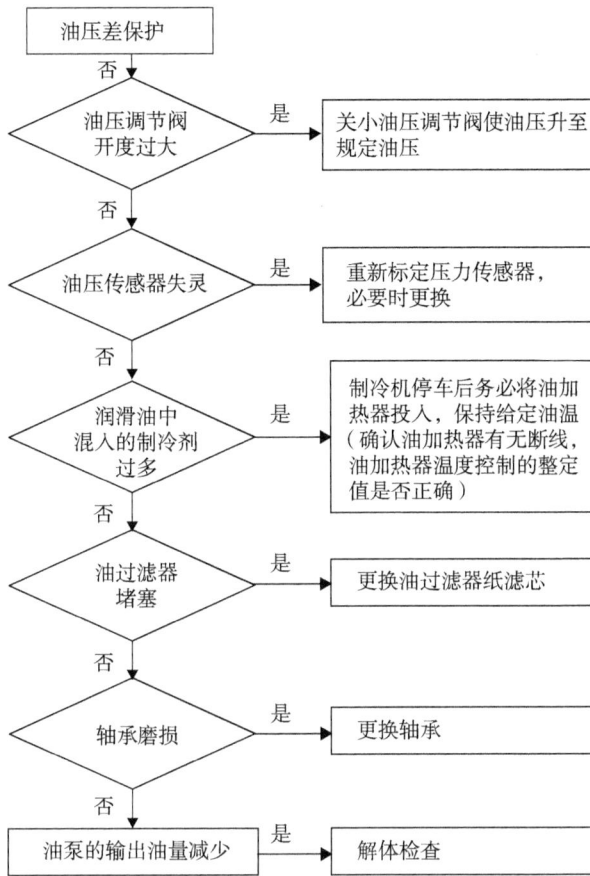

图 3-81　油压差保护故障

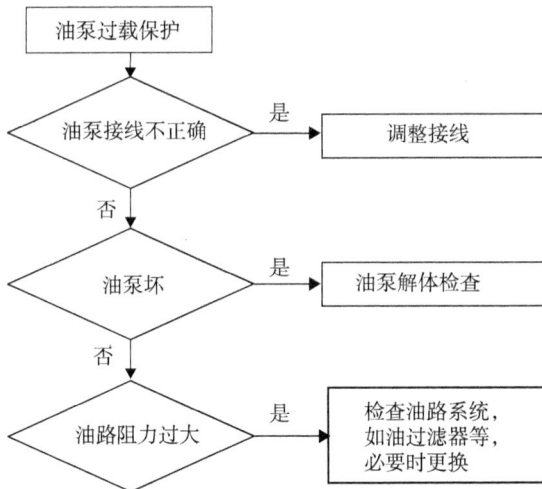

```
                    ┌──────────────┐
                    │   油泵过载保护   │
                    └──────┬───────┘
                          │
                          ▼
                     ◇ 油泵接线不正确 ◇   是    ┌──────────┐
                                     ────────→│ 调整接线   │
                          │                └──────────┘
                          │否
                          ▼
                     ◇   油泵坏   ◇    是    ┌──────────────┐
                                   ────────→│ 油泵解体检查   │
                          │              └──────────────┘
                          │否
                          ▼
                     ◇ 油路阻力过大 ◇   是    ┌──────────────┐
                                   ────────→│ 检查油路系统，   │
                                            │ 如油过滤器等，   │
                                            │ 必要时更换      │
                                            └──────────────┘
```

图 3-82　油泵过载保护

3.4 其他用途冷热设备

3.4.1 空气源热泵热水机

3.4.1.1 系统原理与构成

（1）系统原理。空气源热泵热水机是与空气作为低温热源、以少量电能为驱动力、以制冷剂为载体源源不断地吸收空气或自然环境中难以利用的低品位热能，将其转化为高品位热能，实现低温热能向高温热能的转移。再利用高品位热能制取热水，通过热水供应管路输送给用户满足热水供应、供暖需求（图 3-83）。

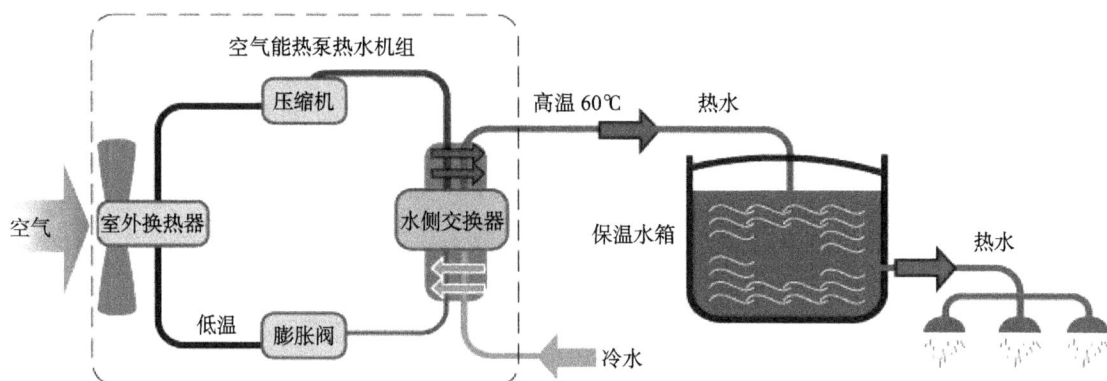

图 3-83 空气源热泵热水机系统图

低温低压制冷剂经膨胀机构节流降压后，进入室外换热器中蒸发吸热，从空气中吸收热量；蒸发吸热后的制冷剂以气态形式进入压缩机，被压缩成高温高压的制冷剂气体（此时制冷剂中所蕴藏的热量分为两部分：一部分是从空气中吸收的热量，另一部分是输入压缩机中的电能在压缩制冷剂时转化成的热量）；被压缩后的高温高压制冷剂进入热交换器，将其所含热量释放给进入换热器中的冷水，冷水被加热后直接进入保温水箱储存起来供用户使用；放热后的制冷剂以液态形式进入膨胀机构节流降压，再进入压缩机压缩，如此不间断地进行循环。

由于冷水获得的热量包含了制冷剂从空气中吸收的热量和驱动压缩机的电能转化成的热量，因此热泵热水机的能效远高于直接电加热方式。

（2）多机并联运行。图 3-84 所示为多台热泵热水机并联组成的热水机组，以满足大水量的用户。每台机组具有相同的电控功能，可以独立完成热水机的信号输入、数据采集、输出接口控制、故障报警的判断等。设定其中一台机组为主机，其余的机组地址均为从机。只有主机才能直接与线控器通信、进行水位检测的功能。

水路管道的连接采用并联同程式设计，每台机组安装独立的进出水管，再将机组的进出水管并联。采用一用一备水泵设计，如图 3-84 所示。

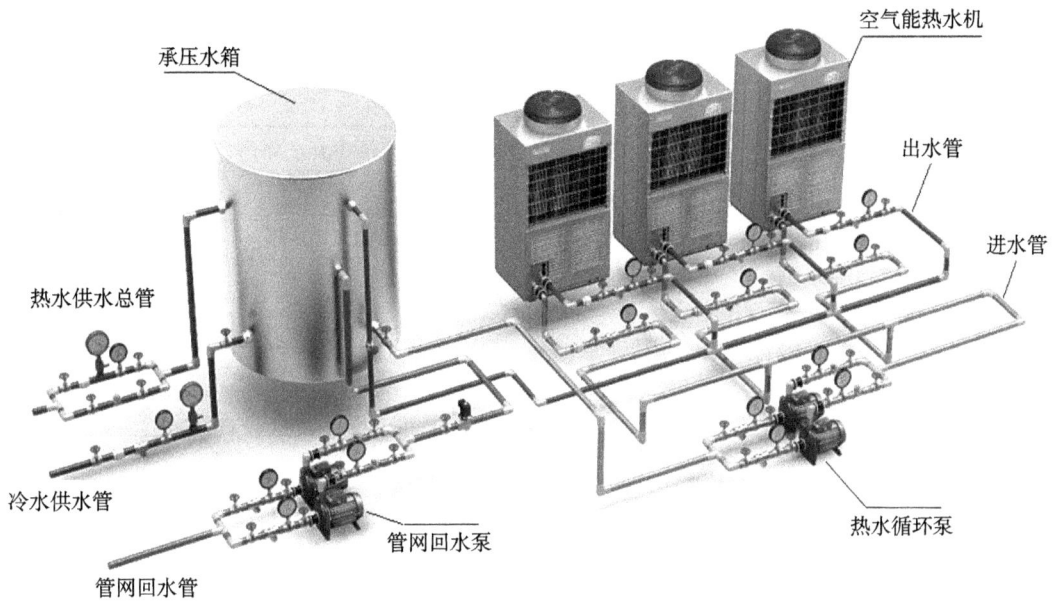

图 3-84　多台机组并联示意图

3.4.1.2　空气源热泵热水机常见故障分析

表 3-22 所示为空气源热泵热水机常见故障及其原因。

表 3-22　空气源热泵热水机常见故障及其原因

故障	可能原因
排气压力过高 （制冷运行）	系统中有空气或其他不凝气体
	冷凝风量不足或冷凝风机故障
	吸气压力过高
	制冷剂充注过量
	环境温度过高
	冷凝器翅片脏堵
排气压力过低 （制冷运行）	空气热交换器侧空气过冷
	制冷剂泄漏或充注不足
	吸气压力过低
吸气压力过高 （制冷运行）	制冷剂充注过量
	冷冻水进口水温过高
吸气压力过低 （制冷运行）	水流量不足或水系统有空气
	冷冻水进口温度过低
	制冷剂泄漏或制冷剂充注量不足
	蒸发器有水垢
	节流装置开度不足
排气压力过高 （制热运行）	水流量不足
	系统中有空气或其他不凝气体
	水侧热交换器有水垢
	冷却水出口水温度过高
	吸气压力过高

续表

故障	可能原因
排气压力过低 （制热运行）	冷却水温度过低
	制冷剂泄漏或制冷剂充注量不足
	吸气压力过低
吸气压力过高 （制热运行）	空气侧热交换器进气温度高
	制冷剂充注过量
吸气压力过低 （制热运行）	制冷剂充注不足
	水回路有气体
	热敏电阻有故障
压缩机因防冻结保护而停机 （制冷运行）	冷冻水流量不足
	水回路有气体
	热敏电阻有故障
压缩机因高压保护而停机	排气压力过高
	高压开关故障
压缩机因电动机过载而停机	排气和吸气压力过高
	高电压或低电压，单相或相位不平衡
	电动机或接线端子短路
	过载组件故障
压缩机因内置温度传感器或排气温度保护而停机	电压过高或过低
	排气压力过高或过低
	元器件故障
压缩机因低压保护而停机	膨胀阀前（或后）的过滤堵塞
	低压开关故障
	吸气压力过低
压缩机异常噪声	液态制冷剂由蒸发器进入压缩机而产生液击
	压缩机老化
压缩机不启动	过电流继电器跳开
	控制电路没有接通
	高压保护或低压保护
	接触器线圈烧坏
	电源相序连接错误
	水系统故障，靶式流量控制器断路
	线控器有故障信号
空气侧热交换器结霜过多	四通阀或热敏电阻故障
	空气回路短路
有杂音	面板的螺钉松动

3.4.1.3　热泵热水机常见故障及排除

（1）压缩机故障。对于压缩机不启动故障，检查机组是否上电、是否符合开机条件（不符合条件或者报故障）、主板是否输出控制信号、交流接触器是否吸合、压缩机是否损坏（测量端子之间的电阻和对地电阻）等。

对于压缩机异常噪声／内置保护，测量电流和压力并判断压缩机是否堵转（电流很大，且高低压没有压差）和开路（压缩机端子之间电阻无穷大），观察系统是否有堵（高压压力是否过高，或者电流是否偏大），拆下压缩机观察润滑油是否变质（如变质则需要更换整个系统润滑油）。

（2）高压保护。对于高压保护故障，用压力表测量高低压压力，观察高压保护时的压力，同时测量运行电流。当测试值没有达到保护值时，一般情况下为电控板或者高压开关损坏。此时可拔掉高压开关，观察系统运行时是否保护。如保护则为高压开关损坏，不保护则为电控板损坏。当测试值达到保护值时，按图 3-85 所示程序检查和排除故障。

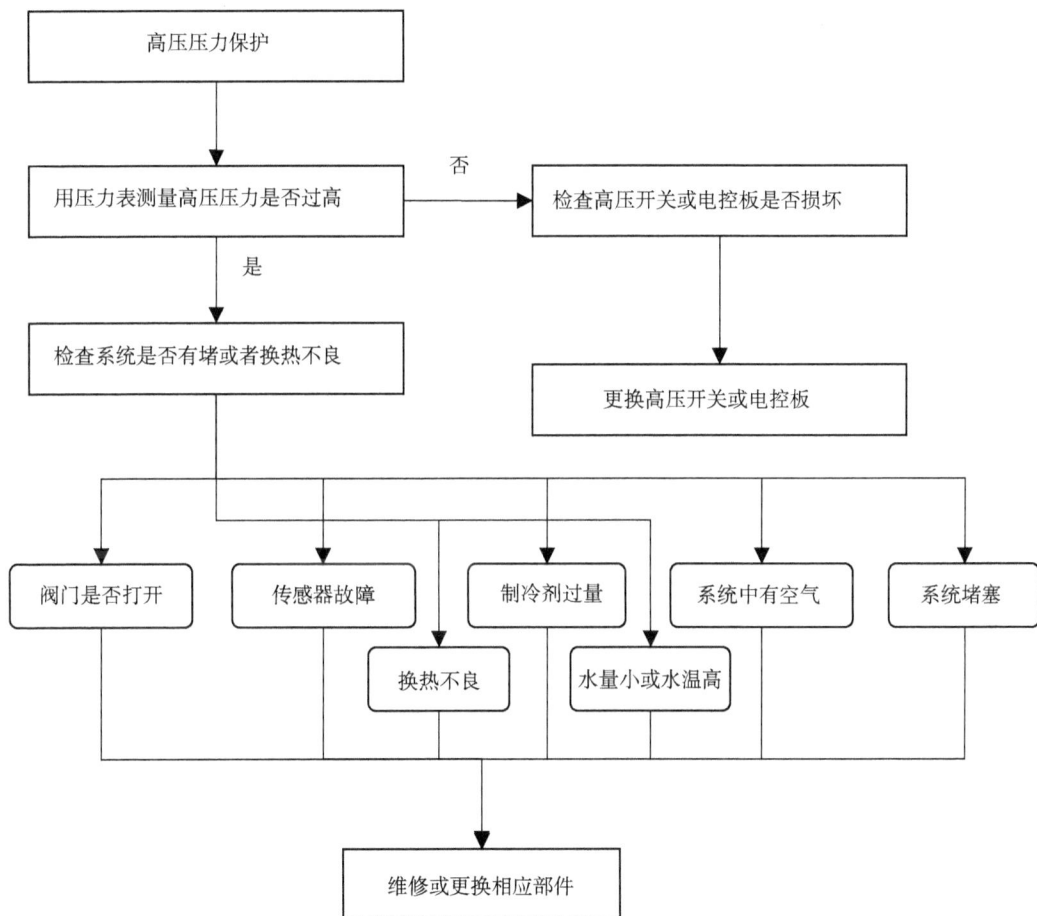

图 3-85　高压保护故障分析

（3）低压保护。对于低压保护故障，用压力表测量低压压力，观察低压保护时的压力，同时测量运行电流。当测试值没有达到保护值时，一般情况下为电控板或者低压开关损坏。

此时可拔掉低压开关，观察系统是否保护。如不保护则为低压开关损坏，保护则为电控板损坏。当测试值达到保护值时，按照图 3-86 所示程序进行检查和排除故障。

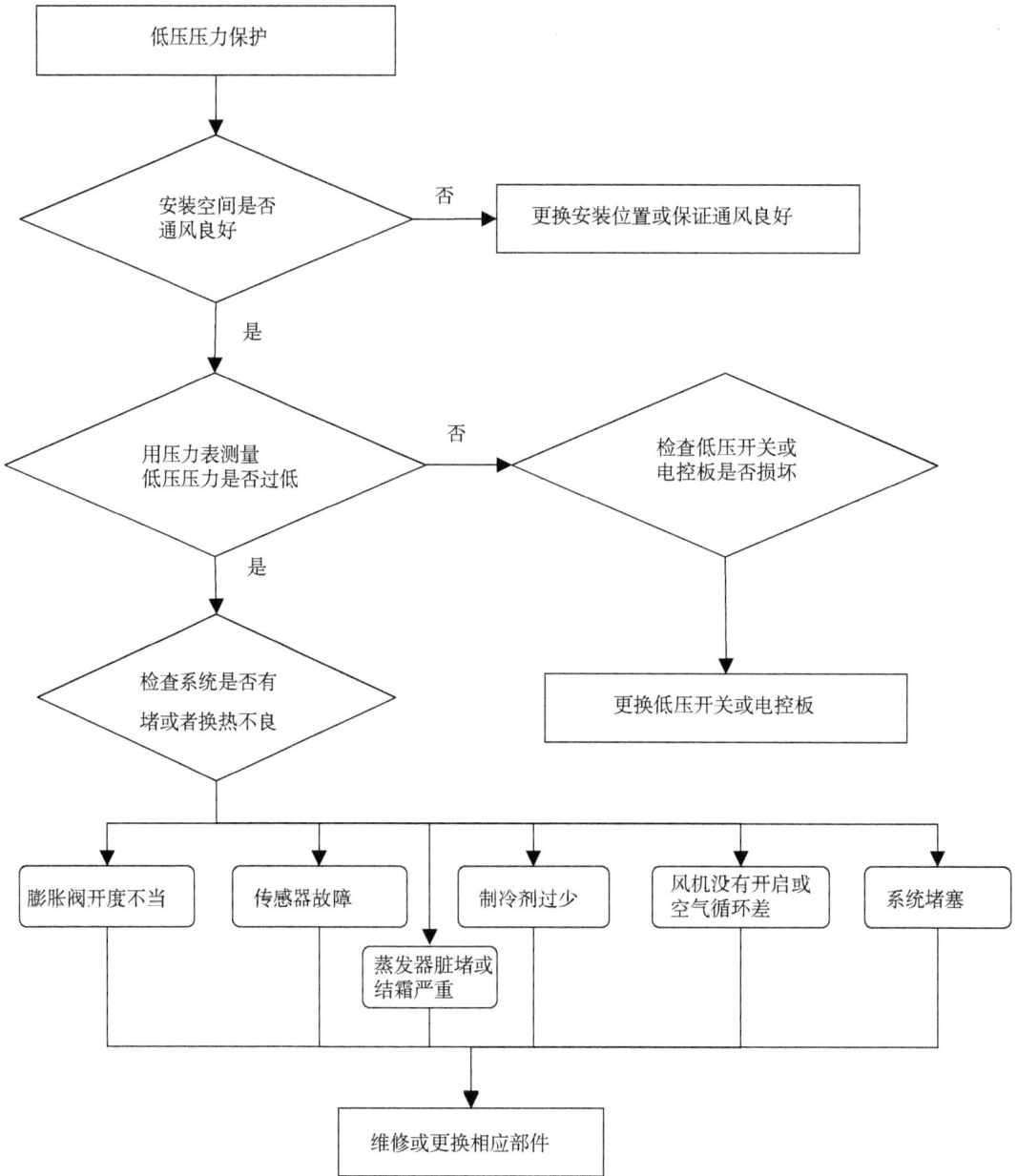

```
                    ┌─────────────┐
                    │  低压压力保护  │
                    └──────┬──────┘
                           ▼
                    ╱──────────────╲         否      ┌──────────────────┐
                   ╱  安装空间是否    ╲──────────────▶│ 更换安装位置或保证通风良好 │
                   ╲  通风良好        ╱              └──────────────────┘
                    ╲──────────────╱
                           │ 是
                           ▼
       ╱──────────────╲      否       ╱──────────────╲
      ╱  用压力表测量    ╲─────────────▶╱  检查低压开关或  ╲
      ╲  低压压力是否过低  ╱             ╲  电控板是否损坏   ╱
       ╲──────────────╱               ╲──────────────╱
              │ 是                             │
              ▼                                ▼
       ╱──────────────╲                ┌──────────────┐
      ╱  检查系统是否有   ╲               │ 更换低压开关或电控板 │
      ╲  堵或者换热不良    ╱              └──────────────┘
       ╲──────────────╱
```

图 3-86　低压保护故障分析

（4）排气温度过高保护。对于排气温度过高保护故障，先用万用表测量传感器阻值，如果阻值正常则开机运行，用压力表测量系统的高低压压力，同时测量排气温度和电流。按照图 3-87 所示程序检查并排除故障。

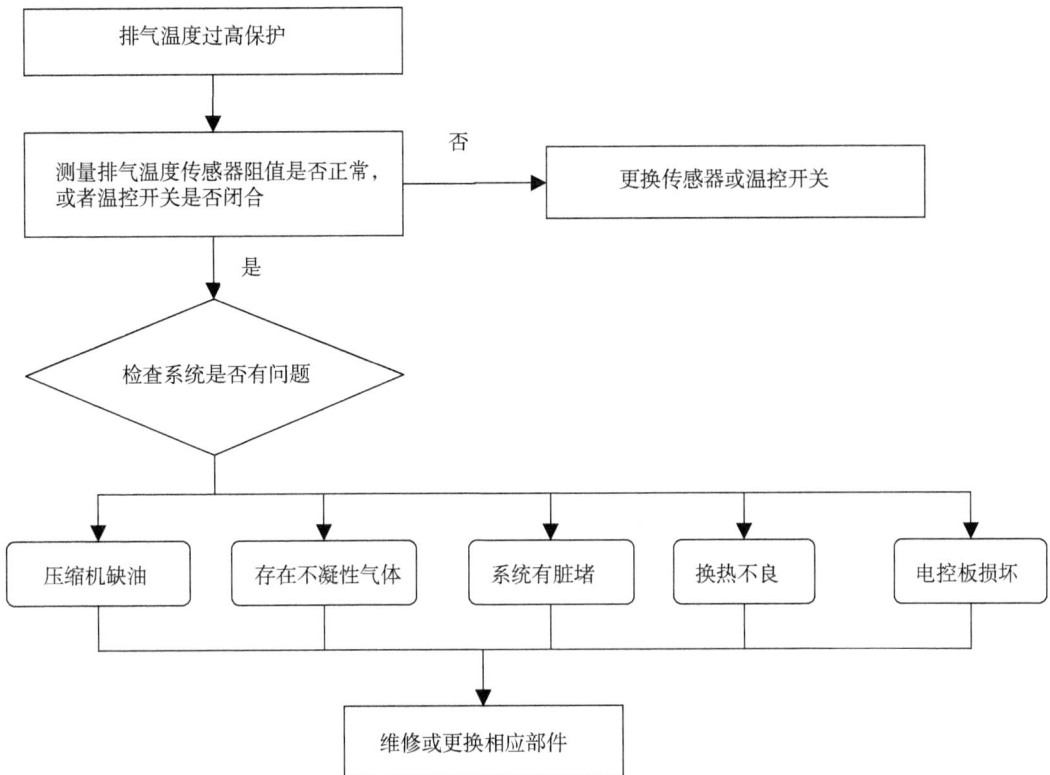

图 3-87　排气温度过高保护故障分析

（5）防冻结保护。当机组检测到环境温度以及进、出水温度较低时，为了防止冻坏内部管路，机组会自动进入制热模式，提高水温，保护机组。按照图 3-88 所示程序检查并排除故障。

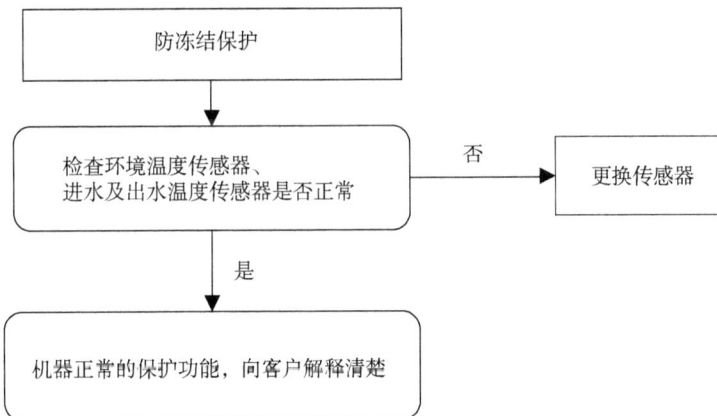

图 3-88　防冻结保护故障分析

（6）出水温度过高保护。当出水温度过高报警时，用万用表测量出水温度传感器阻值，如正常则开机运行，用压力表测量系统的高低压压力，同时测量排气温度、套管出口温度和电流。按照图 3-89 所示程序检查并排除故障。

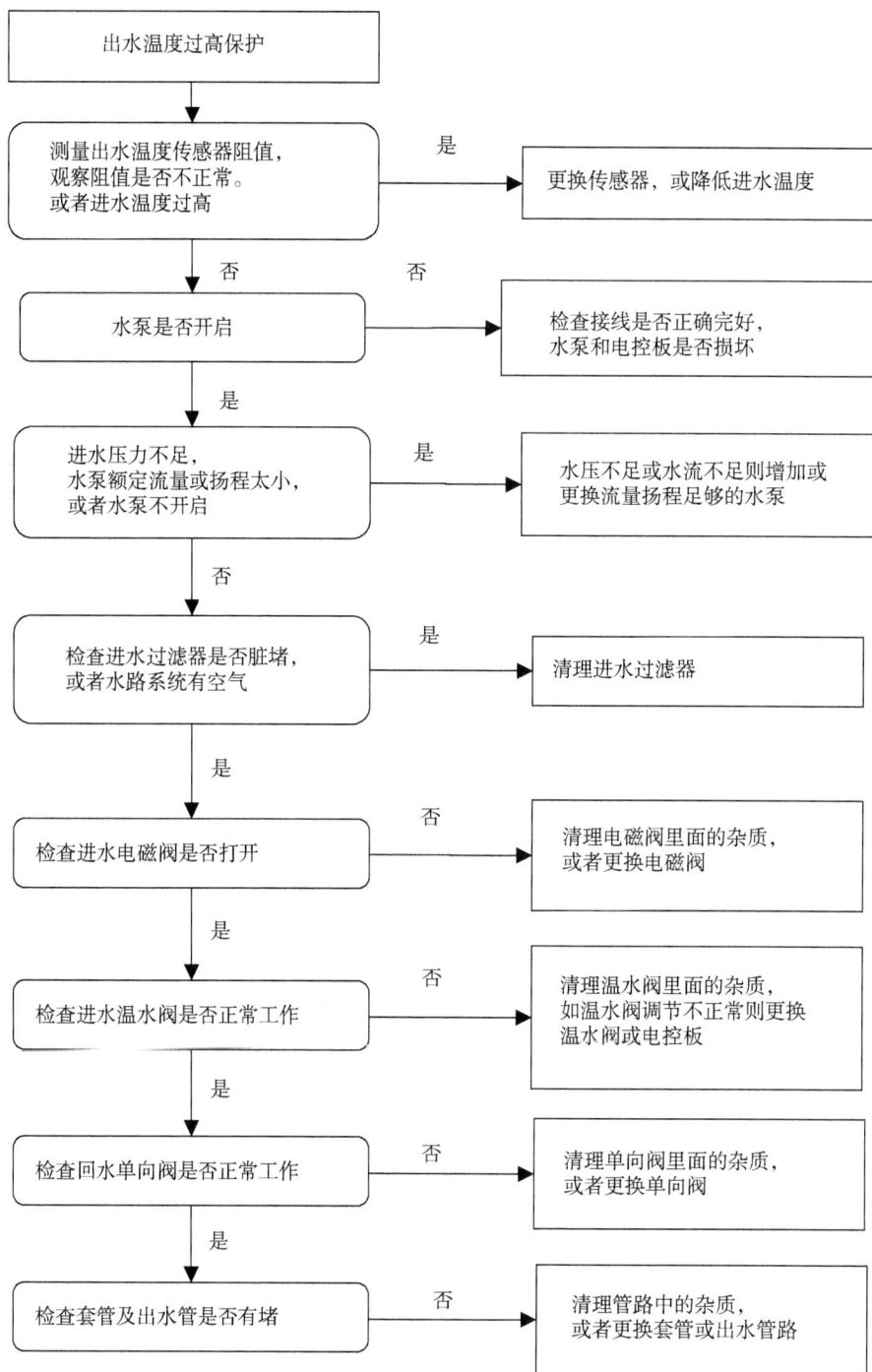

图 3-89　出水温度过高保护

（7）过电流保护。过电流保护是指压缩机电流过大引起的电控保护，压缩机电流超过额定范围后容易引起压缩机损坏或其他系统故障。按照图 3-90 所示程序检查并排除故障。

（8）无电流保护。无电流保护是指当电控发出压缩机运转的指令后，未检测到压缩机电流。此时按照图 3-91 所示程序检查并排除故障。

```
                    ┌─────────────────┐
                    │    过电流保护      │
                    └─────────────────┘
                             │
                             ▼
        ┌─────────────────────────────┐    是    ┌──────────────────────┐
        │ 系统负荷过大。可能为传感器阻值   ├─────────▶│  逐一排查并解决原因      │
        │ 漂移导致检测水温偏低;电压过低;  │          └──────────────────────┘
        │ 压缩机堵转                    │
        └─────────────────────────────┘
                             │ 否
                             ▼
        ┌─────────────────────────────┐    否    ┌──────────────────────┐
        │ 制冷剂充注过量,或者系统中       ├─────────▶│  放掉部分或全部制冷剂,重新抽 │
        │ 有空气                        │          │  真空                  │
        └─────────────────────────────┘          └──────────────────────┘
                             │ 是
                             ▼
        ┌─────────────────────────────┐    是    ┌──────────────────────┐
        │ 某个强电部件短路造成或接线       ├─────────▶│  检查强电部件和接线端子   │
        │ 端子固定不牢导致电流过大         │          └──────────────────────┘
        └─────────────────────────────┘
                             │ 否
                             ▼
        ┌─────────────────────────────┐    是    ┌──────────────────────┐
        │ 电流不大,电路板电流检测有       ├─────────▶│  更换电路板             │
        │ 故障                          │          └──────────────────────┘
        └─────────────────────────────┘
```

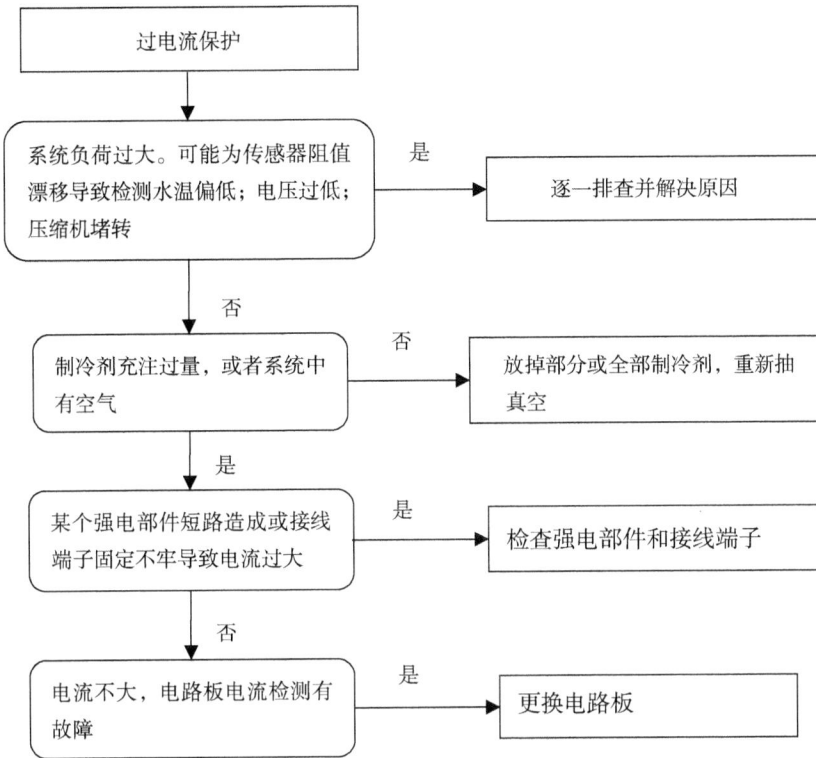

图 3-90 过电流保护故障分析

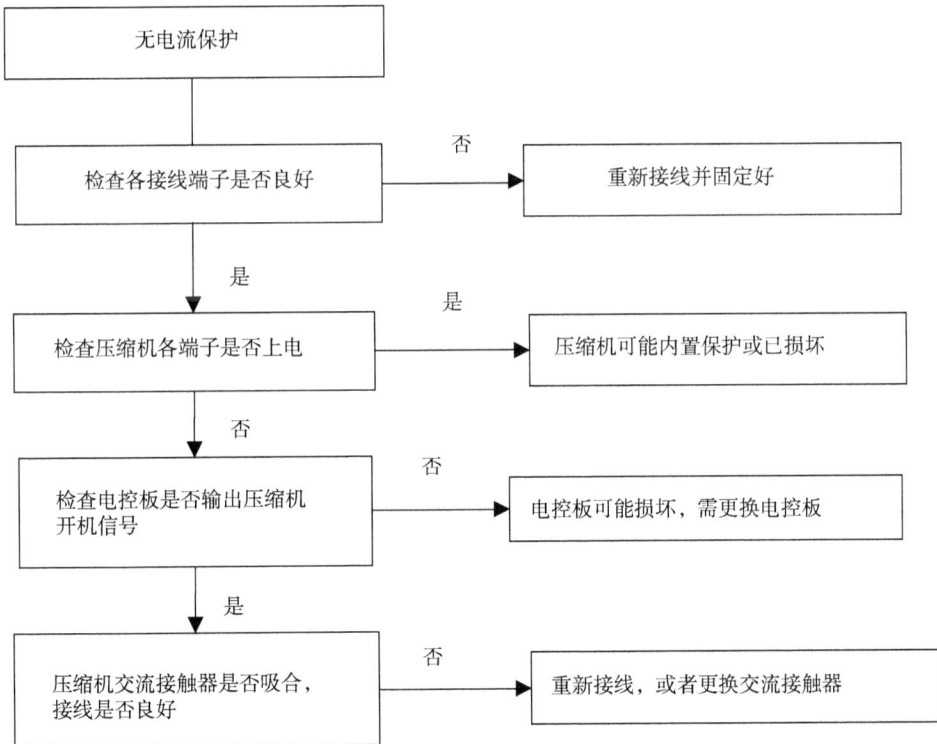

```
                    ┌─────────────────┐
                    │    无电流保护      │
                    └─────────────────┘
                             │
                             ▼
        ┌─────────────────────────────┐    否    ┌──────────────────────┐
        │ 检查各接线端子是否良好           ├─────────▶│  重新接线并固定好        │
        └─────────────────────────────┘          └──────────────────────┘
                             │ 是
                             ▼
        ┌─────────────────────────────┐    是    ┌──────────────────────┐
        │ 检查压缩机各端子是否上电         ├─────────▶│  压缩机可能内置保护或已损坏 │
        └─────────────────────────────┘          └──────────────────────┘
                             │ 否
                             ▼
        ┌─────────────────────────────┐    否    ┌──────────────────────┐
        │ 检查电控板是否输出压缩机         ├─────────▶│  电控板可能损坏,需更换电控板 │
        │ 开机信号                      │          └──────────────────────┘
        └─────────────────────────────┘
                             │ 是
                             ▼
        ┌─────────────────────────────┐    否    ┌──────────────────────┐
        │ 压缩机交流接触器是否吸合,        ├─────────▶│  重新接线,或者更换交流接触器 │
        │ 接线是否良好                   │          └──────────────────────┘
        └─────────────────────────────┘
```

图 3-91 无电流保护故障分析

（9）水箱温度达不到设定温度。机组运行一段时间后水温仍达不到设定温度。按照图 3-92 所示程序检查并排除故障。

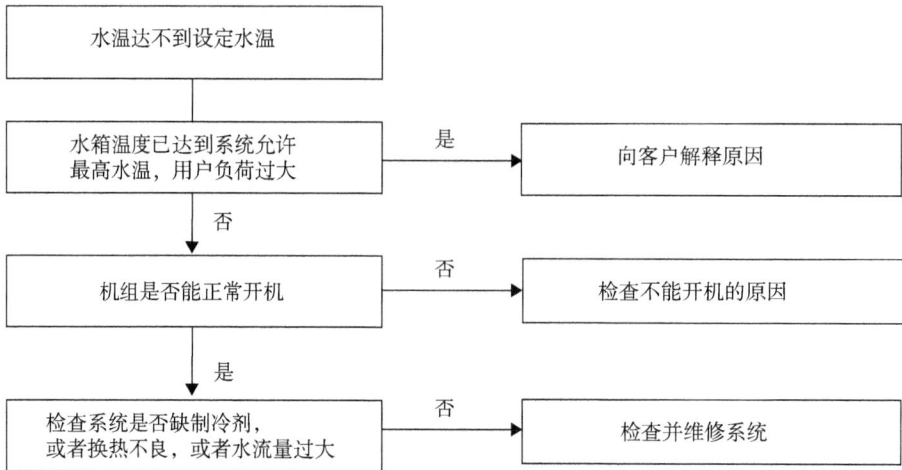

图 3-92　水温达不到设定温度故障分析

（10）传感器故障。传感器故障主要是各温度传感器阻值漂移或接线问题导致的故障。按照图 3-93 所示程序检查并排除故障。

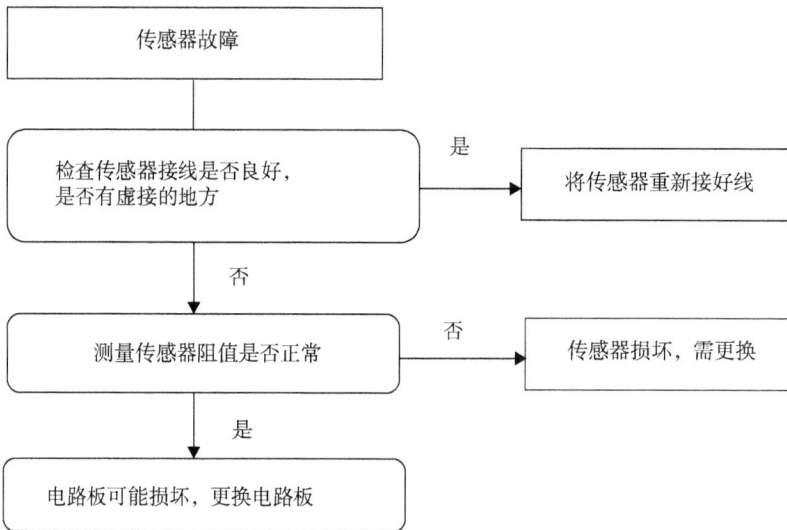

图 3-93　传感器故障分析

3.4.2　蓄冷装置

3.4.2.1　空调蓄冷系统的特点

蓄冷空调技术一般分为水蓄冷和冰蓄冷，是指建筑物空调所需冷量的部分或全部在非空调时间（如夜晚时间）制备好，并以低温水（3~7℃）或冰的形式储存起来，供用电高峰时的空调使用，从而将电网高峰电价时的空调用电转移至电网低谷低电价时使用。

水蓄冷相对于冰蓄冷而言，投资和维护费用少，技术和管理比较简单，但由于水的蓄能密度低，只能储存水的显热，故蓄水槽占地面积大。在实际工作中冰蓄冷的应用更为广泛。

（1）蓄冷空调技术具有其特有的优势。

①峰谷电价的差异和政策补贴，利用峰谷电价差，可减少空调年运行费用 40%~50%。

②采用蓄冷空调技术后，能充分利用电网低谷多余电力，移峰填谷，平衡电网峰谷负荷，提高了发电、供电、用电设备的利用。有利于电网的安全运行，使国家电力能源部门受益。

③使用灵活，用电高峰时段、过渡季节、节假日可使用蓄冷装置供冷，无需开主机，节能效果明显。

（2）宜采用蓄冷空调技术的条件。符合或部分符合下列条件的，宜采用蓄冷空调技术。

①执行峰谷电价，且差价较大的地区。

②非全日制空调工程或间歇使用且时间较短的空调工程。

③空调负荷峰谷悬殊且在电力低谷时段负荷较小的连续空调工程。

④无电力增容条件或限制增容的空调工程。

⑤某一时段限制空调制冷用电的空调工程。

⑥要求部分时段备用（应急）冷源的空调工程。

⑦要求供应低温冷水或采用低温送风的空调工程。

⑧区域性集中供冷的空调工程。

3.4.2.2　冰蓄冷空调系统的原理

在此以采用蓄冰盘管的冰蓄冷为例（图 3-94）。蓄冰时，蓄冰槽蓄冰盘管内为载冷剂乙二醇，蓄冰盘管外围为水。经制冷机组冷却的低温乙二醇溶液进入蓄冰槽的蓄冰盘管内，与蓄冰槽内静止状态的水进行热交换，并冻结成冰附着于盘管上，当最终蓄冰温度达到 -5℃，整个蓄冰设备上将形成 10mm 厚的冰层，达到额定蓄冰量，并通过蓄冰量传感器通知自控系统蓄冰过程完成。

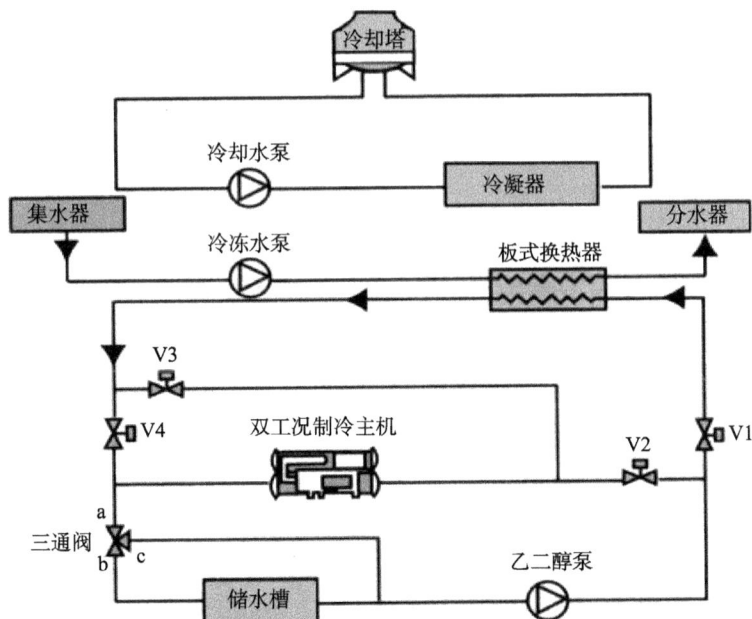

图 3-94　冰蓄冷空调系统原理图

取冷时，乙二醇泵将乙二醇溶液在蓄冰盘管内循环，吸收蓄冰槽中盘管外层冰的冷量，经板式换热器换热，将板式换热器另一端的冷冻水温降低，乙二醇溶液再进入蓄冰盘管，与管外的冰进行热交换，如此循环，将蓄冰盘管外的冰逐渐融化，直至融冰结束。

3.4.2.3 冰蓄冷空调系统的维护

冰蓄冷空调系统主要可分为双工况制冷制冰机组、蓄冰换热系统和冰蓄冷系统自动化控制系统三部分。因此其维护工作也相应分为此三部分。

双工况制冷制冰机组部分的维护，需参考机组制造商的具体要求，一般类似于普通空调冷水机组的维护内容。

蓄冰换热系统的维护，主要包括定期检查乙二醇泵的运行情况、定期清洗或更换蓄冰槽进水过滤器、检查板式换热器的换热温差（如有需要清洗板式换热器）、定期检查乙二醇液浓度和乙二醇储罐液位等。

冰蓄冷系统自动化控制系统的维护主要包括检查冰蓄冷系统的控制软件的运行情况，定期检查冰蓄冷系统管路上各执行阀的工作情况和信号反馈，定期检查冰蓄冷系统中各控制传感器、安全装置的工作情况，通过自控系统同时检查整个冰蓄冷系统筑冰和融冰过程是否正确等。

3.5 换热器

制冷系统常用的换热器包括壳管式换热器、板式换热器、翅片管式换热器等。换热器在使用过程中最常出现的问题是污垢。在运行一段时间后，由于水质、传热管材料、流体速度、传热管壁面温度等的影响，换热器的传热管壁面容易结垢，结垢后将严重影响换热器的换热能力。由于翅片管式换热器管内流动的是制冷剂，不涉及结垢问题，本节主要介绍壳管式换热器和板式换热器的清洗。

3.5.1 结垢的原因分析

换热器的结垢仅出现在水侧，当换热器的一侧或两侧的介质为水或水溶液时，就存在结垢的可能。污垢来源于以下几个方面：

（1）以离子或分子状态溶解于水中的杂质。

①钙盐：主要有 $Ca(HCO_3)_2$、$CaCl_2$、$CaSO_4$、$CaSiO_3$ 等，钙盐是造成换热器结垢的主要成分。

②镁盐：主要有 $Mg(HCO_3)_2$、$MgCl_2$、$MgSO_4$ 等。镁溶解在水中后，受热分解生成 $Mg(OH)_2$ 沉淀，形成泥渣或水垢。

③钠盐：主要有 $NaCl$、Na_2SO_4、$NaHCO_3$ 等。$NaCl$ 不生成水垢，但水中游离氧的存在会造成金属壁的腐蚀；Na_2SO_4 的含量过高会造成结盐；水中的 $NaHCO_3$ 在温度和压力的作用下会分解出 $NaCO_3$、$NaOH$、CO_2，使金属晶粒受损。

（2）以胶体状态存在的杂质。

①铁化合物：主要成分是 Fe_2O_3，它会生成铁垢。

②微生物：由于循环水的水温、溶解氧等对微生物提供了有利于繁殖的条件，微生物将大量繁殖。循环水的温度较高时，在水中投加磷酸盐等药剂，正好是微生物的养料，微生物的繁殖不但阻塞管路，还会使金属腐蚀。

③污泥：冷却循环水中的污泥，来源于空气中的尘土及补充水中的悬浮物，逐渐沉积在换热器流速较低的部位。

④黏垢：主要是微生物的分泌物与水中泥沙、腐蚀产物、菌藻残骸黏结而成，常常附着在换热器的壁面上。

在换热器中常用污垢热阻表示传热面上因沉积物而导致传热效率下降程度的数值，即换热面上沉积物所产生的传热阻力，单位为 $K \cdot m^2/W$，又称污垢系数，包括水垢、锈蚀以及其他污垢造成的附加热阻，常用液体的污垢系数见表 3-23。

表 3-23　常用液体的污垢系数

流体介质	污垢系数（$K \cdot m^2/W$）	流体介质	污垢系数（$K \cdot m^2/W$）
软化水或蒸馏水	0.000009	机器夹套水	0.000052
城市用软水	0.000017	润滑油	0.000009~0.000043
城市用硬水（加热时）	0.000043	植物油	0.000007~0.000052
处理过的冷却水	0.000034	有机溶剂	0.000009~0.000026
沿海或港湾水	0.000043	水蒸气	0.000009
大洋的海水	0.000026	工艺流体、一般流体	0.000009~0.000052
河水、运河水	0.000043		

3.5.2　壳管式换热器

壳管式冷凝器的冷却水环路通常是开放式，应经常关注冷却水的进出水温差，若有异常应及时对传热管内的污垢进行清洗。对于沙尘严重地区的开放式冷却水系统，建议在管路系统上装设除沙机，或用清洗球不停机对传热管内壁定期进行清洗。

壳管式蒸发器除必要时对传热管内壁进行清洗外，对于采用乙二醇、氯化钙等溶液为载冷剂的低温机组，还应关注传热管的腐蚀情况（通过分析制冷剂或载冷剂的组分），若有异常，应立即停机找出腐蚀泄漏处。

在壳管式换热器维护与维修时，严禁在有压力和制冷剂的情况下在换热器器壳体上火焰切割或施焊，严禁使用明火或蒸汽加热，否则将产生异常高压，发生危险。严禁在承受压力的情况下，紧固螺栓或螺母。如发现连接面螺纹处有泄漏时，必须泄压后才能进行紧固。

壳管式换热器管内清洗的主要方法包括机械清洗、化学清洗、物理清洗、微生物清洗等。

3.5.2.1　机械清洗

械清洗是利用一种大于污垢黏附力的力去除附着在表面的污垢的清洗方法，它可以除去化学方法不能除去的碳化污垢和硬质污垢。机械清洗分为强力清洗和软机械清洗。强力清洗法是利用喷射设备将介质以极高的冲击力喷入换热器的管侧和壳侧，起到除垢的目的。常见的强力清洗法有喷丸清洗、高压水射流清洗、喷气清洗、喷砂清洗、强力清管器等。其中高压水射流清洗多用于清除炭化垢或硬垢，对于仅仅依靠冲击力不能去除而必须依靠加热才能

使其松动的污垢，则使用蒸汽喷射清洗。软机械清
洗也称在线机械清洗，依靠插入物在管内的运动，与
管子内表面接触摩擦达到去除污垢的效果，常见的
方法有旋转螺旋线法、液固流态化法、旋转纽带法、
螺旋弹簧振动法、海绵胶球在线清洗法等。插入物
的型式多种多样，其中的海绵胶球法是将直径比管
子内径稍大的海绵球挤入管内以起到除垢的目的[1]，
还可以使用钢丝刷来清洗较低硬度的污垢。在此以最
常见的钢丝刷清洗为例作简要介绍（图3-95）：

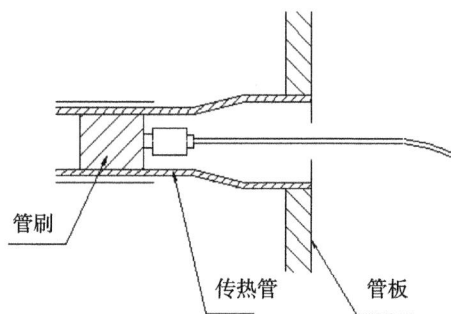

图3-95　传热管机械清洗钢丝刷法

（1）打开换热器两端的水室盖。

（2）用管刷对换热管管内逐根进行清扫，根据水垢的情况，管刷可采用尼龙制的或不锈
钢制的。

（3）在传热管清洗过程中，应使用专门的刷子，避免划伤和刮破管壁，不可用线刷。

3.5.2.2　化学清洗

化学清洗是通过化学清洗液的使用，产生某种化学反应，使换热器传热管表面的水垢和
其他沉积物溶解、脱落或剥离。此方法清洗时间短，操作简单，除垢彻底干净，是目前使用
较为广泛、有效的清洗方法之一。化学清洗可以在现场完成，劳动强度比机械清洗低而且清
洗更完全，可以清洗机械清洗所不能到达的地方，并可避免机械清洗对换热面造成的机械损
伤；而且化学清洗可以不用拆开设备，对于不能拆开的管壳式换热设备具有机械清洗所不能
比拟的优点。在清洗之前，应了解清洗设备的结构、材质、污垢的分布和厚度及其组成，从
而合理地选择清洗主剂、缓蚀剂和其他助剂，并且选择合适的清洗剂用量、浓度、速度、温
度和时间，最后应做好清洗废液的处理排放工作，避免对环境造成影响。

在此以循环清洗法为例简要介绍化学清洗
方法（图3-96）。清洗时断开换热器与循环水系
统管路的连接，将其与清洗回路连接起来。调
整清洗剂的浓度和温度并确认清洗水路无泄漏
后开动循环水泵，使清洗剂在管内循环流动清
洗管壁直至完成除垢。清洗剂的种类、浓度、
温度和清洗时间取决于具体的污垢状况。清洗
结束后需要清洁管内，避免残留的清洗剂混入
循环水系统，最后恢复换热器与循环水系统管
路的连接。

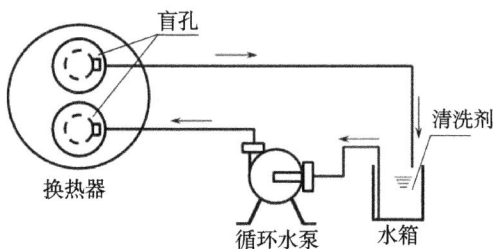

图3-96　传热管化学清洗法

3.5.2.3　物理清洗

物理清洗是借助各种机械外力和能量使污垢粉碎、分离并剥离，离开物体表面，从而达
到清洗的效果。常见的方法有超声波除垢、PIG清管技术、电场除垢技术等。常用的超声波
除垢是利用超声波的空化效应、活化效应、剪切效应和抑制效应，从而起到除垢的效果。超
声波除垢技术的关键是选择合适的超声波功率和频率大小以及清洗液的温度。

3.5.2.4　微生物清洗

微生物清洗是利用微生物将设备表面附着的油污分解，使之转化为无毒无害的水溶性物质的方法。这种清洗方法把污染物（如油类）和有机物彻底分解，是一种真正意义上的环保型清洗技术。

3.5.3　板式换热器

板式换热器的型式主要有框架式（可拆卸式）和钎焊式两大类，板片形式主要有人字形波纹板、水平平直波纹板和瘤形板片三种。

框架式板式换热器（图 3-97）主要由框架和板片两大部分组成。板片由各种材料制成的薄板用各种不同形式的模具压成形状各异的波纹，并在板片的四个角上开有角孔，用于介质的流道。板片的周边及角孔处用橡胶垫片加以密封。框架由固定压紧板、活动压紧板、上下导杆和夹紧螺栓等构成。板式换热器是将板片以叠加的形式装在固定压紧板、活动压紧板中间，然后用夹紧螺栓夹紧而成。四个角孔形成了流体的分配管和汇集管，同时又合理地将冷热流体分开，使其分别在每块板片两侧的流道中流动，通过板片进行热交换。

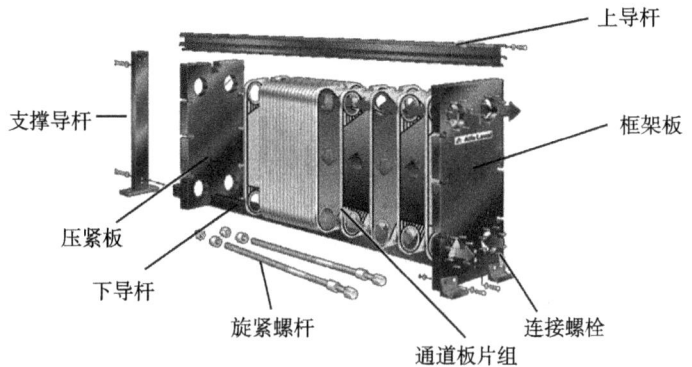

图 3-97　框架式板式换热器

钎焊式板式换热器的结构与框架式板式换热器类似，只是板片叠加后不用压板、螺栓夹紧而用钎焊的方式连接。

板式换热器由于其结构的特殊性，一般采用化学清洗法。利用清洗剂的如下原理去除污垢：

溶解作用：酸溶液容易与钙、镁碳酸盐水垢发生反应，生成易溶化合物，使水垢溶解。

剥离作用：酸溶液能溶解金属表面的氧化物，破坏与水垢的结合，使附着在金属氧化物表面的水垢剥离并脱落下来。

气掀作用：酸溶液与碳酸盐水垢发生反应后，产生大量的 CO_2，CO_2 气体在溢出过程中对于难溶或溶解较慢的水垢层具有一定的掀动力，使水垢从换热器表面脱落下来。

疏松作用：由于钙、镁碳酸盐和铁的氧化物在酸溶液中溶解，残留的水垢会变得疏松，易于被流动的酸溶液冲刷下来。

（1）清洗剂的选择。清洗剂多为酸性物质，包括有机酸和无机酸。有机酸主要有草酸、甲酸等；无机酸主要有盐酸、硝酸等。换热器材质一般为镍钛合金，使用盐酸为清洗液容易对板片产生腐蚀，缩短换热器的使用寿命。因此目前多采用硝酸。硝酸清洗所用的缓蚀剂可为 0.2%~0.3% 的乌洛托平，加入 0.15%~0.2% 的苯胺和 0.05%~0.1% 的硫氟酸铵。经硝酸清洗并冲洗干净后的设备在空气中可自行钝化。

大量实践表明，甲酸作为清洗液效果较好。在甲酸清洗液中加入缓冲剂和表面活性剂，能有效地清除附在板片上的水垢，并可降低清洗液对换热器板片的腐蚀。

（2）清洗工艺要求。

a. 酸洗温度：提升酸洗温度有利于提高除垢效果。但如果温度过高就会加剧酸洗液对换热器板片的腐蚀，一般酸洗温度控制在 60℃为宜。

b. 酸洗液浓度：酸洗液应按甲酸 81.0%、水 17.0%、缓冲剂 1.2%、表面活性剂 0.8% 的浓度配制，清洗效果较好。

c. 酸洗方法及时间：酸洗应以静态浸泡和动态循环相结合的方法进行为宜，先静态浸泡 2h，然后动态循环 3~4h。在酸洗过程中应经常取样化验酸洗浓度，当相邻两次化验浓度差值低于 0.2% 时即可认为酸洗完成。

d. 钝化处理：酸洗结束后，板式换热器表面的水垢和金属氧化物绝大部分被溶解脱落，暴露出金属表面，容易造成腐蚀。因此在酸洗后，需要对换热器板片进行钝化处理。

（3）清洗流程（图 3-98）。

a. 冲洗：酸洗前先对换热器进行开式冲洗，这样既能提高酸洗的效果，也可降低酸洗的耗酸量。将清洗液倒入清洗设备，然后再注入换热器中。

b. 酸洗：将注满酸溶液的换热器静态浸泡 2h，然后连续动态循环 3~4h。其间每隔 0.5h 进行正反交替清洗。酸洗结束后，应将酸洗液妥善处理，如稀释中和，以免造成环境污染。

c. 碱洗：酸洗结束后，用 NaOH、Na_3PO_4 软化水按一定的比例配制好，利用动态循环的方式对换热器进行碱洗，达到酸碱中和。

d. 水洗：碱洗结束后，用清洁的软化水反复对换热器进行冲洗，将换热器内的残渣彻底冲洗干净。

（4）防止板式换热器结垢的措施。

a. 运行中严把水质关，必须对系统中的水和软化罐中的软化水进行严格的水质化验，合格后才能注入管网。

b. 新的系统投运时，应将换热器与供热系统分开，运行一段时间的循环后，再将换热器并入系统中，以避免管网中杂质进入换热器。

c. 在日常维护及开停车过程中，防止水锤和压力突变对设备的冲击。板式换热器的介质应清洁并保持设计流速，在换热器介质入口处加合适的滤网，并需要定时清洗滤网。

d. 正确进行水处理。使用未处理或处理不当的水，会导致结垢、腐蚀、锈蚀、产生藻类或污泥积结。建议聘请有资格的水处理专家来确定需要进行怎样的水处理。

e. 建议对所有的机组水管路安装过滤网，以免杂质进入机组换热管内部，在水流的作用下造成机组换热管的损伤，对机组的正常运行产生影响。

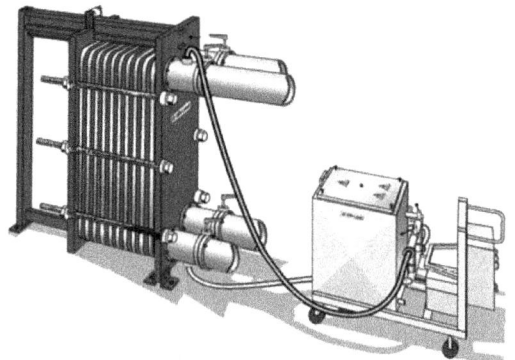

图 3-98　板式换热器在线清洗

3.6 辅助设备

3.6.1 空气处理设备

3.6.1.1 组合式空调机组

组合式空调机组是由各种空气处理功能段组装而成的一种空气处理设备（图 3-99）。机组空气处理功能段包括空气混合、均流、过滤、冷却、一次和二次加热、去湿、加湿、送风机、回风机、喷水、消声、热回收等单元。通过不同功能段的组合，实现不同的空气处理要求。

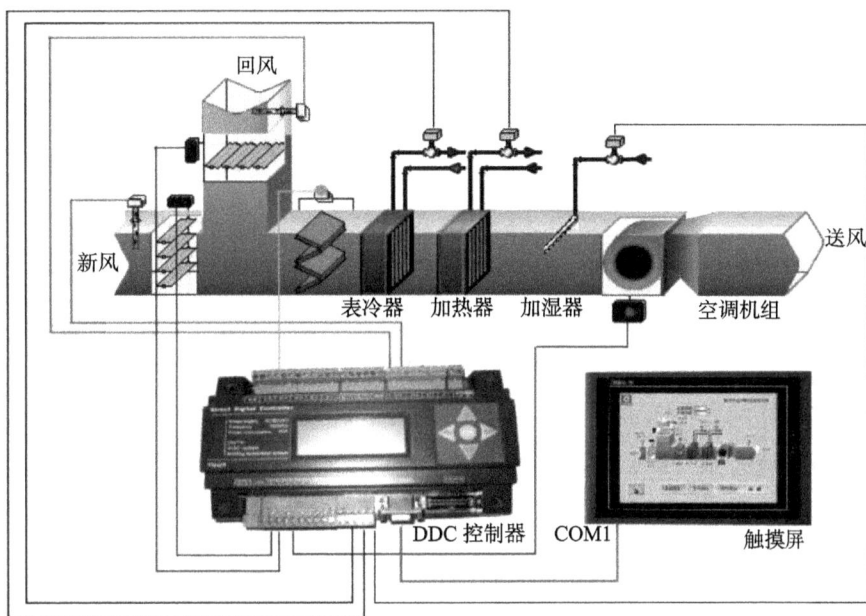

图 3-99 组合式空调机组

组合式空调机组分为框架式结构和无框架结构。前者先制成框架，再嵌入箱板，采用间隙配合，存在易漏风、冷桥、刚度差等问题。后者采用铝合金型材边框与内外板及暗藏金属加强筋组合，其内部由聚氨酯发泡而成为一个整体箱板，组成箱体后结构强度高，特别适合大风量空调箱的设计选型。且铝型材边框带凹凸槽，用螺栓螺母紧固，形成严密的迷宫式密封结构，装配后不需涂胶，漏风率非常低，适合洁净度高的场所使用。

本部分仅针对组合式空调机组整机，有关功能部件如表冷、加热、加湿、除湿、过滤等均可以成为独立的产品，一并在空气热湿处理部分阐述。

（1）组合式空调机组的安装与调试。

①管路安装。管路系统的安装应符合相关的标准规范。管道在设计时应尽可能减少弯曲和上下移位，以节约费用并保持最佳的机组性能。管道必须做保温处理。正确的安装至少应考虑以下几个方面：

a.配置减震装置以减少震动，防止管道震松导致漏水；

b. 在水泵前安装水过滤器，以消除水中的杂质；

c. 与机组盘管连接时，应按机组标识接管，避免接管错误。连接时，必须固定机组管接头，以防扭曲铜管，造成破裂；

d. 蒸汽盘管出口处应安装疏水器，以利于盘管内部排水通畅；

e. 机组的冷凝水管必须安装水封，水封的高度应能满足图 3-100（**注**：机内负压指盘管段的负压）的要求。

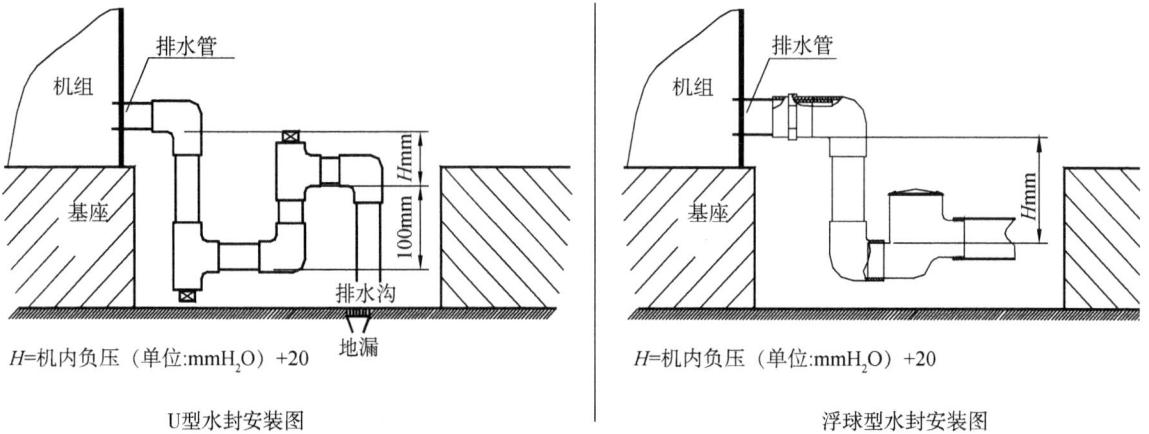

H=机内负压（单位:mmH₂O）+20

U型水封安装图

H=机内负压（单位:mmH₂O）+20

浮球型水封安装图

图 3-100 机组水封安装示意图

②蒸汽盘管安装。蒸汽盘管的安装需要注意以下事项：

a. 蒸汽盘管管路的安装要求确保送入蒸汽盘管的为饱和蒸汽，防止盘管中产生水击现象。

b. 盘管和管道应分别支撑，不得将荷重直接作用于盘管上。

c. 蒸汽盘管的出口及蒸汽管路的最低部应装有疏水器（盘管出口与疏水器之间应设集水管，每次供汽前应打开集水管将残存的冷凝水排空后再供汽。冬季机组停机后必须打开集水管，将盘管内的冷凝水排尽，防止冻裂盘管），疏水器前应设过滤器（如疏水器有满足要求的过滤功能可不设）。疏水器的排水能力选择时，应考虑安装地点的实际工作压差及疏水倍率系数［冷凝水的排量（kg/h）=安全系数（4）× 蒸汽流量（kg/h），图 3-101］。

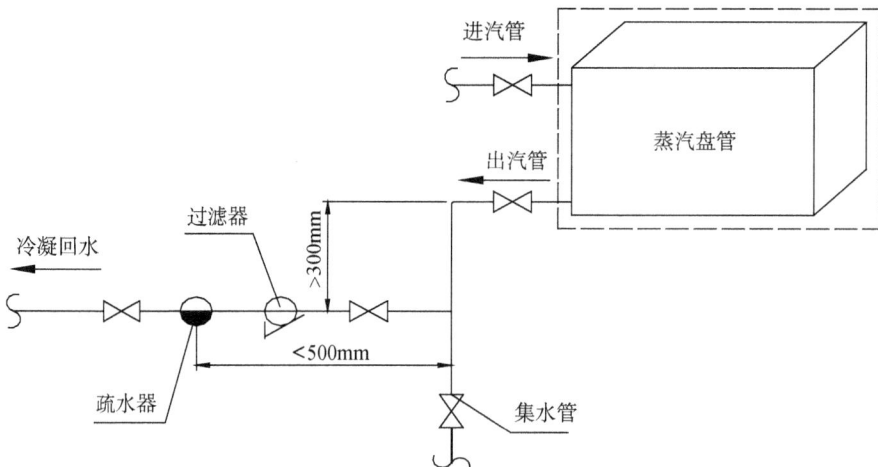

图 3-101 蒸汽盘管接驳疏水器要求示意图

d. 盘管出口与疏水器的安装高差不得小于 300mm。

e. 对于不允许中断供汽的生产用热设备，为了检修疏水器，应安装旁通管和阀门，但盘管运行中不应打开旁通管，以防止蒸汽窜入回水系统（图 3-102）。

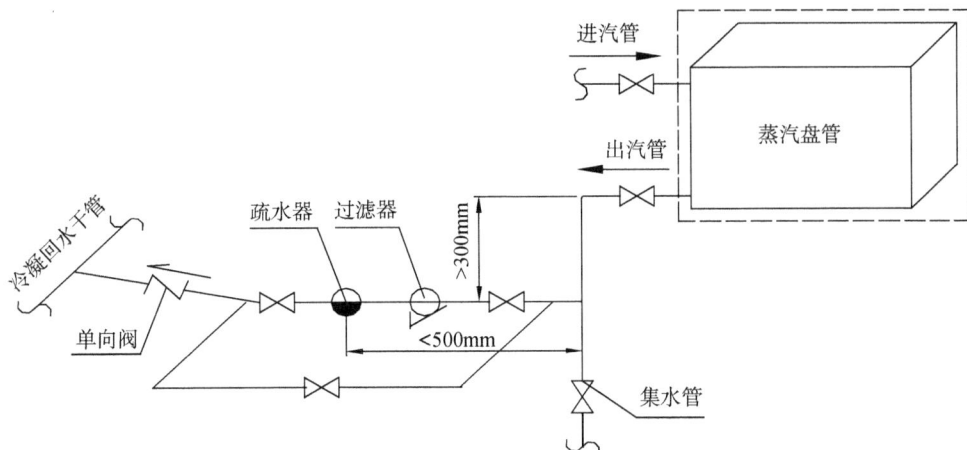

图 3-102　蒸汽盘管疏水器带旁通管路和止回阀安装示意图

f. 盘管出口至疏水器的管道应与盘管出口管径相同，疏水器后的管路高于疏水器时，疏水器后应安装单向阀，但管路的高度必须保证冷凝水能顺畅排出。

g. 两个以上蒸汽盘管安装，当每个盘管的容量和压力损失相同，且由同一个控制阀调节时，可共用疏水器，如图 3-103 所示。

h. 预热盘管和再热盘管不得共用一个疏水器。不同盘管组合时应分别设置控制阀和疏水器。

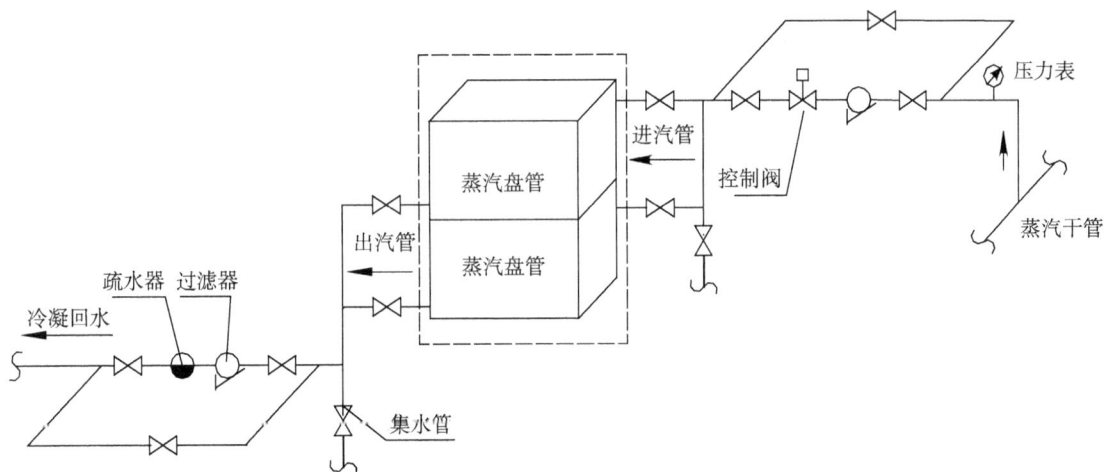

图 3-103　共用一个疏水器的蒸汽盘管安装示意图

③皮带的安装。

a. 初始安装。用直尺靠在风机皮带盘上，把电动机皮带盘调到同一平面上，然后固定电动机，安装皮带。皮带应在无迫力下安装。装皮带前需将中心距稍微缩短，使皮带可以不费力地装配好。任何情况下杜绝将皮带撬入皮带轮槽中。

b. 皮带张紧。平移电动机使皮带的预紧力达到要求的数值。手动旋转皮带轮一周后，再次检查皮带张力。需使用张力仪表测量皮带张力并调整皮带的松紧，使张紧力处于说明书所要求的张力范围内。

④调试。机组调试运行前，应对其作全面的检查，检查工作应至少包括以下几点：

a. 检查机组安装是否完成，内部杂物是否清除。

b. 检查过滤器滤料是否破损、污染。在进风段过滤器前蒙上一层尼龙过滤网，以防管道内的灰尘污染过滤器。中、高效过滤器应在调试完毕后再安装。有条件的客户可专备一套初效过滤器作调试用。

c. 弹簧压紧装置是否已拆除。整机出厂机组，为了运输中不产生振动，在风机电动机底座上配有弹簧压紧装置，机组运行前应拆掉此装置。

d. 检查转动部件的风机叶轮转动是否灵活，是否和机壳相碰，润滑情况和各调节装置是否灵活。

e. 检查风系统管道内各风阀是否按设计位置开启，锁紧机构是否已经锁紧。

f. 水系统是否已清洗并已排净系统中的空气。管道系统安装结束后应先冲洗管道，清洗时必须关闭连接机组的阀门，以免管道中的杂物冲入盘管中，堵塞回路。通水使用前，应先打开排气阀，将管道中的空气排净，直到有水排出时方可关闭。

g. 检查电动机绝缘是否合格。电动机长时间不运转绕阻可能受潮，在使用前用兆欧表测量其绝缘阻值。25℃时的绝缘电阻值应超过 $2M\Omega$。**注意**：测量后绕阻要立即放电，避免电击。如果绝缘电阻没有达到参考值，绕阻必须烘干。

h. 检查电源电压是否符合要求，三相电压是否平衡，电路接线是否正确。正式启动前可点动一下电动机，检查风机转向是否正确。

完成以上检查后，即可启动机组。机组启动后应注意监测电动机运行电流是否正常，机组是否有异常响声，机组风量、风压是否正常。冷量、加湿量等应按不同工况调节。

由于空气高速流动、风机电动机的转动等原因会产生噪声。只要不高于产品样本、铭牌或其他合同文件规定数值的噪声，均可认为是正常情况。风机电动机的高速旋转会产生一定的振动。不高于国标或其他合同文件规定数值的振动，应视为正常情况。

（2）组合式空调机组的维护与维修。定期进行机组运行状态检查，对机组进行长期而有效的维护和保养，机组的运行可靠性和使用寿命都将得到很大的提高。

①机组。

a. 机组盘管应定期冲洗，去除盘管外积灰。盘管使用 2~3 年后应清洗管内水垢，并尽可能采用软化水。

b. 机组在冬季暂不运行以及不供热运行时，必须将盘管（系统）内的水放尽，否则会冻裂盘管。

c. 定期（建议每月两次）检查机组过滤网积尘情况。装有压差检测装置的用户，当终阻力到达规定值时，应及时清洗或更换过滤器。建议终阻力取值为：G3（初效）100~200Pa、G4（初效）150~250Pa、F5~F6（中效）250~300Pa、F7~F8（高中效）300~400Pa、F9~H11

（亚高效）400~450Pa、高效与超高效 400~600Pa。

d. 机组开始运行一个星期后，应重新调整皮带的松紧，以后每运行三个月应作一次例行检查。

e. 机组运行一段时间后，电线接线桩头会松动，第一次开机后三天应进行检查并拧紧。

f. 定期（建议每月一次）检查检修门的密封条、风管的软接头，如有漏风应及时更换。

②轴承。

a. 风机、电动机的轴承需定期（建议每月三次）检查。

b. 检查电动机轴伸的密封圈（如 V- 密封圈），如有必要应及时更换；检查安装连接是否松动；通过监听异常噪声，振动检测，监控用油量或轴承测振元件等来检查轴承运行情况。如有异常发生，应立即停机，检查原因并及时排除。安装、拆换轴承要加热或使用特殊工具，不可猛敲、撬轴承。

c. 有注油嘴的风机轴承需定期加注润滑脂，应使用说明书中要求牌号的润滑脂。润滑脂有效期取决于油脂类型、轴承的转速、轴径和工作环境。正常情况下，风机运行 1500h 左右需更换润滑脂；风机 24h 连续运行时，每运行 500~700h 更换一次润滑油脂。

d. 加注润滑脂时应保持轴转动，看到防尘盖处有一层新鲜油脂溢出即停止加脂，用手快速转动风轮，使多余的油脂排出。

（3）组合式空调机组的常见故障与排除。组合式空调机组功能多、结构复杂，使用过程中出现各种故障在所难免。表 3-24 所示为组合式空调机组常见故障原因分析与排除方法。

注意： 为避免触电，不要用湿手操作。为避免触电和其他危害和损失，不要用喷洒水直接清洗空调。任何时候都保持进气和排气畅通。长时间不用时需关掉电源。

表 3-24　组合式空调机组常见故障原因分析与排除方法

故障现象	故障原因	解决方案
声音异常	叶轮或风机轴承松动	锁紧轴承座
	叶轮或蜗壳中有异物	清除掉异物
	风管、调节阀安装松动	紧固安装
	两皮带轮不在一条中线上，以及皮带过松或过紧	重新调整皮带轮或皮带
	电动机、风机或电动机座螺栓松动而引起的松动	紧固螺栓
	风机出口软接头太紧	更换合适的软接头
	风机转速过高，工作点不合适	重新匹配皮带轮
	润滑油质量不良导致轴承中有污物	调换优质润滑油及清洗轴承
	导流板太小或风管转弯过急而造成噪声	更换导流板
	通风机选择太小	更换风机
	系统漏风	检查、维修风路

故障现象	故障原因	解决方案
转速正确但送风量不足	过滤网太脏	清洗过滤网
	风管密封不好	检查并堵塞管道泄漏
	风管中有障碍物，或风阀没打开	检查管道使之畅通
	风机反转	调换电动机电源相序
	皮带松或电动机、风机皮带轮不在一直线上	调整皮带、皮带轮
	风机选择不当	合理选择风机、风量
转速正确但送风量过大	风机选择不当	合理选择风机、风量
	回风管漏风严重	检查并堵塞管道泄漏
空调房间气体流速过大	风口风速过大	增大送风口面积
	气流组织不合理	改变风口形式或加设挡风板，使气流组织合理
空调房间空气不新鲜	新风量不足，人员密度过大，有异常排放	开大新风阀，清洗新风过滤网，增大新风管横截面积
无风	电动机电源未通	接通或检查电源
	电动机电源缺相	
	电动机烧毁	更换电动机
	风机轴承卡死或烧毁	更换轴承
	风机皮带断裂	更换胶带
	风阀未开启	开启风阀
风量偏小	风机选型错误	重新选型
	风机反转	将三相电源的任两相互换接线
	系统阻力过大	检查风管、设备有无堵塞并排除，风阀开度不够并调节，改进部分局部构件
	设备或系统漏风	密封条（胶）堵漏
	过滤器积尘过多	清洗或更换过滤器
	换热器翅片表面积尘	清洗换热器
风量偏大	风机压力偏高、风量偏大	降低风机转速，或更换风机
	系统阻力过小	调节阀门，增加阻力
	过滤器损坏漏风	更换过滤器
	设备负压段或进风管漏气	作密封处理

故障现象	故障原因	解决方案
制冷能力偏小	水温偏高	调节冷水温度、改善管道保温
	水泵故障或管道阻力大	清洁管路、维修或更换水泵
	设计错误	设计更改
	风量偏小引起冷量偏小	适当加大风量
	过滤器堵塞	清洗过滤器
	电磁阀未开	开启电磁阀
机组漏水	挡水板质量差	改换挡水效率高的挡水板
	集水盘出水口堵塞	清理排水口
	盘内积水太深，排水管水封落差不够	整改水封，加大落差，使排水畅通
	面风速过大	加大挡水板通风面积，适当降低面风速
	风量过大	适当降低风机转速
	挡水板四周的挡风板破损或脱落	加装挡风板并作好密封
	集水管保温不好凝露	重新保温
	集水管或集水盘漏水	检查、做好密封
	换热器铜管破裂	补焊集水管和铜管
	集水盘保温欠佳，表面凝露	做好集水盘、集水管的保温
	环境湿度过大	补焊集水盘
	排水管存水弯无水，空气倒吸	检查，补水
	机组振动过大	采取减振措施
机组表面凝露	箱体保温不良，存在冷桥	作好保温
	箱体漏风	作好密封处理
	箱体保温破损或老化	除去原保温，重作保温
	箱体保温厚度不够	重作保温
	水温过低	检查水温控制系统
机组噪声、振动值偏高	风机轴承问题，风机轴与电动机轴偏心或倾斜，风机蜗壳与叶轮摩擦，风机蜗壳与叶轮变形，叶轮静、动平衡问题，风机质量问题	更换轴承，调节两轴同心。调节蜗壳与叶轮至正常位置。更换蜗壳与叶轮。更换叶轮或重作静、动平衡，换风机
	电动机轴承有问题	更换轴承
	电动机质量有问题	更换电动机
	减震器选用不当	重新选配减震器
	减震器安装不当	调整减震器安装
	风机与支架、轴承座与支架的联接松动	固紧螺栓、螺母
	箱体隔声效果差	加固或更换箱体壁板

续表

故障现象	故障原因	解决方案
送风噪声偏高	风机噪声偏高	见"风机噪声"部分
	风管内风速过高，产生二次噪声	适当调小送风量
	送风口风速过高	加大送风口
风机轴承温升过高	轴承里无润滑脂	加注润滑脂
	轴承润滑脂质量不佳，变质、含混杂质	清洗轴承、加注润滑脂
	轴承安装歪斜，前后轴承不同轴，或游隙过小，或内外圈未锁紧风机盘管	调节轴承安装位置，调节轴承游隙，锁紧内外圈
	轴承磨损严重	更换轴承
电动机电流过大或温升过高	风机流量过大	适当降低风机转速
	电动机冷却风扇损坏	修复冷却风扇
	输入电压过低	电压正常后运行
	轴承安装不当或损坏	维修或更换轴承

3.6.1.2 新风机组

为了满足使用功能或保证产品工艺所需要的空气品质，而对新鲜空气进行一系列技术处理的空气调节设备称为新风机组，有组合式和单元式等不同类型。

新风机组从室外抽取新鲜的空气，经过除尘、除湿（或加湿）、降温（或升温）、过滤（粗效、中效、高效等）等处理后通过风机送到室内，以替换室内原有的空气。

新风机组的原理、结构与空调机组基本类似，只是在空气处理对象和量级上不同。二者主要的区别表现在：

①空调机组承担负荷空调区域的热湿负荷，确保控制空调区域的温度湿度和空气质量等，对区域内的空气起到综合处理的作用。一般来说，新风机组不承担空调区域的主要热湿负荷，其主要功能是送新风，确保送风的温度和湿度稳定，所以新风机组一般控制送风温湿度（特殊行业或工艺型新风机组的技术功能要求除外）。

②一般来说，空调机组对于空气处理较新风机组在工艺上要相对复杂，通常空调机组多应用在不能安装风机盘管的大范围公共区域；而新风机组多配合安装有风机盘管的小范围空间使用（特殊行业或工艺型新风机组的技术功能要求除外）。但是新风机组可以有回风、新风配合使用，其目的都是为了更好地调节温度和湿度等参数。

③通常情况下，空调机组本身也有新风口，用来保证室内空气的质量，并补充室内排风。但由于设施内的风机盘管没有新风口，所以需要将新风机处理过的新风和回风混合，再由风机盘管处理后送入房间内。所以在一些设施内，新风机组是和空调机组配合起来使用，即空调机组+新风机组。虽然空调机组和新风机组配置有所区别，但是在大型设施中都是采取空调机组和新风机组配套使用，可以实现功能互补，取长补短，达到更加节能舒适的目的。

新风机组由多个功能系统（段）、电气、自动控制系统以及新风箱体组成。根据不同的功能需求，可以组合不同类型的新风机组，其功能结构大致为：舒适型空调用新风机组、工艺型空调用新风机组（图 3-104）和特殊工艺型空调用新风机组（图 3-105）三类。

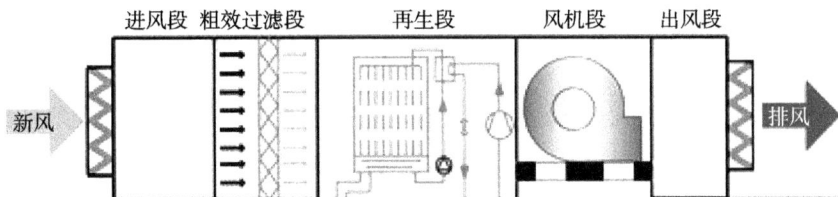

图 3-104　工艺型空调用新风机组示意图

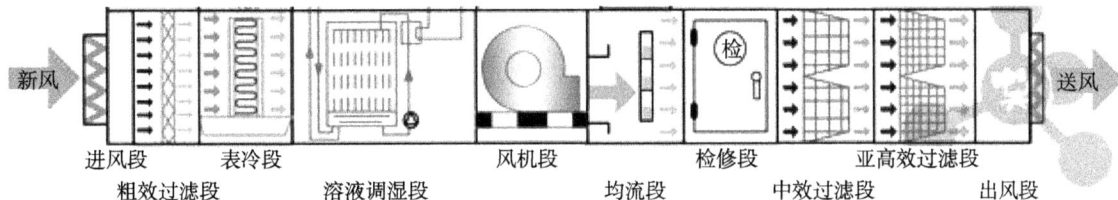

图 3-105　特殊工艺型空调用新风机组示意图

一般来讲，新风机组多包括粗、中效过滤段、表冷段、加热段、加湿段、风机段、杀菌段、机箱等部件，各部分分别有自己的作用和功能。

过滤段：根据不同的技术要求需要选配，如粗效过滤器、中效过滤器、亚高效过滤器等，分别捕集颗粒直径不等的尘粒。过滤器装配在新风机组过滤框架上。

表冷段：用表冷器对新风进行冷却、减湿，以控制送风温、湿度。

加热段：使用热水或者电加热等方式对新风进行控制加热，以达到需要的温度。

加湿段：使用电极加湿、蒸汽加湿等，可以保证较严格的相对湿度要求。

风机段：可根据需要选用离心风机、轴流风机，一般选用的是离心风机。

杀菌段：如紫外灯杀菌，以满足医疗医药行业净化空调的杀菌要求。

新风机组还可以根据不同的使用功能，满足一些特殊行业的技术要求。降低或减少空气中的酸值及有害物质，如在新风机组内配置化学过滤段，通过活性炭过滤，以满足微电子行业等对空气中酸值的处理的技术要求。如配置喷淋段，通过水的雾化以洗涤空气尘埃杂质，提高空气洁净度。净化新风机组还应有亚高效段，延长高中效过滤器的寿命等。可以满足使用功能的技术要求。

也可配置混风段，使用比例混合阀，将回风、新风混合，通过新风机组内相关处理后，也能取得较好的节能效果。

新风机组机箱外面板通常为双面塑钢薄板，夹心聚氨酯或岩棉保温板，并和机箱内部钢结构框架连接，其内部按照选定的功能段分别使用保温板隔断，供不同的功能段安装设备或装置，每段之间应坚固、密封，防止未经过处理的空气在隔断缝隙中窜流、漏风，否则将直接影响空气的温度、湿度、洁度的技术指标，造成产品的质量事故。

（1）新风机组的使用与维护。新风机组经过长时间的运行，各个功能段和部件都可能产生一定的磨损、蠕变、位移或功能退化，各段之间隔板密封漏气或者窜气，造成洁度、压差、温度、湿度变化，直接影响设备使用性能和产品质量。因此必须对空气热湿处理设备及其组成功能段和部件等，进行定期的维护保养和调整，保证机组正常运行。对检查出来明显的或隐含的功能性丧失的故障部件，必须进行修理或更换，恢复功能或精度等技术要求，每年至少进行一次有机、电、仪等专业技术人员参加的全面维护，以确保生产正常运行。

维护保养操作应符合下列要求：在确认断电源、断水源、断汽源（挂牌上锁）后停机进行维护保养，停电前检查记录电压表、电流表、压差表情况，确保安全设施齐全有效。工作人员进入必须有人监护，离开风机、密封门关闭后方可启动风机。严禁在送风、回风及新风阀门关闭的状态下启动机组的风机，以免造成负压损害。当风机停止或停电时应立即停止热媒供应。检测和修理必须按照规定，施工尘渣处置应严格按照规定清理，并用塑料膜隔断非施工面。

维护保养应按照维护或保养计划的时间和内容进行，一般包括以下几个方面：

a. 定期使用仪器仪表检测和目测检查机组基础、整机结构、检测机组基础和连接部分的水平度和垂直度以及仪表自控柜的状况。

b. 润滑系统应定时、定量、定品种补充或更换润滑油。

c. 定期检查电动机、轴承升温，检查润滑油杯、油管的清洁度。

d. 定期检查内外部及各功能段、机电系统运动部件、动态连接件、各段之间连接密封和泄漏情况。

e. 按照轴承、皮带轮、皮带的调整与更换的操作规程，进行轴承、皮带轮等的拆卸安装作业。

f. 检查确认阀板与手柄方向一致、启闭方向明确、多叶阀叶片贴合搭接一致且轴距偏差不大于 1mm、调节阀有启闭标记、多叶阀叶片贴合搭接一致且轴距偏差不大于 2mm。电动调节阀应反应灵敏、调节位置准确。

g. 定期检查箱体、框架、面板、门密封条完好无损，检修门应灵活开关，锁紧装置锁紧灵活。检查各箱体控制阀门、调节阀、密封门的可靠性，开启要灵活，关闭要严密。

h. 检查各构件和风机的紧固情况，有损坏及时更换，机组内表面、加湿段等易锈部分，在大修时除锈并油漆。

i. 检查冷凝水盘是否干净，接水盘出水口有无异物，如有，要清除。

j. 检查加热器是否正常，测量电压及阻值，检查进、送风风阀和进、出水的开启状态，机内有无其他异常情况，检测电气和控制部分；检查电流、电压和负载情况。交流接触器、热继电器、过载保护等是否出现接触不良、断路等故障，电线、元器件发热等原因会引起接头松动、脱落，或者因积尘潮湿造成接触不良。检查排除导致电动机缺相或三相电流不平衡的故障。

k. 严冬季节不安排空调系统的调试和检修，但应定时检查新风机组设置的防冻自控联锁监控装置是否有效。风机运转时必须首先保证加热器的额定水流量，当水温过低或水流量过小时应有报警功能，并及时关闭送风机及新风入口保温风阀，以保证空调水系统运行的安全性。停用的新风机组也要采用额定水流量或温控器自动控制水阀开启或设电加热装置，保证新风机组加热器的温度；或者关闭新风百叶窗，排干空调机组内冷凝水。

确保各个功能段之间隔板固定无位移、密封完好；机组内静压保持 700Pa，机组漏风率不大于 4%。检修门漏风率应不大于整机漏风率的 0.5%。

（2）新风机组常见故障分析与排除。新风机组的故障主要是换热器被冻裂，占故障数近 30%。各种常见故障及其原因如下所述：

a. 安装后期试机时或运行期疏于管理。冬季安装及水压试验后，未按施工规程将试压水排尽，导致冻结，或为赶工期，未经冲洗即对新风机组供水；供回水管道采用主管下接支管的连接方式，造成管线内污物淤积在机组加热器内，热水流量不断减少，导致加热器冻裂。

b. 自控阀门指示的阀位定位错误。空调自控系统冬季调试过程中，安装误操作使新风机组的水阀开闭指示位置与自控系统的电脑指示正好相反，机组供水实际是自控系统指示的断流状态，在严冬就会引发冻裂事故。

c. 新风机组冬季停用时表冷器冻裂。主要原因包括：

——表冷器泄水时没有打开排气阀，没有空气进入表冷器的通道，表冷器内的水无法完全泄空，冬季严寒导致新风机组的表冷器冻裂。

——新风机组的位置低于系统主干管，如果连接管路阀门关闭不严，会造成冷水系统管路存水，从冷水供回水管道慢渗到表冷器中导致冻裂。应在新风机组的供回水立管最高点增设放气管，在放气和泄水时都可以使用，在新风机组的供回水管路上增设一组阀门，切断停机泄水后的慢渗问题。

——新风机组自控防冻保护装置在人工调节加热器流量时失控；热水流量太小会引发冻裂。新风机组冬季运行时，必须按照技术要求和操作规程的规定，不得随意改变流量设置，擅自改变操作程序，确保额定水流量完全受控。

d. 冷凝水排放不畅，储水盘积水；在表冷器冷却空气时会产生一定量的冷凝水，通常冷凝水通过储水盘"U"形弯排出新风机组箱外。由于表冷器（段）的位置处于风机的前端，属于负压区域，当"U"形弯排水不畅或出水口高于储水盘时，会产生负压"吸水"的现象使冷凝水被吸住，甚至溢满储水盘而排不出去。这种情况下需要清理通畅出水口和"U"形弯、调整"U"形弯出水口高度，使其低于储水盘排水管底部高度。对于用于医院的空调机组，除了保证冷凝水排放通畅外，还必须保证水封的密封性能，防止可能的下水道空气回流造成室内空气污染。

应特别注意，医用净化机组的水封必须满足图 3-106 的要求，并保证水封的密封性能。

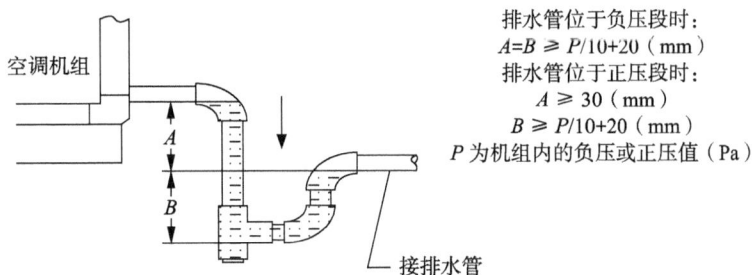

排水管位于负压段时：
$A = B \geqslant P/10 + 20$（mm）
排水管位于正压段时：
$A \geqslant 30$（mm）
$B \geqslant P/10 + 20$（mm）
P 为机组内的负压或正压值（Pa）

空调机组

接排水管

图 3-106　医用净化机组的水封要求

e.挡水板"飘雾"现象。在正常的情况下不会形成"飘雾"，只有当机组长时间使用后，若出现挡水板结垢或位置蠕变，冷凝水在风压下雾化，被风力带至相邻工作段造成相邻工作段渍水，无法正常工作，直接影响空气质量。主要原因是：表冷段侧挡水板是按照挡水功能设计的特殊曲线成型板，可以最大限度地通过空调风并挡住表冷器翅片的冷凝水。当表冷器及挡水板出现位移后，和送风角度形成偏角，使通过风量风压过大、送风方向偏移，使得冷凝水穿过挡水板被雾化，吹向下一工作段。也可能是有异物堵塞或挡水板积垢改变了出风方向。此时需要调整表冷器、挡水板和送风角度的偏角和位置，或者清洁挡水板消除积垢，即可减少或消除"飘雾"现象。

f.缝隙和密封、检漏和补漏。新风机组经过长时间运转后，其庞大的机箱会出现蠕变位移，造成箱体保温板出现缝隙而产生漏气。特别是一些大型新风机组，体积庞大，如 10 万 m^3/h 风量以上机组箱体就如同火车头般大小，出现缝隙可能性更多，风压风量损失大。在风机的强力作用下，新风机组风机前半部分各功能段为负压段，后半部分各功能段为正压段。若缝隙出现在负压段，会造成未经各功能段处理（如滤尘、制冷或制热、除湿或加湿、化学过滤等）的空气被吸入新风机组箱内，造成严重的空气质量问题。若缝隙出现在风机后的正压段，就会造成经过处理的高质量空气外泄，风量风压下降，造成浪费，成本上升。

因此必须定期进行箱体的查漏堵漏。负压段缝隙堵漏应是在保温板从外向内堵漏，正压段应是从内向外堵漏。这样才能在顺风方向顶托牢固，同时修补堵漏必须使用适合空调箱堵漏的密封胶。特别需要注意的是，新风机组处理空气的工艺技术要求，如提供的洁净空气是为生产电子芯片，就不能使用一般的空调箱密封胶，而必须使用不含酸性的密封胶，否则含酸蒸发的密封胶气体直接影响芯片的质量。

进风口防虫网、粗效过滤器的维护保养。必须严格执行清洁更换制度，否则会造成防虫网及过滤器负压增大，出风口风压风量下降。当出现负压增大、风量下降时，首先排除风机故障或风机效率下降，然后检查新风进风口防虫网滤孔是否清洁、过滤器有无堵塞等。否则可能造成空调箱外空气无法进入箱内，而风机仍在强力地抽排空气，负压不断地增加（在压差报警装置失灵或忽疏情况下），造成空调箱保温板内钢结构横梁被顶弯，甚至造成爆箱坍塌事件及人员和设备的重大损失。

3.6.1.3　空气热湿处理设备

空气热湿处理设备种类繁多、功能各异。主要包括空调机组、新风机组、加热器、表冷器、风机盘管、加湿器、诱导器、热回收机组等。有关空调机组、新风机组的内容详见前述，本部分仅介绍以下几类设备。

（1）表冷器、加热器。表冷器是盘管内部走冷冻水，空气通过与水发生热量交换达到降温的设备。加热器包含加热盘管和电加热器两类。加热盘管是盘管内部走热水或者蒸汽，空气通过与水或蒸汽发生热量交换达到升温的设备；电加热器是靠 PTC 元件发热以达到升温作用的设备。

表冷器和热水盘管一般采用铜管、铝翅片，铝合金翅片采用机械胀管工艺固定在紫铜管上。集水管的上部设有放气口，下部设有排水口。供水、回水管均为标准规格的钢管。蒸汽盘管一般采用钢管、钢翅片，通常为 1 排或 2 排管。热水盘管和蒸汽盘管与空气只进行显热交换，没有潜热交换，而表冷盘管则可以进行热、湿交换。

①表冷器、加热器的使用与维护。使用前应按照有关规范和使用说明书规定的条款进行检查，合格后再进行冷负荷和热负荷试运转。试运转从常温水逐步降低或提高水温，直至达到额定温度。蒸汽加热器和电加热器也是按此办法，分步分组逐步达到额定温度。

表冷器、加热器长时间使用后，其表面会覆盖一层积尘，降低传热效率，应使用钢丝刷、水冲洗和压缩空气吹除的方法，及时清除盘管表面的积垢，禁止用锐利的金属工具进行清洁，以免热效率衰减。

应避免翅片脱落、粘连、倾斜，如发生粘连、窜动时，可使用镊子或专用梳片器等工具进行局部校正，以免造成冷却或加热能力的下降。

检测管路是否堵塞。在空调系统供水正常时，用手感觉冷热水盘管表面，如果没有感觉明显的低温或高温，则说明盘管内被杂物所堵塞。堵塞严重时将导致冷却或加热能力明显下降，直接影响系统运行中处理空气所需的冷量或热量，需拆除更换或修理。

检查表冷器凝结水盘应无积水，其积水应能较快地排出空调箱外，注意蒸汽加热的疏水器是否正常排水。

当进风温度 ≤ 2℃时，不能停止热水的循环，并且水流速不得低于 1m/s。冬季停机后加热器会处于 0℃以下，为了防止管路被冻裂，应排尽管内的水，并关闭新风阀，或在管道内加入防冻剂（如乙二醇溶液）。并在机组进风口设置预热装置，系统上应在新风口安装密闭调节阀和防冻开关，并与送风机连锁。

使用维护，定期检查蒸汽加热盘管的蒸汽减压装置，保持蒸汽压力相对稳定，防止加热系统蒸汽管路中阀门（包括截止阀、电动调节阀）的内泄漏。检查加热系统中电动或手动调节阀及旁通阀的内漏（即阀芯处的泄漏）。一旦发生泄漏，尤其在不需加热或微热时，将会造成加热失控现象。

对于蒸汽加热器，应确保加热器和连接处无蒸汽泄漏，蒸汽泄漏会造成空调房间的过湿。加热系统在启动时，应首先检查系统中所有阀件，使其处于应该处于的开启或关闭位置，避免因过滤器堵塞而造成系统管路堵塞或凝结水无法排出，从而使加热系统无法工作的状态。同时对蒸汽管道中的过滤器和凝结水管路中疏水器之前的污物过滤器，应定期进行清洗或更换。

对于电加热器，在送风机启动之前禁止给电加热器送电。送风机停机之前必须首先停止电加热器工作，以避免风管内无风时，而电加热器仍在工作，造成风管局部的高温和引发事故。

②表冷器、加热器常见故障与排除。表冷器、加热器工作 2~3 年后，会出现冷却或加热缓慢，换热效率下降的现象。应用化学方法进行清洗，除去管内水垢。作业时表冷器进出水管必须装有放水阀及排气阀，使用 0.2MPa 水冲洗。由于使用化学清洗后可能会造成腐蚀，或使用年久易发生的风化现象，会造成风冷翅片、铜管堵塞等而导致管路爆裂，清洗后应将清洗剂冲洗干净。

表冷器、加热器出现换热效率下降时，应检查翅片是否有污垢或倒片、管路是否因冻裂或腐蚀而造成泄漏。如有泄漏应断开进、出水管修理或更换，并对修理或更换后的盘管进行试压、冲洗，水压试验压力应为设计压力的 1.25 倍，允许偏差 ±0.02MPa，保持压力至少 3min、修整表冷器，加热器盘管翅片倒片及损坏应使用专用梳片工具，翅片有污垢时需用机械或化学的方法清洗。冷（热）水盘管维护修理后需进行消毒处理。

电加热器产生的故障较难发现，因为电加热用作除湿再热或送风调节，一般置于机组内或送风管内。装有电加热器的空调系统在运行中，事故比较难以发现。电加热器保养维修必须是具有资质的专业人员才能进行。

电加热器后设置有高温保护开关，必须将其接入加热器供电电源的控制回路，不能轻易拆除，确保电加热器超过设定温度时能及时切断加热电源。对于此类电加热空调系统，应每月检查高温保护开关（或电接点温度计）的完好情况和灵敏度，发现异常情况及时进行处理。维修完成试运行前，应对电加热器的零线逐条检查其接线电阻，并确认从电控柜零线接入端子到每根电加热零线短接铜片之间的接线电阻值应小于 1.0Ω、电加热管绝缘电阻大于 $1M\Omega$。

在电加热器与系统送风机连锁的空调系统中，要随时注意检查风机运行情况，以免造成风机停机而控制系统风机运行指示灯亮的假象（皮带断裂）。发现此种情况，应立即关闭电加热排除故障。在空调系统运行中，如发现空调房间或系统内有异常的焦煳气味时，应首先关闭电加热器电源，检查电加热器有无异常，待查明原因并排除后，方可使系统继续运行。任何时候关闭电加热后，风机必须延时 3min 方可停止通风。应经常检查系统运行情况，如发现空调房间温度始终低于要求值，则应怀疑电加热器产生断路的可能性。此时可停电源对电加热器检查处理后再运行。

电加热器的接线必须严格按照接线图进行接线，同时必须将电加热器上的温度、保护继电器输出线串联到电加热器的电源控制回路内（75℃切断电源）。更换单根电加热管时，要使用符合原性能参数的新电加热管并按程序要求进行拆卸和更换，并确认电加热器有效接地和绝缘，整机（套）电加热绝缘电阻应大于 $15M\Omega$。

（2）加湿器。空调系统在控制空气温度的同时，出于舒适性或其他要求如生产工艺需要，也经常需要控制空气的湿度。实现增加湿度目的的设备就是加湿器。

加湿器分为等温加湿（干蒸汽加湿、电极式加湿、电热加湿、红外线加湿）和等焓加湿（高压喷雾加湿、高压微雾加湿、湿膜加湿、喷淋室加湿、双次气化加湿、汽水混合加湿、超声波加湿）两大类，各有其特点（表 3-25）。

表 3-25　常用加湿器的特点

加湿器	特点
电极式加湿器	1. 洁净等温加湿 2. 加湿效率高 3. 调节精度高，可实现多档调节 4. 耗电大，运行费用高
干蒸汽加湿器	1. 加湿迅速、均匀、稳定、不带水滴 2. 加湿效率高 3. 加湿量易于控制 4. 需要有蒸汽源

加湿器	特点
湿膜加湿器	1. 节省加湿段距离 2. 可省去或替代挡水板 3. 安全可靠、寿命长 4. 湿表面易滋生微生物，效率不高
高压喷雾加湿器	1. 喷雾量范围大 2. 高效、节能
电热式加湿器	1. 适用性强，安全可靠 2. 自动控制，洁净无菌 3. 耗电大，运行费用高

加湿器品种繁多，制冷空调设备中常用的加湿器有湿膜加湿器、干蒸汽加湿器、高压喷雾加湿器、电极式加湿器等。各类加湿器的原理基本相同，均是将水蒸发气化成为水蒸气，使水蒸气进入空气中增加空气的湿度。区别在于使水蒸发气化的方法不同。

①湿膜加湿器。湿膜加湿也叫直接蒸发型加湿，除去水中的钙镁离子，通过水幕洗涤净化空气，使用分子筛蒸发技术将空气加湿，再经风动装置将湿润洁净的空气送出。湿膜加湿器主要有供水系统、送风系统、湿膜加湿装置和电控部分等组成。另根据需要可配置副水箱和外供水管路。

a. 湿膜加湿器的使用与维护。开机时应仔细检查循环水泵及其电动机轴承状态，湿膜材料有无污染、破损，以及其他运动零部件有无松动、杂音和发热等现象。检查其循环水泵系统是否运转正常，传感器可否接受中央控制系统的湿度控制信号和自动控制。检查加湿器系统管路、旁通过滤器、流量调节阀、自动上水和补水功能能否正常运行。

湿膜加湿器一般与风机连锁控制，自控系统完成开关机延时控制。手动开机时应先开风机，延时 5min 再开湿膜加湿器；关机时，风机应在湿膜加湿器停止供水 15min 后停机。

加湿器冬季加湿或气温低于 5℃时，应与加热器同时使用，以免冻坏湿膜。湿膜的布水量可以根据需要进行调整，应注意调整水盘的泄水能力与布水量是否协调。

加湿器进水管上安装有 80~100 目水过滤器保护湿膜。需定期对湿膜进行清洗或更换，将湿膜组件取下用自来水沿湿膜的孔隙方向进行反复冲洗。T 型过滤器清洗应卸下过滤器螺栓堵头，抽出滤网，冲洗滤网及过滤器内壁，卸下所有喷嘴，用高压水清洗喷嘴内壁及配线管路，每月 2~3 次。湿膜组件如发生堵塞或腐蚀损坏，应及时修理或更换。

主机每年一次检查是否漏水、电气接地与绝缘状况、运转中是否有异常声响和异味、表压是否正常等。电气线缆如出现老化、龟裂、漏电、控制失灵等状况应立即修理或更换。

每半年清洗一次过滤器芯，检查所有供水管路及接头，如出现渗漏应即修理更换。维修后应重新调整湿膜组件泄水能力与布水量，使之符合加湿要求。

b. 湿膜加湿器常见故障分析与排除。湿膜加湿器主要故障是加湿量达不到规定要求，主要原因可能有三个方面：一是湿膜材料损坏，无法形成应有水帘幕面积和加湿量；二是水泵损坏或补水不足而影响加湿量；三是电气运转部分失灵或自控传感器及执行机构故障。这些故障主要通过清洗、调整、修理、更换等方法来解决。

修理加湿器或更换湿膜材料后，应试运转检查吸湿过程是否达到功能要求，循环回水和补水机构是否正常工作。重新调整旁通过滤器和流量调节阀，调试加湿器接受湿度控制信号的灵敏度以及湿度的自动控制等，检查自动上水和补水功能，测试循环水泵缺水保护功能。更换加湿桶后，应按原接线顺序将电源线接好并关闭排水电磁阀，然后启动加湿器。

②蒸汽加湿器。常用的蒸汽加湿器主要有干蒸汽加湿器、电蒸汽加湿器、高压喷雾加湿器等。

a. 干蒸汽加湿器。干蒸汽加湿器利用外部蒸汽源，利用汽水分离装置得到干蒸汽，干蒸汽通过多喷孔小孔径喷嘴均匀喷出。饱和蒸汽在喷管外套中作横向运动，环向流入弯管，进入蒸发室。由于蒸发室断面突然增大，使蒸汽减速，加之惯性作用及折流板的阻挡，蒸汽中所含的凝结水被分离出来，经蒸发室底部冷凝水出口排出。分离出水分的蒸汽由分离室顶部进入已被预热的干燥室，干燥室内充满着不锈钢过滤材料，对蒸汽中残留的水分进行过滤、分离。调节阀使干燥室内压力下降，汽化温度下降，残留于蒸汽中的水分再度被加热汽化，实现对饱和蒸汽的干燥处理，干燥的蒸汽经调节阀进入喷管，从带有消声金属网喷孔中喷出，实现对空气的加湿处理（图3-107）。干蒸汽加湿器一般由调节阀、控制阀、预热管、喷管、喷孔、疏水阀、汽水分离器、干燥罐、二次分离器等组成。

b. 电蒸汽加湿器。电加热的加湿器是技术最简单的加湿方式，它是将水通过电加热元件加热到100℃蒸发汽化，将产生的蒸汽送至空调房间增加湿度。电蒸汽加湿器对水质的要求较高。一般包括电动执行器、电磁阀、蒸汽连接器和一、二次疏水阀等。

c. 干蒸汽加湿器的安装使用与维护。加湿器在安装（图3-108）、使用时需要遵循如下规则。

——安装加湿器前必须用自来水或其他方式冲洗清除蒸汽管内的焊渣、铁锈、泥沙等脏物，防止卡住电动阀。

——在加湿器的进气口前必须安装过滤器（120目）和截止阀。

——在加湿器排水口处必须水平安装疏水阀和排污阀。

——必须核准接线电源与电动调节阀电源（信号）相符时方可接入。

——当管路蒸汽压力＞0.4MPa时，必须安装减压阀。

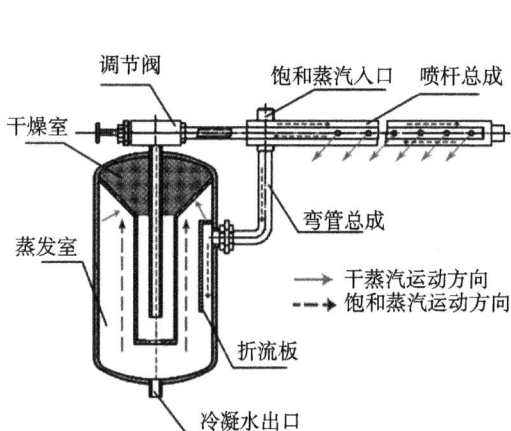

图3-107 干蒸汽加湿器

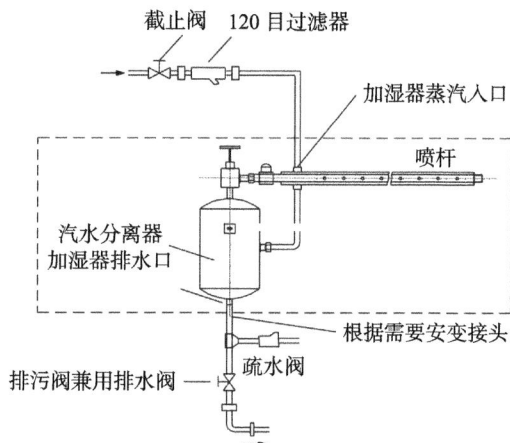

图3-108 加湿器的安装

——开始给加湿器通蒸汽时，应慢慢打开截止阀加压，防止电动阀堵转，同时打开排水阀，排去管道中的冷凝水。

——长时间不用加湿器时，应切断电源，并根据环境湿度情况做定期保养维护，约间隔2个月时间，接通电源运行 5~10min。

——加湿器喷管与风系统中的弯头、变径管、送风口的距离不小于 1.2m，与温度控制器、湿度测试点的距离不小于 1.5m。

加湿器的维护维修多是类似的，在此以干蒸汽加湿器为例说明之，表 3-26 为干蒸汽加湿器的常见故障分析及排除方法。

表 3-26　干蒸汽加湿器的常见故障原因与排除方法

故障现象	可能的故障原因	排除方法
加湿器不加湿	主管道无蒸汽	检查管道送气
	蒸汽管道阀门无法打开	打开主管道阀
	手动调节阀没开启	打开手动阀
	电动阀没打开	打开电动阀
空调间湿度太大	阀开启度太大	关小阀门
	蒸汽压力太高	调低蒸汽压力
加湿器加湿不够	输送蒸汽管道直径偏小	更换
	蒸汽气压偏低	调高不超过 0.4MPa
	各环节阀门开度不够	开大阀门
	过滤器被脏物堵塞	清洗或更换滤芯
	风管漏气	封严风管
	空调房间排气量过大	减小排气量
	加湿器选型偏小	扩孔或增加加湿器台数
加湿器漏气	连接头松动	用管钳和扳手拧紧
	连接密封圈损坏	更换及重新缠绕密封材料
	运输途中损坏变形	修复或更换零部件
	原材料有气孔砂眼	焊接补漏
加湿器喷水	蒸汽管保温不好，蒸汽冷却成水	加强管道保温
	配管不水平，管道中冷凝水流向加湿器	将供汽管道做水平或在加湿器上游加疏水装置
	安装方法不正确	按正确方法安装
	开机时管道积水太多疏水器排不及	打开排水阀，排尽水后再关闭
	疏水器排水能力太小或损坏	更换大排量疏水器
	疏水器排水孔被脏污堵塞	清洗疏水器
	加量过大，干空气吸收过饱和	调小加湿器加湿量
	空调箱内湿度太高	关闭或调小加湿量
	加湿段距离太窄小	因地制宜加大加湿段距离

故障现象	可能的故障原因	排除方法
电动阀不工作	接线错误	按正确方法接线
	执行器和控制器信号不配	调整控制信号
	执行器切换开关位置不正确	拨动切换开关位置
	执行器控制板损坏	更换
	电动机损坏	更换
	转动齿轮损坏	更换
	执行阀塞卡转	维护保养，加润滑油
	阀体锈蚀严重	修复或更换
电动阀漏气	蒸汽管道杂物填堵阀门口	拆开冲洗
	尖硬杂物磨损阀座	更换阀座
	阀体螺丝松动	拧紧螺丝
执行器不工作或工作不正常	电源未接通、插头接错	恢复电源
	电动机轴与传动齿轮松脱	拧紧紧固螺钉
	限位块与微东动机构接触位置不正确	调节好接触位置
	控制部分故障	检查控制部分并排除故障
阀门漏气	阀门的阀针损坏	更换
	阀针位置不正确	调节阀针位置
	密封圈未压紧或损坏	压紧或更换密封圈
漏汽	管道安装不良或密封圈损坏	整改管道或更换密封圈
喷嘴喷水	疏水器堵塞或损坏	清理疏水器；修理或更换疏水器
	送汽时流量过大	初送汽时流量要小，逐渐加人流量
	喷管安装有问题	将喷管尾部抬高，使冷凝水流进加湿器罐体
加湿量偏小	阀门开度不够	开大阀门
	喷嘴堵塞	清理喷嘴
	加湿器型号偏小	换成大型号的加湿器
	蒸汽压力偏小	
风机传动皮带磨损	皮带上带槽表面太粗糙	磨光带槽表面
	风机轴与电动机轴不平行，且两皮带盘端面不在同一平面内	先将两轴调平行，再将带轮端面至同一平面
	皮带质量差	调换成质量好的皮带

③高压喷雾加湿器。高压喷雾加湿器可使用自来水、净化水或同类水，供水压力一般在0.05~0.3MPa，供水温度在4~60℃之间。其常见的故障原因与排除方法如表3-27所示。

注：根据加湿器品牌的不同，以上条件可能发生变化，以实际要求为准。

表 3-27　高压喷雾加湿器的故障原因与排除方法

故障现象	故障原因	排除方法
打开开关，指示灯不亮，主机不运转	未接电源	按要求接通电源
	电源不匹配	
打开开关，指示灯亮，主机不运转	保险损坏	更换保险
	水源压力不够或无水	增加水压
	湿度达到设定值	正常
	湿控器接触不良	重新安装湿控器接头
	主控电路损坏	更换控制板
打开开关，主机工作，不喷雾	未接通水源	接通水源
	水路堵塞	卸下接头，冲洗管道
	Y 型过滤器堵塞	卸开过滤器清洗滤网及内壁
	电磁阀损坏	更换电磁阀
开机后，压力过低	水源压力过低	提高水源水压
	增压泵磨损	更换泵叶轮
	管路破裂泄漏	维修或更换水管
部分喷嘴不喷雾或喷雾异常	喷嘴堵塞	清洗疏通喷嘴
	喷嘴磨损	更换喷嘴
开机后压力表不显示	压力表损坏	更换压力表
关机后喷头仍然淋水	电磁阀损坏	更换电磁阀

注　加湿器长期不使用时，应每两个月左右时间开机 5~10min。

④电极式加湿器。电极式加湿器可使用井水、工业水或来自制冷回路的水，但不能使用去离子水、蒸馏水、软化剂处理水等，这可能导致雾沫，影响机组运行。不要在水里添加消毒剂或防蚀化合物，这些都是潜在的刺激物。对水的一般要求主要包括：电导率 75~1250μs/cm、硬度不应大于 40 德国度（相当于 400ppm 的 $CaCO_3$，否则必须加装净水器）、供水压力 0.1~0.8MPa、供水温度 1~40℃等。电极式加湿器接管示意如图 3-109 所示。

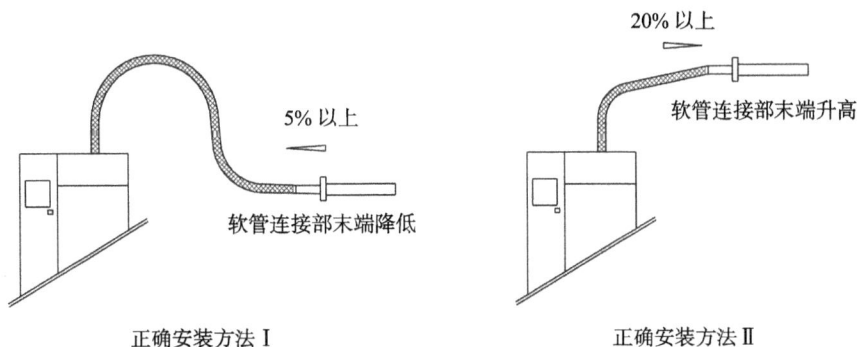

图 3-109　电极式加湿器接管示意图

电极式加湿器的一般安装及维护要求如下：

a.蒸汽出口与喷管的连接处应连接牢靠，无折扭现象。

b.主机安装平稳、垂直、牢靠。

c.排水管应使用镀锌管等耐高温材料。

d.给水配管要做保温处理，否则可能会因结露造成漏水。排水配管要做保温处理，否则可能会造成烫伤。

e.进水管与加湿器连接前一定要清洗干净，配管中若有污物和异物流入加湿器时会造成故障。

f.对于可拆的蒸汽罐，每200h需进行清洗，每月检查蒸汽罐密封、电极等组件。每2000h更换电极。按以下步骤清洗蒸汽罐：人工按下排水开关放空蒸汽罐的水，关掉加湿器电源。拔掉电极上的插头并作下记号。拆下蒸汽罐，倒出罐内杂物，用水冲洗后装回原处，注意确保密封处密封良好。按记号接好电极插头。不可拆开的整体式加湿罐维护清洗方法：使用150h后，人工按下排水开关放尽罐内脏水后，再次按下排水开关使排水阀关闭，加湿器重新补水，往复二至三次。当电极棒腐蚀时，应更换蒸汽罐。

（3）除湿机。除湿机通常使用冷却、压缩、吸附、吸收等几种方式进行除湿。蒸汽压缩式除湿机是利用制冷原理使空气降温至低于露点温度，空气中的水分凝结后被排出，然后再将空气升温湿度下降；吸附吸收式除湿机是利用固体和液体硅胶、氯化锂水溶液等吸湿材料吸收空气中的水分实现除湿。其中固体吸附式除湿利用毛细作用将水分吸附在固体吸湿剂上；液体吸收式除湿是采用氯化锂水溶液的喷雾吸收水分。吸附吸收式除湿机的吸附、吸收剂在饱和后需要解吸，将其中的水分排出后才能继续吸湿。

图3-110所示为蒸汽压缩式除湿机除湿原理。常温潮湿空气进入制冷系统的蒸发器降温除湿后成为低温空气，然后再进入冷凝器中升温后成为干燥空气送入房间。

①除湿机的使用与维护。在运行过程和日常维护中，检查除湿机电动机和轴承温度是否正常、除湿主机的运转声音是否正常、有无异常振动现象、零部件有无杂音和发热、电动机的运转电流和电压是否正常以及除湿排水情况等，确保除湿机处于正常工作状态。停机时检查、调整皮带的松紧度，检查零部件

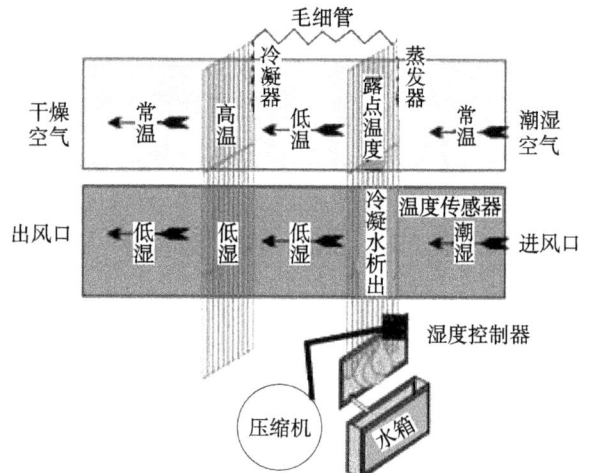

图3-110　蒸汽压缩式除湿机原理

以及电气部分连接和安装有无松动、积垢、积尘等，发现问题及时处理。

对于吸收、吸附式除湿机，按照说明书要求定期更换吸附剂或吸收液。

②除湿机常见故障分析与排除。

a.除湿机不启动。若出现除湿机不启动，首先检查电气及电控系统动力部分是否失电

（因过载、欠压、接地、绝缘等引起跳闸），检查机械传动机构是否损坏造成卡死、管路有无堵塞、压缩机有无损坏以及控制系统保护是否动作等。发现问题后进行相应的调整、维修、更换损坏零部件直至整机更换。

b. 除湿机除湿效果不好。若出现除湿机除湿效果不好，首先检查电气控制系统，确认除湿传感器和电动执行机构的指令传输是否准确、执行机构响应是否快捷、动作位置是否准确。其次检查机械系统及运动部件运转是否运行正常、传动机构速比是否达到设计值。最后检查除湿机进回风口、冷凝水排放是否畅通。发现问题后进行相应的调整、维修、更换损坏零部件直至整机更换。

（4）诱导器。诱导器用于将经过处理的空气（一次风）形成射流，诱导室内空气通过房间空气调节装置并均匀分布。但诱导器系统只能对一次风进行集中净化处理，对二次风仅进行粗过滤。诱导器采用高速送风，有一定的噪声且风量小、风压高。

诱导器喷嘴风速大、噪声高，应保持消声装置完好，定期使用吸尘器对消声装置进行清洁。并且需要定期对诱导器喷嘴及过滤器、制冷和制热盘管进行检查和除尘清洗，定期检测诱导器的出风温度、风速和噪声。

（5）辐射式末端换热器。辐射式末端换热器是以冷（热）水、电热为辐射源进行辐射和传导的热交换设备，主要由钢、铝、不锈钢、塑料等材料制成。

辐射式末端换热器的使用基本上没有太多禁忌，主要注意事项包括不碰撞、不承受弯折挤压，定期检查末端接口处密封垫是否完好、管路系统有无泄漏。定期清洗导流板和通风孔积尘，保持空气对流畅通。换热器旁边不能堆放杂物，禁止放置易燃品。保持管路畅通、疏水器工作正常。

对于电热辐射式末端换热器，主要注意电线的老化变形、电气安全问题。

辐射、传导末端常见故障分析与排除：关闭电、冷、热源，应排干凝结水，管路修复后，应进行水压试验，试验压力为工作压力的 1.25 倍，使用电源末端的要检查绝缘、接地防水防潮，绝缘等级 A 级，不能搭接其他用电器的负载，电线要有绝缘橡胶保护，避免与水接触。

①毛细管辐射式末端换热器。毛细排管辐射式末端换热器以冷（热）水作为辐射源，由于温差较小，降温或升温均比较缓慢，适宜持续使用，时开时闭效果较差，这并非系统故障。

毛细管辐射式末端换热器的主要故障包括管路系统漏水和管外凝露。前者需要查找漏点、堵漏，后者仅发生在制冷季节，主要因为管壁表面温度过低或梅雨季节湿度较大产生凝露滴水，需要调整水温，保持凝结水排水畅通。毛细管辐射式末端系统必须配备可靠的自动防结露检测及保护措施。

毛细管辐射式换热器管路泄漏维修后，应按照说明书或相关要求进行水压试验和相关测试。水压试验压力至少为工作压力的 1.25 倍。

②埋管式辐射换热器。埋管式辐射换热器是利用埋入地板下的管道系统向室内辐射热量，用于采暖，视热源不同分为热水型和电加热型。地埋管换热器的埋管长度、埋管型式等都直接影响埋管换热器换热性能，由于地埋管属于隐蔽安装，其可维修性较差，需要破坏地

板装修。

埋管式辐射换热器的维护与维修与毛细管辐射式末端换热器和发热电缆类似，这里不予赘述。

③发热电缆。发热电缆是电缆结构的加热元件，由内芯（发热导线）、外绝缘层、接地、屏蔽层和外护套组成，能将热量通过辐射方式传给受热体如室内空气。地面辐射供暖系统还包括温度感应器（温控探头）和温度控制器两部分。其类型主要为室内、室外型等。

发热电缆在使用中应定期按照产品说明书要求对发热电缆、温度感应器（温控探头）和温度控制器进行检查。控制器和传感器应动作正确、灵敏，发热电缆应能正常工作，线路接点牢固、无锈蚀或氧化，过载监控保护动作正常，接地和绝缘良好。并及时清除换热器表面的灰尘、积垢等污物。

发热电缆的内芯、外绝缘层、接地、屏蔽层和外护套损坏只能更换，常见故障主要是线缆不发热或发热缓慢，应定期检查系统电压、电流、绝缘、接地情况，并检查电热系统和控制系统是否完好、工作是否正常，针对故障原因及时排除故障。

维修完成后应先进行电压、电流、绝缘、接地，电热系统和控制系统的测试。

（6）热回收装置。热回收装置（图 3-111）用于回收空调系统排风的冷量或热量，减少系统的能源消耗。

有四种常见的回收装置：循环盘管系统、热管系统、板式换热器系统和旋转干燥剂换热器系统（热转轮），其效率取决于气流之间的温差、潜热差、气流量、装置效率以及运行时间等。

循环盘管系统是由两个或者两个以上的安装在空气管道上的扩展表面盘管以及它们之间相互连接的管道系

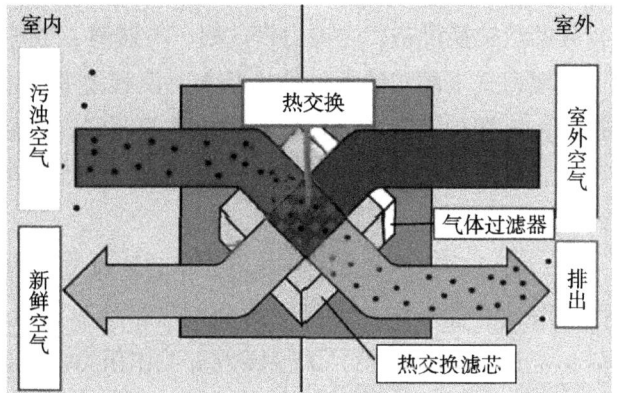

图 3-111　热回收装置

统组成。热交换的介质通常是乙二醇和水，它们通过水泵循环，将热量从热气流转移到冷气流。该系统主要由盘管、管路、水泵、风机等组成。

热管系统是由延伸至两个相邻风道中的扩展表面肋片管组成。每一肋片管内都含有液态的能够在热端（从热气流中吸收热量）蒸发为气体然后迁移到冷端（将热量释放到冷气流中）冷凝为液体的制冷剂，再流回肋片管热端从而完成整个循环。热管式能量回收装置自身无需动力，属于静止式显热回收装置，该系统主要由风道、肋片管机箱等组成。

板式换热器通过金属传热面将热量从一种气流传递到另一种间接接触的气流，板式换热器需要送风和排风道并排安装，该系统主要由金属风道、机箱等组成。

旋转的热转轮是一种可以在不同气流间传递显热以及水蒸气的空气热回收系统。

①热回收装置的使用与维护。定期进行进出风口和热交换器除尘清洗，清洗换热管和翅片上的灰尘等污物。检查零部件有无松动、杂音，盘管有无滴漏，凝结水排水是否通畅等，定期检查循环水泵、电气接线、电气安全及电流、电压、转速、流量、润滑等工作情况。

对于热管系统，尚需检查热管元件的倾斜方向，其支架应根据季节调换方向，且转动灵活。

②热回收装置常见故障分析与排除。热回收装置常见故障包括水路系统泄漏、换热器管路泄漏、凝结水排水不畅、电气与控制系统故障、转轮机械运动故障、冷热空气间串通渗漏等。有关故障维修可参阅其他相关章节内容，如换热器、水泵等。

循环盘管系统修理或更换以及循环水泵修理后，应进行水压试验，试验压力为工作压力的 1.25 倍，同时还应进行漏风率和噪声的检测，室内外壳不应有凝露水外滴。此外还需进行热回收效率测定（按照设备铭牌装置名义工况条件下的标定性能参数进行核验）和新风、排风之间交叉渗漏风的检测调试。

3.6.1.4　空气净化处理设备

（1）空气净化原理。空气进入净化设备后，通过根据不同洁净度的技术要求，设置的不同级别的过滤器，分步阻挡不同粒径的悬浮在空气中的尘埃，使之达到需要洁净等级的空气。特殊行业还需要净化空气中的有害气体，则空气还需通过化学过滤器（活性炭过滤器等）。医用空气净化对于过滤微生物还有要求，则空气需要通过灭菌过滤器（紫外线、消毒等）。最终达到空气净化（颗粒物、有害气体、微生物等）的目的。空气净化器多为复合技术，常见的空气净化技术包括过滤净化、等离子体净化、吸附、负离子、负氧离子、分子络合术、光触媒、静电集尘、活性氧等。空气净化器的结构如图 3-112 所示。

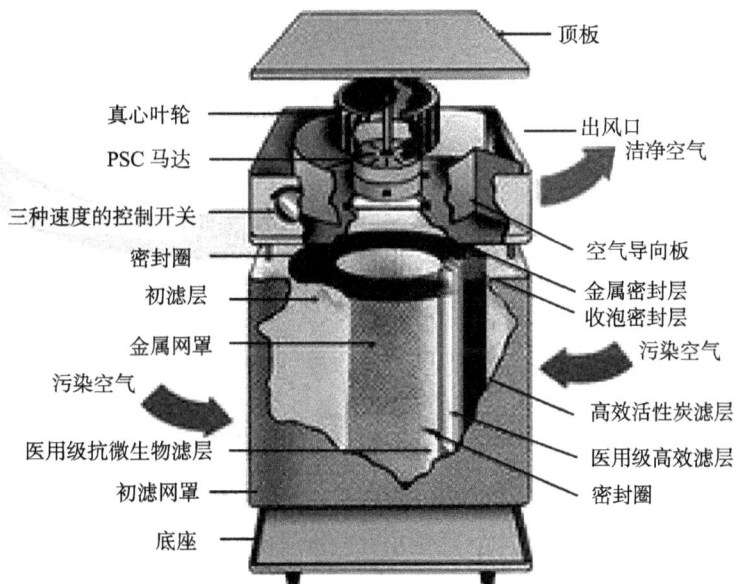

图 3-112　空气净化器结构示意图

（2）空气过滤器的要求。空气过滤器是空气净化设备的核心，按照过滤效率的高低可分为初效、中效、亚高效、高效；按照结构形式可分为板式、袋式、密褶式、箱式、筒式等。其他还有尼龙过滤网、金属过滤器、高效自清洁滤筒过滤器、活性炭过滤器、电子净化过滤器、自动卷帘式过滤器、化学过滤器等。表 3-28 为各国常用过滤器效率规格对照，表 3-29 为空气洁净度等级要求，表 3-30 为不同空气洁净度等级要求推荐使用的过滤器等级。

表 3-28　中国、美国、欧洲常用过滤效率规格对照

中国 GB/T 14295	初效 ≥ 5μm 80%> 效率 ≥ 15% （计数效率）					中效 ≥ 1μm 70%> 效率 ≥ 20%			高中效 ≥ 1μm 99%> 效率 ≥ 70%			亚高效 ≥ 0.5μm 99.9%> 效率 ≥ 95%				高效 ≥ 0.5μm 效率 >99.99%			
美国 ASHRAE	C1	C2~C4	L5	L6	L7	L8	M9	M10	M11	M12	M13	M14	H12~H16			VH17	VH18	VH19	VH20
欧洲 标准	G1	G2	G3		G4		F5		F6		F7	F8	F9	H10	H11	H12	H13	H14	U15~U17
欧洲 效率	65%	80%	80~90%		>90%		40%		60%		80%	90%	85%	95%	99%	99.9%	99.95%	99.995%	99.9995%

表 3-29　空气洁净度等级要求

洁净等级	空气中 ≥ 5μm 尘粒数（m³）	要求
100 级	35 × 100	换气次数 ≥ 50 次
1000 级	≤ 35 × 1000	换气次数 ≥ 30 次
10000 级	≤ 35 × 10000	换气次数 ≥ 25~30 次
100000 级	≤ 35 × 100000	换气次数 ≥ 15~20 次

表 3-30　不同空气洁净度等级要求推荐使用的过滤器等级

净化等级	空气洁净度等级	AHU 中过滤器		
		初效	中效	高效
100 级	ISO5	G4/ F5~F7	F8, F9	H13
1000 级	ISO6	G4/ F5~F7	F8, F9	H13
10000 级	ISO7	F5	F8, F9	H11
100000 级	ISO8	G4	F6, F7	H10
300000 级	ISO9	G4	F8	—

（3）净化设备使用与维护。空气净化设备开启前，应按照使用说明书要求，进行逐项检查和测试，以保证设备的正常运行和净化指标达到使用技术要求。在此基础上进行试运转，达到空气净化规定的指标后，将其并入净化系统。

空气净化设备最基本的部分就是过滤器，检查确认过滤器框架或支撑体，应外形平整规矩，能承受安装时的外力，检查过滤袋有无损伤或下垂、过滤器是否变形，以免遮挡空气流通。

定期检查过滤器的阻力，当阻力过大时清洗或更换滤芯。初效过滤器按照清洗程序，冲洗过滤器的出风面（不能两面冲洗，不能揉搓），清洁干燥后使用。金属网过滤器可反复清洗使用，但非织造布最多只能清洗 2~3 次，然后必须更换。

更换高效过滤器（包含亚高效，活性炭过滤器），应在洁净室及净化空调系统进行全面清扫和系统连续试车 12h 以上后进行。在现场拆开包装并进行安装。初效过滤器清洗和更换、中效和高效过滤器更换以及检测均应有记录。

净化有害气体通常用填塞在圆形不锈钢网眼孔筒中的活性炭作为滤材，可过滤空气中的有害气体，其维护应由专业维护人员进行。如需要喷淋来洗涤空气中有害气体，则应定期对喷淋网架、喷淋头、回水管路、沉降池进行清洗维护，使用其他净化技术处理空气的，应按

其设备说明书进行维护。

医药医疗等行业所用净化设备要求净化空气中的微生物，主要是对高效过滤器、紫外线、药物消毒或喷淋洗涤的设施进行维护，应由专业维护人员身着防护服，在紫外线、药物消毒关闭情况下进行。定期检查冷热盘管换热是否正常，翅片是否整洁、无倒伏、无堵塞，确认过滤器不漏不堵，过滤袋展开充分，机组照明灯、开关、杀菌灯功能正常，新风、排风、混风阀动作灵活，新风、排风阀动作同步且与混风阀异步，电极式加湿器湿度控制准确，排水、补水正常，电极无锈蚀，湿膜加湿器布水均匀无飞水，干蒸汽加湿器执行器全关时不漏汽，脉冲喷打过滤装置管道不漏气、喷打有力，机组凝水排放畅通、不积水、不倒气，电控柜各种功能正常，制冷（热）盘管进出水压力与温度符合要求，蒸汽盘管压力、加湿蒸汽压力符合设计要求，加湿器补水、脉冲喷打装置排污、脉冲喷打装置空气压力正常。

（4）净化设备的常见故障分析与排除。

①净化设备达不到净化空气要求，尘埃粒子个数和尘埃粒径数据超标。检查长过滤器框架有无变形或出现缝隙，如有，应进行修理、加固，消除变形和缝隙。但修理或加固措施不能减少过滤器迎风面积，修理完成后过滤器框架应无变形和缝隙，不得有变形、脱落、断裂等破损现象，过滤器四周及接口应严密不漏。粗效、中效过滤器框架或支架体凹凸或破损，应采取堵漏、密封、修理等措施。亚高效过滤器两端面及侧板平面度应小于等于 1.6mm。净化风系统的漏风量不得大于 0.5%。

②净化设备微生物数超标。需对净化设备相关的新风机组、循环机组进行全面清洁。先用清洁水对机组内壁进行全面擦拭，检查检修灯、灭菌灯及其开关控制系统，检查风淋室控制等。擦拭完毕后，再用 50% 以上浓度的酒精或 84 消毒液对内壁进行消毒擦拭。还应对机组的箱板、过滤器槽架、表冷器加热器、风机及电动机表面进行清洁处理，擦除表面尘土、油污及杂物，并消毒处理。

需要注意的是，设备本身清洁度是影响净化效果的重要因素，在排除这类故障时需要进行相关的检查和维护。

a. 前置滤网（一般为机箱后盖）会聚集一些灰尘，应用吸尘机或抹布甚至水洗进行清洁。活性炭滤网需要定期拿到阳光下去晒，净化效率才能较好地保持。除臭滤网如说明书允许时可水洗保持净化效率，延长换滤网周期。

b. 离子发生器一般是内置的，本身不需要清洁。但在负离子发生的过程中，由于静电作用，周围环境易积尘，应及时清洁。

c. 空气净化器的进风口有粗效滤网或集尘网，应经常清洗，洗净后自然干燥。同时要注意定期更换滤芯，更换周期根据说明书和实际使用情况确定。

③更换高效过滤器时，必须先取出要更换的过滤器，用消毒液对阻漏式送风天花或高效送风口进行必要的清洁，开启机组对阻漏式送风口进行吹扫净化 2~3h 后再将新的高效过滤器装入。电子厂房及计算机用房可以不必进行消毒处理，但用于医疗医药时应进行消毒处理。

④净化设备报警。净化设备控制系统一般有室内温湿度控制、缺风报警、高温报警、风机故障报警、过滤器压差报警等。当出现报警时，根据报警的类型检查相关的零部件工作状态，依次进行分析、排除故障，直至解除警报。

⑤对消声器进行清洁，检查有无变形或严重破损。检查FFU工作状态，检查各控制系统。按照相关规范对系统进行性能测试。

⑥进入空气净化器作业应关闭电源，以防止高压电离、臭氧等伤害，工作人员应佩戴防护用品。

⑦设备维修完成后应进行试运转，检测净化效果，检查控制信号、高压电离器、集尘室等工作状态，检测绝缘、接地，检查漏电保护、交流输入浪涌保护，交流过压、过热、外壳接地保护，电离器、集尘器电源过流或短路保护等各类保护装置。检查调整高压电离器、集尘室、颗粒活性炭过滤网工作状态。

3.6.1.5　风机盘管

风机盘管是中央空调的配套末端产品，它是通过风机的强制送风，使室内空气在机组内不断循环，空气通过冷水（热水）盘管后被冷却（加热）。强制循环强化了盘管内换热器与空气间的热交换，能够迅速降低或加热房间的空气。通常有一定比例的新风进入回风，其新风通过新风机组处理后送入风机盘管，以满足空调房间新风量的需要，并保持房间温度的恒定。盘管内的冷（热）水由空调主机集中供给。

风机盘管一般由换热器（翅片盘管）、水管、过滤器、风扇、电动机、接水盘、排气阀、支架、控制器及其电路等组成。

风机盘管按其安装形式可分为卧式、立式、吊装式、壁挂式等类型。为满足不同场合的需要，风机盘管种类习惯上又可分为卧式暗装、卧式明装、立式暗装、立式明装、卡式等。按照国家标准 GB/T 19232—2003[1] 第 4 部分分类的规定，风机盘管可按如下形式分类：按结构型式分为卧式、立式（含柱式和低矮式）、卡式、壁挂式、地板式，按安装型式分为明装和暗装，按进水方位分为左式（面对机组出风口，供回水管在左侧）、右式（面对机组出风口，供回水管在右侧）等。图 3-113 所示为几种常用的风机盘管结构形式。

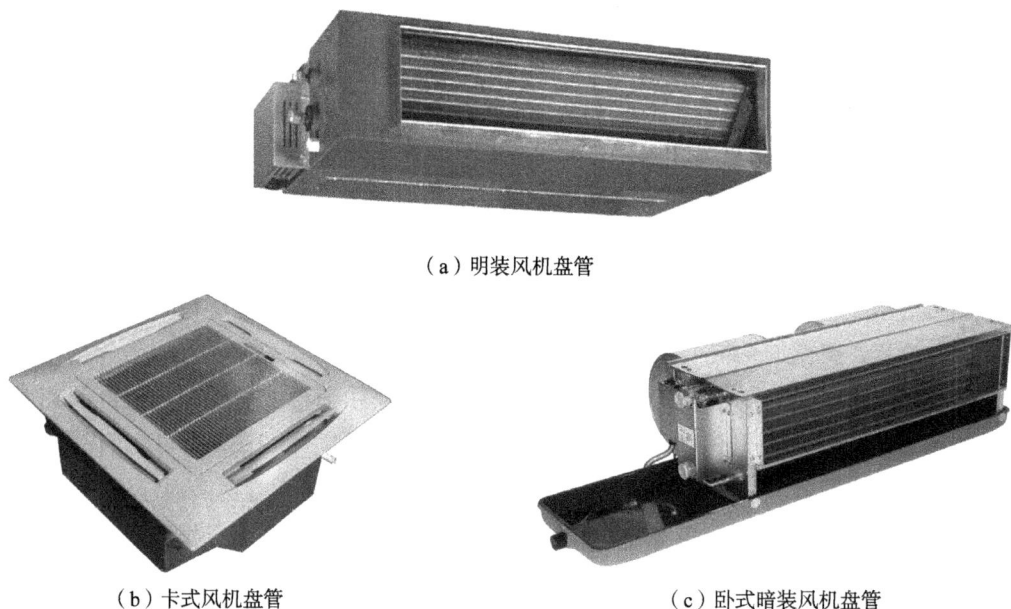

（a）明装风机盘管

（b）卡式风机盘管

（c）卧式暗装风机盘管

图 3-113　风机盘管

（1）风机盘管使用与维护。风机盘管机组的进水冷水温度不应低于5℃，否则可能会引起机组凝露。进水热水温度不应高于80℃（常用60℃），否则可能引起换热器铜管的腐蚀。

风机盘管运行年久后，其机械性能、电气性能等技术参数都会出现一定程度下降，同时在长期的抽、回风作用下，风机的翅片、滤尘网积满了灰尘污垢，影响了水与空气的热交换，使空调效果下降。同时还造成换热效果差、能耗增加。

风机盘管维护保养状况决定了空调效果。为了保证高效率传热，要求盘管的表面保持整洁。但由于风机盘管一般配备的均为粗效过滤器，难免有粉尘、病菌等穿过过滤器而附着在盘管的管道或肋片表面，会使盘管中冷热水与盘管外流过的空气之间的热交换量减少，使盘管的换热效率下降。如果附着的粉尘很多，甚至将肋片间空气通道都堵塞，则同时还会减少风机盘管的送风量，使其空调性能进一步降低。另外，长期不清洗的风机盘管会滋生多种病菌，引起人体呼吸道疾病。

因此，风机盘管应定期清洗，可以清除或减少风机盘管灰尘和细菌，改善空气质量，降低风阻，恢复热交换效率和送风量，延长机组使用寿命，降低能耗。

应根据使用情况每年进行1~2次维护保养，但每年不得少于一次。堵塞严重时，应采用机组整体拆卸下来清洁和维护保养的方式。必要时更换损坏部件甚至更新风机盘管。

过滤网一般三个月清洁一次，滴水盘一般一年清洗两次，叶轮、盘管应视叶片翅片间附着的粉尘情况，一年吹吸一次或用水清洗一次，翅片倒伏需要专用翅片齿梳整理。

使用时应确保冷凝水盘无积水，凝结水排放通畅，过滤网无积尘，各风阀的开度在设定位置不偏移，皮带松紧度合适无明显磨损，进出水管接头无泄漏，风机轴承不缺油，温度控制设定值正常，无异常噪声和振动。风机盘管不使用时，盘管内要保证充满水，以减少管道腐蚀。冬季不使用的盘管要采取防冻措施，以免盘管冻裂。

（2）风机盘管常见故障分析与排除。

①空调效果缓慢不明显或者不制冷/不制热。这种故障的根本原因是空气没有得到足够的冷量或热量，一般原因有几个方面：水温异常（制冷时过高、制热时过低）、风量过小（源于风机故障、换热器堵塞、风速设定错误等）。首先应进行电气检查，检查风机、电动机、电磁阀开关的动作是否正常，温控开关动作是否正常或控制是否失灵等。排除电气故障因素后再对换热部分进行检查，检查各种管路、闸阀是否畅通，清理风机盘管尘垢，使用翅片梳修整盘管翅片，检查进回风口及滤网，通畅无异物堵塞。如仍不能奏效，则检查供回水温度、水压水量、风机盘管内堵等情况，视情况进行拆下修理或更换风机盘管。

②漏水。风机盘管漏水的根源为管接头漏水，冷凝水排水管不畅、堵塞或者是冷凝水盘漏水、坡向度不够，也可能是冷凝水盘、冷凝水排水管保温层破损或者保温层厚度不够。可逐项检查找到原因，采取相应措施，如通畅管路、调整冷凝水盘坡向度、修补或增厚保温层、修理更换漏水的管接头等。吸顶式风机盘管还需要检查其冷凝水水泵工作情况，以免水泵损坏造成冷凝水满溢。

③噪声大。风机旋转与气流流动是风机盘管的主要噪声源。首先检查风机盘管的运动部件如电动机、轴承、皮带、叶轮、风机盘管紧固件等因为松动、损坏产生的机械噪声，以及因风机盘管翅片变形、进回风口百页条、外罩壳的松动，在气流作用下产生的啸声噪声。确

定故障原因后，修理或更换产生机械噪声的零部件，调整、紧固松动部件，更换平衡失衡风机。在需要润滑的部件应定时、定量、定品种加油。

不提倡使用"短接"修理损坏的风机盘管、表冷器、加热器的管路，这样做将会造成盘管换热面积减小、冷/热水流量减少。风机盘管的水系统维修后管路要进行水压试验，压力为工作压力的 1.25 倍，且稳压 10min。

3.6.2　水系统

3.6.2.1　冷却塔

冷却塔是水冷空调系统中主要的换热设备之一，作用是将冷却水从空调系统吸收的热量通过水带出并散发到空气中。按形状分圆形冷却塔、方形冷却塔；按风流方向分横流式冷却塔、逆流式冷却塔；按系统分开式冷却塔、闭式冷却塔，图 3-114 为圆形逆流式开式冷却塔，图 3-115 为方形逆流式冷却塔。

冷却塔是将系统中的热水喷撒至散热材料表面，与通过流动的空气相接触，热水与冷空气之间产生热交换。同时伴随着水的蒸发，蒸发的水蒸气带走热水的热量，使原来的热水温度降低冷却。经冷却后的水落入水槽内，再利用水泵将其送回制冷系统继续吸热，这样达到热量搬运的目的。

冷却塔主要部件包括本体、集水盘、消音毯、蜂窝式散热片、散水装置、挡水板、冷却风扇及电动机、布水器、填料、浮球控制阀、进风网、支架、外壳、溢水管扶梯等。如果多塔并联使用，几个塔之间还有平衡管。

冷却塔的布水器是让水均匀地分布在填料上面，布水效果越好冷却塔的效果就越好，填料可以增大水与空气的接触面积，使水与空气充分接触，接触面积愈大冷却效果也越好。在进入冷却塔的热水和空气交换的过程中，不但有热交换还有质交换即水分的蒸发。所以冷却系统的水会随着冷却水的循环不断

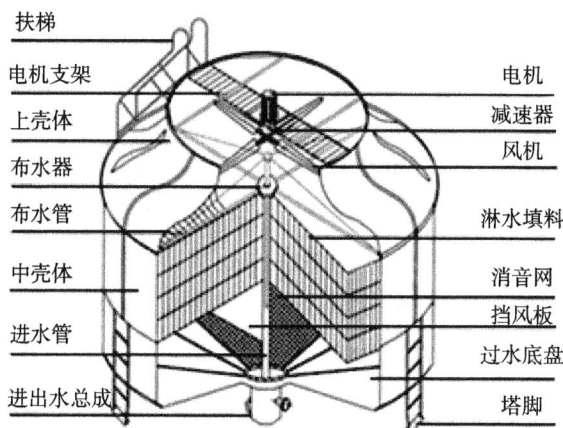

图 3-114　圆形逆流式开式冷却塔

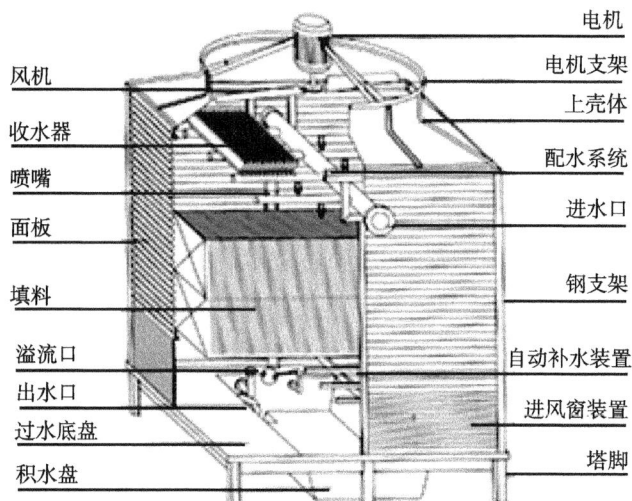

图 3-115　方形逆流式冷却塔

减少，浮球阀会在水位下降的时候自动补水、保持水位。消音毯装在底部集水盘上部，作用是减少水的飞溅。

（1）冷却塔的使用和维护保养。冷却塔的维护保养主要包括：开机前的电气和机械运转系统的检查、调试，重点是风机、水泵运动部分；冷却塔的水管、补水管、溢水管的检漏补漏以及检查清理冷却塔中的杂物、疏通管道。运行中检查冷却塔电气系统、运动部件、水路系统工作正常。

①布水系统。

a. 检查冷却塔主水管、分水管、喷头有无破损松动，及时修补、固定。清除布水管及喷头内部的污物，以保证水管畅通、喷头布水均匀。

b. 冲洗冷却塔水盘及出水过滤网罩，避免水垢污物积存堵塞管道。清洗完毕应打开泄水阀门。

c. 检查水盘、塔脚是否漏水，如有漏点及时补胶。

②散热系统。

a. 清洗冷却塔所有换热材（填料），清除掉热材表面及孔间的水垢污物，保证换热材整洁。拆装换热材时进行修补更换。装填时注意布放紧密，不留间隙。

b. 清洗挡水帘、消音毯，去除污物。对破损处进行修补更换。挡水帘码放时要求紧密，防止漂水。将冷却塔充水，检查是否漏水（特别是塔体连接处），若漏则更换密封件。

③传动系统。

a. 电动机：检查电动机的接线端子是否完好，电动机转动是否正常，电动机接线盒作密封，电动机轴承加油润滑，电动机外壳重新喷漆。长期停机，每个月至少应运转电动机 1h，并润滑轴承。

b. 减速机：检查减速机运转情况，如有异声，立即修理更换减速机部件。

c. 皮带轮：调节皮带张力，延长皮带使用寿命。有损坏的皮带应更换，紧固松动螺栓。

d. 清洗风扇叶表面污物，检查扇叶角度，扇叶与风筒间隙，并进行调整。

④塔体外观。

a. 对冷却塔、进风导板进行清洗，保证外观清洁。

b. 重新紧固各部位螺栓，并更换生锈螺栓。

c. 检查塔体外观有无破损、裂纹，及时予以修补。

d. 检查塔体壁板连接缝处是否严密，必要时进行缝隙修补。

⑤冷却塔附件。

a. 检查自动补水装置——浮球有无损坏、工作是否正常。发现异常及时修理、更换。

b. 对冷却塔铁件螺栓重新紧固，更换生锈螺栓，对锈蚀铁件重新刷漆。

c. 检查进、出水管，补水管的塔体法兰盘有无破损、滴漏。

（2）冷却塔的常见故障分析与排除。

①漏水。漏水是冷却塔故障中最主要的故障原因，占各类故障比例的 60%。漏水会造成冷却塔散热能力下降，冷却效果降低，能耗上升，严重时会造成冷却塔部件或设备的损坏。其主要原因是水路泄漏、冷却塔壳体裂缝漏水或管路堵塞等。应针对故障原因分别解决，损

坏严重的部件应予更换。

②溢水和飘雾。溢水是冷却塔常见的故障。溢水主要是补水系统浮球阀失灵或溢水管堵塞排放不畅所致，将造成水源浪费、能耗及成本上升。溢水还会造成建筑和设施的损失。应及时清理疏通、修理更换失灵部件等方法恢复功能，并定期进行维护。冷却塔飘雾也是常见故障，尤其是高层建筑或大风季节更为明显，严重时恰如牛毛细雨扑面沾衣、湿滑路面，实际上也是一种污染。其原因是：挡水板（帘）码放时不紧密造成漂水逃逸；或是塔体进风导板脱落损坏，造成大风侧向进入塔内，正被风扇雾化的冷却水珠向外飘出；或是风扇扇叶固定松动，送风角度偏移而使某一点风压过大造成水珠外逸。排除方法：重新码放挡水板（帘），使其紧密，或修理、调整、紧固进风导板，或扇叶角度固定等，也可在高层冷却塔在常年季风方向设置缓风墙。

③噪声。冷却塔噪声主要包括机械噪声、风扇噪声和水流噪声。机械噪声主要由减速机构、轴承等产生，风扇噪声来自风扇和空气及雾化水摩擦，水流噪声主要是水泵及其散水系统水流运动产生的噪声。排除故障方法：对机械噪声源进行检查，找出故障点，采取润滑、调整、紧固措施，损坏严重时应更换零部件。风扇噪声也应逐项检查，采取对风扇及其关联机构调整紧固或更换方法，消除噪声。水流噪声主要根据水的运动的途径，着重检查水泵及其散水系统零部件，发现故障点采取调整紧固或更换部件的方法消除噪声。

完成以上工作后，应冲洗去除消音毯污物堆积，恢复其消音功能，如损坏则应更换。

④冷却塔不运转。冷却塔不运转的主要原因是电气装置或机械故障，或者两者共存。应先进行电气检查，确认电源状态是否正常、各种保护装置是否动作、电动机及其他用电装置是否损坏等。机械装置主要检查减速机构、传动部件是否损坏卡死以及传动皮带是否断裂等。电气故障需在断电后，从电源开始逐项检查、排除，发现故障点进行修理或更换。机械装置也应从机械传动开始，逐项清理，排除，发现故障点进行修理或更换。

重新启动后，应检查电气装置的功率因数和负载电流、机械装置运转状态，如各项均正常则可投入运行。

3.6.2.2 水泵

水泵是输送液体或使液体增压的机械。它将原动机的机械能或其他外部能量传送给液体，使液体能量增加。水泵主要用来输送液体，包括水、油、酸碱液、乳化液等，也可输送液体、气体混合物以及含悬浮固体物的液体。

水泵品种繁多，主要有容积泵、叶片泵等类型。容积泵是利用其工作室容积的变化来传递能量；叶片泵是利用回转叶片与水的相互作用来传递能量，有离心泵、轴流泵和混流泵等类型。离心泵分单级单吸式（卧式、立式）、单级双吸式（卧式、立式）、多级泵（卧式）；按其轴的位置又可分为卧式离心泵和立式离心泵两大类；同时根据压出室型式、吸入方式还可分为涡壳式和导叶式。

离心泵是根据离心力原理设计的，驱动电动机通过泵轴带动叶轮旋转。在叶轮高速旋转而产生的离心力的作用下，叶轮流道里的水被甩向四周，压入蜗壳，叶轮入口形成真空，水池的水在外界大气压力下沿吸水管被吸入，继而吸入的水又被叶轮甩出经蜗壳而进入出水管。水从叶轮获得能量，使静压力和动能均增加。叶轮不断旋转即可连续吸水、压水，水便可源源不断地从低处扬到高处或远方。离心泵组成比较简单，主要由四部分构成：电动机、叶轮、泵壳与轴封装置。综上所述，离心泵是在叶轮高速旋转所产生的离心力的作用下，将水提到高处的，故称离心泵（图3-116和图3-117）。离心泵的特点是水的流经方向沿叶轮的轴向吸入，垂直于轴向流出，即进出水流方向互成90°。由于离心泵靠叶轮进口形成真空吸水，因此在起动前必须向泵内和吸水管内灌注引水，或用真空泵抽气，以排出空气形成真空，而且泵壳和吸水管路必须严格密封，不得漏气，形不成真空，也就吸不上来水。同时由于叶轮进口不可能形成绝对真空，因此离心泵吸水高度不能超过10m，加上水流经吸水管路带来的沿程损失，实际允许安装高度（水泵轴线距吸入水面的高度）应远小于10m。如安装过高，则不吸水。

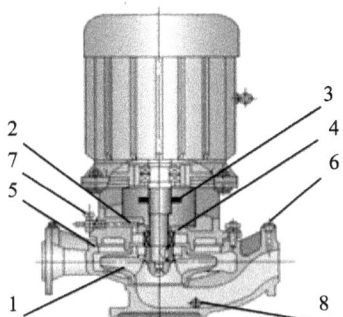

1—叶轮 2—泵盖 3—挡水圈
4—机械密封 5—泵体 6—取压塞
7—放气阀 8—放水塞

图3-116 立式离心泵

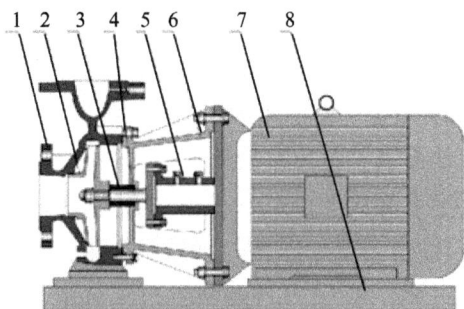

1—泵体 2—叶轮 3—机械密封
4—泵轴 5—连轴器 6—联体座
7—电动机 8—底座

图3-117 卧式离心泵

轴流泵是利用叶轮的高速旋转所产生的推力提水。叶片旋转时对水所产生的升力，可把水从下方推到上方。轴流泵的叶片一般浸没在被吸水源的水池中。由于叶轮高速旋转，在叶片产生的升力作用下，连续不断地将水向上推压，使水沿出水管流出。叶轮不断地旋转，水也就被连续压送到高处。

水在轴流泵的流经方向是沿叶轮的轴向吸入、轴向流出，因此称轴流泵（图3-118）。这类泵的扬程低（1~13m）、流量大、效率高，起动前不需灌水，操作简单。

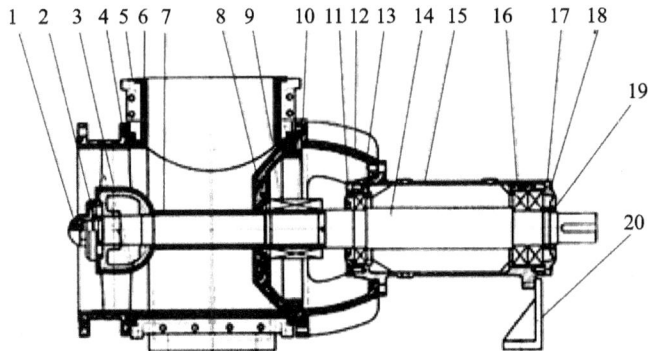

1—螺母 2—并帽 3—叶轮 4—前泵盖
5—泵壳 6—泵体 7—护套 8—后泵盖
9—机封组合 10—轴套 11—前轴承压盖
12—泵后盖 13—轴承 14—泵轴
15—轴承箱 16—后轴承 17—圆螺母
18—后轴承压盖 19—油封 20—支架

图3-118 轴流泵

混流泵的叶轮形状介于离心泵叶轮和轴流泵叶轮之间。因此混流泵同时存在离心力和升力，靠两者的综合作用，水则以与轴组成一定角度流出叶轮，通过蜗壳室和管路把水提向高处。混流泵与离心泵相比，扬程较低、流量较大。与轴流泵相比，扬程较高、流量较小。由于水沿混流泵的流经方向与叶轮轴成一定角度而吸入和流出的，故又称斜流泵。

（1）水泵的使用与维护。水泵使用前应先进行检查，从水泵电气、机械直至管路闸阀进行系统检查，按照使用说明书逐一确定正确与否，确定后再进行点动试运转，10min 后如无异常即可开始运转。

定期维护和检查包括：

①电动机、水泵底座与基础的减振器联结应牢固。皮带传动时，皮带紧边在下，这样传动效率高。水泵叶轮转向应与箭头指示方向一致。采用联轴器传动时，电动机与泵必须同轴线。

②水泵的安装位置应满足允许吸上真空高度的要求，基础必须水平、稳固，保证动力机械的旋转方向与水泵的旋转方向一致。

③水泵及其进出水管路应按照规范标准进行安装维护。管路应有专用支撑，不可吊在水泵上。装有底阀的进水管，应尽量使底阀轴线与水平面垂直安装，其轴线与水平面的夹角不得小于45°。泵及管路密封可靠无泄漏。

④若同一机房内有多台机组，机组与机组之间、机组与墙壁之间都应有800mm以上距离。

⑤水泵吸水管应密封良好，且尽量减少弯头和闸阀，加注引水时应排尽管路空气。

⑥检修水泵时，如水泵轴的填料完全磨损后要及时更换，否则水泵会漏气，造成电动机耗能增加，直至损坏叶轮。检查叶轮上是否有裂痕，固定在轴承上是否有松动，如果出现裂缝和松动的现象要及时维修。如果水泵在运行中发生强烈震动，应即停机，否则将对水泵造成损坏。

⑦当水泵底阀漏水时，应使用专用材料进行修理或更换，否则将损坏水泵叶轮和轴承，缩短水泵使用寿命。

⑧水泵使用后应将水泵里的水排尽，并将水管、皮带卸下来用清水冲洗晾干。皮带不能沾上油污，不能涂带黏性的东西，不放在阴暗潮湿的地方。

⑨水泵的节能。由于持续不间断运转，水泵是能源耗费大户。泵耗电量占我国发电量的20%左右，其效率直接关系到节能目标的实现。目前主要采用两种节能方式：变频调速恒压供水、高效电动机。

以变频调速为核心的供水系统可取代以往高位水箱和压力罐等供水设备，具有水泵恒压节能控制，可实现高效节能、自动控制、减少磨损，可软起、软停消除水锤效应，提高水泵寿命。

（2）水泵的常见故障分析与排除。

①水泵不启动。水泵不启动首先应检查电源供电情况和保护器是否动作、接头连接是否牢靠、开关接触是否紧密、保险丝是否熔断、三相供电时是否缺相等。如有断路、接触不良、保险丝熔断、缺相，应查明原因并及时进行修复。其次检查水泵自身是否有机械故障，常见

的原因有：填料太紧或叶轮与泵体之间被杂物卡住而堵塞，或者泵轴、轴承、减漏环锈住以及泵轴弯曲等。这类情况下应放松填料、疏通引水槽、拆开泵体清除杂物和除锈、拆下泵轴校正或更换新的泵轴。

②水泵发热。水泵发热的原因可能是过载、轴承损坏、滚动轴承或托架盖间隙过小、泵轴弯曲或两轴不同心、皮带太紧、缺油或油质不好、叶轮上的平衡孔堵塞失去平衡而增大了向一边的推力等。排除方法：更换轴承、拆除后盖在托架与轴承座之间加装垫片、检查泵轴或调整两轴的同心度、适当调松皮带紧度、加注干净的黄油（黄油占轴承内空隙的 60% 左右）、清除平衡孔内的堵塞物。

③水泵不上水。水泵吸不上水的原因是泵体内有空气或进水管积气、底阀关闭不严、灌引水不满、真空泵填料严重漏气、闸阀关闭不严等。排除方法：先把水压上来，再将泵体注满水，然后开机。同时检查逆止阀是否严密、管路和接头有无漏气现象。如发现漏气，拆卸后在接头处涂上润滑油或调合漆，并拧紧螺丝。检查水泵轴的油封环，如磨损严重应更换新件。

④管路漏水或漏气。管路漏水或漏气的原因可能是安装时螺帽拧得不紧、密封圈磨损或老化导致密封面封不住而漏水等。排除办法：紧固螺帽、更换密封，如漏水严重则必须重新拆装，更换有裂纹的管子；降低扬程，将水泵的管口压入水下 0.5m。

⑤水泵噪声大。噪声大可能的原因：旋片对缸体的撞击、水泵残余容积和排气死隙中的压力油发声；排气阀片对阀座和支持件的撞击；箱体内的回声和气泡破裂声；轴承噪声；大量气体等引起的噪声；传动引起的噪声、风冷水泵的风扇噪声等；电动机噪声；水泵噪声尖厉刺耳表明水中有空气，运转压缩时产生啸音，应避免缺水运转或排出水中空气。

⑥水泵剧烈震动。剧烈震动的原因包括电动转子不平衡、联轴器结合不良、轴承磨损弯曲、转动部分的零件松动或破裂、水泵基础减震器损坏、管路支架不牢等原因。可分别采取调整、修理、加固、校直、更换等办法处理。

3.6.2.3　水处理设备

水处理设备用于将水经过一定的物理过程和化学过程之后，除去其中的杂质，如 Ca^{2+}、Mg^{2+} 等容易结垢的离子，以降低水的硬度和电导率等一系列的过程，使水质达到要求。中央空调循环水系统、锅炉、制冷机、冷却器等设备的用水均需防垢、除垢、磁化、杀菌、灭藻等。

（1）水处理原理。电子除垢仪由一台高频电能产生器和一套交变电场换能器通过高频电缆连接而成。产品分为直通型、角通型、同侧型、异侧型等多种形式。电子除垢仪由主机和副机两部分组成（图 3-119），主机是一个高频电磁场（共鸣场）信号发生器，副机是把主机发生的信号发射到水中，对水进行处理的装置。主机和副机采用分体结构，可以一体安装或分体安装，两者之间通过屏蔽线连接。

流经除垢仪的水吸收高频电磁场的电磁能后，在不改变原有化学成分的情况下，使其物理结构发生变化，将原有的大缔合体的结合键打断，变为活性很高的单分子或小缔合体状态的水，促进了水分子有序排列，增强了水的偶极距，加强了水对成垢离子及其组分的分解作用。老的水垢逐渐剥落直至清除，新的水垢不易生成，并改变了水中沉积物质的沉积状态、

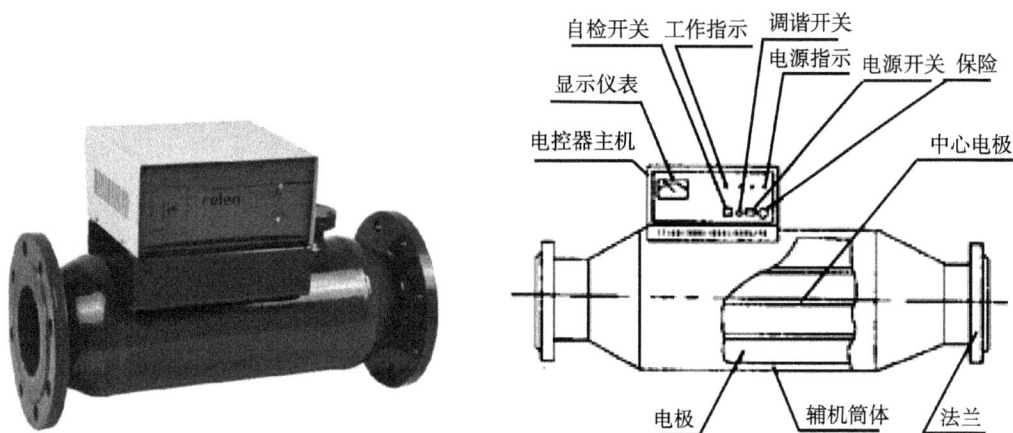

图 3-119　电子除垢仪

各种离子的物理性能、细菌和藻类等微生物的生存环境，从而起到有效除垢、防垢、杀菌、灭藻的作用。经过高频电磁场处理后，水分子的电子被激活，电子能位升高，根据能量守恒定律，分子电位能损失，电位下降，致使水分子与接触器壁的电位差减少甚至消失。造成水中离子自由活动能力减小，器壁金属离解受到抑制，对设备起到防腐作用。

①阻垢及除垢。利用电波改变水里的钙、镁等离子的物理结构，变成不溶于水的新结晶体悬浮于水里，而不会黏附于管壁上，防止水垢形成。由于钙镁等离子从水中析出，水便回复于高溶解状态，（水本身为高溶解度液体，但会因吸收其他物质而致饱和），当回复为高溶解状态的水流经有水垢的管道，便能把水垢溶解并吸收，并于排水时排走。因此，电子除垢仪除能防止水垢形成外，还能有效清除已形成的水垢。

②杀菌灭藻。由于高频电磁波在水体中产生紊流，改变了细胞适应的内控电流和生存所需的环境条件，使其丧失生存能力而死亡。同时激励后的水分子能将水中溶解氧包围封锁，切断了微生物进行生命活动所需氧的来源，从而达到了较好的杀菌灭藻效果，同时也防止了生物污泥的产生。

③阻锈防腐。当水体接受高频电磁能量的作用后，单个水分子包容了溶解在水中的氧分子，使溶解氧成为惰性氧，切断了金属锈蚀所需氧的来源。同时，高频电磁波激起的悬垂复合调制频率的电磁场所产生的"集肤效应"在管壁上聚集了过剩的负电荷，而水内部聚集了过剩的正电荷。水中过剩的正电荷强烈排斥带正电的同性 Fe 离子，阻止 Fe 离子从金属管壁分离进入水中。同时壁管上过剩的负电子也不断吸引带正电的 Fe 离子，阻碍 Fe 离子溶入水中，从而能使原有管壁上的 Fe_2O_3（红锈）还原成具有极强耐腐蚀力的黑锈外膜 Fe_3O_4。

（2）预处理及设备。预处理是净化水处理必需的，主要的目的是去除水中的悬浮物、重金属（如铁、锰）、胶体有机物，降低生物物质，同时去除或降低钙、镁等硬度和重碳酸根浓度，以减轻后续设备的负担，保证出水水质指标。可以根据实际技术要求选配以下水处理设备、装置、药剂。

①混凝、沉淀处理。通过在源水中投加高分子物质（絮凝剂），使水体中细小而松散的絮粒变得粗大而密实，便于快速沉淀。

②多介质过滤器。过滤器内装有大小不同、种类不同的精制滤料，从上到下、由小到大依次排列，能去除水体中的悬浮物、泥沙、黏土、腐殖物等，使出水浊度达到理想效果。

③活性炭吸附过滤器。活性炭吸附过滤是水质预处理的主要设备之一，其可以对各种性质的物质进行化学吸附，除去水体中的异味、有机物、胶体、余氯等。

④除铁锰过滤器。除铁除锰设备采用混合溶氧、氧化过滤等技术，实现除铁、除锰的目的。

⑤软化。水质中所含钙、镁离子的总量称为水的硬度，在日常生活及工业用水过程中容易生成难溶的沉淀物（水垢），软化过程可有效去除水中钙、镁离子，降低水质硬度。

⑥精滤器。去除水中的杂质、沉淀等，过滤精度从 0.1μm 至 50μm 不等。

（3）水处理设备的使用维护及故障处理。水处理设备应由专业生产厂家进行安装调试和启用，用户可在启用前、后的一段时间内提取水质样品至环保部门检测，并比对水质处理状况，监测水处理设备的实际效果。设备维护主要是定期检查、检测其工作状况和水质处理状况，整洁其工作环境，定期清洗更换过滤器滤芯，定期投放药剂。

水处理设备故障应由专业人士和厂家进行修理。

3.6.3　风机

3.6.3.1　风机的原理与分类

现代工业风机门类齐全、品种繁多，按气流流动方向一般可分为离心式风机、轴流式风机、混流式风机以及横流式风机。空调系统设备和装置中使用的主要是离心式风机、轴流式风机和混流式风机等。一般出口压力小于 15kPa 时称为通风机，出口压力介于 15~350kPa 时称为鼓风机。

（1）离心式风机。离心式风机（图 3-120）一般由叶轮、机壳、集流器、电动机和传动件（如主轴、带轮、轴承、三角带等）组成。叶轮由轮盘、叶片、轮盖、轴盘组成。机壳由蜗板、侧板和支腿组成。叶轮转动时，叶片间的空气随叶片高速旋转，并受离心力的作用以很高的速度从叶片间的出口甩出。甩出的气流进入蜗壳速度降低、压力增高，经导流后从出风口排出。由于叶轮中的空气向外运动，叶轮中心空气压强降低，外界空气就可以通过风机的进风口轴向吸入空气，借此风机可源源不断地输送气体。

根据风量和静压值的要求，离心式风机还可以进一步分类，离心式风机根据叶片出口角度 β_{2A} 的不同，可分为前向风机（$\beta_{2A} > 90°$）、径向风机（$\beta_{2A}=90°$）以及后向风机（$\beta_{2A} < 90°$），如图 3-121 所示。按照叶片形状可分为平板叶片、圆弧窄叶片、圆弧叶片以及机翼型叶片，如图 3-122 所示。按照是否带有蜗壳又可分为有蜗壳离心风机和无蜗壳风机，如图 3-123 所示。

图 3-120　离心式风机的结构

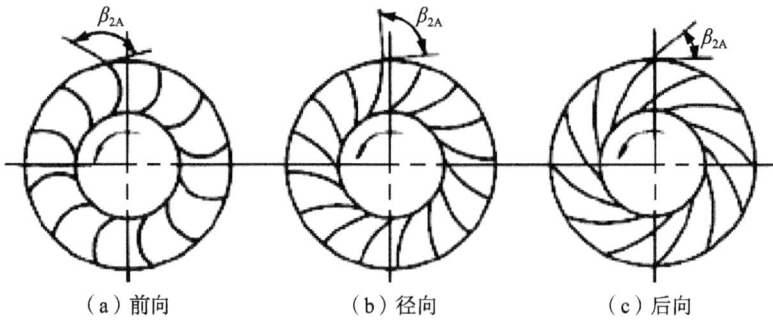

（a）前向　　　　　　　　（b）径向　　　　　　　　（c）后向

图 3-121　离心式风机分类——叶片出口角度

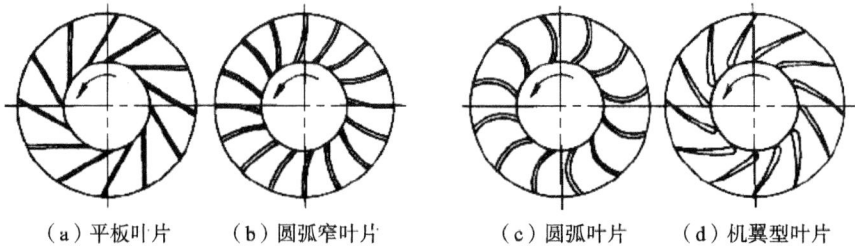

（a）平板叶片　　（b）圆弧窄叶片　　（c）圆弧叶片　　（d）机翼型叶片

图 3-122　离心风机分类——叶片形状

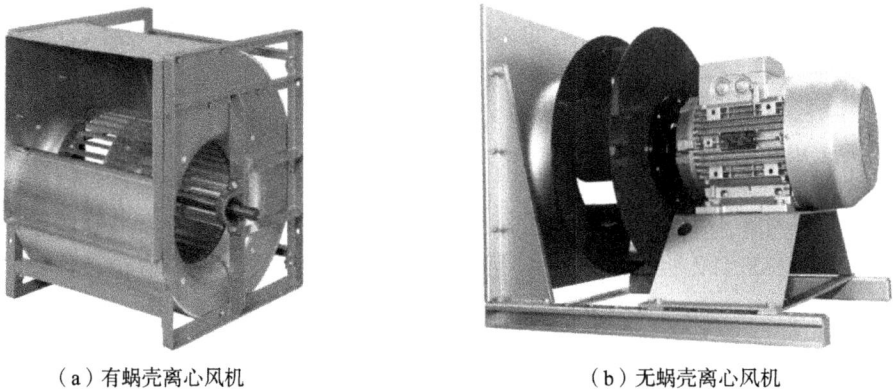

（a）有蜗壳离心风机　　　　　　　　　　　（b）无蜗壳离心风机

图 3-123　离心式风机分类——有无蜗壳

（2）轴流式风机。轴流式风机一般由防护罩、导风圈、叶轮、电动机及电动机支架等几个部分组成（图 3-124），叶轮由叶片和轮毂组成，机壳由风筒、机架板和支架组成。叶轮旋转时，空气从进风口轴向进入叶轮，叶片间的空气随叶片高速旋转并受离心力的作用以很高的速度从叶片间的出口甩出，径向流入导风圈。导风圈将气流方向由径向转变为轴向流动，然后通过出口排出。

（3）混流式风机。混流式风机是介于轴流式风机和离心式风机之间的风机。混流式风机的叶轮让空气既做离心运动又做轴向运动，壳内空气的运动混合了轴流与离心两种运动形式，所以叫"混流"。混流式风机主要由叶轮、机壳、进口集流器、导流片、电动机等部件组成。叶轮采用有子午加速特点的扭曲平板焊接在轮毂上。机壳采用圆形，与消音功能的集风器联接成整体。出口装有导流片，具有良好的气流分布，压力稳定。

（4）横流式风机。横流式（贯流）风机主要由叶轮、风道和电动机三部分组成。叶轮旋转时，空气从叶轮敞开处进入叶栅，穿过叶轮内部，从另一面叶栅处排入蜗壳，气体横贯旋转叶道进入再横贯流出（图 3-125）。横流式风机一般用于中小型设备厂房的冷却散热。此外风幕机（空气幕）是横流式风机中的代表产品，它可有效阻隔室内外空气的对流，因而在有空调或有异味的公共场所应用广泛。

（5）消防排烟风机。消防排烟风机是一种专用风机，用在有消防要求的民用和公用建筑物等场合，仅在发生火灾事故时使用。它一般是在普通风机基础上增加了保护电动机的风冷装置。根据使用场合对风机性能要求的不同，一般可选用轴流风机、混流风机、柜式离心风机。轴流和混流风机一般加装冷却电动机的风冷轮或直接使用耐高温电动机，柜机则将电动机外置，避免高温气流接触。另外，可将消防排烟与空调通风合二为一，这种柜式消防风机也得到了广泛应用。

3.6.3.2　风机的使用与维护保养

（1）风机与电动机的皮带联接。当风机与电动机之间采用联轴器联接时，只要保证两者轴的同轴度即可。但当两者之间使用皮带传动时，安

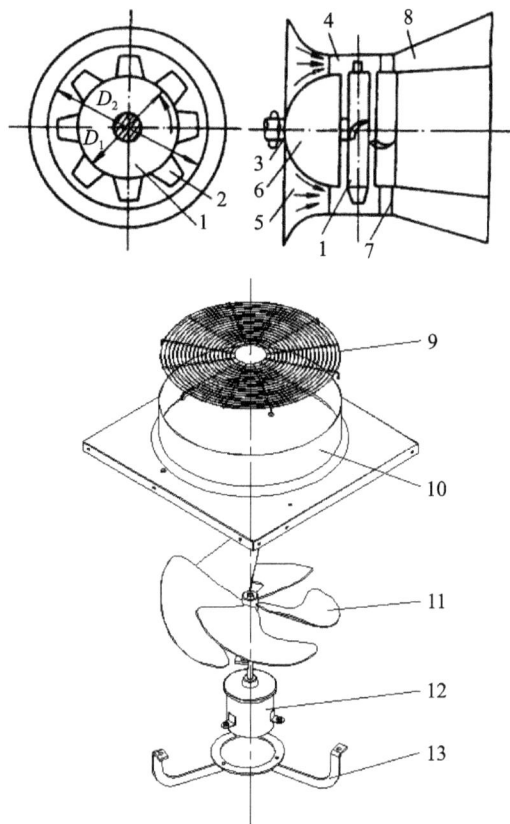

1—工作轮　2—叶片　3—轴　4—外壳　5—进风口
6—前流线体　7—整流器　8—扩散器　9—防护罩
10—导风圈　11—叶轮　12—电机　13—电动机支架
图 3-124　轴流式风机结构示意图

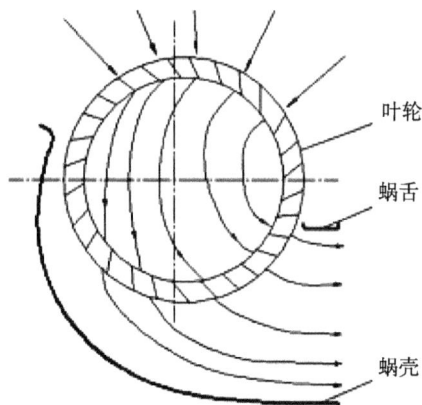

图 3-125　横流式风机

装与调整要复杂得多。

电动机轴和风机轴必须严格地平行，不许皮带轮有歪斜和摆动，倾斜度不超过 0.2‰。当两皮带轮宽度相同时，它们的端面应该位于同一平面上；若是不同宽度的两皮带轮，则两皮带轮的垂直轴中心线的中间平面应该重合。

注意皮带旋转的合理方向，皮带的紧边在下、松边在上。这样旋转，可以增大松边带与槽轮的接触面，保证其接触表面有足够的摩擦力。这样便可获得较高的传动效率，延长皮带使用寿命。

皮带轮找正时，以皮带轮端面为测量基准，两个皮带轮的端面应在同一平面上（图 3-126）。

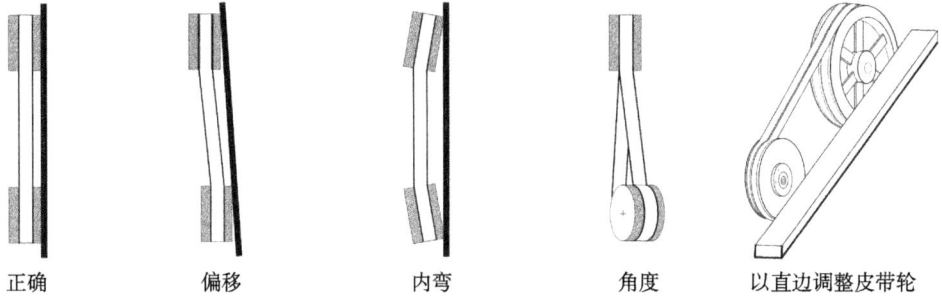

正确　　　偏移　　　内弯　　　角度　　　以直边调整皮带轮

图 3-126　皮带轮找正

合适的皮带张紧度，可延长皮带使用寿命。太紧会给皮带和轴承带来额外负荷，降低使用寿命；太松则会出现皮带打滑现象而降低传动效率，且会因打滑摩擦发热，会降低能效和使用寿命。

可通过在两皮带轮中心距中央垂直于两皮带轮中心连线方向施加一作用力 P_k（表 3-31），测量皮带变形量 δ 判断皮带的松紧度是否合适。张紧度适当时，皮带的变形量小于 16mm/m（皮带中心距 L，图 3-127）。

皮带初次调整至合适张紧度后，待风机开启运行几分钟后，关闭风机，重新检查皮带的松紧度，如有变化，则重新调整皮带至合适的张紧度。

（2）风机的使用与维护。良好的使用和维护保养可以确保风机正常运转、延长风机的使用寿命。

①风机应储存在干燥的环境中，避免电动机受潮。风机在露天存放时，应有防御措施。在储存与搬运过程中应防止风机

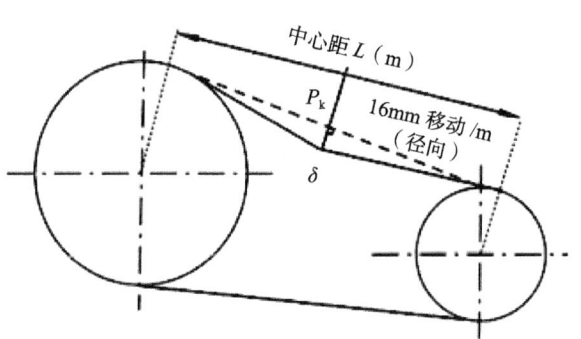

图 3-127　皮带张紧度检测

表 3-31　皮带张紧力

小带轮直径	P_k（kg）
56~95	1.2~2.0
100~140	2.0~2.5
80~132	2.5~3.6
140~200	3.6~4.6
112~224	4.6~6.6
236~315	6.6~8.7
224~335	8.7~11.7
375~560	11.7~15.3

磕碰，以免风机受到损伤。

②使用环境和风机应保持整洁，风机进、出风口滤网不应有杂物，风机吸风口距离障碍物不小于 0.5 倍的叶轮直径（一般应大于 0.75 倍叶轮直径）。

③定期检查、清除风机机壳内外、叶片、联轴器附近、进风口集流器、导流片、皮带罩、滤网、管道内外等处影响风机运动和气流流动的灰尘、杂物和污垢。检查风路是否有漏风。

④定期检查和调整风机皮带与皮带轮，确保两皮带轮在同一平面以及皮带具有合适的张紧度。检查皮带的磨损程度。通过皮带盘动风机，检查风机叶轮是否存在卡住和摩擦现象。

⑤定期检查确认风机叶片完好无松动、叶片与风筒间隙正常、电动机与机壳连接螺栓牢固、减振座与底子连接完好。检查轴承座、基础的地脚螺栓、风机减振支座及减振器是否有松动、变形、倾斜、损坏现象。

⑥定期检查减振装置情况，如受力是否均匀、有无异常振动、压缩或拉伸的距离是否在允许范围内等，有问题要及时处理。

⑦定期检查轴承及其润滑状况、补充或更换轴承润滑油脂。频次不少于 1 次 /1000h，严禁缺油运转。

⑧启动前检查电源状况如电压、有无缺相等，检查风机传动部分如皮带的松紧、皮带磨损程度和轴承状况。供电线路必须为专用线路，不应长期用临时线路供电。

⑨运行过程中注意观察电流、电压、噪声、风量、风压、电动机轴承温升、润滑和运动部件情况。发现异常如异常声音、电动机严重发热、外壳带电等应立即停机检查，出现开关跳闸、不能启动、保护器动作时，需首先查找原因、排除故障，不能强行启动。

⑩连续运行的风机必须定期（一般一个月）停机检查调整一次。不允许在风机运行中进行维修，检修后应进行试运转，确认无异常现象再投入运行。

⑪停电前检查记录电压表、电流表、压差表数据和电动机温升情况。

3.6.2.3　风机的常见故障分析与排除

相对于其他制冷装置，风机的结构比较简单，故障及其分析与排除也比较简单。表 3-32 所示为风机的常见故障原因与解决方案。

表 3-32　风机的常见故障原因与解决方案

常见故障	产生原因	解决方案
声音异常	叶轮或风机轴承松动	锁紧轴承座
	叶轮或蜗壳中有异物	清除掉异物
	风管、调节阀安装松动	紧固安装
	两皮带轮错位或皮带过松 / 过紧	重新调整
	电动机、风机或电动机座螺栓松动	紧固螺栓
	风机出口软接头太紧	更换合适的软接头
	风机转速过高，工作点不合适	重新匹配皮带轮
	润滑油质量不良导致轴承中有污物	调换优质润滑油及清洗轴承
	导流板太小或风管转弯过急而造成噪声	更换导流板
	通风机选择太小	更换风机

续表

常见故障	产生原因	解决方案
转速正确 但送风量不足	风机反转	调换电动机电源相序
	皮带松或电动机、风机皮带轮不在一直线上	调整皮带、皮带轮
	风机选择不当	合理选择风机、风量
转速正确 但送风量过大	风机选择不当	合理选择风机、风量

3.6.4 载冷剂系统

3.6.4.1 常用载冷剂

就与被冷却介质换热方式来讲，实现制冷的目的有两种，一种是直接制冷，制冷剂与被冷却介质直接换热；另一种是间接制冷，制冷剂先冷却另一种中间介质，然后再用中间介质冷却被冷却介质。

在以间接冷却方式运行的制冷装置中，将被冷却介质的热量传给制冷剂的物质称为载冷剂。载冷剂通常为液体，在传送热量过程中一般不发生相变，但也有些载冷剂为气体或者液固混合物，如二元冰等。常用的载冷剂有水、盐水、乙二醇或丙二醇溶液等。

（1）水。水的性质稳定、安全可靠，无毒害和腐蚀作用，流动传热性较好，价格低廉易于获取。不足之处在于凝固点为 0℃，只适用于工作温度在 0℃以上的高温载冷场合。在 0℃以上的人工冷却过程和空调装置中，水是最适宜的载冷剂。

（2）盐水。即氯化钙或氯化钠水溶液，可用于盐水制冰机和间接冷却的冷藏装置或冷却袋装食品。盐水的凝固温度随浓度而变，当溶液浓度为 29.9% 时，氯化钙盐水的最低凝固温度为 −55℃；当溶液浓度为 22.4% 时，氯化钠盐水的最低凝固温度为 −21.2℃。使用时，按溶液的凝固温度比制冷机的蒸发温度低 5℃左右为原则来选定盐水的浓度。氯化钙和氯化钠价格较低，但对设备腐蚀性很大。

（3）丙二醇和乙二醇。一般用它们的水溶液作为载冷剂。它们性质稳定，其水溶液的凝固温度随浓度而变，虽然乙二醇或丙二醇溶液的凝固点低，可达 −50℃，但是低温下溶液的黏度上升非常迅速，其水溶液也有腐蚀性。因此，一般具有工业应用价值的温度为 −20℃以上。

3.6.4.2 载冷剂系统的运行与维护

无机盐或二醇类水溶液都不可避免地具有较强的腐蚀性，严重腐蚀金属设备。一套新的冷却系统仅仅运行十几年，就会因载冷剂的腐蚀而报废。为了克服腐蚀问题，多年来人们主要是将缓蚀剂加入载冷剂，以减缓腐蚀进程。同时维护保养也是载冷剂运行系统的首要任务。维护保养的管理水平直接关系到载冷剂系统运行的寿命和成本。

载冷剂系统的维护保养包括定期检查载冷剂系统的泵、阀门、蒸发器和管路系统的密封状况，定期检测载冷剂的理化指标如浓度、pH、铁离子含量、醛含量等。定期检查还包括在关键部位安置在线腐蚀探针掌握实时腐蚀状况，定期使用测厚仪检测蒸发器塔顶、塔底等部件和蒸发、干燥、沸腾等系统的腐蚀情况。对于需要更换的部件或者子系统，应采用耐腐蚀的铁素体不锈钢材料，采用闭式循环系统减少氧化腐蚀作用，同时做好部件的耐腐蚀涂料的处理。

载冷剂系统的故障主要表现在因腐蚀造成的泄漏，主要通过维护保养减少故障的发生。出现泄漏故障需采用补漏措施、更换密封元件甚至设备部件解决。载冷剂系统涉及的设备主要包括换热器、水泵、储罐等，可参照本书相关章节的故障分析与处理内容。

习　题

1. 选择题

（1）以下不属于空调室内机组件的是（　　）。

A. 室内换热器　　　B. 接水盘部件　　　C. 内风机　　　D. 辅毛细管

（2）以下不属于压缩机噪声大的原因是（　　）。

A. 空气过滤器太脏　　　　　　　　　B. 回液

C. 润滑不良　　　　　　　　　　　　D. 压缩机运输固定件未拆除

（3）多联机空调分歧管可以横装或竖装，横装时分管口与水平线的夹角须小于（　　）为佳。

A. 10°　　　　　　B. 15°　　　　　　C. 20°　　　　　　D. 25°

（4）多联机空调分歧管接头处的管路须保证（　　）cm 以上的直管段。

A. 30　　　　　　B. 40　　　　　　C. 50　　　　　　D. 60

（5）下列哪个是加湿器等温加湿的类型（　　）。

A. 干蒸汽加湿　　　B. 喷淋室加湿　　　C. 电热加湿　　　D. 红外线加湿

（6）空气热湿处理设备种类繁多、功能各异。下列哪个不是热湿处理设备（　　）。

A. 新风机组　　　B. 空调机组　　　C. 风机盘管　　　D. 压缩机组

（7）空气热湿处理设备中有很多处理阶段，下列哪个不是必须有的（　　）。

A. 热回收段　　　B. 加热器　　　C. 新风处理段　　　D. 加湿器

（8）清洗剂去污原理不包括（　　）。

A. 溶解作用　　　B. 剥离作用　　　C. 气掀作用　　　D. 加压作用。

（9）下列不能引起结垢的是（　　）。

A. 铁化合物　　　B. 乙二醇类物质　　　C. 微生物　　　D. 钙镁化合物

（10）空调系统吸气压力过高的原因是（　　）。

A. 系统制冷剂不足　　　　　　　　B. 吸气管隔热不良

C. 系统内有过量润滑油参与循环　　　D. 排气压力低

（11）下列哪个不是电动机过载的原因（　　）。

A. 电压过高或过低　　　　　　　　B. 过载元件故障

C. 排气压力低　　　　　　　　　　D. 回水温度过高

（12）离心式冷水 / 热泵机组需要经常维护和保养，下列哪个不是每天必须检查的（　　）。

A. 冷凝器压力　　　B. 排油压力　　　C. 油压差　　　D. 联接轴承

（13）下列哪个不是蒸发器低出水温度报警原因（　　）。

  A. 冷却水水流量偏低 B. 低制冷剂温度

  C. 蒸发器水流量偏低 D. 传感器故障

（14）空气源热泵热水机排气压力过低的原因（　　）。

  A. 环境温度过高   B. 空气热交换器侧空气过冷

  C. 吸气压力过高   D. 冷凝器翅片脏堵

（15）下列哪个不是压缩机因电动机过载而停机的原因（　　）。

  A. 高压开关故障   B. 电动机或接线端子短路

  C. 排气和吸气压力过高   D. 过载组件故障

（16）下列哪种情况不易采用蓄冷空调技术（　　）。

  A. 无电力增容条件或限制增容

  B. 某一时段限制空调制冷用电

  C. 要求供应低温冷水或采用低温送风的空调工程

  D. 执行峰谷电价，但差价不大的地区

（17）组合式空调机组中，故障原因和解决方案不合理的是（　　）。

  A. 风管、调节阀安装松动—紧固安装

  B. 风机出口软接头太紧—更换合适的软接头

  C. 两皮带轮不在一条中线上，以及皮带过松或过紧—更换皮带

  D. 风机转速过高，工作点不合适—重新匹配皮带轮

（18）组合式空调机，风量偏大的原因是（　　）。

  A. 系统阻力过小   B. 设备或系统漏风

  C. 换热器翅片表面积尘   D. 风机反转

（19）组合式空调机，哪个不是机组漏水的原因（　　）。

  A. 风量过大   B. 面风速过小

  C. 集水盘出水口堵塞 D. 挡水板质量差

（20）表冷器加热器出现换热效率下降时，应检查翅片是否有污垢或倒片、管路是否冻裂或腐蚀造成泄漏。如有泄漏应断开进、出水管修理或更换，并对修理或更换后的盘管进行试压、冲洗，水压试验压力应为设计压力的（　　）倍，允许偏差 ±0.02MPa，保持压力至少 3min。

  A. 1.25   B. 2   C. 2.5   D. 2.25

2. 判断题（判断下列说法正确与否）

（1）视液镜为系统运行的观察窗口，可观察制冷剂状态，同时检测系统水分含量。当系统含水量超标时，其底色由绿色变为黄色。

（2）拆卸进风口的空气过滤网，利用吸尘器或用水漂洗过滤网，过滤网很脏（如有油污）时可用溶有中性洗涤剂的温水（50℃以下）清洗，然后放阴凉处晾干。

（3）直膨式空调机组，就是制冷系统中由制冷剂在其蒸发（或冷凝）器盘管内直接吸或放热，实现对盘管外的空气进行换热从而实现制冷或制热。

（4）开机后机组不动的主要原因是：设定温度不恰当；正常停机；远程开关未合上（如果有）；故障引起停机；主板或线控损坏；设定定时开机，时间未到。

（5）多联机室内机排水水位控制系统故障，可能的故障原因包括电源电压异常、浮球开关故障、排水泵故障、室内机 P 板故障、排水管堵塞或向上倾斜等。

（6）多联机通过压缩机排气管和壳顶感温包检测压缩机排气温度，当检测值大于100℃时，系统保护停机。

（7）水侧换热器使用过程中需定期清洗，可使用弱酸溶液（5% 的磷酸或草酸），酸溶液的循环流速应在平时流速的 1.5 倍，最好反向冲洗，清洗完成后需要用大量的清水将残留的酸溶液清洗干净，避免长期存在水系统中损坏设备。

（8）空气净化设备金属网过滤器和无纺布都可反复清洗使用。

（9）初效过滤器按照清洗程序，冲洗过滤器的出风面（不能两面冲洗，不能揉搓），清洁干燥后使用。

（10）空调效果缓慢不明显或者不制冷 / 不制热，这种故障的根本原因是空气没有得到足够的冷量或热量，一般原因有几个方面：水温异常（制冷时过高、制热时过低）、风量过小（源于风机故障、换热器堵塞、风速设定错误等）。

（11）空调效果不明显，首先应对换热部分进行检查，其次再检查电气部分。

（12）水泵剧烈震动的原因包括电动转子不平衡、联轴器结合不良、轴承磨损弯曲、转动部分的零件松动或破裂、水泵基础减震器损坏、管路支架不牢等。

（13）常用的载冷剂有：水、盐水、乙二醇或丙二醇溶液。

（14）新风机组的故障主要是换热器被冻裂，占故障数近 30%。

（15）空气热湿处理设备种类繁多、功能各异，主要包括空调机组、新风机组、加热器、表冷器、风机盘管、加湿器、诱导器、热回收机组等。

（16）组合式空调机组是由各种空气处理功能段组装而成的一种空气处理设备。机组空气处理功能段包括空气混合、均流、过滤、冷却、一次和二次加热、去湿、加湿、送风机、回风机、喷水、消声、热回收等单元。通过不同功能段的组合，实现不同的空气处理要求。

（17）换热器的结垢不仅出现在水侧。

（18）酸溶液与碳酸盐水垢发生反应后，产生大量的 CO_2，CO_2 气体在溢出过程中对于难溶或溶解较慢的水垢层具有一定的掀动力，使水垢从换热器表面脱落下来。

（19）蓄冷空调技术一般分为水蓄冷和冰蓄冷，是指建筑物空调所需冷量的部分或全部在非空调时间（如夜晚时间）制备好，并以低温水（0~5℃）或冰的形式储存起来，供用电高峰时的空调使用，从而将电网高峰高电价时的空调用电转移至电网低谷低电价时使用。

（20）离心式冷水 / 热泵机组维护时，清洗蒸发器，由于蒸发器的水循环是典型的闭式循环，因此不会积聚太多的水垢或者污泥。通常情况下，每 3 年清洁一次就足够。但是，对于开放式蒸发器系统，例如净气器，需要定期进行检查和清洁。

3. 填空题

（1）风冷单元式空调机的室外机主要由 _____、室外换热器、外风机、主毛细管、辅毛细管、单向阀、截止阀等组成。

（2）多联式空调机的主要部件包括压缩机（一般可分为变频压缩机、定频压缩机）、风机、换热器（蒸发器、冷凝器）、节流装置（电子膨胀阀）、变频模块（控制变频压缩机）、控制模块、制冷剂管路中的 _____ 等。

（3）低压故障可通过保护装置电路检测低压开关的导通情况分析，可能的原因包括 _____、低压开关故障、控制 P 板故障、截止阀未开、低压传感器故障等。

（4）涡旋式冷水 / 热泵机组以使用 _____ 而得名，主要适用于小型应用场合，多为风冷形式。

（5）涡旋式热泵机组一般包括涡旋式压缩机、风冷冷凝器及其风机、蒸发器、节流装置、_____、储液器、干燥过滤器、控制系统、管路系统、壳体等。

（6）风机盘管一般由 _____、水管、过滤器、风扇、电动机、接水盘、排气阀、支架、控制器及其电路等组成。

（7）风机盘管的进水冷水温度不应低于 _____℃，否则可能会引起机组凝露。

（8）风机盘管进水热水温度不应高于 _____℃（常用 _____℃），否则可能引起换热器铜管的腐蚀。

（9）冷却塔一般包括 _____、配水系统、收水器（除水器）、通风设备、空气分配装置等五个系统。

（10）使用环境和风机应保持整洁，风机进、出风口滤网不应有杂物，风机吸风口距离障碍物不小于 _____ 倍的叶轮直径（一般应大于 _____ 倍叶轮直径）。

（11）新风机组确保各个功能段之间隔板固定无位移、密封完好；机组内静压保持 700Pa，机组漏风率不大于 _____%；检修门漏风率应不大于整机漏风率的 _____%。

（12）组合式空调机组盘管应定期冲洗，去除盘管外积灰。盘管使用 _____ 年后应清洗管内水垢，并尽可能采用软化水。

（13）换热器除垢清洗时，提高酸洗温度会有利于除垢，但如果温度过高就会加剧酸洗液对换热器板片的腐蚀，一般酸洗温度控制在 _____℃为宜。

（14）酸洗时，将注满酸溶液的换热器静态浸泡 _____h，然后连续动态循环 3~4h，其间每隔 0.5h 进行正反交替清洗。

（15）壳管式换热器管内清洗的主要方法包括机械清洗、_____、物理清洗、微生物清洗等。

（16）螺杆式冷水 / 热泵机组中润滑油的主要作用为润滑、_____、冷却和调节压缩机滑阀。

（17）滑阀活塞的运动决定了 _____ 的位置，从而相应地调节压缩机的容量。

（18）对于半封闭直接驱动型螺杆压缩机，每台压缩机只有三个运动部件：两个 _____ 和一个 _____。

（19）离心式冷水 / 热泵机组一般由吸气弯管、压缩机、接线盒、控制柜、_____、电动机、经济器、油箱组件、排气装置、蒸发器、显示面板等部件组成。

（20）蒸发器饱和制冷剂温度低于报警设定值，出现此故障的原因可能是：_____、节流装置堵塞、传感器故障等。

4. 简答题

（1）简述恒温恒湿机水过滤器检查及处理方法。

（2）怎样检查油分离器油位？

（3）水冷螺杆式冷水 / 热泵机组的排气压力高的原因分析。

（4）机组喘振的原因分析。

（5）风机盘管漏水原因分析。

（6）水泵吸不上水的原因及排除方法。

（7）空调制冷能力偏低的原因分析。

（8）空调制冷正常但不制热的原因分析。

（9）水冷式制冷系统高压保护的原因分析。

（10）压缩机吸气压力低或回液的原因分析。

参考答案

1. 选择题

（1）D （2）A （3）B （4）C （5）B （6）D （7）A （8）D （9）C （10）B （11）C （12）D （13）A （14）B （15）A （16）D （17）C （18）A （19）B （20）A

2. 判断题

（1）√ （2）× （3）√ （4）√ （5）√ （6）× （7）√ （8）× （9）√ （10）√ （11）√ （12）× （13）√ （14）√ （15）√ （16）√ （17）× （18）√ （19）× （20）√

3. 填空题

（1）压缩机；（2）分歧管；（3）低压开关动作；（4）涡旋式压缩机；（5）四通换向阀；（6）换热器（翅片盘管）；（7）5；（8）80，60；（9）淋水填料；（10）0.5，0.75；（11）4，0.5；（12）2~3；（13）60；（14）2；（15）化学清洗；（16）密封；（17）滑阀；（18）转子，滑阀；（19）冷凝器；（20）制冷剂不足。

4. 简答题

（1）答：检查：从水过滤器进出口压力查看水过滤网是否堵塞。处理方法：①将机组前后阀门关闭，通过泄水阀将机组内部水全部排掉；②将过滤网拆下清洗，安装完毕并查漏，一般每三个月清洗一次；③如果机组出现高水温告警，清理好水过滤器后需将高水温复位。

（2）答：在机组满负载运行 15min 之后关掉机组。用软管连接油分离器的角阀和压缩机排气管路的快速连接阀。排出内部不凝性气体。在机组停机 10min 后，在垂直方向移动视镜，直至观察到油的液面。当确认了油液面高度后，移去软管和视镜。

（3）答：①系统内有空气或不凝气体；②冷却水入水温度过高或冷凝器水流量不足；③冷凝器换热管脏堵；④吸入压力高于正常值；⑤制冷剂充注过量。

（4）答：机组负载过低、水流量问题、冷凝器内空气过多等。

（5）答：风机盘管漏水的根源为管接头漏水，冷凝水排水管不畅、堵塞或者是冷凝水盘漏水，坡、向度不够，也可能是冷凝水盘、冷凝水排水管保温层破损或者保温层厚度不够。

（6）答：水泵吸不上水的原因是泵体内有空气或进水管积气、底阀关闭不严灌引水不满、真空泵填料严重漏气、闸阀或拍门关闭不严等。排除方法：先把水压上来，再将泵体注满水，然后开机。同时检查逆止阀是否严密、管路和接头有无漏气现象。如发现漏气，拆卸后在接头处涂上润滑油或调合漆，并拧紧螺丝。检查水泵轴的油封环，如磨损严重应更换新件。

（7）答：制冷剂不足，冷量不够，蒸发温度偏低，机组冷凝器散热不良，膨胀阀调整不当，过滤器堵塞。

（8）答：主控制器内空调工况选择有误、四通阀电线松动或线圈烧坏或卡死、气温过低翅片式换热器结霜。

（9）答：冷凝器脏堵，进水温度过高或水流量偏小，冷凝设备不运转，制冷剂充注量过多，电动球阀调整不当。

（10）答：系统内的制冷剂不足、空气过滤网太脏、干燥过滤器堵塞、过热度调节不当、热力膨胀阀感应元件有缺陷、空气气流分配不好、冷凝压力过低、皮带打滑、机外余压过大，造成风量衰减。

参考文献

［1］　GB/T 19232—2003.风机盘管机组．

第4章 工商业用制冷设备的
维护与维修

4.1 冷链设备

食品冷藏链（俗称冷链）是指易腐食品在从生产、储藏、运输、销售到消费前的各个环节中始终处于规定的低温环境下，以保证食品质量、减少食品损耗的一项系统工程。它随着科学技术的进步、制冷技术的发展而建立起来，是以冷冻工艺学为基础，以制冷技术为手段，在低温条件下的物流现象。因此冷藏链建设要求把所涉及的生产、运输、销售、经济和技术性等各种问题集中起来考虑，协调相互间的关系，以确保易腐食品的加工、运输和销售。食品冷藏链由冷冻加工、冷冻储藏、冷藏运输和冷冻销售四个方面构成。

冷链设备是从供应链的角度来定义的。由于涉及的产品要求所处的环境通常低于环境温度，所以称为冷冻、冷藏产品。冷冻、冷藏产品的供应链称为冷链，用于使产品达到低温状态或维持低温环境的设备称为冷链设备。常见的冷链设备有低温冷库、常温冷库、低温陈列柜、中温陈列柜、冷藏车、冷藏箱、疫苗运输车、备用冰排等。

食品冷链以保持低温储藏环境的方式保证食品的品质，它比一般常温物流系统的要求更高、更复杂，是一个庞大的系统工程。易腐食品的时效性也要求冷链各环节具有更高的组织协调性。如果对温度的控制不够准确，将会导致食品一系列品质的降低，诸如组织结构上的改变、外观颜色的改变、味觉口感的改变、碰撞挤压中的损伤以及微生物的繁殖等。冷链的每一个环节，从产品被采摘开始一直到被销售出去，都需要进行控制。任何一个环节出错都会使冷链断裂，影响到最终消费者的食品安全。

冷链物流的适用范围包括初级农产品（如肉类、水产品、禽类、蛋类、蔬菜、水果、冷饮等）、加工食品（如速冻食品、禽、肉、水产等）、包装熟食、冰淇淋、乳制品、快餐原料等，以及特殊商品如花卉、绿植、药品、茶叶、化工原料等。

4.1.1 冷库

冷库是用人工制冷的方法降温来创造适宜的温度和湿度储藏条件的仓库，又称冷藏库，是加工、储存产品的场所（图 4-1）。

图 4-1　冷库

4.1.1.1　冷库的分类与设施

冷库利用降低温度（一般 -25℃ ~+5℃）来减缓和抑制病源菌的繁殖和食品的腐烂，减缓和抑制果蔬（活体）的呼吸代谢过程，达到阻止衰败、延长储藏期的目的。适用于我国南、北方各种蔬菜、冷冻食品（冻鱼、冻肉、冷饮等）、医药等储藏，具有储藏保鲜期长、经济效益高的特点，如葡萄 7 个月、苹果 6 个月、蒜苔 7 个月后品质鲜嫩如初，总损耗不到 5%。

（1）冷库的分类

①按容量规模分。冷库按照容量规模分为大、中、小型冷库，大型冷库的冷藏容量在 20000m³ 以上，中型冷库的冷藏容量在 5000~20000m³，小型冷库的冷藏容量在 5000m³ 以下[1]。

②按冷藏温度分。按冷藏温度分为高温、中温、低温和超低温四大类冷库，一般高温冷库的冷藏温度在 -5~+5℃，中温冷库的冷藏温度在 -10~-23℃，低温冷库的冷藏温度在 -23~-30℃，超低温速冻库温度在 -30~-80℃。

③按库体结构分，冷库可分为土建冷库、组合冷库、覆土冷库、山洞冷库。

a. 土建冷库。土建冷库是建造较多的一种冷库，可建成单层或多层。建筑物的主体一般为钢筋混凝土框架结构或者砖混结构。土建冷库的围护结构属重体性结构，热惰性较大。室外空气温度的昼夜波动和围护结构外表面受太阳辐射引起的昼夜温度波动，在围护结构中衰减较大。故围护结构内表面温度波动较小，库温易于稳定（图 4-2）。

图 4-2　土建式冷库

b. 组合板式冷库。这种冷库为单层形式，库板为钢框架轻质预制隔热板装配结构，承重构件多采用薄壁型钢材制作。库板的内、外面板均用彩色钢板（基材为镀锌钢板），库板的芯材为发泡硬质聚氨酯或粘贴聚苯乙烯泡沫板。由于除地面外所有构件均是按统一标准在专业工厂成套预制、在工地现场组装，所以施工进度快，建设周期短（图 4-3）。

c. 覆土冷库。又称土窑洞冷库，洞体多为拱形结构，有单洞体式，也有连续拱形式。一般为砖石砌体，并以一定厚度的黄土覆盖层作为隔热层。用作低温的覆土冷库，洞体的基础应处在不易冻胀的砂石层或者基岩上。由于它具有因地制宜、就地取材、施工简单、造价较低、坚固耐用等优点，在我国西北地区得到较快的发展。

d. 山洞冷库。山洞冷库一般建造在石质较

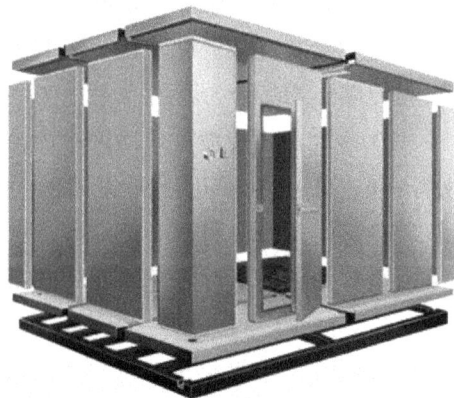

图 4-3　组合板式冷库

为坚硬、整体性好的岩层内，洞体内侧一般作衬砌或喷锚处理，洞体的岩层覆盖厚度一般不小于20m。因洞体的岩层覆盖厚度很大，所以热惰性更大，当冻土层达到一定深度后，即使设备长时间停机，库温回升仍然很小。但在冷库降温初期，要缓慢降温，防止岩层结构冻胀、崩塌。

④按使用性质分，冷库可分为生产性冷库、分配性冷库、综合性冷库和生活服务性冷库。

a. 生产性冷库。生产性冷库是食品加工企业的重要组成部分，主要建筑在货源集中产区，其任务是对食品（鱼肉、禽、蛋、果、菜等）进行冷加工并作短期储存运往消费地区分配。它的特点是冷加工能力较大，同时配有一定容量的冷藏吨位，食品流通是零进整出。

b. 分配性冷库。分配性冷库主要是接收经过冷加工的食品，一般建设在大城市、水陆交通枢纽或人口密集的工矿区，用于市场供应、运输中转或食品储备。其特点是冷藏量大，冻结能力小，而且要考虑多种食品的储存，食品流通是整进零出。

c. 综合性冷库。综合性冷库兼有生产性和分配性冷库的特点，具有一定的冷藏和冻结能力，既可冷藏又可进行冷加工。

d. 生活服务性冷库。生活服务性冷库一般建在较大的食品商店、菜场、饭店、单位食堂，直接为消费者服务和调剂生活储存食品，一般容量较小。

⑤按使用储藏特点分，冷库可分为超市冷库、恒温冷库、气调冷库等。超市冷库是用在超市储藏零售食品的小型冷库。恒温冷库是对储藏物品的温度、湿度有精确要求的冷库，包括恒温恒湿冷库。气调冷库用于果蔬保鲜，既能调节库内的温度又能调节库内的气体成分。所谓气调保鲜就是通过调节气体成分（如控制库内氧气、二氧化碳等气体的含量）达到保鲜的效果，如将空气中的氧气浓度由21%降到3%~5%，利用温度和控制氧含量两个方面的共同作用以达到抑制果蔬采后的呼吸作用，使库内果蔬处于休眠状态，出库后仍保持原有品质。

⑥其他分类方法。冷库还可按照制冷设备使用的制冷剂分为氨冷库、含氟烃类制冷剂冷库，按照储藏物品分为药品冷库、食品冷库、水果冷库、蔬菜冷库、茶叶冷库等。

（2）冷库的主要设施。冷库由库体建筑和制冷控制系统两大部分构成。按照构成建筑的用途不同，可分为冷却间及冷藏间、生产辅助用房、生活辅助用房和生产附属用房四大部分。

①冷却间及冷藏间。

a. 冷却间。用于对需进库冷藏或需先经预冷后再冻结（指采用二次冻结工艺）的常温食品进行冷却或预冷的工作场所。加工周期一般为5~24h，产品预冷后温度一般为0~13℃。

b. 冻结间。用来将需要冻结的食品由常温或冷却状态快速降至−15℃以下的工作场所。加工周期一般为8~48h。

c. 冷却物冷藏间（或称高温冷藏间）。主要用于储藏鲜蛋、水果、蔬菜等怕冻食品或物品的高温库房。

d. 冻结物冷藏间（或称低温冷藏间）。主要用于储藏需低温保存的冷冻食品（冻鱼、冻肉、冷饮等）或其他物品的低温库房。

e. 冰库（或称储冰间）。用以储存人造冰，解决需冰旺季和制冰能力不足的矛盾。

②生产辅助用房。

a. 装卸站台。供装卸货物用，分公路站台和铁路站台两种。公路站台高出回车场地面1.0~1.2m，铁路站台高出钢轨面1.1m。

b.穿堂。是运输作业和库房间联系的通道，一般分低温穿堂和常温穿堂。

c.楼梯、电梯间。对于多层冷库，均设有楼梯、电梯间。楼梯是生产工作人员上下的通道，电梯间是冷库内垂直运输货物的设施。

d.过磅间。是专供货物进出库时工作人员司磅计数（量）使用的房间。

③生活辅助用房。主要包括生产管理人员的办公室或管理室、生产人员的休息室和更衣室以及卫生间等。

④生产附属用房。主要指与冷库主体建筑有着密切联系的生产用房。

a.制冷机房。用于安装制冷机器设备，一般要设两个或两个以上的出入口，并且门是外开式。有些冷库的机房及设备间分设。

b.变配电间。包括变压器间和高、低压配电用房。

c.水泵房。为了节约用水，冷库多采用循环冷却水。冲霜用水也予以回收利用。故一般专设水泵房，用来安装冷却水水泵和冲霜水水泵。

d.制冰间。用来安装制冰设备并进行生产冰的操作。

e.挑选整理包装间。主要用于食品在进、出库前的挑选、分级、整理、包装等。

冷库的设施随生产性质、建设规模、所储藏的食品品种以及对生产加工工艺的要求不同而有所区别。

4.1.1.2　冷库的运行与维护

（1）冷库的运行管理。冷库的制冷系统虽属中低压范畴，但若操作不当，使制冷剂在非正常压力下循环，即有发生事故的可能。尤其是采用氨制冷剂时。氨有毒、易燃易爆，一旦大量泄漏，不仅造成制冷剂的大量浪费，更会危及人身及生物的安全，造成环境污染和巨大的经济损失。需要建立完善、全面的运行和维护管理制度，正确使用和操作机器和设备，定期进行安全检查，保证机器和设备的安全运行，防止和杜绝事故的发生。

①操作。操作人员要作到"四要""五勤""六及时"。"四要"：要确保安全运行；要确保使用温度；要降低冷凝压力；要充分发挥制冷设备的制冷效率，努力降低水、电、冷冻油、制冷剂的消耗。"五勤"：勤看仪表；勤查机器运行状况；勤听机器运转有无杂音；勤调节阀门；勤查系统有无跑冒滴漏现象。"六及时"：及时加油放油；及时放空气；及时清洗或更换过滤器；及时排除故障隐患；及时清除冷凝器水垢；及时排除电气故障。

同时操作人员要严格遵守交接班制度，要加强工作责任心，互相协作。

a.清楚当班生产及机器运转、供液、水量、温度情况。

b.明确机器设备运行中的故障、隐患及需要注意的事项。

c.车间记录完整、准确。

d.生产工具、用品齐全。

e.机器设备和工作场所清洁无污，周围没有杂物。

f.交接中发现问题，如不能在当班处理时，交班人应在接班人协同下负责处理完毕后再离开。

g.商品进出库及库内操作时，要防止运输工具和商品碰撞库门、柱子、墙壁和制冷系统管道等工艺设备。库内电器线路要经常维护，防止漏电。

h. 对冷库建筑物的使用状况进行经常性检查，使早期的损坏能得到及时的发现，以免发现不及时，得不到早期的治理，导致继续恶化。

i. 对发现的早期损坏采取可行的技术措施，及时进行修复，使冷库建筑物的修复建立在局部修理或小修小补上，防止小患未除，酿成需付出较大经济代价的较大范围的修理。

j. 制冷系统所用的仪器、仪表、衡器、量具都必须经过法定计量部门的鉴定；同时要按规定定期复查，确保计量器具的准确性。

②冷库的运行与维护。冷库是隔热保温的密闭性建筑，处于低温高湿环境，室内外温差大，热湿交换频繁。为确保使用安全，保证冷库正常生产，延长冷库建筑结构的使用年限，必须合理使用，实行科学管理。

冷库的使用，应按设计要求，充分发挥冻结、冷藏能力，确保安全生产和产品质量，养护好冷库建筑结构。库房管理要设专门小组，责任落实到人，每一个库门、每一件设备工具都要有专人负责。

使用实践经验证明，冷库建筑在使用管理中，必须重视下述几方面问题：

a. 严防围护结构隔热层受潮而失效。冷库是用隔热材料建成的，具有怕水、怕潮、怕热气、怕跑冷的特性，要把好冰、霜、水、门、灯五关。

穿堂和库房的墙、地、门、顶等都不得有冰、霜、水，有了要及时清除。库内冷却排管、冷风机要及时扫霜、冲霜，以提高制冷效能。冲霜时必须按规程操作，冻结间至少要做到出清一次库，冲一次霜。冷风机水盘内和库内不得有积水。

在使用中，不应有损坏围护结构的防水隔汽层现象的发生，严防屋面漏水侵入隔热层。不要用水清洗地面、顶板和墙面，要及时清除库内冰、霜和积水。不允许进行多水性作业的冷间，决不允许进行多水性作业生产。

b. 防止冻融循环损坏冷库建筑结构。冷间应根据设计的用途使用。如果不是专设的两用冷藏间，高、低温冷藏间不能混淆使用。没有经过冻结的货物，不准直入冻结物冷藏间，以保证商品质量，防止损坏冷库。在没有商品存放或冷加工时，也要保持适宜的库房温度，冻结间和低温冷藏间宜维持在 −6℃以下，避免冻融循环。高温冷藏间和冷却（预冷）间应在露点温度以下，以免库内滴水受潮。要控制进货的数量和掌握合理的库温，不致使冷库产生滴水。还要注意防热桥处理有无损坏，一旦发现要及时修复。

c. 避免地面冻胀和损坏楼（地）面。架空防冻地面下的架空层，作为高温冷藏间使用的，其架空层下地面又未作隔热层的，其温度要控制在 0℃以上。加热防冻的地面，要定期检查地面下通风管有无结霜堵塞和积水（油管加热的要检查油管是否有阻塞不通和损坏漏油），回风（油）温度是否符合要求，避免因操作管理不当而造成地面冻胀。自然通风加热防冻地面，除检查风道内有无结霜外，通风管端口严禁堆放物品，影响自然通风。

冷库的地面和楼面的使用荷载，设计说明书都有规定。库内商品堆垛重量、运输工具及其装载量，以及吊轨的使用载重量，都不能超过规定的使用荷载。货物出库时，不能采用倒垛的方法。脱钩脱盘时，不允许在楼（地）面摔击。更不能将多水分的商品直接散铺在楼面或地面上冻结。否则，会损坏楼、地面，重则会导致事故的发生。

d. 必须合理利用库房容积。为使商品堆垛安全牢固、整齐，确保商品储藏质量，便于检查和盘点，方便进、出库，运输操作安全，库内商品货垛与墙、顶、冷却设备和走道等之间的距离必须符合要求，并在楼（地）面使用荷载允许条件下，通过合理的安排货位、改进商品堆垛方法，来提高库房容积利用率，保证送回风顺畅。有异味的食品应单间储藏。切忌不顾库房的使用要求和使用条件，盲目追求库房容积利用率，这种方法是不可取的。

e.加强对冷藏门的使用管理。冷藏门是冷间进、出货物的通道咽喉，在货物进、出库运输过程中，应避免碰撞损坏冷藏门。冷藏门启闭也比较频繁，有的尽管设置有空气幕，但在门洞处的热湿交换仍很强烈。冷藏门的合理使用，既涉及制冷成本，也影响商品的冷加工和储藏质量。因此，要严格管理冷藏门，做到关闭及时，启闭灵活，关闭严密，防止跑冷，如有损坏，要及时修复。库内报警应在现场和长时间有人的值班室都能听到，报警装置应保持完好无损。

f.严格掌握冷库投产降温和维修升温的速度。冷库投产降温及维修升温，必须注意逐渐缓慢地进行，使建筑结构适应温度的变化，以免造成不良的后患。

投产降温要求：冷库各楼层及各房间应同时降温，使主体结构和各部分结构层的温度应力及干缩率保持均衡，避免建筑物出现裂缝。冷库投产前的降温速度是每天不得超过 3℃。当库房温度降至 4℃时，应保持 3~4 天，以便冷库建筑结构内的游离水分析出，减少冷库的隐患，然后才允许再以每天不得超过 3℃的降温速度继续降温，逐步降到设计要求的使用温度。

维修升温要求：冷库在大修或局部停产维修前，必须停产升温。升温前，必须清扫库内的冰霜，以免解冻后积水。在升温过程中，遇有融化的冰霜水，应及时清除；若遇有倒塌危险部分，应先作处理。升温应缓慢地进行，每日温升不应超过 2℃为宜，各库房的温度要保持大致均衡。库温宜升至 10℃以上。升温方法必须安全，防止意外事故的发生；局部停产维修升温，更应周密考虑，措施要得当，防止产生凝结水或者形成冻融循环，以及建筑结构因产生不同的温度应力而出现裂缝。

（2）冷库运行的安全要求。国家标准 GB/T 28009—2011《冷库安全规程》[2] 对冷库的日常管理和运行安全做出了一系列强制性的规定和要求，应当严格执行。

①基本要求。

a.冷库应由具备冷库工程设计、压力管道设计资质的单位进行设计。

b.冷库应使用具有相关生产资质企业制造的制冷设备。

c.冷库施工单位应具备相应施工资质。

d.冷库应按设计文件进行施工。

e.冷库生产经营单位应建立安全生产保障体系，具体参见《中华人民共和国安全生产法》[3]。

②制冷设备及附件安全要求。

a.制冷压缩机及辅助设备。

i.制冷压缩机和制冷辅助设备应符合产品标准要求。

ii.制冷压缩机必须设置压力、电动机过载等安全保护装置。

iii.制冷压缩机联轴器或传动皮带应设置安全保护罩。

iv.压力容器应符合《固定式压力容器安全技术监察规程》[4]。

v. 制冷剂泵、油泵、水泵等外露的转动部位，均应设置安全保护装置。

b. 管路、仪表、阀门及控制元件。

i. 制冷剂分配站应安装压力指示装置。

ii. 压力表应采用制冷剂专用压力表，且应有制造厂的合格证。

iii. 压力表量程应不小于最大工作压力的 1.5 倍，不大于最大工作压力的 3 倍。

iv. 压力表每年应经有相应资质的检验部门校验。

v. 压力表应安装在便于操作和观察的位置，需防冻和防振动。若指示失灵、刻度不清、表盘玻璃破裂、铅封损失等，均需立即更换。

vi. 每台泵、风机均应设置过载保护装置。

vii. 冷凝器、储液器、低压循环桶、中间冷却器等制冷辅助设备上应设置安全阀。

viii. 安全阀每年应由具备相应资质的检验部门校验并铅封。安全阀每开启一次，应重新校正。

ix. 气液分离器、低压循环桶、低压储液器、中间冷却器和满液式经济器应设置液位指示器和液位控制、报警装置。

x. 储液器应设液位指示器。

xi. 在制冷压缩机的高压排气管道和氨泵出液口，均应设置止回阀。

xii. 冷凝器与储液器之间应设均压管。两台以上储液器之间应分别设气体均压管、液体平衡管（阀）。

xiii. 制冷剂液面指示器进出口应设有自动闭塞装置。

xiv. 在强制供液制冷系统中，泵的出口侧应设自动旁通阀。

③冷库设施安全要求。

a. 冷库应具备完善的消防设施，具体参见《中华人民共和国消防法》[5]。

b. 冷库用运输工具应符合《特种设备安全监察条例》[6]的要求。

c. 库房内应具备应急逃生设施。

d. 库房内的货架应有足够的强度和刚性。

e. 氨制冷机房内应配置防护用具和抢救药品，并放置于易于获取的位置；由专人管理，定期检查，确保使用。有关人员应熟练地掌握氧气呼吸器等用具的使用和人员抢救方法。

f. 变配电室和具有高压控制柜的制冷机房，应配置高压电操作的专用工具及防护用品。

④冷库设计安全要求。

a. 在氨制冷机房门口外侧便于操作的位置，应设置切断制冷压缩机电源的紧急控制装置，并应设置警示标识。每套制冷压缩机组启动控制柜（箱）及机组控制台应设紧急停机按钮。

b. 制冷机房应装有事故排风装置。氨制冷机房的事故排风装置应采用防爆型。当制冷系统发生事故而被切断电源时，应能保证事故排风装置的可靠供电。制冷机房事故排风装置应按冷库设计规范的要求设置[1]。

c. 氨制冷机房、高低压配电室应设置应急照明，照明灯具应选用防爆型，照明持续时间不应小于 30min。

d. 氨制冷机房应安装氨气浓度检测报警装置及供水系统。当空气中氨气浓度达到 100ppm

或 150ppm 时，应自动发出报警信号，并应自动开启制冷机房的事故排风装置。

e. 水冷却式制冷压缩机应设置断水保护。

f. 机房门应向外开，且数量应确保人员在紧急情况下快速离开。

g. 设在室外的制冷辅助设备，应设防护栏，并设置警示标识。高压储液器设在室外时，应避免太阳直射。

h. 库房内应采用防潮型照明灯具和开关。

i. 库房内灯具安装高度小于或等于 2.2m 时，应采用安全电压供电。灯具金属外壳均应接保护线。

j. 低于 0℃的库房内，动力及照明线路应采用适合库房温度的耐低温绝缘电缆。

k. 穿过库房隔热层的电气线路，应采取可靠的防火及防止产生冷桥的措施。

l. 冷库设计应满足消防的有关规定。

⑤库内产品安全要求。

a. 应对入库货物进行准入审核。合格后方可入库，并做好信息记录。

b. 食品冷库库内不得存放有毒、有害、有异味物品或其他易爆、易燃品。

c. 库内应有防鼠、防虫、防蝇等设施。

d. 库房应满足冷藏货物储存工艺要求。

e. 应设有库内温度记录装置，并定期校验。

f. 产品应分类、单独存放，应定期检查货物质量，及时清除变质和过期货物。应记录每批产品的出入库时间、温度和保质期等，该记录资料应保存至该批货物保质期后 6 个月。

g. 应定期对储存设施设备进行清洁、消毒，并达到储存货物的卫生要求。

h. 冷库温度和湿度应尽可能保持稳定。

i. 食品入库前的温度高于冷冻温度时，应先进行复冻处理，达到冷冻温度要求后方可入库。

j. 货物码放方式不能影响库内空气循环和食品的出入。

⑥冷库管理安全要求。

a. 冷库运营单位应建立安全生产责任制和安全操作规程。

b. 特种作业人员应依据《特种设备安全监察条例》及国家相关规定，持证上岗。

c. 采用新工艺、新技术、新设备，应制定相应的安全技术措施。

d. 冷库运营单位应对厂房、机电设备进行定期检查、维护。重要岗位及电气、机械等设备应有明显标识。

e. 冷库的安全装置和防护设施，不得擅自拆除。

f. 冷库运营单位应建立等重大事故的应急救援预案和人员救援预案，定期演练。

g. 压力容器的管理。

i. 冷库运营单位应依据《固定式压力容器安全技术监察规程》的规定，做好压力容器的安全管理。

ii. 冷库运营单位应根据《固定式压力容器安全技术监察规程》的要求，逐台办理压力容器的使用登记手续。

iii. 冷库运营单位应按照《固定式压力容器安全技术监察规程》的要求，定期对压力容器进行检验。

iv. 压力容器使用不得超出其设计允许使用范围。

v. 更换容器的安全附件时，应选用具有相应制造许可证的单位生产的相应规格的产品，应附带产品质量证明书，并在产品上装设牢固的金属铭牌。

h. 库房内的操作。

i. 库房内货物堆码应稳固整齐，不应影响库房内的气流组织和货物的进出。

ii. 库房内应合理分区并设置相关标识。

iii. 库房应及时清除冰、霜、凝结水，库内排管和冷风机要及时除霜。

iv. 冷库内严禁带水作业。

v. 冷库内作业人员应有良好的防寒措施，应携带照明用具。

vi. 冷库内作业结束，库房作业人员应确认库房内无人后方可上锁。

⑦采用易燃制冷剂的冷库的特殊安全要求。对于使用易燃制冷剂的冷库，除了遵循一般冷库的管理规定外，还需针对制冷剂的特殊性制订专门的管理规定并严格执行。

国家标准 GB 50072—2010《冷库设计规范》规定：对使用氨作制冷剂的冷库制冷系统，其氨制冷剂总的充注量不应超过 40 吨。而 GB 18218—2009《危险化学品重大危险源辨识》[7]规定：一套制冷系统中氨的存储量等于或超过 10 吨时，则该单元定为重大危险源。

以氨制冷剂冷库为例，尽管氨作为制冷剂的使用已经有一百多年，各方面技术均已比较成熟，自动控制及保护技术也在不断提高。但是因管理及操作不善发生重大安全事故的案例时有所闻，教训十分深刻。2013 年 6 月 3 日，吉林宝源丰禽业有限公司发生特别重大火灾，导致氨设备和氨管道发生物理爆炸事故，共造成 121 人死亡、76 人受伤；2013 年 8 月 31 日，上海翁牌冷藏实业有限公司液氨管道发生泄漏，造成 15 人死亡、25 人受伤。

造成安全事故的主要原因，一是部分企业安全生产主体责任不落实，管理制度不健全；二是从业人员流动性大，安全知识缺乏，没有完全做到持证上岗；三是冷库设计不规范，违规设计违章建设；四是制冷系统设备设施落后残旧、年久失修、管理不到位；五是电气配备、用电管理不规范，防雷接地和防静电措施等不落实；六是消防设施不完善，安全通道设置不规范；七是缺少必要的应急防护装备和应急逃生演练；八是对涉氨制冷企业的安全监管，存在职责不清、安全监管缺位的现象等。

为此，对于可燃制冷剂冷库的安全问题应给予高度重视，从冷库的设计、安装、调试直到运行、维护、维修各个环节都应严格遵守相关的标准、规范和规定，如商业部颁发的《冷藏库氨制冷装置安全技术规程（暂行）》[8]。

此外，国务院安委会在"关于深入开展涉氨制冷企业液氨使用专项治理的通知"（安委〔2013〕6 号文件）[9]，也对氨制冷剂冷库做出如下规定：

a. 包装间、分割间、产品整理间等人员较多生产场所的空调系统严禁采用氨直接蒸发制冷系统。

b. 液氨管线严禁通过有人员办公、休息和居住的建筑物。

c. 库区及氨制冷机房和设备间（靠近储氨器处）门外应按有关规定设置消火栓，应急通道保持畅通。

　　d. 构成重大危险源的冷库，应登记建档、定期检测、评估、监控等。

　　e. 氨制冷机房储氨器上方应设置水喷淋系统，喷淋水应引自于消防水系统。

　　f. 在厂区内显著位置应设风向标。

　　g. 压力容器、非专业操作人员免进区域、关键操作部位等应设置安全标识。

　　h. 企业应建立健全并落实液氨使用的有关安全管理制度和安全操作规程。

　　i. 企业的从业人员应经过液氨使用管理及应急处置等有关安全知识的培训。

　　j. 企业应建立设备管理档案，并妥善保存。

4.1.1.3　冷库设备的运行与维护

　　在此介绍冷库主要设备与部件的运行与维护。

　　制冷设备及配套附属设备的操作应按照设备使用说明书中的操作规程执行。系统运行时应按时记录制冷设备的运行参数。在记录参数的同时要观察设备不同位置的声音、温度、压力等是否正常，观察是否有制冷剂或润滑油的泄漏情况。

　　（1）压缩机。

　　①润滑油。

　　a. 正确选择和使用润滑油。

　　润滑油对压缩机的功耗及制冷系统的经济性与安全性都有一定影响，对润滑油的正确使用，应引起足够重视。

　　i. 正确选用润滑油。润滑油应有适当的黏度，黏度太大，流动阻力大，摩擦功增加；黏度太小，摩擦面不能形成油膜，摩擦力增大，摩擦功也会增加。

　　ii. 润滑油的黏度随温度升高而下降，将会导致润滑恶化，摩擦功增加。因此，当其温度升高时应及时冷却或提高冷却效果，以降低油温。

　　iii. 含氟烃类制冷剂系统润滑油与制冷剂可以相互溶解，应保证回油顺畅，否则会导致压缩机缺油而损坏；同时也会因制冷剂中含油太多而使蒸发压力下降，最终导致制冷系数下降。

　　iv. 氨制冷系统由于润滑油与制冷剂不能相互溶解，油进入系统后，易聚积在截面小的管路或阀门中导致堵塞；同时，油的导热系数远比金属小，当附着在热交换器壁面上时，将使传热恶化，引起冷凝温度升高和蒸发压力降低，排气温度上升，降低系统运行效率。所以，为了避免和减少油进入系统，应注意降低压缩机排气温度，正确掌握压缩机加油量，定期从设备中放油。

　　据有关资料介绍，冷凝器内表面有 0.1mm 的油膜，将使压缩机制冷量下降 16.6%，用电增加 12.4%。

　　b. 注意压缩机的油压、油位、油温的变化。压缩机正常工作时，应保证油位在视油镜的中线附近，过高过低都是不对的。新安装的机组试车时，可适当高一点，但不应该超过视油镜的高度。为保证油位和足够的润滑流量，试车时适当地多加一点，这对压缩机的润滑是有利的。试车结束后，应将润滑油全部换掉，进行内部清洗，然后加油至标准高度。在运行中，当油位下降至油镜最低限位以下，经调节而不能使油位升高时，可按不停机情况下的加油程序补充润滑油。若油位继续下降，这时则不能盲目加油，应停机分析缺油原因，进行处理。

油泵的供油压力是否满足要求，是保证压缩机安全运行至关重要的大事，必须认真调节以满足要求。为保证压缩机运行时的正常油压，在日常的保养工作中（特别是在新机组投入运行后的一段时间内），除必须保持正常的油位以外，还应根据油压的变化，随时对油过滤网和输油管道进行清洗、吹除以及对润滑油进行更换。在换油时，应按规定使用规定牌号的润滑油，不允许两种不同牌号的油混用，或用其他牌号的润滑油代替。

润滑油的工作温度一般要求在 30~60℃（不同的设备、制冷剂、润滑油要求可能不一样，以产品说明书为准）为正常。这是因为润滑油除了起着润滑作用外，还起着带走摩擦热的作用。为控制油温，在离心式、螺杆式和部分活塞式压缩机的油槽中，装有油加热器，同时在润滑系统中还设有油冷却器，用来调节润滑油的工作温度，保证润滑的需要。保养时应注意油加热器的工作，定期清除油冷却器管道中的杂物或水垢，调整进水温度，以保证对润滑油的温度要求。

②注意压缩机的振动和异常噪声。压缩机工作时，按技术条件规定，允许有一定的振动和噪声级别，但不允许有强烈的振动和异常噪声。在日常的保养工作中，应注意检查机组容易产生振动和噪声的部位，如地脚螺栓的松动、垫铁的位移、开启式压缩机联轴器中减振橡胶套的磨损、皮带传动的压缩机组带打滑或断裂等。如果振动和噪声来自机组内部，则应停机组，判断部位进行检修，不允许机组继续工作，否则将有损坏机组的可能。

③注意压缩机轴封或其他部位的泄漏。开启式压缩机的轴封是最容易泄漏的部位。泄漏的原因很多，在日常保养工作中应注意对它的检查，同时应保证有足够的油压、清洁的润滑油对轴封供油。如果发生大量泄漏，则应停机进行检修。国内厂家说明书上一般规定开启式压缩机轴封处的泄漏量，以每小时不超过 10 滴为合格。

压缩机的各密封部位一般都采用螺栓固定、石棉橡胶垫密封。压缩机工作时，由于振动或压力的冲击，螺栓容易松动，石棉橡胶垫会发生损坏，平时保养工作中发现螺栓、螺母松动，应及时紧固，防止制冷剂或润滑油的大量泄漏。在处理过程中，高压部位泄漏，在紧固螺母时，不允许施力过猛或任意加长套管，在停机时处理更为安全。

④保持压缩机处于完好状态。压缩机运行中，可能出现零部件磨损或损坏，装配间隙变动，密封性能下降，过滤器堵塞等情况，这些都可能导致功耗增加。因此，应当安排好大、中、小修理计划，加强平时的维修保养，以保证压缩机处于完好状态。

a. 螺杆制冷压缩机。

i. 观察轴封处滴油情况，压缩机、油泵轴封泄漏量不应大于 6 滴 /min（约 3mL/h）。

ii. 观察机组机头结霜情况，若机头结霜严重，并伴有排气温度下降、油温下降、压缩机运行声音变大，可能为蒸发器供液过多导致回液所致。要注意观察、调整供液，包括经济器的供液。

iii. 应定期校正压缩机和油泵的同轴度，如有异常，应立即停机检查。

通过上面的检测和调整，将运行参数控制在表 4-1 和表 4-2 所示的正常运行范围内。

表 4-1　单级压缩机正常运行参数

项目	单级压缩机		双级配搭低压级压缩机	
制冷剂	R717	R22	R717	R22
排气压力（MPa）	≤ 1.6		≤ 0.5	
对应饱和温度（℃）	43.4	44.3	≤ 9.2	≤ 5.9
吸气压力（MPa）	−0.045~0.57	−0.017~0.62	−0.07~0.052	−0.05~0.101
对应饱和温度（℃）	−45~12.5	−45~12.5	−55~−25	−55~−25
油压（MPa）	高于排气压力 0.15~0.3			
油温（℃）	35~55			

表 4-2　单机双级压缩机正常运行参数

制冷剂		R717	R22
排气压力	（MPa）	≤ 1.6	
对应饱和温度	（℃）	43.4	44.3
吸气压力	（MPa）	−0.07~0.052	−0.05~0.101
对应饱和温度	（℃）	−55~−25	−55~−25
中间压力	（MPa）	0.159~0.64	0.272~0.803
中间温度	（℃）	中间压力对应的饱和温度 6~10	
油压	（MPa）	高于排气压力 0.15~0.3	

b. 活塞式压缩机。

i. 油压稳定保持在规定值。油压比吸气压力高 0.15~0.3MPa；油分离器自动回油正常。

ii. 排气温度：单级压缩一般在 70~150℃；双级压缩系统低压级在 70~90℃，高压级在 80~120℃，过高或过低都不正常。

iii. 压缩机高压排气压力不得超过 1.73MPa。一般工况下排气压力应在 1.5MPa 以下，单级压力比等于或小于 8；压缩机运转中，其吸排气阀片、曲轴转动等部件的声音应是均匀带有节奏的运行声音。

注意：如有杂音或撞击声应立即停机检修，并填入运行记录。

iv. 曲轴箱内的油面，单个视油镜时，应保持在油镜的 1/2~2/3 内；两个视油镜时，应保持在上、下两个视油孔 1/2 之间的范围内。油温最高不应超过 70℃，最低不得低于 5℃。

注意：润滑油不得出现泡沫状态。

v. 压缩机机体不应有局部非正常的温升现象，轴承温度不应过高，密封器温度不应超过 70℃。

注意：运行中如发现局部发热，温度急剧升高，应立即停机检查，查清原因并修复。

vi. 轴封漏油量不应超过 2~3 滴 /min，并且无氨泄漏。

注意：应定期校验压缩机同轴度。

vii. 蒸发温度较低时，吸气管结霜至吸气阀过滤器处为宜，机体部位不允许结霜。

注意：机体结霜是"潮车"（湿冲程）的表现。

viii. 定期检查确认电动机运转声音正常，电流、电压稳定，温度正常。

ix. 定期检查确认温度控制器工作正常，能按预定温度开机或停机。

x. 定期检查确认膨胀阀内制冷剂流通正常，无阻塞现象。

xi. 冷间负荷大部分时间低于设计负荷，因此，压缩机的运行降温并不是连续进行的。可能的情况下，可以采用夜间多运行的操作方式。夜间运行外界气温低，冷却水温下降，冷凝压力和冷凝温度都随着降低，制取同样的冷量，压缩机的功耗减少，达到了节能的目的。此外，大部分地区都实行了昼夜不同的峰谷电价，充分利用夜间较低的电价，也是减少电费开支、提高效益的重要手段。

（2）冷凝器。冷凝器运行过程中，进水阀、出水阀、进气阀、出液阀、均压阀、安全阀前的截止阀和液面指示器的阀门必须全开，放油阀和放空气阀应关闭。冷凝器停止工作时，应首先关闭进气阀，间隔一段时间后，再切断水泵和风机的电源，停止供水。冬季停用应将水冷冷凝器中的积水放净。若冷凝器长时间停用，必须将制冷剂排空，并与其他管路隔开。

①一般要求。

a. 冷凝压力一般不超过 1.5MPa。

b. 经常检查冷却水的供应情况或风机的风量情况，保证水量或风量足够，分配均匀。

c. 冷凝器的进出水温差应根据其种类调整，蒸发式冷凝器通常控制在 8~14℃，立式和淋激式为 2~3℃，卧式为 4~6℃，冷凝温度较出水温度高 3~5℃。

d. 对于氨系统，应定期采用化学分析法或酚酞试纸检验冷却水是否含氨，以确定冷凝器是否漏氨，一般每月一次，发现问题及时处理。

e. 对于氨系统，应根据压缩机耗油量的多少定期进行系统放油，一般每月一次。并根据冷凝温度、压力及水温、空气温度情况分析是否需要放空气。

f. 根据水质情况，定期除水垢，水垢厚度一般不得超过 1.5mm，一般一年清除一次。

g. 蒸发式冷凝器运行时，应先开启风机，然后开启循环水泵，再开启进气阀和出液阀。喷水嘴应畅通，定期清除水垢。

②壳管式冷凝器。

a. 根据压缩机的制冷能力和冷却水温度等工况确定冷凝器的工作台次和水泵运转台次，以达到制冷系统的经济合理和安全运转。

b. 除放油阀和放空阀关闭外，其他各阀门均应常开。冷凝器在运行时要求进气口、出液口常开；筒体上的平衡管与储液器平衡管相通，保持常开，以保持两个容器的压力均衡，保证制冷剂液体及时顺利流向储液器。

c. 根据压力表显示的压力与实际冷凝压力差值（差值越大，系统空气越多）及排气压力表指针摆动的情况（摆幅越大，空气越多）等，分析是否需要放空气。

立式冷凝器设置了两个放空点，上部放空点为系统停止运行时放空，下部放空点为系统运行时与空气分离器连接进行放空。卧式含氟烃类制冷剂用冷凝器放空阀在筒体顶部，在系统运行时通过空气分离器放空。

d. 氨用冷凝器要定期通过集油器放油，一般一个月左右应放油一次。放油时应尽量选择热负荷小或排气温度较低时进行，最好停止冷凝器工作。放油步骤如下：

i. 检查集油器是否处于待工作状态。

ii. 冷凝器放油时，应尽可能在该冷凝器停止运行 30min 后进行，缓慢开启设备的放油阀和集油器的进油阀，向集油器放油。

iii. 放油操作时，要密切注意集油器内油位的变化，当集油器内油位达到最高工作油位时，关闭冷凝器放油阀和集油器进油阀，停止向集油器内放油。如果设备放油没有完成，按集油器的操作规程将油放出系统后，继续冷凝器的放油操作。

iv. 若发现设备放油管路较凉或有潮湿现象时，应立即停止放油。

v. 放油完毕，关闭冷凝器的放油阀和集油器的进液阀，恢复冷凝器的工作状态。

vi. 按集油器放油操作规程，将油放出系统。

vii. 做好设备运行记录。

e. 当全部制冷压缩机停止运行 15~20min 后，停止冷却水泵和冷却水塔风机。

f. 经常观察冷凝压力，表压力最高不得超过 1.5MPa。

g. 壳管式冷凝器应有足够的冷却水量。如有两台以上冷凝器，应调整好水阀，使每台水量基本均匀相等。立式冷凝器的分水器应全部装齐，不应短少，避免水量分布不均或不沿管壁下流。

h. 应经常检查冷凝器冷却水系统的工作状态，检查冷却水温与水量是否符合要求，一般立式冷凝器进出水温差为 2~4℃，卧式冷凝器进出水温差为 3~6℃。冷凝温度一般较出水温度高 4~6℃。

i. 应定期检查并清除冷凝器的水垢，一般每年清除 1~2 次水垢和污泥（视水质情况而定），水垢厚度不应超过 1.5mm。

j. 定期用酚酞试剂（纸）检查其出水，如发现有氨的现象，应停止其工作，切断其与系统的联系，查明原因、排除故障并做好记录。

k. 按国家有关管理部门要求，定期校验压力表、安全阀。

③蒸发式冷凝器。

a. 蒸发式冷凝器正常运行时，除放气阀处于关闭状态外，其余阀门均应处于开启状态。

b. 用于蒸发式冷凝器的喷淋水应经软化处理，水质应达到 GB 1576—2008《工业锅炉水质》要求，运行过程中需定期抽样检测水质，并应每月清洗水池一次。

c. 经常检查冷凝器水池水位以及浮球阀、溢流阀是否正常工作，一般一周一次。

d. 蒸发式冷凝器正常工作时，表压力最高不得超过 1.5MPa。

e. 蒸发式冷凝器的制冷系统定时放空显得尤为重要。一般情况下，新系统应持续打开空气分离器，直至不凝性气体放完为止，之后每间隔一周放一次。在设备维护保养、系统添加制冷剂和润滑油后应立即予以放空，确保系统中没有不凝性气体。

f. 蒸发式冷凝器放空气操作需每个换热管组上、下放空气口逐个进行。同时打开多个换热盘管的放空阀，将会使存液弯失去作用，使液体回到冷凝盘管中。如果冷凝器进气接口处的放空口采用的是直接对空方式，必须在系统关闭运行 30min 以后才能有效放空。（**注意：正常运行时，禁止换热盘管上、下或盘管组之间联通。**）

g. 蒸发式冷凝器冬季运行时要注意防冻。在冬天气温较低时运行蒸发式冷凝器，应根据系统负荷情况将储水槽设置在室内或在储水槽上加装电加热器，或者采取干式运行的方式，节约运行费用。

h. 按国家有关管理部门要求，定期校验压力表、安全阀。

i. 做好设备运行记录。

（3）蒸发器。

①蒸发器运行。

a. 准备。冷却盐水的蒸发器主要有满液式、干式及立式螺旋管蒸发器等。启动前的准备工作包括：

i. 检查立式螺旋管蒸发器搅拌器及盐水泵的润滑情况，应保持良好。

ii. 检查盐水有无渗漏现象。

iii. 检查蒸发器盐水槽或盐水罐中盐水密度及水量是否符合要求，对于立式蒸发器来说，要求盐水完全覆盖蒸发器，并高于上集管 100mm 以上。

b. 启动。

i. 启动盐水搅拌器，缓慢开启蒸发器制冷剂回气阀，再开启有关制冷剂的供液阀。当盐水箱内盐水温度比冷间温度低 8~10℃时，开启进、出盐水阀，启动盐水泵将水送进冷间换热设备。

ii. 对于卧式蒸发器，为避免管内盐水冻结，应先开启蒸发器进、出水阀，启动盐水泵，然后再开启制冷剂的回气阀。

c. 停机。盐水蒸发器停止工作时，应先关闭制冷剂的供液阀，待制冷系统蒸发压力降低后再关闭回气阀。待蒸发器的盐水温度上升 3~4℃可关闭盐水泵运转，关闭进、出盐水阀。如盐水蒸发器长期停止工作，应将盐水从蒸发器内放出。

d. 放油。盐水蒸发器放油时需停止工作，使盐水蒸发器压力自然回升到高于大气压力后向集油器放油。也可采用向蒸发器盐水槽中供热盐水的方法来提高蒸发器的压力，但压力不应高于 0.6MPa。

②平板冻结器部件。

a. 单体速冻机在使用前应进行预降温。预降温时间应根据系统情况确定，一般为 40~60min。

b. 首先缓慢打开回气阀门至全开，待蒸发压力降至设定蒸发压力时，开启供液阀门，调节供液量。在温度达到设定使用温度后方可投入冻结加工。

c. 操作前应认真检查内部结构，平板升降不得有卡阻、歪斜等现象。

d. 货物摆放时，应稍高出冻结盘，以保证货物与平板直接接触。

e. 冻结盘装入平板前，平板上的杂物、冰和霜层等必须清除干净以保证其良好接触。

f. 冻结时，应尽量把各层平板装满，如货物较少，必须使各层盘数相等或相近。且均匀分布于平板上。

g. 冻结前，应使平板压紧冻结盘。

h. 单体速冻机融霜需制冷操作与生产管理相互配合。提前停止或减小系统供液，保证热氨融霜时蒸发器内不会存有大量氨液。严禁在制冷系统运行的情况下，采用水冲霜的方式除霜。

i. 严格按照蒸发器热氨融霜操作规程进行热氨融霜操作。如果采用热氨与水结合除霜方式，应严格按照冷风机热氨与水结合除霜操作规程进行。

j. 生产结束时，应提前停止或减少系统供液。单冻机清洗时，制冷系统回气阀门应保持微开状态。平板冻结机长期不用应冲洗干净，并使平板落下，平板内制冷剂应"抽净"（压力表稳定在 0~0.1MPa）。

k. 经常检查各管接头的密封及金属软管和与之相连的铝弯管，看是否有破漏或异常变形迹象，若有应及时停机，关闭供液阀，抽空，检查，确认无不良后果及故障产生，方能继续生产。建议用户每两年更换一次金属软管。

③冷风机部件。

a. 启动冷风机前应转动鼓风机，检查鼓风机和电动机转动机构是否灵活，叶轮与机壳是否有摩擦现象，风机转动有无过重或结冰卡死现象。若发现不正常情况，应及时调整修理，然后再启用冷风机。

b. 直接蒸发式冷风机投入运行，应先缓慢开启回气阀，再适当开启供液节流阀。

c. 启动冷风机后，注意风机电流是否正常，电动机和鼓风机声音是否正常，轴承是否发热，若有异常现象，应查明原因，排除故障并做好维修记录。

d. 冷风机的蒸发器结霜应均匀，若发现结霜不均匀，应查明原因，调整节流阀，或采取其他纠正措施。

e. 冷风机蒸发器的霜层应根据运行情况及时清除。冷藏库冷风机霜层厚度达到 2~3mm 时，即应进行融霜；冻结间冷风机可以每进行一次冻结加工融一次霜；冷却间冷风机可以每进行一次冷却加工融一次霜，也可以在霜层厚度达到 2~3mm 时，即应进行融霜操作。

f. 直接蒸发式冷风机停机时，应关闭供液阀，适当降低回气压力后，停止鼓风机运转。

g. 做好冷风机运行情况记录。

④日常维护。对于冷却盐水的蒸发器：

a. 对立管式螺旋管式蒸发器应保持盐水槽的液面，使之符合要求。

b. 每周检查盐水密度、浓度，使盐水凝固点低于蒸发温度一定范围。盐水的浓度必须适中，以保持盐水不会发生析冰、析盐现象。根据制冷工艺设计要求调整蒸发温度和盐水温度。对敞开式盐水循环系统，蒸发温度应比盐水温度低 5℃；对封闭式盐水系统，蒸发温度应比盐水温度低 8~10℃。由于盐水会吸收空气中的水分而使其浓度降低，特别是敞开式盐水制冷系统，因此必须定期测量盐水浓度。注意测量的条件是以盐水温度 15℃为标准的。

c. 在配置盐水时，应在配置箱内进行而不要直接在盐水池内溶盐。

d. 定期排放蒸发器内积油并清除管壁的污垢，以保证良好的冷却效果。

e. 为了减轻盐水的腐蚀性，可在盐水中加入适量的防腐剂，并调整盐水的 pH。

f. 当蒸发器长时间停用时，可将蒸发器内盐水放净，以减少腐蚀。

g. 立式蒸发器盐水槽的盖板上应保持清洁并关闭严密。

h. 定期检查盐水中是否含氨。

（4）高压储液器。

①高压储液器在工作时，放油阀和放空气阀应关闭，其余阀均常开。

②在正常的情况下，储液器液面应稳定，不应有忽高忽低的现象，但允许在系统热负荷发生剧烈变化时液面发生波动。其液面最高不应超过80%，最低不应低于30%。液面过低，不能满足制冷系统正常供液需要，甚至破坏液封作用发生高低压串通事故；液面过高，易发生危险和难以保证冷凝器中液体及时流出。

③几台储液器同时使用时，应开启液体和气体均压阀，使压力和液面平衡。另外，液面应保持在40%~60%，最低不低于30%，最高不超过70%，压力不超过1.5MPa。有油或空气应及时放出。在液氨不足的情况下，可停用其中部分高压储液器，将不使用的储液器内液氨送出，但其储液面应不能低于20%（**注意：必须保证任何时候出液管口位于液面之下**）。关闭其进液阀、出液阀、液体均压阀、放油阀、放空阀。悬挂设备停用指示牌。停用的储氨器必须始终保持气体均压阀、压力表阀的开启状态。（**注意：定期观察储液器压力状态**）

④储液器和冷凝器上的压力表读数应相同，最高不得超过1.5MPa，压力表指针稳定。

⑤当其液位计中发现油位上升时，说明桶内有积油，需要进行放油。

⑥连接液面指示器的阀门内有一钢球，它相当于一个止回阀，一旦指示器破裂，它能借助容器内外压差推动钢球封住氨液出口，防止严重事故的扩大。因此该阀不能用普通截止阀代替。

⑦储液器一般应放置在室内，如放置在室外时，应采取有效措施，防止阳光直晒。

⑧按国家有关管理部门要求，定期校验压力表、安全阀。

⑨储液器停止使用时，应关闭进、出液阀，储存液量不应超过70%，与冷凝器间的均压管不应关闭。长期停机时应尽可能将制冷剂抽回储液器中，以防止其他设备泄漏造成损失。收回制冷剂后，除压力表阀、安全阀前截止阀、液面指示器阀打开外，其余全部关闭。

⑩在中小型氟制冷系统中，往往冷凝器兼做储液器，长期停机时液体收回至冷凝器中储存。

（5）低压循环储液桶。使用前首先检查放油阀、排液阀是否关闭，进出气阀、安全阀前截止阀、油面指示器阀、压力表阀是否打开。然后开启调节站或高压储液器的供液阀，待液面达到1/3高度时，开启循环储液桶的出液阀，启动氨（氟）泵向系统供液。为防止桶内液体被瞬间抽空，造成氨（氟）泵无法正常工作。氨（氟）泵出液阀应适当关小，待经一段时间的运行桶内液面平稳后，再将出液阀开启至正常位置。

①低压循环储液桶正常工作状态。正常工作时，其冲霜排液阀、放油阀处于关闭状态，液面计阀微开或全开，供液电磁阀（浮球阀）、节流阀的开启状态由液位控制要求确定，其他阀门应全部处于开启状态。

②正常运行状态下，低压循环储液桶液面应处于浮球阀中心线或液位控制器的控制线高度。一般立式循环储液桶应为容器高度的30%~40%。

③操作人员应经常观察低压循环储液桶的液面情况，若液位超过桶体高度的50%时，应关闭或减小供液阀开启度，以保证压缩机正常工作。如果开机前发现低压循环储液桶液位超高，应先开启氨泵，送出部分液氨。压缩机运行时，适当减小吸气阀门的开启度。

④采用电磁阀自动供液时，应调节电磁阀后节流阀的开启度，使电磁阀工作有间隙时间，应定期清洗电磁阀前的液体过滤器。同时应经常察看自控系统的指示灯和液位计指示的液位。当自动控制供液阀（电磁阀、浮球阀）供液不足时，可以开启手动节流阀同时供液，保证氨泵正常运行。当液位控制系统失灵时，应关闭供液电磁阀（浮球阀），采用手动节流阀直接供液。

⑤玻璃液面计有时会显示假象，应予以清除。存油器应存满冷冻油。存油器换新油时，应先关阀两边的阀门，然后才能开下部的放油阀。

⑥采用低压循环储液桶作冲霜排液桶使用时，应在热氨融霜前 10~15min 关闭供液阀，冲霜时应控制低压循环储液桶的液位，不得过高。冲霜用的进液阀（膨胀阀）不宜常开，更不宜开得过大，开开关关间歇地进行。（**注意：要注意观察低压循环储液桶和热氨的压力变化。**）

⑦低压循环储液桶需要停止运行时，应减少或停止供液，降低液位，再停止氨泵运行，关闭液体调节站的有关供液阀。

⑧根据实际情况按放油操作规程放油。低压循环桶放油时，为了不影响正常制冷，可直接通过集油器放油，但放油缓慢，效果不理想。也可利用生产不忙，或制冷系统停止运行及库温达到要求停机时，待其桶内压力回升后进行放油。最好是在热氨冲霜排液后，等待一段时间使油沉淀后，此时桶内压力较高，此时放油效果好。

⑨对于氟系统，应有专门措施或回油装置使循环储液器中的润滑油回到压缩机中。

⑩按国家有关管理部门要求，定期校验压力表、安全阀。

⑪做好设备运行记录。

（6）中间冷却器。中间冷却器（简称中冷器）的供液由手动调节阀和液位控制器控制，液面水平控制在指示器高度的 50% 左右。高压级压缩机的吸气温度应比中间压力对应的饱和温度（简称中间温度）高 2~4℃，中间压力应调整为最佳中间压力。使用手动调节阀供液时，应根据指示器的液面高度和高压机的吸气温度来调整供液阀的开启度，同时根据低压机耗油量按时放油。

中间冷却器停止工作时，中间压力不应超过 0.6MPa，超过时应采取降压或排液措施。

①正常工作时中间冷却器排液阀、放油阀处于关闭状态，液面计阀微开或全开，供液电磁阀（浮球阀）、节流阀的开启状态由液位控制要求确定，其他阀门应全部处于开启状态。电磁阀正常运行时，上部气体均压阀和下部液体均压阀应处于开启状态。中间冷却器的供液控制一般采用电磁阀和浮球阀联合控制。需要对节流阀开启度进行调整。

②中间冷却器正常工作时，其液位应处于浮球阀中心线或液位控制器的控制线高度。液位过低（低于30%）或超高均属于不正常现象。液面过高，容易发生高压级进液；液面过低，它的冷却过冷作用又会减弱，所以液面要控制在要求的范围内，一般在筒高的1/2处。要及时排除中间冷却器供液部分液位控制故障，避免发生系统运行安全事故，必要时可采用手动补液或排液。

③配组双级制冷系统启动时，应先启动高压级制冷压缩机，待中间冷却器压力降至 98kPa（0.98bar）时，再启动低压级压缩机。

④配组双级制冷系统停机时，应先停低压级制冷压缩机，待中间冷却器压力降至98kPa（0.98bar）时，再停高压级压缩机。停车前，应提前停止中间冷却器供液。

⑤中间压力与系统蒸发压力、冷凝压力以及系统运行中的高、低压级容积比有关，一般情况下，中间冷却器正常工作压力不应大于0.4MPa，系统停止工作时，压力不应高于0.6MPa，否则应及时降压。

⑥高压级制冷压缩机的吸气温度是随中间压力变化而变化的，一般比中间冷却器压力对应的饱和温度高2~4℃。

⑦当系统有多台中间冷却器时，如果停止其中一台的工作，则被停止工作的中间冷却器其盘管进液阀要及时关闭。

⑧中间冷却器内存油多少可根据低压级压缩机的耗油量来判断，一般低压级压缩机每耗油20kg应放一次油。如果运行中，中间冷却器金属液面计上部结霜、下部不结霜，则说明存油过多，需要对其进行放油。

⑨按国家有关管理部门要求，定期校验压力表、安全阀。

⑩做好设备运行记录。

（7）氨液分离器。氨液分离的作用是保证各蒸发器供液均匀，因而氨液分离器内必须保持一定高度的稳定液面。它的正常高度应高于最高蒸发器1.5~2m，以克服供液管路阻力，保证蒸发器供液量。如安装位置过低，会造成供液不足；如安装位置过高，则会增大蒸发器内静压力，使蒸发温度上升，影响正常降温。

氨液分离器在运行中，放油阀和手动供液阀应关闭，压力表阀、进出气阀、出液阀都应开启。采用自动供液装置时，应时刻注意液位，当其失灵时采用手动供液。在系统开始运行前，先开启调节站上的回气阀，当回气压力正常后，再开启调节站上的供液阀，使氨液分离器处于工作状态。

氨液分离器在正常工作时，要根据压缩机的运行状况、蒸发器和液面指示器的指示情况，调整供液量，通常液面计的高度在1/3处。并定期放油和注意隔热层有无损坏。

氨液分离器放油较为困难，可以先加压再进行放油，压力一般不超过0.5MPa。

（8）油分离器。

①氨活塞压缩机组通常使用的是洗涤式油分离器。在正常运行中，进、出气阀和供液阀开启，放油阀关闭。根据开机时间长短和机器的耗油量及油分离器下部存油情况确定是否放油，通常每周1~2次。

②氟活塞压缩机组通常使用的是过滤式油分离器。在正常运行中，进、出气阀开启，手动回油阀关闭。自动回油阀周期性打开，回油时由于内部高压过热蒸汽的作用使回油管变热，不回油时应是冷的。因此回油管油周期性发热说明油分离器自动回油装置工作正常，否则表示发生故障。发生故障时，为保证运行正常，应定期开启手动回油阀进行回油，并且注意防止大量高压蒸汽进入曲轴箱。

③螺杆压缩机组自身带的油分离器不用放油，但必须定期观察油分离器里的油位，不同部位的油位应满足该产品使用说明书的规定。

④放油步骤。以洗涤式油分离器为例，其放油操作步骤如下：

a. 使集油器处于工作状态，将集油器内积油放出，打开减压阀降低其压力，再关闭降压阀。

b. 放油前关闭油分离器供液阀 15min 左右，使油内制冷剂液体蒸发，油沉淀下来。

c. 当油分离器外壳中下部温度升到 40~45℃时，打开放油阀，向集油器放油。

d. 当发现油分离器放油阀处管道发凉或有结霜时，说明油已放完，关闭放油阀，开启供液恢复正常工作。

⑤做好操作记录。

（9）排液桶。排液桶的功用是接收蒸发器热氨冲霜时排回的液氨及其他设备的液氨。排液桶也可作为其他设备放油的中转站。在正常制冷时是不参与制冷循环的，只有在冲霜排液或临时储存液体时才用。

排液桶在进液前，应先检查桶内的液面与压力，若有液体应先排液，再打开降压阀，把桶内压力降至蒸发压力后关闭。打开其他设备的出液阀和排液器的进液阀进行排液工作。桶内液位不应超过 70%。排液完毕后关闭进液阀，进行放油。油放尽后，关闭高压储液器至调节站或循环储液器的供液阀，打开增压阀、排液器至调节站或循环储液器的供液阀，将排液器的制冷剂液体送到低压系统中去。此时排液桶内压力应保持 0.6MPa。排液完毕，关闭排液器的供液阀，并且立即把桶内压力降至蒸发压力，同时打开高压储液器、调节站或循环储液桶的供液阀，恢复系统的正常供液。需要注意以下几点：

①检查排液桶是否处于待工作状态。安全阀前的截止阀、压力表阀、液面计阀处于开启状态，其余的阀门都应处于关闭状态。检查排液桶的液面与压力。如桶内有氨液时，应先进行排液；如压力过高，应打开降压阀，使桶内压力降至蒸发压力后，关闭降压阀。

②当热氨冲霜时，开启液体分调节站的排液阀和排液桶上的冲霜进液阀。排液桶进液阀要间歇开关，不能常开也不能开得过大，尤其到冲霜排液行将结束时更不能开启过大。

③操作排液桶上的加压阀、降压阀时，要注意缓慢开启，同时开启度也不能太大。（**注意：排液桶上加压阀、减压阀不能同时开启**）

④排液桶的液面不允许超过 80%。热氨冲霜完毕，先关闭液体调节站的排液阀，再关闭排液桶的进液阀。严禁先关闭排液桶进液阀，后关闭液体调节站排液阀。

⑤静止 20min 后，按放油操作规程将油放出系统。

⑥结束放油后，开启加压阀，当压力升至 0.6MPa 时关闭加压阀、高压储液器出液阀；开启排液阀、出液阀及有关系统供液阀，将排液桶的氨液排至蒸发系统中去。（**注意：在排液过程中，排液桶内压力应保持 0.6MPa**）

⑦排液桶排液完毕，关闭排液阀。缓慢开启降压阀，使排液桶内压力降至蒸发压力，关闭降压阀，使排液桶处于待工作状态。

⑧排液桶用于其他设备排液时，操作注意事项与热氨融霜时操作相同。

⑨按国家有关管理部门要求，定期校验压力表、安全阀。

⑩做好设备运行记录。

（10）调节站。气体调节站上的回气阀不要开得过大或过快。在融霜或热负荷突增后降温时，回气阀应先微开，待蒸发器内的压力与系统中的压力基本平衡后，再全部打开回气阀，以免压缩机湿冲程。

正常工作时，液体调节站上各阀门的调整，应根据蒸发器的结霜情况及热负荷的变化情况来决定开启度的大小，使供液量适应冷间热负荷的要求。当调节正常后，可不必频繁调整。

因冷库制冷剂管路一般都比较长，系统的惰性也比较大，阀门调整后，温度、压力等参数可能不会马上随之变化，这时不要马上继续调整，应观察 15~30min，待参数稳定后再根据要求继续缓慢调整。

（11）泵。

①氨（氟）泵。目前制冷系统中使用的氨（氟）泵主要是屏蔽泵，不需要单独对泵设置润滑系统，通过制冷剂的循环对泵进行润滑和冷却。

a. 初次使用前要检查泵的转向，与泵进液端标示的箭头方向一致。屏蔽泵没有联轴器，当屏蔽泵已经连接上管路，灌满制冷剂液体后，就不能直接看出泵转向是否正确。但可从压力表判别，反转时压力比正转压力明显低，并伴有杂音，可将泵电源线的两相正反调接，试验两三次，压力高的就是正转。

b. 开机前首先打开循环储液器供液阀和氨（氟）泵进液阀，使氨（氟）泵灌满氨液，检查泵出口处的抽气阀是否打开、低压循环储液器的液位是否正常。如果液位偏低要先供液。对于离心泵，开泵前最好是关闭或关小泵的出液阀，防止开泵瞬间电流过大烧毁电动机或者轴向力过大损伤轴承。开机前必须了解上次停泵的原因，若因故障停泵，在修理后方可启动。

c. 接通电源，启动氨（氟）泵，观察出口压力表是否升压，如不升压立即停泵检查。待电流表和压力表指针稳定后，根据泵的扬程和制冷剂液体（当前温度和压力下）的密度调整出口阀的开度，投入正常运行。

d. 原则上应先开启制冷压缩机，后开启氨（氟）泵，并在停止压缩机运行前停泵，在制冷压缩机运行期间，氨（氟）泵的运行与停止应视系统运行情况而定。

e. 在正常运行时，压力表指针应稳定，电流不应超过规定值，氨（氟）泵发出比较沉稳、有负荷的声音。如果电流和排出压力下降，氨（氟）泵发出尖锐的无负荷声音，说明氨（氟）泵运转不正常，供液不足或不输送氨液，应迅速查明原因、排除故障。（**注意：氨（氟）泵不可以空转，以防止烧坏轴承**）

f. 停泵时，首先关闭循环储液器的进液阀和氨（氟）泵的进、出液阀（有液位自控装置的循环储液器，可不关进液阀）；然后切断电源停泵。

g. 氨（氟）泵的入口过滤器应经常清洗，低压循环储液器必须保持足够的液位，防止因进液不足产生气蚀，导致泵磨损。

②冷却水泵和冷媒泵。检查泵和电动机轴承的润滑情况，泵转动部分是否灵活，以及保护装置是否完善，密封器松紧度是否适当；检查吸、排水管道的阀门和泵的吸水、排水阀是否开启；然后，打开泵吸水管的放气阀，将吸水管和泵体内灌满水或冷媒水；开动电动机时，应注意电流表的负荷，不能超过正常工作数值。运转中，应发出较沉稳的声音、无杂音，轴承温度不能超过 70℃，电流表或压力表指针应稳定，排水管上压力表读数应与工作过程相对应，密封器和法兰处不应有漏水现象。

停泵时应先切断电动机电源，再关闭排水阀，待电动机停止运转后，关闭吸水阀，然后将运转情况作出纪录。冬季气温较低，应将管和泵体内的水放掉。

（12）冷风机。

①启动冷风机前应先手工转动风机，检查鼓风机和电动机转动机构是否灵活、叶轮与机壳是否有摩擦现象、风机转动有无过重或结冰卡死现象等。若发现不正常情况，应及时调整修理，然后再启用冷风机。

②直接蒸发式冷风机投入运行，应先缓慢开启回气阀，再适当开启供液节流阀。

③启动冷风机后，注意风机电流是否正常，电动机和鼓风机声音是否正常，轴承是否发热，若有异常现象，应查明原因，排除故障，并做好维修记录。

④冷风机的蒸发器结霜应均匀，若发现结霜不均匀，应查明原因，调整节流阀，或采取其他纠正措施。

⑤冷风机蒸发器的霜层应根据运行情况及时清除。冷藏间冷风机霜层厚度达到 1~2mm 时应进行融霜。冻结间冷风机可以每进行一次冻结加工融一次霜。冷却间冷风机可以每进行一次冷却加工融一次霜，也可以在霜层厚度达到 1~2mm 时进行融霜操作。

⑥冷风机的淋水管喷水孔和下水管道都应保养良好，定期检查和清理水道，保持畅通。

⑦直接蒸发式冷风机停机时，应先关闭供液阀，适当降低回气压力后，停止冷风机风扇的运转。

⑧做好冷风机运行情况记录。

（13）冷却排管。首先，根据冷却排管结霜的情况判断供液量的多少，其次，应及时融霜并放油。除霜时，严禁用重物敲打排管，有热氨融霜的可在冲霜时放油，否则需在排管最低位置设放油阀定期放油。同时，还要保护排管免遭机械撞击。

（14）单体速冻机。

①食品速冻制冷系统的操作必须与车间的生产操作相互协调统一。

②在每次冻结加工使用前应对食品速冻装置进行预降温，装置内温度从室温降至设计使用温度的时间应根据系统情况略有不同，一般为 30~60min。

③预降温操作时，应首先缓慢打开系统回气阀门，待蒸发压力降至接近设定蒸发压力时，开启供液阀门，调解供液量。在温度达到设定使用温度后方可投入冻结加工。

④根据生产负荷确定投入运行的压缩机和设备台数，调整系统供液量和运行参数。

⑤食品速冻装置机融霜时，必须提前停止或减小系统供液，并在融霜前抽空蒸发器内氨液。

注意：对于蒸发温度低于 −40℃、氨泵供液的制冷系统，融霜前的抽气过程尤为重要，否则，蒸发器集管或回气管道易发生"液爆"现象。

警告：在制冷系统降温运行的情况下，严禁冲水除霜或清洗。

⑥严格按照蒸发器热氨融霜操作规程进行热氨融霜操作。如果采用热氨与水结合除霜方式，应严格按照冷风机热氨与水结合除霜操作规程进行。

注意：部分食品速冻设备冲霜排水口需要人工封堵，除霜操作前要先打开排水管封口，冲霜结束后切记封闭，防止使用时跑冷和冻坏排水管道。

⑦生产结束前，应提前停止或减少系统供液，生产结束后继续进行抽氨运行，待蒸发器

内液氨抽净后停止制冷系统运行。

注意：食品速冻装置清洗时，制冷系统回气阀门应保持微开状态。

（15）平板冻结器。

①冻结盘装入平板前，应认真检查内部结构，平板升降不得有卡阻、歪斜等现象，必须清除干净平板上的杂物、冰和霜层等。

②货物摆放时，应稍高出冻结盘，以保证货物与平板直接接触。

③冻结时，应尽量把各层平板装满，如货物较少，必须使各层盘数相等或相近。且均匀分布于平板上。

④冻结前，应使平板压紧冻结盘。

⑤严格按照蒸发器热氨融霜操作规程进行热氨融霜操作。如果采用热氨与水结合除霜方式，应严格按照冷风机热氨与水结合除霜操作规程进行。

注意：严禁在制冷系统内存有氨液的情况下，启动热氨或水冲霜除霜。

⑥生产结束时，应提前停止或减小系统供液。单冻机清洗时，制冷系统回气阀门应保持微开状态。

⑦平板冻结机长期不用时，应冲洗干净，并使平板落下，平板蒸发器内氨液应"抽净"（压力表稳定在 0~0.1MPa）。

⑧经常检查各管接头的密封及金属软管和与之相连的铝弯管，看是否有破漏或异常变形迹象，若有，应及时停机，关闭供液阀，抽空，检查，确认无不良后果及故障产生，方能继续生产。建议每两年应更换一次金属软管。

4.1.1.4 冷库的几个重要操作

（1）紧急停机。紧急停机是指压缩机在未正常卸载的情况下，采取强制断电的方式使压缩机停止工作。因为压缩机带载停机的时候，没有针对性地对系统、阀门进行调整，所以一般情况下不允许采取紧急停机。当系统发生制冷剂泄漏或发生火灾等特殊情况时，才应当采取紧急停机的处理措施。

①制冷剂泄漏的紧急处理。

a. 高压系统泄漏的处理。应立即紧急停机以降低高压侧系统的压力，如漏氨事故较大，无法靠近事故机器，应到配电室断电停机。条件允许的情况下，立即关闭泄漏管路或设备两端的阀门，漏氨严重不能靠近设备时，要采取关闭与该设备相联接串通的其他设备阀门，同时关闭蒸发器的供液。如果是管路泄漏，则排空管路内的制冷剂后进行维修，试压合格后恢复工作。如果需要补焊，还需要对管路进行惰性气体置换；如果是高压容器泄漏，还应打开其与低压系统相连的旁通管路，将制冷剂转移到低压系统，减少制冷剂的泄漏量。对于氨系统，在排空的时候应在泄漏处淋水吸收，同时开启事故风扇。

b. 低压系统泄漏的处理。此时不应停止压缩机的运转，应关闭该支路冷却设备的供液阀及相关阀门，回气阀保持开启进行减压，然后用管夹将漏点卡死，再恢复冷间工作，待货物出库升温后再进行抽空维修。如果是氨系统，还应开启移动事故风机排除氨气，并用醋酸液喷雾中和，防止污染货物。

②发生火灾的紧急处理。发生火灾时，如果火势还没有威胁到制冷机房，则先不要紧急

停机。应首先关闭高压储液器的出口阀门，利用压缩机将系统内的制冷剂尽量回收到高压储液器中，这个过程应开启系统中的淋水装置（制冷机房除外），降低设备的温度，防止发生物理性爆炸。之后停止压缩机的运转，通过配电室关闭制冷系统所有用电设备的电源；关闭高压储液器的所有阀门，这时应注意储液器的液位高度不能过高，同时保持淋水冷却状态；条件允许的情况下，将制冷系统分段进行关闭阀门隔断。

（2）制冷系统加氨。

①根据制冷系统用氨情况确定灌量。

②检查氨瓶出液阀是否严密，确认瓶内氨液符合制冷系统的质量要求。加氨操作人员应带橡胶手套，并准备好防毒面具与防毒衣。操作人员应站在氨瓶出液口的侧面操作。

③加氨时，应将瓶头朝下倾斜，把氨瓶放在凹形木块上，出液管应与加氨站的加氨管连接牢固。

注意：氨瓶阀口朝上！

④关闭高压储液桶出液阀，适当降低系统回气压力和循环桶的液面。

⑤打开系统有关供液阀、加氨站的加氨阀，再开启氨瓶的出液阀，开始加氨；加氨过程中，应密切注意系统压力和压缩机运行状态的变化，防止压缩机湿冲程。

⑥当加氨站的压力降至蒸发压力或氨瓶口连按管结霜，并且霜层开始融化时，关闭氨瓶出液阀和加氨站的加氨阀。更换新氨瓶，按以上程序继续加氨。

⑦加氨完毕，关闭氨瓶出液阀和加氨站的加氨阀。开启高压储液器的出液阀，系统转入正常运行状态。

⑧氨瓶在加氨前后，均应过磅，记录加氨量。

⑨氨瓶在运输、储存、使用过程中，应严格执行气瓶安全管理的有关规定。

（3）放空。不凝性气体（如空气）混入制冷系统的制冷剂中时，会影响制冷系统的正常运行。因此需要定期排出这类气体。

①氨制冷系统放空。对于氨制冷系统，为减少氨气的排放，一般使用空气分离器排放系统中的不凝性气体。

a. 放空操作程序。

——开启混合空气进入阀，再开启降压阀，放空气时，降压阀始终开启。

——稍开进液节流阀，使氨液进入蒸发吸热，混合气体中氨气遇冷凝结成液体，空气积存于上部。

——稍开放空气阀，将空气放入水中。

——当空气分离器底部外壳结霜超过 1/3 时，关闭进液节流阀，开启分离器上的节流阀，使分离器内的氨液节流后气化，吸热直到霜层融化。然后关闭设备上的节流阀和进液节流阀。

——放空气结束后，先关闭混合气进入阀，然后依次关进液节流阀、放空气阀，打开设备上的节流阀至霜层全部融化后关闭，关回气阀，放空气停止工作。

b. 操作注意事项。

——进液节流阀不应开启过大，应根据回气管道的结霜情况进行调整。回气管未保温时，管上的结霜长度不宜超过 1.5m，回气管包保温层，则回气管不结霜。

——混合气体进入阀应全开。

——放空气阀要开小些，减少放空气时氨的损失，其开启的大小应根据水温升高及水中气泡的情况来判断。若气泡呈圆形并在上升过程中无体积变化，说明放出的是空气，如上升过程中气泡体积减小，则说明放出的气体中含有较多的氨气，这时应关小放空气阀。如水温明显上升，并发出强烈的氨味，水逐渐成乳白色，并发出轻微的爆裂声，则说明有氨液放出，应停止放空气操作。

——自动型空气分离器自动进行放空气操作。接通电源后，选择排气点即可全自动运行，无需人工干预，使用方便。在运行过程中，微电脑控制器（PLC）能根据反馈的参数自动判断可能发生的故障点，通过远程控制端子，向上位机（主控室）输出故障信息，并将故障内容显示在人机界面上。自动空气分离器可自动记录十次故障信息。

②氟制冷系统放空。对于氟制冷系统，放空气时先关闭冷凝器或储液器的出液阀，压缩机继续运转，系统中的混合气体都集聚在冷凝器或储液器中。冷凝器的冷却水不停，尽量使制冷剂充分冷凝，待低压系统达到真空状态时停止压缩机运转。停止运转10~15min后，打开设备上的放空阀，放空管末端较热时为空气，当管变凉时应立即停止放空气。通常要间隔一段时间重复几次放空才比较彻底。

（4）融霜。冰霜的导热系数比钢或铜小很多，因此蒸发器盘管上的冰霜会增加传热热阻、降低传热效果、影响降温速度。需要根据蒸发器的结霜情况，及时除霜，减少开机时间，降低电耗。

为防止低压、低温管路在融霜时受到压力波动和温度变化影响，规定进入蒸发器前的热气压力不得超过0.6MPa，禁止用关小或关闭冷凝器进气阀的方法加快融霜速度。同时应注意排液时不要发生水锤现象，否则严重时会造成管道破裂泄氨。排液时，排液器的储氨量不应超过70%。

①热氨融霜。融霜操作最好选择在出库后、库内无货或货物很少时进行。融霜时最好用单级压缩机排出的气体，它温度高，可缩短融霜时间。冬季融霜时，为提高压缩机的排气温度，可适当减少冷凝器的台数或减少冷却水。但严禁停止全部冷凝器，以免发生事故。其操作步骤如下：

a. 检查排液桶的液面和压力，必要时进行降压、排液处理，使排液桶处于准备工作状态。系统没设置排液桶时，融霜排液可直接排入低压循环储液桶，此时，应提前关闭或关小供液阀门，使其液面不超过40%，以备容纳融霜排液。

b. 关闭液体调节站上需冲霜库房的供液阀，保持对蒸发器的抽气状态。

c. 待蒸发器中液氨大部分蒸发后（冷风机：15~20min，冷排管：45~60min），如果蒸发器为冷风机则关闭其鼓风机，关闭气体调节站上需冲霜库房的回气阀。

注意：对于蒸发温度低于−40℃、氨泵供液的制冷系统，融霜前的抽气过程尤为重要，否则，蒸发器集管或回气管道易发生"液爆"现象。

d. 开启液体调节站需冲霜库房的排液阀、总排液阀和稍微开启排液桶的进液阀或低压循环储液桶的冲霜进液阀（节流阀）。

注意：热氨融霜过程中，排液桶进液阀要间歇开、关，不能常开也不能开启过大，尤其

到冲霜排液行将结束时更不能开启过大。

e. 开启气体调节站的热氨总阀、需冲霜库房的热氨阀，注意冲霜时热氨压力不应超过0.6MPa。

f. 注意排液桶的液面不得超过 80%。

g. 热氨冲霜完毕，关闭气体调节站的冲霜库房的热氨阀、总热氨阀；关闭液体调节站上需冲霜库房的排液阀、总排液阀和排液桶的进液阀或低压循环储液桶的冲霜进液阀（节流阀）。

h. 缓慢开启气体调节站的回气阀，当蒸发器的回气压力降低到系统蒸发压力时，适当开启液体调节站的有关供液阀，恢复蒸发器的工作状态。

②冷风机水冲霜。

a. 关闭液体调节站上需冲霜库房的供液阀，保持对冷风机蒸发器的抽气状态。

b. 待蒸发器中液氨大部分蒸发后（15~20min），关小气体调站上需冲霜库房的回气阀。

注意：冷风机蒸发器内残存的氨液吸热蒸发会降低水冲霜效果。

c. 停止冷风机的风扇运转。

d. 检查并启动冲霜水泵，开启冲霜水阀门，向冷风机蒸发器淋水，注意蒸发器淋水情况，避免局部水量不足而结冰。

e. 注意检查冲霜排水情况，防止下水管道堵塞及冲霜水溢出水盘。

f. 冷风机水冲霜过程中，不得关闭气体调节站的回气阀，以防蒸发排管内压力过高。回气阀开启的大小应该以维持蒸发器内的压力以 0.5~0.6MPa 为宜。

g. 冲霜完毕，关闭冲霜水系统。

h. 待冷风机蒸发器上的水滴净后，稍微开大吸气阀门降低回气压力，根据库房负荷情况适当开启有关供液阀门，恢复冷风机正常制冷状态。

③冷风机热氨与水结合除霜。

a. 检查排液桶的液面和压力，必要时进行降压、排液处理，使排液桶处于准备工作状态。系统没设排液桶时，融霜排液可直接排入低压循环储液桶，此时，应提前关闭或关小供液阀门，使其液面不超过 40%，以备容纳融霜排液。

b. 关闭液体调节站上需冲霜库房的供液阀，保持对蒸发器的抽气状态。

c. 待蒸发器中液氨大部分蒸发后（15~20min），关闭冷风机的风扇，关闭气体调节站上需冲霜库房的回气阀。

注意：对于蒸发温度低于 −40℃、氨泵供液的制冷系统，融霜前的抽气过程尤为重要，否则，蒸发器集管或回气管道易发生"液锤"及"液爆"现象。

d. 开启液体调节站需冲霜库房的排液阀、总排液阀和稍微开启排液桶的进液阀或低压循环储液桶的冲霜进液阀（节流阀）。注意排液桶的液面不得超过 80%。

注意：热氨融霜过程中，排液桶进液阀要间歇开、关，不能常开也不能开启过大，尤其到冲霜排液行将结束时更不能开启过大。

e. 开启气体调节站的热氨总阀、需冲霜库房的热氨阀，注意冲霜时热氨压力不应超过0.8MPa。

f. 热氨融霜 5min 以后，检查并启动冲霜水泵，开启冲霜水阀门，向冷风机蒸发器淋水，注意蒸发器淋水情况，防止冲霜水溢出水盘。

g. 蒸发器的霜全部除去后，关闭冲霜水系统。

h. 待冷风机蒸发器上的水滴净后，关闭气体调节站上需冲霜库房的热氨阀、总热氨阀；关闭液体调节站上需冲霜库房的排液阀、总排液阀和排液桶的进液阀或低压循环储液桶的冲霜进液阀（节流阀）。

i. 缓慢开启气体调节站的回气阀，当蒸发器的回气压力降低到系统蒸发压力时，适当开启液体调节站的有关供液阀，恢复冷风机的工作状态。

（5）冷凝器清洗。风冷式冷凝器的清洗比较简单，可用细钢丝平刷将冷凝器前后的外表面灰尘刷净，对肋片里面深处的灰尘可用压缩空气吹净。

水冷式冷凝器（包括蒸发式冷凝器）经过一段时间运行后换热器表面会形成水垢及沉积物，使冷凝效果恶化。有资料统计：如果冷凝器水侧表面有 1.5mm 的水垢，会造成冷凝温度升高 2.8℃，使制冷装置功耗增加 9% 左右。此外结垢还会腐蚀设备，缩短设备的使用寿命。所以，要根据水质和冷凝器结垢情况，定期清洗冷凝器，保证其换热效果。

由于各地水质差异较大，为了有效防止水垢，应请熟悉当地水质的水处理公司来处理水垢问题，按照 GB 50050—2007《工业循环冷却水处理设计规范》的相应要求来处理循环冷却水，以获得设备最大的换热能力和使用寿命。

水冷式冷凝器的水侧除垢有机械法和化学法两大类。采用机械法时，将冷凝器两端封头拆下，手工用螺旋钢丝刷深入管内往复拉刷，并用高压水冲洗。或者用洗管器进行除垢，清洗时注意冷凝器换热管与管板的胀口及焊口，以防抖动而振松。这种方法适用于钢制冷却管的冷凝器，不能用于铜管冷凝器。

化学清除法是用盐酸或其他清洗液对水垢进行清除，由于设备换热管胀接过程中多采用厌氧胶，应注意清洗用的清洗液不能与之起化学反应。按如下步骤进行：

①将冷凝器内的工质抽出。

②关闭冷凝器的进出水阀，拆下进出水管。

③将冷凝器的进出水管接酸洗系统，开动清洗泵，循环时间视水垢清除程度而定。

④清洗完后用碱溶液进行清洗中和。

⑤用清水冲洗，视水清为止。

⑥对冷凝器进行气压试漏，检查换热管在清洗后有无损伤。

蒸发器的清洗与冷凝器类似，在此不予赘述。另外，换热器的清洗也可参阅本书第 3 章的相关内容。

（6）放（加）油。

①放油。严禁从制冷设备上直接放油，应从集油器放出。为提高放油效率及安全起见，应在设备停止工作时放油，操作时，集油器液面高度不应超过 70%，操作人员应戴橡皮手套和防护眼镜，站在放油管侧面和上风端操作，中间不得离开，如有堵塞现象，严禁用开水淋浇集油器，以防爆炸。放油完毕后，应记录放油的时间和放出油的数量。

具体的操作方法如下：

a. 打开集油器的降压阀，待压力降至吸气压力后关闭。

b. 打开需放油设备的放油阀。应逐台放油而不应同时放油，以免相互影响。

c. 缓慢打开集油器的进油阀，密切注视集油器上压力表指针的变化，当压力较高，进油困难时，关闭进油阀，继续降压。依次重复操作，逐步将设备内的油放出。

d. 集油器的进油量不应超过其高度的 70%。

e. 当集油器进油阀后面的管子上发潮或结霜时，说明设备内油已基本放完，应关闭放油设备的放油阀和集油器进油阀。

f. 微开集油器降压阀，使油内夹杂的氨液蒸发。

g. 当集油器内压力稳定时，关闭降压阀。静置 20min 左右，观察集油器内压力回升情况，微开集油器降压阀，使油内夹杂的氨液蒸发。若压力明显上升，说明油内还有较多的氨液，此时应重新降压将氨液抽净。若压力不再回升，说明油中的氨液已基本抽净，可以打开集油器的放油阀开始放油。待油放净后，再关闭放油阀。

②加油。加油时应遵循如下要求，按照说明书的操作步骤进行：

a. 所加冷冻油的型号和质量应满足制冷系统的设计要求。

b. 氨制冷机房内不得存放冷冻油及其他易燃易爆物品。

c. 加油过程中严禁水分、污物进入系统。

d. 冷冻油的充注量应满足压缩机生产厂家的要求，加油时应计量并做相应记录，以便确定加入的油量。

（7）运行参数调节。

①制冷压缩机正常运转的标志。

a. 氨压缩机的吸气温度一般高于蒸发温度 5℃，氟压缩机最高不超过 15℃；排气温度一般不低于 70℃，不高于 150℃。

b. 油泵的排出压力应稳定，对于活塞式压缩机，应比吸气压力高 0.15~0.3MPa；对于螺杆式压缩机，应比排气压力高 0.15~0.3MPa。油温一般保持在 45~60℃，最高不超过 70℃，最低不低于 5℃。具体数值应参照压缩机制造厂的使用说明书。

c. 润滑油应不起泡沫（氟机除外），油面应保持在油面视孔的 1/2 处或最高与最低标线之间。

d. 压缩机轴封的滴油量应符合制造厂说明书的规定。

e. 压缩机的卸载机构要操作灵活，工作可靠。

f. 压缩机的轴封温度一般不超过 70℃。

g. 冷却水的温度应稳定，出水温度在 30~35℃，进出水温差一般为 3~5℃。

②其他制冷设备正常运转的标志。

a. 水冷冷凝器的工作压力不超过 1.5MPa。

b. 壳管式冷凝器冷却水的水压应不低于 0.12MPa，且必须保持一定的进水温度与水量。对风冷冷凝器和蒸发式冷凝器也应保证一定的进风温度和风量。

c. 储液器液面指示应不低于桶高的 30%，且最高液面不超过桶高的 70%。

d. 盘管式蒸发器表面应均匀结霜或结露。

e. 设备上的安全阀应启闭灵活，压力表指针应相对稳定，温度计指示正确，其他保护装置应调到规定值，且动作正常。

③系统工况参数的调节。系统运行时合理调整和控制运行参数，既可保证机器设备和储藏产品的安全，充分发挥设备效率，又能够节约水、电、油等，降低运行费用。

a. 蒸发温度的调节。系统运行时应防止蒸发温度过低。蒸发温度过低，不仅导致制冷系统运行效率下降、能耗增加，而且随着蒸发温度与库房温度的温差增大，还会使冷风机的除湿量增大，库房湿度减小，从而引起食品干耗增大，食品品质下降。据估算，在其他条件不变的情况下，当蒸发温度每降低 1℃，则要多耗电 3%~4%。

蒸发温度一般由蒸发压力查表得出，蒸发温度的高低取决于生产工艺的需要及蒸发器的传热温差。当被冷却介质为自然对流的空气时，传热温差为 10~15℃；被冷却介质为强制循环的空气时，传热温差为 5~10℃；被冷却介质为强制循环的水及盐水时，传热温差约为 5℃。蒸发温度要保持适当，要尽量达到设计的蒸发温度，以保证制冷系统经济、合理运行。

正常运转中，蒸发温度随热负荷的变化而变化，要根据实际运行情况进行压缩机的增减载。在压缩机的容量和热负荷不变的情况下，若蒸发器传热情况变差，如霜层或油垢过厚、供液阀开得过小而供液不足以及蒸发器中存油过多等，都会影响蒸发温度，影响换热效率。这种情况下，应采取相应措施：融霜、适当增大供液量、对蒸发器积油进行清理等。

b. 冷凝温度的调节。系统运行时应防止冷凝压力过高。冷凝压力升高将会导致制冷量减少、制冷系数下降，能耗增加。据估算，在其他条件不变的情况下，冷凝压力所对应的冷凝温度每升高 1℃，耗电量将增加 3% 左右。一般认为，较经济合理的冷凝温度比冷却水的出水温度高 3~5℃。

冷凝温度用冷凝压力或排气压力查表得出。水冷冷凝器的冷凝温度较冷却水出口温度高 4~6℃，蒸发式冷凝器的冷凝温度比夏季室外空气湿球温度高 8~14℃，风冷冷凝器冷凝温度比空气温度高 8~18℃。

c. 过冷温度的调节。过冷温度可从节流阀前液体管上测得。单级制冷循环一般利用冷凝器获得过冷，一般过冷温度为 3℃；对双级制冷循环，过冷温度一般比中冷器内的温度高 3~5℃。

d. 中间温度的调节。中间温度由中间压力查表读出。要根据蒸发温度、冷凝温度和高、低压容积比确定中间温度。实际使用中采用高低压级压缩机组能量增减载调节中间温度。

④制冷压缩机的调配与转换。压缩机的调配应以能够保证制冷工艺的要求和节省用电为原则，并考虑操作与管理合理性。主要依据如下：

a. 应尽量使压缩机的制冷能力与制冷装置的热负荷相适应。

b. 根据压力比配置压缩机的台数。

c. 根据不同的蒸发温度单独配置压缩机的台数，当系统热负荷不大时，允许与相近蒸发温度系统并联配置。

d. 压缩机的运转台数应尽可能少。

压缩机在运行中如需与已停止降温的冷间相连接时，必须缓慢开启调节站的回气阀，密切注意回气温度和压力，及时调整压缩机的吸气阀，防止发生湿冲程。

⑤防止空气和水进入制冷系统。制冷系统是一个密封的循环系统，循环于系统的制冷剂要求干净无杂质。在实际运行中，由于充注制冷剂、润滑油、检修等不可避免地带入空气和水分，这些杂质进入制冷系统，对制冷装置的工作非常不利，应及时排除。

空气进入系统，会使系统中的冷凝水压力增加，总压力升高，空气还会在冷凝器表面形成气体层，产生附加热阻，使传热效率降低，导致冷凝压力和冷凝温度升高。当制冷系统中不凝结气体分压力值达到 0.196MPa 时，耗电量将增加 18%。另外，空气的绝热指数（$k=1.41$）大于制冷剂绝热指数（氨 $k=1.28$），造成排气温度升高。因此，在制冷系统使用管理中，要尽量避免空气进入系统，并及时排除系统中的空气，降低制冷的能量消耗。

水进入制冷系统是有害的。如含氟烃类制冷剂中含有水分，对金属有腐蚀作用（允许含量 0.0025%）；由于含氟烃类制冷剂微溶入水，因此还容易在膨胀阀等处造成冰塞。

水进入系统的途径及预防措施：

a. 安装或检修时未将空气抽空，或抽空不彻底。预防措施是抽真空达到要求，使用干燥氮气打压。

b. 从不密封处进入。不要有泄漏点，避免负压运转。

c. 油或制冷剂中有水分。严格控制加入的油或制冷剂的水分含量，另外，由于油是吸水的，长期敞开的储油容器会吸收水分，应封闭油桶。

（8）气调库气密性试验。气调库气密性试验采用内部加压法。试验前首先停止对库内外的降温与加热，将库门打开使库内外空气充分交换，时间应不少于 24h，尽量使库内外的温度一致。然后关闭气密门、堵塞所有与库外连通的孔洞并密封好。检查确认密封良好后启动打压装置（根据各个库的条件，可选气调设备中的乙烯机或空压机），使库内压力上升到比合同所要求的压力高 49Pa（5mmH$_2$O），然后再关闭打压装置及阀门。

4.1.1.5　冷库的常见故障分析与排除

冷库的常见故障主要包括以下几类，在此逐一介绍其主要原因及处理措施。

（1）冷库建筑物损坏。冷库建筑物的损坏情况一般是以损坏状态和生产使用中出现的不正常现象来判断的，损坏程度有时需在升温后作进一步复查核实。针对损坏程度和修复需要，确定进行小修或大修、采取不停产维修或停产（局部或全部）维修。

冷库建筑物的维修，尤其是损坏比较严重的维修，一般应委托专业技术部门设计和施工。

冷库建筑物最常见的损坏是地面冻胀。

冷库地面冻胀的处理主要是对已经冻结的土壤进行解冻，然后再针对建筑物被损坏的情况进行修复。地面解冻应非常缓慢地进行，使冻土层中融化的冰水被周围土壤吸收。如果解冻过速，地面下冻土的上层解冻较快，较多融化的冰水易积存于地面垫层和未被解冻的冻土之间，使已解冻的土含水量过大，甚至达到过饱和状态，而丧失应有的承载能力，建筑物就有下沉的危险。全部解冻过程所需的时间，视其冻结深度而不同，一般以 20~60 天为宜，或者再稍长一些。冷库地面冻胀的解冻方法，可采用冷库停产升温和不停产加热两种解冻方法。

冷库停产升温解冻方法，一般是在地面下土壤冻结深度较浅、地面结构有损坏，但估计解冻复原后仍可继续使用，冷库允许暂时停产的条件下采用。将库房温度缓慢升至并保

持 -4℃左右（温度保持 -4℃，主要是防止冷间出现冻融循环，并在此条件下减少地面的冷源），由于地热的作用，使地面下的冻土层由下至上缓慢地解冻。

冷库不停产加热解冻方法，适用于地面加热系统未被损坏且基本完整，还可继续运转的冷库地面。可采用电加热装置来提高加热系统的热风温度，一般以 25~35℃ 为宜，并每天适当增开加热系统循环的时数，使地面加热层得到较为充分的加热，切断由地面传给冻土层的冷源，地面下的冻土层主要靠地热的作用由下往上缓慢地解冻。在加热解冻过程中，必须正确掌握供热风的温度和回风的温度，回风温度通常控制在比正常运转要求的温度高 5℃。当回风的温度到达并超过控制的温度时，需适当降低供热风（或供油）的温度，而加热循环运转的时数则不宜减少，直至地面全部解冻为止。这样做既可达到均匀缓慢解冻，也有利于节约能耗。在炎热季节，室外空气温度已达到供热风的温度时，可用风机直接抽取室外热风，进入地面加热系统进行加热，而回风通过专设的排风口排至室外。

无论采用哪一种地面解冻方法，在解冻期间，需在整个冷库地面上堆装一定的货物重量，以便地面复原较为均匀平整（但也很难使地面恢复到原状）。

冷库建筑物较常见的故障现象及其原因分析参见表 4-3。

表 4-3　冷库建筑物常见故障及其原因分析

故障现象	原因分析
墙面局部泛潮，内衬墙面（或护面层）结霜或结冰串花，甚至冻酥脱落	可能由于隔热层厚度偏小、隔汽层被损坏、漏水或渗水、防热桥处理已损坏等造成隔热层受潮；隔热材料下沉或脱落，形成此处隔热层空洞
低温库上面的高温库地面和柱脚处，以及低温库下面的高温库顶板底面和柱顶端，产生结冰霜或结露滴水	隔热层受潮，隔热性能降低，或者隔热层厚度不足。柱子的防热桥处理施工质量差，或者损坏，也可能是柱子防热桥的隔热层高（长）度偏小
库房顶板潮湿或结冰	屋面漏水，隔汽层损坏或隔热层厚度不足，造成隔热层严重受潮
库内墙面或护面层冻酥脱落	冻融循环严重，砖砌体、水泥砂浆或钢筋混凝土柱板强度标号偏低
外墙下部出现斜裂缝	基础受水浸泡，人工地基处理质量差，未设置地圈梁，墙基础不均匀下沉
外墙在整体式屋面处产生水平裂缝，或转角处产生斜裂缝	屋面未做架空通风层或未做保温层面处理；建筑物总宽度尺寸超长；各房降温不均衡
阁楼屋面的外墙产生水平裂缝及转角处出现垂直裂缝，尤其在西南角处的裂纹比较严重	屋面未做架空通风层或未做保温层面处理；阁楼内温度过高；外墙转角处未配置水平钢筋；墙角处在圈梁与库内板间设置了锚系构件。西南角因受太阳辐射热影响较大，故此角裂缝比其余角处大
库房在停止降温以后，库温回升过快	围护结构隔热性能差，热桥现象严重，冷藏门关闭不严
冷藏门变形越来越大，关闭不严，跑冷严重	冷藏门制作质量差或使用管理不善，密封条不完整，以及其他损坏部分未及时修理，造成恶性发展
加热防冻地面冻胀，地面开裂，造成库内梁柱、板等出现裂缝，内墙损坏等	设计考虑不周，加热防冻措施不当，地下水位偏高；工程质量低劣，水分侵入隔热层，加热防冻系统无法正常运转；使用操作管理不善，未按时对地面进行加热循环，或造成加热循环短路，地面下加热管道系统阻塞等

（2）低压循环桶液面不稳定。

a. 热负荷变化剧烈时，蒸发器中的氨液来不及蒸发，回气中带有大量液体，使桶内液面升高。可将压缩机吸气阀适当关小，待温度下降稳定后，再逐渐开大吸气阀。

b. 低压循环桶供液节流阀调整不当。当低压循环桶的供液量与蒸发器的蒸发量相匹配时，液面就会稳定。低压循环桶供液节流阀开启过大或过小都会引起液面波动。

c. 自动供液装置失灵。低压循环桶的自动供液装置一般由浮球阀和电磁阀联合来控制液位。若浮球阀失灵或电磁阀关闭不严，都不能有效地控制液位。可以首先采用手动供液，然后对自动供液装置进行拆检。

d. 在制冷降温过程中，突然增加压缩机的运转台数，致使大量氨液返回。在操作过程中要增加压缩机运行台次时，要注意调整，不能使吸气压力变化过大。

（3）屏蔽氨泵常见故障。

①电动机不转且无声。断电或两相缺电或保险丝断。对电源、接线进行检查。

②电动机不转，但有声音。三相缺一相。对电源及接线进行检查。

③叶轮、轴承损伤或被污物堵塞造成泵的堵转，检查清洗过滤器和氨泵。

④氨泵不打液，报警停机，其原因及处理方法如下：

a. 氨泵反转，氨泵电流偏低。调整转向。

b. 过滤器脏堵。清洗氨液过滤器。

c. 没有足够稳定的吸入压头。在设计、安装时，要注意低压循环桶安装高度满足氨泵的吸入压头要求，操作时在保证安全的前提下，可适当提高桶内液面高度。

d. 氨泵进入阀关闭。检查调整氨泵进入阀。

e. 气蚀。调整减压阀，放出泵内气体。

f. 泵体内存油。放出泵体内存油。

g. 氨泵欠压保护压差控制器设定值过高。根据系统实际压力对压差进行重新设定，一般设定值范围：0.01~0.04 MPa。

h. 氨泵欠压保护压差控制器失灵或压力传导管堵塞，造成误报警。

⑤氨泵运转时产生不正常的噪音其原因如下：

a. 氨泵气蚀。

b. 氨液中有杂质，氨泵轴承磨损。

注意：屏蔽泵出口处的抽气阀，除在检修泵时关闭外，在运行期间或暂停运转期间，均应处于微开状态，开启一圈左右，初投产试泵应将抽气阀开大，上液正常后再关小；屏蔽泵不得在无液体情况下启动，也不得在无液体状态下试验转向；压差控制器调节值不宜太高，否则易掉泵。

（4）冷凝温度过高。冷凝温度是指制冷剂在冷凝器中凝结时的温度。该温度与冷凝压力是相对应的。冷凝温度的高低取决于冷却水或空气的温度以及冷凝器的冷凝效果等。

a. 冷却水水量不足。检查冷却水系统中的水泵、过滤器、水位以及浮球阀、溢流阀是否正常工作等。

b. 冷却水水温较高。在夏季高温、高湿时段，由于湿球温度高，冷却水温度必然比较高，冷凝温度自然也相应比较高。可加大补水量。

c.冷凝器换热管的污垢。制冷系统中使用的冷却水受当地水质的影响，往往含有一定的硬度。这些水中的矿物质受到热的作用，发生沉淀凝结成水垢。水垢使换热管换热效率下降。这种情况下，需要清洗冷凝器。

d.冷凝器淋水不均。蒸发式冷凝器淋水不均导致换热排管局部换热效率降低，影响整体换热效果。检查布水管、水泵流量、水泵扬程。

e.系统内存有不凝性气体。对系统进行放空。

f.部分冷凝器换热管组底部存液。冷凝器进气管局部阻力不均（如阀门开启度不同等）或管系安装不合理，冷凝器出液口至液封立管高度不足。

g.冷凝器选型小。按设计要求进行核算，适当增加换热面积。

注意：蒸发式冷凝器正常工作时，表压力最高不得超过 1.5MPa！

（5）冷库降温困难。

a.供液阀开得过大或过小。根据冷负荷情况调整阀门开启度。

b.蒸发器供液管或回气管有阻塞现象。检查液体管道有无"气囊"、气体管道有无"液囊"存在，系统管道阀门开启状态是否正确，阀头有无脱落的现象。

c.蒸发器换热管内存油较多。检查压缩机存油过多的原因，系统操作时及时放油。

d.蒸发器除霜不及时。霜层不仅影响换热，霜层过厚严重的还会影响风量，操作时应注意及时除霜。

e.蒸发器供液方式不合理。库房内各蒸发器供液不均，部分蒸发器不能发挥效率。

f.库房隔热保温效果差。

g.库房冷负荷大于设计负荷。

（6）压缩机排气压力与冷凝压力之差高于正常值。排气压力是指压缩机排出口处的压力，冷凝压力是指冷凝器中制冷剂凝结时的压力。压缩机的排气为克服管道、阀门（特别是止回阀）的阻力流到冷凝器，必然要高于冷凝压力。其压力差一般控制在相当于制冷剂饱和温度差 0.5℃的压力差。若超出这个数值，就需要对系统进行检查，常见的原因有：

a.排气阀未全开，全开排气阀。

b.排气管道内局部堵塞，检查清理堵塞物。

c.排气管道设计、安装不合理，排气总管管径过小，排气管道阻力过大。

（7）吸气压力与蒸发压力之差高于正常值。吸气压力是指压缩机吸入口处的压力。蒸发压力是蒸发器中制冷剂沸腾时的压力。蒸发器内的气体在流到压缩机吸入口之前要克服管道和阀门阻力损失，所以蒸发压力通常情况下会高于吸气压力 0.01~0.02MPa，每个系统会有些差异。但若超出这个范围，说明是不正常的。可能原因包括：

a.压缩机的吸气阀或回气管道阀门未全部开足，使阀前后形成较大的压力差。调整阀门开启度，将阀门开足。

b.压缩机的吸气过滤器脏堵。对吸气过滤器进行清洗。

c.蒸发器压力表和压缩机吸气压力表误差大。

d.压缩机吸气管道过长，弯曲部位过多，气体流动阻力大。

e.多台压缩机合用一条吸气管道，进气条件差的压缩机吸气压力就会较低。

（8）制冷剂泄漏。解决制冷剂泄漏的关键在于找出泄漏点。系统中易漏氨的部位包括：

a. 压缩机吸气阀、排气阀由于操作比较频繁，阀门的密封填料易产生泄漏。

b. 处于低温条件的手动阀门，长期不操作时密封填料会有"僵化"现象，再次操作时会产生泄漏。注意：在日常操作和维护中，要注意紧固阀门盘根。

c. 管道法兰连接处由于密封垫圈老化、变形，或是法兰螺栓紧固不均匀，引起泄漏。**注意：法兰拆装时一定要注意密封垫圈是否完好，紧固过程中要均匀用力。**

d. 轴封由于磨损、密封圈老化等原因引起漏油并泄漏制冷剂。

e. 设备上的丝接阀门或丝堵连接处，由于松动等原因，经常会出现泄漏。

（9）蒸发温度（压力）过低。制冷系统的蒸发温度是指制冷剂在蒸发器中沸腾时的温度，该温度与蒸发压力是相对应的。蒸发温度的高低是根据生产或工艺要求的温度来决定的。引起蒸发温度过低的常见原因有：

a. 压缩机制冷能力与蒸发器的换热面积不匹配。当压缩机制冷能力明显大于系统冷负荷时，系统会自动调整其循环参数，随着蒸发温度的降低压缩机的制冷量减少，同时蒸发器由于换热温差的加大会增加换热能力，直到系统达到新的能量平衡。此时，压缩机的制冷量、制冷系数都会下降，压缩机耗电量增加，系统运行工况变得恶劣，经济性变差。同时，还会引起库内货物干耗的增加。所以在操作中要尽量避免出现过低的蒸发温度。

b. 蒸发器换热管内侧积油或外侧结霜，使换热热阻增大，换热效率下降。操作中及时对蒸发器进行热氨冲霜、清洗等维护工作。

c. 蒸发器供液量不足。由于供液阀开启太小、供液管道堵塞、液体分配不均匀等原因引起供液不足，进入蒸发器内的制冷剂不足，不能满足压缩机吸气要求，蒸发压力下降。检查调整节流阀开启度，清洗过滤器，疏通清洗供液管道，保证供液通畅充足。

d. 吸气管路中的阀门未全开或是阀芯脱落。若是前者，应将阀门全部打开；若是阀芯脱落，应将阀芯重新安装上即可。

e. 回气管道太细，或是回气管路中有"液囊"现象。若是管径太细，应重新更换合适的回气管；若是存在"液囊"现象，则应将回气管路中的"液囊"段拆掉，并重新焊接管道即可。

f. 系统中液氨缺少，即使开大压力阀，蒸发压力仍然偏低。此时，应根据实际情况补充适量的液氨。

（10）压缩机或排气管道振动过大。

a. 压缩机地脚松动。地脚螺栓未紧固、紧固不牢或地脚螺栓二次灌浆不合格都可能造成压缩机运行中产生振动。

b. 压缩机与电动机同轴度偏差过大。按使用说明书要求校正联轴器的同心度。

c. 压缩机与管道固有振动频率相近而共振。通过增加管道吊点、改变管道走向等措施改变管道固有频率，使二者不能产生共振。

d. 吸入过量的润滑油或液体制冷剂。

e. 管道吊架刚度不够。加固管道吊点，必要时增设摩擦防振支架。

（11）吸气管道（蒸发温度低于 −35℃）有液体撞击声。蒸发温度低于 −35℃ 的制冷系统，在生产运行中，回气管道有时会有"咣""咣"的冲击声，同时伴有管道的振动。这种现象是两相流（氨泵供液系统回气管道内为两相流）的流型为"柱塞流"，由于气相、液相的可压缩性及质量和速度都不同，在管道阀门、弯头等局部阻力处产生激振力而产生的一种现象。它与系统运行工况、操作控制、传热及传质情况、介质流动状态、管系的布置情况等一系列因素有关。可能的原因和处理方法如下：

a. 蒸发器距离制冷机房距离过远。发生这种现象的系统，蒸发器与制冷机房的距离都大于 50m，系统中有较长的直管段，尤其是多个蒸发器回路共用一台低压循环桶时。

b. 供液循环倍率不合适，一般循环倍率过大。循环倍率过大的回气管道中，两相流的流型容易形成"柱塞流"，产生回气管道响声。操作中应根据负荷情况控制液氨循环倍率在 3~4 倍之间，调整供液量时，应缓慢操作，防止因液体流量变化过快，产生"气锤"现象，造成供液管道振动和响声。

c. 蒸发器负荷波动大。系统负荷稳定时，回气管内的流体形态是相对稳定的，负荷变化时流型就会发生变化，很多系统正常运行时没有问题，当负荷突然增加时回气管就会产生"咣""咣"的响声。

例如，单体速冻机空库降温时很正常，开始冻结生产时，回气管就会产生几声间断的"咣""咣"响声。这样的系统操作时要注意：空库降温达到使用要求时，先关小系统供液量，等过 5~10min 后开始入库冻结，再过 5min 后，缓慢调节系统供液量，使之与系统负荷相匹配；产品开始入库时，应采用"由少渐多"的方式，减缓冷负荷的变化。

d. 回气管道有"液囊"存在。"液囊"的存在严重影响回气管道中液体的流动，应予以消除。

e. 回气管道坡度不够。由于管道安装空间的限制或其他原因，导致回气管道安装坡度不够时容易产生液体流动不畅，引起管道响声发生。

f. 回气管管径选择及设置不合理。

（12）中间压力过低。

a. 高、低压容积比过大。当低压级压缩机排出的气体量小于高压级压缩机的吸入量时，中间压力随之降低。运行中，高压级与低压级的容积比一般为 1：（2~4)，要根据实际制冷系统工况、系统负荷的大小调整高、低压级压缩机的匹配。

b. 中间冷却器选型过大。

表 4-4 归纳整理了冷库各种常见故障的现象、原因与解决方案。

表 4-4　冷库常见故障原因与解决方案

故障现象	故障原因	处理措施
高排气压力	制冷剂充注过多	去除过多的部分
	系统中有不凝性气体	去除不凝性气体
	冷凝器盘管脏污	清洗
	高压侧有限制	检查所有的阀或去除限制
	压头控制器设定不合理	调整控制器
	风扇不运转	检查电路
低排气压力	系统制冷剂不足	检查泄漏。修补并添注
	冷凝器温度调节失败	检查冷凝器控制器的运行
	压缩机吸气或排气阀片没有效率	清洗或更换有泄漏的阀板
	低吸气压力	参见纠正低吸气压力的步骤
	压头控制阀设定错误或没有压头控制阀	调整或安装一压头控制阀
高吸气压力	负载过高	减少负载或添加额外设备
	膨胀阀进液太多	检查感温包。调节过热
低吸气压力	缺少制冷剂	检查有无泄漏
	蒸发器脏污或结冰	修补并添注除霜或清洗盘管
	液路干燥过滤器堵塞	更换滤芯
	吸气管路或压缩机吸气过滤器堵塞	清洗过滤器或更换过滤器
	膨胀阀故障	检查并重新设定合适的过热度
	冷凝温度过低	检查调整冷凝温度的装置
	膨胀阀选型不合适	检查，使用合适型号
油压很低或无	油过滤器堵塞	清洗
	曲轴箱中液体过多	检查曲轴箱加热器。重新设定膨胀阀更高的过热度。检查液路电磁阀是否正常工作
	低油压安全开关有缺陷	更换
	油泵被磨损	更换
	油泵换向齿轮黏合在错误位置	掉转压缩机转向
	低油位	判断油在哪里或添加油
	轴承被磨损	更换压缩机
	油管路上接头松动	检查并紧固接头
	油泵腔垫片泄漏	更换垫片
压缩机缺油	制冷剂不足	检查有无泄漏。修补并添注
	压缩机活塞环漏气过多	更换压缩机
	制冷剂倒灌	维持适当的压缩机过热度
	布管或存液弯不适当	纠正布管

故障现象	故障原因	处理措施
压缩机热保护器开路	运行超出设计界限	添加设备以使工况在允许界限内
	排气阀部分关闭	打开阀
	阀板垫片开裂	更换垫片
	冷凝器盘管脏污	清洗盘管
	系统过量充注	减少充注
压缩机不运转	电动机电路断路	闭合启动或切断开关
	保险丝烧断	更换保险丝
	过载跳闸	参见电气部分
	控制触点脏污或卡在开路位置	修理或更换
	活塞被卡	移去电动机—压缩机端盖，寻找断裂的阀片及被卡零件
	压缩机或电动机轴承冻结	修理或更换
机组频繁循环启闭	控制器差值设定太近	扩大差距
	排气阀片泄漏	更换阀片
	电动机、压缩机高压/过载	检查压头是否过高、轴承是否紧固、活塞是否被堵、风冷冷凝器是否被堵塞
	制冷剂不足	修补泄漏并重新充注
	制冷剂充注过多	取出一些制冷剂
	高压切断循环	检查冷凝器
压缩机不能启动（间歇性嗡嗡声）	接线不正确	对照接线图检查接线
	低电压	检查干路电压，判断电压跌落部位
	继电器触点未闭合	手动检查工作情况，若有缺陷则更换继电器
	启动绕组电路开路	检查定子导线。若导线完好，更换定子
	定子绕组接地	检查定子导线。若导线完好，更换定子
	高排气压力	消除引起过高压力的原因
	压缩机过紧	检查油位。矫正约束
机组长时间或连续运行	控制器触点黏合在闭合位置	清洗触点或更换控制器
	系统中制冷剂不足	检查有无泄漏。修补并添注
	冷凝器脏污	清洗冷凝器
	系统中有空气或不凝性气体	在系统较高部位清除
	压缩机效率低下	检查阀片和活塞
	接线不正确	检查接线，若有必要则更改之

故障现象	故障原因	处理措施
终端设备温度高	系统中制冷剂不足	检查有无泄漏。修补并添注。
	控制器设置值太高	重新设定控制器
	控制器接线松动	检查控制器的接线
	温度传感器损坏或位置不当	更换温度传感器或布置在恰当位置
	膨胀阀或过滤器被堵塞	清洗或更换
	膨胀阀设定太高	降低设定值
	膨胀阀感温包故障	检查感温包位置、状态及保温情况，并进行适当调整
	压缩机效率低	检查阀片和活塞
	蒸发器盘管结霜或脏污	除霜或清洗盘管
	机组太小	添加或更换机组
	制冷管路堵塞或太小	清洗管路或增大管路尺寸
	系统中进油过多	去除过多的油，检查制冷剂充注
	风冷式设备风机故障	维修或更换风机
	除霜加热装置故障导致蒸发器霜堵	维修或更换除霜加入装置
	风冷式设备空气流通不畅	设备周围物品移除，保证出风口回风口畅通，能够正常形成回路
库门无法开启	门体铰链或滑道机械故障	维修或更换
	冷库平衡窗故障	检查平衡窗电气元件是否故障，并进行维修或更换
库体故障	库体损坏	进行库体维修
	库体外结霜	查找结霜位置是否存在冷桥
	库门无法开启	检查库门机械组件是否故障，检查平衡窗是否运转正常

4.1.2　冷冻 / 冷藏柜

作为冷链的一个环节，冷冻 / 冷藏柜主要是在销售和消费环节中，用于确保易腐物品始终处于规定的温度环境下，以保证易腐物品的质量、减少易腐物品的损耗。

4.1.2.1　冷冻 / 冷藏柜的定义、分类与技术指标

冷冻 / 冷藏柜是供储存食品等用的具有适当容积的隔热箱体，用消耗电能的手段来制冷，并能控制箱体内的温度，具有一个或多个间室，这些间室用于在规定温度下冷冻食品或存放冷冻 / 冷藏食品[10-13]。

冷冻 / 冷藏柜按用途可分为冷冻柜、冷藏柜、冷冻 / 冷藏柜（组合式或转换式）；按储

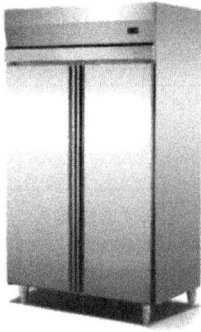

图 4-4　立式冷冻／冷藏柜

图 4-5　卧式冷冻／冷藏柜

藏温度可分为高温、中温、低温、特温、多温（组合式或转换式）；按气候类型可分为亚温带型（10~32℃）、温带型（16~32℃）、亚热带型（18~38℃）、热带型（18~43℃）；按结构形式可分为立式、卧式、组合式，或自携式（一体式）、远置式（分体式）；按柜内食品冷却方式可分为直冷、风冷等。图 4-4 与图 4-5 所示为立式冷冻／冷藏柜和卧式冷冻／冷藏柜的外观。

冷冻／冷藏柜基本都采用蒸汽压缩式制冷，其制冷原理与其他制冷装置相同。冷冻／冷藏柜一般由箱体、控制部分、制冷系统三大系统组成。箱体主要起支撑和保温作用，控制部分主要为提供电源动力、温度控制和化霜控制等，制冷系统是实现柜内降温的主要系统。制冷系统除了基本的四大部件外，往往还包括一些辅助器件，如干燥过滤器、油分离器、储液器等。

冷冻／冷藏柜的常用技术指标及要求一般包括如下几个方面：

①储藏温度：冷冻 ≤ -18℃、冷藏 0~10℃。

②冷冻能力：≥ 4.5kg/100L，不小于额定值的 90%（适用于具有冷冻能力的冷冻柜）。

③耗电量：不应大于额定值的 115%。

④负载温度回升时间：在规定的试验条件下，从 -18℃回升到 -9℃所需的时间应大于等于额定值的 85%。

⑤噪声声功率级应不大于表 4-5 规定的限值。

表 4-5　冷冻／冷藏柜的噪声限值

容积（L）	直冷式（dB）	风冷式（dB）
≤ 250	47	54
> 250，≤ 500	55	57
> 500，≤ 1000	60	64
> 1000	65	70

4.1.2.2　冷冻／冷藏柜的使用与维护

（1）正式使用前的准备。冷冻／冷藏柜多属于即插即用式设备，购买的新产品到货后，初次开机运转应遵循如下步骤：

①去掉所有包装物，将冷冻／冷藏柜放置好，与周边墙壁间距确保不小于10cm，冷冻／冷藏柜不能放在太阳直射的地方。

②用加少量中性洗涤剂的温水擦洗冷冻／冷藏柜各处，然后用清水擦洗，并擦干（电气部分只能用干布擦）。

③静置约 30min 后，将插头插入专用电源插座，按使用说明书要求调节温控器旋钮到适当位置，冷冻 / 冷藏柜开始工作。

④通常要运行 2~3h，待箱内冷却后再放入食品，在此之前尽量少开门。

⑤使用中的冷冻 / 冷藏柜制冷是否正常的判定。判定一台冷柜制冷效果是否正常，主要是检查箱内的温度，如果箱内的温度符合说明书要求，则属正常。

（2）使用中应注意事项。在冷冻 / 冷藏柜日常使用过程中注意以下事项有助于产品的正常、可靠运行，延长产品的使用寿命，保证食品的储存质量。

①柜体上不要放置各类电器及其他物品。

②气温变化时，按需要调整温控器档位或温度设置（按说明书要求调整）。

③柜体周围环境温度要合适（按产品的气候类型要求），相对湿度不大于 90%，并注意通风。

④箱内物品放置不要超过负载界限，物品之间应留有空隙，以便于冷气的流动。

⑤食品包装。食品应尽可能包装好再放入柜内。包装可以避免食品直接与空气接触，从而降低食品的氧化速度，保证食品质量和延长储存期限；可以防止食品在储存过程中由于水分蒸发而干燥，保持食品原有的鲜度；可以防止食品原味的挥发和异味的影响以及对周围食品的污染。

⑥冷冻 / 冷藏柜长期不用可以断电，断电后应进行及时清洁，并及时将箱体内部擦干，避免箱体内部发霉。

（3）除霜。霜是热的不良导体，导热系数仅有铝的 1/350，霜覆盖在蒸发器表面，成为蒸发器的隔热层，影响蒸发器与箱内物品之间的热交换，降低制冷性能，增加耗电量。另外，霜中存有各种物品的气味，长时间不除霜，会发出异味。一般情况下，霜层达 5mm 厚时，就要除霜。

对直冷式冷冻 / 冷藏柜，除霜时先取出储藏的物品，切断电源，打开柜门，等霜全部融化后把水排清，并用干净抹布清理内表面。严禁用尖锐的工具进行机械性除霜，以免损坏箱内壁和系统管路。

风冷式冷冻 / 冷藏柜一般均带自动化霜功能，不需要人工操作。

（4）清洁。冷冻 / 冷藏柜箱体需要经常清洁，以减少对食品的不利影响。

①用微湿柔软的布擦拭箱体外表面和拉手。

②清理柜内部前先切断电源，把柜内的物品全部移出后用食具洗洁精清洁。

③清洁冷冻 / 冷藏柜的"开关""照明灯"和"温控器"等电气部件外表时，先断电后再用干布清洁。

④定期用软毛刷清洁冷冻 / 冷藏柜的冷凝器。

4.1.2.3　冷冻 / 冷藏柜的常见故障分析与排除

（1）故障分析流程。冷冻 / 冷藏柜发生故障时，其症状总会以各种情况对外反映。对于有故障的冷冻 / 冷藏柜，不要急于修理，应先对其进行仔细、彻底、全面的检查，进行故障分析（图 4-6），确定原因后再进行修理。

不制冷或制冷效果差
├── 无电 → 检查插头插座保险丝
检查电源及电压
├── 电压太低 → 检查室内处电源线路
将温控器调至强冷点

压缩机能启动 ／ **压缩机不启动**

压缩机能启动：
- 压缩机启动频繁
  - 拆下启动器接上启动实验线
    - 压缩机运转正常 (1) → 更换启动器
      - 电流值正常 (2) → 检查或更换热保护器
    - 压缩机转，短时又停止 → 检查运行电流
      - 电流值超过正常值 (3) → 更换压缩机
- 压缩机启动运转正常
  - 不结霜
    - 冷凝器不热不停机
    - 蒸发器处听不到液流声音
    - 功率很低，耗电很高
    - 停机后切开工艺管
      - 有液体喷出
        - 再开机切口无吸力 → 压缩机不作功 (4) → 更换压缩机
        - 再开机切口有吸力 → 冷凝器以后堵塞 → 冷凝器后部管路堵塞 → 清除堵塞物，重新抽空充注制冷剂
      - 无液体喷出
        - 制冷剂全部泄漏 → 找出泄漏点，重新抽空充注制冷剂
  - 局部结霜
    - 开机时间长或不停机
    - 冷凝器温度较低
    - 功率低但耗电高
    - 停机后压力平衡较慢，液流声较弱延续时间长
      - 部分堵塞 → 清除堵塞物，重新抽空充注制冷剂
  - 结霜化霜交替
    - 制冷剂水份超标，冰堵
    - 更换过滤器，重新抽空充注制冷剂
    - 停机后压力平衡较快，液流声很快消失
      - 制冷剂部分泄漏 → 找出泄漏点，重新抽空充注制冷剂
      - 回气管结霜至压缩机 → 制冷剂超量 → 适量放出部分制冷剂
  - 虚结霜
    - 冷凝器很热
    - 压缩机功率高
      - 冷凝器靠墙太近或灰尘太多 → 冷凝器效率低 → 清洗冷凝器或保持与墙适当距离
  - 全部结霜
    - 全部结霜
    - 结霜太厚
    - 检查电源线
      - 冷凝器温度较低
      - 压缩机功率低
      - 不停机
      - 切开工艺管有液体喷出
      - 开机后手堵切口吸力很小
      - 压缩机效率降低 (6) → 更换压缩机

压缩机不启动：
- 灯不亮 (5) → 检查电源线
- 照明灯亮 → 甩掉温控器短接
  - 食品堆放过多，无冷对流气间隙 → 移除部分食品，保证冷气对流间隙
    - 压缩机运转 (7) → 更换温控器
      - 压缩机不启动 (8) → 更换压缩机
    - 压缩机不启动 → 拆下启动器接上启动实验线
      - 压缩机运转正常 (9) → 更换启动器

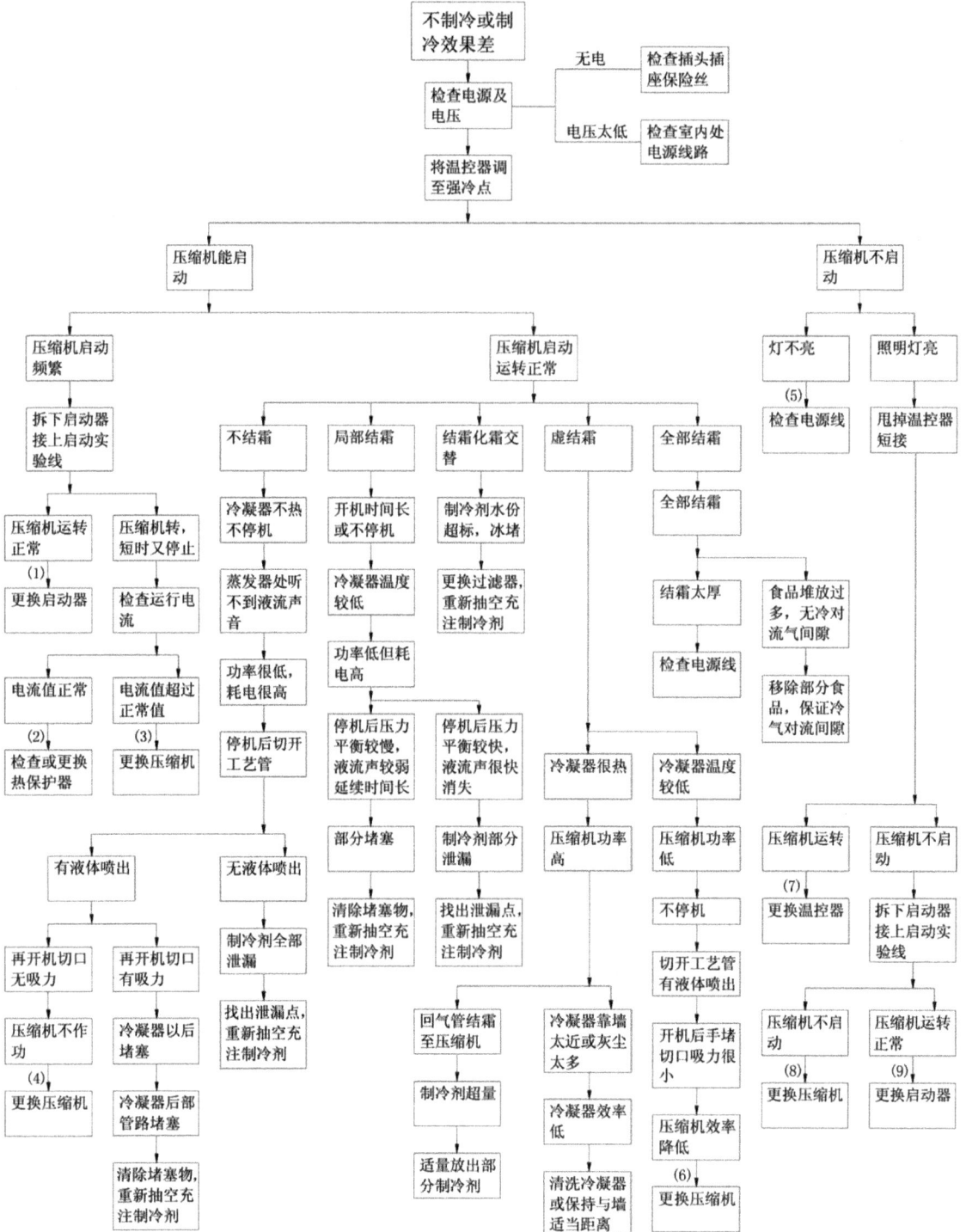

（1）压缩机启动器不良，造成压缩机不启动　（2）压缩机热保护器不良，造成非正常保护　（3）压缩机损坏、电流过载，保护器保护　（4）压缩机高低压腔窜漏，不能正常压缩气体　（5）电源线断路不通　（6）压缩机排气能力下降，不能提供应有制冷能力　（7）温控器断路不通　（8）压缩机故障，不工作　（9）压缩机启动器不良，造成压缩机不启动

图 4-6　冷冻／冷藏柜故障分析流程

首先检查冷冻 / 冷藏柜是否按说明书要求，有可靠的接地，以保证维修及使用的安全。检查冷冻 / 冷藏柜的电气接线各部分是否有脱落、断线或短路，如果有此类情况，应依次进行排除。

检查冷冻 / 冷藏柜整机的绝缘情况，绝缘电阻应大于 $2m\Omega$，否则应进一步检查整机的阻值。将万用表调至 R×1 欧姆挡，两只表笔分别接到冰柜电源插头的 L、N 两端，观察万用表指示情况，正常时应为数欧姆至几十欧姆之间。若阻值为零，说明冷冻 / 冷藏柜电气接线处有短路现象，或压缩机、风机等可能发生故障而造成短路，应查明原因并排除。若阻值很大，甚至电路不通，说明有断路，也应进一步检查并排除。

一般故障分析可分为几个步骤：一听、二看、三摸、四分析、五排除。

①听。

a. 听取用户对使用过程中出现的各种情况的反映和描述。

b. 听压缩机运转的声音是否正常。压缩机正常运转的声音应该是平稳和较小的，而有些故障会直接通过不同的声音表现出来。如："嗡……"声为压缩机电动机未能正常启动、"嗒……"声为压缩机内高压引管断裂或气流声、"咣……"声可能为压缩机内吊簧折断或压缩机倾斜运转、"哐……"声是气缸的液击声、"贴嗒，贴嗒……"声为压缩机内启动继电器没有吸合。出现以上情况，说明压缩机出现故障，应及时停止运行。

c. 听蒸发器管道内有无气流声或类似于流水声。正常情况下，在蒸发器管道进口处（即毛细管与蒸发器连接处）应能听到清晰、均匀、连续的"咝……"或"哗……"的制冷剂气流声或液体流动水声；如无此类声音或声音忽大忽小甚至断断续续、忽有忽无，则属不正常，说明制冷剂可能泄漏或者不足。

②看。

a. 看蒸发器或内胆表面结霜程度。正常工作状态，内胆（或蒸发器）表面结霜的厚度应均匀、基本一致。如部分结霜或不结霜，或结一种半透明的冰霜或凝露水，则为不正常，说明制冷剂不足或泄漏。

b. 看管路系统，特别是各焊接处是否有油渍。制冷剂有很强的渗透性，并且制冷剂内有少量冷冻机油，正常情况下应无任何渗油痕迹。如有渗漏，则渗漏处会有油迹出现，则此处即为制冷剂泄漏部位。

③摸。

a. 摸冷凝器表面温度。正常工作时冷凝器表面前端最热甚至发烫（此温度与环境及季节性有关），后端温度接近或稍高于环境温度，且逐渐降温。如整个冷凝器不热或微热，则属不正常。

b. 摸蒸发器或内胆表面温度。正常情况下应达到 $-18℃$ 甚至更低，用手摸会有黏手的感觉（注意动作要快，以防手被冻伤），如手感觉不到冷或微冷，则为不正常。

c. 摸干燥器出口处毛细管部位的温度。正常情况下有微热感（比环境温度高，与冷凝器末端管道温度基本相同），如感到比环境温度低或高得多，甚至冰凉或凝露、结霜，则为不正常。

④分析。根据看、听、摸的过程得到的信息，综合分析，正确判断是否有故障及故障的

部位、性质、程度。

⑤排除。通过全面、正确的分析，确定维修的方法及具体步骤，对故障的部位进行拆、换、修复，并进行性能检验。

（2）常见故障分析与排除。

①压缩机不启动。冷冻/冷藏柜压缩机不启动时做如下检查与分析（表4-6）。

表4-6　压缩机不启动的原因与排除

故障原因	排除方法
电路故障：电源插头、插座接触不良，电源线开路等	重新接线或更换
启动器、过载保护器故障，跳脱过早	更换启动器或过载保护器
温度控制器旋钮在停机档	将温控器旋到合适的位置
温度控制器故障	更换相应的温度控制器
压缩机电动机引线、接线端子脱落，电动机起动绕组或运转绕组断线，抱轴或卡缸，定转子卡死，电动机绕组烧毁等	更换压缩机
环境温度过低，储藏温度低于开机点温度，低温补偿未开或温度补偿回路故障	打开低温补偿开关，修复温度补偿回路
电源电压过低或过高	配备合适的稳压器

②压缩机启动频繁。冷冻/冷藏柜压缩机启动频繁时做如下检查与分析（表4-7）。

表4-7　压缩机启动频繁的原因与排除

故障原因	排除方法
电源电压过高或过低	安装稳压器，调至额定正常值
启动器、保护器损坏	更换合适的启动器、保护器
柜内食品放置过多，门开启频繁或时间过长	调整所放物品，减少开门时间及次数
环境温度过高，湿度过大或空气不畅通	把冰柜放在适宜环境，确保周围通风良好
冷凝器散热效果差造成压缩机超负荷运转，电流增大，导致过载保护器动作切断电路	清理、清洗冷凝器，确保冷凝器周围通风良好
温度控制器设置不当或失灵	调整或更换温度控制器
蒸发器表面结霜过厚	定期除霜（直冷式），修复自动化霜电路（间冷式）
制冷系统堵塞	清理制冷管路并更换干燥过滤器

③温控器故障。温控器故障会导致不制冷、压缩机不停机或不启动或频繁启动、温度控制不准，需更换合适的温控器。

④制冷系统泄漏。制冷系统泄漏会导致制冷差或不制冷。

判断制冷系统泄漏，先用专用制冷剂回收设备回收制冷剂，在压缩机工艺管上焊接一根装有真空压力表的三通截止阀的输气管，然后充入1.0MPa以上的高压氮气。记录压力表读数，保压24h后再观察压力是否下降，来判别系统是否泄漏。

证明制冷系统泄漏后，还需进一步对高、低压两部分分别查漏，以确定泄漏点。外漏可进行补焊，或采用外挂冷凝器的方法维修；对于内漏来说，如漏点不易维修，可更换整套管路或者报废处理。

⑤油堵或脏堵。油堵或脏堵会导致制冷差或不制冷。

判断制冷系统油堵或脏堵，先用专用制冷剂回收设备回收制冷剂，然后充入氮气，再在距干燥过滤器 0.5cm 处割断毛细管，若两断开端有气喷出，并且含有较多的冷冻机油（用白纸测试），说明毛细管发生"油堵"故障；若没有气从干燥过滤器喷出，可打开或断开干燥过滤器的另一端，此时若有气喷出，则故障为"脏堵"。

在完全堵塞的情况下，当压缩机开始运转时，手摸高压排气管会感到温度升高，但过 2~3min 后就开始下降，直至降到室温；从蒸发器中也听不到制冷剂汽化的气流声。维修时用高压氮气冲洗制冷系统管路，更换毛细管和干燥过滤器。

⑥冰堵。冰堵会导致间歇性不制冷。在检查故障时，发现有周期性制冷现象，说明毛细管发生了"冰堵"故障。

冰堵是由于制冷系统内水分超标所引起的，表现为温度下降再回升交替出现，用电吹风加热蒸发器入口部位后会制冷。用干燥氮气清理系统，以去除系统水分，并更换干燥过滤器，严重的需同时更换压缩机。

⑦制冷效果差。冷冻 / 冷藏柜制冷效果差时做如下检查与分析（表 4-8）。

表 4-8　制冷效果差的原因与排除

故障原因	排除方法
冷凝风扇故障	维修或更换冷凝风扇
温控器设置档位不当或温控器失灵	调整或更换温度控制器
柜内食品过多，门开启频繁或开门时间过长	按说明书要求使用或调整
环境温度过高或空气流通不畅	把冰柜放于合适的环境，确保周围通风
门封不严	调整或更换门封
蒸发器结霜过厚	定期除霜（直冷式），修复自动化霜电路（间冷式）
冷凝器太脏	应清除冷凝器上的灰尘
压缩机效率减退（排气不足）	更换压缩机

⑧漏水。冷冻 / 冷藏柜漏水时做如下检查与分析：

a. 检查出水孔有无阻塞，如出水孔有阻塞，凝露水会流向外面，应该保持出水孔通畅。

b. 检查接水盒安置的位置是否放置准确，否则会导致凝露水流向地面，产生漏水现象，应该调整接水盒的位置。

c. 检查是否低压管上的凝露水，当环境湿度较高时，连接压缩机的低压管裸露在空气中的部位会因凝露而淌水，感温部位裸露处也会淌水，此现象为正常的凝露水。根据四周环境湿度的不同，淌水的多少也有不同，这都不会对冷柜产生影响，但可用隔热材料包裹低压管或放置接水盒来解决。

⑨噪声大。冷冻 / 冷藏柜噪声大时做如下检查与分析（表 4-9）。

表4-9 噪声大的原因与排除

故障原因	排除方法
制冷管路中有流水声，顾客有疑虑或接受不了	正常现象，向用户解释
底座放置不平或柜体未调平稳	重新调整平稳，与墙壁保持一定距离
制冷管路相碰触或与箱壁碰触，冷柜工作时产生振动	调整管路，避免相互触碰
风机上有异物	拔掉电源，去除风机上的异物
风机转轴间隙过大，叶片受阻或风机支架松动	更换风机，清理周围杂物或重新固定
压缩机底脚固定螺钉过松、过紧或减震橡胶垫过松（或紧）、老化或丢失	调整减震橡胶垫的松紧程度或更换新橡胶垫
压机内部吊簧脱钩或座簧脱位，或压缩机本身噪音大	更换压缩机
制冷管路中异常的"哨声"	重新加注制冷剂

⑩冷藏室结冰。冷冻/冷藏柜冷藏室结冰时做如下检查与分析：

a.如果把温控器挡位设置过高，容易造成不停机，这样会导致冷藏室容易结冰，一旦发现这种情况，应适当把温控器旋钮调低档位。

b.温控器温度控制失灵或不准，更换温控器。

c.制冷剂量偏多或偏少，需调准制冷剂加入量。

⑪绝缘不良。冷冻/冷藏柜绝缘不良时做如下检查与分析（表4-10）。

表4-10 绝缘不良的原因与排除

故障原因	排除方法
接地不良会产生感应电（电压远小于220V）	接好地线或更换插座
插座短路，线路接触不良漏电	调整、接好线路或更换相应接线
压缩机（电动机接线柱漏电或外壳与绕组相碰）击穿	更换压缩机
温控器击穿	更换温控器
启动器击穿	更换启动器
风机绕组间短路或烧毁致击穿	更换风机

⑫不停机。冷冻/冷藏柜不停机时做如下检查与分析（表4-11）。

表4-11 不停机的原因与排除

故障原因	排除方法
开机时间短，柜内温度还没降下	正常现象
柜内食品过多	调整食品存放量及存放空间
环境温度高或不利于散热	清理冷凝器，确保周围空气流通
门封密封不好	修理、更换门封
温度控制器旋钮置于过冷位置	调整旋钮至合适位置
速冻开关一直处于闭合状态	调至正常位置
温度控制器故障	更换温度控制器
温度控制器感温探头放置不良，造成感温失调	调整探头至紧贴蒸发器或其他合适位置
压缩机排气量不足，效率降低	更换压缩机
制冷不足	检漏排堵，按内漏或外漏、堵的方法处理

（3）主要的维修操作。

①更换压缩机。更换压缩机时按如下程序操作。

a. 先用专用制冷剂回收设备回收制冷剂。

b. 用割管器割断压缩机回气管和高压管，用氮气分别吹冷凝器和蒸发器不少于 3s。

c. 换上新压缩机、新干燥过滤器，焊接后充氮气检漏，确保焊接点密封可靠。

d. 系统抽真空，充注制冷剂，电器接好后进行整机电性能检测，确认良好后通电运行，确认制冷良好后，再封口并检漏。

e. 将更换下的压缩机油倒掉（回收）并密封各管口。

②抽真空。用抽真空管路连接系统工艺管后，起动真空泵抽去系统的空气，当系统压力达到 40Pa 时，截止真空管路和系统工艺管，关闭真空泵，移去真空管路。

③充注制冷剂。抽完真空后，采用加液设备从工艺管加入定量的指定制冷剂。然后用封口钳夹偏工艺管、移去充注设备并焊接封口；或关闭截止阀移去充注设备。

④系统检漏。充注制冷剂完成后，可采用如下任何一种方式检漏。

a. 用 1.2MPa 氮气注入系统，用肥皂水检查焊接接点是否泄漏，确定无泄漏，放掉系统氮气。

b. 用检漏仪器检查所有焊接点是否泄漏，确定无泄漏后通电运行。

4.1.3　陈列柜

4.1.3.1　陈列柜的定义、分类与技术指标

供储存、陈列或零售食品等用的具有适当容积和装置的隔热箱体，用消耗电能的手段来制冷，并能控制箱体内的温度，具有一个或多个间室，这些间室用于在规定温度下存放冷冻或冷藏食品，且至少有一个透明外表面可从外面看到储存的物品。冷藏陈列柜多适用于商业销售环节的食品储存，容量大、可视化强，多使用风冷式制冷方式。

陈列柜按用途可分为冷冻柜、冷藏柜、冷冻 / 冷藏柜（组合式或转换式）；按储藏温度可分为高温、中温、低温、特温、多温（组合式或转换式）；按气候类型可分为亚温带型、温带型、亚热带型、热带型；按结构形式可分为立式、卧式、组合式，也可分为自携式（一体式）、远置式（分体式）；按冷却方式可分为直冷式、风冷式。

图 4-7~ 图 4-10 为各种陈列柜的外观，其相应的技术特点见表 4-12~ 表 4-15。

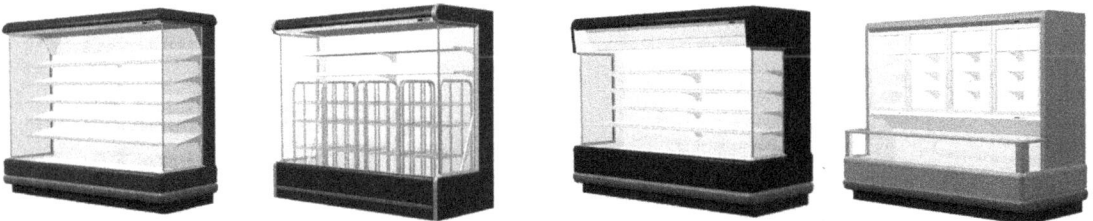

（a）中温立式陈列柜（多用于肉类、肉制品、日配品、菜蔬等）　（b）低温立式陈列柜（多用于冷冻食品、冰淇淋等）

图 4-7　中、低温立式陈列柜外观

表4-12　立式冷藏陈列柜技术特点

陈列商品	鲜鱼、精肉	乳制品、日配品	蔬菜、水果	冷冻食品、冰淇淋
使用温度	0~4℃	3~7℃	5~10℃	−22~−18℃
制冷方式	风冷式			
开放/封闭	可选			

图4-8　半高立式冷藏陈列柜

表4-13　半高立式冷藏陈列柜技术特点

陈列商品	鲜鱼、精肉	乳制品、日配品
使用温度	−2~2℃	3~7℃
制冷方式	风冷式	
开放/封闭	开放式	

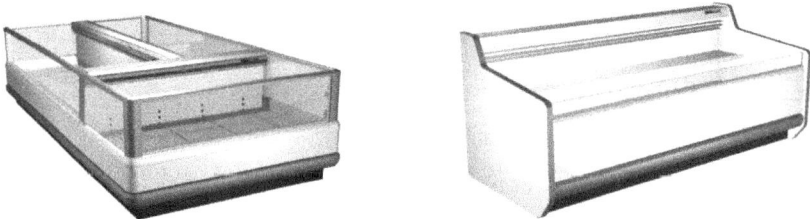

图4-9　卧式陈列柜

表4-14　卧式陈列柜技术特点

陈列商品	冷冻食品、冰淇淋
使用温度	−22~−18℃
制冷方式	风冷式
开放/封闭	可选

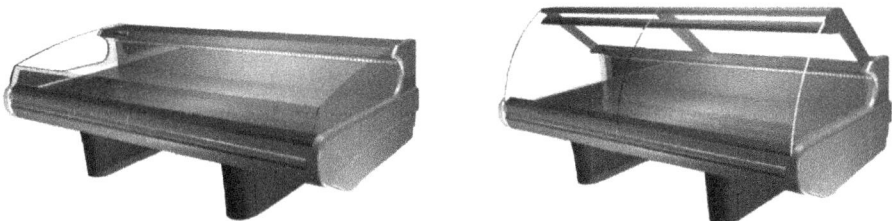

图4-10　服务式冷藏陈列柜

表 4–15　服务式冷藏陈列柜技术特点

陈列商品	精肉、熟食
使用温度	−1~5℃
制冷方式	风冷式
开放 / 封闭	可选

4.1.3.2　卧式冷藏陈列柜的使用与维护

卧式陈列柜的保养分为用户保养、维修商保养和制造商保养三个层次。用户保养主要是确认陈列柜的储存温度，如冷冻柜应在 −18~−22℃、定期的清洗等；由维修人员完成的保养包括检查化霜电热丝的电流、检查电磁阀是否完好、检查风机电流并确认风机工作正常、检查排水情况并确认排水畅通、协助清洗工作如断电、通电试运转等。由制造商完成的保养包括调整制冷系统膨胀阀的开启大小、查看温度记录情况（计算机记录、分析运行情况）、检查制冷剂供液情况、制冷系统控制检查和系统参数调整等。

灰尘或商品碎屑等异物会影响风幕的正常气流或堵塞排水，会降低冷柜的冷却性能，清洗工作是必要的。外装面板、搁板、陈列辅助工具上的脏渍有损卖场整体的整洁感，需要每日清洁。

卧式陈列柜的使用和清洗需注意以下事项：

①清洗时必须断电，请勿使用中性洗涤剂以外的清洗剂。

②清洗时严禁将风机浸在水中。

③严禁用刀或硬物铲冰或敲冰。

④应用温水冲洗蒸发器上的冰或霜。

⑤清洁完毕后开机通电。

⑥显示温度到达设定范围内方可启用放置商品。

⑦不属于同一温度带的商品不要存放在一起，以免引起商品损失。

⑧正确使用夜间帘。

a. 夜间或休息日使用夜间帘，可以在确保商品温度的前提下有效节省能耗。

b. 夜间帘请勿堵住冷气出口、入口。

c. 使用夜间帘时，应均匀用力，请勿用力过当。正确使用夜间帘，可以有效延长其使用寿命。

⑨排水沟的清洗。

a. 用蘸湿的抹布清除盖板和风扇电动机叶片上的脏痕。不可直接浇水或用水冲洗风扇电动机、电容器等，以免引起短路、触电。

b. 清理柜底的杂物。

c. 拆下排水滤网用水洗净，再装回原处。

⑩正确进行商品展示。一般冷柜采用冷气强制循环制冷方式，若冷气循环不良，将造成商品很难冷却。因此商品展示应特别注意以下事项：

a. 遵循预冷的商品先入先出的原则。

b. 商品应陈列在风幕内侧，避免阻碍冷风流动。

c. 不可有风吹向风幕（包括空气中的对流风，商店的出入口、商品搬入口、空调吹出的风）。要随时关闭卖场和加工间出入口的门、调节空调出风方向，避免直接吹向冷柜。

d. 商品在各陈列架上要均匀摆放，不得突出货架外（图 4-11），不得过载（摆放过多商品）。

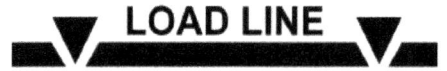

▼ **LOAD LINE** ▼

图 4-11　存放商品严格控制在此线以下

4.1.3.3　立式冷藏陈列柜的使用与维护

立式陈列柜的维护保养也分三个层次，类似于卧式陈列柜。同样，立式陈列柜的使用和清洗也需注意以下事项：

①清洗时必须断电。

②清洗时严禁风机浸水、严禁垃圾进入排水管内（以防排水管堵塞）。

③清洗完毕后需通电试运转。

④温度达到设定值范围内方可启用放置商品。

⑤储藏温度不同的商品不得陈列在同一个陈列柜里，不适当的温度会造成商品的损坏。

⑥严禁用刀或用硬物去铲或敲蒸发器上的霜。

⑦正确使用风幕。

a. 保证出风口及吸气口的流畅。

b. 卖场与操作间的门要关紧，调整空调的出风方向使之不与风幕直接接触。

c. 陈列柜应放置在周围风速 0.2m/s 以下的地方，避免周围风速过大影响冷却性能。且避免在吊扇下以及冷、暖设备的出风口、回风口附近风大的地方使用。

⑧正确进行商品展示。

a. 固定搁板。使搁板准确地放入搁架切口，并向前拉使其完全固定。

b. 拆除搁板。轻轻向里推后向上抬起以取出搁板。

c. 托架有两对切口，可使搁板向前推进 25mm，在纵向陈列商品时，可调节使用。

d. 搁板上下移动会使陈列发生变化，所以固定托架的支柱每隔 5 个托架都刻有数字，作为安装移动时的标记，上下相邻的孔距为 25.4mm。

e. 商品应陈列在风幕内侧并避免堵住冷气出口、入口；吸气口放置商品或商品进入风幕放置会导致风幕循环被破坏，影响制冷效果，如图 4-12 所示。

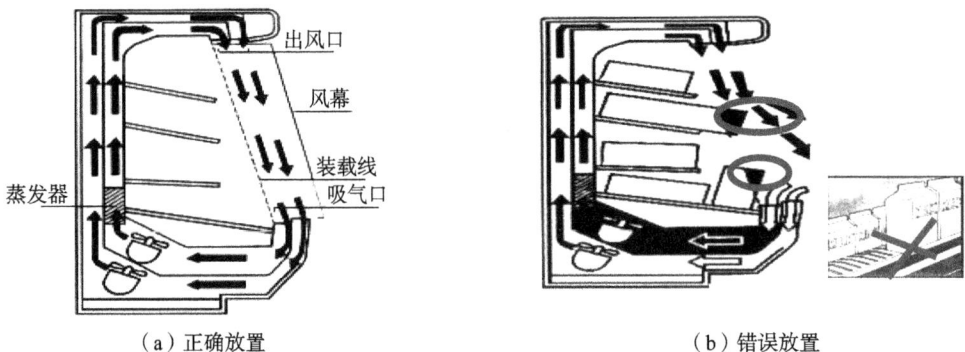

（a）正确放置　　　　　　　　　　　（b）错误放置

图 4-12　商品应陈列在风幕内侧

4.1.3.4　分体式冷藏陈列柜制冷系统运行与维护

分体式陈列柜的维护保养比较复杂，类似于落地式分体房间空调器。

（1）系统抽真空。分体式陈列柜的制冷系统存在螺纹接口连接。系统管道、阀件维修后可能会导致外界空气、水分进入管道系统，在维修结束后应对部分管道系统或整个系统进行抽真空。应使用高真空度的真空泵不间断地抽真空。当系统内压力达到 20Pa 时停止抽真空，在系统内充入干燥氮气（压力不高于所使用制冷剂的相应压力），再对系统进行二次抽真空。可重复这一过程以便彻底排除系统中的空气和水分。使用 R22 制冷剂，系统压力应达到 40Pa 以下，使用 R404A 制冷剂，系统压力应达到 30Pa 以下。

进行抽真空时应注意：

①在雨天或很潮湿的天气进行管路维修时，系统中可能会进入较多的水分，需要多次重复抽真空过程。

②系统电磁阀是以电驱动开启的阀，在进行抽真空时需要对电磁阀通电。

③测量应在离真空泵系统的最远点测试。

④抽真空时所有电子式压力传感器应与系统断开，避免损坏传感器。

（2）制冷剂充注。抽真空完成后可以进行制冷剂充注。

①对于一般压缩机系统。

a. 在压缩机停止状态，从高压侧充入液体制冷剂至系统压力达到 0.4MPa。

b. 关闭储液罐的高压出口阀，运转压缩机，从低压侧充入气态制冷剂。打开高压阀门进行正常运行，直到在液体指示器看不见闪蒸汽体为止。

c. 在闪蒸汽体消除后，再追加充填 1~2kg 的制冷剂。对于强制风冷的冷凝器需开启风扇。

②对于大型并联压缩机系统。

a. 在压缩机停止状态，从高压侧向储液罐及冷凝器段充入液体制冷剂，使压力达到 0.4MPa。

b. 将储液罐的高压出口阀关上，运转压缩机及冷凝器、启动所有制冷设备。将制冷剂容器直接接入机组供液管路，充入液态制冷剂。

c. 在充入制冷剂量接近额定充注量或储液罐内制冷剂量超过中间视液镜时，停止充入制冷剂。缓慢打开储液罐高压出口阀，进行正常运行，直到供液管路视液镜看不到闪蒸汽体为止，观察储液罐视液镜是否达到满液标准。

d. 系统未达到满液状态时，仍保持系统设备正常运行状态，对于使用 R22 的系统，从低压侧充入气态 R22 制冷剂；对于使用 R404A 的系统，则将储液罐的高压出口阀关上，从高压侧充入液态 R404A 制冷剂，直至达到满液标准。

e. 系统满液标准：系统所有压缩机在运转状态下（机组满负荷工作状态），机组储液罐液位控制在下起第一视液镜与中间视液镜之间。

f. 对于并联机组，充填制冷剂时，压缩机开启数量应以系统运行负荷变化情况调整。

g. 制冷剂充注过量与不足。

（a）制冷剂充填不足时。

——供液管示液镜中可以看到闪蒸汽体。

——低压压力变低。

——吸入管不冷、不结霜。

——蒸发器部分结霜、制冷不良。

——压缩机运转周期短（因低压开关保护，压缩机停机）。

——运转电流比正常运转电流小。

（b）制冷剂充填过量时。

——高压压力高。

——设备制冷不良。

——运转电流大。

——系统负载增大、耗电量增加，运转成本增加。

h. 制冷剂气体充注的判断标准。

（a）从供液管视液镜看，闪蒸汽体消失以后，再追加充入一定量的制冷剂。

（b）在稳定状态，压缩机的运转电流适当。

（c）在机组全负荷工作时，视液镜里看不到气泡产生。

i. 制冷剂充注填注意事项。

（a）在充注结束后，使用检漏仪对整个系统进行一次彻底检查，以确定无泄漏点。如有漏点，应立即关闭该点所在支路的最近阀门，对漏点进行修复。

（b）对于一般的压缩机，R22制冷剂必须气态充填，R404A制冷剂必须液态充填。特殊的压缩机应遵循产品说明书中的要求。

（3）维修后试运转与调试。系统试运转前，确认所有阀门动作正常，且均处于设定状态。有曲轴箱加热器的压缩机，必须使加热器通电预热。

①制冷剂检查。

a. 制冷剂允填量是否合适（液位在第一和第二个示液镜刻度之间）。

b. 在充填了制冷剂后，系统能连续在制冷状态运转（确认排气温度、设备温度等在正常范围内）。

c. 确认高压压力是否在正常范围内。

d. 确认在停机时，高压是否不上升。如果上升，是因为制冷剂超装，要将制冷剂气体放掉少许。

e. 确认低压压力是否在正常范围内以及吸入管温度、蒸发器的结霜情况等。

②电气检查。

a. 清理所有电气箱内部污物，特别是线头、铁屑等，保证清洁。

b. 确认接入电源电压是否在额定工作电压的±10%之间，对于三相电源，还应测试相序是否正确。确认所有电器元件接线端子是否紧固、无松动现象，避免出现虚接或脱线现象。

c. 确认空气开关、漏电保护器、灯、仪表、报警等是否都能正常动作。

d. 确认压缩机接触器工作正常。进行压缩机接触器吸合模拟试验，确认接触器吸合正常，没有异响，无虚接触、缺相问题。

e. 确认运转电流（压缩机、风扇电动机除霜加热、照明等）是否在额定范围内，并能够正常工作。

f. 使用专用测量仪器测量现场配线和电气设施绝缘阻抗值，确认绝缘阻抗值符合规范要求（表 4-16）。

表 4-16　电气回路的绝缘要求

电器回路	绝缘阻抗值
低压照明回路	≥ 0.5MΩ
低压电动机动力回路	≥ 1.0MΩ
低压电缆回路	≥ 10.0MΩ
灯具设施	≥ 2.0MΩ
插座设施	≥ 5.0MΩ

g. 使用除霜定时器的系统，还需确认除霜定时器是否可以正常进行除霜。最低要试两次（系统运行两个除霜循环）。

③冷冻油检查。

a. 确认系统冷冻油是否干净无杂质。

b. 确认冷冻油油位合适，储油罐中油位在 1/3~2/3 处（储油罐两个视液镜之间）。压缩机油位一般在压缩机油位平衡器示液镜或压缩机曲轴箱示液镜的 1/4~3/4 处。

c. 确认油液分离器是否工作正常有效。

④设备及设置检查。

a. 确认压缩机组电源无缺相、错相或相位保护器报警问题，电压值正常稳定。各个压缩机电流值各相平均。

b. 确认压缩机组运转设定合理，所有压缩机按照系统预设运行。断开压缩机电源，确认控制回路是否工作正常，并保证压缩机无频繁启动现象（开停机次数不大于 8 次 /h）。

c. 确认压缩机运行声音正常，出现异常声音时应立即关闭压缩机。

d. 确认压缩机无较大振动，保证所有辅助设备不受振动影响。

e. 确认冷凝器运转设定合理，冷凝器风机正转并按照系统预设运行。冷凝器风机或水泵（水冷、蒸发冷系统）转向正确，无异常噪声和振动。多风机冷凝器压差控制时，应以冷凝器接口侧向另一侧的方向依次开启风机。

f. 确认高压保护器、低压保护器、油压保护器设定合理并工作正常。在保护动作后，可以手动进行复位。

g. 确认高、低压端压力是否在合理范围内，如有异常，立即停机检查。

h. 确认高、低压端温度是否在合理范围内，低压端是否存在回液现象。

i. 确认设备电气部分正常运行。

j. 确认设备制冷能力正常，在制冷剂充足及环境条件适当的情况下，陈列柜制冷开始 30min 以内可以达到设定温度。温度、湿度超过设备设计使用环境时，时间会延长。

k. 设定陈列柜的除霜次数和除霜时刻（现场需要根据当地环境情况适当调整）。确认设备除霜正常运行。手动强制除霜测试除霜加热丝是否正常工作，加热丝加热后无易燃物在加热丝附近或无异味。

l. 确认房间温度不高于 35℃。

m. 确认陈列柜的风幕不受周围环境干扰或被破坏。

n. 确认排水正常、无漏水。

o. 确认管路无异常振动与声音。

p. 确认保温部分无结露、结霜现象。

q. 确认风冷式的冷凝器的排出空气能正常吹出。

4.1.3.5　陈列柜的常见故障分析与排除

表 4-17 整理、汇总了冷藏 / 冷冻陈列柜常见的故障现象、故障原因以及排除，以便于判断、排除陈列柜的有关故障。

表 4-17　陈列柜常见的故障原因与排除

故障现象	故障原因	故障排除
高排气压力	制冷剂充注过多	减少制冷剂
	系统中有不凝性气体	去除不凝性气体
	冷凝器盘管脏污	清洗
	高压侧有堵塞	检查所有的阀或去除堵塞
	压力控制器设定错误	调整控制器
	风扇不运转	检查电路
低排气压力	系统制冷剂不足	检查泄漏，修补并充注
	冷凝器温度调节失效	检查冷凝器的温度控制器
	压缩机吸气或排气阀片失效	清洗或更换有泄漏的阀片
	低吸气压力	参见低吸气压力部分
	压力控制设定错误或没有压力控制阀	调整压力控制阀或安装压力控制阀
高吸气压力	负载过高	减少负载
	膨胀阀进液太多	检查感温包，调节过热
低吸气压力	缺少制冷剂	检查有无泄漏，补充制冷剂
	蒸发器脏污或结冰	清洗盘管
	液路干燥过滤器堵塞	更换滤芯
	吸气管路或压缩机吸气过滤器堵塞	清洗过滤器或更换过滤器
	膨胀阀故障	检查并重新设定合适的过热度
	冷凝温度过低	检查调整冷凝温度的设置

故障现象	故障原因	故障排除
油压很低或无油压	油过滤器堵塞	清洗
	曲轴箱中液体过多	检查曲轴箱加热器；重新设定膨胀阀过热度；检查液路电磁阀是否正常工作
	低油压安全开关故障	更换
	油泵磨损	更换
	低油位	添加润滑油
	轴承被磨损	更换
	油管路上接头松动	检查并紧固接头
	油泵腔垫片泄漏	更换垫片
压缩机缺油	制冷剂不足	检查有无泄漏，修补并充注
	压缩机活塞环漏气过多	更换压缩机
	制冷剂倒灌	维持适当的压缩机过热度
	布管或存液弯不适当	纠正布管
	排气阀部分关闭	开启阀门
	阀板垫片开裂	更换垫片
	冷凝器盘管脏污	清洗盘管
	制冷剂充注过多	减少制冷剂
压缩机不运转	电动机电路断路	检查电路
	保险丝烧断	更换保险丝
	过载跳闸	参见电气部分
	控制触点脏污或卡在开路位置	修理或更换
	压缩机或电动机轴承故障	修理或更换
机组频繁启停	控制器差值设定太近	调整设定
	排气阀片泄漏	更换阀件
	高压过高或过载	检查高压、轴承、活塞以及冷凝器
	制冷剂不足	修补泄漏并重新充注
	制冷剂充注过多	减少制冷剂
	高压保护	检查冷凝器，或检查系统中有无不凝性气体

续表

故障现象	故障原因	故障排除
压缩机不能启动（间歇性嗡嗡声）	接线不正确	对照接线图检查接线
	低电压	检查电压，必要时配备稳压器
	继电器触点未闭合	检查，必要时更换继电器
	启动绕组电路开路	检查定子
	定子绕组接地	检查定子
	高排气压力	参见高排气压力部分
	压缩机运转阻力过大	检查润滑油及油位
机组长时间或连续运行	控制器触点黏合在闭合位置	清洗触点或更换控制器
	系统中制冷剂不足	检查有无泄漏，修补并充注制冷剂
	冷凝器脏污	清洗冷凝器
	系统中有空气或不凝性气体	回收制冷剂，重新抽真空
	压缩机效率低	检查阀片和运动部件
	接线不正确	检查接线
终端设备温度高	系统中制冷剂不足	检查有无泄漏，修补并充注制冷剂
	控制器设置错误	重新设定控制器
	控制器接线松动	检查控制器的接线
	温度传感器损坏或位置不当	更换温度传感器或布置在恰当位置
	膨胀阀或过滤器被堵塞	清洗或更换
	膨胀阀设定错误	检查设定值并重新设置
	膨胀阀感温包故障	检查感温包位置、状态及保温情况，并进行适当调整
	压缩机效率低	检查阀片和运动部件
	蒸发器盘管结霜或脏污	除霜或清洗盘管
	制冷管路堵塞	清洗管路
	系统中进油过多	去除过多的油，检查制冷剂充注
	风机故障	维修或更换风机
	除霜加热装置故障导致蒸发器霜堵塞	维修或更换
	风冷式设备空气流通不畅	保证出风口、回风口畅通
柜体有异味	下水口堵塞	清理下水口
陈列柜外侧商品部分融化	风幕口堵塞	清理风幕口
	风幕受到干扰	进行调整

4.1.4 速冻机

4.1.4.1 速冻机及其分类

速冻机是一种能够在短时间内冻结大量产品的高效率冻结设备，可以有效、经济地冻结放置在速冻机内部的多种多样的产品，如各种形状的肉、鱼、虾、丸子、蔬菜、调理食品、乳制品等。速冻机按其结构形式一般可以分为推进式速冻机、往复式速冻机、平板速冻机、流化态速冻机、隧道速冻机、螺旋速冻机、提升式速冻机等。速冻机根据冷却方式，又可分为吹风式速冻机、接触式速冻机等。表 4-18 所示为按照速冻机冷却方式进行的分类。

表 4-18 速冻机按照冷却方式进行的分类

	网带式快速冻结装置	宽带式连续快速冻结装置
		超宽带式连续快速冻结装置
	钢板带式快速冻结装置	钢板带式连续快速冻结装置
		钢板带式双效连续快速冻结装置
吹风式速冻机	螺旋式连续快速冻结装置	单螺旋连续快速冻结装置
		双螺旋连续快速冻结装置
	流态化单体快速冻结装置	带式流态化单体快速冻结装置
		槽式流态化单体快速冻结装置
		振动式流态化单体快速冻结装置
	喷气喷动式连续快速冻结装置	单带喷气喷动式连续快速冻结装置
		双带喷气喷动式连续快速冻结装置
	间歇式快速冻结装置	卧式平板快速冻结装置
		立式平板快速冻结装置
	连续式快速冻结装置	回转式快速冻结装置
接触式速冻机		筒式快速冻结装置
		自动滑道式快速冻结装置
	喷淋式快速冻结装置	液氮喷淋快速冻结装置
		载冷剂喷淋快速冻结装置
	沉浸式快速冻结装置	液氮沉浸式快速冻结装置
		载冷剂沉浸式快速冻结装置

为了适应各种食品不同的速冻要求，速冻机的形式多样、品种繁多，在此仅举例简单介绍几种常见的速冻设备。

（1）螺旋式连续快速冻结装置。螺旋速冻机是一种结构紧凑、适用面广、占地面积小、冻结能力大的节能型快速冻结设备，是目前国内外食品加工企业用于速冻肉类等冻品厚度大、体积大、进料温度高的首选机型。

螺旋冻结装置主要由伸缩式传送带、主传动轴及支架、带尼龙条的转筒、传送带返回装置、调速系统、电控、蒸发器、风机、维护结构等部分组成。运行时，传送带绕旋转的圆筒螺旋式向上移动，对于不同食品，可以通过传送带无级调速选择最佳冻结时间。在出料食品卸下后，空传送带经张紧回转装置返回进料侧。

（2）流态化单体快速冻结装置。流态化单体快速冻结装置是实现食品单体快速冻结的一种设备。与其他隧道式冻结装置比较，它具有冻结速度快、冻结产品质量好、耗能低等优点。用于冻结球状、圆柱状、片状及块状等颗粒状食品，尤其适于果蔬类食品的冻结加工。

流态化单体快速冻结装置属于强烈吹风快速冻结装置，按其机械传动方式可分为带式流态化单体快速冻结装置、振动流态化单体快速冻结装置、斜槽式流态化单体快速冻结装置；按流态化形式可分为全流态化单体快速冻结装置和半流态化单体快速冻结装置。

以一种带式流态化单体快速冻结装置为例。该装置将食品分成两区段冻结，第一区段为表层冻结区，第二区段为深温冻结区。颗粒状食品进入冻结室后，首先进行快速冷却，即表层冷却至冰点温度，然后表层冻结使颗粒间或颗粒与传送带不锈钢网间呈离散状态，彼此互不黏结，最后进入第二区段深温冻结至中心点为 -18℃。

（3）接触式快速冻结装置。根据接触式快速冻结装置原理，接触式快速冻结装置按结构可分为平板式快速冻结装置、钢带式快速冻结装置、圆筒式快速冻结装置；按工作方式可分为间歇接触式快速冻结装置和连续接触式快速冻结装置。间歇接触式快速冻结装置又可分为卧式平板快速冻结装置和立式平板快速冻结装置。连续接触式快速冻结装置又可分为回转式快速冻结装置、自动滑道式快速冻结装置、圆筒式快速冻结装置、钢带式快速冻结装置。

以外表面式圆筒连续快速冻结装置为例，它主要由装料平台、转筒、刮刀、出料传送带、制冷系统等组成。圆筒由不锈钢制成，两端设有空心轴及轴承。制冷剂通过空心轴、轴封进入圆筒内，然后由另一端流出。通常采用 -30~-50℃ 的盐水进行冷却。固体成型食品（如鱼片等）和液体食品在圆筒旋转时被冻结，通过装在侧面的刮刀刮掉并由传送带传输到包装台上。菜糊（例如菠菜糊）和汤冻结后可以直接用压块机压制成块。

（4）沉浸式快速冻结装置。沉浸式快速冻结装置所采用的冻结剂有液氮、液态二氧化碳等，其原理是类似的。沉浸式快速冻结装置的维修量小、占地面积小、冻结能力大，特别适用于食品的单体快速冻结。

以液氮沉浸式冻结装置为例，其上部装有给料装置、传送装置和隔热结构，下部设排气管道，以排出大量蒸发气体。装置底部采用高强度不锈钢，并带有调节螺栓。传动轴等部件均采用绝热处理或镀聚四氟乙烯。液氮沉浸式冻结方法在各种冻结方法中其冻结速度最快，比采用氮气或二氧化碳气的隧道式冻结速度要快 10~20 倍。用于冻结汉堡包，冻结时间只需 10~15s。采用这种超快速冻结方法可以最大程度地保证产品质量，尤其是冻结水产品，其鲜度与新鲜品儿乎没有区别。

（5）喷淋式快速冻结装置。喷淋式快速冻结装置是一种高效低温冻结装置。装置主要分三个区段，即预冷区，喷氮区、冻结区。产品首先进入预冷区，在高速氮气流吹冲下表层迅速冻结，而后进入喷氮区，液氮直接喷淋在产品上汽化蒸发吸收大量热量，再进入冻结区迅速冻结到温度中心点为 −18℃。这种装置特别适用于颗粒状食品或调理食品如草莓、汉堡包、虾仁、小馅饼、水煎包、香肠、腊肠等。

4.1.4.2　速冻机的使用与维护

（1）平板速冻机。

①日常使用与维护。平板速冻机的日常使用与维护包括：

a. 应经常进行设备外观检查，保持清洁。

b. 平板速冻机启动前，必须认真检查箱体内部，不得存有任何杂物。

c. 设备运行时，应经常检查连接部位是否有渗漏现象，及时采取相应的处理措施。水渗漏时连接部位有锈蚀，制冷剂和油渗漏时连接部位有日渐扩大的油渍（排除人为滴落油渍）。

d. 每次出入货时，应检查各管接头的密封及金属软管与之相连的铝弯管，看是否有破漏或异常变形迹象，若有，应及时停机、检查，确认无不良后果及故障产生，方能继续生产。

e. 每次升降平板蒸发器前，必须检查、清除金属软管表面结霜，金属软管表面不得存冰。

f. 经常清洗冷冻板，保持库内清洁，不得残存酸、碱等物质，以免腐蚀蒸发器，造成工质泄漏。

g. 严禁用坚硬物体碰撞冷冻板、连接管及金属波纹管。

h. 库体要防止硬物划伤，防止外界物体碰撞。并经常检查库门是否变形，开关是否灵活，密封是否良好。

i. 多数情况下，设备使用场所的温、湿度条件较恶劣，电气的防潮等保养尤为重要，应予以重视。

②冷冻板升降速度调节。应经常注意监测冷冻板的升降速度，当有明显变化时，应排除故障，并适当调节升降速度。

a. 设备停机状态下，开启油泵。

b. 按上升按钮，观察冷冻板升高速度，调节节流阀旋钮。

c. 调节时，顺时针旋转为升速，逆时针旋转为降速。

d. 按下降按钮，观察冷冻板降低速度，调节节流阀旋钮。

e. 反复两次，确认升降速度适合，停止调节节流阀。

f. 降冷冻板到最低位，停油泵。

③液压泵压力调节。

a. 设备停机状态下，开启油泵。

b. 调节油泵出口溢流阀旋钮，同时观察油泵出口压力表，调节压力为 5.0MPa。

c. 锁定溢流阀。

d. 停油泵。

警告！液压站阀门应有专人负责，不得随意调节。

液压油在使用过程中会逐渐老化变质，达到一定程度要及时更换。为确保液压系统正常运转，应定期检测，超出规定的技术要求时，则已达到了换油期，应及时更换。更换标准见表 4-19。

表 4-19　液压油换油标准

项目	换油指标	试验方法
外观	不透明或浑浊	目测
40℃运动黏度变化率	超过 ±10%	SH/T 0476[14]
色度变化（相对于新油）	≥ 3 号	GB/T 6540[15]
酸值	> 0.3mg KOH/g	GB/T 264[16]
水分	> 0.1%	GB/T 260[17]
机械杂质	> 0.1%	GB/T 511[18]
铜片腐蚀	≥ 2 级（100℃，3h）	GB/T 5096[19]

注意：液压油中有一项达到换油指标时，应更换新油。

警告！使用液压油环境要注意防火安全；不慎与身体接触，应立即用流水、肥皂清洗。

④长期停机维护。

a. 设备未使用长期存放时，应注意以下事项：

（a）应存放在温暖干燥的环境中并覆盖。

（b）应定期进行外观检查。

（c）控制箱保持通风、防潮。

（d）压缩机应充注冷冻机油至最低油位。

（e）设备应真空后充注 0.03MPa 的干燥氮气并保持。

（f）水侧的相关管路应保持干燥。

（g）当设备存放超过 6 个月，每 6 个月须重复以下工作：

——检查并处理设备表面，重新包装。

——分析冷冻机油的化学成分，如有必要重新充注。

——制冷压缩冷凝机组检查并修补锈迹，重新涂漆。

（h）当设备存放超过 3 个月，每 3 个月须重复以下工作：检查制冷系统内的压力，如压力低于 0.03MPa，则充氮气至 0.03MPa 封存。

b. 设备使用后长期存放时，应注意以下事项：

（a）利用制冷剂回收再生设备或其他制冷系统将制冷剂全部导出。

（b）冷冻机油全部排放。

（c）冷却水系统排放清洁。

（d）切断电源。

（e）按未使用长期存放中各项工作依次进行。

⑤检修。设备的检修应在有相关资质的专业人士指导下进行，严格按说明书操作，不得随意拆卸或修理，否则可能导致设备故障甚至人身伤害。日常检修包括：

a. 在任何有制冷剂的部件维修前，其内部的制冷剂必须排空。

b. 制冷压缩冷凝机组检修方法与周期参考压缩冷凝机组的使用说明书。

c. 电气检修方法与周期参考平板速冻机的电气使用说明书。

d. 冷冻板的检修。

（a）检查冷冻板的牵引螺旋是否有松动，如有松动，应及时旋紧。

（b）金属软管有磨损时及时更换。

（c）液压站漏油或者行程有误差时，检修密封圈。

e. 金属软管的更换。

（a）关闭制冷系统供液截止阀。

（b）按开机程序开机，在吸气压力允许的情况下，将冷冻板内的制冷剂导入储存容器中。

（c）停机，关闭制冷系统回气截止阀。

（d）连接加制冷剂阀与其他制冷设备进液口或制冷剂回收再生设备回收口，排出连接管路中空气后，旋紧连接螺母。

（e）开动其他制冷设备或制冷剂回收再生设备，将制冷剂导出。

注意：上述操作可多次进行，以保证制冷剂最大限度地回收。

（f）制冷剂回收完成后，关闭加制冷剂阀，拆下与其他设备的连接管。

（g）拆开金属软管两端的连接法兰，更换相同规格的金属软管，同时更换法兰密封垫片。

（h）连接加制冷剂阀与外部加压设备，进行冷冻板与金属软管的密封性试验。试验压力为 1.6MPa；应使用干燥氮气或干燥清洁的压缩空气进行试验，温度不低于 15℃，且应有安全措施。试验步骤如下：

关闭回气管路上的安全阀截止阀，将加制冷剂阀打开，缓慢升压至 0.14MPa，保压足够时间，同时对所有密封面进行初步检漏。如无泄漏，可继续升压至 0.7MPa，如无异常现象，其后按 0.14 MPa 的级差逐级升压至 1.6MPa，保压足够时间进行检查，检查期间压力应当保持不变。试验合格后卸压，打开安全阀下的截止阀。

警告！压缩空气必须干燥清洁。泄漏点严禁带压修复。

（i）利用加制冷剂阀连接抽真空设备，将此部分设备抽真空至 5.3kPa，保持 4h，压力不应有显著变化。

（j）关闭加制冷剂阀，拆除外接设备及管路，打开制冷系统回气截止阀。

注意：压力试验时，与设备连接处应安全可靠。

警告！制冷剂严禁直接排放到空气中，严禁附近有易燃易爆物质。

设备的定期检修参考设备及其主要部件（如制冷压缩冷凝机组、电气系统等）的使用说明书。由于各部件的检修期限与很多因素有关，如使用环境、日常保养、使用操作等，无法做硬性规定。一般来讲，平板速冻机需要定期检修如下项目（表 4-20，仅供参考）。

表 4-20　平板速冻机定期检修项目

部件		检修项目	检修周期				备注
			每日	每月	每年	2 年	
金属软管		变形、泄漏	检查			更换	
库门密封条		失效	检查			更换	
液压系统	油泵压力	脏堵		清洁			
		管路渗漏	检查				根据情况维修
	压力表				校验		
	油泵轴封	渗漏					
	液压缸密封圈	失效	检查	检查	更换		
	液压油	品质		检查	检查	更换	
	滤油器	失效		检查	更换		

上述检修期限是指正常运转条件下的维修周期，这一维修周期不能视为机器运转的保险期，如运转中间发生事故，更不能受上述检修期限所约束。

警告！金属软管必须确保完好，发现隐患应立即更换。使用两年后未发现异常，也必须更换。

（2）隧道单冻机。隧道单冻机应经常进行设备外观检查，保持清洁。设备运行时，应经常检查连接部位是否有漏风、漏水现象，及时采取相应的处理措施。

① 日常维护。

a. 减速机。

（a）在运转过程中，应经常观察油位高度，及时补充相同牌号的清洁的润滑油。

（b）润滑油更换周期：第一次更换，减速机初次运转 300h 后作第一次更换。以后更换：每天连续工作 10h 以上者，每隔 3 个月更换一次；每天间断工作 10h 以下者，每隔 6 个月更换一次。长期没有使用的减速机重新启动前，必须重新更换润滑油。

（c）使用时如发现油温显著升高，以及产生不正常噪声时，应停止使用，排除故障并更换新油后使用。

b. 传动机构。

（a）传送带。设备运行时应经常检查传送带运转是否平稳，检查板带边缘损伤情况、接口处是否开焊，检查网带两侧的垫片是否开焊、串条是否弯曲、网丝是否断裂或翘起等。发现问题及时维修或更换。

（b）滚轮及轴承。经常检查板带滚轮外侧的橡胶层磨损情况、轴承的运行状态等，每三个月注入低温油脂一次。

（c）驱动链条。经常注意链条、链轮的啮合状态，正常运转时，每周检查链条的松紧情况，每天加一次低温油脂。

（d）张紧机构。网带式单冻机传送带运行一段时间后可能会拉长，如果张紧装置张紧量不足，应及时按张紧需求将网带截去少许。调节张紧机构时应注意两边用力均衡。网带连接时应保证网丝节距不能乱，穿杆两端采用垫片焊接。

c. 空气冷却器。

（a）蒸发器。经常清洗蒸发器，保持蒸发器内、外表面清洁，无残存酸、碱等物质，以免腐蚀蒸发器，造成工质泄漏。避免用坚硬物体碰撞蒸发器。

（b）风机。每半年检查一次风机螺栓是否松动、叶片磨损是否过度、电线表皮是否损坏，根据具体情况进行维修或更换零部件；经常注意风机在运转中有无异常响声，振动是否过大，并及时检查修理。若风机长期闲置后重新使用时，必须先检查连接螺栓是否紧固牢靠，并经试运转后，方可正式使用。

（c）保温装置。要防止硬物划伤保温层，防止外界物体碰撞。并经常检查保温层是否变形、保温门开关是否灵活、密封是否良好、门加热是否正常工作等。

警告！设备运行时，严禁进入机内操作。

d. 清洗装置。经常检查 V 形刮板和刮水器橡胶板是否磨损严重，如有问题及时更换。

e. 电控装置。电控柜要注意内部防潮，以防止内部湿度过大而影响电控装置和电器元件正常工作。维护保养时不得用水冲洗电控柜。

设备的定期检修参考设备及其主要部件（如制冷压缩冷凝机组、电气系统等）的使用说明书。一般来讲，隧道单冻机需要定期检修如下项目（表 4-21，仅供参考）。

表 4-21　隧道单冻机定期检修项目

检查部位	检查项目	检查方法	检查时间			
			每天	每周	每月	每季度
蒸发器	内、外表面清洁度	目测	○			
传送带	蛇行运行状态	目测	○			
	板面、边缘损伤情况	目测	○			
	板面接口处	目测	○			
	板带挡条	目测	○			
	网带串条是否平直	目测	○			
	网丝是否有断裂或翘起	目测	○			
驱动装置	是否有振动、异常声音、发热	目测、听音、手摸	○			
	润滑状态	目测				○
	链轮、链条啮合状态	目测、手摸		○		
	链条松紧状态	目测、手摸				○
回转部件	回转状态	目测、听音、手摸	○			
	有无异常声音	目测、听音、手摸	○			
	有无物品附着	目测、听音、手摸	○			
	有无异物进入	目测、听音、手摸	○			
	轴承检查	目测、听音、手摸				○
	驱动轮橡胶检查	目测、听音、手摸		○		
刮板、出料板	咬合状态	目测、听音、手摸	○			
	板面接触是否适当	目测、听音、手摸	○			
	有无破损	目测、听音、手摸	○			

注　"○"为执行标记。

②长期停机维护。

a. 单冻机未安装，其零部件长期存放时应注意以下事项：

（a）应保证环境温暖干燥。

（b）应定期进行外观检查。

（c）控制箱保持通风，防潮。

（d）蒸发器应真空后充注 0.03MPa 的氮气并保持。

（e）各电动机应保持干燥，且应经常加热以排除线圈中的湿气。

（f）注意保管，避免零部件丢失、损坏。

b. 设备安装后，长期存放时应注意以下事项：

（a）将蒸发器内制冷剂全部导出。

（b）切断电源。

（c）设备内外清洗、清洁并吹干。

（d）应保证环境温暖干燥。

（e）应定期进行外观检查。

（f）控制箱保持通风，防潮。

③检修。设备检修应在有相关资质的专业人士指导下进行，严格按说明书操作，不得随意拆卸或修理，否则可能导致设备故障甚至人身伤害。

a. 传送带的检修。当传送带上某零件磨损或损坏时，应及时进行检修。

（a）将张紧螺栓松开，使传送带松弛。

（b）卸掉减速机链条。

（c）松开轴承座紧固螺栓，即可以检修了。

（d）检修完毕，将上述零部件依次装配好，并低速进行试运转。

b. 风机的检修。当发现风机运行电流偏大或有不正常噪声时，要立即停机检修。检查叶片是否有故障，是否刮擦风筒，检修后要检查电源接线和风机转向是否正确。

c. 电气检修。电气系统检修的方法与周期参考电气系统使用说明书。

d. 检修周期。检修周期与很多因素有关，如使用环境、日常保养、使用操作等，无法做硬性规定。表 4-22 和表 4-23 给出了一些部件的检修周期，仅供参考。

表 4-22　润滑设备检修周期

部件	润滑剂	给油方法	给油周期
减速机	32# 或 46# 冷冻机油	填充	1 次 /2000h
驱动链条	食品机械用低温润滑油脂	涂布	1 次 / 日
轴承	食品机械用低温润滑油脂	填充	1 次 /2000h

注　食品机械用低温润滑油脂耐低温 -40℃。

表 4-23　传动设备检修周期

部件	检查项目	检查时间		
		日检	年检	大修
减速机	传动、润滑	每天	生产淡季	3 年

检修周期是指正常运转条件下的维修周期，如运转中间发生事故，不受检修周期的限制。

（3）螺旋单冻机。应经常进行设备外观检查，保持清洁。设备运行时，应经常检查连接部位是否有漏风、漏水现象，及时采取相应的处理措施。

①日常维护。

a. 减速机。

（a）在运转过程中，应经常观察油位高度，及时补充相同牌号的清洁润滑油。

（b）润滑油更换周期：第一次更换，减速机初次运转 300h 后。以后更换：每天连续工作 10h 以上者，每隔 3 个月更换一次；每天间断工作 10h 以下者，每隔 6 个月更换一次。长期没有使用的减速机重新启动前，必须重新更换润滑油。

（c）使用时如发现油温显著升高，以及产生不正常噪声时，应停止使用，排除故障并更换新油后使用。

b. 传动装置。

（a）传送带。注意传送带运行状态是否平稳，经常检查网带传送带两侧的焊接是否牢固、串条是否弯曲、网丝是否断裂或翘起等。网带传送带运行一段时间后可能会拉长，如果张紧装置的浮动轴超出浮动范围，应及时按张紧需求将网带传送带截去少许。网带传送带连接时应保证网丝节距正确，穿杆两端焊接平滑。发现问题及时维修或更换。

（b）轴承。经常检查各轴承的运行状态，及时添加润滑脂。

（c）驱动链轮。经常注意传送带与链轮的啮合状态，发现问题及时调整、维修或更换。

c. 接近开关。经常检查所有接近开关位置是否正确，通过模拟操作检查能否正常工作，如有损坏应及时更换。

d. 空气冷却器。

（a）蒸发器。经常清洗蒸发器，保持蒸发器内、外表面清洁，不得残存酸、碱等物质，以免腐蚀蒸发器，造成工质泄漏。避免用坚硬物体碰撞蒸发器。

（b）风机。风机正式运转后每半年检查一次螺栓是否松动、叶片磨损是否过度、电线表皮是否损坏，根据具体情况进行维修或更换零部件；经常注意风机在运转中有无异常响声，振动是否过大，并及时检查修理。若风机长期闲置后重新使用时，必须先检查连接螺栓是否紧固牢靠，并经试运转后，方可正式使用。

e. 保温装置。要防止硬物划伤保温层，防止外界物体碰撞。并经常检查保温层是否变形、保温门开关是否灵活、密封是否良好、门加热是否正常工作等。

警告！严禁设备运行时进入机内操作。

f. 电控装置。控制柜要注意防潮，防止内部湿度过大而影响电控装置和电器元件正常工作。不得用水冲洗控制柜。维护方法参考设备的电气使用说明书。

②长期存放维护。

a. 设备未安装，其零部件长期存放时应注意以下事项：

（a）应保证环境温暖干燥。

（b）应定期进行外观检查。

（c）控制柜保持通风，防潮。

（d）蒸发器应真空后充注 0.03MPa 的氮气并保持。

（e）各电动机应保持干燥，且应经常加热以排除线圈中的湿气。

（f）注意保管，避免零部件丢失、损坏。

b.设备安装后，长期停放时应注意以下事项：

（a）将蒸发器内制冷剂全部导出。

（b）各轴承添加足量润滑脂。

（c）各减速机应有足量润滑油，并每月启动一次，以确保润滑。

（d）各电动机应保持干燥，且应经常加热以排除线圈中的湿气。

（e）设备内外清洗、清洁并吹干。

（f）应保证环境温暖干燥。

（g）应定期进行外观检查。

（h）控制柜应防潮，保持干燥。

③检修。设备的检修应在有相关资质的专业人士指导下进行，严格按说明书操作，不得随意拆卸或修理，否则可能导致设备故障甚至人身伤害。

a.传送带。当传送带磨损或损坏时，应及时进行检修。将张紧装置的浮动轴松开或推至最高点固定，使传送带松弛，即可以检修。检修完毕，恢复浮动轴，并低速进行试运转。

b.减速机。卸掉减速机链条，松开减速机底座螺栓，即可进行检修。

c.风机。当发现风机运行电流偏大或有不正常噪声时，要立即停机检修。检查叶片是否有故障、是否刮擦风筒等，检修后要检查电源接线和风机转向是否正确。

d.电气检修。电气检修可参考设备电气系统使用说明书。

e.检修周期。由于各部件的检修期限与很多因素有关，如使用环境、日常保养、使用操作等，无法做硬性规定，表 4-24~ 表 4-27 给出了一些关键部件的检修周期供参考。

检修周期是指正常运转条件下的维修周期，若运转中间发生事故不受此限制。

表 4-24　零部件的检修周期

检查部位	检查项目	检查方法	检查时间			
			每天	每周	每月	每季度
蒸发器	内、外表面清洁度	目测	○			
传送带	窜动运行状态	目测	○			
	边缘损伤情况	目测	○			
	串条直线度	目测	○			
	网丝完整状态	目测	○			
	清洁状况	目测	○			

检查部位	检查项目	检查方法	检查时间			
			每天	每周	每月	每季度
驱动装置	是否有振动、异常声音、发热	目测、听音、手摸	○			
	润滑状态	目测				○
	链轮、传送带链扣啮合状态	目测、手摸		○		
	链条松紧状态	目测、手摸				○
转鼓部件	转鼓旋转状态	目测、听音	○			
	有无异常声音	目测、听音	○			
	有无物品附着	目测、听音	○			
	有无异物进入	目测、听音	○			
	轴承检查	目测、听音、手摸				○
	驱动链轮检查	目测、听音、手摸		○		

注　"○"为执行标记。

警告！ 需要手摸确定的检查项，只能在相关设备静止状态下进行。检修时禁止踩踏传送带。

表 4-25　润滑设备检修周期

给油装置	润滑油名	给油方法	给油周期
减速机	减速机专用低温润滑脂	填充	1 次 /5000h
轴承	食品机械用低温润滑油脂	填充	1 次 /2000h

注　食品机械用低温润滑油脂耐低温 -40℃。

表 4-26　传动设备检修周期

设备名称	检查项目	检查时间		
		日检	年检	大修
减速机	传动、润滑	每天	生产淡季	3 年

表 4-27　保温门检修周期

设备名称	检查项目	检查时间	更换时间
库门	电加热丝	每天	1 年
	密封条	每天	2 年

警告！ 保温门因电加热丝损坏而冻死时，只能自然解冻或用热水解冻后打开，严禁硬性开启。

（4）流态化单体速冻装置。

①日常维护。流态化单体速冻装置应经常进行设备外观检查，保持清洁。设备运行时，应经常检查连接部位是否有漏风、漏水现象，及时采取相应的处理措施。

②传动装置。

a. 减速机。

（a）在运转过程中，应经常观察油位高度，及时补充相同牌号的清洁的润滑油。

（b）润滑油更换周期：第一次更换，减速机初次运转300h后作第一次更换。以后更换：每天连续工作10h以上者，每隔3个月更换一次；每天间断工作10h以下者，每隔6个月更换一次。长期没有使用的减速机重新启动前，必须重新更换润滑油。

（c）使用时如发现油温显著升高，以及产生不正常噪声时，应停止使用，排除故障并更换新油后使用。

b. 传送带。

（a）注意传送带运行状态是否平稳。

（b）检查网带两侧的垫片是否开焊、串条是否弯曲、网丝是否断裂或翘起等。发现问题及时维修或更换。

c. 振动轴。

（a）注意振动轴开启时，传送带运行状态是否平稳。

（b）经常检查振动轴上凸轮磨损情况。

d. 滚轮及轴承。

（a）经常检查滚轮的磨损情况。

（b）经常检查轴承的运行状态，每3个月注入低温油脂一次。

e. 驱动链条。经常检查链条、链轮的啮合状态。正常运转时，每周检查链条的松紧情况，每天加一次低温油脂。

f. 张紧机构。调节张紧机构时，应注意两边用力均衡。网带式单冻机传送带运行一段时间后可能会拉长，如果张紧装置张紧量不足，应及时按张紧需求将网带截去少许。网带连接时应保证网丝节距不能乱，穿杆两端采用垫片焊接。

③空气冷却器。

a. 蒸发器。经常清洗蒸发器，保持蒸发器内、外表面清洁，不得残存酸、碱等物质，以免腐蚀蒸发器，造成工质泄漏。避免用坚硬物体碰撞蒸发器。

b. 风机。风机正式运转后每半年检查一次螺栓是否松动、叶片磨损是否过度、电线表皮是否损坏等，根据具体情况进行维修或更换零部件。经常注意风机在运转中有无异常响声、振动是否过大等，并及时检查修理。风机长期闲置后重新使用时，必须先检查连接螺栓是否紧固牢靠，并经试运转后方可正式使用。

④保温装置。应防止硬物划伤保温层、防止外界物体碰撞。并经常检查保温门是否变形、开关是否灵活、密封是否良好、门加热是否正常工作等。

警告！设备运行时，严禁进入机内操作。

⑤清洗装置。经常检查V形刮板和刮水器EPDM橡胶板是否磨损严重，如有问题及时

更换。

⑥电控装置。电控柜要注意内部防潮，以防止影响电控装置和电器元件正常工作。任何时候不得用水冲洗电控柜。电气系统的维护可参考设备的电气系统使用说明书。

⑦长期存放维护。

a. 单冻机未安装，其零部件长期存放时应注意以下事项：

（a）应保证环境温暖干燥。

（b）应定期进行外观检查。

（c）控制箱保持通风，防潮。

（d）蒸发器应真空后充注 0.03MPa 的氮气并保持。

（e）各电动机应保持干燥，且应经常加热以排除线圈中的湿气。

（f）注意保管，避免零部件丢失、损坏。

b. 设备安装后，长期存放时应注意以下事项：

（a）将蒸发器内制冷剂全部导出。

（b）设备内外清洗、清洁并吹干。

（c）应保证环境温暖干燥。

（d）应定期进行外观检查。

（e）控制箱保持通风，防潮。

⑧检修。设备的检修应在有相关资质的专业人士指导下进行，严格按说明书操作，不得随意拆卸或修理，否则可能导致设备故障甚至人身伤害。

a. 传送带。当传送带上某零件磨损或损坏时，应及时进行检修。将张紧螺栓松开使传送带松弛，卸掉减速机链条、松开轴承座紧固螺栓即可进行检修。检修完毕将上述零部件依次装配好，并低速进行试运转。

b. 风机。当发现风机运行电流偏大或有不正常噪声时，要立即停机检修。检查叶片是否有故障，是否刮擦风筒，检修后要检查电源接线和风机转向是否正确。

c. 电气系统。电气系统的检修方法和周期可参考设备的电气系统使用说明书。

d. 检修周期。检修周期与很多因素有关，如使用环境、日常保养、使用操作等，无法做硬性规定。表 4-28~ 表 4-30 给出了各部件的检修周期供参考。

检修期限是指正常运转条件下的维修周期，如运转中间发生故障不受此限制。

表 4-28　零部件的检修周期

部件	检查项目	检查方法	检修周期			
			每日	每周	每月	每季度
蒸发器	内、外表面清洁度	目测	○			
传送带	蛇行运行状态	目测	○			
	板面、边缘损伤情况	目测	○			
	板面接口处	目测	○			
	板带挡条	目测	○			

续表

部件	检查项目	检查方法	检修周期			
			每日	每周	每月	每季度
驱动装置	是否有振动、异常声音、发热	目测、听音、手摸	○			
	润滑状态	目测				○
	链轮、链条啮合状态	目测、手摸		○		
	链条松紧状态	目测、手摸				○
回转部件	回转状态	目测、听音、手摸	○			
	有无异常声音	目测、听音、手摸	○			
	有无物品附着	目测、听音、手摸	○			
	有无异物进入	目测、听音、手摸	○			
	轴承检查	目测、听音、手摸				○
	驱动轮橡胶检查	目测、听音、手摸		○		
刮板、出料板	咬合状态	目测、听音、手摸	○			
	板面接触是否适当	目测、听音、手摸	○			
	有无破损	目测、听音、手摸	○			

注 "○"为执行标记。

表 4-29 润滑设备检修周期

给油装置	润滑油名	给油方法	给油周期
减速机	32# 或 46# 冷冻机油	填充	1 次 /2000h
驱动链条	食品机械用低温润滑油脂	涂布	1 次 / 日
轴承	食品机械用低温润滑油脂	填充	1 次 /2000h

注 食品机械用低温润滑油脂耐低温 -40℃。

表 4-30 传动设备检修周期

设备名称	检查项目	检查时间		
		日检	年检	大修
减速机	传动、润滑	每天	生产淡季	3 年

4.1.4.3 速冻机的常见故障分析与排除

表 4-31~ 表 4-34 汇总整理了各种速冻机的故障原因以及排除方法。在发生故障时可参考这些表格，具体问题具体分析，找出确切的故障原因，然后加以排除。

表 4-31　平板速冻机常见故障原因及排除方法

故障现象	故障原因	排除方法
冷冻板上升高度不够	液压缸内部漏油	检查液压缸内密封圈
	牵动螺栓螺母松动，距离不等	调整牵动螺栓螺母，使每块平板间距一致
低压压力过低	膨胀阀堵塞	清洗膨胀阀、清理干燥过滤器
	制冷剂泄漏	查找并排除泄漏，补充制冷剂
压缩机汽缸盖结霜，甚至排气管结霜	膨胀阀调节不适、流量过大	重新调节膨胀阀
	制冷剂充灌量过大	将制冷剂导出到适当量
降温慢、冻结时间长	平板与冻结物间隙过大	装满冻结物或上部增加垫板压紧
	冷冻板系统内积油	由排液阀放油
平板结霜不均或某层平板不结霜	供液不足，分配不均	增大供液量
	系统内有水分或杂物，产生冰堵	认真检查，更换干燥剂，排除水分或杂物
平板牵动时歪斜	牵动螺栓、螺母松动，距离不等	调整牵动螺栓、螺母，使每块平板间距一致
液压站油泵不出油或泵有噪声及不正常声响	运转方向相反	更正电动机运转方向
	吸油管和滤油器堵塞	拆下清洗
	吸油管密封不良	检查连接部分
	液压油中混有空气	油缸油路接头排气
	油液黏度过高	更换液压油
液压站泵压降低	溢流阀开度偏离	重新调整
	阀内密封圈失效	检查并更换
	油泵叶片与泵盖严重磨损	更换部分零件
	溢流阀堵塞	拆下清洗
	电磁阀工作失常	检查电磁吸铁接触或更换
油泵启动后油压正常，一段时间后油压降低	吸油滤网被阻	拆下清洗
	油箱油量减少	加油
	部分油路漏油	检漏
油缸活塞杆开到顶自然下降或活塞杆压到底压力保不住	单向阀失灵	检查清洗或更换单向阀
	油缸内密封圈损坏	检查后更换油封

表 4-32　隧道单冻机常见故障原因及处理方法

故障现象	故障原因	处理方法
板带跑偏	张紧装置两侧张紧程度不同	调节张紧机构的螺杆，使左右两侧螺杆张紧程度相同
	板带清洗不干净	检查并清洗板带
	轨道上有冰或其他障碍物	检查运行轨道，并及时清理结冰或其他障碍物
	板带严重变形	换板带
	框架变形	检查框架对角线

故障现象	故障原因	处理方法
进出料口跑冷	挡帘破损	换挡帘
	进料口挡风罩上的插板位置过高	将插板位置调低
	侧盖插板未打开	打开插板
	导风装置紊乱	均匀摆放所有导风装置
	下风道插板未打开	打开下风道插板
	离心风机未全启动	全部启动或进出料口对称启动
单冻机掉料	风力过大	打开侧盖插板
	挡料装置变形	维修或更换挡料装置
	板带有较大的变形	换板带
减速机过载	传送带卡住	查明原因进行处理
	油内有异物	检查、更换
	热继电器设定值过小	检查、重新设定
	接线缺相	检查减速机接线
风机过载	蒸发器霜层过厚	融霜
	热继电器设定值过小	检查、重新设定
	接线缺相	检查风机接线
降温困难	系统连接问题	查明原因进行处理
	库门漏冷严重	查明原因进行处理
	排水口漏冷	工作时塞紧胶堵
	蒸发器融霜效果差，影响换热	查明原因进行处理
	冲霜水阀漏水，进入蒸发器冻住，影响换热	更换冲霜水阀
	风机反转或部分电动机损坏不转	重新接线或更换电动机
	冻品入货温度过高	降低入货温度
	进出料口漏冷严重	检查导风装置，摆放均匀
	冻品摆放太密	冻品摆放留出一定的空档
网带过松，下垂过大	长时间运行，网带自然伸长	先调节张紧装置，如不足，裁掉几节网带
	传动受阻，网带被拉伸	检查、清理网带传送障碍点，调节张紧装置
物料与板带粘连	进水管路堵塞	疏通进水管路
	喷水管的喷孔堵塞	拆下喷淋装置，清理喷水管的喷孔

表 4-33 螺旋单冻机常见故障原因及处理方法

故障现象	故障原因	处理方法
传送带运行不稳定或网带翻转	张紧装置浮动轴配重偏差大	加减配重，调节传送带张紧程度，使浮动轴在正常工作范围内
	运行过程中传送带有卡阻现象	仔细检查传送带周围零部件是否异常，消除隐患
	轨道上有冰或其他障碍物	检查运行轨道并及时清理结冰或其他障碍物
	传送带未及时清洁，食品油脂低温下黏结，传送带运行不灵活	及时清洗传送带
	传送带使用过程中被拉长，传送带节距变化	调整传送带长度，或更换传送带
	传送带与传动链轮脱齿	检查脱齿原因，清除故障源
	减速机两个过驱动值调整不匹配	耐心观察、调整
	接近开关损坏，未及时保护停机	检查并修复接近开关
	减速机传动链条脱落	调整链条张紧装置，防止链条脱落
传送带掉料	风力过大	调节风门开度
	物料入货量太大	减少入货量
	传送带摆料不合适，在转鼓上旋转时内部物料堆积过高	注意入料摆放
网带传送带过松，下垂过大	长时间运行，传送带自然伸长	检查转鼓上网带松紧度，调整过驱动值，裁剪传送带至适当长度
	传动受阻，传送带被拉伸	检查、清理网带传送障碍点
	网带制作不精确，伸缩阻力过大	更换网带
进出料口跑冷	挡帘破损	更换挡帘
	进出料口调风板调节位置不适合	调节调风板
减速机过载	传送带卡住	查明原因，清除故障
	过驱动值1小于1，过驱动值2过大	调整过驱动值
	减速机缺油，润滑不良	检查、添加
	润滑油脏，损坏轴承、齿轮	检查、更换
	电动机损坏	更换或修理
	热继电器设定值过小	检查、重新设定
	接线缺相或短路	检查减速机接线
风机过载	蒸发器霜层过厚	融霜
	热继电器设定值过小	检查、重新设定
	接线缺相	检查风机接线
蒸发器结霜严重	进出料口漏冷严重	调整进出料口调风组件
	食品入货温度过高、水分过多	对食品进行预冷、沥水
	挡风板调整不当，蒸发器出风、回风短路	关闭靠近蒸发器的挡风板
	蒸发器翅片倒伏，回风阻力过大	扶正蒸发器翅片

故障现象	故障原因	处理方法
降温困难	系统连接问题	查明原因进行处理
	库门漏冷严重	查明原因进行处理
	排水口漏冷	工作时检查排水挡水板
	蒸发器融霜效果差，影响换热	查明原因进行处理
	冲霜水阀漏水，进入蒸发器冻住，影响换热	更换冲霜水阀
	风机反转或部分电动机损坏不转	重新接线或更换电动机
	物料入货温度过高	降低入货温度
	进出料口漏冷严重	调节调风板
	物料摆放密度过大	物料摆放留出一定的空档
无故障频繁停机	个别探头处接触不稳定，误报警	检查每个探头

表 4-34 流态化单体速冻装置的故障分析和处理方法

故障现象	故障原因	处理方法
进出料口跑冷	挡帘破损	换挡帘
	进料口挡风罩上的插板位置过高	将插板位置调低
	冷却风机频率设置不同	修改频率相同
	有冷却风机未正常工作	检查风机
单冻机掉料	风力过大	调节冷却风机频率
	挡料装置变形	维修或更换挡料装置
	网带有较大的变形	换网带
	冻品规格过小，网带不适用	更换冻品或网带
减速机过载	传送带卡住	查明原因进行处理
	油内有异物	检查、更换
	热继电器设定值过小	检查、重新设定
	接线缺相	检查减速机接线
风机过载	蒸发器霜层过厚	融霜
	热继电器设定值过小	检查、重新设定
	接线缺相	检查风机接线
库内降温困难	系统连接问题	查明原因进行处理
	库门漏冷严重	查明原因进行处理
	排水口漏冷	工作时塞紧胶堵
	蒸发器融霜效果差，影响换热	查明原因进行处理
	冲霜水阀漏水，进入蒸发器冻住，影响换热	更换冲霜水阀
	风机反转或部分电动机损坏不转	重新接线或更换电动机
	冻品入货温度过高	降低入货温度
	进出料口漏冷严重	检查导风装置，冻品摆放均匀
	冻品摆放太密	冻品摆放留出一定的空档

故障现象	故障原因	处理方法
网带过松，下垂过大	长时间运行，网带自然伸长	先调节张紧装置，如不足，裁掉几节网带
	传动受阻，网带被拉伸	检查、清理网带传送障碍点，然后调节张紧装置

4.1.5　冻干机

4.1.5.1　冻干的原理及技术指标

（1）冻干的原理。真空冷冻干燥简称冻干，是一种在真空低温环境中将物料中的固态水（冰）直接升华为水蒸气以使物料干燥的方法；用冻干方法处理的食品称冻干食品；提供这种冻干过程所需的真空低温环境的设备称真空冷冻干燥设备，简称冻干机。冻干技术是迄今为止最为先进的干燥技术，最初主要用于制药及生物制品领域，现已广泛应用到食品及农副产品深加工行业。

（2）食品冻干工艺流程。真空冷冻干燥的目的是先将物料中的自由水完全冻结，以升华方式将这部分水完全脱去，随后脱去大部分吸附水，从而获得干品，最大限度地保持原有特性并便于长期保存。因此真空冷冻干燥过程可分为预冻、升华干燥和解吸干燥三个阶段。

①食品（药品）的预冻。物料的冷冻干燥过程是在真空状态下进行的，只有物料中溶液全部冻结后才能在真空下升华。否则，若有部分液体存在，不仅会在真空下迅速蒸发造成物料浓缩变形，而且溶解在溶液中的气体会在真空下迅速放出，使冻干产品鼓泡。因此食品的预冻一般应首先满足预冻温度低于物料共晶点温度（物料中的游离水完全冻结的温度）5~10℃。其次，除了使物料完全冻结，还应保证物料冻结后保持原有的特性和生命活力。为此冻结速度应该达到使物料组织的冰层推进速度大于水移动速度，冰晶分布与冻结前物料中液态水的分布相近，并且冰晶细小，不损伤细胞组织。冻结速度越快，保持原有特性和生命活力的程度就越好。值得一提的是，冻结过程中快速通过最大冰晶生成区对于物料冻结质量尤为重要。但是冻结速度太快，冰晶太小，升华干燥时的气体逸出通道就会太小，气体逸出阻力增大，会影响升华速度。

②升华干燥。升华干燥是将冻结后的物料置于密闭的真空容器中加热，其冰晶就会升华成水蒸气逸出，而使物料脱水干燥。干燥是从物料外表面开始逐步向内推移的，冰晶升华后留下的空隙便成为继续升华水蒸气的逸出通道。当全部冰晶除去后，升华干燥就结束，此时约除去 90% 的水。

实现升华干燥必须具备以下基本条件：

a. 真空容器的真空压力必须低于物料共晶点温度对应的水的饱和蒸汽压，否则物料中的冰晶就会全部（或部分）融化。

b. 必须向物料提供冰晶升华所需的升华潜热。供热量越大，升华速度越快。

c. 升华的大量水蒸气单靠真空泵是无法全部排出容器外的（1g 冰在 133Pa 真空压力下，升华后的体积为 $1m^3$），真空泵只用于抽出不可凝结气体，必须依靠冷阱将升华出的水蒸气全部在其表面凝华成冰（或霜），才能维持所要求的真空度。冷阱必须具有足够的表面积，并能提供足够的冷量。升华干燥过程实际上就是物料中的冰升华成水蒸气，水蒸气再在冷阱表面凝华成冰的过程，有多少升华量就有多少凝华量。由于升华潜热与凝华潜热相同，因此，只有冷阱实际用于凝华的冷量等于用于升华的加热量时，才能维持稳定的真空压力。

　　d. 升华干燥过程加热时，不得使已干物料的温度超过最高允许温度（如维生素 C 冻干时，物料温度超过 40℃时将会发生分解破坏），否则将使冻干品变性。

　　③解吸干燥。在升华干燥结束后，在干燥物质的毛细管壁和极性基团上还吸附有一部分水分，这些水分是未被冻结的。当它们达到一定含量，就为微生物的生长繁殖和某些化学反应提供了条件，必须除去这些水分。这就是解吸干燥的目的。由于吸附水的吸附能量高，如果不给它们提供足够高的能量，它们就很难从吸附中解吸出来。因此这个阶段物料的温度应足够高，只要控制在最高允许温度以下即可。同时，为了使解吸出来的水蒸气有足够高的推动力逸出物料，必须使物料内外形成较大的蒸汽压差，因此这个阶段容器内必须是高真空。

　　（3）冻干系统的技术指标。因为不同食品的（细胞）结构不同，纤维素、蛋白质的含量也不一样，因此冻干过程中所需要的温度、真空度的条件也不相同。表 4-35 为某公司生产的冻干设备基本型号及主要参数实例。

表 4-35　某品牌冻干设备基本型号及主要参数

型号	BSNFD5	BSNFD10	BSNFD20	BSNFD50	BSNFD75	BSNFD100	BSNFD125	BSNFD150	BSNFD200
托盘面积（m²）	5	10	20	50	75	100	125	150	200
最大捕水能力（kg/h）	10	20	40	100	150	200	250	300	400
最大捕水量（kg/次）	60	120	240	600	900	1200	1500	1800	2400
加热板工作温度（℃）	常温~120								
干燥仓工作压力（Pa）	13~133Pa								
干燥仓静态极限真空（Pa）	≤ 10								
抽真空时间（常压到133Pa）（min）	≤ 10				≤ 12			≤ 15	
冷阱蒸发温度（℃）	−50~−30								
制冷量（−40℃蒸发温度）（kW）	8	16	32	80	120	160	200	240	320
最大蒸汽耗量（0.7MPa）（kg/h）	12	24	48	120	180	240	300	360	480
装机功率（不含制冷系统）（kW）	8	15	30	55	70	80	95	105	120

4.1.5.2　冻干系统组成

　　真空冷冻干燥设备主要由冻干仓、真空系统、加热系统、除霜系统、气动系统、制冷系统、冻结库、输运系统、控制系统等九个部分组成。它们通过冻干工艺形成一条设备生产线，和前后处理设备一起组成一个完整的生产体系。

　　（1）冻干仓。冻干仓是冻干机的核心部件，包括干燥仓体、加热板组件和冷阱组件。冻干仓一般为卧式圆筒形，其内装有给物料中的冰晶升华提供热量的加热板、加热板自动在位清洗装置、捕捉升华出来的水蒸气的冷阱、输运小车的导轨及干燥过程结束后进行除霜的喷淋管路等。如图 4-13 所示。

图 4-13　冻干仓外形图

　　干燥仓体的作用是为食品冷冻干燥提供一个良好的真空密封空间；加热板组件主要用于对冻结食品进行加热，提供冰升华所需的热量，加热板还可以对干燥仓降温，以保证干燥结束后在下次进料时仓内尽可能保持较低温度，使冻结食品不融化；冷阱也叫捕水器或水汽凝结器，其作用是捕集物料升华出的水蒸气并使其凝结，维持干燥仓内的压力。

　　（2）真空系统。物料的水分只有在真空状态下才能升华达到干燥的目的，真空系统是食品冻干机的主要组成部分之一，其作用是在物料进干燥仓后迅速实现仓内的真空度，并在冻干过程中排出不凝结气体以保持仓内的低压真空状态，给仓内已冻结好的原料创造一个真空环境，使其满足食品升华干燥的要求。

　　（3）加热系统。加热系统是食品真空冷冻干燥机的主要组成部分之一，它的功能是干燥仓工作时为加热板提供适量的热能以满足冰的升华，此外，加热系统可按照程序控制器发出的温度要求，通过载热介质控制加热板的精确温度。

　　（4）除霜系统。除霜系统的功能是为冷阱提供适量高温或常温水，用喷淋的方式融化排尽升华过程中凝结在冷阱外表面的霜层，保证下一冻干循环正常进行。

　　（5）气动系统。气动系统是食品冷冻干燥设备的辅助系统，其功能是给冻干机上各气动元件提供动力用气及除霜喷淋器吹干用气，用以驱动真空阀门和干燥仓门、调节三通调节阀的开度、吹除除霜后喷淋管及喷嘴内的残留积水。

　　（6）制冷系统。制冷系统是食品冻干机的重要组成部分，其功能是为冻结库冷风机和干燥仓的冷阱提供冷量，保证经过前处理的原料能在冻结库中快速冻结至共晶点以下，保证干燥仓中的水蒸气能在冷阱表面有效凝结。

　　（7）冻结库。用于将前处理好的物料迅速降温，使其内水分冻结。

　　（8）输运系统。用于完成食品原料和干燥品的输运工作，是前处理、冻结、干燥、后处理各系统之间的连接桥梁。

　　（9）控制系统。控制系统是食品冷冻干燥设备的关键机构，其作用是必须保证装置自动化完全运行和严格执行各种设定程序，准确无误地完成食品的冷冻干燥过程。

4.1.5.3 冻干机的操作与维护

（1）冻干生产线。

①冻干车间。冻干车间主要包括冻干设备间、冻干操作间、装料间、卸料间、冻结库、电控间和洗盘间等工作间。除冻干设备间和电控间外，其余车间与前处理间、后处理间一样均属于洁净区，必须保持清洁、卫生，冻干操作间、卸料间和后处理间还必须保持干燥。

a. 冻干设备间用以放置冻干机主体设备，包括冻干仓、加热系统、真空系统、制冷系统、气动系统、除霜系统等设备。

b. 冻干操作间是物料及物料车在各工作间之间进行转运的工作场所。物料及物料车在不同工作间之间的转运通过操作间轨道上的地平转运车的移动来实现。

c. 装料间是将经过前处理的物料放到托盘及物料小车上的场所，物料小车的清洗也在装料间进行。

d. 卸料间是干燥后的物料及托盘从物料小车上卸料的场所，卸下的物料进入包装间分选包装，托盘则进入洗盘间内清洗消毒。

e. 冻结库为物料在干燥前进行预冻，提供低温环境，使物料中的水分全部冻结成固体。

f. 电控间内放置电控柜及工控机，是操作人员对设备运行进行设定、操作并监控的场所。

②冻干生产线运行操作。

a. 准备。生产前查阅上一班次设备运行记录，如有故障应先予以排除。并做以下巡检：

（a）冷却水的供应情况，包括水池中的水位和自来水供应。

（b）电源情况，各用电设备供电正常。

（c）真空机组、制冷机组、空气压缩机的油位正常。

（d）制冷系统制冷剂无泄漏现象。

（e）加热系统、除霜系统、真空泵冷却管路无漏水现象。

（f）供热蒸汽压力不小于 0.4MPa，气源压力不小于 0.5MPa，加热罐内压力不小于 0.1MPa（此压力与温度有关系，要求压力值比罐内水温对应的饱和压力高 0.1MPa 以上）。

（g）加热罐的水位不低于液位器的 1/3。

以上任何一项不符合各个系统的要求均不能开机。

b. 预冻。在设备巡检正常后，开启制冷机组给预冻库冷风机供液，使冷库降温至设定温度（一般在 −30~−38℃）。

将前处理好的原料均匀装盘，装料后的托盘放置在物料小车上。对于首次生产的物料或对冻干工艺参数不明确的物料，进入冻结库的第一辆物料小车在装盘后应在其中数个托盘的物料内放置针状物料温度探头。物料的冻结时间要根据原料性质确定。

c. 干燥。干燥前应检查确认冷阱侧排水阀已关闭、解除真空阀门已关闭、仓体内无积水。

在冻结食品出库前，将加热板温度设定为 30℃以下，启动热媒泵；开启大冷阱制冷供液阀，物料车进仓前将干燥仓大冷阱温度降至 −20℃以下。

当加热板温度降至 35℃以下时，将冻结好的原料推出冷库，通过地平转运车分两批快速送入干燥仓内，并插好物料温度探头，具体转运过程同上所述。仓门关闭后，打开预抽真空机组及维持真空机组（具体操作见真空系统操作说明书），真空系统启动，给干燥仓抽真空。待仓内真空度降至设定预抽压力（如 100Pa）以下时，关闭预抽机组，保持真空机组继续工作。

启动加热程序，干燥过程开始。

d. 出仓。干燥结束前约 10min 关闭冷阱供液阀。干燥完毕时，开启充气阀充入大气，解除仓内真空，打开仓门，将干品快速推入卸料间，进行卸料及后处理。

除霜系统开启，给冷阱除霜。启动真空球阀使水进入喷淋器，对冷阱进行喷淋，把冻结在蒸发器表面的冰霜融化成水。

做好运行记录。

（2）冻干设备的维护。冻干机的性能不但与冻干机生产企业的产品质量有关，而且还与平时的维护保养有关，以下分系统说明冻干机的日常保养。

①冻干仓维护。

a. 冻干仓内在不使用时应保持清洁、干燥，仓门应处于关闭状态，各阀门也均处于关闭状态。

b. 定期检查物料小车及托盘与冻干仓内加热板是否有碰触。若有碰触，测量判断是物料小车还是加热板的位置改变。前者需调整紧定螺栓或长角钢，后者需检查加热板紧定螺栓是否有松动。

c. 定期检查加热板是否倾斜。若有倾斜需调整加热板固定块上的紧定螺钉使其位置正确。

d. 每次开机前应将物料温度传感器的插头插于仓内的插座上，检查温度传感器是否正常。若温度传感器不正常，需分别检查探头、插座焊点及变送器是否完好，并针对不同情况将虚焊、脱焊点焊好和更换插头、变送器。

②真空系统设备维护。

a. 在启动真空泵前，一定要保证泵内有足够量的油。每次开机前，检查各真空泵的油位是否处于油镜的 1/3~2/3 的位置。若油位过低则需要加油。加油时先拧下注油螺塞，加油后将加油口清理干净，装回螺塞，关闭严实。

b. 真空泵长时间停机重新开机时，先确认真空泵转子是否灵活。若转子锈死，打开防护罩用管钳等工具盘活转子。

c. 真空泵上的轴封为易损件，当真空泵油消耗严重时，应考虑轴封磨损，需联系厂家派专业人员来进行更换、维护。

d. 手动操作时，应注意真空泵和与其相连的真空挡板阀的开启顺序。正常冻干过程进行中，应先关闭真空挡板阀之后再关闭真空泵；开启时则应先打开真空泵之后再打开真空挡板阀。

e. 真空泵无论是处于使用状态还是停机状态，都要对其进行日常的维护和保养。如每周打开真空泵气镇阀，在空载情况下运行 2h 左右；检查泵体是否漏油；工作时观察是否有杂音等。

f. 真空泵在工作时某些表面温度可高达 80℃以上，须注意防止触摸烫伤。

g. 真空泵油一般为常温用油，油温过低易产生故障。如冬季的使用环境温度较低，应考虑用低温真空泵油。

h. 其他注意事项详见真空泵使用说明书。

③加热系统设备维护。

a. 加热罐内热媒为封闭循环，一般不需加注。罐内热媒在常温下当液位降到1/3刻度以下时，应及时予以补加，补加量应以液位在1/3~1/2刻度为宜。

b. 往加热罐内补水时，应在设备不生产时且加热罐内水温下降到常温后（＜35℃）方可进行，以免烫伤。

c. 加热系统各阀门一般情况下无需开关。当有检修要求时，将待修部位进出水口关闭即可。若因开关阀门而导致阀门盘根泄漏时，请压紧盘根压块；若盘根压块已压到位仍有泄漏，应在停机无压状态下松开盘根压块，加入新的填料重新压紧。

d. 若板式换热器冷却水流不畅，应考虑为板式换热器堵塞、冷却水过滤器堵塞等原因，需针对不同情况分别加以解决。

e. 加热系统用各控制阀如有开启及关闭不灵等现象，请在断电及关汽的状态下拆洗内部活塞等部件，然后重新组装。

④除霜系统设备维护。

a. 定期检查除霜水池内的水位和水质情况，定期换水、清洗水池。

b. 定期检查各阀门盘根是否有泄漏。有泄漏时压紧盘根压块，若盘根压块压紧到位仍泄漏，应在停机无压状态下松开盘根压块，加入新的填料重新压紧。

c. 除霜水泵出现泄漏、过载等异常现象时，需进行维修。

⑤气动系统设备维护。

a. 定期检查空压机油位，定期打开空压机储气罐排污阀排去污水，定期检查与空气压缩机相连的油雾过滤器，及时排除过滤器中的水及油，以保证压缩空气的清洁。

b. 气动阀若有漏气，检查漏气部位并排除故障。

c. 气动系统的气管属易损件，易因温度、压力、尖锐物品刺激而损坏，应注意保护。若有损坏需要更换。

⑥制冷系统设备维护。可参考本书相关内容和设备使用说明书进行维护。

⑦输运系统设备维护。

a. 物料小车和地平车应轻推慢拉，小车在轨道上移动时有人把持，禁止自由移动，避免互相碰撞和车轮滑出轨道。

b. 不定期检查物料小车和地平车定位轮是否松动。若有松动，调整后予以紧固。

c. 不定期检查物料小车和地平车的固定螺栓是否松动。若有松动，调整后予以紧固。

d. 经常检查物料小车、地平车吊轮轴承是否完好。若有破损，及时用同型号的轴承更换，其润滑采用真空脂润滑。

⑧电气系统维护。操作人员在操作设备前应具有安全用电知识。

a. 每台电动机运行前应当确定转动方向正确无误。

b. 维修或更换各种电器时，应切断电源，操作前应参考电器原理图以及各电器使用说明书，理解原理并掌握方法后再进行操作，切忌私自拆卸。

c. 在 PLC 供电时不要试图拆卸任何电器单元，不要随意拆卸、修理或改装任何单元，否则有可能导致误动作、火灾、电击或将内部单元击穿。

　　d. 通电情况下不要触及任一接线端子或端子板，否则可能导致电击。

4.1.5.4　冻干机的常见故障与排除

　　冻干机涉及的设备种类多、工艺复杂，运行的故障也表现多样，原因各异。表 4-36 整理、汇总了冻干机常见的故障原因与排除方法。

表 4-36　冻干机常见故障原因及排除

故障现象	故障原因	处理办法
前级真空泵过载	对应的交流接触器主触点因起弧无法脱开	更换合格的交流接触器
	三角带轮被异物卡住	清除异物
	排气口被堵住	清除排气口的堵塞物
后级真空泵过载	前级真空泵未开机	启动前级泵
	异物落入泵腔内使转子卡死	从进气口处将异物清除，直至转子转动灵活
	对应的交流接触器主触点因起弧无法脱开	更换合格的交流接触器
	仓内压力较高且泵的旁通未能正常开启	前级泵抽真空 10min 后再启动后级泵，排除旁通不能正常开启的因素
水泵过载	水泵叶轮破碎	关闭水泵两端的截止阀，拆开水泵更换新的叶轮
	流过水泵的媒体温度过高使泵过热	查看加热罐的温度，使其降低至正常值
	泵风扇叶片损坏使泵冷却不良而过热	更换新的风扇叶片
	对应的交流接触器主触点因起弧而无法脱开	更换合格的交流接触器
空压机过载	曲轴箱缺油导致曲轴与轴瓦咬合	添加润滑油，修磨曲轴咬合的部位，更换损坏的轴瓦
	压差继电器失灵使空压机电动机不停转	更换合格的同规格的压差继电器
干燥仓预抽时间长，极限真空度降低	对应干燥仓预抽真空或维持真空的挡板阀关闭	打开干燥仓预抽或对应维持真空挡板阀
	对应干燥仓预抽或维持机组因过载停机	消除对应干燥仓预抽或维持机组过载的原因，并重新启动对应干燥仓维持机组
	对应干燥仓预抽或维持机组润滑油不足或因乳化降低了机组的极限真空	按照说明书规定加入足够的润滑油，在工作时开启机组上的水环真空泵
	气动系统压力太低导致对应干燥仓预抽或维持真空的挡板阀不能打开	检查气动系统
	干燥仓的视镜玻璃破碎导致泄漏	在对应干燥仓解除真空的状态下更换好的视镜玻璃
	密封圈或垫片沾染污物或变形导致泄漏	检查可疑漏点，去除污物、更换变形密封圈或垫片
	冷阱除霜不彻底或冻干仓内部的水没有排除干净，导致在仓体底部的水不断蒸发而影响真空度	物料进仓前确认冷阱表面霜层已融化、干燥仓内部基本无积水

故障现象	故障原因	处理办法
干燥仓压力高	干燥仓维持真空的挡板阀关闭	打开对应干燥仓维持真空挡板阀
	干燥仓维持机组因过载停机	消除对应干燥仓维持机组过载的原因并重新启动干燥仓维持机组
	干燥仓维持机组润滑油不足或因乳化降低了机组的极限真空	按照说明书规定加入足够的润滑油，在工作时开启机组上的水环真空泵
	气动系统压力太低导致对应干燥仓维持真空的挡板阀不能打开或另一干燥仓预抽真空挡板阀关闭不严	检查并调整气动系统减压阀，使减压后的系统压力维持在 0.6MPa
加热罐温度高	加热罐上的蒸汽电磁阀可能因异物而不能关闭	关闭蒸汽电磁阀两端的截止阀，待阀体不烫手的时候拆开蒸汽电磁阀（拆阀时注意电磁线圈内必须插有实体铁心等物，以防止线圈烧毁），清除阀内异物，复原后使用
	在使用旁路的截止阀进汽时加热罐温度高使旁路的截止阀没有完全关闭	关闭旁路的截止阀。若仍然不行则关闭蒸汽总阀，及时修理或更换旁路截止阀
加热罐压力高	加热罐起始压力偏高	打开加热罐上的泄压阀将压力降至正常值
	加热罐温度偏高	关闭加热罐上的蒸汽电磁阀及旁路的截止阀，加热罐压力随着加热罐温度的降低而降低，在加热罐温度降至 130℃ 时压力若仍偏高，则打开加热罐上的泄压阀将压力降至正常值
加热罐升温速度慢	蒸汽源的温度或压力较低	检查蒸汽锅炉出汽情况
	蒸汽电磁阀开启不正常	检查蒸汽电磁阀供电是否正常
	蒸汽管路堵塞	拆下蒸汽进汽管路上的过滤器，清除杂质
	疏水阀前有不凝性气体（空气）	打开与疏水阀并联的旁通截止阀，排除不凝性气体后再关闭该阀
干燥仓加热板板面温度低	加热罐温度过低	检查加热罐蒸汽电磁阀是否开关自如、蒸汽压力是否满足要求、疏水阀是否将蒸汽冷凝水顺利排出，确认符合要求后调整加热罐温度，使罐温保持在 130℃ 左右
	加热罐压力可能过低	检查加热系统是否有渗漏，解决渗漏点后，通过加热罐的加压口充入氮气，使加热罐内压力在罐温为 130℃ 左右时处于 0.2~0.4MPa 之间
	气动系统压力过低使三通调节阀无法打开	检查气动系统是否有泄漏，排除泄漏并调整好气动系统压力，使其压力值不低于 0.5MPa
	热媒循环泵停转	解除使热媒循环泵停转的因素，重新启动热媒循环泵
加热板升温速度慢	加热罐内热水的设定温度低	调高加热罐内热水的设定温度
	蒸汽管路堵塞	拆下加热管路上的过滤器清洗，清除杂质，必要时可对加热系统换水
	热媒泵气蚀，发出异常响声	提高加热罐的压力，使管道泵的入口压力高于此时热媒的饱和蒸汽压

故障现象	故障原因	处理办法
物料温度高	对应的加热板设定温度偏高	降低加热板设定温度
	对应的测温探头损坏或没有插好	更换好的测温探头或调整探头位置
加热板冷却速度慢	冷却管路或冷却板堵塞	拆下冷却水泵进口处的过滤器去除污物。如问题仍然存在则拆洗对应干燥仓的板式换热器
	冷却电磁阀不开启	检查三通调节阀或冷却电磁阀并采取相应措施
	水池水温高	降低对应干燥仓冷却电磁阀的开启设定温度，检查水池加热电磁阀开启是否正常并采取相应措施
除霜不彻底，除霜时间长	除霜水池水质被污染或水中有杂物造成管道堵塞	拆下除霜水泵进口处的过滤器去除污物，或清洗水池，重新注水
	除霜水池水温太低（除霜前应不低于 25℃）	检查除霜水池水温设定是否合理、蒸汽源是否供汽、电磁阀开启是否正常，并采取相应措施

4.1.6　预冷设备

新鲜农产品收获以后，仍然有呼吸作用，即吸收氧气、排出二氧化碳和水分。在新陈代谢的过程中，产生大量呼吸热，消耗养分并损失水分。结果造成果蔬凋萎、变色、软化、维生素减少，以致变质，失去商品价值，尤其是呼吸作用明显、易腐及在炎热环境下收获的果蔬。采后迅速降低果蔬温度可有效减弱果蔬的呼吸作用。较低的温度既能抑制微生物的生长繁殖，还能降低果蔬中酶的催化活性，延缓果蔬新陈代谢的过程，保持果蔬的品质，延长货架期。

所谓预冷，即采用一些技术措施，使采收后的果蔬快速冷却到接近运输和储藏要求的温度的过程。

常见预冷方式主要有四种：空气预冷、水预冷、冰预冷和真空预冷。前三种冷却方式主要依靠温差驱动，通过对流方式从物品外表面放热，热量通过导热从物体的中心传递至外表面。真空预冷是通过降低真空箱体气压致使物体表面水分汽化吸热带走热量。

下面以某品牌的移动式压差预冷设备为例介绍预冷技术。

4.1.6.1　移动式压差预冷设备

压差预冷是强制通风预冷的一种，它以空气为冷却介质，通过机械加压在预冷果蔬两侧产生一定压力差，迫使冷空气全部通过果蔬充填层，增加冷空气与冷却物间的接触面积，从而使预冷食品被迅速冷却的方法。这种方法冷却速度快、降温均匀和适用性强。适用于水果和蔬菜的预冷保鲜，对果蔬品种的适应性较广，可延长如香蕉、芒果、酸橙、苹果、梨、桃、樱桃、草莓、番茄、莴苣、蘑菇、菠菜、芦笋等果蔬以及鱼、肉、禽产品的储藏寿命。

压差预冷与常规室内冷却比较，其冷却速度快，冷却时间仅为常规室内冷却时间的 1/3，且冷却均匀，耗能低。移动式压差预冷设备可车载移动，适应性强，广泛用于田间产地预冷，降低果蔬采后损失，提高产品鲜活度。表 4-37 为某移动式压差预冷设备的型号及技术参数。

表 4-37　移动式压差预冷设备的型号及技术参数

型号		YCYL4	YCYL7	YCYL10
集装箱尺寸（英尺）		20	30	40
最大处理量（吨/次）		4	7	10
处理时间（h）		5~6		
果蔬降温		从30℃下降到5℃		
制冷剂		404A		
外形尺寸（mm）	长度	6058	9125	12192
	宽度	2438	2438	2438
	高	2591	2896	2896
设备重量（吨）		3.5	4.6	5.9

　　如图 4-14 所示，移动式压差预冷设备主要由隔热箱体、制冷系统、压差通风系统和监控系统四部分组成，其中制冷系统中的冷风机和压差通风系统置于隔热箱体内部，而制冷机组和控制系统位于隔热箱体侧面。此外还包括自动卷帘、两面均匀开孔的果蔬箱和温度探头等辅助设施。

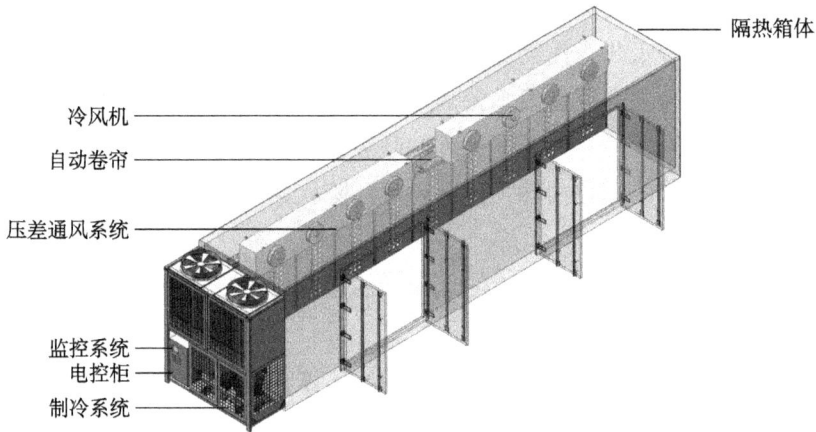

图 4-14　移动式压差预冷设备示意图

　　（1）隔热箱体。隔热箱体在标准保温集装箱的基础上，根据果蔬压差预冷的需要，经过特殊设计。

　　箱体前端设有安装制冷压缩机组、冷凝器和电控箱的框架，其支柱与箱体支柱为一体；箱体后端为冷却箱；侧面设有 1 或 2 个箱门，便于果蔬进出。箱体采用轻质且高强度的镀锌钢作主框架，用铝合金杆件或钢板压型杆件构成上、下侧梁及箱门结构；箱内壁、底板、顶板和门均由不锈钢板制造；箱体六个面均采用聚氨基甲酸酯泡沫作隔热材料。

　　该隔热箱体具有足够的强度，可长期反复使用，适用于多种运输方式运送和转运，无需换装。同时具有快速装卸和搬运的优点，尤其在转换运输方式时，极为方便。

　　（2）制冷系统。制冷系统为隔热箱体内的冷风机提供冷量用于果蔬预冷，该系统包括制冷压缩机组、风冷冷凝器、冷风机、电子膨胀阀等部件。制冷压缩机组采用多机头并联半封闭活塞式机组；冷凝器采用风冷冷凝器；蒸发器采用冷风机 2 台，可分别供液；供液方式采用由电子膨胀阀控制的直接膨胀式供液。

（3）压差通风系统。压差通风装置位于箱体侧壁，冷风机位于箱体顶板，自动卷帘覆盖于果蔬箱上部和前部。预冷过程中果蔬箱上和前部形成正压区，使果蔬包装箱或筐相对两侧产生压力差，从而构成压差通风循环，如图 4-15 所示。压差风机采用不锈钢或铝制叶轮风机，配用防水电动机，压差风机多台并联，每组可分别开关。自动卷帘采用管状电动机自动收卷，无线控制，每台可单独控制。整个系统冷却效果好且预冷处理量大，操作方便。

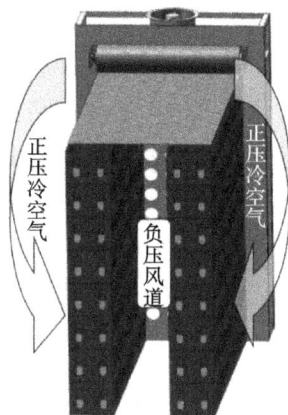

图 4-15　压差通风循环示意图

（4）监控系统。监控系统可对压差预冷设备的各个重要参数进行测量、显示和精确控制，对故障状态实时报警并自动实施应急处理，保证压差预冷设备可靠运行，防止果蔬冻伤和干耗。

监控系统包括可编程控制器、压力传感器和温度传感器等测量仪表及电动执行元件及控制柜等。主要功能如下：

①程序动态控制各个系统，具有温度、压力等报警功能和自动保护等功能。防止果蔬冻伤和干耗。

②触控式 LED 显示屏与微电脑控制器（PLC）进行数据交换，实时显示设备运行状态和参数，并按程序控制设备运行。

③PLC 自动运行状态可与控制柜上按钮操作的手动运行状态进行无扰切换。

4.1.6.2　移动式压差预冷设备的操作

操作者在操作移动式压差预冷设备前，需充分了解系统各主要设备和附属设备的性能、结构、使用方法。只有全面地了解整个系统情况，才能有效地发挥设备的利用率，及时处理运行中的不正常现象。

（1）开机准备。开机前检查以下事项：

①电源情况，各用电设备均供电正常。

②制冷压缩机组的油位正常。

③制冷系统制冷剂有无泄漏现象。

④隔热箱体内基本无积水。

任何一项不符合各个系统的要求均不能开机。

（2）堆码与覆盖。

①堆码。依据果蔬外形大小，将果蔬分别装入专用的果蔬包装箱内，注意摆放均匀整齐，密度一致；将装有果蔬的包装箱按压差通风循环示意图所示，码放于压差通风负压风道两侧，要求高度和长度一致。

②覆盖。用遥控器启动自动卷帘，展开卷帘，将三防 PVC 篷布覆盖于负压风道的上部和前部，注意覆盖完全并稳定。

③布置温度探头。选择若干果蔬，将温度探头（最多 5 个）分别插入果蔬表面层和芯部，然后将这些果蔬分别放入不同堆码位置的果蔬箱中，并均匀分布于箱内。

（3）手动操作。

①关闭仓门，开启电源。

②开启制冷压缩机组。依据果蔬装载量，可2台同时开启或单独开启。通常5吨以上的装载量需开启2台压缩机。

③开启压差风机。依据堆码位置，可2组同时开启或单独开启。通常只要压差通风装置前有果蔬堆码就需开启该组压差风机。

④当任意一个果蔬温度显示到达最适储藏温度范围的下限后，关闭冷风机。

⑤等待一段时间，当所有温度显示都回升至最适储藏温度范围上限后，开启冷风机。

⑥重复以上④、⑤操作，直至所有果蔬温度显示在最适储藏温度范围内，关闭压缩机，冷风机和压差风机，该批次预冷结束。

如需继续进行下一批物料的预冷，重复上述步骤②～⑥。如所有果蔬均预冷结束，则清扫箱体体内杂物，关闭箱门，最后关闭各设备电源的总电源。

（4）自动操作。自动操作可参考设备的使用说明书。

4.1.6.3 移动式压差预冷设备操作注意事项

（1）制冷机组的使用。操作者在操作制冷设备前，除对压缩机本身结构和使用维护（详见制冷压缩机组的使用说明书）需要充分了解外，还应了解附属设备的性能结构、制冷剂的性质、冷冻油、吸排气压力、温度等。只有全面地了解整个系统情况，才能有效地发挥设备的利用率，及时处理运转中的不正常现象。

（2）货物堆码。果蔬包装箱内的通气孔勿堵塞，包装箱堆码时应整齐，要求每组包装箱高度和长度一致。包装箱两侧的正压和负压通道空气畅通。

果蔬包装箱堆放时应轻放，勿碰撞压差风机支架面板。

（3）设备转运。在田间转运时可吊装搬运，采用集装箱专用运输车或普通货车运输均可。注意吊装时箱体的平衡，普通货车运输时整体高度将高于3.7m。

4.1.7 运输制冷

冷藏运输是将冷藏产品或易腐食品在低温下从一个地方完好地输送到另一个地方的专门技术，是冷链物流中必不可少的一个环节，由冷藏运输设备来完成。它本身能形成并维持一定的低温环境，并具有运输低温食品的设施及装置。根据运输方式包括陆上冷藏运输（公路冷藏运输、铁路冷藏运输）、冷藏集装箱、船舶冷藏运输和航空冷藏运输。

合格的冷藏运输设备必须满足以下技术要求：

①具有良好的制冷、通风及必要的加热设备。

②箱体应具有良好的隔热性能。

③应具有一定的通风换气设备，并配备一定的装卸器具。

④应配有可靠、准确且方便操作的检测、监视、记录设备。

⑤应具有承重大、有效容积大、自重轻的特点，以及良好的适用性。

4.1.7.1 铁路冷藏车

在冷藏运输中，铁路冷藏车具有运输量大、速度快的特点，占有非常重要的地位。良好的铁路冷藏车具有良好的隔热、气密性能，并设有制冷、通风和加热装置，它能适应铁路沿线和各个地区的气候条件变化，保持车内食品必要的储运条件，迅速完成食品运送任务。它是我国食品冷藏运输的主要承担者，也是食品"冷藏链"的主要一环。

铁路冷藏车主要有加冰冷藏车、机械冷藏车、冷冻板式冷藏车、无冷源保温车、液氮和干冰冷藏车。其中加冰铁路冷藏车、无冷源保温车、液氮和干冰冷藏车均无制冷系统，采用蓄冷方式或液氮蒸发降温。在此仅介绍具有制冷系统的机械冷藏车。

机械冷藏车是以机械制冷装置为冷源的冷藏车。机械冷藏车有比其他冷藏运输车辆较优越的承运条件，能实现制冷、加热、通风换气、融霜和保温等工况，并具有温控范围大和控温精度高的特点。可在冬季 −45℃ 和夏季 45℃ 的环境温度下，保持货间温度在 −24~14℃ 范围内的任何一个区间温度。又因车辆自身具有发电装置或动力装置，不仅能随时控制制冷机组的工作，满足各种易腐货物的承运要求。而且又不受运距、时间等条件的限制，是冷链中不可缺少的冷藏运输工具之一。但车辆造价大、维修复杂、使用技术要求高。

机械冷藏车车型主要有五辆编组（一辆发电乘务车、四辆保温货物车）的 B21 型、B22 型和 B23 型，以及单节车 B10 型、B10A 型和 B10B 型。

图 4-16 和图 4-17 所示为铁路机械冷藏车典型结构以及 B22 型机械冷藏车用 FAL056/3 型制冷系统的流程图。

表 4-38 所示为几款典型车型的制冷机组的主要技术参数。

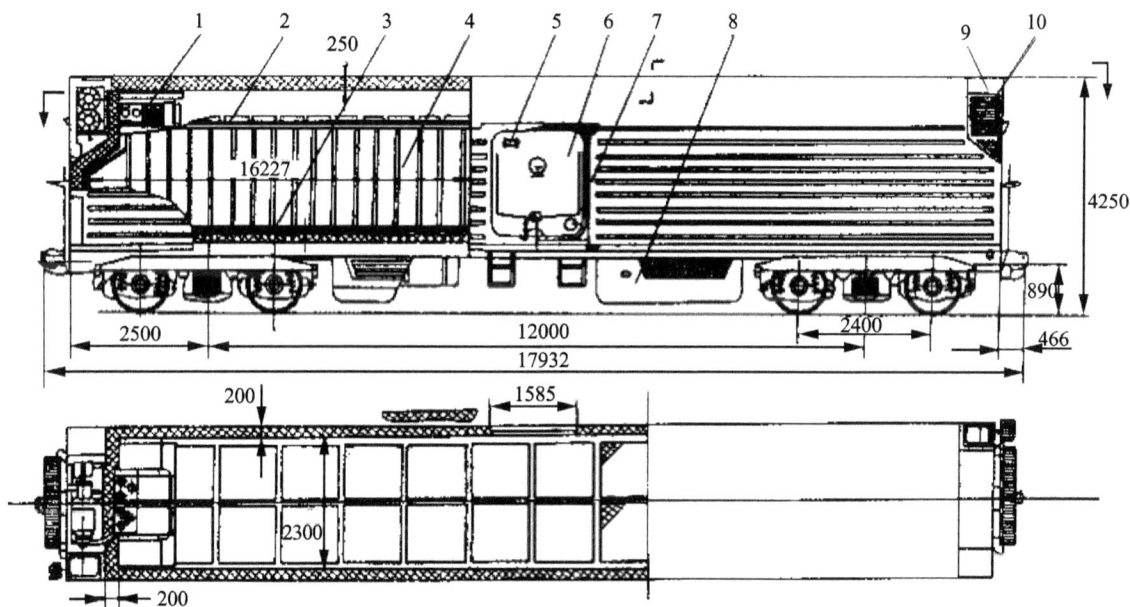

1—制冷机组　2—车顶通风风道　3—地板离水格栅　4—垂直气流格墙　5—车门排气口　6—车门
7—车门温度计　8—独立柴油发电机组　9—制冷机组外壳　10—冷凝器通风格栅

图 4-16　铁路机械冷藏车典型结构

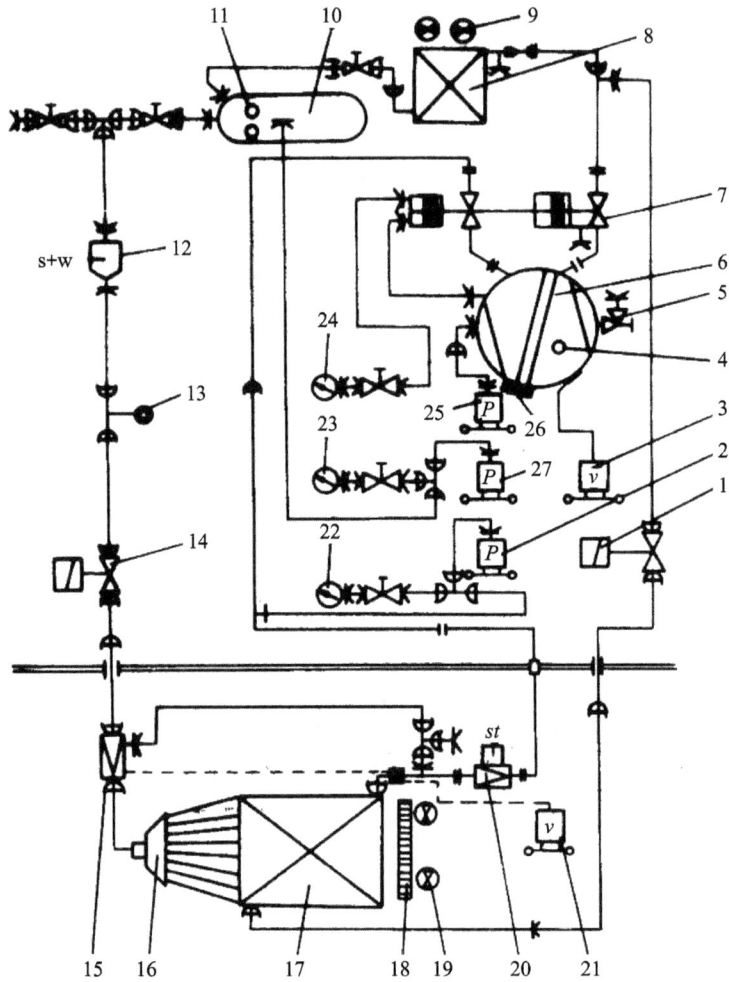

1—融霜电磁阀　2—吸气压力控制器　3—油温控器　4—视油镜　5—加油阀　6—压缩机　7—自动关闭阀　8—冷凝器
9—冷凝风机　10—储液器　11—视镜　12—干燥过滤器　13—干燥饱和蒸汽程度视镜　14—制冷电磁阀　15—膨胀阀
16—液体分离器　17—蒸发器　18—电加热器　19—蒸发器风机　20—吸入压力调节器　21—融霜温控器　22—低压压力表
23—高压压力表　24—油压表　25—高压控制器　26—压缩机油加热器　27—冷凝风扇压力控制器

图 4-17　B22 型机械冷藏车 FAL056/3 型制冷系统

表 4-38　制冷机组主要技术参数

车型 参数	B22 型（五辆成组）		B22 型（五辆成组）		B10B（单辆）	B10B（单辆）
	FAL056/3		FAL056/3（Z）	IILFT98	NDM94A	ILFT98NR
净制冷量（kW）	4.7* 10.5**		4.7* 10.5**	9.8* 21.0**	10.9* 15.8**	9.8* 21.0**
电加热量（kW）	6		6	12	11.7	12
控制方式	一般电气		一般电气	微电脑	微电脑	微电脑
循环风量（m³/h）	4000		4000	>9000	约 4000	>9000
制冷剂	R12		R12	R22	R22	R22
融霜方式	热氟		热氟	热氟	热氟	热氟

车型 参数	B22 型（五辆成组）	B22 型（五辆成组）		B10B（单辆）	B10B（单辆）
	FAL056/3	FAL056/3（Z）	IILFT98	NDM94A	ILFT98NR
融霜控制方式	手动、定时	手动、定时	手动、定时、风压差	手动、定时、风压差	手动、定时、风压差
货物车配置（台）	2（单系统）	2（单系统）	1（双系统）	1（双系统）	1（双系统）
驱动方式	电动机	电动机	电动机	内燃机 / 电动机	内燃机

* 蒸发器进风温度 −20℃，冷凝器进风温度 36℃时的制冷量。
　蒸发器进风温度 −17.8℃，冷凝器进风温度 37℃时的制冷量。
** 蒸发器进风温度 3℃，冷凝器进风温度 36℃时的制冷量。
　蒸发器进风温度 1.7℃，冷凝器进风温度 37.8℃时的制冷量。

4.1.7.2　公路冷藏车

公路冷藏汽车具有使用灵活、投资少、操作管理方便等特点，它是"食品链"中重要的运输工具。既可以单独进行易腐食品的短途运输，也可以配合铁路冷藏车、水路冷藏船进行短途转运。

（1）冷藏汽车的分类及特点。冷藏汽车按专用设备功能分为冷藏汽车、保温汽车和保鲜汽车三个种类。只有隔热车体而无制冷机组的称为保温汽车；有隔热车体和制冷机组，且厢内温度可调范围的下限低于 −18℃、用来运输冻结货物的称为冷藏汽车；有隔热车体和制冷机组（兼有加热功能）、厢内温度可调范围在 0℃左右、用来运输新鲜货物的称保鲜汽车。

按制冷方式又可分为机械冷藏汽车、冷板冷藏汽车、液氮（LNZ）冷藏汽车及液态 CO_2 冷藏汽车等。机械冷藏汽车专门配备一套制冷机组提供冷量，是目前冷藏车的主流形式。制冷系统由压缩机、冷凝器、膨胀阀及蒸发器组成。制冷机组又可分为单冷和冷暖两种，后者用于保鲜车。

按照所选用的制冷机组的不同可分为整体式和分体式。整体式机械冷藏车采用独立制冷机组，即机组本身带有动力驱动装置，常用的动力驱动装置为内燃机或电动机，分体式机械冷藏车的制冷机组本身不带动力，依靠汽车发动机来驱动压缩机。

按底盘承载能力可分为微型冷藏车、小型冷藏车、中型冷藏车、大型冷藏车，或按底盘吨位分为重型、中型、轻型、微型四个种类。

按车厢型式可分为面包式冷藏车、厢式冷藏车、半挂冷藏车。

隔热厢体一般为一室（一个空间），也有二室、三室的，以便运输储藏温度要求不同的货物。

图 4-18 所示为一种半挂冷藏车。

由于冷板冷藏汽车、液氮（LNZ）冷藏汽车及液态 CO_2 冷藏汽车不涉及制冷机组的维修，在此仅介绍自身具有制冷机组的机械冷藏汽车。

图 4-18　半挂冷藏车

（2）机械冷藏汽车的组成。冷藏汽车主要由厢体、底盘及制冷机组三部分组成，此外还有副车架、车厢与底盘连接装置及其他附件（图 4-19、图 4-20）。

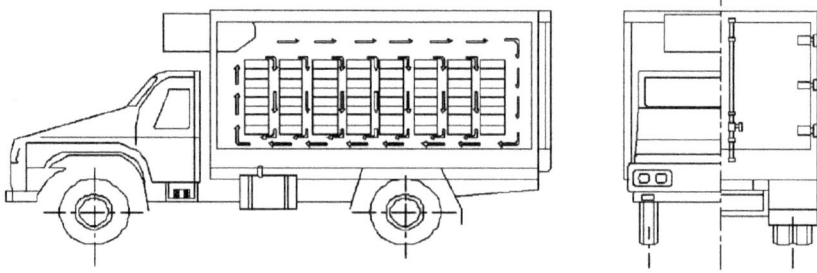

图 4-19　机械冷藏车结构示意图

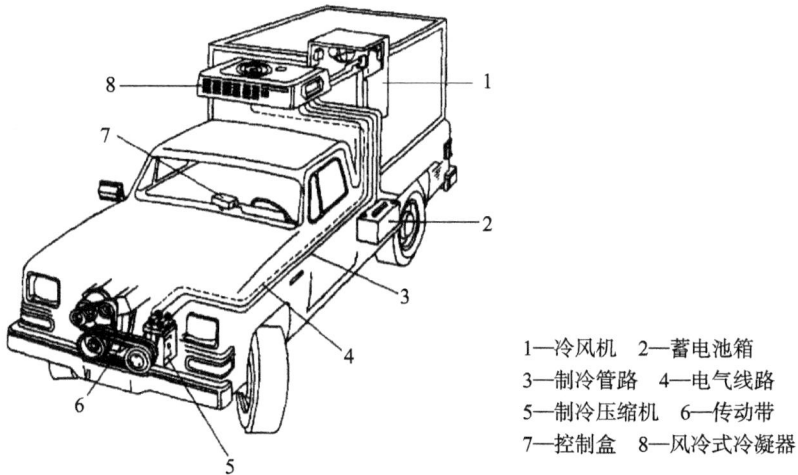

1—冷风机　2—蓄电池箱
3—制冷管路　4—电气线路
5—制冷压缩机　6—传动带
7—控制盒　8—风冷式冷凝器

图 4-20　机械冷藏汽车基本结构及制冷系统

　　机械冷藏汽车车内装蒸汽压缩式制冷机组，采用直接吹风冷却，车内温度精确可控、温度调节范围大，适合短、中、长途或特殊冷藏货物的运输。大型机械冷藏汽车用于中、长途低温储藏食品的运输，载量在 5~6 吨；中型冷藏汽车用于中短途食品的低温运输，载量在 3 吨以上；小型机械冷藏汽车仅用于城市或家庭、食品店的短距离保温的食品运送。

　　①厢体。厢体是冷藏汽车的重要组成部分，它既具备普通厢式汽车车厢的共性，又具备良好的隔热保温性能。厢体为封闭式双层结构以保持低温，内壁用铝板、塑料板或玻璃钢板，外壁多为铝板。内、外壁夹层间有加强用的轻金属骨架，并填充 50~100mm 厚的轻质隔热材料。隔热材料主要有聚氨酯泡沫、聚苯乙烯泡沫和挤塑聚苯乙烯泡沫等几种。聚氨酯泡沫是目前应用最广泛的隔热材料，可采用充填、浇注、喷涂及黏接等工艺形成车厢隔热层。它传热系数低、隔热性能好、强度高及工艺性好，适用于注入式发泡、黏接及喷涂等工艺制作厢体。

　　②底盘。冷藏汽车通常采用专用底盘，其纵梁离地高度和重心较低，发动机功率较大，驾驶室的舒适性好。目前我国冷藏汽车中中型货车底盘占很大比例，中型冷藏车调拨性运输成本较高，用于分配性运输。

③制冷机组。机械式冷藏汽车的制冷机组一般均采用蒸汽压缩式制冷机组，可分为整体式机组和分体式机组，其特点类似于铁路机械冷藏车。制冷系统由制冷压缩机、冷凝器、膨胀阀和蒸发器等基本部件组成（图 4-21）。

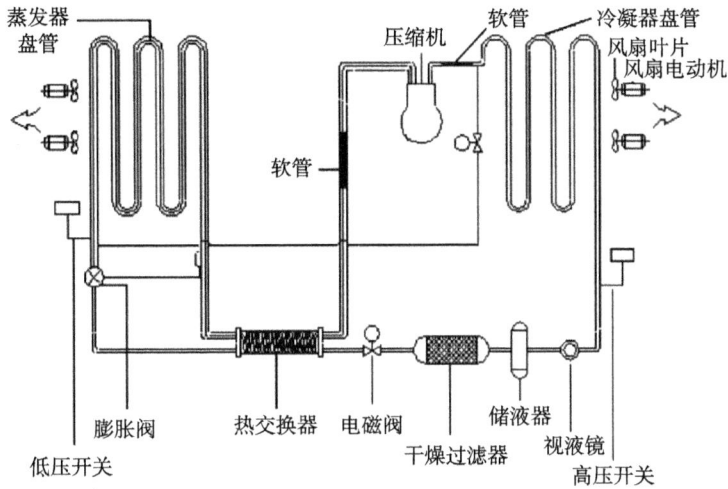

图 4-21　冷藏车制冷机组系统图

分体式制冷机组蒸发器一般安装于车厢中央上部，有时根据具体情况也可安装于车厢的左上部或右上部（图 4-22）。冷凝器可安装于车厢下部（下置式）、车厢上部（上置式）、驾驶室顶部（顶置式）或车厢前上部（前置式）。从重心位置、稳定性、工作性能等各方面综合考虑，一般下置式较好（图 4-23）。

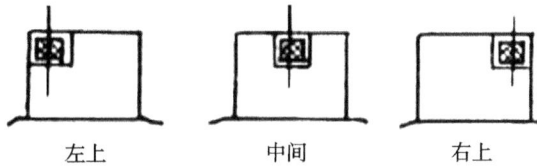

图 4-22　制冷机组的蒸发器布置图

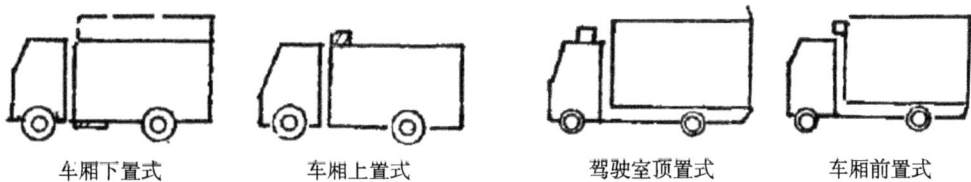

图 4-23　冷凝器的布置图

大中型机械冷藏汽车可采用半封闭或全封闭活塞式压缩机。中小型机械冷藏汽车的压缩机采用汽车发动机驱动，停车时用外接交流电 220V/50Hz 或 380 V/50 Hz 驱动。大型冷藏汽车的压缩机多采用独立的柴油机动力驱动或备有机、电两用制冷压缩机组。某些特殊冷藏汽车或拖车即采用独立柴油发电动机组 380V/50Hz 供电，回场停车时使用地面交流电供电。

整体式制冷机组由发动机、电动机驱动，压缩机和冷凝器固定在一个支架上，安装时与蒸发器联接固定，机组安装在车厢中央上部（图4-24）。

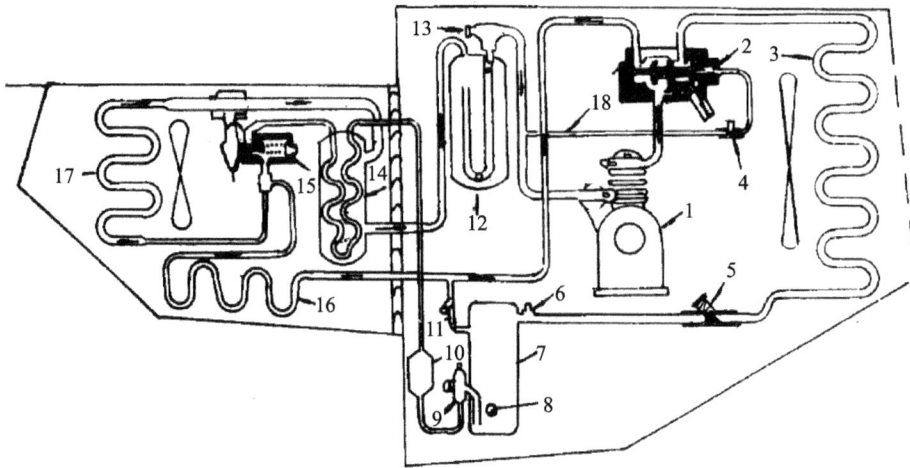

1—压缩机　2—三通阀　3—冷凝器盘管　4—导向电磁阀　5—加热电磁阀　6—高压放泄阀　7—储液桶
8—观察窗　9—储液桶出口阀　10—干燥器　11—回收检查单向阀　12—积液器　13—吸气压力调节阀
14—热交换器　15—膨胀阀　16—加热盘管　17—蒸发器盘管　18—导向管路

图4-24　整体式制冷机组

4.1.7.3　冷藏船舶

冷藏船为运送保鲜蔬菜和易腐货物的货船。为防止运输货物被压坏，常常设置多层甲板，且具有良好的阻热和保湿功能。依冷藏形式的不同，冷藏船分为冷藏舱船和冷藏集装箱船。前者的货舱做成冷藏舱，舱壁有良好的隔热功能，货物以托盘或篓筐形式置于舱内。后者的货物装于集装箱中，集装箱有两种，一种为自带冷冻机的内藏式冷藏箱，另一种为不带冷冻机的离合式冷藏箱，通过船上冷冻机将低温冷空气注入集装箱内。

冷藏船舶包括海上渔船、商业冷藏船、海上运输船的冷藏货舱和船舶伙食冷库。渔业冷藏船上的制冷装置为本船和船队其他船舶的渔获物进行冷却、冷冻加工和储存；商业冷藏船用于各种水产品或其他冷藏食品的转运，保证运输期间食品必要的运送条件；运输船上的冷藏货舱主要担负进出口食品的储运；船舶伙食冷库为船员提供各类冷藏的食品，满足船舶航行期间船员生活必需。

冷藏船上一般都装有制冷装置，船舱隔热保温。图4-25为船用制冷装置布局示意图。冷藏船使用氨制冷装置或含氟烃类制冷剂制冷装置。冷藏货舱按冷却方式分为直接冷却和间接冷却。直接冷却是制冷剂在冷却盘管内直接吸收冷藏舱内的热量，间接冷却是制冷剂在盐水冷却器内先冷却载冷剂（盐水），然后通过载冷剂实现冷藏舱的降温。

制冷系统的供液方式分为直接膨胀供液和氨泵供液（图4-26），并采用回热循环来提高制冷量，防止压缩机液击。

与陆用制冷设备相比，船用制冷设备有很大的不同，主要表现在以下几个方面：

（1）制冷设备应具有更高的使用安全可靠性，较高的耐压、抗湿、抗震性能及耐冲击性。

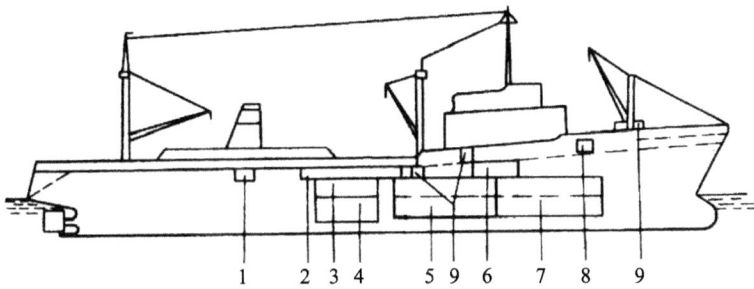

1—平板冻结装置　2—带式冻结装置　3—中心控制室　4—机房　5、7—货舱
6—空气冷却器室　8—厨房制冷装置　9—空调中心

图 4-25　船用制冷装置布局示意图

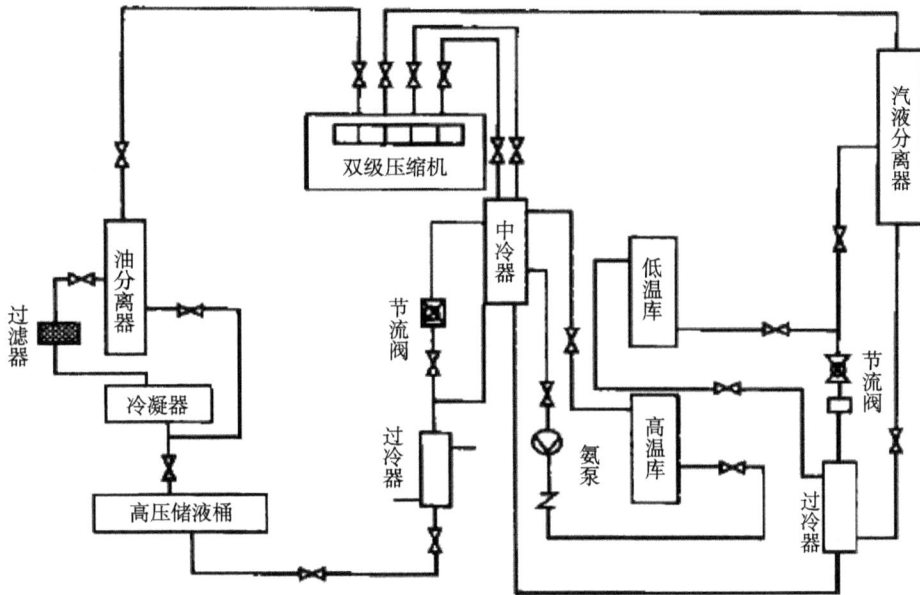

图 4-26　制冷系统的供液原理图

（2）具有一定的抗倾性能。

（3）船用制冷装置的用材应有较好的抗腐蚀性能。

（4）船用制冷装置的安装、连接应具有更高的气密性及运行可靠性。

（5）船用制冷装置选用的制冷剂应不燃、不爆、无毒，对人体无刺激，不影响健康。

（6）船用制冷装置应具有更好的适应性，安全控制、运行调节及监视、记录系统更加完备。

船舶舱壁结构均为金属材料，而钢材的导热系数很大，必须敷设隔热防潮层。隔热材料主要有聚氨酯泡沫、聚苯乙烯泡沫和挤塑聚苯乙烯泡沫等几种。

传统冷藏船只的经营方式近几年发生了变化，较小能力的冷藏集装箱运输受到关注。冷链的变化导致运输方式逐渐由以冷藏船运输为主转变为向冷藏集装箱运输为主的方向发展。

4.1.7.4　冷藏集装箱

所谓集装箱，是指具有一定强度、刚度和规格，专供周转使用的大型装货容器。使用集装箱可直接在发货人的仓库装货，运到收货人的仓库卸货，中途更换车、船时，无须将货物从箱内取出换装。

集装箱按货物种类分为杂货集装箱、散货集装箱、液体货集装箱、冷藏箱集装箱等；按制造材料分为木集装箱、钢集装箱、铝合金集装箱、玻璃钢集装箱、不锈钢集装箱等；按结构分为折叠式集装箱、固定式集装箱等。

（1）冷藏集装箱的基本类型。冷藏集装箱是一具有良好隔热、气密性，且能维持一定低温要求，适用于各类易腐食品的运送、储存的特殊集装箱。冷藏集装箱是以运输冷冻食品为主，能保持所定温度的保温集装箱。它专为运输如鱼、肉、新鲜水果、蔬菜等食品而特殊设计。目前冷藏集装箱基本上分两种：一种是箱内带有冷冻机的机械式冷藏集装箱；另一种是箱内没有冷冻机而只有隔热结构，在集装箱端壁上设有进气口和出气口，由船舶的冷冻装置供应冷气，称为离合式冷藏集装箱（又称外置式或夹箍式冷藏集装箱）。

按冷源的方式方法冷藏集装箱可分为保温集装箱、外置式冷藏集装箱、内藏式冷藏集装箱、液氮和干冰冷藏集装箱、冷冻板冷藏集装箱、气调冷藏集装箱。

冷藏集装箱可以灵活地吊装到火车、汽车、船舶上使用，装卸灵活，货物运输温度稳定，货物污染小、损失低，适用于多种运载工具，装卸速度快，运输时间短，运输费用低。它既能用于国内陆上、海上冷藏运输，又能用于国际海上冷藏运输。

机械冷藏集装箱是目前应用最为广泛的冷藏集装箱，它自带制冷机组，调温范围广，从常温到 $-30℃$ 左右都能调节，通用性强，能运输不同温度要求的货物，箱内温度分布较均匀。适宜远距离运输，这是其相对于其他形式冷藏集装箱最突出的优点。但它也有一定缺点，如设备复杂、初投资大、维修费用高、箱内温度梯度要大于液氮冷藏集装箱，箱内需设风机、风道系统，会增加箱内货物的干耗、脱水等。

以下仅介绍机械冷藏集装箱。

（2）机械冷藏集装箱的基本结构。冷藏集装箱是由角柱、上下端梁通过焊接组成的框架结构，侧面板、顶板、箱门是由内侧为不锈钢薄板作内衬、外部是铝合金板、中间夹有75mm 厚聚氨酯泡沫保温层制成。底板上铺有 T 型铝合金板，具有承重和导风的作用。制冷机组的形式有多种，一般用螺栓整体固定在冷藏集装箱的前端，并作集装箱的前壁板使用，与箱体形成一个完整密闭的长方体。制冷机组位丁集装箱前端底部，机组上部是冷凝器、冷凝风机、电控柜、机械温度记录仪，最上方是通风窗（图 4-27）。

图 4-27　制冷机组在冷藏集装箱上的布置

图 4-28 是冷藏集装箱内空气循环示意，冷空气从机组下方的供风导板流向箱内，沿着地板导风槽流向箱门，遇到门板内壁后气流上升，到达内顶板后再从箱门向机组上方的蒸发器回风护栅循环。

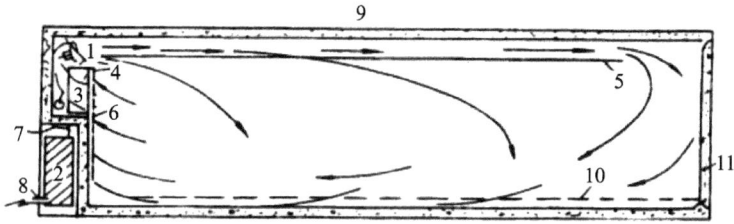

1—风机　2—压缩冷凝机组　3—空气冷却器　4—端部送风口　5—软风道
6—回风口　7—新风进口　8—外电源引入　9—箱体　10—通风与格栅　11—箱门

图 4-28　机械冷藏集装箱结构及冷风循环示意图

（3）机械冷藏集装箱的制冷机组。制冷机组的制冷原理与蒸汽压缩式制冷原理相同，但其压缩机一般带有喷液冷却以降低排气温度，冷凝后的液体经干燥和过滤后，一部分经过膨胀阀节流进入压缩机吸气端对压缩机进行冷却，另一部分经过膨胀阀进入蒸发器蒸发吸热。

冷凝器有风冷和水冷两种冷却方式，（图 4-29、图 4-30）。冷藏箱的箱内温度一般保持在 $-18\sim16℃$ 的某个温度，取决于所运输货物的要求。温度精度控制在 $\pm 0.25\sim \pm 0.5℃$。同时制冷系统必须能在 $-30\sim50℃$ 外界环境条件下运行可靠。

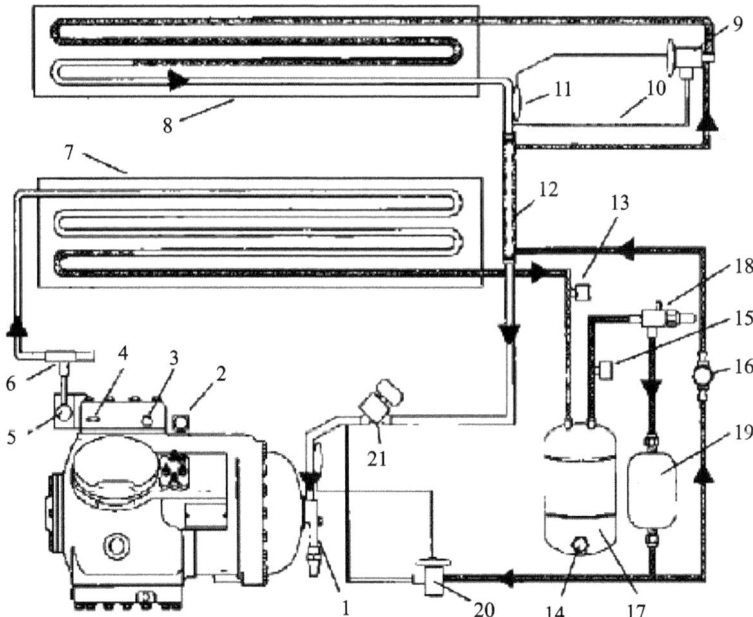

1—吸气调节工作阀　2—吸气压力传感器　3—排气压力传感器　4—高压保护开关　5—排气工作阀　6—排气压力调节阀　7—风冷式冷凝器　8—蒸发器　9—膨胀阀　10—外部平衡管　11—膨胀阀感温包　12—冷热交换器　13—安全阀　14—冷媒镜　15—冷凝压力传感器　16—冷媒湿度指示仪　17—储液器　18—液体管线工作阀　19—干燥过滤器　20—冷却膨胀阀　21—吸气调节电磁阀

图 4-29　风冷冷凝器制冷系统原理图

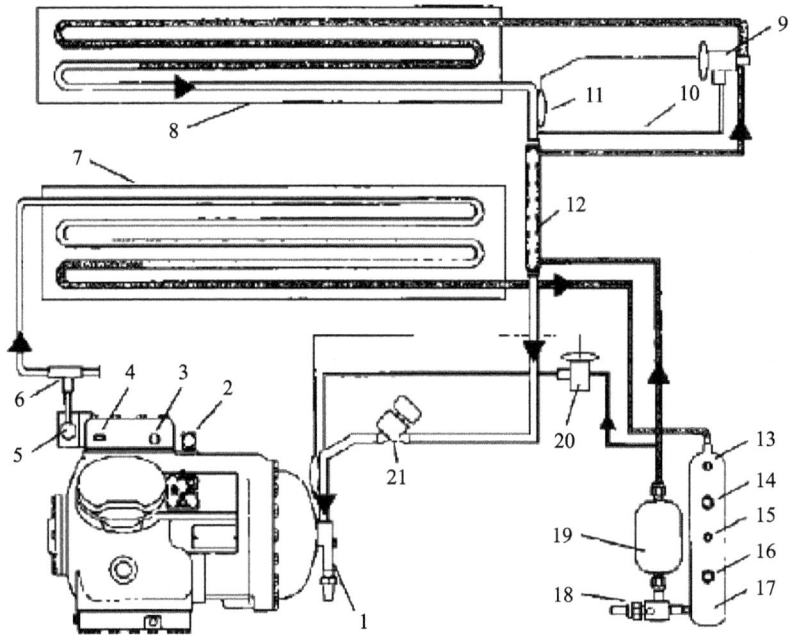

1—吸气调节工作阀　2—吸气压力传感器　3—排气压力传感器　4—高压保护开关　5—排气管阀门　6—排气压力调节阀　7—水冷式冷凝器　8—蒸发器　9—膨胀阀　10—外部平衡管　11—膨胀阀感温包　12—冷热交换器　13—安全阀　14—冷媒镜　15—冷凝压力传感器　16—冷媒湿度指示仪　17—储液器　18—液体管线工作阀　19—干燥过滤器　20—冷却膨胀阀　21—吸气调节电磁阀

图 4-30　水冷冷凝器式制冷系统原理图

由于受结构尺寸的限制，冷藏集装箱的制冷量和制热量都是有限的。它只能维持箱体本身的耗冷量和耗热量，无法给箱内货物迅速降温和加热。因此，所有货物应在冷却到要求的储藏温度后才能装箱，以保证货物质量。

4.1.7.5　航空冷藏运输

航空运输是所有运输方式中速度最快的一种，但是运量小、运价高。航空冷藏运输是通过冷藏集装箱进行的，既可以减少起重装卸的困难，又可以提高机舱的利用率，对空运的前后衔接都带来方便。由于飞机上动力电源困难、制冷能力有限，不能向冷藏集装箱提供电源或冷源，因此空运集装箱的冷却方式一般是采用液氮和干冰。

由于空运集装箱不涉及制冷机组，本节不考虑空运集装箱的维护维修问题。

4.1.7.6　冷藏运输制冷系统的维护保养

为保证冷藏运输制冷机组稳定而可靠地工作、延长使用寿命，使用期间应按照使用说明书的要求进行维护保养。如风机或压缩机皮带必须定期调整以提供最大的风量或转速，严重磨损、破裂或旧的皮带必须更换，每次出乘前应检查各类传动皮带的张紧情况等是否正常；保持换热器的清洁，脏污时用清水或洗涤剂清洗干净，定期清理空气过滤网；定期检查及紧固各类设备的螺栓与螺母等。表 4-39 汇总整理了冷藏运输用制冷机组日常维护保养内容。

表 4-39　冷藏运输用制冷机组日常维护保养内容

压缩机运行时间	维护保养内容
2h	用检漏仪对所有可能松动的连接处进行密封性检查，如发现泄漏点则停机、按规程检漏后进行紧固处理
6 个月	按"2h"内容处理
	清理制冷系统的污垢
	检查制冷剂液位；检查冷冻机油油位；检查齿轮箱油位
	检查微电脑及控制器的设定值
	对制冷系统进行功能检查
	使用油枪向连接部位加注黄油
	向风机轴承座中加注锂基脂润滑油
1 年	按"6 个月"内容处理
	检查所有紧固件及电器接头，必要时进行紧固
每 3 个月或 500h	按"2h"内容处理
	检查干燥过滤器，如发生其结污或饱和则更换
每 3 年或 5000h	清洗压缩机内部的油泵及油过滤器
	更换冷冻机油
	检查压缩机电动机的电气性能
	更换干燥过滤器
每 5 年或 8000h	制冷系统大修

制冷机组持续停机超过 1 个月时需进行如下的定期维护和保养：

①将制冷剂最大限度地集中到储液筒中（这在机组运输前也很重要），首先关闭供液阀，开启压缩机，当吸气压力降至 0.05MPa（表压）时关闭压缩机，关闭表阀。

②制冷机组所有开关处于关闭状态。

③对制冷机组进行全面清污，排除连接部位的泄漏点。

④除换热器外的所有光亮的金属零件上涂一薄层防锈油。

⑤制冷机组应用防水帆布或塑料布覆盖，不得露天存放。

⑥每隔 1 个月应对制冷机组进行全面清污，排除连接部位的泄漏点。

⑦在修理和维护时更新锈蚀的紧固件。

⑧表面涂漆的零件每 5 年重涂一次，换热器不准涂漆。

4.1.7.7　冷藏运输制冷系统的常见故障

图 4-31~ 图 4-34 所示为冷藏运输制冷设备部分故障的因果图。当机组出现故障时，可根据故障现象参考使用说明书和下列相应因果图进行分析，找到确切的故障原因并加以排除。

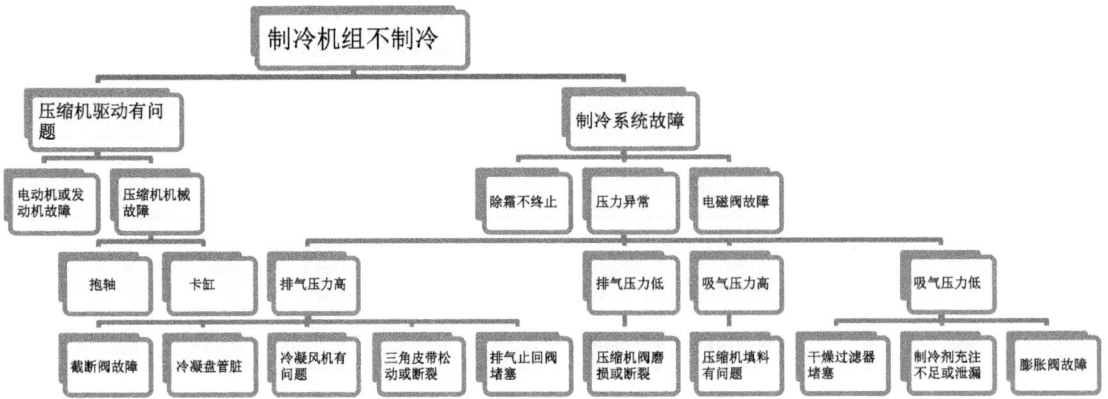

图 4-31　制冷机组不制冷故障

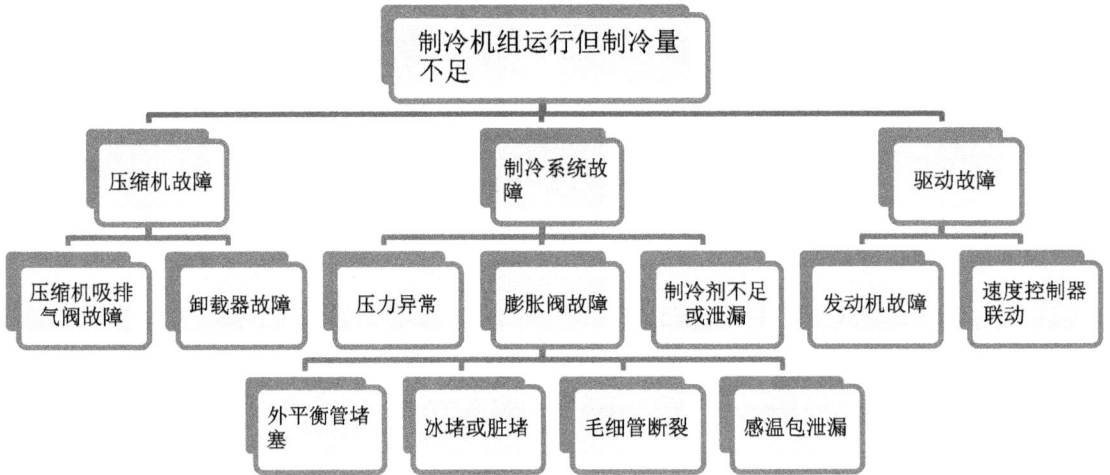

图 4-32　制冷机组运行但制冷量不足故障

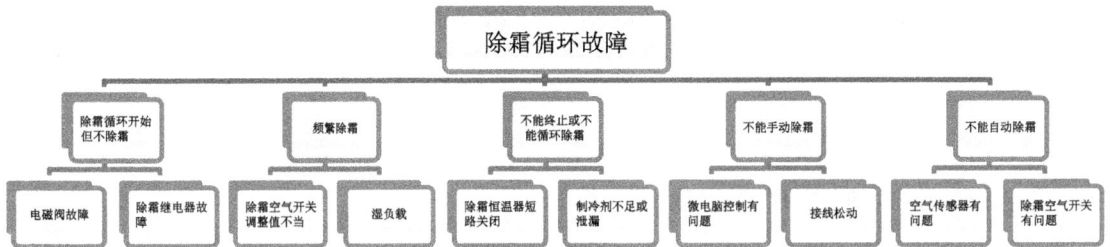

图 4-33　除霜循环故障

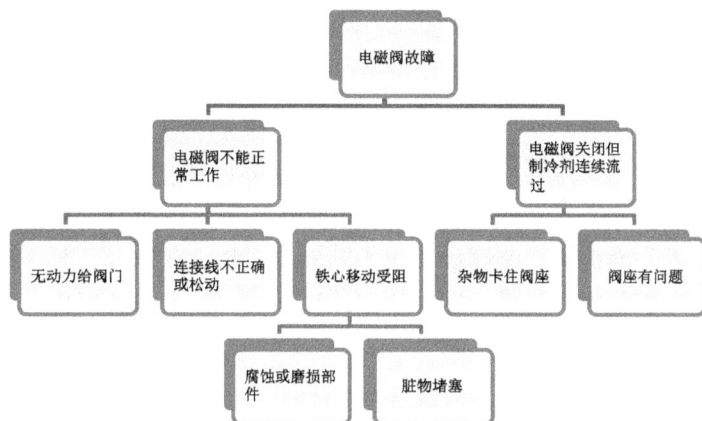

图 4-34　电磁阀故障

4.1.7.8　冷藏运输制冷系统的常见故障处理

表 4-40 所示为冷藏运输制冷系统常见故障产生原因与处理。

表 4-40　冷藏运输制冷系统常见故障产生原因与处理

故障现象	产生原因	排除方法
压缩机故障	油压不足或轴承故障	更换压缩机
吸气压力过低	制冷剂注入量太少	加注制冷剂
	干燥过滤器脏堵	更换干燥过滤器
	膨胀阀冰堵	干燥制冷系统、更换干燥过滤器
	膨胀阀外平衡管堵塞	更换膨胀阀
	膨胀阀感温包泄漏	更换膨胀阀
	供液电磁阀未打开	检查供液电磁阀及控制线路，更换故障元件
	供液阀关闭	打开供液阀
排气压力过高	高压控制器失灵	检查高压控制器，必要时更换
	冷凝器严重结垢	用高压风吹净冷凝器
	冷凝风机不转	检查皮带传动是否正常
	制冷剂注入量太多	排出多余的制冷剂
	制冷系统有空气	排出空气
厢内降温速度慢	膨胀阀失灵	调整或更换膨胀阀
	膨胀阀前供液不足	将供液阀适当开大
	融霜电磁阀关闭不严	检查融霜电磁阀及控制线路，更换失灵零件
	自动开闭阀内漏	检修自动开闭阀，更换密封元件
	压缩机效率低下	更换压缩机
融霜频繁或不能终止	融霜电磁阀失灵，空气压差开关故障	检查融霜电磁阀及控制线路，更换失灵零件
压缩机排气温度过高	制冷系统故障	检查制冷系统
	排气温度开关故障	检查或更换排气温度开关
	计算机控制器相应输入点的接线有问题	检查或调整线路
温度传感器故障	温度传感器线路短路或断路	检查或更换温度传感器
	热电阻扩展模块故障	检查热电阻扩展模块
	温度传感器失灵	更换温度传感器

4.2 制冰设备

冰具有良好的蓄冷性能和低温的特性，被广泛应用于水电站、核电站、化工、水产、渔业、空调等各行各业。制冰行业发展迅速，当前的制冰设备不但品种多样、单位能耗低，而且操作方便、造型美观。已进入超市、酒吧、餐饮连锁以及家用等快速消费领域。人们对冰的数量和品质的需求不断提高，制冰设备也不断随之变化。在未来，制冰设备集约化、产量大型化、节能化是发展趋势；另外，在民用制冰机领域，设备的微型化、智能化和外观时尚化也是一个发展趋势。

4.2.1 制冰设备原理与分类

制冰机利用制冷原理，将蒸发器改造成结构特殊的制冰器，制冷剂在制冰器内蒸发并带走（或通过载冷剂带走）水的热量，最终使水冻结成冰。

制冰设备的分类方式种类繁多，按制冷原理分为直接蒸发制冷、间接蒸发制冷；按制冰速度分为快速制冰、慢速制冰；按出冰方式分为连续制冰、间歇制冰；按使用对象分为工业制冰、商业制冰、家庭制冰；按脱冰方式分为热量脱冰（管冰、板冰、壳冰、颗粒冰、盐水块冰等）和机械脱冰（片冰、流化冰等）。

为使制冰设备适应水电站、核电站等大型混凝土工程现场，不少制冰设备制造商开发了成套储送冰系统。储送冰系统含自动储冰库、送冰系统和终端设备。自动储冰库可实现自动储冰、出冰，常见形式为耙式自动储冰库、螺旋式自动储冰库、旋转式自动储冰库。送冰系统可分空气送冰和螺旋送冰两种，空气送冰含空气冷却系统、关风器和送冰管道。螺旋送冰为水平螺旋与提升螺旋的组合。终端设备有缓冲仓、称重斗、分路阀、自动包装机等。

制冰机一般按所产冰的形状划分，最为直观。可分为片冰机、板冰机、管冰机、流化冰机、块冰机、壳冰机、颗粒冰机（方块冰颗粒冰机、杯形冰颗粒冰机、子弹形颗粒冰机、月牙形颗粒冰机）、雪花冰机等。颗粒冰机、雪花冰机等民用制冰机自动化程度高，操作便捷，用户只需保持设备清洁卫生即可。在此仅对几种常用的工商业领域用制冰机做简单介绍。

4.2.2 几种典型制冰机

制冰机是生产冰的制冷设备。其蒸发器我们称为制冰器，是制冷设备为满足制冰需求而特殊设计。本节介绍不同制冰机的典型结构。

4.2.2.1 片冰机

片冰机是通过电动机驱动蒸汽压缩制冷循环的方式，将水连续地制成片状冰的设备。片冰机由片冰制冰器、制冷系统及自动控制系统组成。

片冰制冰器典型结构图 4-35 所示。制冰器由蒸发器、给水循环装置及刮冰机构组成。水泵将水箱内的水抽至制冰器顶部并通过散水盘均匀地洒在蒸发器内壁。在制冷剂的蒸发作用下，水冻结成薄冰。减速机带动螺旋刮冰刀沿着蒸发器内壁旋转刮削，将片冰从壁上

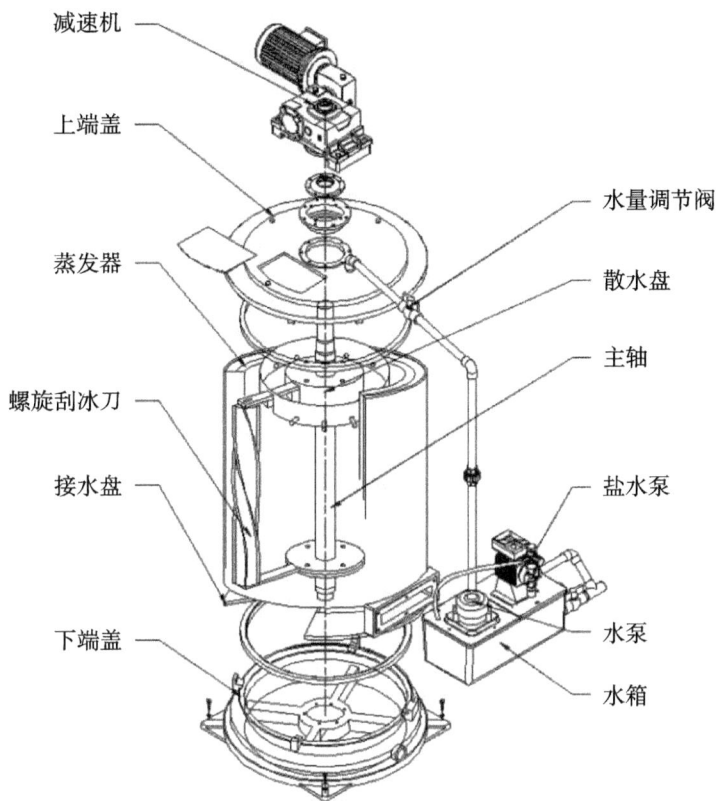

图 4-35　片冰制冰器结构图

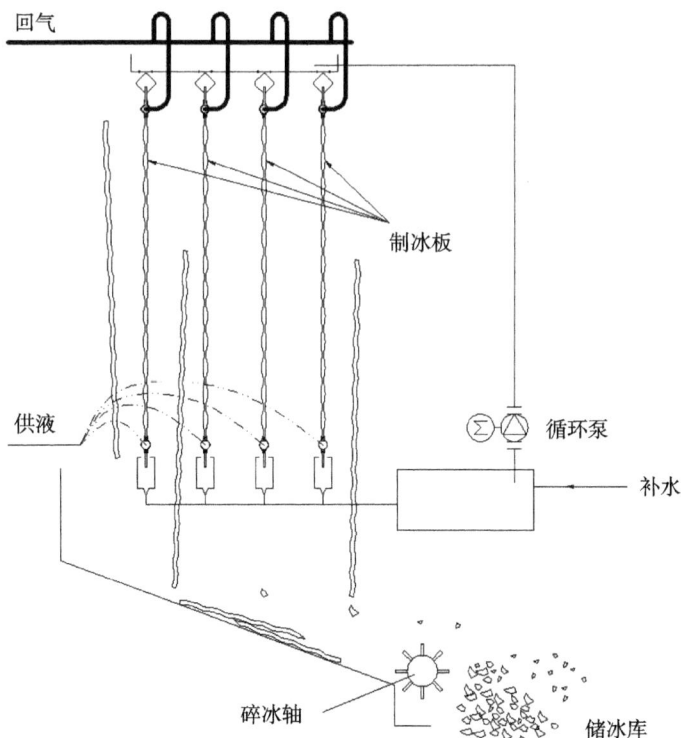

图 4-36　板冰制冰器结构示意图

剥落。

片冰过冷度大，干燥松散，输送、储存和出冰方便。单位质量表面积大，冰鲜冷却速度快。片冰扁平无锐角，与被冷却物接触好，不发生机械损伤。但片冰易融化，需配冰库保存并随用随生产。

4.2.2.2　板冰机

板冰机以电动机械压缩式制冷的方法将淡水间歇地制成板状冰。板冰机由制冰器、制冷系统、淋水系统、脱冰系统和自动控制系统组成。板冰制冰器由蒸发器、给水循环装置、脱冰机构及外框架组成（图 4-36）。

水经循环泵淋在制冰板外表面形成水幕。制冷剂在制冰板内腔蒸发，带走水幕热量，使其结成板冰。当板冰厚度达到 10~12mm 时，将高温制冷剂气体通入制冰板内腔，使制冰板温度升高。板冰融化脱落。板冰经碎冰轴破碎后进入储冰库。至此一个制冰周期结束。板冰机一个制冰周期约为 30min。

获得的板冰不含空气泡，呈透明状，冰坚硬密实，过冷度较大。吸热外表面积较片冰小。常用于鱼类及各种易腐食品的冷却、保鲜储藏，蔬菜夹冰冷藏运输以及冰蓄冷中央空调等。

4.2.2.3　管冰机

管冰机与板冰机一样，以电动机械压缩式制冷的方式，将淡水间歇地制成管状冰。管冰机由管冰制冰器、制冷系统、淋水系统、脱冰系统及自动控制系统组成。管冰制冰器典型结构如图 4-37 所示。水箱内的水由循环泵输送至分水盘，在重力作用下沿管内壁流下。制冷剂在管外蒸发带走管内水的热量，使水在管内结冰。当结冰厚度达到一定值时，形成了中空的管状冰。脱冰时，将高温制冷剂气体通入壳管内，使制冰管温度上升，管冰脱离制冰管，切冰机构和出冰转盘将管冰切断并送出制冰器。至此，一个制冰周期结束。管冰机的制冰周期约为 30min。

管冰透明、美观、储存期长、不易融化、透气性好。常用于饮用品调制、装饰、食物冰藏保鲜。

4.2.2.4 流化冰机

流化冰机利用制冷系统将盐水（海水）制成具有流动状态的冰水混合物。流化冰机由流化冰制冰器、制冷系统组成。流化冰制冰器结构如图 4-38 所示，由蒸发腔、冰浆腔、主轴及刮冰板、保温层组成。经冷凝器冷凝后的制冷剂液体经膨胀阀节流降压后进入蒸发腔。在蒸发腔内吸收盐水热量并蒸发，形成气体的制冷剂通过回气出口被吸进压缩机压缩成高温高压的气体。最后在冷凝器上排放热量并冷凝，进入下一个循环。

盐水进入冰浆腔，被制冷剂吸热降温至冰点。并在冰浆腔壁面形成冰晶。冰晶被快速旋转的刮冰板迅速刮下，与盐水混合成冰浆流出制冰器。

驱动电动机及 V 带为主轴的高速运转提供动力。在制冰器外表面覆盖一层保温层用于减少制冰器冷量损失。

流化冰机适用盐水浓度范围为 2.9%~3.5%。超出此范围可能导致制冰机工作不正常。

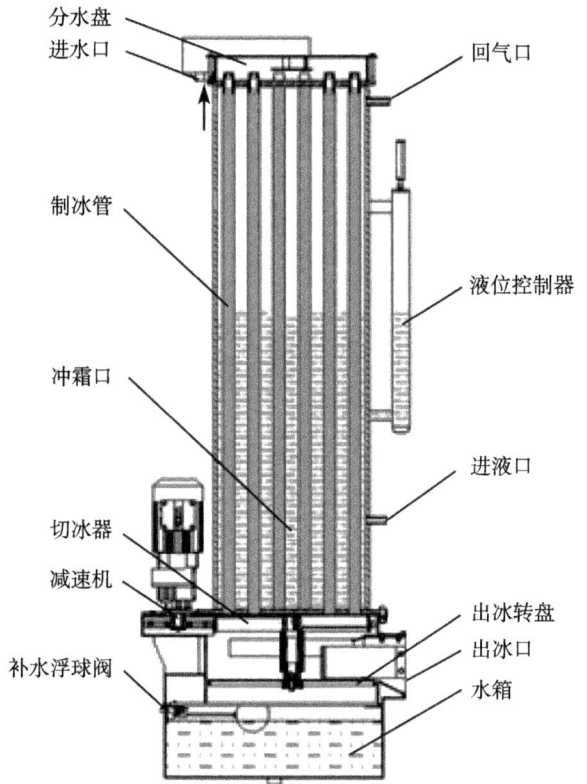

图 4-37　管冰制冰器结构图

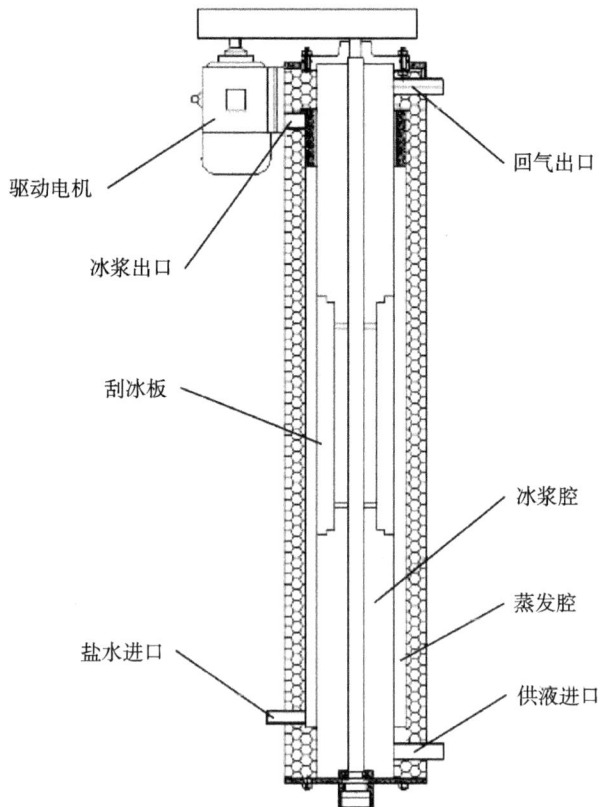

图 4-38　流化冰制冰器结构图

流化冰机较上述三种冰机的蒸发温度高。流化冰机充分利用冰的相变潜热，节能效果明显。流化冰流动性好、不结块，输送及储存便捷。流化冰无锋利边缘，不会对被冷却产品表面造成损伤，可完全包裹住要冷却的产品，冰鲜速度快。适用于远洋捕捞、蓄冷工程、水产加工等领域。

4.2.2.5　块冰机

块冰机有盐水块冰机和铝合金直接蒸发式块冰机。盐水块冰机是历史最悠久的制冰设备，多为土建式。以其日产量大、冰质坚实、运输损耗少等优点，在制冰市场上占据较大份额，甚至成为冷库的标准配置。不少制冰设备制造商还开发了集装箱式盐水块冰机组，克服了土建式盐水块冰系统移动不便的缺点。集装箱盐水块冰机组由加水装置、制冰池、吊冰装置、融冰装置和制冷装置等几大部分组成，结构如图 4-39 所示。不少制冷工程专著中对盐水块冰机均有说明，在此不作详细介绍。

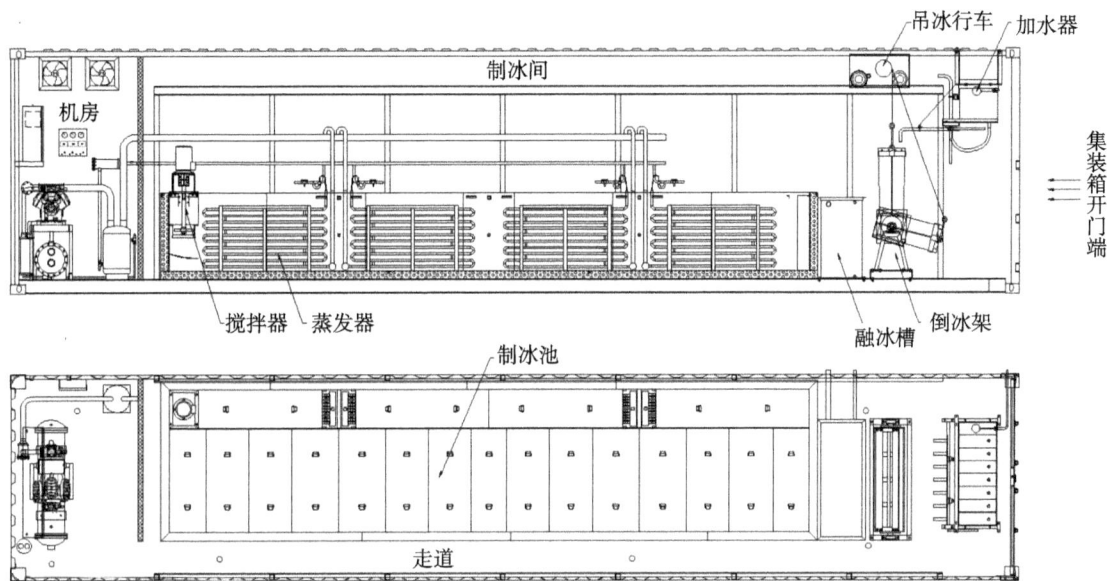

图 4-39　集装箱盐水块冰机结构图

铝合金直接蒸发式块冰机结构如图 4-40 所示，采用空心铝合金做蒸发器。在由铝合金板围成的方形制冰腔内注入水。制冷剂在铝合金板内的流道蒸发吸热，使水降温直至冻结成型。完成制冰后打开底板，升高底部接冰框架，减少冰块掉落时的冲击力。按动脱冰按钮，铝合金板内充入高温制冷剂气体，使铝合金板温度升高，最终冰块与铝合金板分离并坠入接冰框架内。待冰块全部坠入结冰框架后下降结冰框架，盖上底板，注入水开始新一轮制冰。块冰机制冰周期较长，约为 3h。铝合金块冰日产冰量较低。

块冰是冰类产品中外形尺寸最大的冰种，与外界接触面积小，不易融化，储存时间长。还可根据不同要求将块冰加工成各种形状。块冰适用于冰雕、冰块储存、海运、海上捕捞等领域。

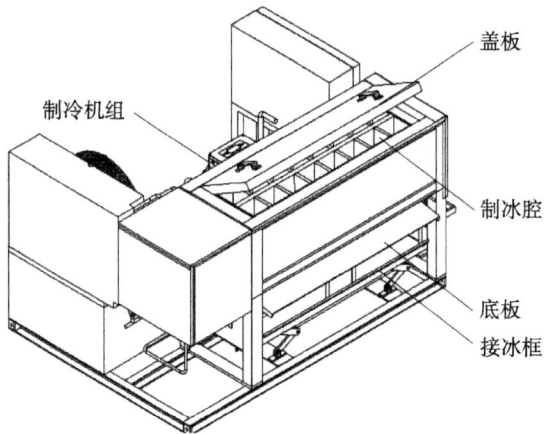

图 4-40　铝合金直接蒸发式块冰机结构图

4.2.2.6　壳冰机

　　壳冰机所制的冰是弧形的壳状冰。该机也是一种间歇式制冰装置，其工作原理和管冰机基本相同，但没有切冰器，蒸发器是双层的不锈钢蒸发器，制冰器由多个双层圆锥管组成。设备中所有与水接触的塑料和金属部件，均符合食品卫生要求并易于清洗。设备还以 5t/24h 的制冰器为单元，采用模块式结构，组成产品系列；以 20t/24h 制冰量为界，小于或等于该制冰量的设备，为整体式制冰机（图 4-41），现场连接电源和水路即可投入使用；大于 20t/24h 制冰量的设备，为分体式制冰机，制冷管道和水电均需现场连接安装。

　　壳冰设备，除了机电一体化的制冰机之外，往往还配套储冰系统。储冰系统中，制冰机生产的冰直接进入冰库，冰库中可配置冰耙系统，通过称重、螺旋输送或气力输送系统，把设定需要量的冰直接送至用冰点。这一系列的过程完全是由微电脑控制器（PLC）或计算机控制自动完成。

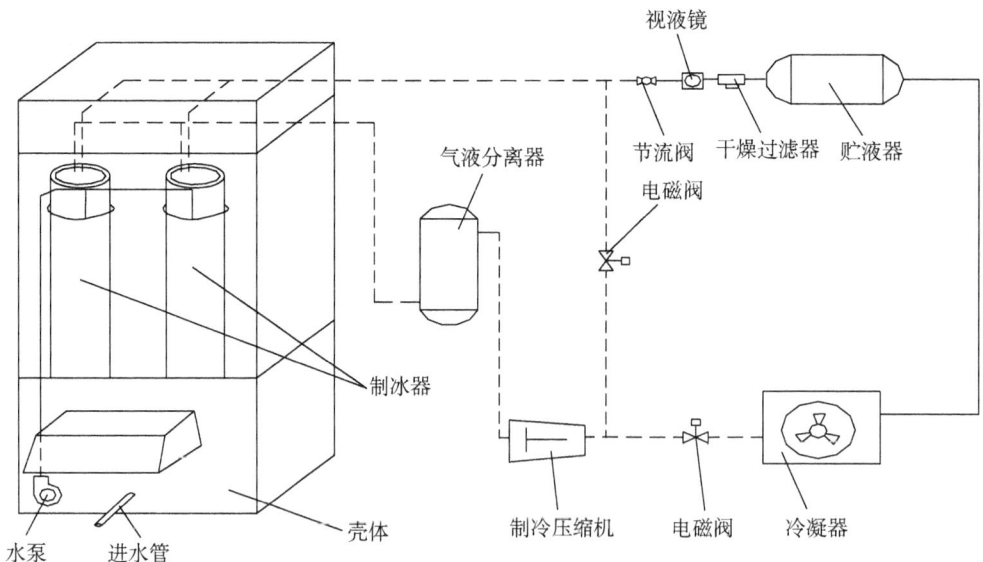

图 4-41　整体式壳冰机工作原理图

壳冰机具有结构紧凑、占地面积少、生产成本低、制冷效率高、节能效果好、安装周期短、操作方便的优点。壳冰机标准工况的制冰水温为16℃，制冷系统的冷凝温度为30℃，冰厚可在3~19mm之间按需调节，冰片的温度在-2~0℃。

4.2.3 制冰机的使用与维护

制冰机的安装、使用、维护均应为接受系统培训的专业人员操作。根据设备说明书及安装资料正确安装及调试设备。

目前，制冰设备自动化程度较高，能实现设备异常停机保护。操作人员无需实时看护。但积极的维护习惯可提升设备的运行效率，延长设备的使用寿命。设备使用过程中应注意以下事项：

①使用设备前建立科学的管理制度，建立完善的设备档案，专人定时巡护并记录数据。

②根据设备说明书检查设备的使用环境是否符合要求，及时排除可能影响设备使用的环境不利因素。

③开机前检查供水、供电是否正常。

④检查前一班次的运行记录，了解发生的故障是否得到有效排除。检查设备说明书要求的其他信息。

⑤开机后观察设备运行情况，检查各参数是否正常。直至设备运行稳定前（10~30min）不离开设备。

⑥每季度分析运行参数是否正常，对于偏离正常值的参数，分析查找原因，及时排除隐患或改善设备的运行环境。

⑦每季度检查压力控制器、温度控制器、液位控制器等控制/保护元件是否正常工作。控制/保护元件是保障设备正常运行，保护设备及操作人员安全的重要保证。请重视对控制/保护元件的维护。

⑧设备长时间停止使用时，做好全面检查和清洁，并将检查结果连同设备的运行记录以纸质形式存放在设备内。以便下次开机时了解设备的状态。可用塑料膜进行密封。

⑨当设备使用环境温度可能低于0℃时，设备水路结冰可能导致设备损坏。停机后应做好防冻措施。

⑩当设备应用于特殊领域（如防爆区域）时，操作维护人员应熟练掌握相应特殊要求。

4.2.4 制冰机的故障树

制冰机自动化、智能化程度较高，可自动识别故障并保护设备。正常安装调试后可一键操作。出现故障时可根据产品说明书的指导排除故障。制冰机种类较多，其工作原理及结构不尽相同。图4-42所示故障树为简要概括，具体故障处理方法请参考相应设备的说明书及常见故障列表进行处理。

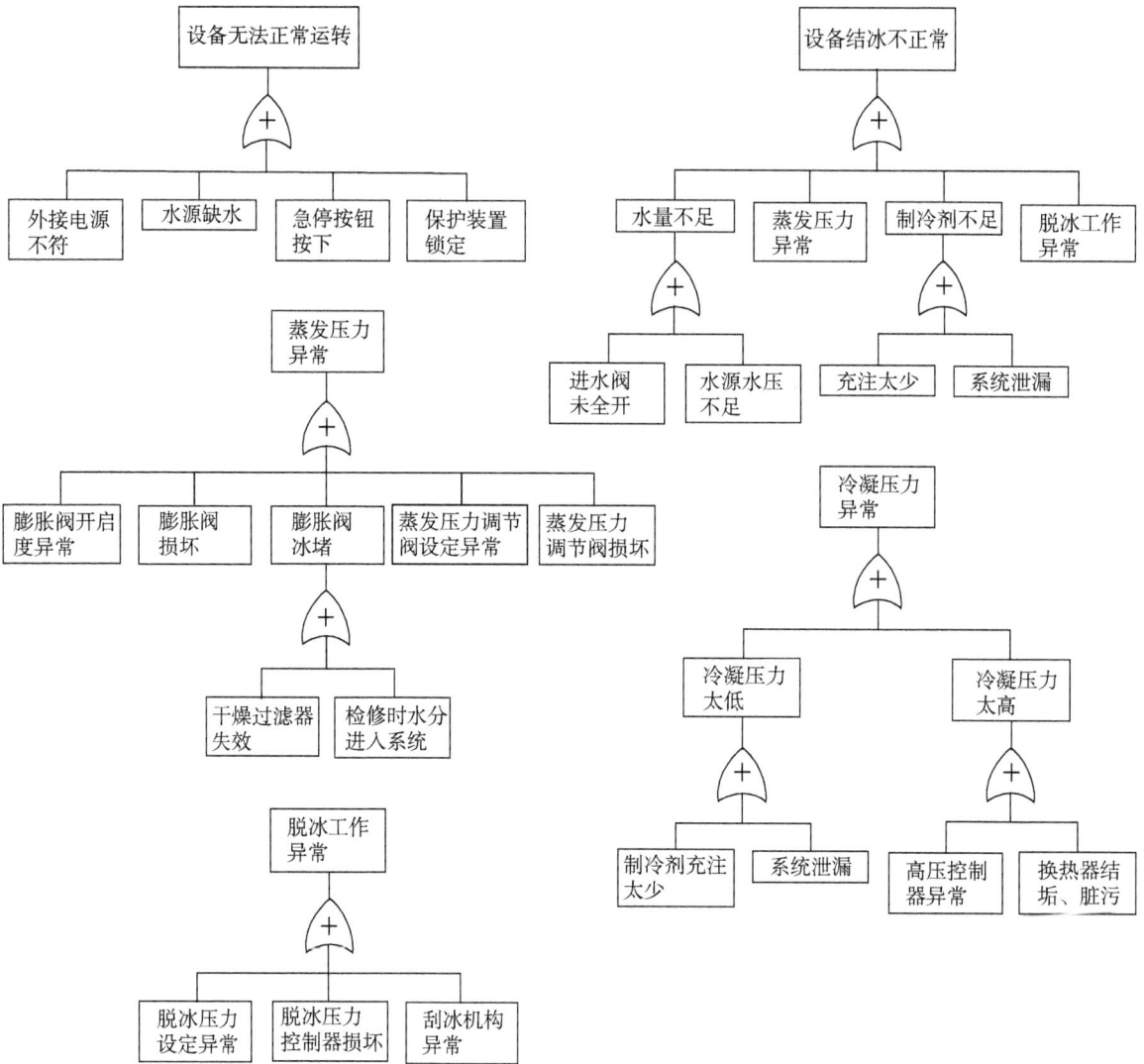

图 4-42　制冰机故障树

4.2.5　制冰机的常见故障分析与排除

不同制造商生产的设备对故障描述及处理略有不同，表 4-41～表 4-45 为常见故障排除表，供读者参考。

表 4-41　制冰机故障原因与排除方法

故障现象	故障原因	排除方法
排气压力过高	系统内有不凝性气体	在冷凝器处放空气
	冷凝器水路不通	打开相应的阀门，或疏通管道
	冷凝水量太小，水温太高	采取措施加大水量，降低循环水温
	冷凝器结垢	清洗除垢
	制冷剂太多	回收多余制冷剂
	排气阀未开足，储液器阀门开口太小	开足有关阀门

故障现象	故障原因			排除方法
排气压力过低	冷却水温太低，水量太大			调整水量
	压缩机排气管路或排气阀片有严重泄漏			更换阀片检修排气管路泄漏
	制冷剂不足			补充制冷剂
	能量调节不当或故障，气缸排气量减少			正确调整能量调节机构
吸气压力过低	膨胀阀开启度过小			调节膨胀阀开启度
	节流孔冰堵			停机后冰堵即可消失。干燥过滤器失效，更换干燥过滤器
	感温包工质泄漏			更换膨胀阀动力头
	吸气阀未开足			开足吸气阀
	液管上阀门未开足			完全打开液管路上的阀门
	过滤器堵塞			清洗或更换过滤器滤芯
	制冷剂充注不足			补充制冷剂
	润滑油过多			检修润滑油系统，使之正常，放出多余的油
	蒸发器结霜严重			蒸发器除霜
压缩机有杂声	气缸部分	余隙小，活塞撞击阀板		调整余隙
		连杆磨损引起间隙		修复并调整间隙
		阀片或异物断裂落入气缸		去除异物，修复损坏部件
		润滑油过多油击		检修润滑油系统，使之正常，放出多余的油
		液体制冷剂液击		调整膨胀阀，保证吸入的是气体制冷剂
	曲轴部分	连杆磨损引起间隙		修复并调整间隙
		连杆螺栓螺母松动		旋紧螺母
	其他部分	压缩机底脚松动		上紧各底脚螺栓
		油泵齿轮磨损松动		检修或更换齿轮
		开启式压缩机飞轮键槽与键间隙大		调整间隙
		皮带松动或连轴器弹性圈磨损		上紧皮带或调换弹性圈
压缩机无法启动或启动后立即停机	电动机	电源电路故障		检修电路
		电动机功率不够，电动机故障		检修电动机，必要时更换
	压缩机	压缩机卡缸咬死		检查修理卡死部位，排除故障
		油压不正常，油压保护动作		检查油路，参考"油压过低""油压过高"部分
	制冷系统	高压侧故障，高压保护		全启阀门，保持高压侧管路畅通
		电磁阀故障，导致低压保护		更换电磁阀
		高低压保护器设定不当不复位		正确调节高低压保护器
		油压保护器未能复位		复位之
		温度控制调节不当，不能接通电路		正确调节温度控制器，必要时更换

故障现象	故障原因	排除方法
油压过低	油压表损坏，油路堵塞	检查校正或更换压力表，清洗吹通排油管路
	油位过低	添加润滑油
	油压调节阀调节不当	正确调整油压调节阀
	油中溶入过多制冷剂	关小膨胀阀开启度，提高过热度
	油泵间隙过大	调整修复间隙或更换部件
	吸油管不畅通或油过滤器堵塞	清洗吹通排油管路及过滤器
油压过高	油压表损坏，读数不准	检查校正或更换压力表
	油压调节阀调节不当	正确调整油压调节阀
	排油管堵塞	清洗吹通排油管路
冷却塔风扇过载	供电电压不符合要求	请按设备要求的电压供电
	风叶卡死	检查卡死原因，排除故障
	电动机线圈短路	更换线圈
制冰器无法启动	外接电源无电	检查是否断电，接上电源
	电箱内断路器跳闸	手动合上断路器
	熔断器熔断	检查熔断原因，更换熔断的熔断器
	急停按钮按下或损坏	松开急停按钮，如损坏请更换
	启动开关损坏	更换开关
	电源模块无电压输出	检查电源模块是否有输入，有输入无输出则电源模块坏掉，更换电源模块
	微电脑控制器（PLC）损坏	电源输入正常无显示说明 PLC 损坏，更换 PLC（需与制造商联系）
系统异常满冰/低水位	冰库满冰	正常保护，除冰后即可消除故障
	满冰开关安装有误	调整满冰开关的安装位置
	满冰开关接线有误	查阅电路图的满冰开关正确接线方法
	满冰开关损坏	更换满冰开关
	水箱缺水	检查供水及水压是否正常，保证供水量
	进水浮球阀堵塞或损坏	清洗或更换进水浮球阀
	液位或流量开关损坏	更换液位或流量开关
	转动检测开关故障	调整开关的安装位置或更换开关
水泵过载	抽水泵热过载	检查电动机过载原因，复位断路器
	电动机线路异常或电动机损坏	检查电动机线路或更换电动机
水泵无法启动	电源故障	检查电源
	保险丝断了	更换保险丝
	电动机过载	检查系统
	断路器接触不好或线圈有问题	检查或更换断路器
	电动机线圈有问题	更换电动机
	泵的机械部分相摩擦	检修泵

故障现象	故障原因	排除方法
水泵运转但不出水	进水管被杂质堵塞	检查及清污
	进水管泄漏	检修进水管路
	进水管或泵中有空气	重新灌液、排出空气
水泵有异常振动和杂音	进水管泄漏	检修进水管路
	进水管部分地被杂质堵塞	检修进水管路
	进水管或泵中有空气	重新灌液、排出空气
	泵的机械部分相摩擦	检修泵
电源异常	供电电压值高于保护上限值	检查供电电压值，上限上升幅度为10%
	供电电压值低于保护下限值	检查供电电压值，下限下降幅度为10%
	供电电源反相	断开电源，任意调换电源线的两相
	电源保护器调整值不合适	检查保护器调整值
	电源保护器故障	更换电源保护器

表 4-42　片冰机故障原因与排除方法

故障现象	故障原因	处理方法
制冰器漏水	制冷量不足	观察冰桶结冰情况，适当调节膨胀阀
	盐水太多	调节盐水泵
	水量太大	调节水路阀门，适当关小
	制冰器不水平	请保证制冰器水平
	散水管半堵	疏通散水盘上的散水管
减速机过载	减速机电动机热过载	检查电动机过载原因，复位断路器
	电动机线路异常或电动机损坏	检查电动机线路或更换电动机
制冰器正常运转，但不结冰	制冷剂不足	充注足量的制冷剂
	制冷剂泄漏	检查泄漏点并修理
	压缩机故障	检查故障原因并修理
	散水盘缺水	调节抽水泵上的水阀
掉冰不顺畅或冰刀不转	压缩机故障	检查故障原因并修理
	制冷剂泄漏	检查泄漏点并修理
	刮冰刀偏移或磨损	调整或更换刮冰刀
	减速机故障	检查电动机，若烧毁需更换
	轴承异常	更换轴承
	盐水浓度太高	补充淡水，减少盐水供给
盐水泵不能启动	盐水泵电路板受潮腐蚀	更换盐水泵
	电动机线圈烧毁	
	电压不对	接合适的电压，请勿将盐水泵单独接电源

续表

故障现象	故障原因	处理方法
盐水泵不能吸液	吸入管中有空气	重新调整吸入管，排出空气
	阀垫片没装	装上阀垫片
	阀组件方向错误	重新安装阀
	产生气锁	打开排气阀
	吸入阀或吐出阀被外物堵塞	拆开、检查、清洁
	配件缺失	更换盐水泵
制冰器漏水	制冷量不足	观察冰桶结冰情况，适当调节膨胀阀
	盐水太多	调节盐水泵
	水量太大	调节水路阀门，适当关小
	制冰器不水平	请保证制冰器水平
	散水管半堵	疏通散水盘上的散水管

表 4-43　管冰机故障原因与排除方法

故障	原因	维修措施
管冰中心孔过大	制冰时间太短	适当延长制冰时间
	蒸发压力过高	调整蒸发压力
	制冷剂不足	检查系统是否泄漏，适当充注制冷剂
管冰中心孔偏心	导流器松脱、堵塞	将制冰器上盖拆除，检查其内部导流器是否脱落、分水孔是否遭异物阻塞，及时处理故障
管冰呈白雾状	上一轮脱冰不完全	清洗制冰器，调整脱冰时间
	管冰中心孔完全密合，杂质无法滤除	重新调整蒸发压力或制冰时间

表 4-44　板冰机故障原因与排除方法

故障现象	故障原因	排除方法
碎冰电动机过载	碎冰电动机热过载	检查电动机过载原因，复位断路器
	电动机线路异常或电动机损坏	检查电动机线路或更换电动机
碎冰机链条跳齿或抖动	链条磨损伸长，使垂度过大	更换链条或链轮
	冲击或脉动载荷较重	适当张紧链条
		采取措施使载荷较稳定
碎冰机振动剧烈、噪声过大	链轮不共面	重新调整链轮端面
	松边垂度不合适	适当张紧
	润滑不良	更换润滑剂
	链条或链轮磨损严重	更换链条或链轮
满冰故障	满冰	正常保护功能
	满冰开关接线有误	调整满冰开关的安装位置
		查阅电路图的满冰开关正确接线方法
	满冰开关损坏	更换满冰开关

续表

故障现象	故障原因	排除方法
水箱水位低故障	冷水箱缺水	检查供水水源是否正常
	液位开关损坏	更换液位开关
液位控制器不工作	接线端子接触不良	检查或更换接线端子
	液位控制器安装高度不对	重新调整液位控制器安装高度
	液位控制器损坏	更换液位控制器

表 4-45　流化冰机故障原因与排除方法

故障现象	故障原因	排除方法
刮冰机故障	盐水含盐量过低	适当添加食盐，盐水波美度不得低于 2
	皮带过紧	调节电动机与制冰器连接螺栓，张紧皮带
产冰量不足	盐水浓度过高	调节盐水浓度，排除过浓盐水或补充淡水
	盐水初始温度过高	设计盐水初始温度为 20℃，初始温度过高将影响产冰量
	制冰器结垢	清洗制冰器
水泵故障	流量故障	盐水箱内液位过低，请补充水
	水泵过载	盐水溶液含冰量过高，请除冰
	水泵其他故障	详见所用水泵的使用说明书
冰晶颗粒较大	刮冰板磨损	更换刮冰板

4.3　工业冷冻设备

本节主要介绍制冷技术在工业领域的应用。工业冷冻主要是利用制冷技术来制造工业生产所需的低温冷却环境或者吸收工业生产过程的反应热，来提高产品质量或提高生产效率。工业冷冻设备应用的范围主要包括：

①化工行业。主要用于化工反应釜（化工换热器）的降温冷却，及时带走因化学反应而产生的热量从而达到降温（冷却）的目的，用以提高产品质量。

②啤酒、饮料工业。

③乳品工业。主要用于对消毒后的鲜奶进行快速降温冷却以及灌装车间的洁净空调。

④塑料工业。准确控制各种塑料加工之模温，缩短啤塑周期，保证产品质量的稳定。

⑤电子工业。稳定电子元件内部在生产线上的分子结构，提高电子元件的合格率。

⑥应用于超声波清洗行业。有效地防止昂贵的清洗剂挥发和挥发对人带来的伤害。

⑦电镀行业。控制电镀温度，增加镀件的密度和平滑，缩短电镀周期，提高生产效率，改善产品质量。

⑧机械工业。控制油压系统压力油温度，稳定油温油压，延长油质使用时间，提高机械润滑的效率，减少磨损。

⑨建筑工业。供给混凝土用的冷冻水，使混凝土分子结构适合建筑用途要求，有效地增

强混凝土的硬度与韧性。

⑩真空镀膜。控制真空镀膜机的温度，以保证镀件的高质量。

⑪食品工业。用于食品加工后的高速冷却，使之适应包装要求。另外还包括控制发酵食品的温度等。

⑫化纤工业。冷冻干燥空气，保证产品质量。

目前最常见的工业冷冻设备是通过制冷系统制取低温冷媒，通过冷媒循环系统将冷媒输送到工业生产中需要用冷的场所，升温后的冷媒再经过制冷系统进行降温以达到循环使用的目的。常用的冷媒包括冰水、乙（丙）二醇、盐水、空气等。下面介绍几种常见的工业冷冻设备。

4.3.1 模块化冰水装置

在许多轻工业领域和化工领域，因工艺要求经常需要 1~2℃的冰水，如制取啤酒、饮料和乳制品等。模块化冰水装置可广泛应用于各用冰水领域，是一种智能、环保、节能型系列产品。

4.3.1.1 模块化冰水装置的基本结构及技术参数

在许多行业的生产工艺流程中必须要进行工艺冷却，如乳品行业工艺冷却、啤酒行业工艺冷却、果汁行业工艺冷却、食用油加工行业工艺冷却、制药行业工艺冷却、屠宰行业工艺冷却、饮料和纯净水行业工艺冷却、化工行业用冷水、建筑行业用冷水、制冰用水的预冷等。我们进行工艺冷却通常使用诸如纯水、酒精、盐水等的低温载冷剂，但在一些食品加工、饮料生产等行业，为保证食品从原料到前处理、加工等过程中保证质量、安全，必须使用纯水作为冷却用的介质，使用其他盐水等低温载冷剂会造成食品污染，而且需要的冰水温度低，经常是 1~2℃，接近冰点。同时，由于生产需要，制冰水过程应连续稳定，否则将影响生产。

表 4-46 和表 4-47 所示为某型号冰水装置的名义工况与技术参数。

表 4-46　某型号模块化冰水装置的名义工况

项目	普通温差	大温差
蒸发温度	−1℃	−1℃
冰水装置进水温度	8℃	≥ 20℃
冰水装置出水温度	1~2℃	1~2℃
控制精度	± 0.5℃	± 0.5℃

表 4-47　某型号模块化冰水装置的技术参数

参数＼型号	BS-400	BS-800	BS-1000	BS-1200	BS-1600	BS-2400
制冷能力（kW）	400	800	1100	1200	1600	2400
载冷剂	水					
出水温度（℃）	1~2					
温度控制精度（℃）	± 0.5					

参数	型号	BS-400	BS-800	BS-1000	BS-1200	BS-1600	BS-2400
普通温差	进水温度（℃）	8					
	流量（m³/h）	50	100	135	150	200	344
大温差	进水温度（℃）	26					
	流量（m³/h）	14	28	38	41	55	86

　　装置工作时，经节流后进入氨液分离器的低压低温氨液，靠重力进入板式换热器，蒸发的气体回到氨液分离器，被压缩机吸回，需降温的流体介质进入板式换热器，被冷却到设定温度后送出。

　　通过控制蒸发压力的恒定来保证模块化冰水装置的正常运行。感应出水温度传感器和采集温度信号控制器通过控制器控制回气电动阀的开启大小，精确控制水温；在冷媒侧，出水温度传感器采集出水温度传递给温度控制器，控制电动阀的开关，调节气液分离器内的工作压力，达到控制蒸发温度的目的。可实现板式换热器的蒸发压力保持恒定。如果压力过低，装置上还有压力控制开关，使供液停止，打开热氨防冻电磁阀，待蒸发器内的蒸发压力回升到安全值时，再将热氨电磁阀关闭，开始正常工作。

　　图 4-43 和图 4-44 所示为模块化冰水装置的系统流程图和外观图。

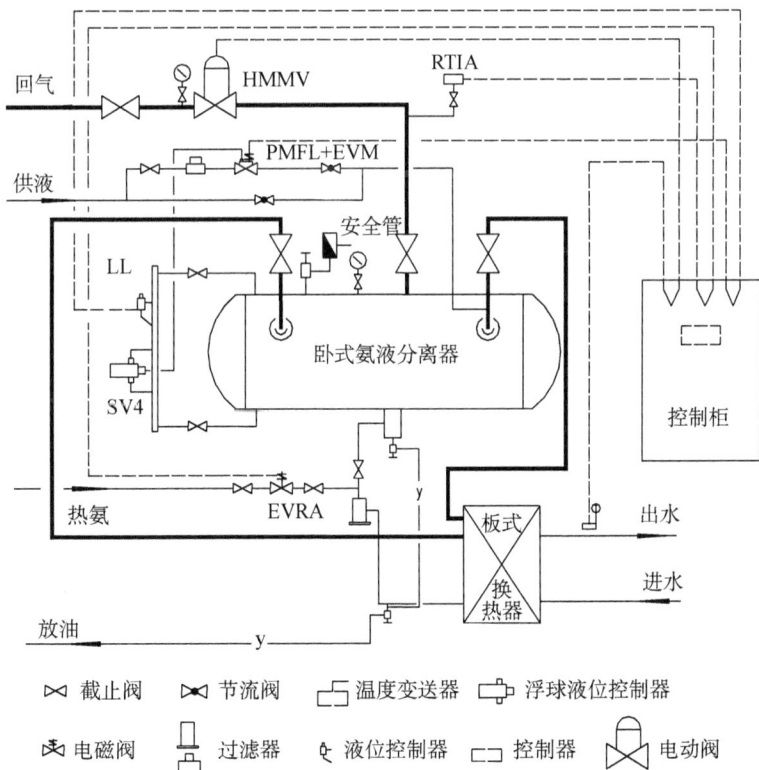

图 4-43　模块化冰水装置流程图

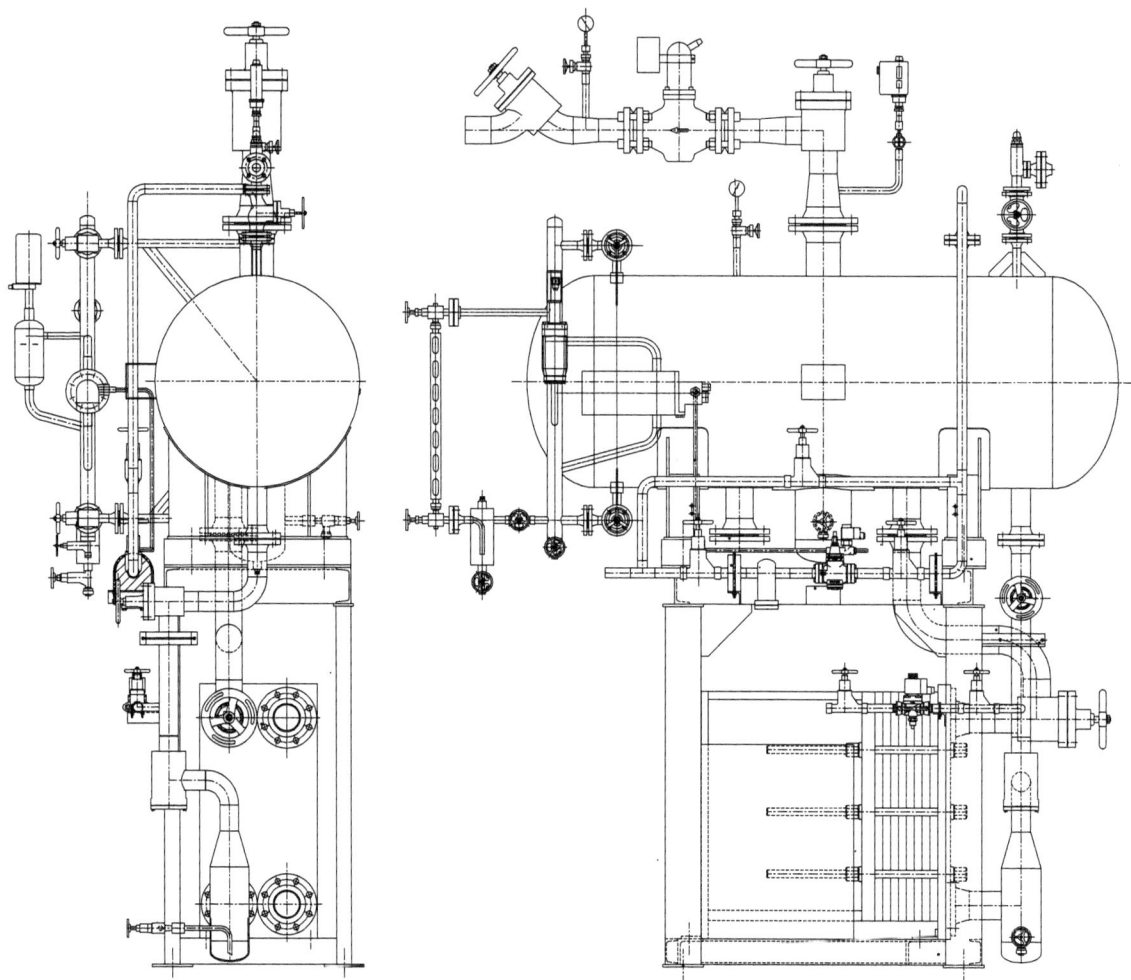

图 4-44　模块化冰水装置外观图

其中，机组的氨液分离器、回气管路在调试完后需要进行保温处理。自控元件部分有供液电磁阀、液位控制器、冰水出水温度传感器、回气总管恒压主阀及配套导阀、热氨防冻电磁阀等，这些自控阀门根据一定的温度和压力配合使用，实现机组的自动化运行。

制取冰水时，启动压缩机组和工艺水泵，制冷系统开始运行。氨液分离器液位过低时，开启供液电磁阀，达到正常控制液位。随着水温逐渐降低，达到设定温度后，出水管上的温度传感器发送信号到控制器，控制器输出信号使回气电动阀关小，压缩机减载。反之，冰水温度升高则回气电动阀开大，压缩机增载。

当工艺冰水流量减小时，制冷负荷随之减小，氨液分离器的压力也会迅速减小。当达到设定压力时，压力控制器输出信号打开供热氨的电磁阀，停止供液电磁阀，防止板式换热器发生冻结。

另外，氨液分离器上还设有液位超高报警装置，当液位超高时，关闭供液电磁阀，声光报警，防止潮车损坏压缩机组。

4.3.1.2　模块化冰水装置的操作与维护

设备开机前应确认电源、水源准备到位、符合使用要求，并检查确认系统各阀门是否在正常开关状态。

开机时先启动制冷系统，制冷系统操作应参照制冷系统设计说明和制冷压缩机使用说明书进行。然后启动冰水泵，最后启动模块化冰水装置。

在日常使用过程中需要注意以下事项：

①气液分离器的回油口需定期放油，必要时板式换热器供液管路下的放油口也需放油。由于要与整个制冷系统联合控制，装置的放油口可与系统的油路相连，进入集油器。较小的系统未设置集油器的，可直接将回油管接软管排入水沟，但要注意，油管应排入水面以下，以防有部分氨液排出。

②液位计最好由油位来显示气液分离器中的液位，防止液位计结霜冻结。但需要注意的是，油与氨的密度不同，液位显示有一定偏差，真正氨液液位比油的液位显示略高一些。

③机组如果需长期停机时，应关闭电源。最好将供液截止阀和回气截止阀关闭，与系统断开。如果本系统与多个蒸发装置并联，有必要将主阀后的截止阀关闭，与压缩机的吸气主管断开。

④应定期检查、清洗氨液过滤器中的滤网。检查、清洗滤网时将前后的电磁阀、截止阀关闭即可。

⑤为防止蒸发器（板式换热器）结冰，机组投入运行时必须确保水路畅通，有足够的水量流动。若要进行远程自动控制，需在程序中设定：水泵开始后延时，机组投入运行；机组运行停止后延时，水泵停止。

⑥水路还应有断水保护装置，当出现断水保护情况时，压缩机停机，整个系统停止运行。当水路系统恢复流量后，机组重新投入运行。

⑦模块化冰水装置停止工作，冰水泵延时停机。

⑧运行应注意观察压力、温度等参数的变化情况，并作好纪录。运行过程，如果某项保护动作自动停车，一定要查明故障原因，消除故障后方可开机，决不能随意改变设定值来达到开机的目的。

4.3.1.3　模块化冰水装置常见故障及排除方法

表4-48汇总、整理了模块化冰水装置常见故障及排除方法。

表4-48　模块化冰水装置常见故障及排除方法

故障现象	故障原因	排除方法
开机时，热力膨胀阀打不开	感温包内充注的制冷剂泄漏	修理或更换膨胀阀
	过滤器或阀孔被堵塞	清洗过滤器或阀件
	阀芯卡阻	拆检，清洗
开机后，阀很快堵塞	系统内有水分在阀孔处冻结，造成冰堵	更换系统的干燥过滤器滤芯

故障现象	故障原因	排除方法
膨胀阀发出"咝咝"的响声	系统内制冷剂不足	补充制冷剂
	液体无过冷度，阀前液管中产生"闪气"	保证液体制冷剂有足够的过冷度
膨胀阀供液时多时少	开启过热度调得过小	调整开启过热度
膨胀阀关不小	膨胀阀损坏	修理或更换膨胀阀
制冷能力不足	滑阀的位置不合适或其他故障	检查指示器并调整位置，检修滑阀
	吸气过滤器堵塞	拆下吸气过滤器的过滤网清洗
	机器不正常磨损，造成间隙过大	调整或更换零件
	吸气管线阻力损失过大	检查阀门（如吸气截止阀或止回阀）
	喷油量不足，不能实现密封	检查油路系统
	排气压力远高于冷凝压力	检查排气系统管路及阀门，清除排气系统阻力
	吸气截止阀未全开	打开
	膨胀阀开得过小	按工况要求调整
	干燥过滤器堵塞	清洗、干燥处理
	节流阀脏堵或冰塞	清洗、干燥处理
	制冷剂充灌量不足	充注至规定值
	蒸发器内有大量润滑油	回收冷冻机油
	冷凝器出液阀开启度过小	开启出液阀到适当位置
耗油量大	加油过多	放出多余的油
	回油过滤器脏堵	清洗回油过滤器芯
	回油管脏堵	清除回油管内的污物
	油分离器效率下降	更换油分离滤芯
	二级油分离器内积油过多，油位高	放油、回油，控制油位
	排气温度过高，油分离效率下降	降低油温
	吸气带液，导致油起泡沫	调整热力膨胀阀
油面上升	过量的制冷剂进入油内	提高油温，加速油内制冷剂蒸发

续表

故障现象	故障原因	排除方法
排气压力过高	系统中有空气或不凝性气体	从冷凝器排除不凝性气体
	冷凝器故障	检查冷凝器
	制冷剂充注过多	排出过量制冷剂
	冷凝器进气截止阀未完全打开	完全打开阀门
	吸气压力高于正常值	参考"吸气压力过高"

4.3.2　螺杆冰水机组

4.3.2.1　典型的螺杆冰水机组

螺杆冰水机组是将螺杆压缩机组、板式冷凝器、自动供液装置、板式蒸发器、气液分离器等组装在一个公共底座上形成完整的制冷系统，以水为载冷剂。可提供 2~15℃温度范围内的冰水作为冷源。机组体积小、重量轻、制冷剂充灌量少，特别适用于乳品、啤酒、食品行业低温水的需求。图 4-45 所示为某型号的螺杆冰水板换机组，图 4-46 所示为装有气液分离器的螺杆冰水板换机组的流程图。

图 4-45　螺杆冰水板换机组外观图

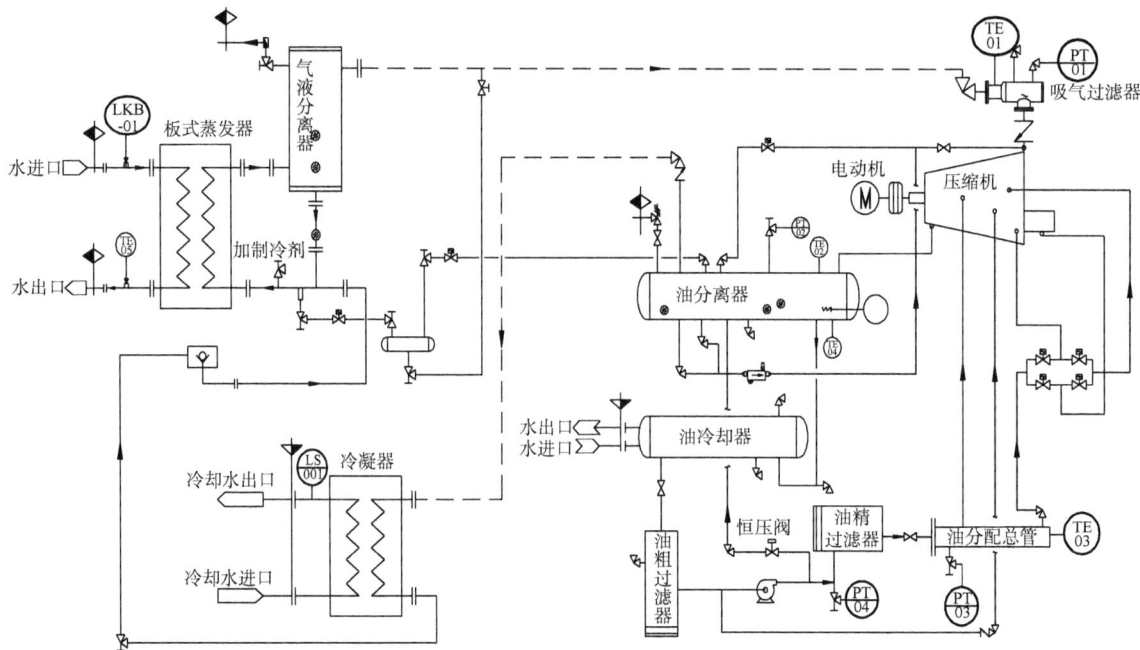

图 4-46　气液分离器的螺杆冰水板换机组流程简图

　　螺杆冰水机组根据用户冷量和水温要求配置合适的螺杆压缩机组、板式蒸发器、冷凝器。制冷系统采用高压浮球阀供液，不需人工调节或设置，操作简单。本机组直接向蒸发器供液，比重力供液机组的加氨量少。由于没用通常的大型汽液分离器和贮氨器，加氨量大大减少，只有重力供液系统加氨量的 1/5~1/10。意味着机组运行安全性得到提高。

　　机组采用不锈钢激光半焊板式换热器、微电脑全自动控制，板式蒸发器中逐渐集聚的冷冻油被收集后自动回油到压缩机吸气口。机组可满足制取大温差冰水要求，水温可以从 30℃直接降到 2℃，出水温度 2~15℃可调，冰水进出口温差 ≤ 28℃。

4.3.2.2　螺杆冰水机组常见故障及排除方法

　　表 4-49 汇总、整理了螺杆冰水机组常见的故障原因和排除方法。

表 4-49　螺杆冰水机组常见的故障原因和排除方法

故障现象	故障原因	排除方法
开机时热力膨胀阀打不开	感温包内充注的制冷剂泄漏	修理或更换膨胀阀
	过滤器或阀孔被堵塞	清洗过滤器或阀件
	阀芯卡阻	拆检，清洗
开机后阀很快堵塞	水分在阀孔处冻结，造成冰堵	更换系统的干燥过滤器滤芯
膨胀阀发出"咝咝"的响声	系统内制冷剂不足	补充制冷剂
	液体无过冷度，在阀前液管中产生"闪气"	保证液体制冷剂有足够的过冷度
膨胀阀供液时多时少	开启过热度调得过小	调整开启过热度

故障现象	故障原因	排除方法
膨胀阀关不小	膨胀阀损坏	修理或更换膨胀阀
制冷能力不足	滑阀的位置不合适或其他故障	检查指示器并调整位置，检修滑阀
	吸气过滤器堵塞	拆下吸气过滤器的过滤网清洗
	机器不正常磨损，造成间隙过大	调整或更换零件
	吸气管线阻力损失过大	检查阀门（如吸气截止阀或止回阀）
	喷油量不足，不能实现密封	检查油路系统
	排气压力远高于冷凝压力	检查排气系统管路及阀门，清除排气系统阻力
	吸气截止阀未全开	打开
	膨胀阀开得过小	按工况要求调整
	干燥过滤器堵塞	清洗、干燥处理
	节流阀脏堵或冰塞	清洗、干燥处理
	制冷剂充灌量不足	充注至规定值
	蒸发器内有大量润滑油	回收冷冻机油
	冷凝器出液阀开启度过小	开启出液阀到适当位置
耗油量大	加油过多	放出多余的油
	回油过滤器脏堵	清洗回油过滤器芯
	回油管脏堵	清除回油管内的污物
	油分离器效率下降	更换油分离滤芯
	二级油分离器内积油过多，油位高	放油、回油，控制油位
	排气温度过高，油分离效率下降	降低油温
	吸气带液，导致油起泡沫	调整热力膨胀阀
油面上升	过量的制冷剂进入油内	提高油温，加速油内制冷剂蒸发
排气压力过高	系统中有空气或不凝性气体	从冷凝器排除不凝性气体
	冷凝器故障	检查冷凝器
	制冷剂充注过多	排出过量制冷剂
	冷凝器进气截止阀未完全打开	完全打开阀门
	吸气压力高于正常值	参考"吸气压力过高"

习　题

1. 选择题

（1）小型冷库的冷藏容量在（　　）以下。

　　A. 5000m³ 　　　　　　B. 10000m³ 　　　　　　C. 15000m³ 　　　　　　D. 20000m³

（2）操作人员要作到"四要"，"五勤"，"六及时"。以下不属于"六及时"的是（　　）。

　　A. 及时放空气 　　　　　　　　　　　　B. 及时加油

　　C. 及时清洗或更换过滤器 　　　　　　　D. 及时清除蒸发器水垢

（3）冷库投产前的降温速度是每天不得超过（　　）。

　　A. 1℃ 　　　　　　B. 2℃ 　　　　　　C. 3℃ 　　　　　　D. 4℃

（4）压力表量程应不大于最大工作压力的（　　）倍。

　　A. 1 　　　　　　B. 2 　　　　　　C. 3 　　　　　　D. 4

（5）对使用氨作制冷剂的冷库制冷系统，其氨制冷剂总的充注量不应超过（　　）。

　　A. 30 吨 　　　　　　B. 40 吨 　　　　　　C. 50 吨 　　　　　　D. 60 吨

（6）以下对于冷却盐水的蒸发器日常维护错误的是（　　）。

　　A. 每周检查盐水密度、浓度，使盐水凝固点低于蒸发温度一定范围

　　B. 敞开式盐水循环系统蒸发温度应比盐水温度低 5℃

　　C. 封闭式盐水循环系统蒸发温度应比盐水温度低 8~10℃

　　D. 必须定期测量盐水浓度，测量的条件是以盐水温度 20℃为标准的

（7）中间冷却器停止工作时，中间压力不应超过（　　），超过时应采取降压或排液措施。

　　A. 0.4MPa 　　　　　　B. 0.5MPa 　　　　　　C. 0.6MPa 　　　　　　D. 0.8MPa

（8）以下关于氨（氟）泵操作说法错误的是（　　）。

　　A. 初次使用前要检查泵的转向，与泵进液端标示的箭头方向一致

　　B. 接通电源，启动氨（氟）泵，观察出口压力表是否升压，如不升压立即停泵检查

　　C. 原则上应先开启氨泵，后开启制冷压缩机，并在停泵前停止压缩机运行

　　D. 停泵时，首先关闭循环储液器的进液阀和氨（氟）泵的进、出液阀（有液位自动控制装置的循环储液器，可不关进液阀），然后切断电源停泵

（9）冷库制冷系统中，进液节流阀不应开启过大，应根据回气管道的结霜情况进行调整。回气管未保温时，管上的结霜长度不宜超过（　　），回气管包保温层，则回气管不结霜。

　　A. 0.5m 　　　　　　B. 1m 　　　　　　C. 1.5m 　　　　　　D. 2m

（10）用化学清除法清除水冷式冷凝器的水侧污垢时，首先应进行的步骤是（　　）。

　　A. 将冷凝器的进出水管接酸洗系统，开动清洗泵

　　B. 将冷凝器内的工质抽出

　　C. 关闭冷凝器的进出水阀，拆下进出水管

　　D. 对冷凝器进行气压试漏

（11）单级制冷循环一般利用冷凝器获得过冷，一般过冷温度为（　　）。

　　A. 1℃ 　　　　　　B. 2℃ 　　　　　　C. 3℃ 　　　　　　D. 5℃

（12）冷库停产升温解冻时，将库房温度缓慢升至并保持（ ）左右，防止冷间出现冻融循环，并在此条件下减少地面的冷源。

    A. -4℃   B. -2℃   C. 0℃   D. 2℃

（13）以下哪个不是引起蒸发温度过低的原因（ ）。

    A. 压缩机制冷能力与蒸发器的换热面积不匹配

    B. 蒸发器换热管内侧积油或外侧结霜

    C. 吸气管路中的阀门未全开或是阀芯脱落

    D. 蒸发器供液量过多

（14）以下关于卧式陈列柜的使用和清洗错误的是（ ）。

    A. 清洗时必须断电，不能使用中性洗涤剂

    B. 应用温水冲洗蒸发器上的冰或霜

    C. 显示温度到达设定范围内方可启用放置商品

    D. 不可直接浇水或用水冲洗风扇马达、电容器

（15）以下不属于制冷剂充填过量会导致的问题是（ ）。

    A. 设备制冷不良   B. 运转电流大

    C. 系统负载增大   D. 低压压力变低

（16）冷冻板与金属软管的密封性试验的试验压力为（ ）。

    A. 1.4MPa   B. 1.5MPa   C. 1.6MPa   D. 1.7MPa

（17）以下需要用除目测以外检查方法检查的是（ ）。

    A. 传送带蛇形运行状态   B. 回转部件回转状态

    C. 驱动装置润滑状态 D. 蒸发器内、外表面清洁度

（18）以下关于实现升华干燥必须具备基本条件的说法错误是（ ）。

    A. 真空容器的真空压力必须低于物料共晶点温度对应的水的饱和蒸汽压

    B. 升华干燥过程加热时，不得使已干物料的温度超过最高允许温度

    C. 必须向物料提供冰晶升华所需的升华潜热

    D. 必须依靠真空泵将升华产生的水蒸气全部排出容器外

（19）以下不是依靠温差驱动的预冷方式是（ ）。

    A. 空气预冷   B. 水预冷   C. 冰预冷   D. 真空预冷

（20）冷藏运输制冷系统每经过多长时间后需要人修（ ）。

    A. 5000h   B. 10000h   C. 三年   D. 五年

2. 判断题（判断下列说法正确与否）

（1）生产性冷库的特点是冷加工能力较大，同时配有一定容量的冷藏吨位，食品流通是整进零出。

（2）在冷却间产品预冷后温度一般为 0~13℃。

（3）冷库是隔热保温的密闭性建筑，处于低温高湿环境，室内外温差大，热湿交换频繁。

（4）冲霜时必须按规程操作，冻结间至少要做到出清一次库，冲一次霜。冷风机水盘内和库内不得有积水。

（5）氨制冷机房、高低压配电室应设置应急照明，照明灯具应选用防爆型，照明持续时间不应小于30min。

（6）为保证油位和足够的润滑流量，试车时适当地多加一点，可超过视油镜的高度。

（7）中间冷却器正常工作时，其液位应处于浮球阀中心线或液位控制器的控制线高度。若液面过低，容易发生高压级进液。

（8）排液桶在正常制冷时是不参与制冷循环的。

（9）严禁在制冷系统内存有氨液的情况下，启动热氨或水冲霜除霜。

（10）热负荷变化剧烈时，蒸发器中的氨液来不及蒸发，回气中带有大量液体，使桶内液面升高。可将压缩机吸气阀适当开大，待温度下降稳定后，再逐渐关小吸气阀。

（11）一般情况下，霜层达5mm厚时，就要除霜。

（12）物料的冷冻干燥过程是在真空状态下进行的。

（13）机械冷藏车可在冬季 -45℃和夏季 +45℃的环境温度下，保持货间温度在 -24℃ ~14℃范围内的任何一个区间温度。

（14）冷藏运输制冷系统中，若膨胀阀出现冰堵现象，应及时更换膨胀阀。

（15）板冰机和管冰机的一个制冰周期都约为30min。

（16）目前，制冰设备需要操作人员实时看护，以保证设备运行效率。

（17）工艺冷却温度经常是1~2℃，接近冰点，所以在食品加工行业的载冷剂应使用盐水等低温载冷剂。

（18）模块化冰水装置的膨胀阀发出"吡吡"的响声，则可能是系统内制冷剂充注过多导致。

（19）模块化冰水装置的排气压力过高，则可能是系统内制冷剂不足导致。

（20）螺杆冰水机组是将螺杆压缩机组、板式冷凝器、自动供液装置、板式蒸发器、气液分离器等组装在一个公共底座上形成的完整制冷系统，以水为载冷剂。

3. 填空题

（1）气调保鲜就是通过调节 _____ 达到保鲜的效果。

（2）冰库用以储存 _____，解决需冰旺季和制冰能力不足的矛盾。

（3）操作人员要作到"四要""五勤""六及时"。"四要"指：要确保安全运行；要确保使用温度；要 _____；要充分发挥制冷设备的制冷效率，努力降低水、电、冷冻油、制冷剂的消耗。

（4）在没有商品存放或冷加工时，也要保持适宜的库房温度，冻结间和低温冷藏间宜维持在 _____℃以下，避免冻融循环。

（5）穿过冷库库房隔热层的电气线路，应采取可靠的防火及防止产生 _____ 的措施。

（6）在日常的保养工作中（特别是在新机组投入运行后的一段时间内），除必须保持正常的油位以外，还应根据 _____ 的变化，随时对油过滤网和输油管道进行清洗、吹除以及对润滑油进行更换。

（7）冷库冷凝器的冷凝压力一般不超过 _____。

（8）应定期检查并清除冷凝器的水垢，一般每年清除 1~2 次水垢和污泥（视水质情况而定），水垢厚度不应超过 _____。

（9）蒸发式冷凝器的制冷系统定时放空显得尤为重要。一般情况下新系统应持续打开空气分离器，直至不凝性气体放完为止，之后每间隔 _____ 放一次。

（10）储液器停止使用时，应关闭进、出液阀，储存液量不应超过 _____，与冷凝器间的均压管不应关闭。

（11）氨液分离器在运行中，放油阀和手动供液阀应 _____（开启 / 关闭）。

（12）排液桶的液面不允许超过 _____%。

（13）在融霜或热负荷突增后降温时，气体调节站上的回气阀应先微开，待蒸发器内的压力与系统中的压力基本平衡后，再全部打开回气阀，以免压缩机 _____。

（14）对于蒸发温度低于 -40℃、氨泵供液的制冷系统，融霜前 _____ 的过程尤为重要，否则，蒸发器集管或回气管道易发生"液爆"现象。

（15）严禁直接从制冷设备上直接放油，应从 _____ 放出。

（16）蒸发式冷凝器正常工作时，表压力最高不得超过 _____MPa。

（17）一般情况下，冷冻 / 冷藏柜的霜层达 _____ 厚时，就要除霜。

（18）使用立式冷藏陈列柜时，商品应陈列在风幕 _____（内侧 / 外侧）并避免堵住冷气出口、入口。

（19）真空冷冻干燥是一种在真空低温环境中将物料中的固态水（冰）直接 _____ 为水蒸气以使物料干燥的方法。

（20）真空预冷是通过降低真空箱体 _____ 致使物体表面水分汽化吸热带走热量。

4. 简答题

（1）食品冷藏链是由哪四方面构成的？

（2）冷库维护操作人员要作到"四要""五勤""六及时"，其中的"五勤"是指？

（3）造成安全事故的主要原因是什么？（指出 5 条）

（4）配组双级制冷系统启动和停机时，操作高、低压制冷压缩机的顺序是什么？

（5）润滑油更换周期是什么？（提示：分别说明第一次更换时间和以后更换周期）

（6）真空冷冻干燥的目的是什么？

（7）真空冷冻干燥过程可分为哪三个阶段？

（8）冷藏货舱按冷却方式分为直接冷却和间接冷却，请简述它们是如何实现冷却的？

（9）模块化冰水装置开机时，出现热力膨胀阀打不开的现象，请分析故障原因及排除方法。

参考答案

1. 选择题

（1）A　（2）D　（3）C　（4）C　（5）B　（6）D　（7）C　（8）C　（9）C　（10）B
（11）C　（12）A　（13）D　（14）A　（15）D　（16）C　（17）B　（18）D　（19）D　（20）D

2. 判断题

（1）× （2）√ （3）√ （4）√ （5）√ （6）× （7）× （8）√ （9）√ （10）×
（11）√ （12）√ （13）√ （14）× （15）√ （16）× （17）× （18）× （19）×
（20）√

3. 填空题

（1）气体成分；（2）人造冰；（3）降低冷凝压力；（4）-6；（5）冷桥；（6）油压；（7）
1.5MPa；（8）1.5mm；（9）一周；（10）70%；（11）关闭；（12）80；（13）湿冲程；（14）抽
气；（15）集油器；（16）1.5；（17）5mm；（18）内侧；（19）升华；（20）气压。

4. 简答题

（1）答：冷冻加工、冷冻储藏、冷藏运输和冷冻销售。

（2）答：勤看仪表；勤查机器运行状况；勤听机器运转有无杂音；勤调节阀门；勤查系统有无跑、冒、滴、漏现象。

（3）答：一是部分企业安全生产主体责任不落实，管理制度不健全；二是从业人员流动性大，安全知识缺乏，没有完全做到持证上岗；三是冷库设计不规范，违规设计、违章建设；四是制冷系统设备设施落后残旧、年久失修、管理不到位；五是电气配备、用电管理不规范，防雷接地和防静电措施等不落实；六是消防设施不完善，安全通道设置不规范；七是缺少必要的应急防护装备和应急逃生演练；八是对涉氨制冷企业的安全监管，存在职责不清、安全监管缺位的现象。

（4）答：启动时，应先启动高压级制冷压缩机，再启动低压级压缩机。停机时，应先停低压级制冷压缩机，再停高压级压缩机。

（5）答：第一次更换，减速机初次运转300h后。以后更换：每天连续工作10h以上者，每隔3个月更换一次；每天间断工作10h以下者，每隔6个月更换一次。长期没有使用的减速机重新启动前，必须重新更换润滑油。

（6）答：先将物料中的自由水完全冻结，以升华方式将这部分水完全脱去，随后脱去大部分吸附水，而获得干品，最大限度保持原有特性并便于长期保存。

（7）答：预冻、升华干燥和解吸干燥。

（8）答：直接冷却是制冷剂在冷却盘管内直接吸收冷藏舱内的热量，间接冷却是制冷剂在盐水冷却器内先冷却载冷剂（盐水），然后通过载冷剂实现冷藏舱的降温。

（9）答：故障原因：感温包内充注的制冷剂泄漏；过滤器或阀孔被堵塞；阀芯卡阻。排除方法：修理或更换膨胀阀；清洗过滤器或阀件；拆检，清洗。

参考文献

［1］ GB 50072—2010. 冷库设计规范.

［2］ GB 28009—2011. 冷库安全规程.

［3］《中华人民共和国安全生产法》.

［4］《固定式压力容器安全技术监察规程》.

［5］《中华人民共和国消防法》.

［6］《特种设备安全监察条例》.

［7］GB 18218—2009. 危险化学品重大危险源辨识.

［8］商业部,《冷藏库氨制冷装置安全技术规程（暂行）》.

［9］国务院安委会［2013］6 号, 关于深入开展涉氨制冷企业液氨使用专项治理的通知.

［10］GB/T 8059.1—1995. 家用制冷器具　冷藏箱.

［11］GB/T 8059.2—1995. 家用制冷器具　冷藏冷冻箱.

［12］GB/T 8059.3—1995. 家用制冷器具　冷冻箱.

［13］JB/T 7244-94. 食品冷柜.

［14］SH/T 0476—1992 L-HL. 液压油换油指标.

［15］GB/T 6540—1986. 石油产品颜色测定法.

［16］GB/T 264—1983. 石油产品酸值测定法.

［17］GB/T 260—1977. 石油产品水分测定法.

［18］GB/T 511—2010. 石油和石油产品及添加剂机械杂质测定法.

［19］GB/T 5096—1985. 石油产品铜片腐蚀试验法.